BIBLIOTHÈQUE DU « *PROGRÈS AGRICOLE ET VITICOLE* »

LES
CELLIERS

CONSTRUCTION ET MATÉRIEL VINICOLE

AVEC

LA DESCRIPTION DES PRINCIPAUX CELLIERS

DU MIDI, DU BORDELAIS, DE LA BOURGOGNE ET DE L'ALGÉRIE

PAR

P. FERROUILLAT
PROFESSEUR DE GÉNIE RURAL

M. CHARVET
RÉPÉTITEUR DE GÉNIE RURAL

A L'ÉCOLE NATIONALE D'AGRICULTURE DE MONTPELLIER

Avec 46 Planches en phototypie hors texte et 108 Figures dans le texte

MONTPELLIER
CAMILLE COULET, LIBRAIRE-ÉDITEUR
LIBRAIRE DE L'UNIVERSITÉ
5, GRAND'RUE, 5

PARIS
GEORGES MASSON, LIBRAIRE-ÉDITEUR
120, boulevard Saint-Germain

1896

LES CELLIERS

CONSTRUCTION ET MATÉRIEL VINICOLE

AVEC LA DESCRIPTION DES PRINCIPAUX CELLIERS

DU MIDI, DU BORDELAIS, DE LA BOURGOGNE ET DE L'ALGÉRIE

BIBLIOTHÈQUE DU « *PROGRÈS AGRICOLE ET VITICOLE* »

LES

CELLIERS

CONSTRUCTION ET MATÉRIEL VINICOLE

AVEC

LA DESCRIPTION DES PRINCIPAUX CELLIERS

DU MIDI, DU BORDELAIS, DE LA BOURGOGNE ET DE L'ALGÉRIE

PAR

P. FERROUILLAT
PROFESSEUR DE GÉNIE RURAL

M. CHARVET
RÉPÉTITEUR DE GÉNIE RURAL

A L'ÉCOLE NATIONALE D'AGRICULTURE DE MONTPELLIER

Avec 46 Planches en phototypie hors texte et 108 Figures dans le texte

MONTPELLIER
CAMILLE COULET, LIBRAIRE-ÉDITEUR
LIBRAIRE DE L'UNIVERSITÉ
5, GRAND'RUE, 5

PARIS
GEORGES MASSON, LIBRAIRE-ÉDITEUR
120, boulevard Saint-Germain

1896

INTRODUCTION

Il s'opère actuellement une véritable transformation dans les procédés de vinification. La fermentation alcoolique du moût de raisin, qui était restée, presque partout, abandonnée à l'empirisme le plus grossier, fait depuis quelques années l'objet de savantes études scientifiques et de nombreuses recherches expérimentales. Des progrès importants ont été déjà accomplis, sous cette heureuse influence, dans les pays chauds; mais ils ne sont, croyons-nous, que le prélude d'une évolution plus générale. Dans presque toutes les régions, les viticulteurs reconnaissent la nécessité de rompre avec les anciens errements et d'entrer résolument dans la voie des améliorations. Le mouvement tend à devenir général.

En même temps que l'on s'efforce de faire mieux, on se propose de produire plus économiquement, pour lutter contre la concurrence étrangère et contre la fabrication des vins artificiels.

A ce double point de vue, la construction rationnelle des bâtiments vinaires, leur aménagement méthodique, l'installation d'un outillage approprié à l'importance de la production ont un rôle prépondérant; ils exercent une action directe aussi bien sur la qualité des vins que sur leur prix de revient. On a trop souvent négligé d'en tenir un compte suffisant.

Lorsque l'on parcourt les diverses régions viticoles de la France et de l'Algérie, on est frappé des défectuosités que présentent la plupart des installations vinaires. Les architectes qui en ont dressé les plans sont sans doute des hommes de valeur, mais bien souvent étrangers aux questions viticoles et peu au courant des besoins de la vinification. Leurs constructions sont d'une manière générale luxueuses à l'excès, peu commodes, mal aménagées pour une fermentation normale et pour une longue conservation des vins.

On est surpris, en outre, de constater combien les propriétaires de chaque région connaissent imparfaitement les installations et les méthodes de travail des autres régions, même les plus voisines. On trouve à de faibles distances, parfois dans des localités rapprochées d'une même région, des procédés très différents appliqués dans des conditions à peu près identiques, sans que de part et d'autre on se fasse une idée bien exacte des avantages ou des inconvénients que présente tel ou tel système, telle ou telle disposition.

En publiant un traité général sur la construction, l'aménagement et l'outillage des celliers, nous avons pour but de faire connaître les règles essentielles de la construction des bâtiments vinaires et de présenter aux viticulteurs quelques modèles d'organisation du travail et un certain nombre de types d'installation, qui nous semblent répondre le mieux aux exigences actuelles de l'œnologie, ou qui caractérisent le plus nettement les méthodes de vinification des diverses régions.

La première partie est consacrée à l'étude de la construction proprement dite et à un examen rapide du matériel vinicole, considéré seulement dans ses rapports avec la construction. Nous avons dû renoncer à la description détaillée et à l'étude complète des machines et des instruments employés dans les celliers, pour ne pas sortir des limites que nous nous étions imposées; les développements que comporte un semblable sujet ne peuvent trouver place que dans un traité spécial, dont nous espérons n'avoir pas à retarder trop longtemps la publication.

Dans la deuxième partie, nous donnons, sous forme de monographies, des exemples d'installations rationnelles, ou caractéristiques des usages et des procédés de chaque région.

Le lecteur chercherait en vain dans cet ouvrage la description du *cellier-modèle* et l'*organisation idéale* du travail, qu'il n'aurait qu'à adopter pour réaliser une installation irréprochable. Trop de facteurs interviennent dans le choix d'un type de cellier et d'une méthode de travail, pour qu'il soit possible de satisfaire à ce desideratum : ce sont l'importance et la situation du vignoble, la qualité du vin produit, les dispositions locales, les exigences du climat, les ressources de la main-d'œuvre, les conditions économiques, sans parler des usages et des traditions de chaque pays Mais nous nous sommes efforcés, en exposant les diverses méthodes et en discutant leurs avantages ou leurs inconvénients, de lui fournir les éléments qui lui permettront d'obtenir, dans toutes les circonstances et quelles que soient les données du problème, une installation rationnelle, commode et économique.

Pour réunir les documents de ce travail, nous avons parcouru les principales régions viticoles de France, d'Algérie et de Tunisie et visité plus de 150 domaines, au cours des années 1893 et 1894. Les planches en phototypie, publiées hors texte, ont été exécutées sur des clichés photographiques rapportés de nos voyages. Les plans des bâtiments, qui accompagnent les monographies, ont été dessinés par l'un de nous, ainsi que la plupart des figures de la première partie. Le plus grand nombre des tableaux sont le résultat de nos calculs. Tous les devis ont été également dressés par nous.

Notre tâche a été singulièrement facilitée par le concours obligeant que nous avons partout rencontré et l'accueil sympathique qui nous a été fait. Aussi, adressons-nous tous nos remerciements aux propriétaires et aux régisseurs des exploitations, aux professeurs d'agriculture des départements que nous avons visités. Les uns et les autres se sont mis à notre disposition avec un empressement et avec une complaisance inépuisable, dont nous avons la crainte d'avoir parfois abusé.

Quelques-uns d'entre eux ont poussé le dévouement jusqu'à nous accompagner dans la traversée de leur région et à nous servir de guides dans nos tournées, qu'ils ont ainsi rendues agréables en même temps qu'instructives : MM. Crassous, directeur de la Compagnie des Salins du Midi, le docteur Louis de Martin, président du Comice agricole de Narbonne, Cyprien de Crozals et François Guy, propriétaires, dans la région méditerranéenne ; — D. Jouet, A. Macquin, ingénieurs agronomes, et Emile Petit, ingénieur civil, propriétaires, dans le Bordelais ; — Battanchon, professeur d'agriculture du département de Saône-et-Loire, Vermorel, constructeur, et Condeminal, propriétaires, dans le Beaujolais ; — le docteur Chanut, président de la Société de Viticulture de Nuits, propriétaire, et Guicherd, professeur spécial d'agriculture de l'arrondissement de Nuits, dans la Bourgogne ; — Ravaz, directeur de la Station viticole de Cognac, dans les Charentes ; — le docteur Peton, maire de Saumur, propriétaire, et Bouchard, délégué au Service phylloxérique, dans l'Anjou ; — Miltat et Vimont, propriétaires, dans la Champagne ; — Lecq, inspecteur de l'Agriculture, et Barbier, professeur à l'École pratique d'Agriculture de Rouïba, propriétaires, en Algérie. Ils nous permettront de leur renouveler ici l'expression de notre vive gratitude.

Enfin, nous sommes profondément reconnaissants à M. Tisserand, directeur de l'Agriculture au Ministère de l'Agriculture, de l'intérêt qu'il a bien voulu témoigner à nos travaux, des encouragements qu'il nous a prodigués et du concours de son administration qu'il nous a si généreusement accordé.

Montpellier, août 1895.

P. FERROUILLAT et M. CHARVET.

PREMIÈRE PARTIE

LA CONSTRUCTION DES CELLIERS

Nous avons compris, sous la dénomination générique de *cellier*, tous les bâtiments, quels qu'ils soient, utilisés à la fabrication du vin ou au logement du vin fait, bien que, en réalité, le terme de *cellier* soit réservé particulièrement aux locaux meublés de récipients vinaires de grandes dimensions, c'est-à-dire de foudres. Dans le Midi de la France, et parfois en Algérie et en Tunisie, il n'y a que des *celliers* proprement dits qui servent à la fois au traitement de la vendange et à la conservation du vin. Ailleurs, on établit une distinction entre le local où le moût fermente et celui qui reçoit le produit fabriqué : au premier, on donne le nom de *cuvier* dans le Bordelais, de *cuverie* en Bourgogne, de *cuvage* dans le Beaujolais, de *pressoir* dans l'Anjou, de *vendangeoir* en Champagne ; le second est appelé *chai* ou *cellier*, lorsque le local est construit hors de terre, et suivant qu'il abrite de petites futailles (pièces ou barriques) ou de grands vaisseaux (foudres), ou bien *cave*, si le logement est totalement ou partiellement enterré, ou encore s'il est surmonté d'autres constructions.

Dans la région méditerranéenne, l'abondance des récoltes, la faible valeur du vin, le court séjour du produit dans les bâtiments du propriétaire, ne permettent pas de faire la double dépense d'une cuverie proprement dite et d'un chai ou d'une cave, et, bien que les conditions d'installation de ces divers locaux ne soient pas les mêmes, on se contente d'un cellier unique qui est moins dispendieux. Mais cette simplification, qui en quelque sorte s'impose, exige dans la construction et dans l'aménagement de ce bâtiment des précautions spéciales propres à assurer, d'une part, la rapidité des opérations de la vendange, la régularité de la fermentation, la facilité des manutentions, d'autre part, la conservation et l'amélioration du vin.

En Algérie, des considérations du même ordre ont, à l'origine des plantations de vignes et avant tout essai, poussé les viticulteurs vers la construction de celliers peu différents de ceux du Midi de la France. Ils n'ont pas tardé à reconnaître que les conditions de milieu étaient tout autres et que les installations qui pouvaient suffire sous le climat tempéré du Languedoc et de la Provence ne donnaient plus les mêmes résultats dans les chaudes vallées ou les plaines brûlantes du littoral algérien. Il a fallu modifier la plupart des installations du début et renoncer à ce type de construction unique, ou tout au moins apporter plus de précautions encore à l'établissement des bâtiments destinés à servir à la fois de cuverie et de cellier.

Dans les vignobles à vins fins, la séparation des deux locaux est une règle absolue. Le souci de conserver à ces produits leurs précieuses qualités, de développer leur bouquet et leur arome prime toute autre considération, notamment l'augmentation de la dépense. Le moindre rendement des vignes et le prix élevé des vins enlèvent, d'ailleurs, beaucoup de son importance à cet argument. On trouve donc toujours annexé à la cuverie un chai dans certaines régions, telles que le Bordelais, les Charentes, une cave dans d'autres régions, la Bourgogne et la Champagne, par exemple.

PREMIÈRE SECTION

PRÉLIMINAIRES

CHAPITRE PREMIER

RÈGLES GÉNÉRALES

L'installation des bâtiments vinaires exerce une grande influence sur la qualité, la valeur et l'avenir d'un vin, car elle agit directement sur les trois principaux facteurs de la vinification : la température, l'aération et la propreté. Elle doit avoir également pour objectif de produire le vin et de le conserver jusqu'à la vente le plus économiquement possible, et cette considération a une importance d'autant plus grande que la valeur du produit est moindre et la marge du bénéfice évidemment plus faible. Le luxe doit être absolument proscrit de ces constructions. Autant il est recommandable de ne reculer devant aucun sacrifice d'argent, s'il doit avoir pour conséquence une meilleure vinification, une plus grande commodité ou une réduction des frais d'exploitation, s'il doit, en un mot, procurer un avantage économique, autant il est déraisonnable d'accroître les dépenses sans autre motif que le désir de faire *beau* et *grand* et d'obtenir une satisfaction d'amour-propre. Les dépenses voluptuaires sont un capital improductif ; l'industrie vinicole ne peut sortir victorieuse de la crise économique actuelle que par l'utilisation bien entendue de toutes ses forces et de toutes ses ressources.

I. — INSTALLATION RATIONNELLE

a. **Pour la fabrication du vin.** — L'influence de la température est prépondérante sur la marche de la fermentation alcoolique, sur la composition, les mérites et la conservation du produit obtenu. Il convient donc d'en étudier le rôle.

Les ferments alcooliques exigent, pour effectuer la transformation en alcool du sucre contenu dans le raisin, un certain état chimique du milieu fermentescible et une température déterminée. Nous n'avons pas à nous occuper de la composition du moût la plus favorable à la régularité de la fermentation, cette question appartient essentiellement au domaine de l'œnologie et n'est aucunement liée à l'étude des constructions. Il n'en est pas de même de la température, que la disposition, l'installation et l'aménagement des bâtiments, ainsi qu'un traitement approprié de la vendange et du moût, peuvent modifier d'une manière utile.

D'après les expérimentateurs les plus autorisés, la fermentation est impossible au-dessous de 8° à 10° : la vie des levures est, dans ces conditions de température, à peu près complètement suspendue. Si l'on chauffe légèrement, de façon à atteindre 15° à 16°, on assiste à un véritable réveil des ferments, dont l'activité augmente progressivement, au fur et à mesure que la température croît elle-même, pour atteindre son maximum entre 25° et 30°. Si la température continue à s'élever, on ne tarde pas à constater un affaiblissement de la vitalité des ferments. Au delà de 36° surtout, on doit craindre le développement des ferments parasitaires, une sélection au rebours des levures alcooliques, une prédominance des mauvaises sur les bonnes. Enfin, entre 40° et 45°, la fermentation s'arrête et la transformation du sucre en alcool reste inachevée. Le vin conserve donc une certaine proportion de sucre non décomposé, qui constitue un danger permanent en exposant le vin à des altérations, à des maladies, dont l'une des plus fréquentes dans les pays chauds est la fermentation mannitique.

Dans une savante étude qu'il a publiée récemment sur la vinification en pays chauds (1), M. Roos établit que la température trop élevée des fermentations viniques exerce une action directe sur le rendement en alcool. Non seulement le vin peut renfermer, après cuvage, une quantité plus ou moins importante de sucre indécomposé, qui n'a par conséquent pas produit d'alcool, mais, en outre, de notables quantités d'alcool sont entraînées par les gaz de la fermentation. M. Roos cite une expérience faite par lui, d'après laquelle la perte d'alcool par entraînement a atteint 1°,8. Mais cette perte est souvent plus considérable et peut s'élever à 2° ou 3°. Ce phénomène d'entraînement a probablement lieu déjà à des températures basses, et c'est sans doute à lui que l'on doit attribuer la différence constamment observée entre la quantité d'alcool produite *dans la pratique* par un poids déterminé de sucre et celle qui est obtenue *dans le laboratoire* avec le même poids de sucre. En effet, d'après Pasteur, le sucre de raisin donne *théoriquement*, après fermentation complète, 48,5 % de son poids d'alcool,

---

(1) *Revue de viticulture*, tom. II et III (1894 et 1895).

alors que *pratiquement* on ne parvient à en retirer que 47 °/₀ (ce rendement normal de 47 °/₀ correspond à la production de 1° d'alcool en volume pour 17 grammes de sucre). On a donc toujours une perte, même aux températures les plus favorables à la marche de la fermentation. Mais si la température atteint 32° et s'élève au-dessus, l'entraînement augmente d'une manière sensible, puisqu'il peut, dans certains cas, comme nous venons de le dire, d'après M. Roos, abaisser de 2° à 3° le titre alcoolique du vin.

Ce fait explique pourquoi, dans les pays chauds, en Algérie par exemple, il n'y a jamais concordance entre le degré alcoolique déduit des indications du mustimètre et le titre d'alcool réel constaté dans le vin par l'analyse après fermentation. Le mustimètre (ou *pèse-moût*) donne la valeur présumée du titre alcoolique du vin d'après la richesse saccharine du moût, et sa graduation est établie sur le rendement habituel de 1° d'alcool pour 17 grammes de sucre. Or, il est certain que, en Algérie comme ailleurs, un même poids de sucre donne un même volume d'alcool, lorsque la transformation a lieu sans perte. Mais, si une certaine proportion d'alcool disparaît par entraînement aux hautes températures des fermentations, on doit ne trouver finalement dans le produit fermenté qu'une moindre quantité d'alcool. De là, l'erreur apparente attribuée aux indications du mustimètre.

Les hautes températures n'ont pas seulement pour effet d'annihiler les fonctions du ferment alcoolique, elles ont encore pour conséquence de modifier ses caractères morphologiques. Le ferment ne meurt pas, mais il est assez malade pour que l'on puisse affirmer, au seul examen microscopique, que la température d'une fermentation a dépassé les limites normales, 36° par exemple. M. Roos pense que le ferment vinique ainsi altéré dans sa forme ne doit pas donner les mêmes produits d'excrétion que le ferment sain, et il en conclut que la qualité du vin doit en être influencée. Il cite à l'appui de cette opinion ce fait qu'il a pu, à diverses reprises, avec le seul secours du microscope, établir la valeur comparative de plusieurs vins, de même provenance et vinifiés de la même façon, et qu'il a vu constamment sa classification maintenue et ainsi contrôlée par des dégustateurs de profession. En outre, lorsque l'activité du ferment vinique diminue, d'autres ferments toujours nuisibles prennent sa place, consomment du sucre, mais sans fournir d'alcool, et introduisent dans les vins des produits nouveaux qui altèrent sa qualité et compromettent sa conservation.

Les vins fermentés à haute température sont, en général, de mauvaise tenue, car ils renferment de nombreux éléments d'altération, tels qu'un reste parfois important de sucre et, au contraire, une moindre proportion d'éléments protecteurs, en tête desquels figure l'alcool. M. Roos et, après lui, MM. Gayon et Dubourg ont montré que la fermentation mannitique ne naît et ne peut naître que dans un vin dont la fermentation a été incomplète. Cette maladie, très fréquente dans les vins fermentés à haute température, qui contiennent toujours du sucre indécomposé, n'est plus possible, au contraire, si tout le sucre a été transformé. D'autres maladies peuvent, à la vérité, se développer dans un vin dont la fermentation a été complète, mais l'expérience montre qu'elles sont toujours plus fréquentes dans les vins mal fermentés.

La composition du moût et l'allure de la fermentation peuvent modifier d'une façon plus ou moins profonde l'influence de la température. Si, par exemple, la vendange est très mûre et la richesse du moût en sucre élevée, l'alcool produit au début de la fermentation intervient par ses propriétés stérilisantes pour diminuer la vitalité des ferments et agit ainsi dans le même sens que l'élévation de la température. D'autre part, lorsque la température d'une cuve croît lentement et n'arrive que par une progression insensible aux températures élevées de 40° à 41°, la fermentation peut encore se poursuivre et la réduction du sucre avoir lieu complètement, surtout si le moût reste exposé peu de temps à ces hautes températures, tandis que, si l'élévation de la température est subite et prolongée, les ferments n'agissent plus et les vins restent doux. M. Roos croit, sans pourtant l'affirmer d'une manière absolue, faute d'expériences précises, que le ferment accumule dans le vin une quantité suffisante de ces produits morbides, dont il vient d'être question, pour le rendre impropre au développement ultérieur des levures. Alors même que ces vins contiennent encore du sucre et que leur température s'abaisse, une levure en activité s'y développe mal, la fermentation dure de longs mois, donnant exceptionnellement des produits marchands; parfois, la levure ne se développe pas du tout, la fermentation ne se termine pas, les vins restent à la fois aigres et doux et sont exposés à devenir la proie des germes des principales maladies. Ceux-ci s'y multiplient avec une rapidité extrême et rendent le liquide absolument imbuvable.

M. Dessoliers estime que c'est moins la température qu'il faut considérer que la durée du temps pendant lequel le moût est abandonné aux hautes températures de 38° à 42°. Ses observations corroborent donc l'opinion de M. Roos. «Il n'y a pas en pratique, dit M. Dessoliers (1), de maximum de température critique, c'est-à-dire au delà duquel la fermentation ne puisse être complète. Abandonnons à elle-même une cuvée de raisins très sucrés dont la température initiale ne soit pas de beaucoup inférieure à 20°. Pendant la fermentation, la température s'y élèvera à 40° et 42°. A ces hautes températures, les levures sont inertes, ne décomposent plus le sucre, il n'y a plus production de chaleur, dès lors, la température ne peut que rétrograder. Si nous refroidissons immédiatement la cuvée, la fermentation se rétablira promptement. Si, au contraire, nous l'abandonnons à elle-même,

____

(1) H. DESSOLIERS. — Vinification en pays chauds.

la température ne baissera que très lentement, surtout si la cuvée est importante ; les bonnes levures perdront presque toute leur vitalité, elles seront devenues incapables de végéter vigoureusement à nouveau et d'achever la transformation intégrale du sucre... »

Il résulte de ce qui précède que l'on doit s'efforcer de maintenir entre 25° et 30° la température des cuves en fermentation, que l'on doit s'opposer à une élévation brusque de la température au delà de 36° à 40° et, en tout cas, refroidir immédiatement le moût pour ne pas laisser les levures exposées trop longtemps à ces températures dangereuses pour leur vitalité.

Si la température d'une cuve en fermentation ne dépendait exclusivement que de la température du milieu ambiant, il faudrait le plus souvent rechercher les moyens de l'élever, plutôt que de l'abaisser. Même dans le Midi de la France, la température de l'air dépasse rarement 25° à l'époque des vendanges, et, dans le Centre et l'Est, où les vendanges sont tardives, la température s'abaisse fréquemment, au mois d'octobre, au-dessous de 10°. En Algérie et en Tunisie, les conditions ne seraient pas trop défavorables et il suffirait de quelques précautions pour maintenir dans les cuveries la température la plus propice à l'évolution du ferment vinique. Il n'en est malheureusement pas ainsi, car c'est dans le milieu fermentescible lui-même que réside le foyer de chaleur et c'est contre lui qu'il faut engager la lutte.

La transformation du sucre en alcool et en acide carbonique (pour ne parler que de la plus importante des réactions chimiques dont le moût est le siège) donne, en effet, lieu à un dégagement de chaleur considérable. Il résulte des savantes études de thermo-chimie de Berthelot que 180 grammes de sucre de raisin qui doivent, après fermentation, donner 10°,6 d'alcool, dégagent 71 calories. En d'autres termes, un litre de moût contenant 180 gr. de sucre dégage pendant sa transformation en vin une quantité de chaleur suffisante pour élever la température d'un litre d'eau de 0° à 71°. Si donc il n'y avait aucune déperdition de chaleur, une cuve remplie de moût, d'une richesse saccharine de 180 gr. par litre, à la température initiale de 22°, devrait atteindre, à la fin de la fermentation, $22 + 71 = 93°$. Mais, en pratique, il n'en est pas ainsi et il ne peut en être ainsi, parce que, bien avant d'avoir atteint cette limite, la fermentation s'arrêterait faute de ferments, puisque nous avons vu que leur action était paralysée aux températures voisines de 40° à 42°. D'ailleurs, de nombreuses causes de refroidissement interviennent qui, dans la majeure partie des cas, ne permettent même pas à la cuvée d'atteindre les températures-limites de 36° à 40°, au delà desquelles l'activité des levures est diminuée.

C'est, en premier lieu, le dégagement de l'acide carbonique, dont il se forme 44 litres dans l'hypothèse où nous nous sommes placé. Le calcul indique que le dégagement de cette quantité de gaz à la pression atmosphérique de 760ᵐᵐ est capable d'abaisser de 10° la température du liquide qui le produit. C'est, ensuite, l'évaporation d'une certaine quantité du liquide alcoolique, favorisée par le dégagement de l'acide carbonique. C'est, enfin, la conductibilité des parois et le rayonnement qui contribuent puissamment à modérer l'élévation de la température et à la maintenir dans les limites d'une fermentation normale.

En réalité, on ne constate que rarement en France des températures supérieures à 40°. Au contraire, en Algérie et en Tunisie, les températures de 40° à 42° sont facilement atteintes, parfois même dépassées, si la température de la vendange encuvée est très élevée (32° à 35°) et si, par suite du prompt départ de la fermentation, ces hautes températures sont franchies avant que la teneur en alcool soit suffisante pour diminuer la vitalité des ferments.

Il faut donc se prémunir, dans les celliers ou cuveries, contre l'élévation exagérée de la température des vases vinaires en fermentation. Cette nécessité est d'autant plus impérieuse que la température extérieure est plus élevée, par suite le raisin encuvé plus chaud. Ces conditions défavorables sont fréquentes en Algérie et en Tunisie. Quoique plus rares dans le Midi de la France, elles existent pourtant dans les années de vendange hâtive et de grande chaleur, et c'est pour avoir négligé d'en tenir compte que les viticulteurs ont eu parfois le désagrément de constater la mauvaise tenue et le rapide dépérissement de leurs vins.

Il est évident, en outre, que ce n'est pas par le refroidissement de l'air ambiant que l'on peut espérer obtenir pratiquement l'abaissement de température du milieu fermentescible : la conductibilité des parois des foudres ou des cuves est beaucoup trop faible et l'étendue de leur surface tout à fait insuffisante par rapport au volume de la masse en fermentation. La solution du problème est, comme nous le montrerons plus loin, dans le refroidissement direct de la vendange d'abord et du moût ensuite.

L'influence de l'air sur le travail de la fermentation alcoolique est loin d'égaler celle de la température. En effet, l'air n'est pas indispensable au développement des ferments et si, dans certaines régions, la Bourgogne par exemple, on favorise l'aération des cuvées par l'emploi de récipients découverts, malgré leurs inconvénients et les dangers d'acétification du chapeau, ailleurs, dans le Bordelais notamment, le cuvage des vins fins a lieu complètement à l'abri de l'air ; non seulement les cuves sont foncées et munies d'une bonde hydraulique pour le dégagement de l'acide carbonique, mais encore la fonçure est plâtrée, en vue d'obtenir une fermeture hermétique. Cependant, l'action de l'air ne peut être mise en doute après les expériences classiques de Pasteur. Il joue un double rôle pendant la durée du cuvage : il agit par son oxygène sur le développement des levures en stimulant leur activité et il hâte le dépouillement et la clarification du vin, en insolubilisant et en précipitant certains éléments du raisin. On peut donc recommander l'aération : d'une part, pour forcer le départ de la fermentation dans les années de vendange tardive, notamment dans les pays froids, ou bien pour ranimer les fermentations paresseuses des moûts trop sucrés ou à température élevée des pays chauds ; d'autre part, pour amener la prompte défécation des vins produits par les vendanges très riches en matières azotées ou altérées par les maladies cryptogamiques.

Assez souvent, l'aération est produite mécaniquement par insufflation d'air à travers la masse en fermentation, ou par remontage au sommet des cuves du moût tiré au robinet de la partie inférieure. Elle a pour conséquence, dans les deux cas, un brassage de liquide qui, en mélangeant les diverses couches de la vendange, uniformise la température et abaisse celle du chapeau toujours supérieure de plusieurs degrés à la température du fond, au début du cuvage. C'est là une action qui est fréquemment utilisée dans les pays chauds comme unique moyen de modérer l'élévation de la température des cuvées.

Mais l'aération n'est pas limitée, dans les cuveries, aux récipients vinaires. Elle doit être pratiquée largement dans le bâtiment lui-même, car elle constitue un adjuvant utile aux procédés mis en œuvre pour refroidir les moûts en fermentation. Nous avons vu, en effet, que la température de l'air de la cuverie est toujours, sauf de rares exceptions, inférieure à celle des cuves elles-mêmes, de telle sorte qu'un certain nombre de calories produites par la fermentation disparaît par la conductibilité des parois. Bien que cette déperdition de chaleur soit faible et insuffisante par elle-même, elle n'est pourtant pas négligeable et elle peut être augmentée par un renouvellement plus actif de l'air ambiant. Ce renouvellement favorise, en outre, l'évaporation et concourt ainsi, par deux effets différents, au même résultat. Enfin, l'aération assainit la cuverie en entraînant au dehors l'acide carbonique dégagé par la fermentation.

En résumé, dans les cuveries, la température de l'air du bâtiment est pratiquement impuissante à modifier celle des vaisseaux vinaires, parce que la production de chaleur dans les récipients est de beaucoup supérieure au refroidissement qui peut être obtenu par les échanges avec l'air ambiant. Il n'y a donc pas lieu de chercher à abaisser la température de l'air, soit en isolant le bâtiment des influences extérieures, soit en opérant mécaniquement sa réfrigération. D'autre part, l'aération apparaît comme un élément important d'une bonne vinification. On doit donc construire des cuveries spacieuses, à grand cube d'air et largement ouvertes, en vue d'assurer au renouvellement de l'air une activité suffisante. Il est indispensable pourtant de pouvoir régler à volonté l'énergie de la ventilation, suivant la température extérieure, la vitesse, la direction du vent régnant, etc..

La propreté de la cuverie exerce également sur la qualité et la tenue des vins une influence décisive. Il est de toute nécessité d'éloigner des cuves, des foudres et du matériel de vinification, les germes d'altération et de maladies. C'est par le bon entretien du bâtiment et du mobilier vinaire, par le nettoyage et le lavage des locaux, des récipients et des ustensiles que l'on y parvient en général. Les dispositions des celliers doivent faciliter ces diverses opérations, l'accès de l'eau doit être facile, le débit suffisant, l'évacuation des eaux sales assurée. En outre, toutes les parties doivent être accessibles et faciles à visiter dans leurs moindres détails.

b. **Pour la conservation du vin.** – Les vins faits ne sont pas moins sensibles à l'influence de la température que les moûts en fermentation. La température de l'air des chais ou des caves a une action marquée sur la conservation des vins et sur les phénomènes d'oxydation qui produisent leur vieillissement. Si la température est trop basse, inférieure par exemple à 10°, les vins vieillissent très lentement, mais acquièrent un parfum délicat. La température est-elle, au contraire, supérieure à 16°, le vieillissement est rapide, mais le vin perd de sa finesse. Une température élevée favorise, en outre, le développement des germes de maladies et expose les vins à des altérations. La température la plus favorable semble donc comprise entre 10° et 15°. Il n'est pas moins essentiel que la température soit aussi constante que possible entre ces limites.

Il est cependant avantageux de ne pas soumettre, immédiatement après le décuvage, les vins à cette température relativement basse, car ils conservent en général une certaine proportion de sucre non transformé dont il faut faciliter la réduction. Cette fermentation lente dans les tonneaux, qui succède à la fermentation tumultueuse des cuves, exige que le vin reste un certain temps exposé à des températures de 18° à 20°. Ce n'est que plus tard que l'on pourra abaisser la température à 10° ou 12°. En règle générale, on doit placer les vins dans un local d'autant plus frais qu'ils sont plus vieux. Aussi voit-on fréquemments deux bâtiments distincts affectés au logement des vins faits : le chai ou la cave des vins nouveaux ; le chai ou la cave des vins vieux.

Dans l'installation des bâtiments réservés aux vins faits, on peut agir directement sur la température de l'air qui enveloppe les récipients vinaires, pour maintenir ceux-ci à la température convenable, car les transformations lentes que subit désormais le vin n'interviennent plus pour modifier en quoi que ce soit la température du milieu ambiant. A l'inverse de ce qui se passe dans les cuveries, c'est la température de l'air qui, dans les chais et les caves, fixe directement celle du vin contenu dans les tonneaux. Cette différence est capitale, car elle établit nettement les conditions d'installation d'un bâtiment de fermentation de la vendange et d'un bâtiment de conservation du vin et justifie ce que nous disions en commençant, c'est qu'il est indispensable d'adopter des dispositions spéciales pour qu'un bâtiment unique, le cellier, puisse, dans le Midi de la France et en Algérie, servir à la fois de cuverie au moment de la vendange et de chai le reste de l'année.

L'action de l'air sur les vins ne s'arrête pas à la sortie de la cuverie. Elle se continue dans la cave, où elle peut être considérée comme le facteur essentiel de leur amélioration et de leur vieillissement, pourvu toutefois qu'elle se produise dans de bonnes conditions. L'exposition des vins au contact direct de l'air aurait pour conséquence leur altération rapide et profonde; au contraire, les échanges à travers les parois des récipients en bois font acquérir au contenu des qualités de bouquet et de parfum qui en augmentent la valeur. Il ne faut pas perdre de vue que cette action est favorisée par la température de l'air qui doit être basse et aussi constante que possible. Ce résultat ne peut être obtenu qu'en modérant la ventilation de façon à entraver les échanges avec l'air extérieur. La température de l'air au dehors variant incessamment de jour en jour, et d'heure en heure chaque jour, on ne peut maintenir dans la cave ou dans le chai une température constante qu'en supprimant, ou tout au moins en réduisant au minimum, les communications avec l'extérieur. Les meilleures caves sont les plus profondes, parce que ce sont celles qui sont le moins exposées aux inflences du dehors. Les chais les mieux établis sont ceux qui sont protégés de tous côtés contre l'action directe des rayons solaires et contre l'introduction de l'air extérieur. Pour une cave ou pour un chai, la ventilation doit être limitée aux besoins de l'assainissement du local et des transformations du vin. Au point de vue de l'aération, comme au point de vue de la température, les conditions d'installation des caves ou des chais sont donc très différentes de celles des cuveries.

Est-il utile d'ajouter que, dans les caves ou chais, comme dans les cuveries, une propreté minutieuse est indispensable à la bonne tenue des vins? Les exigences sont, sous ce rapport, les mêmes dans ces deux sortes de constructions.

II.— RELATION ENTRE LE CELLIER ET LE VIGNOBLE

a. **Importance du vignoble et nature des cépages**. — Il est de toute nécessité, au point de vue de l'économie, que les dimensions des celliers soient en harmonie avec la surface du vignoble et son rendement. Il existe de nombreuses constructions, en Algérie surtout, dont l'importance est disproportionnée avec l'abondance des récoltes. La production du vin se trouve ainsi grevée inutilement de l'amortissement et de l'intérêt d'un capital exagéré ; en même temps, l'entretien est plus dispendieux et, le plus souvent, le service est moins commode, plus long et, par suite, plus coûteux. Comme, cependant, il est parfois difficile de prévoir à l'avance l'avenir des plantations et que la construction ne peut être différée, puisqu'il faut loger les premières récoltes, il est prudent d'adopter un plan d'ensemble qui permette l'agrandissement successif des bâtiments, au fur et à mesure des besoins, soit par la construction de nouvelles travées parallèles, soit par l'allongement du bâtiment primitif, dans un seul sens ou dans les deux sens opposés.

S'il était possible de donner pour chaque région la production exacte du vignoble par hectare, il serait extrêmement facile d'établir la relation entre le cellier et l'importance des surfaces cultivées. Mais le rendement des vignes est très variable avec la fertilité du sol, l'exposition du terrain, la perfection des travaux, l'abondance des fumures et avec les conditions climatériques. On ne peut prendre que des moyennes. La production dépend encore de la nature des cépages et de la prédominance de tel ou tel plant dans l'établissement du vignoble. Chaque propriétaire doit donc se rendre compte lui-même de la production de ses vignes, soit par la constatation directe des récoltes, soit par analogie avec des vignobles comparables, et calculer, d'après ces données, les dimensions de ses bâtiments. Le tableau I donne, à titre d'indication seulement, les moyennes de production des cépages les plus répandus, avec les maxima et minima constatés dans les régions où ces cépages sont l'objet d'une culture courante. La plupart des chiffres nous ont été fournis par les propriétaires ou les régisseurs des domaines que nous avons visités ; nous devons les autres à l'obligeance de M. Pierre Viala, professeur de viticulture à l'Institut national agronomique.

Non seulement il doit y avoir une relation étroite entre les dimensions du cellier et l'importance du vignoble et, conséquemment, avec sa production, mais, en outre, il faut que le cellier reçoive un aménagement approprié à la nature du vin fabriqué. Le traitement de la vendange diffère en effet, suivant que celle-ci doit donner du vin rouge ou du vin blanc, et les soins à donner au vin fait varient également d'après la qualité et la valeur de celui-ci. Il est donc indispensable que les bâtiments vinaires soient construits pour satisfaire à cette double condition de loger la récolte du vignoble, d'une part, et d'offrir la plus grande commodité possible pour les opérations de la vinification et pour la conservation du vin, d'autre part.

On trouvera dans la deuxième partie, sous forme de monographies, un certain nombre d'exemples des installations les meilleures de chaque région viticole, caractéristique par sa production ou par la nature de son vin.

TABLEAU I. — **Production en hectolitres par hectare des principaux cépages**

NOMS DES CÉPAGES	RÉGIONS DE CULTURE	COTEAUX			CROUPES			PLAINES			TERRES RICHES			SUBMERSIONS			SABLES			PALUS		
		max.	moy.	min.	max.	moy.	min.	max.	moy.	min.	max.	moy.	min.	max.	moy.	min.	max.	moy.	min.	max.	moy.	min.
Alicante-Bouschet	Midi. Algérie	90	50	30	»	»	»	125	65	40	»	»	»	»	»	»	125	65	40	»	»	»
Aramon	Midi. Algérie	100	60	35	»	»	»	250	80	60	»	»	»	300	100	80	180	70	50	»	»	»
Cabernet franc	Bordelais	»	»	»	40	20	10	»	»	»	50	35	15	»	»	»	»	»	»	»	»	»
Cabernet franc (Breton)	Anjou	40	25	10	»	»	»	»	»	»	»	»	»	»	»	»	»	»	»	»	»	»
Cabernet-Sauvignon	Bordelais	»	»	»	45	25	15	»	»	»	60	40	20	100	50	40	»	»	»	100	50	40
Carignane	Midi. Algérie	100	60	30	»	»	»	150	70	40	»	»	»	200	80	50	150	70	40	»	»	»
Chasselas	Nord. Suisse	100	30	20	»	»	»	»	»	»	»	»	»	»	»	»	»	»	»	»	»	»
Chenin blanc (on Pinot de la Loire)	Anjou	50	25	8	»	»	»	»	»	»	»	»	»	»	»	»	»	»	»	»	»	»
Cinsaut	Midi. Algérie	85	50	30	»	»	»	»	»	»	»	»	»	»	»	»	100	60	40	»	»	»
Clairette	Midi. Algérie	70	40	25	»	»	»	»	»	»	»	»	»	»	»	»	»	»	»	»	»	»
Espar (Mourvèdre)	Midi. Algérie	70	40	25	»	»	»	90	50	30	»	»	»	»	»	»	»	»	»	»	»	»
Folle-Blanche	Charentes	»	»	»	100	40	20	»	»	»	200	60	40	250	70	40	»	»	»	»	»	»
Gamay noir	Beaujolais. Bourgogne	40	20	10	»	»	»	80	30	20	»	»	»	»	»	»	»	»	»	»	»	»
Grand noir de la Calmette	Midi. Algérie	90	50	30	»	»	»	125	65	40	»	»	»	»	»	»	»	»	»	»	»	»
Gris-Meunier	Ile-de-France	45	20	15	»	»	»	»	»	»	»	»	»	»	»	»	»	»	»	»	»	»
Grenache	Midi. Algérie	60	35	20	»	»	»	80	45	25	»	»	»	»	»	»	»	»	»	»	»	»
Jacquez	Midi	»	»	»	»	»	»	50	20	10	»	»	»	150	75	25	»	»	»	»	»	»
Malbec (Noir de Pressac)	Bordelais	»	»	»	»	»	»	»	»	»	70	30	20	»	»	»	»	»	»	»	»	»
Marsanne	Côtes-du-Rhône	40	25	15	»	»	»	70	35	20	»	»	»	»	»	»	»	»	»	»	»	»
Merlot	Bordelais	»	»	»	30	18	10	»	»	»	50	25	15	»	»	»	»	»	»	»	»	»
Mondeuse	Savoie	45	25	15	»	»	»	80	40	20	»	»	»	»	»	»	»	»	»	»	»	»
Morrastel	Midi. Algérie	80	45	30	»	»	»	95	55	35	»	»	»	»	»	»	»	»	»	»	»	»
Muscadelle	Bordelais	»	»	»	30	15	10	»	»	»	40	25	15	»	»	»	»	»	»	»	»	»
Petit-Bouschet	Midi. Algérie	80	50	30	»	»	»	225	75	55	»	»	»	250	100	80	150	70	50	»	»	»
Pinot noir	Bourgogne	35	15	10	»	»	»	60	25	20	»	»	»	»	»	»	»	»	»	»	»	»
Pinot noir (Vert doré)	Champagne	40	18	10	»	»	»	»	»	»	»	»	»	»	»	»	»	»	»	»	»	»
Pinot blanc Chardonay	Beaujolais. Bourgogne	40	20	15	»	»	»	70	30	20	»	»	»	»	»	»	»	»	»	»	»	»
—	Champagne	50	30	15	»	»	»	»	»	»	»	»	»	»	»	»	»	»	»	»	»	»
Piquepoul	Midi	»	»	»	»	»	»	170	80	35	»	»	»	»	»	»	170	80	35	»	»	»
Roussanne	Côtes-du-Rhône	40	25	20	»	»	»	80	40	25	»	»	»	»	»	»	»	»	»	»	»	»
Sauvignon	Bordelais	»	»	»	40	18	10	»	»	»	45	25	15	»	»	»	»	»	»	»	»	»
Sémillon	Bordelais	»	»	»	35	15	10	»	»	»	50	25	15	»	»	»	»	»	»	»	»	»
Syrah	Côtes-du-Rhône	45	25	15	»	»	»	80	40	20	»	»	»	»	»	»	»	»	»	»	»	»
Terret-Bourret	Midi	100	60	35	»	»	»	250	80	60	»	»	»	»	»	»	150	65	45	»	»	»
Ugni blanc	Midi	70	40	25	»	»	»	»	»	»	»	»	»	»	»	»	»	»	»	»	»	»
Verdot	Bordelais	»	»	»	40	25	10	»	»	»	65	40	20	»	»	»	»	»	»	80	50	40
Viognier	Côtes-du-Rhône	40	20	10	»	»	»	»	»	»	»	»	»	»	»	»	»	»	»	»	»	»

b. **Main-d'œuvre et outillage**. — La main-d'œuvre et l'outillage des bâtiments vinaires doivent être également en relation avec la situation du vignoble et sa production. Il faut que la vendange soit traitée le plus rapidement possible et avec le minimum de frais. La cueillette des raisins est de courte durée : 15 jours en moyenne, 20 jours au maximum. C'est dans ce délai, qui ne peut être augmenté sans qu'il en résulte une diminution de la quantité ou de la qualité du vin, que doivent être effectuées les multiples opérations de la vinification : élévation et rentrée de la vendange, foulage et égrappage des raisins, mise en place des claies d'immersion du chapeau dans les cuves ouvertes ; dans certains cas, aération des cuves, remontage et réfrigération des moûts ; puis, décuvage, transport du vin, chargement des pressoirs, travail du pressurage, utilisation des marcs, etc.. Le prix de la main-d'œuvre s'élève en conséquence, rendant indispensable, dans les pays à grande production, l'emploi raisonné des machines.

Nous disons avec intention *raisonné*, car il ne peut être question et il ne serait pas recommandable de remplacer en toute circonstance le travail de l'homme par celui des machines, ni de transformer en usines les installations vinaires des petits et des moyens propriétaires, voire même de la plupart des grands. Il y aurait imprudence à donner à la machinerie une semblable extension, parce que les exploitations rurales ne disposent généralement pas des ressources, en personnel et en ateliers, de l'industrie et qu'il serait, le plus souvent, difficile d'entretenir les appareils en bon état de fonctionnement, ou de les réparer bien et vite, en cas d'accident. En outre, l'économie serait la plupart du temps illusoire, car le gain réalisé, d'un côté, par la réduction de la main-d'œuvre pendant la période des vendanges serait rapidement absorbé, d'un autre côté, par les frais d'amortissement et d'entretien d'un matériel coûteux, utilisé 15 à 20 jours seulement par an et voué au chômage le reste du temps.

Mais la machinerie ne comprend pas seulement les moteurs puissants, les transmissions plus ou moins compliquées, les machines-outils à grand travail, elle compte aussi un nombre considérable d'appareils plus simples, d'instruments peu coûteux, capables de rendre d'immenses services en utilisant mieux la main-d'œuvre, en la réduisant conséquemment, mais sans la supprimer. Pour n'en citer que quelques-uns, les élévateurs à godets, les fouloirs, les égrappoirs, les pressoirs à leviers multiples, les pompes à vin sont de ce nombre. Deux hommes à un fouloir-égrappoir font aisément le travail de six ouvriers opérant le foulage aux pieds et l'égrappage à la claie. Deux hommes peuvent élever avec une noria à bras et fouler 50 à 60 hectos de vendanges à l'heure. Deux ouvriers avec un pressoir Mabille font plus vite et mieux le pressurage d'un gâteau de marc que six à huit hommes avec un ancien pressoir à grand point. Quant à la pompe, elle rend d'inappréciables services en supprimant le dépotage à bras, le transport dans les bennes, l'élévation sur les échelles, le remplissage avec les entonnoirs, qui ne sont plus en usage que dans les cuveries à vins fins de la Bourgogne et du Bordelais, malgré tous leurs inconvénients. Si, dans ces régions privilégiées, on a conservé les anciens errements et si l'on manifeste à l'égard des pompes une certaine méfiance, c'est uniquement dans la crainte de modifier le bouquet subtil et d'altérer la finesse de ces produits délicats, en les soumettant à des chocs et à des manutentions violentes. Du reste, ainsi que nous l'avons déjà fait remarquer, la haute valeur de ces vins enlève toute importance à une économie de ce genre réalisée sur la main-d'œuvre. Mais, ailleurs, la pompe est considérée à juste titre comme un des appareils les plus utiles. Aussi est-elle très répandue.

L'emploi de ces machines doit être encouragé, car il procure incontestablement partout une simplification des travaux de la vinification et une diminution de leur prix de revient. Ce n'est pas à dire qu'il faille rejeter les appareils plus importants, tels que les élévateurs de vendange, les pompes et les pressoirs à manège, à vapeur ou à transmission hydraulique, en un mot les appareils qui exigent la commande d'un moteur autre que l'homme. Ils peuvent, dans certains cas, rendre de très grands services et même s'imposer. Toutefois, leur utilisation doit, suivant nous, rester limitée aux celliers où elle est justifiée par l'importance de la production ou par les conditions particulières de l'installation.

c. **Conditions climatériques**. — Les conditions climatériques de la région dans laquelle le cellier est construit exercent, de leur côté, une influence sur la disposition des bâtiments. Dans les pays chauds, dans le Midi de la France, en Algérie et en Tunisie, il faut lutter contre la chaleur, autant pour assurer la marche régulière des fermentations que pour mettre le vin à l'abri des altérations et des maladies ; dans les pays froids, en Bourgogne, en Champagne, en Anjou, c'est contre un abaissement de la température que l'on doit prendre des précautions, bien que l'excès de froid soit toujours moins dangereux que l'excès de chaleur.

CHAPITRE II

PROJET DE CELLIER

La construction, l'installation et l'outillage d'un cellier devant varier avec la région, l'importance du vignoble et la nature du vin récolté, on conçoit qu'il n'est pas possible de faire le projet d'un cellier-type applicable à toutes les exploitations. Nous donnerons plus loin, en étudiant les divers travaux du bâtiment, les dispositions à adopter dans chaque région. Nous indiquerons de même, au fur et à mesure de la description des instruments et des machines vinicoles, la caractéristique, les avantages et les inconvénients de chaque appareil. Mais il convient de tracer, dès à présent, les lignes générales d'un projet et de présenter un certain nombre de considérations qui sont les mêmes en toute circonstance et qui subsistent pour toutes les régions.

I.— EMPLACEMENT

a. **Forme du domaine.**— Lorsque la position des bâtiments vinaires n'est pas imposée par le relief du sol, le voisinage des autres constructions, la proximité des voies de communication ou le voisinage de l'eau, il faut tenir compte, dans le choix d'un emplacement, de la forme du domaine et de la répartition des vignes.

Le vignoble peut avoir la forme d'un carré, d'un cercle ou d'un polygone régulier. S'il offre en même temps une surface plane ou régulièrement accidentée, si la nature des plantations et la vigueur des vignes sont sensiblement les mêmes en tous les points, si en un mot le vignoble est homogène, c'est au centre de figure du domaine qu'il faut placer le cellier. Les transports sont ainsi très bien équilibrés dans tous les sens, leur régularité est parfaite et l'économie qui en résulte appréciable. Il peut se faire que le domaine, tout en conservant la forme de l'une des surfaces géométriques ci-dessus indiquées, ne présente pas dans l'aspect du vignoble l'homogénéité supposée : il peut arriver, par exemple, que les plantations d'Aramon couvrent un côté du domaine, tandis que les autres cépages moins productifs (Cinsaut, hybrides Bouschet, etc.) sont groupés du côté opposé. Il est évident que, dans ce cas, les transports ont une importance plus grande du côté des vignes les plus productives ; non seulement la récolte des raisins est plus abondante, mais celle du bois est aussi plus forte et, en général, les fumures sont plus copieuses. Il faut, conséquemment, rapprocher les bâtiments de ces vignes-là pour rétablir l'équilibre des transports, la distance moyenne à parcourir devant toujours être en raison inverse de l'importance des charrois.

Si le vignoble a la forme d'un rectangle allongé, à contours réguliers ou non, pour le même motif les bâtiments seront établis au milieu de la plus grande longueur du domaine, si les vignes sont homogènes, et plus ou moins rapprochés de l'un des bouts, si d'un côté les charrois doivent être plus importants que du côté opposé.

Enfin, si le domaine a une forme quelconque, on peut déterminer la position des bâtiments de la manière suivante: soit A B C D E F G (fig. 1)

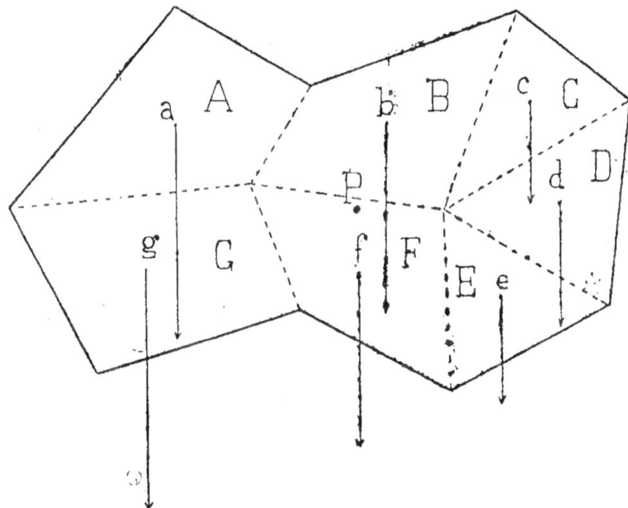

Fig. 1

les parcelles du vignoble. On détermine les centres de gravité $abcdefg$ de l'aire de chacune de ces parcelles, et en ces points on applique des lignes parallèles dont la longueur exprime l'importance des charrois de chaque parcelle, d'après la grandeur de la parcelle, la nature des cépages cultivés et la qualité du sol. Puis, on cherche le point d'application de la résultante de toutes ces lignes. Ce point P sera l'emplacement des bâtiments.

Cette construction graphique peut être employée dans tous les cas et la règle à suivre peut être énoncée ainsi: lorsque le choix d'un emplacement est subordonné seulement à la régularité et à l'économie des transports, cet emplacement est donné par le point d'application de la résultante de toutes les lignes parallèles appliquées au centre de gravité de la surface de chaque parcelle et exprimant, par leur longueur respective, l'importance des charrois de la parcelle correspondante.

b. **Relief du sol**.— Lorsque le domaine, au lieu d'être plat ou seulement mamelonné, est établi sur un terrain incliné, on devrait, si l'on ne tenait compte que de la difficulté des transports (montées, descentes, etc.), choisir l'emplacement du cellier à un niveau moyen. Mais il faut, en même temps, mettre en balance l'importance des charrois. Or, le plus souvent, les fonds, les vallées sont plus productifs que les sommets. Il en résulte que l'on doit rapprocher les bâtiments des parcelles basses qui nécessitent le plus de transports et, par suite, construire à un niveau inférieur.

Toutes les fois que le relief du sol le permet, il y a, d'autre part, avantage à adosser le cellier contre un talus, un coteau, voire même à l'enterrer partiellement sur deux ou trois de ses faces, dans le but de le protéger contre les influences de température extérieures et de profiter des inégalités du terrain pour élever la vendange au moyen de rampes naturelles à faible inclinaison. On place ainsi les bâtiments dans les conditions les plus favorables à la conservation du vin et on diminue les frais de la vinification en simplifiant la main-d'œuvre et en facilitant la manutention des raisins. La position des celliers à flanc de coteau offre tant de commodités que l'on a fréquemment recours aux terrassements pour augmenter la déclivité des sols qui ne présentent pas une pente naturelle suffisante. On va même jusqu'à créer une dénivellation artificielle et on construit le cellier en contre-bas du terrain lui-même pour tirer parti jusque dans la plaine des avantages inhérents aux coteaux. Mais il faut, dans ce cas, ne pas exagérer les déblais pour éviter l'humidité et l'envahissement du bâtiment par les eaux. Sur l'une de ses faces au moins, le cellier doit s'ouvrir de plain-pied avec les chemins d'accès, et la ventilation doit être étudiée en vue de l'évacuation complète de l'acide carbonique pendant la durée des fermentations.

c. **Voisinage des bâtiments**.— Le cellier fait en général partie du groupe des bâtiments d'exploitation. Le voisinage des habitations du propriétaire ou du gérant, des hangars et écuries, des ateliers, etc., facilite les travaux, évite les pertes de temps dans les échanges de services, et les communications fréquentes qui ont lieu entre ces différents bâtiments rendent la surveillance aisée.

En l'absence de tout talus naturel, on adosse fréquemment le cellier à d'autres constructions. Cette disposition a des partisans nombreux : les bâtiments, disent-ils, forment écran et servent à protéger le cellier contre la chaleur extérieure. Mais elle ne saurait être acceptée sans réserve, car elle augmente les chances d'incendie et apporte souvent des entraves à l'agrandissement soit du cellier, soit des autres locaux. En aucun cas, le cellier ne sera mis directement en communication avec des logements d'animaux, avec des hangars abritant des silos ou servant de dépôt à des matières qui par leurs émanations ou leur odeur pourraient vicier l'air du cellier et exposer le vin à des altérations.

d. **Voies de communication. Voisinage de l'eau.** — Le choix d'un emplacement est, en outre, subordonné à la situation des voies de communication. Il faut, en effet, considérer le cellier dans ses rapports avec l'extérieur et établir les constructions à proximité d'une route qui les relie au centre habité le plus proche ou qui conduise à la gare de chemin de fer la plus voisine, pour la facilité des transports. On doit cependant éviter d'établir les bâtiments directement en bordure de la route. Ils ne seraient pas suffisamment isolés et leur extension extérieure pourrait être entravée. Pour la même raison, il faut éviter de construire dans un village. Autant que possible, le cellier et les bâtiments d'exploitation du domaine doivent être situés à quelque distance de la route, à laquelle ils seront reliés par un chemin bien entretenu.

Il faut également se préoccuper du voisinage des eaux, et cela à divers points de vue. En premier lieu, l'eau est d'une utilité absolue dans un cellier pour les soins de propreté, pour le lavage des cuves, ustensiles, pour la réfrigération des moûts, pour la fabrication des piquettes, parfois aussi pour la distillerie annexée au cellier. On doit donc s'assurer de la proximité d'un cours d'eau ou de la présence d'une source, en un mot de la possibilité d'avoir, par écoulement naturel ou par élévation à l'aide de machines, la quantité d'eau nécessaire aux besoins du cellier. Cette considération n'a pourtant pas une importance de premier ordre, car il est toujours possible de construire des citernes qui, alimentées par les eaux pluviales de la toiture, emmagasineront le volume d'eau indispensable. La réfrigération des moûts seule exige des quantités d'eau assez grandes, surtout lorsque la température de cette eau est relativement élevée, bien que l'on puisse diminuer la dépense en faisant resservir plusieurs fois la même eau, après l'avoir refroidie chaque fois à l'aide des cheminées climagènes de M. Dessoliers, dont il sera question plus loin, ou par tout autre procédé similaire.

D'autre part, l'eau peut être utilisée comme force motrice par l'intermédiaire d'une roue hydraulique ou d'une turbine qui commandera les machines du cellier (élévateur, fouloir, pompe, etc.). Semblable installation a été réalisée dans quelques domaines du Narbonnais (voir le cellier de Razimbaud, page 270) et doit être conseillée. Elle est peu onéreuse et n'exige ni une forte chute ni un grand débit pour satisfaire aux besoins de la machinerie d'un cellier ordinaire.

Enfin, la proximité d'un cours d'eau navigable peut offrir des commodités pour le transport des vins. On doit, dans ce cas, établir un chemin de communication facile entre les bâtiments et le cours d'eau et construire un petit quai d'embarquement sur ses bords.

A côté de ces avantages, le voisinage de l'eau doit être parfois redouté, lorsque le domaine est situé à une faible altitude, exposé à l'inondation et lorsque le cours d'eau est sujet à des crues. Tel est le cas des vignobles riverains des rivières torrentielles. Il faut alors s'éloigner des bords du cours d'eau et construire à un niveau assez élevé pour que l'envahissement des eaux ne soit pas à craindre, ou bien protéger les bâtiments par des digues contre les fortes crues et par des drainages d'assainissement contre les infiltrations. Mais ces derniers moyens sont le plus souvent inefficaces et laissent, lorsque les crues sont violentes, les eaux envahir le cellier au point de soulever parfois les foudres et de les déplacer. On doit chercher à éviter semblable accident en bâtissant sur le point culminant du domaine, dût le choix de cet emplacement être en complète opposition avec les règles précédemment énoncées.

<hr>

II. — ORIENTATION

a. **Direction du cellier. Ouvertures**. — Lorsque l'orientation du cellier n'est pas dictée par les constructions existantes, par la forme du terrain, par les facilités d'accès, il faut se préoccuper, dans le Midi, de soustraire le mieux possible à l'action directe du soleil, aux heures les plus chaudes de la journée, les faces du bâtiment dans lesquelles seront percées les ouvertures. Dans les régions froides, au contraire, on recherche les expositions les plus favorables à l'élévation de la température dans les cuveries, car la vendange est tardive et on a souvent de la peine à obtenir le départ de la fermentation,

Dans le Languedoc, les meilleures expositions sont le nord et le levant, les moins bonnes le midi et le couchant. Dans l'hypothèse d'un bâtiment tout à fait isolé, on peut diriger le grand axe du nord au sud, disposer l'entrée principale dans le mur-pignon nord et ouvrir les portaillères pour la rentrée de la vendange dans la même face, si l'élévation a lieu par des procédés mécaniques, ou dans le mur exposé au levant, si la vendange est élevée par une rampe artificielle. Les faces du midi et du couchant seront privées d'ouvertures, sauf celles indispensables à l'aération qui seront munies de doubles fermetures. On peut également donner au grand axe la

direction est-ouest, en plaçant l'entrée principale au levant et en faisant au
nord les ouvertures utiles à la réception de la vendange. On voit par là que
la disposition des ouvertures prime en quelque sorte l'orientation et que
l'on peut corriger les effets d'une mauvaise exposition par une disposition
rationnelle des portes et des fenêtres. On a encore la possibilité de protéger
la face du cellier la plus exposée à la chaleur solaire par la construction
d'un hangar à charrettes ou à machines, ou bien d'un appentis annexé au
cellier pour abriter les pressoirs, cuves à piquette, etc., ou bien d'une
rampe d'accès et d'un palier pour le service de la vendange. Il y a pourtant
lieu de remarquer, dans ce dernier cas, que l'obligation d'ouvrir de ce côté
des portaillères au-dessus des foudres pour la rentrée des raisins fait disparaître en grande partie l'avantage que procure la protection de cette face
par la rampe. On réduira donc ces ouvertures au minimum et on les gar-
nira de doubles fermetures.

Ces considérations sont applicables à toute la région méditerranéenne, à
l'Algérie et à la Tunisie et conviennent également à la construction des celliers, des cuveries et des chais.

Dans le Bordelais, on ne se préoccupe en aucune façon de l'orientation
du cuvier; toutes les expositions sont adoptées. La vendange a lieu dans
la deuxième quinzaine de septembre et se prolonge parfois en octobre ; à
cette époque, la chaleur est modérée et n'est pas dangereuse pour les opérations du cuvage. Nous savons, d'ailleurs, que la fermentation subit peu
l'influence du milieu ambiant. Il n'y a donc pas lieu d'orienter le cuvier
dans un sens plutôt que dans un autre. Il n'en est pas de même pour les
chais. A leur égard, on se conformera aux règles qui viennent d'être
posées : on protègera le mieux possible le bâtiment au midi et on ouvrira
de préférence les portes et les fenêtres au nord.

En Bourgogne, on expose, au contraire, au midi la face principale de la
cuverie. Un excès de chaleur n'est pas à redouter ici et c'est plutôt le
refroidissement qu'il faut combattre. On doit même recourir, dans certaines
années à vendange tardive, au chauffage du local au moyen de poêles. On
abritera donc le bâtiment au nord et on offrira à la radiation solaire la grande
façade dans laquelle seront percées les ouvertures. On procèdera tout
autrement pour l'orientation des chais qui remplacent parfois les caves,
principalement dans le Beaujolais. Ces bâtiments doivent être, comme
dans les autres régions, protégés contre la chaleur et non contre le froid.
La constance de la température est, en effet, plus difficile à obtenir dans
un chai que dans une cave ; les variations thermométriques du dehors ont
toujours une répercussion au dedans. Or, pendant l'été, la chaleur atteint
souvent des degrés élevés, et c'est contre un excès de chaleur qu'il convient
de se prémunir plutôt que contre un excès de froid, car les vins ont toujours
plus à souffrir du premier que du second. On prendra donc, pour la cons-

truction des chais, les mêmes précautions dans le Centre et l'Est que dans le Midi et l'Ouest, en les abritant de tous côtés, mais particulièrement à l'exposition du sud.

b. **Abris.** — On peut, ainsi qu'il vient d'être dit, contribuer au maintien d'une température uniforme à l'intérieur d'un cellier ou d'un chai en protégeant une ou plusieurs faces de la construction au moyen d'appentis, de hangars, de rampes. A fortiori, doit-on profiter des abris naturels offerts par les plantations d'arbres pour soustraire à l'action directe des rayons solaires la façade principale de ces bâtiments. Les rideaux d'arbres ont ce double avantage d'arrêter les rayons du soleil et de maintenir, sous leur couvert, une certaine fraîcheur. On doit donc les rechercher en toute circonstance et les créer au besoin, si le voisinage des autres bâtiments de l'exploitation, des cours, etc., ne sont pas un obstacle.

III.— PLAN DU CELLIER

a. **Forme extérieure.** — La forme habituelle des celliers est rectangulaire. Toute autre forme a pour conséquence une augmentation de dépense et fait le plus souvent perdre de la place. En général, le bâtiment se compose d'une travée unique, lorsque sa longueur n'excède pas 100 mètres. Au delà, on préfère construire deux ou trois travées parallèles de moindre longueur : la surveillance est plus facile et les pertes de temps pour aller d'un bout à l'autre du cellier sont moindres. On peut également, si rien ne s'y oppose (ni les constructions voisines, ni la forme du terrain) , construire deux travées perpendiculaires l'une à l'autre et formant soit un T, soit un L, soit une croix grecque (dont les branches sont toutes quatre d'égale longueur). L'une ou l'autre de ces dispositions facilite encore la surveillance, puisque, du point d'intersection des travées, on rayonne à chaque extrémité de la construction, et, de plus, le passage d'une travée à l'autre, le service et les manutentions des vins sont rendus plus commodes. Dans le Bordelais, les cuviers en T ou en L sont très répandus, parce que cette forme se combine admirablement avec le système d'élévation et de rentrée de la vendange par grue et avec le procédé de foulage des raisins sur maies roulantes au-dessus des cuves, très en faveur dans cette région. Cependant, ces formes de celliers présentent certains inconvénients ; le plus grave est d'augmenter la dépense de la construction. Avec deux travées parallèles et accolées, on fait effectivement l'économie d'un mur, puisque celui du milieu est commun, ou bien est remplacé par des colonnes en fonte, ou enfin disparaît même complètement si l'on adopte un type de charpente qui permette de couvrir à la fois les deux travées sans soutiens intermédiaires, tandis que la disposition en équerre ou en croix comporte l'élévation de deux murs complets pour chaque travée. En outre, avec la croix grecque, l'agrandissement du cellier nécessite l'allongement simultané des quatre branches, si l'on veut conserver l'égalité de longueur de chacune d'elles, et l'établissement d'une rampe pour la rentrée de la vendange est à peu près impossible. Une travée unique ou deux travées parallèles, suivant les dimensions du cellier, sont donc préférables.

L'hésitation, en tout cas, n'est pas permise si l'une des travées sert de cuverie et la deuxième de chai. En accolant l'une à l'autre les deux travées sur toute la longueur, on a dans la cuverie un excellent abri pour le chai, surtout si la cuverie est exposée au midi. L'un des longs côtés se trouve ainsi très bien protégé et, de plus, au moment de la vendange, le service entre les deux locaux est considérablement simplifié.

La construction d'un cellier à deux étages, parfois même à trois étages, est séduisante, lorsque la configuration du terrain s'y prête, c'est-à-dire lorsqu'on peut l'adosser à un coteau et accéder aisément à chaque étage par des chemins découpés dans le talus. Elle procure de grandes facilités pour les manutentions des vins et pour leur conservation : en établissant la cuverie à l'étage supérieur et en faisant de l'étage inférieur la cave, on peut sans pompe et par la seule gravité opérer le transvasement des vins du haut en bas ; en outre, cuverie et cave se trouvent placées chacune dans les meilleures conditions d'installation : la cuverie haute, aérée, la cave enterrée et protégée sur deux ou trois de ses faces par le sol lui-même. Malheureusement, ce type de cellier est d'une exécution coûteuse. Le plancher qui sépare les étages a besoin d'être extrêmement solide, puisqu'il doit porter des vaisseaux vinaires de grande capacité, et son prix de revient par mètre carré est supérieur à celui d'une toiture ordinaire. Il est préférable, au lieu de superposer directement les étages, de les construire en gradins, le mur postérieur du rez-de-chaussée servant de support au mur antérieur du premier étage. On peut, de cette façon, avoir les mêmes avantages, quant aux facilités de manutention des vins, et éviter la dépense de construction du plancher d'étage, chaque bâtiment ayant sa toiture. En outre, les terrassements sont moins importants et, par suite, il y a économie. On a, enfin, l'avantage de ne pas être obligé de donner aux deux étages la même importance et de pouvoir attribuer à chacun d'eux la surface qui convient à sa destination. En aucun cas, cette disposition ne doit être adoptée, si elle nécessite des terrassements coûteux, soit pour encastrer les bâtiments dans le sol, soit pour leur créer des abords, en raison de la configuration du terrain ou de la nature difficile du sol.

b. **Distribution intérieure.** — Les bâtiments vinaires ne présentent en général aucune division intérieure par des murs de refend ou par des cloisons. Exceptionnellement, un caveau pour les vins de réserve peut être séparé à l'une des extrémités des chais ou des caves. Mais, le plus souvent, ce local est indépendant du cellier et placé de préférence sous l'habitation du propriétaire ou du régisseur, ou bien annexé aux communs.

Le cellier est un grand vaisseau limité par quatre murs et couvert par une toiture, parfois voûté. Lorsque la toiture n'est pas isolée par un plafonnage, un plancher continu s'étend souvent sur toute la surface du bâtiment, au-dessus des récipients vinaires. Le grenier ainsi formé n'est pas utilisé comme magasin; son rôle est de diminuer l'évaporation des vases vinaires et de s'opposer à la transmission de la chaleur de la couverture, le matelas d'air emprisonné dans les combles sert d'écran. Les planchers ont de nombreux partisans et jouent incontestablement un rôle utile, mais ils sont coûteux et ils deviendraient dangereux si on cédait à la tentation d'y loger des fourrages, litières, balles de soufre ou autres matières inflammables. En outre, ils peuvent être nuisibles au moment de la vendange, pendant la période de fermentation, lorsque le bâtiment sert de cuverie, si des précautions spéciales ne sont pas prises pour évacuer l'air chaud qui s'amasse au-dessous d'eux, au niveau de la partie supérieure des vases vinaires.

Dans les celliers proprement dits et dans les cuveries, les foudres ou les cuves sont disposés sur deux rangs, séparés des murs par un passage de service pour la surveillance et les réparations. Au milieu, dans l'axe de la travée, on laisse une allée dont la largeur minimum doit permettre le déplacement d'un récipient (foudre ou cuve) tout monté. Mais il n'y a que des avantages à augmenter cette largeur : les travaux de la vinification, les soins à donner aux vins, les livraisons de vin et, en général, toutes les manutentions sont rendues plus faciles.

Il est d'usage fréquent de loger dans la cuverie elle-même les pressoirs, les appareils et les chambres d'égouttage pour la vinification en blanc, quelquefois aussi les cuves à piquette. Cette pratique ne se justifie ni par une plus grande commodité ni par une économie. Le travail des pressoirs, les manutentions autour des installations pour l'égouttage des moûts blancs sont une gêne pour les autres opérations du cellier, si l'on choisit pour leur emplacement le milieu du bâtiment, ce qui est rationnel pour diminuer la longueur des trajets. Si, au contraire, on les place à un bout, les pertes de temps pour les transports sont considérables. D'autre part, au point de vue de la conservation et de la qualité des vins, il est imprudent de construire les cuves à piquette à proximité des autres récipients vinaires. Enfin, il est dispendieux de loger ce matériel dans le cellier même, dont le prix de revient par mètre carré couvert est assez élevé, surtout si le cellier sert à la fois de cuverie et de chai, en raison des soins et des précautions que réclame la construction et à cause de la grande hauteur du bâtiment ; un simple appentis ou un avant-corps de moindre élévation suffit amplement pour abriter les pressoirs, les égouttoirs et les cuves, en service seulement pendant les deux ou trois semaines que dure la vendange. Sans aller jusqu'à recommander l'installation en plein air des maies de foulage et d'égouttage et des pressoirs, telle que M. Crassous l'a réalisée au mas de la Brousse (voir page 243), nous n'hésitons pas à conseiller de les établir, avec les cuves à piquette, dans une annexe, d'une construction plus simple et plus économique, qui servira en même temps d'abri pour l'une des faces du cellier. On peut également utiliser le dessous des rampes et des paliers, au moins pour le logement des pressoirs, suivant l'exemple du domaine de Guilhermain (voir page 257).

Dans les chais et dans les caves, les vins sont logés en barriques. Celles-ci sont distribuées sur plusieurs rangs, dont le nombre varie avec la largeur du local. Habituellement, il y a une rangée de futailles contre chaque mur ; puis, plusieurs doubles rangées intermédiaires. Des chemins de service les séparent, de telle sorte que chaque ligne de barriques soit accessible au moins d'un côté pour la surveillance, les ouillages, les soutirages, etc.. Pour utiliser plus complètement le bâtiment, on superpose les barriques sur deux ou trois, et même quatre rangs (on les *gerbe*, ou bien on les *encarrasse*). L'opération est toujours facile dans les chais. Dans les caves, elle reste subordonnée à la hauteur et aussi à la forme des voûtes.

IV.— DIMENSIONS DU CELLIER

a. **Étendue du vignoble et nature du vin.**— Les dimensions d'un cellier peuvent se calculer aisément lorsque l'on connaît : 1° la superficie et la production du vignoble, c'est-à-dire la quantité de vin à enfermer, ainsi que la nature, la capacité et la forme des vases vinaires ; 2° la rapidité de la vendange et la durée du cuvage, qui fixent le nombre des récipients affectés à la réception des raisins ; 3° enfin, la nature du vin récolté, puisque, pour le vin blanc, le moût seul est encuvé, tandis que, pour le vin rouge, la fermentation se fait au contact de la grappe.

Dans le Midi, le cellier servant à la fois de cuverie et de chai, on calcule les dimensions de ce bâtiment unique de façon à ce qu'il puisse loger en même temps la vendange et le vin. Ailleurs, on donne à la cuverie les dimensions que réclame l'organisation de la vendange, et on détermine ensuite la capacité des chais ou des caves qui recevront le vin fait.

Il faudra encore tenir compte de l'emplacement des pressoirs, des cuves à piquette, etc., si la cuverie ou le cellier doit les abriter. En ce qui concerne les celliers proprement dits, nous avons vu qu'il était préférable de ne pas y loger ce matériel et de construire à côté une annexe pour le recevoir. Il n'y a donc pas à s'en occuper dans ce cas-là.

La capacité d'un cellier, d'un chai ou d'une cave ne doit jamais être limitée au strict nécessaire pour le logement d'une récolte. Il faut toujours avoir quelques récipients supplémentaires, qui sont indispensables pour les soutirages, les coupages, les réserves, les imprévus. Il est bon que ces vases vinaires n'aient pas tous la même dimension, s'il s'agit de foudres ; un certain nombre de sous-multiples de la capacité du foudre-type adopté sont utiles pour ne jamais conserver de vin en vidange. Pour ne pas rompre la symétrie de l'arrangement du cellier, on loge assez souvent ces foudres plus petits et d'inégale capacité dans les annexes et on ne les fait, par conséquent, pas figurer dans le calcul des dimensions du chai ou cellier lui-même.

Les portes qui donnent accès dans le bâtiment peuvent être percées soit dans les murs-pignons, soit dans les murs de façade. Dans le premier cas, leur nombre et leurs dimensions n'influent aucunement sur les dimensions du cellier, parce que ces portes sont toujours placées dans l'axe des passages ménagés entre les rangées de foudres ou derrière elles. Mais, dans le second cas, il faut évidemment laisser un passage entre deux foudres pour dégager chaque porte et, par suite, on doit augmenter la longueur du cellier. Toutefois, l'augmentation de longueur qui en résulte est toujours moindre que la largeur de la porte que l'on ouvre dans l'entraxe de deux foudres, lorsque ceux-ci sont de grande capacité, car l'écartement de deux foudres se mesure à mi-hauteur et la largeur du passage au niveau du sol.

Des exemples permettront mieux de suivre la marche du calcul du nombre des vases vinaires. Supposons un vignoble de 50 hectares dans le Midi de la France, produisant en moyenne 100 hectos par hectare, c'est-à-dire un total de 5.000 hectos de vin rouge. En admettant un rendement en vin de 78 %, le poids de vendange à encuver est de 640.000 kilos, soit 42.700 kilos environ par jour, pour une durée de vendange de 15 jours. Si la capacité des foudres est de 250 hectos, c'est deux foudres que l'on remplit par jour. Admettons encore que la durée du cuvage soit de 4 à 5 jours, c'est-à-dire que l'on décuve le samedi les deux foudres remplis dans la journée du lundi. Il est facile, avec ces données, de calculer le nombre des foudres que devra contenir le cellier. On voit par le tableau ci-contre que ce nombre ne peut pas descendre au-dessous de vingt-quatre. Il faudra même entreposer, le dernier jour de la vendange, une petite quantité du vin du foudre n° 8 dans des demi-muids ou dans un petit foudre supplémentaire, en attendant que ce foudre n° 8 soit débarrassé de son marc pour recevoir le vin. Mais, après la dernière journée de décuvage, il restera quatre foudres vides, les nᵒˢ 4, 5, 6 et 7. Ils ne sont, d'ailleurs, pas inutiles, car il faut pouvoir faire les soutirages et parer à l'imprévu.

Journées de vendange	Remplissage des foudres Nᵒ		Décuvage des foudres Nᵒˢ		Soutirage dans les foudres Nᵒˢ		Journées de vendange	Remplissage des foudres Nᵒˢ		Décuvage des foudres Nᵒˢ		Soutirage dans les foudres Nᵒˢ	
1	1	2	»	»	»	»	11	9	10	11	13	19	20
2	3	4	»	»	»	»	12	11	1	1	2	21	22
3	5	6	»	»	»	»	13	2	3	3	4	22	23
4	7	8	»	»	»	»	14	4	5	5	6	23	24
5	9	10	»	»	»	»	15	6	7	7	8	12	8
6	11	12	1	2	13	14	»	»	»	9	10	8	9
7	1	2	3	4	14	15	»	»	»	11	1	9	10
8	3	4	5	6	15	16	»	»	»	2	3	11	1
9	5	6	7	8	17	18	»	»	»	4	5	1	2
10	7	8	9	10	18	19	»	»	»	6	7	2	3

La même récolte en vin blanc aurait permis d'économiser deux foudres.

Soit, en second lieu, un vignoble de 40 hectares dans le Bordelais, dont la récolte atteigne 400 pièces (900 hectos) de vin rouge. La cuverie doit contenir un nombre de cuves en bois suffisant pour recevoir la totalité de la vendange, puisque les écoulages n'ont lieu qu'après la cueillette des raisins. Si le type de cuve choisi donne à l'écoulage 10 tonneaux (90 hectos), on peut avec 10 cuves satisfaire aux exigences de la vinification. Quant au chai, il devra abriter les 400 pièces de la récolte, indépendamment de la réserve des années antérieures.

b. **Mode d'exploitation et conditions économiques.**— Le mode d'exploitation du vignoble peut modifier, dans une certaine mesure, la solution du problème. Dans le Beaujolais, notamment, où la culture de la vigne est confiée à des métayers, on a coutume d'avoir dans le cuvage un nombre de pressoirs égal, ou sensiblement égal, à celui des vignerons et des cuves en quantité suffisante pour que tous, ou à peu près tous les vignerons, puissent faire leur vendange en même temps. Il est évident que, dans ce cas, le cuvage aura des dimensions beaucoup plus grandes qu'il ne serait nécessaire, si la vendange avait lieu par les procédés habituels. C'est ainsi, par exemple, qu'un seul pressoir suffit pour un vignoble de 20 hectares, dans la région méditerranéenne, alors que dans le Beaujolais il en faudra 6 à 8, dans les mêmes conditions. De même, le nombre des cuves est très différent dans les deux hypothèses. Supposons, en effet, que ce vignoble de 20 hectares, situé dans le Beaujolais, soit exploité à la façon méridionale. Admettons une production de 50 hectolitres à l'hectare et un rendement en vin de 72 %. C'est 140.000 kilos de raisins à encuver en 15 ou 16 jours, c'est-à-dire 9.000 kilos par jour. Le type de cuve choisi est la cuve de 30 pièces de vin, contenant précisément 9.000 kilos de vendange. On remplit donc une cuve par jour et, si la durée du cuvage est de 7 jours, le service de la vendange est assuré avec 8 à 9 cuves. Mais, si l'exploitation du vignoble a lieu par métayage, il sera divisé en 8 vigneronnages. Chaque vigneron voulant avoir la faculté de faire sa vendange en même temps que les voisins devra posséder un matériel distinct, c'est-à-dire 2 cuves, en sorte que 16 cuves seront indispensables pour la même surface cultivée.

Dans les vignobles du pays de Sauternes, où la cueillette des raisins a lieu par tries successives d'importance très variable, on a généralement un nombre de pressoirs supérieur à celui qu'exigerait, dans d'autres circonstances, la même surface de plantations, de manière à faire face, à un moment donné, à une cueillette abondante. De là, la nécessité de construire des salles de presses de grandes dimensions.

Les conditions économiques exercent, de leur côté, une influence considérable, non seulement sur les dimensions des bâtiments, mais aussi sur leur aménagement. Autrefois, dans le Midi, le vin était vendu immédiatement après la récolte, enlevé peu de temps après, il demeurait quelques mois à peine dans les foudres du propriétaire. Il n'y avait pas lieu, conséquemment, de lui assurer un logement de longue durée, ni de le protéger contre les élévations dangereuses de la température, puisqu'il ne passait jamais l'été dans le cellier. Actuellement, la situation n'est plus la même. Les vins sont exposés à rester plus longtemps chez le producteur, quelquefois jusqu'à la récolte suivante. Il faut donc des celliers capables de servir à la fois de cuverie et de chai, qui permettent au vin de franchir, sans accident, la période des fortes chaleurs. Peut-être sera-t-il utile, dans l'avenir, de pourvoir à l'emmagasinement de la récolte au delà d'une année et, dans cette hypothèse, de donner au cellier des dimensions appropriées.

Dans la Bourgogne, dans le Bordelais, où les vins restent plusieurs années chez le producteur, les caves et les chais sont assez vastes pour contenir le produit de plusieurs récoltes. On trouve toujours la cave ou le chai des vins nouveaux, la cave ou le chai des vins vieux. En gerbant sur plusieurs rangs, on a la possiblité de faire face éventuellement à une insuffisance de local. Il est bon de se ménager cette ressource, en donnant au chai une hauteur suffisante et à la cave une forme de voûte qui se prête à la superposition des futailles.

c. **Vases vinaires.** — La nature, la forme et la capacité des vases vinaires servent, avons-nous dit, à calculer les dimensions des bâtiments. Ces récipients peuvent être soit des foudres, soit des cuves en bois, en maçonnerie ou en sidérociment, soit des amphores, soit des futailles (pièces ou barriques).

Les foudres sont le plus souvent disposés sur deux rangs séparés par une allée centrale, dont la largeur doit permettre le passage d'un foudre tout monté, c'est-à-dire doit avoir au minimum la longueur d'un foudre. Mais, pour les foudres de petite capacité, ce minimum est parfois insuffisant, car il faut assurer la libre et facile circulation des pompes, des futailles, des filtres, etc., aussi bien dans les celliers meublés de petits récipients que dans ceux qui abritent de grands vaisseaux. On doit donc augmenter la largeur du passage central, lorsqu'il s'agit de petits foudres, et, au contraire, on peut la fixer au minimum indispensable, s'il s'agit de foudres de très grande capacité. Il n'y aurait que des avantages à accroître, dans tous les cas, cette largeur, si la dépense ne devait pas en être influencée ; mais la surface couverte par hectolitre logé augmente avec la largeur du bâtiment et fait subir au prix de revient une augmentation correspondante. On doit donc rester dans des limites raisonnables. Entre chaque rangée et le mur, on laisse un intervalle de $0^m,50$, nécessaire pour la surveillance, le serrage des cercles, le calfatage éventuel des fonds, etc.. Dans le sens longitudinal, les foudres sont à $0^m,10$ au maximum les uns des autres et à $0^m,10$ des murs-pignons. La distance d'axe en axe de deux foudres est donc égale à leur diamètre au ventre, augmenté de $0^m,10$. Enfin, les foudres doivent être assez élevés sur leurs supports pour que le vin puisse remplir par écoulement naturel les futailles (demi-muids) employées au transport. Le diamètre d'un demi-muid étant de 1 m. environ', le robinet du foudre doit être au minimum à cette même hauteur au-dessus du sol et mieux à $1^m,05$, ce qui correspond à une hauteur au peigne de $0^m,90$. Il est facile d'en déduire la hauteur du foudre à la bonde.

TABLEAU II. — **Dimensions des foudres et proportions correspondantes des bâtiments**

CAPACITÉ des foudres, en hectos	DIMENSIONS DES FOUDRES			LARGEUR du passage central	INTERVALLE du mur au foudre	DIMENSIONS DU BATIMENT			SURFACE couverte pour un hecto logé
	Longueur	Diamètre au ventre	Diamètre en tête			Largeur dans œuvre	Longueur par foudre	Hauteur à la bonde	
50	2^m04	2^m10	1^m90	2^m52	0^m50	7^m60	2^m20	2^m90	0^{m2} 1672
100	2 38	2 75	2 50	2 84	0 50	8 60	2 85	3 53	0 1225
150	2 67	3 15	2 88	3 06	0 50	9 40	3 25	3 92	0 1018
200	3 02	3 35	3 05	3 36	0 50	10 40	3 45	4 10	0 0897
250	3 36	3 90	3 65	3 68	0 50	11 40	4 »	4 68	0 0912
300	3 68	3 90	3 65	3 99	0 50	12 35	4 »	4 68	0 0823
350	3 68	4 05	3 75	3 99	0 50	12 35	4 15	4 80	0 0732
400	4 02	4 25	3 90	4 26	0 50	13 30	4 35	4 98	0 0723

Le tableau II donne pour des foudres de capacité variable entre 50 et 400 hectos : 1° leurs dimensions extérieures (dimensions usuelles du Languedoc, d'après les renseignements fournis par M. Huck, foudrier à Montpellier); 2° la largeur du bâtiment dans œuvre pour deux rangées de foudres, la longueur occupée par un foudre sur chaque rang, la hauteur du sol à la bonde ; 3° la surface nécessaire pour loger un hectolitre de vin. Les dimensions des foudres n'étant pas constantes d'une région à une autre, ni dans une même région d'un atelier à un autre, les chiffres de ce tableau ne sont donnés qu'à titre d'exemple. Ils peuvent cependant être pris comme base des calculs pour la région méditerranéenne. Lorsque les dispositions locales s'opposent à l'adoption des dimensions ci-dessus, si par exemple la largeur maximum du cellier est imposée par le voisinage d'autres constructions ou la configuration du terrain, on peut obtenir des foudriers qu'ils établissent des foudres d'une contenance déterminée avec des dimensions différentes: une moindre longueur et un plus grand diamètre. On augmenterait, au contraire, la longueur par rapport au diamètre, si on était limité pour la hauteur du bâtiment.

Les cuves en bois forment également deux lignes parallèles, séparées des murs par un intervalle de $0^m,25$ à $0^m,30$ seulement à la base. Cet écartement suffit, car les réparations à exécuter sur les flancs des cuves sont plus rares et moins difficiles que celles des fonds des foudres ; il est, d'ailleurs, un peu plus grand au sommet, puisque les cuves sont tronconiques. Sur une même ligne, les cuves sont à $0^m,10$ les unes des autres. Le passage central entre les deux lignes a une largeur qui égale au moins le plus grand diamètre des cuves. Lorsque le vin que l'on retire des cuves doit passer par des instruments de mesure ou bien doit remplir des foudres ou des futailles placés dans d'autres locaux, lorsque, en d'autres termes, le vin écoulé doit être pris avec des brocs, transporté dans des comportes ou déplacé à la pompe, les cuves reposent sur des dés en pierre ou en maçonnerie de faible hauteur. Il suffit qu'une comporte puisse être engagée aisément sous le robinet de vidange. Le bord inférieur est, dans ce cas, à $0^m,50$ seulement au-dessus du sol. En y ajoutant la hauteur du récipient lui-même, on a la hauteur du bord supérieur.

Si, comme cela a lieu dans le Bordelais, les cuves sont écoulées directement dans les barriques, il est commode de pouvoir engager la barrique sous le bord inférieur de la cuve, pour que le vin la remplisse en tombant du robinet, sans le secours d'une longue manche. La barrique bordelaise ayant $0^m,69$ de diamètre à la bonde, on élève à $0^m,75$ environ le bord inférieur des cuves. C'est cette hauteur que nous adopterons pour calculer la hauteur du bâtiment, sauf pour les cuves de grande capacité, en usage seulement dans le Midi de la France, où l'on fait usage de la pompe.

Le tableau III contient, pour des cuves de 50 à 600 hectos, les dimensions du bâtiment et la surface couverte correspondant à un hectolitre de capacité des cuves.

Tableau III. — **Dimensions des cuves et proportions correspondantes des bâtiments**

CAPACITÉ des cuves, en hectos	DIMENSIONS DES CUVES			LARGEUR du passage central	INTERVALLE du mur à la cuve	DIMENSIONS DU BATIMENT				SURFACE COUVERTE pour un hecto de capacité
	Hauteur	Grand diamètre	Petit diamètre			LARGEUR dans œuvre	LONGUEUR par cuve	HAUTEUR des supports	HAUTEUR au sommet de la cuve	
50	1^{m}80	2^{m}20	2^m »	2^{m}50	0^{m}30	7^{m}50	2^{m}30	0^{m}75	2^{m}55	0^{m2}1725
75	2 10	2 50	2 26	2 80	0 30	8 40	2 60	0 75	2 85	0 1456
100	2 20	2 75	2 46	3 »	0 30	9 10	2 85	0 75	2 95	0 1296
125	2 40	2 93	2 64	3 14	0 30	9 60	3 03	0 75	3 15	0 1163
150	2 52	3 12	2 82	3 36	0 30	10 20	3 22	0 75	3 27	0 1094
175	2 62	3 30	2 96	3 50	0 30	10 70	3 40	0 75	3 37	0 1039
200	2 75	3 44	3 10	3 62	0 25	11 »	3 54	0 75	3 50	0 0973
250	2 95	3 70	3 32	3 90	0 25	11 80	3 80	0 75	3 70	0 0896
300	3 15	3 95	3 55	4 10	0 25	12 50	4 05	0 75	3 90	0 0843
350	3 30	4 15	3 73	4 30	0 25	13 10	4 25	0 50	3 80	0 0795
400	3 45	4 32	3 90	4 46	0 25	13 60	4 42	0 50	3 95	0 0751
500	3 70	4 65	4 20	4 70	0 25	14 50	4 75	0 50	4 20	0 0688
600	3 90	4 93	4 45	4 99	0 25	15 35	5 03	0 50	4 30	0 0643

Il n'est pas possible de donner un semblable tableau ni pour les cuves en maçonnerie ou en sidérociment, ni pour les amphores, car les dimensions relatives de ces récipients sont très variables et ne sont pas assujetties à des règles aussi rigoureuses que celles des foudres ou des cuves en bois. Tandis que la longueur d'un foudre est toujours sensiblement égale à son diamètre en tête et que la hauteur d'une cuve en bois est toujours inférieure à son plus petit diamètre ou, au plus, égale à ce diamètre, les cuves en maçonnerie ou en sidérociment et les amphores peuvent avoir des hauteurs très différentes pour un même diamètre ou pour une même section. C'est même là un des avantages de ces récipients. Les cuves en sidérociment peuvent, en outre, recevoir des formes diverses, être elliptiques, parallélipipédiques, carrées, etc.. On peut donc, suivant l'emplacement dont on dispose, suivant que l'on a la faculté de s'étendre en élévation ou, au contraire, en surface, construire des cuves de dimensions appropriées, qui, tout en offrant la capacité dont on a besoin, utiliseront de la manière la plus avantageuse le bâtiment. La destination des cuves fixe également, dans certains cas, leurs dimensions : le lavage des piquettes exige notamment des cuves de grande hauteur et de petite section, de manière à ce que le marc qui y est tassé offre à la circulation de l'eau une faible surface et, au contraire, une forte épaisseur.

D'une manière générale, les cuves en maçonnerie sont encombrantes et occupent un vaste emplacement à cause de la grande épaisseur de leurs parois. Au contraire, les cuves en sidérociment sont très avantageuses, car leurs parois sont très minces. Les amphores ont aussi de faibles épaisseurs, quoique supérieures à celles des cuves en sidérociment; mais ces dernières se substituent partout aux amphores, sur lesquelles elles ont l'avantage d'être plus résistantes, plus économiques et de pouvoir prendre toutes les formes et toutes les dimensions. Les passages à ménager autour des récipients ou devant eux ont une largeur qui est calculée pour la commodité du service, pour la circulation des pompes, des instruments divers, des futailles. Mais il n'y a plus à tenir compte ici du déplacement des vases vinaires, puisqu'ils sont fixes.

Les cuves en maçonnerie sont adossées aux murs du bâtiment et sont construites les unes à la suite des autres, sans intervalle. Les cuves en sidérociment, à section circulaire, sont le plus souvent indépendantes les unes des autres, comme les amphores. Celles à section elliptique ou parallélipipédique sont, au contraire, montées en batterie, comme les cuves en maçonnerie. Les cuves cylindriques ou les amphores sont séparées des murs par un intervalle de $0^m,30$ à $0^m,40$ et distantes les unes des autres de $0^m,10$ environ. En avant de chaque rangée ou entre deux rangées parallèles, on laisse un passage de $2^m,50$ à 3 m. au minimum. Les cuves en maçonnerie sont élevées directement sur le sol de la cuverie, au-dessus d'une solide fondation ; les cuves en sidérociment et les amphores reposent sur un soubassement en maçonnerie. Les unes et les autres sont pourvues d'une porte, dont le seuil est au niveau du fond du récipient et à $0^m,80$ ou 1 m. au-dessus du sol extérieur. Parfois la porte est remplacée par un simple raccord à clapet ; dans ce cas, la cuve a son fond sensiblement au niveau du sol extérieur et le clapet est à cette même hauteur ; le robinet s'ouvre assez souvent alors au-dessus d'un conquet (puisard) ou d'un caniveau creusé dans le sol pour recevoir le liquide.

Les futailles sont placées, dans les chais ou dans les caves, sur des tins en bois ou en métal, quelquefois en pierre, de $0^m,15$ de hauteur, parallèlement aux longs côtés du bâtiment. S'il n'y a que deux rangées de barriques, chacune est disposée contre le mur à un intervalle de $0^m,03$. Au milieu, on ménage une allée de $1^m,20$ de largeur. Dans le sens longitudinal, les barriques sont à $0^m,01$ environ les unes des autres : elles se touchent à peu près. Lorsque les rangées sont au nombre de quatre, il y a un rang de barriques contre chaque mur et, au milieu, deux lignes de barriques accolées l'une à l'autre, avec un intervalle de 0^m,03 seulement. Entre cette double rangée et la rangée latérale, on laisse de chaque côté un passage de 1^m,20. Enfin, on peut encore loger les barriques sur six rangs, une rangée contre chaque mur et deux doubles rangées au milieu, avec des allées de 1^m,20. En hauteur, les barriques sont placées sur sole, c'est-à-dire sur un rang, ou bien on les gerbe, ou on les encarrasse sur deux ou trois rangs, rarement au delà.

TABLEAU IV. — **Dimensions des barriques et proportions correspondantes des bâtiments**

| BARRIQUES | CAPACITÉ en litres | DIMENSIONS DES BARRIQUES | | | Longueur par barrique en sole | DIMENSIONS DU BATIMENT | | | | | | |
| | | | | | | Largeur sur | | | Hauteur à la bonde | | | |
		Longueur	Diamètre à la bonde	Diamètre en tête		2 rangs	4 rangs	6 rangs	en sole	gerbé en 2me	gerbé en 3me	gerbé en 4me
Bordelaise....	225	0^m97	0^m69	0^m60	0^m70	3^m20	6^m37	9^m54	0^m82	1^m42	2^m02	2^m62
Beaujolaise...	216	0 86	0 69	0 60	0 70	2 98	5 93	8 88	0 82	1 42	2 02	2 62
Bourguignonne	228	0 86	0 73	0 61	0 74	2 98	5 93	8 88	0 85	1 48	2 11	2 74

Les dimensions du bâtiment, dans ces différentes hypothèses, sont données par le tableau IV pour trois types de barriques, les plus répandus. En ce qui concerne la hauteur, la dimension est prise du sol au niveau de la bonde de la rangée de barriques la plus élevée.

TABLEAU V. — **Surfaces couvertes correspondant à un hectolitre logé en barriques**

| BARRIQUES | LONGUEUR du bâtiment | SURFACE COUVERTE POUR UN HECTO LOGÉ EN BARRIQUES DISPOSÉES | | | | | | | | |
| | | SUR DEUX RANGS | | | SUR QUATRE RANGS | | | SUR SIX RANGS | | |
		en sole	en 2me	en 3me	en sole	en 2me	en 3me	en sole	en 2me	en 3me
Bordelaise.....	7^m »	0^{m2}4988	0^{m2}2619	0^{m2}1843	0^{m2}4954	0^{m2}2607	0^{m2}1834	0^{m2}4946	0^{m2}2603	0^{m2}1832
Beaujolaise...	7 »	0 4828	0 2543	0 1788	0 4800	0 2531	0 1781	0 4795	0 2526	0 1776
Bourguignonne.	7 40	0 4835	0 2546	0 1791	0 4811	0 2536	0 1783	0 4803	0 2527	0 1780

Le tableau V donne la surface couverte pour un hectolitre de vin logé dans ces divers cas. Nous avons pris comme base du calcul une longueur du bâtiment correspondant à 10 barriques en sole par rangée. Il y a lieu de remarquer que le nombre des barriques du deuxième rang, lorsqu'on gerbe en 2me, est toujours inférieur d'une unité à celui des barriques en sole, et que le nombre des barriques du troisième rang, lorsque l'on gerbe en 3me, est toujours inférieur de deux unités à celui des barriques en sole, quelle que soit la longueur du bâtiment, etc.. Par suite, la surface couverte pour un hectolitre de vin logé dans des futailles gerbées décroît lorsque la longueur du bâtiment augmente, puisque, par exemple, pour 10 barriques en sole, il y a 9 barriques au deuxième rang et 8 au troisième, tandis que, pour 20 barriques en sole, il y en a respectivement 19 et 18 au deuxième et au troisième rang. Mais la différence est peu sensible et l'on peut adopter les chiffres du tableau V obtenus, comme nous venons de le dire, avec une longueur du chai ou de la cave correspondant à 10 barriques en sole.

DEUXIÈME SECTION

ÉTUDE DE LA CONSTRUCTION

CHAPITRE PREMIER

TERRASSEMENTS

Les travaux de terrassement comprennent toutes les opérations dans lesquelles on déplace de la terre, qu'il s'agisse d'enlever en un point quelconque de la terre pour abaisser le niveau ou, au contraire, d'en apporter pour l'exhausser, qu'il s'agisse de creuser une tranchée, d'ouvrir un souterrain, de construire une terrasse, une rampe, etc., etc..

Dans tous les cas, les terrassements consistent en *déblais*, en *transports* de terre et en *remblais*. Ces divers travaux sont confiés à des terrassiers, ils sont parfois effectués par les ouvriers de l'exploitation pendant la mauvaise saison, à temps perdu, leur exécution ne demandant ni habileté, ni connaissances techniques, excepté dans quelques circonstances particulières, si par exemple on doit faire usage d'explosifs ou procéder à des étayements difficiles.

I. — DÉBLAIS

a. **Fouille.** -- La première opération d'un déblai est la *fouille*, qui consiste à désagréger la terre, à l'ameublir pour la rendre facile à enlever avec la pelle. Ce travail est fait à la bêche, à la pioche ou au pic, suivant la ténacité et la nature du sol. Il faut avoir soin de toujours tailler le sol en conservant aux parois de l'excavation une inclinaison assez faible pour éviter les éboulements. L'angle varie, suivant la nature du sol, entre 33° et 59°; le talus a, dans le premier cas, 1^m,50 de base pour 1 m. de hauteur, pour les terres les plus légères, et, dans le second cas, 0^m,60 de base pour 1 m. de hauteur, pour les terres tenaces. Lorsque la tranchée ou l'excavation n'est pas profonde et doit rester peu de temps exposée aux influences atmosphériques, si par exemple il s'agit d'une fouille de fondation qui sera rapidement remplie de maçonnerie ou d'une tranchée de drainage qui sera immédiatement comblée, on peut tailler les parois de la fouille verticalement ou donner aux talus une inclinaison de 81° à 82°, correspondant à 0^m,15 de base pour 1 m. de hauteur, dans un sol consistant ou très fortement tassé. Il est bon, si le sol manque de compacité, ou bien s'il a été fortement détrempé par les pluies, de soutenir les parois par des planches calées au moyen d'étrésillons.

Le temps nécessaire pour exécuter une fouille est très variable avec la nature de la terre et son tassement. On désigne quelquefois la difficulté de fouille par le nombre de piocheurs qu'il faut mettre en ligne pour fournir du déblai à un pelleteur ou chargeur. On dit ainsi que la terre est à un, à deux, à trois... hommes, si c'est un, deux ou trois... piocheurs que l'on doit employer pour un seul chargeur. Mais le travail de la fouille se trouve ainsi confondu avec celui des pelletages. Il est préférable de les séparer, pour pouvoir en calculer le prix isolément, et d'exprimer la difficulté de fouille par le temps réel qu'exige la fouille d'un mètre cube de terre.

Certaines terres extraites et jetées sur *berge* ont besoin d'être *repiochées* avant d'être chargées dans les brouettes ou tombereaux. Cette opération prend le nom de *repiochage sur berge;* elle est inutile pour les terres qui ne se tassent pas.

Le tableau VI donne la densité de diverses espèces de terre et le temps nécessaire pour fouiller un mètre cube. Le temps est exprimé en *centièmes d'heure*, et non en minutes, pour faciliter le calcul des prix de revient.

b. **Jets.—** La terre ameublie par la fouille est entreposée sur les berges ou chargée dans les véhicules qui doivent la transporter. Son déplacement a lieu par *jets de pelle*. Lorsque la fouille n'a pas plus de 1^m,20 à 1^m,60 de profondeur, la terre est directement jetée sur les berges : on jette les premières pelletées le plus loin possible, et les suivantes sur les premières jusqu'au bord de la fouille. Au delà de 1^m,60 de profondeur, on réserve le long des talus de la fouille des banquettes étagées de 1^m,60, sur lesquelles les déblais sont jetés de l'une à l'autre. Ces banquettes n'ont que 0^m,75 de largeur environ, pour ne pas augmenter inutilement la largeur de la fouille.

Le chargement de la terre dans une brouette équivaut sensiblement au jet sur berge; on peut éviter le jet sur berge et lancer directement la terre de la fouille dans la brouette, lorsque la profondeur est faible. Le chargement dans un tombereau équivaut au jet sur une banquette de 1^m,60.

La terre fouillée et déblayée a toujours un volume supérieur à celui de l'excavation ou de la tranchée d'où elle provient. Cette augmentation de volume s'appelle le *foisonnement*. Il varie avec la nature des terres et leur

DÉBLAIS

TABLEAU VI. — **Travaux de terrassement**

NATURE DES TERRES	DENSITÉ ou poids du mètre cube	FOUILLE de 1 mètre cube	REPIOCHAGE sur berge de 1 mètre cube	JET DE PELLE sur berge ou sur brouette (1 m. cube)	JET DE PELLE sur banquette ou sur tombereau (1 m. cube)	RÉGALAGE par couche de 0m,20 (1 m. cube)	DAMAGE de 1 mètre cube	INCLINAISON des talus naturels	LONGUEUR de la base pour 1m. de hauteur	FOISONNEMENT	CUBE DU DÉBLAI sans damage 5 jours après la fouille	CUBE DU DÉBLAI pilonné
	kilos	heures	heures	heures	heures	heures	heures	degrés	mètres	rapport	m. c.	m. c.
Sable sec.	1410	0 40	»	0 50	0 55	0 20	0 30	30	1 73	1/20	1 05	1 05
Terre de prairie humide, marais, etc.	1400	0 55	0 30	0 55	0 60	0 25	0 35	33	1 54	1/10	1 10	1 05
Vase desséchée.	»	0 50	0 30	0 52	0 55	»	»	»	»	»	»	»
Terre végétale très légère.	1250	0 50	0 20	0 50	0 55	0 25	0 35	33	1 54	1/10	1 10	1 05
— légère.	1310	0 60	0 22	0 51	0 56	0 25	0 35	36	1 38	1/10	1 10	1 05
— ordinaire	1400	0 65	0 29	0 55	0 60	0 27	0 35	40	1 20	1/10	1 10	1 05
— pierreuse	1500	0 90	0 30	0 60	0 65	0 30	0 40	43	1 07	»	»	»
Terre argileuse.	1600	1 »	0 50	0 70	0 77	0 31	0 50	56	0 67	1/6	1 16	1 06
Terre glaiseuse.	1900	1 25	0 60	0 72	0 78	0 40	0 54	63	0 51	1/1,4	1 70	1 40
Terre argileuse mêlée de pierres.	1910	1 50	0 65	0 80	0 85	0 40	0 54	56	0 67	»	»	»
Crayon ou marne.	1600	1 70	0 85	0 80	0 85	0 40	0 54	»	»	1/1,4	1 70	1 40
Tuf ordinaire.	»	2 »	»	0 83	0 88	»	»	»	»	1/2	1 50	1 30
Tuf pétrifié.	»	3 30	»	0 86	0 91	»	»	»	»	1/1,8	1 55	1 35
Roches de moyenne dureté.	2000à2500	5 »	»	0 95	1 »	»	»	70	0 36	1/4	1 25	1 15

état plus ou moins parfait de division. Sa valeur est donnée, pour quelques terres, ainsi que l'augmentation du cube du déblai qui en résulte, par les dernières colonnes du tableau VI. Mais, en général, on ne tient compte du foisonnement ni dans le calcul du volume de terre fouillée ni dans l'appréciation du temps et du prix de revient des jets de pelle et des transports : le volume compté est toujours celui du vide d'où la terre est extraite.

Le temps nécessaire pour effectuer les jets de pelle varie avec la nature des terres et leur état d'humidité. Il dépend encore de la profondeur de la fouille et de la facilité plus ou moins grande avec laquelle les ouvriers peuvent se mouvoir, c'est-à-dire de la largeur des tranchées, des banquettes, etc.. Le tableau VI donne, toujours *en centièmes d'heure*, le temps nécessaire pour jeter à la pelle un mètre cube de terre fouillée, en supposant aux ouvriers la plus grande liberté de mouvements et sans tenir compte du foisonnement.

II. — TRANSPORTS

a. **Transports horizontaux**. — Dans les chantiers de terrassements, les transports doivent être organisés de manière que les ouvriers soient constamment occupés, c'est-à-dire que les *chargeurs* n'attendent pas après les *piocheurs* et que les *rouleurs* n'attendent pas eux-mêmes après les chargeurs. Le système de transport et de véhicule adopté varie avec la distance à parcourir et la quantité de terre à déplacer.

Lorsque la distance horizontale entre la fouille et le lieu où la terre doit être déposée ou remblayée n'excède pas 9 mètres, on fait le transport par *jets de pelle* successifs, de 3 m. d'amplitude, constituant chacun un relai. La durée du transport d'un mètre cube de terre, à un seul homme, est de

$0^{\text{heure}},80$ pour une distance de 3 m.,
1^{h} 60   —   6 —,
2^{h} 40   —   9 —.

Au delà de 9 mètres, on a recours à la *brouette*. Le type de brouette le plus commode est la brouette anglaise à parois très évasées : le centre de gravité de la charge est bas par rapport aux brancards, ce qui rend la brouette stable et facile à conduire ; en outre, le déchargement est aisé, il suffit d'incliner la brouette à 45°, en la laissant porter sur la roue et sans abandonner les brancards. La charge d'une brouette est de $0^{\text{m}3},033$ à $0^{\text{m}3},055$ de terre, suivant le poids de celle-ci. Le roulage de la brouette a lieu sur des plabords, si le sol est meuble ou fraîchement remué, de manière à empêcher la roue de creuser une ornière à chaque voyage. Le transport à la brouette a lieu par relais de 30 m., c'est-à-dire qu'un homme, le *rouleur*, ne conduit jamais sa brouette pleine à plus de 30 m. ; il revient à son point de départ avec la brouette vide. Si la distance à parcourir dépasse 30 m., le premier rouleur trouve au relai un deuxième rouleur qui reçoit la brouette pleine et la conduit à destination ou au deuxième relai et qui lui donne en échange une brouette vide, et ainsi de suite. Il y a donc autant de rouleurs que la distance contient de fois 30 m.. Si le chemin à parcourir a une pente de plus de $0^m,05$ par mètre, les relais sont de 20 m. seulement.

TABLEAU VII. — **Durée des transports de un mètre cube de terre de densité moyenne**

		TRANSPORT HORIZONTAL				TRANSPORT VERTICAL
DISTANCES	JET DE PELLE à un seul homme	BROUETTE à un homme, de		CAMION à 2 hommes, de 200 litres de capacité	TOMBEREAU à 2 chevaux et 1 conducteur, de 1 m³ de capacité	TREUIL à 3 hommes au minimum avec panier de 50 litres
		50 litres	33 litres			
mètres	heures	heures	heures	heures	heures	heures
3	0 80	»	»	»	»	0 318
6	1 60	»	»	»	»	0 436
9	2 40	»	»	»	»	0 553
15	»	»	»	»	»	0 790
30	»	0 51	0 77	»	»	1 379
60	»	1 02	1 54	»	»	»
90	»	1 53	2 31	»	»	»
100	»	»	»	0 46	0 166	»
120	»	2 04	3 08	»	»	»
200	»	»	»	0 92	0 233	»
300	»	»	»	1 38	0 300	»
400	»	»	»	»	0 366	»
500	»	»	»	»	0 430	»
600	»	»	»	»	0 500	»
700	»	»	»	»	0 566	»
800	»	»	»	»	0 633	»
900	»	»	»	»	0 700	»
1000	»	»	»	»	0 766	»
						»

Pour calculer le prix de revient du transport d'un mètre cube de terre aux distances indiquées dans la première colonne de ce tableau, il suffit de multiplier les chiffres des colonnes suivantes par le prix d'unité de l'heure de l'ouvrier, des ouvriers ou des attelages employés, suivant le cas.

Le temps employé au transport d'un mètre cube de terre comprend les temps perdus à la mise en train et aux relais, le temps des voyages (aller et retour) de la brouette et le temps du déchargement. Dans le transport à la brouette, le rouleur doit toujours trouver, à son arrivée, une brouette pleine et le chargeur avoir une brouette vide. Il en résulte que la perte de temps au lieu du chargement est insignifiante (un quart de minute à peine). Quant au déchargement, il est à peu près instantané. Restent en ligne de compte la durée des voyages qu'il est facile de calculer, en supposant au rouleur une vitesse de 2.800 mètres à l'heure, et, pour les distances supérieures à 30 mètres, les menues pertes de temps aux relais, que l'on peut fixer à un quart de minute par voyage et par relai. Le tableau VII donne la durée du transport d'un mètre cube de terre à des distances comprises entre 30 m. et 120 m..

Lorsque la distance à parcourir dépasse 3 à 4 rélais (90 à 120 m. ; 100 m. en moyenne), on emploie de préférence le *camion* (charrette à bras) ou le *tombereau* attelé à un, deux ou plus de chevaux.

Le camion est un petit tombereau, de $0^{m3},200$ de capacité, traîné par deux ou trois hommes. Si l'on admet que le chargement soit fait par des chargeurs spéciaux, le temps nécessaire pour transporter un mètre cube de terre à une distance de 100 mètres comprend alors seulement :

1° Le temps perdu par les hommes pour s'atteler, décharger et repartir, soit pour un voyage $0^h,02$ et pour cinq voyages............... $0^h,10$

2° Le temps du voyage (aller et retour), qui est de............. $0^h,36$

$$\text{Total}.................. \quad 0^h,46.$$

Mais il vaut mieux faire usage du tombereau attelé, dont la capacité varie de $0^{m3},5$ à $1^{m3},5$. Si l'on prend comme unité de distance le parcours de 100 mètres, le temps nécessaire pour transporter un mètre cube dans un tombereau de 1 m. c. de capacité, attelé de deux chevaux, est donné par le tableau VII pour les distances comprises entre 100 et 1.000 mètres, en supposant aux attelages une vitesse de 3.000 mètres à l'heure et en fixant à $0^h,10$ le temps perdu à chaque voyage pour la mise en route et le déchargement.

Lorsque le transport à charge se fait en gravissant une forte rampe, la durée peut être augmentée de un tiers.

Enfin, pour des distances supérieures à 1.000 mètres et pour des terrassements importants, il y a intérêt à faire usage de porteurs à rails (type Decauville): des trains de wagonnets sont remorqués par des chevaux. La durée du transport ne varie guère, car la mise en train et le déchargement demandent le même temps, et la vitesse des animaux reste sensiblement la même, mais le prix du transport diminue considérablement, car le poids de terre transporté à chaque voyage par un même nombre d'animaux est beaucoup plus élevé.

Le temps nécessaire aux divers chargements est facile à établir, sachant qu'un homme peut charger en moyenne sur brouette $1^{m3},500$ à $2^{m3},000$; sur camion ou sur tombereau, $1^{m3},200$ à $1^{m3},500$ par heure. Si Q est la capacité du véhicule, q le cube chargé par heure, et N le nombre des chargeurs, qui varie de un à trois et qui, pour un tombereau, ne doit pas excéder trois ouvriers, le temps T du chargement vaudra

$$T = \frac{Q}{q \times N}.$$

b. **Transports verticaux**. — Les transports sur fortes rampes peuvent se faire par l'un quelconque des procédés qui viennent d'être énumérés et constituent un moyen détourné pour élever la terre. Mais la durée du transport augmente considérablement, car, d'une part, le chargement des véhicules est moindre et, d'autre part, la vitesse des hommes ou des animaux diminue.

Les transports verticaux se font au jet de pelle, lorsque la hauteur n'excède pas $1^m,60$, et par banquettes étagées de $1^m,60$, pour des hauteurs plus grandes. Un homme peut jeter, d'un étage à l'étage supérieur, $1^{m3},500$ environ par heure. Lorsque la profondeur du déblai est considérable et la surface de l'excavation réduite, on a recours soit à la *poulie*, soit au *treuil*. Avec la poulie, la terre est élevée dans des seaux ou paniers de faible capacité. Avec le treuil, on fait usage de caisses ou de paniers de 33 à 50 litres, suivant la densité de la terre.

La manœuvre du treuil exige habituellement quatre ouvriers, non compris le chargeur : deux pour tourner à la manivelle et deux pour recevoir, décrocher le panier plein, le vider et accrocher un panier vide. On pourrait à la rigueur supprimer un de ces deux hommes, un de ceux qui manœuvrent le treuil pouvant abandonner la manivelle et venir en aide à celui qui vide le panier, tandis que celui qui reste à la manivelle ferait descendre le panier vide.

Pour monter un mètre cube de terre à la poulie, un terrassier met 2 heures pour une élévation de 3 mètres et pour chaque hauteur de 3 mètres. Au treuil, le temps nécessaire pour élever un mètre cube se calcule ainsi :

1° Décrochage d'un panier plein et accrochage d'un vide et *vice versa*. . . . . 0 heure 010000

2° Elévation à 1 mètre du panier plein. 0   001132

3° Descente du panier vide de 1 mètre. 0   000833

Chaque panier cubant 50 litres, il faut renouveler 20 fois l'opération, ce qui donne, en définitive, pour diverses hauteurs d'élévation, les résultats consignés sur le tableau VII.

III. — REMBLAIS

a. **Régalage**. — Les véhicules qui ont servi au transport sont déchargés aux endroits désignés, ils laissent la terre en tas. Le premier travail du *remblayeur* consiste à détruire ces tas et à étendre la terre en une couche uniforme, c'est le *régalage*. Il doit être fait avec soin : il faut éviter de laisser des vides et s'efforcer de former chaque couche avec des matériaux homogènes, afin que le tassement se fasse régulièrement et qu'il ne se produise pas, en certains points, des affaissements ultérieurs. Les grosses pierres, les débris de bois ou autres sont éliminés. Le régalage est pratiqué avec la pelle, la pioche, la fourche, le râteau, etc..

Le temps nécessaire au régalage d'un mètre cube de terre dépend de la nature des terres, de leur état de division et de siccité. Il est donné par le tableau VI.

b. **Damage. Pilonnage.** — Lorsqu'on abandonne à lui-même un remblai, les terres subissent un tassement naturel, d'autant plus grand que le foisonnement est lui-même plus élevé. Ce n'est qu'après le tassement que le remblai a sa forme définitive. Pour obtenir plus rapidement ce résultat, on tasse artificiellement le remblai, au fur et à mesure du régalage des couches qui le constituent, en comprimant celles-ci avec des *battes*, *dames*, *rouleaux*, etc . Cette opération, appelée *damage* ou *pilonnage*, exige pour être efficace un certain état de moiteur de la terre. Si elle est trop sèche, elle rebondit et reprend, après le choc des instruments, sa position première. Trop humide, elle colle aux instruments. On prolonge d'autant plus le damage que la terre a foisonné davantage.

Pour damer un remblai, on procède par couches successives de $0^m,15$ à $0^m,20$ d'épaisseur ; le tableau VI donne les temps nécessaires pour effectuer cette opération.

Si la terre n'est pas maintenue de tous côtés, soit par les parois d'une excavation, d'une tranchée, d'une fosse quelconque, soit par des murs de soutènement, il est indispensable de taluter le remblai, en donnant aux talus une inclinaison de 30° pour les terres ébouleuses (1,75 de base pour 1 de hauteur) et de 45° pour les terres fermes (1 de base pour 1 de hauteur). L'opération demande $0^h,06$ à $0^h,12$ par mètre carré de talus. Le même temps est nécessaire pour niveler une surface horizontale. On augmente la solidité des talus et on évite les éboulements en gazonnant leur surface.

CHAPITRE II

MAÇONNERIES

———

Les travaux de maçonnerie comprennent l'édification des murs de toute nature. Les murs sont constitués par des corps solides (*pierres*) résistant à l'air, à l'eau et à la pression, rangés d'une manière stable les uns par rapport aux autres et reliés par des matériaux agglutinants (*mortiers*).

———

I. — MATÉRIAUX

a. **Pierres naturelles.** — Les pierres sont des fragments des roches naturelles. Lorsque ces fragments sont de faible volume, ils forment ce que l'on appelle des *cailloux* ou des *pierrailles*.

Les *pierres calcaires* sont très répandues et très employées dans les constructions. Leur dureté et leur résistance à l'écrasement varient dans des limites très étendues, depuis les marbres qui peuvent être chargés à raison de 60 à 70 kilos par centimètre carré jusqu'au tuf crayeux qui ne peut supporter que 2 à 3 kilos.

Ces pierres sont souvent *gélives*, c'est-à-dire exposées à se fendre et à se déliter lorsque la température s'abaisse au-dessous de 0°. On peut, avant de les employer, les soumettre à l'épreuve du procédé Brard. Pour cela, on prend des fragments de la pierre à essayer, de 0^m,05 à 0^m,08 de côté environ. On les plonge et on les fait bouillir pendant une demi-heure dans une solution saturée à froid de sulfate de soude. On les retire ensuite et on les suspend au-dessus du récipient, de manière à pouvoir les arroser de temps en temps avec la solution. Le sulfate de soude, en cristallisant dans les pores de la pierre, produit le même effet que la gelée. Si la pierre est gélive, elle ne tarde pas à se fendre et à tomber en morceaux. Si, après 8 jours, elle est restée intacte, on peut en faire usage en toute sécurité. Il se détache parfois de petits fragments ou de menus débris qui tombent au fond du récipient. Leur nombre et leur importance permettent d'apprécier la qualité de la pierre et sa plus ou moins grande résistance à l'action du froid.

Les *pierres siliceuses* sont d'aspect très variable: les granits, les grès, le silex, les meulières sont les variétés les plus employées. Ces matériaux sont très durs et résistent fort bien à la gelée. La *meulière* est une des pierres les plus précieuses en construction. Les irrégularités de ses faces favorisent la liaison avec les mortiers. Lorsque ceux-ci sont de bonne qualité, les murs de meulières ne forment plus qu'un bloc au bout de peu de temps. Les enduits de ciment y adhèrent parfaitement. Aussi ces pierres sont-elles recherchées pour la construction des caves, voûtes, fosses, citernes, cuves, etc.

L'emploi de ces divers matériaux est subordonné, d'une part, à la facilité avec laquelle on peut se les procurer et à la proximité de leur lieu d'origine, d'autre part, à la nature de la construction et à la plus ou moins grande solidité des ouvrages à exécuter.

b. **Pierres artificielles.** — La grande densité des pierres ne permet pas leur transport à longue distance, à cause des frais qu'il occasionnerait. En l'absence de carrières naturelles ou si les matériaux qui en sont extraits ne présentent pas les qualités requises pour une bonne construction, on fait usage de pierres artificielles, c'est-à-dire de produits céramiques. Les plus employés sont les *briques*. Elles ont le plus souvent la forme de parallélipipèdes. Lorsque l'argile qui a servi à leur fabrication est de bonne qualité et que les briques ont été bien cuites, leur résistance et leur durée sont considérables.

Le type de brique le plus répandu est un parallélipipède plein dont les dimensions sont $0^m,22$, $0^m,11$ et $0^m,055$. Mais il existe des modèles divers, de moindre largeur, de moindre épaisseur ou de plus grande longueur.

On fait également un grand usage de briques creuses, percées dans le sens de leur longueur de deux ou plus de trous. Ces briques ont l'avantage d'être très légères, plus résistantes que les briques pleines à poids égal, mauvaises conductrices de la chaleur, et de faire bonne prise avec les mortiers. Elles sont fabriquées en toutes dimensions, avec des formes variées, et se prêtent admirablement à toutes les exigences de la construction.

c. **Mortiers.** — On donne le nom de *mortier* à diverses pâtes, plus ou moins fluides, avec lesquelles on remplit les vides qui subsistent entre les pierres, lorsque celles-ci sont disposées les unes à côté des autres ou les unes au-dessus des autres, dans les ouvrages de maçonnerie. Les mortiers durcissent en séchant et forment avec les pierres qu'ils agglutinent un bloc dont la résistance dépend à la fois de la nature des pierres et de la qualité du mortier.

Le mortier classique est celui que l'on fait par le mélange de chaux grasse éteinte et de sable, dans la proportion de 1 volume de chaux grasse en pâte pour 2 à 3 volumes de sable. La qualité d'un mortier est en rapport direct avec la qualité des éléments qui le composent : le sable notamment doit être aussi pur que possible, c'est-à-dire exempt de débris végétaux et de terre ; le sable de rivière est donc le meilleur.

Le sable est une matière inerte : son rôle est d'empêcher le mortier de prendre, par la dessiccation, un retrait trop considérable, de diviser la chaux, de faciliter l'accès de l'air et de hâter le durcissement du mortier. Il augmente, en outre, le volume du mortier et limite les tassements de la maçonnerie.

Le mortier est généralement fabriqué à bras. Le sable et la chaux grasse sont apportés par brouettées, on se contente de compter le nombre des brouettées pour établir le dosage : une brouettée de chaux pour trois de sable donne un mortier *maigre ;* deux brouettées de chaux pour cinq de sable produisent un mortier *gras ;* une brouettée de chaux pour deux de sable fait un mortier *très gras.* Le mélange se fait au moyen de griffes et de rabots.

Le mortier de chaux grasse n'est employé que pour les maçonneries de fondation non exposées à l'humidité et pour les maçonneries en élévation.

Les mortiers de chaux hydraulique et de ciment offrent une résistance beaucoup plus grande que les autres ; de plus, ils font prise sous l'eau. Ils contribuent à former d'excellentes maçonneries toutes les fois que l'on construit sous l'eau ou seulement dans des milieux humides. On les emploie même dans les ouvrages exposés à l'air pour avoir une plus grande solidité, ou bien pour avoir des parois étanches.

L'hydraulicité de la chaux, c'est-à-dire la propriété de faire prise sous l'eau, dépend de la quantité d'argile contenue dans le calcaire qui lui donne naissance.

La chaux faiblement hydraulique renferme   12 à 15 % d'argile,
La chaux moyennement hydraulique   15 à 17   —   ,
La chaux éminemment hydraulique   17 à 20   —   .

Les ciments proviennent de la cuisson de calcaires contenant de 20 à 30 % d'argile. Les ciments *à prise lente,* dont le type est le ciment de Portland, sont obtenus avec des calcaires dosant 20 à 25 % d'argile et font prise au bout de 1/2 heure à 18 heures. Leur densité est de 1.200 à 1.300 kg. au mètre cube. Les ciments *à prise rapide,* dits *ciments romains,* dont le type est le ciment de Vassy, sont produits par des calcaires renfermant 25 à 30 % d'argile et font prise en 5 à 10 minutes, 20 minutes au plus. Leur densité est de 950 kilos au mètre cube.

Les chaux hydrauliques et les ciments sont livrés en sacs, à l'état de poudre. Ils sont éteints au moment même de leur emploi.

Les mortiers de ciment sont plus chers que les mortiers de chaux hydraulique. Aussi ne les emploie-t-on que dans les constructions hydrauliques qui doivent offrir une grande solidité et une étanchéité absolue. Ailleurs, on leur substitue les mortiers de chaux hydraulique, dans lesquels on

Tableau VIII. — Composition et prix de revient de un mètre cube de mortier

DÉSIGNATION DU MORTIER	SABLE		CHAUX			CIMENT			FAÇON		PRIX de revient	USAGES
	Quantité	Prix	Nature	Quantité	Prix	Nature	Quantité	Prix	Temps	Prix		
	m. c.	fr.		m. c.	fr.		kilos	fr.	heures	fr.	fr.	
MORTIERS de chaux grasse												
Mortier maigre	1 »	3	grasse	0 330	12	»	»	»	4	03 5	8 36	Maçonneries de fondation non exposées à l'humidité. Maçonneries en élévation. Murs de clôture.
Mortier gras	1 »	—	—	0 400	—	»	»	»	4	—	9 20	
Mortier très gras . . .	0 925	—	---	0 462	—	»	»	»	4	—	9 72	
MORTIERS de chaux hydraulique ou de ciment												
Mortier n° 1 (1 p. ciment+5 p. de sable)	1 »	—	»	»	»	Portland	260	5	6	—	18 10	Massifs et blocages.
Mortier n° 2 (1 p. de chaux ou de ciment + 3 p. de sable)	1 »	—	hydraulique	0 330	12	»	»	»	4	—	8 36	Maçonneries ordinaires. Fondations. Pavages.
	1 »	—	»	»	»	Portland	435	5	6	—	26 85	
	1 »	—	»	»	»	Romain	330	4	8	—	19 »	
Mortier n° 3 (1 p. de chaux ou de ciment + 2 p. de sable)	0 925	—	hydraulique	0 462	12	»	»	»	4	—	9 72	Maçonneries très soignées.
	0 925	—	»	»	»	Portland	601	5	6	—	34 92	
	0 925	—	»	»	»	Romain	462	4	8	—	24 05	
Mortier n° 4 (1 p. de chaux ou de ciment + 1 p. de sable)	0 675	—	hydraulique	0 675	12	»	»	»	4	—	11 52	Maçonneries étanches et enduits.
	0 675	—	»	»	»	Portland	878	5	6	—	48 02	
	0 675	—	»	»	»	Romain	675	4	8	—	31 82	

Les prix des matériaux ci-dessus sont pour :
Le sable et la chaux grasse, des prix moyens ;
La chaux hydraulique, le prix de la chaux Lafarge du Teil, sur wagon en gare de Châteauneuf (17 fr. la tonne ; densité, 710 kil environ le m. c.) ;
Les ciments, le prix des ciments de la Porte-de-France, en sacs, sur wagon en gare de Grenoble.

incorpore quelquefois une petite proportion seulement de ciment de Portland (1/10 environ) pour activer la dessiccation ou la prise.

Le sable entre dans la confection de ces mortiers comme dans ceux de chaux grasse. Il y joue le même rôle. Le dosage varie avec la nature de l'ouvrage à exécuter. On donne la préférence aux sables à grains fins pour les mortiers de chaux hydraulique et de ciment. Les mortiers de chaux grasse s'accommodent très bien, au contraire, des sables plus grossiers, à grains volumineux. Dans les deux cas, les sables doivent être parfaitement lavés et aussi purs que possible.

La densité des mortiers est de 1.850 à 2.000 kilos au mètre cube.

Le tableau VIII donne la composition des principaux types de mortier et les éléments du calcul de leur prix de revient. Le prix des chaux et des ciments et celui du sable ne sont donnés que par approximation, pour permettre de comparer la valeur de l'unité de ces divers mortiers. Ces prix doivent être établis, dans chaque cas particulier, suivant l'usine ou la carrière qui fournit ces matériaux, la distance et les frais de transport.

La fabrication des mortiers demande un temps variable avec leur composition. Pour les mortiers de chaux hydraulique, il faut un temps moindre que pour les mortiers de ciment, et pour ceux-ci le temps augmente avec la rapidité de prise du ciment employé. En effet, plus la prise est rapide et moindre doit être la quantité de mortier fabriquée d'un coup, et la façon d'un mètre cube croît avec le nombre des opérations.

Le mortier de plâtre, ou plutôt le plâtre gâché, jouit de la propriété de durcir presque immédiatement, en 5 à 15 minutes suivant la proportion d'eau employée, c'est-à-dire suivant que le plâtre a été gâché clair ou serré. Il est précieux pour faire les cloisons intérieures, les hourdis de planchers, les enduits ; il a, de plus, la propriété d'adhérer fortement aux corps solides, ce qui le fait rechercher pour les scellements. Mais il craint l'humidité et ne doit être utilisé ni pour les fondations, ni pour les murs extérieurs.

Un mètre cube de plâtre cuit pèse 1.250 kilos. Gâché, il pèse humide 1.600 kilos et sec 1.400 kilos. Le prix du plâtre est en moyenne de 20 francs les 1.000 kilos, ou 25 fr. le mètre cube.

Le plâtre doit être conservé à l'abri de l'air et de l'humidité. Il est gâché au fur et à mesure des besoins et par petites quantités à la fois, sans addition de sable.

II. — EXÉCUTION DES MAÇONNERIES

a. **Béton.** — Le béton est formé par le mélange de mortier de chaux hydraulique ou de ciment avec des pierres cassées de $0^m,04$ à $0^m,05$ de côté ou des cailloux. Ceux-ci doivent être anguleux, durs et bien propres, c'est-à-dire débarrassés de matières terreuses. Le volume de mortier employé doit être tel que le mortier remplisse tous les vides laissés entre les pierres ; dans ce cas, on a un *béton gras*. Le béton est *maigre* si le mortier ne remplit pas complètement les vides. La composition du mortier dépend de la nature de l'ouvrage à exécuter, de même que le dosage du béton. En général, on emploie le mortier n° 2 ou le mortier n° 3. Quant à la composition du béton, elle est donnée par le tableau IX, qui comprend également le prix de revient calculé avec le mortier de ciment n° 2.

TABLEAU IX.— **Composition et prix de revient de 1 m. c. de béton**

DÉSIGNATION du béton	CAILLOUX		MORTIER N° 2		FAÇON		PRIX de revient	USAGES
	Quantité	Prix	Quantité	Prix	Maçon à 0 f. 50 l'heure	Manœuvre à 0 f. 35 l'heure		
	m. c.	fr.	m. c.	fr.	heures	heures	fr.	
Très gras..	0 770	5 50	0 550	26 85	2	9	23 15	Réservoirs. Radiers. Maçonneries immergées.
Gras	0 780	—	0 520	—	2	9	22 40	Égouts. Fondations de ponts. Maies de pressoirs.
Ordinaire..	0 840	—	0 480	—	2	9	21 65	Fondations en terrains humides.
Maigre	0 900	—	0 450	—	2	9	21 18	Fondations en terrains mouvants.
Très maigre	1　　»	—	0 380	—	2	9	19 85	Fondations en terrains secs.

Le dosage se fait par brouettées et le mélange est obtenu à bras sur une aire en planches, ou à la machine dans de longues caisses verticales garnies intérieurement de plans inclinés à chicane.

Le béton doit toujours être coulé soit dans un trou, une excavation, une tranchée, soit dans un moule formé avec des planches, que l'on démonte après la prise du mortier. Il est étalé par couches de $0^m,20$ et fortement pilonné. Lorsque le damage est bien fait et l'ouvrage achevé d'un seul coup sans interruption, le béton se prend en masse et constitue un monolithe d'une résistance extraordinaire et totalement incompressible. C'est là le principal avantage du béton, celui qui le fait rechercher pour les fondations et pour les massifs de machines. On doit attendre, pour charger le béton, qu'il ait fait prise. La durée de la prise dépend de la composition et du dosage du mortier. Les mortiers de ciment font prise plus rapidement que ceux de chaux hydraulique. En cas d'urgence, on peut ajouter à la chaux un peu de ciment à prise lente.

La densité du béton est de 2.300 à 3.400 kilos. Le béton de mortier hydraulique peut être chargé à raison de 4 à 5 kilos par centimètre carré. Le béton de mortier de ciment peut supporter 10 à 14 kilos.

La fabrication du béton, y compris la façon du mortier et le lavage des cailloux, et le pilonnage du béton par couches de $0^m,20$ exigent, par mètre cube, 2 heures de maçon et 9 heures de manœuvre.

b. **Béton aggloméré.** — Si l'on mélange intimément du gros gravier bien lavé ou du sable de rivière à gros grains avec de la chaux hydraulique et du ciment à prise lente, et si l'on moule ce mélange en forme de parallélipipèdes, on obtient des blocs de pierre artificielle d'une grande dureté. Ces moulages, souvent désignés sous le nom d'*agglomérés Coignet*, en souvenir du constructeur qui les a vulgarisés, peuvent également être obtenus sur place dans une construction et former des murs monolithes ; au lieu de pilonner le mélange dans des caisses, on le tasse entre des panneaux, que l'on retire lorsque le mortier a fait prise. La construction de ces maçonneries est identique à celle des maçonneries de pisé dont il est question un peu plus loin.

Les formules données par M. Coignet sont nombreuses. Elles dépendent de la qualité des matériaux employés et de la nature des ouvrages à exécuter. Le tableau suivant en donne quelques types :

	Sable de rivière	Chaux très hydraulique	Ciment de Portland
Nº 1	1^{m3}	125^{kg}	150^{kg}
2	1	150	100
3	1	175	50
4	1	210	»

Le mélange est additionné du minimum d'eau nécessaire pour la prise, bien malaxé, aggloméré par le choc dans des moules, ou fortement damé entre des panneaux.

Ces bétons agglomérés résistent fort bien aux gelées et aux intempéries. Ils offrent une grande solidité, supérieure à celle des meilleures maçonneries, quand les matériaux sont de bonne qualité. Ils sont précieux pour la construction des fondations, voûtes, égouts, galeries souterraines, etc..

On peut aussi faire des bétons agglomérés par le mélange de chaux hydraulique et de mâchefer réduit en poudre dans les proportions suivantes :

     Mâchefer........................... 1^{m3}
     Chaux hydraulique............... $0^{m3}250$ (ou 250^{kg}).

Ce béton est employé comme la terre à pisé et constitue d'excellentes maçonneries monolithes. On peut les charger pratiquement de 4 à 6 kilos par centimètre carré.

c. **Pisé.** — On élève parfois des murs avec de la terre franche argileuse, sans mortier d'aucune sorte, que l'on pilonne simplement entre des panneaux. Lorsque la terre est de qualité convenable, c'est-à-dire jouit de la propriété de tasser et de conserver la forme qu'on lui donne en la comprimant avec la main, les maçonneries ainsi obtenues, dites en *pisé*, sont très résistantes. A la condition de les recouvrir extérieurement d'un enduit, lorsqu'elles sont sèches, pour les mettre à l'abri de l'humidité et des intempéries, elles peuvent durer fort longtemps et remplacer dans les constructions économiques les bétons ou les maçonneries en pierre. Dans le Lyonnais, dans le Beaujolais, le pisé est très répandu et constitue la majeure partie des bâtiments ruraux.

Pour élever un mur en pisé, on commence par former une sorte de moule au moyen de deux planches disposées parallèlement l'une à l'autre, à un écartement égal à l'épaisseur du mur, et maintenues par des traverses. C'est dans cette espèce de coffre, qui mesure 2 à 3 m. de longueur sur 1 m. environ de hauteur, que la terre est étendue par couches de 0^m,20 et fortement pilonnée. Lorsque le coffre est plein, on a fait une *banchée*. On démonte le moule que l'on établit de nouveau à la suite et on fait une deuxième banchée, etc., etc.. Lorsque la première assise est terminée, on élève la deuxième, puis la troisième, et ainsi de suite jusqu'au sommet de la construction. On a soin que, dans deux assises successives, les joints des banchées ne correspondent pas. Ces joints sont généralement inclinés à 45°. On relie les banchées d'une même assise et les assises entre elles par une couche de bon mortier à la chaux grasse. On bouche également au mortier les trous laissés par les traverses du moule. Quand la terre est à pied d'œuvre, deux ouvriers peuvent faire 8 à 9 m. c. de pisé dans une journée de 12 heures.

Les murs en pisé s'établissent sur une fondation en maçonnerie de moellons, surmontée d'un soubassement de 0^m,50 à 1 m. de hauteur. Le mur lui-même a un fruit de 0^m,007 environ par mètre sur chaque face. Les ouvertures (portes et fenêtres) sont encadrées de pierres, briques ou pièces de bois. Les poutres des planchers d'étage et les fermes de la couverture reposent sur des dés en pierre de taille ou sur des dalles noyés dans le pisé. Les angles des bâtiments sont quelquefois en moellons. Mais cette alternance des matériaux produit des tassements inégaux qui fissurent les murs. Il est préférable de monter les angles en pisé, mais en apportant un peu plus de soin à la construction de ces parties délicates et en arrosant la terre d'un lait de chaux pour augmenter sa résistance.

Les murs en pisé n'offrent évidemment pas la résistance des maçonneries ordinaires. Mais ils sont très économiques et se recommandent dans les régions où les pierres sont rares ou de mauvaise qualité, pour les constructions de peu de hauteur et légères : hangars, appentis, cuveries, etc.. Les

enduits ne doivent être appliqués que lorsque le pisé est tout à fait sec,
c'est-à-dire 5 à 6 mois seulement après l'exécution des travaux.

d. **Maçonnerie de moellons.**— On donne le nom de *moellon* à tout bloc
de pierre de dimensions telles qu'un homme puisse le porter facilement.
Les moellons sont bruts, smillés, piqués ou d'appareil, suivant qu'ils se présentent avec des formes et des dimensions irrégulières ou qu'ils sont, au
contraire, préparés et taillés avec un soin plus ou moins grand. Dans un
mur, la face apparente d'une pierre est le *parement*, les faces latérales sont
les *joints*, les faces horizontales les *lits*. Chaque rangée de pierres constitue
une *assise* dont la hauteur est mesurée par la distance entre les deux lits.
La hauteur des assises peut varier de l'une à l'autre, mais la hauteur d'une
même assise est constante d'un bout à l'autre du mur. Les assises sont
donc horizontales. Les pierres qui font parement à la fois sur la face extérieure et sur la face intérieure du mur sont des *parpaings*, mais le plus souvent chaque pierre n'a qu'un parement. C'est alors un *carreau*, lorsque le
parement a une longueur supérieure à la partie cachée (la *queue*) ; c'est une
boutisse, dans le cas contraire, c'est-à-dire si la queue est supérieure au
parement.

La règle la plus essentielle de la construction des maçonneries est celle-ci :
il faut avoir soin d'alterner les joints en plan horizontal aussi bien qu'en
plan vertical. En d'autres termes, il faut, dans chaque assise, disposer alternativement des carreaux et des boutisses, placer de distance en distance
quelques parpaings, et, dans chaque assise, croiser les joints avec ceux de
l'assise immédiatement inférieure. Cette alternance doit être observée
avec un soin tout particulier dans les angles.

Les moellons sont posés sur une couche de mortier de 0^m,02 à 0^m,03
d'épaisseur et affermis par quelques coups de marteau. Quand les pierres
de chaque parement sont posées, les joints trop gros provenant de l'irrégularité des moellons sont garnis de petites pierres et de mortier, de manière
à araser de niveau le lit supérieur de l'assise.

La quantité de mortier ou de plâtre employée par mètre cube de maçonnerie de moellons varie avec le type de moellons et la nature de la maçonnerie. On peut la fixer approximativement suivant les données du tableau X.

Les meulières consomment toujours un peu plus de mortier que les autres
pierres, à cause de la rugosité de leurs faces qui offrent un logement facile
aux mortiers. Mais leur liaison est mieux assurée et les maçonneries que
l'on fait avec elles sont excellentes.

e. **Maçonnerie de briques.** — La parfaite régularité des briques permet
de satisfaire aisément à la règle de l'alternance des joints. On peut poser
les briques de champ ; dans ce cas, on forme une *cloison* dont l'épaisseur est

TABLEAU X. — **Poids spécifique, résistance, composition et prix de revient des maçonneries**

DÉSIGNATION DES MAÇONNERIES	POIDS du m. c.	CHARGE pratique par cent. carré	Pierres	Briques	Sable	Mortier n° 1	Ciment	Plâtre	Maçon à 0 fr. 50 l'heure	Manœuvre à 0 fr. 35 l'heure	Unité	Valeur	OBSERVATIONS
	kilos	kilos	m. c.		m. c.	m. c.	kilos	m. c.	heures	heures		fr.	
Béton ordinaire	2300 à 2400	5 à 10	0 840	»	»	0 480	»	»	2 »	9 »	le m³	21 65	Mortier de ciment.
Béton aggloméré	2300 à 2400	10	»	»	1	Chaux, 150k	100	»	2 »	9 »	—	14 70	
Pisé	1600	3	»	»	»	»	»	»	1 50	1 50	—	3 »	
MOELLONS bruts — Pour massifs			1	»	»	0 320	»	»	3 50	3 50	—	10 65	
Pour murs de foudation, de soubassement, de cave, de soutènement, de clôture, etc.	2000 à 2300	3 à 15	1	»	»	0 320	»	»	6 50	6 50	—	13 20	Mortier de chaux hydraulique.
Pour murs en élévation			1	»	»	0 320	»	»	7 50	7 50	—	14 05	
Pour voûtes			1	»	»	0 320	»	»	7 »	7 »	—	13 62	
Plus-value pour cintres (location, montage, démontage)											le m²	4 »	
Plus-value pour moellons piqués											—	3 à 5 »	
Meulières pour voûtes	1500 à 2200	3 à 15	1	»	»	0 400	»	»	7 »	7 »	le m³	14 29	
Plus-value pour cintres											le m²	4 »	
BRIQUES creuses — Pour cloisons de 0m,055			»	38	»	»	»	0 006	0 70	0 70	—	1 66	
Pour voûtes —			»	38	»	»	»	0 008	0 85	0 85	—	1 83	
Pour cloisons de 0m,110	900 à 1100	»	»	72	»	»	»	0 020	1 25	1 25	—	3 29	
Pour voûtes —			»	72	»	»	»	0 025	1 50	1 50	—	3 63	
Pour cloisons de 0m,220			»	143	»	»	»	0 040	2 25	2 25	—	6 34	
Pour voûtes —			»	143	»	»	»	0 053	2 70	2 70	—	7 05	
Briques pleines, au m. c.	1300 à 1800	8	»	620	»	»	»	0 200	10 »	10 »	le m³	38 30	
Pierres de taille pour angles et encadrements de baies	2400 à 2700	30 à 40	1	»	»	»	»	0 060	»	»	—	45 »	compris pose, bardage et ravalement

(Les briques creuses sont comptées au mètre carré.)

PRIX : des pierres..... 5 fr. le m³ — du sable...... 3 fr. — — du ciment..... 5 fr. les 100 k. | des pierres taillées.. 18 fr. le m³ — des briques creuses.. 24 fr. le mille, gare Marseille — des briques pleines.. 40 fr. — | du plâtre... 25 fr. le m³, ou 20 fr. les 1000 kil. — de la chaux. 17 fr. les 1000 kil.

égale à l'épaisseur des briques. Si on les place à plat, la cloison peut avoir comme épaisseur soit la largeur, soit la longueur des briques. Le prix des cloisons est calculé au *mètre superficiel*. Le nombre des briques et la quantité de plâtre ou de ciment varient avec l'épaisseur de la cloison et les dimensions des briques. Ils sont donnés par le tableau X pour le type de briques ordinaire de $0,22 \times 0,11 \times 0,055$, en fixant à $0^m,005$ l'épaisseur du joint.

Les massifs et les murs en briques d'une épaisseur supérieure à la plus grande dimension des briques sont comptés au *mètre cube*. Le nombre des briques varie avec leurs dimensions, ainsi que la quantité de plâtre. Celle-ci peut être prise égale à $0^{m3},200$ par mètre cube de maçonnerie, pour le type de briques de $0,22 \times 0,11 \times 0,055$.

Les briques sont, en outre, employées fréquemment dans les maçonneries de moellons, en remplacement des pierres de taille, pour les encadrements des ouvertures, pour les soubassements, pour les chaînes verticales ou horizontales, pour les angles, etc.. On augmente ainsi la résistance de la construction, en même temps qu'on lui donne une certaine élégance : la brique, par sa coloration naturelle, rompt la monotonie des maçonneries et contribue à la décoration des bâtiments, sans augmentation de dépense.

f. **Maçonnerie de pierres de taille.** — Dans les constructions rurales et en particulier dans la construction des celliers, on n'édifie pas de murs complets en pierres de taille, à cause de leur prix élevé. On n'emploie la pierre de taille que dans les parties de murs qui exigent une plus grande solidité: angles des bâtiments, chaînes, pourtours des ouvertures, appuis des pièces de charpente, etc., etc.. Les pierres, soigneusement taillées, sont mises en place par un *poseur* et disposées suivant les règles énoncées pour la maçonnerie de moellons. La pierre est présentée à la place qu'elle doit occuper : l'épaisseur du joint et l'horizontalité de la pierre sont réglées par des cales en bois ; puis, on soulève la pierre pour étendre au-dessous une couche de mortier un peu plus épaisse que les cales ; enfin, on remet la pierre en place et on frappe dessus avec une masse jusqu'à ce qu'elle repose de nouveau sur ses cales en faisant refluer le mortier au dehors. Les joints verticaux sont garnis avec un petit instrument, la *fiche à dents*, qui sert à faire pénétrer le mortier que l'on a soin d'employer très liquide. Les joints des maçonneries de pierres de taille peuvent également être garnis avec un coulis de plâtre gâché clair. Pour 1 m. c. de maçonnerie, il faut compter $0^{m3},050$ à $0^{m3},075$ de mortier ou de plâtre, suivant la dimension des pierres et la nature de la maçonnerie. La quantité de mortier est plus faible ici que dans la maçonnerie de moellons, à cause du moindre développement des joints et de leur petite épaisseur, qui n'excède pas $0^m,01$.

g. **Revêtement des maçonneries**. — Les maçonneries de pierres de taille, de briques, de moellons d'appareil ne sont pas enduites à l'extérieur. Elles sont seulement l'objet d'un jointoiement dans les régions pluvieuses et aux mauvaises expositions. Les maçonneries ordinaires et les murs de pisé sont, au contraire, protégés contre les intempéries par des enduits. Ce sont des mortiers de chaux plus ou moins hydraulique ou de ciment, que l'on applique sur les parements des murs, en ayant soin de les nettoyer et de les bien laver au préalable. Le mortier de ciment à prise rapide est d'un emploi plus facile sur les parois verticales ; il adhère rapidement et n'est pas entraîné par son poids, tandis que le mortier de ciment à prise lente tend constamment à tomber et doit être relevé plusieurs fois à la truelle. La composition de ces divers mortiers est donnée par le tableau VIII.

A l'intérieur des constructions, on fait des enduits au plâtre ou plus souvent, dans les celliers, au mortier de chaux grasse. Ces enduits sont lissés à la truelle. Ils forment une surface unie très facile à tenir propre. On les blanchit de temps en temps avec un lait de chaux. Les murs des cuveries, notamment dans le voisinage des élévateurs, des fouloirs, des pressoirs, etc., sont blanchis tous les ans après la vendange : on fait ainsi disparaître les éclaboussures qu'ils ont reçues pendant la période des grands travaux.

L'intérieur des salles de presses, tout au moins l'entourage des pressoirs et des appareils de vinification, reçoit assez souvent un soubassement, de 1^m,50 de hauteur environ, en carreaux céramiques vernis ou en carreaux de verre, ou simplement en ciment. Ces revêtements assurent la propreté la plus absolue.

Les carreaux en terre cuite ont 0^m,01 d'épaisseur. Ils sont carrés et mesurent 0^m,23 de côté. Leur face apparente est rouge, jaune ou verte, et recouverte d'un émail. Ils sont posés au plâtre, lorsqu'ils constituent un simple revêtement de propreté ; au ciment, s'ils sont en contact permanent avec des liquides (caniveaux, puisards, etc.).

Les carreaux de verre sont fabriqués par la Compagnie de Saint-Gobain. Ils ont 0^m,24 de côté et 0^m,005 d'épaisseur. Ils sont en verre blanc, unis sur la face apparente, striés sur la face noyée dans l'enduit. Les stries augmentent l'adhérence. Les carreaux de terre cuite s'écaillent quelquefois, lorsque l'émail qui les recouvre n'est pas de parfaite qualité ; les carreaux de verre ont l'avantage d'être absolument inattaquables. Ils forment des revêtements durables, lorsque leurs arêtes sont bien dressées et que leurs côtés sont rigoureusement d'équerre ; dans ce cas, le joint de mortier est presque nul quand la pose est confiée à des ouvriers exercés et soigneux, et l'ensemble du soubassement offre l'aspect d'une surface polie continue. Parfois, les carreaux ne sont pas bien moulés et les joints sont inégaux ; le mortier peut être dégradé plus facilement, au détriment de la solidité du revêtement.

Les enduits de ciment sont peut-être d'un aspect moins séduisant, mais ils sont très bons et plus économiques. On leur donne environ $0^m,02$ d'épaisseur. On se sert de mortier de ciment n° 3 ou n° 4, dont on lisse parfaitement la surface.

Le tableau XI donne comparativement le prix de ces divers revêtements.

TABLEAU XI.—**Prix comparatif des divers revêtements des maçonneries**

REVÊTEMENTS DES MAÇONNERIES	CARREAUX		CIMENT		FAÇON		MORTIER N° 3		PRIX total du m²
	Nombre	Prix	Quantité	Prix	Maçon à 0 fr. 50	Aide à 0 fr. 35	Quantité	Prix	
		fr. le mille	m³	fr.	heure		m³	fr.	fr.
Carreaux vernis	19	120	0 012	4	0 90	»	»	»	3 21
Carreaux de verre . . .	17.5	le m² 2 10	0 012	4	0 90	»	»	»	3 03
Enduit de ciment de $0^m,02$	»	»	»	»	0 66	0 66	0 020	34 92	1 26
Plus-value pour mortier n° 4	»	»	»	»	»	»	»	»	0 26
Enduit ordinaire de chaux grasse	»	»	»	»	»	»	»	»	0 50

h. **Dispositions contre les variations de température.** — Pour éviter, à l'intérieur des celliers et des chais, les variations excessives de température et pour y maintenir une température modérée, qui ne soit ni trop froide en hiver, ni trop chaude en été, il convient de prendre à l'égard des maçonneries des dispositions spéciales, lorsque les murs de la construction ne sont pas enterrés ou protégés par d'autres bâtiments ou par des abris.

On peut, en premier lieu, augmenter l'épaisseur des murs au delà des exigences de la solidité ; plus la paroi est épaisse et moindre est sa conductibilité. En Algérie, on donne souvent $0^m,60$ à $0^m,70$ aux murs, alors qu'une épaisseur de $0^m,50$ suffirait au point de vue de la résistance. Mais cette augmentation est insuffisante pour soustraire l'intérieur des bâtiments aux influences extérieures et elle ne peut être dépassée à cause de l'accroissement de dépense qui en résulterait. On ne saurait donc recommander cette disposition.

On a proposé, d'autre part, d'appliquer intérieurement contre les murs, pour diminuer leur conductibilité, un revêtement isolant. Le meilleur est la brique ou le carreau en liège aggloméré. Il existe plusieurs types de ces matériaux isolants. Ceux de la société «la Subérine» réunissent l'ensemble des qualités que l'on est en droit d'exiger d'eux: ils sont mauvais conducteurs de la chaleur, extrêmement légers, imputrescibles, peu combustibles, etc.. Ces briques ou ces carreaux sont fixés au plâtre. Une épaisseur de 0^m,03 à 0^m,04 suffit pour produire un bon isolement. Mais la dépense est assez élevée. Elle équivaut à une augmentation de l'épaisseur des murs de 0^m,35, c'est-à-dire qu'un mur de 0^m,50, protégé par des carreaux de liège de 0^m,03, coûte aussi cher qu'un mur de 0^m,85 en maçonnerie ordinaire.

On peut fabriquer sur place des dalles de toutes les dimensions et de toutes les épaisseurs, en agglutinant au moyen de plâtre des rognures de bouchons ou des déchets quelconques de liège. Les placages ainsi obtenus sont plus économiques. Leur efficacité est d'autant plus grande qu'ils sont plus épais et que la proportion de plâtre est moindre : on doit la réduire au strict nécessaire pour opérer la réunion des morceaux de liège.

Enfin, on a recours à la construction de murs doubles avec matelas d'air emprisonné ou avec interposition de matières isolantes. On peut adopter plusieurs dispositions.

La première consiste à soutenir les fermes de la couverture par des piliers ou par des chaînes verticales en pierres de taille ou en briques et à réunir ces chaînes par une double paroi : du côté extérieur, une cloison en briques tubulaires de 0^m,11, ou bien un mur en moellons piqués de 0^m,16 à 0^m,18 d'épaisseur, et, du côté intérieur, une cloison en briques creuses, en carreaux de plâtre ou en carreaux de liège aggloméré, de 0^m,03 à 0^m,05 d'épaisseur ; ces deux cloisons élevées parallèlement l'une à l'autre, à un écartement de 0^m,27 à 0^m,34, chacune d'elles faisant parement au dehors ou au dedans avec les chaînes verticales. On scelle de distance en distance des fiches en fer dans les deux parois pour les entretoiser. Ce mode de construction a l'avantage de ne pas modifier l'épaisseur totale du mur et, par suite, il n'augmente pas les dimensions hors œuvre du bâtiment.

Suivant un second système, on fait un mur ordinaire d'épaisseur appropriée à la construction et on isole son parement intérieur par une cloison en briques creuses, en carreaux de plâtre ou en carreaux de liège de 0^m,03 à 0^m,05, élevée à un écartement de 0^m,20 minimum du mur. Cette disposition a l'inconvénient de réduire les dimensions dans œuvre du bâtiment, ou oblige à augmenter les dimensions hors œuvre de 0^m,25 pour chaque mur. La cloison en carreaux de liège est chère. On se contente habituellement de la cloison en briques creuses, moins coûteuse.

Dans tous les cas, le matelas d'air emprisonné s'oppose aux échanges de température et produit l'effet d'un isolant. On doit ménager de distance en distance, à la partie inférieure, près du sol, et au sommet du mur, de petits orifices garnis de toile métallique, pour l'assainissement de la maçonnerie.

On augmente l'efficacité de ce procédé, en remplissant l'intervalle entre les deux parois de substances isolantes, telles que cendres, paille, mousse, balles de blé ou d'avoine, sciure de bois, rognures de bouchons, poudre de liège. Mais la dépense est sensiblement plus élevée, surtout par l'emploi de la poudre de liège qui vaut 1 fr., 70 l'hectolitre. On peut, il est vrai, dans ce cas-là, réduire l'intervalle à $0^m,10$, ce qui augmente la surface dans œuvre du bâtiment.

Le tableau XII donne comparativement les prix de revient des divers murs isolants. Le dernier procédé est en apparence le plus économique,

TABLEAU XII. — **Devis comparatif des divers murs isolants, pour une longueur du mur de 4 m. et pour une hauteur de 1 m.**

				fr. c.
I	Maçonnerie ordinaire de grande épaisseur	Un mur de $0^m,80$ d'épaisseur. $3^{m3}200$, à 11f		35.20
II	Maçonnerie ordin., avec revêtement intérieur de carreaux de liège	Un mur de $0^m,50$ d'épaisseur . 2 000, à 11 » 22 » Carreaux de liège . . . . . $4^{m2}00$, à 2.95 11.80 Plâtre. 12 litres par m^2 . . 57k 600, à 2 » 1 14 Main-d'œuvre, 0 h. 90 par m^2. 3h 60, à 0.50 1 80		36.74
III	Chaînes en pierres de taille et double paroi	Un pilier de $0,50 \times 0,50$ . . $0^{m3}250$, à 45 » 11 25 Une cloison de cairons . . . $3^{m2}50$, à 4.50 15.75 Une cloison de briques creuses 3 50, à 2 » 7 »		34 »
IV	Chaînes en briques et double paroi	Un pilier de $0,50 \times 0,50$ . . $0^{m3}250$, à 38.30 9.50 Une cloison de cairons . . . comme ci-dessus 15.75 Une cloison de briques creuses comme ci-dessus 7 »		32.33
V	Maçonnerie ordinaire et cloison en briques	Un mur de $0^m,50$ d'épaisseur. $2^{m3}000$, à 11 » 22 » Une cloison de briques creuses $4^{m2}00$, à 2 » 8 »		30 »
		Plus-value sur le n° 5 pour poudre de liège, $0^m,10$ d'épaisseur		6.80
		Plus-value sur le n° 5 pour poudre de liège, $0^m,20$ d'épaisseur		13.60

parce qu'il n'est tenu compte que de l'édification seule des maçonneries. Mais il faut ne pas perdre de vue que l'accroissement de $0^m,50$ dans la largeur totale du cellier ($0^m,25$ pour chaque paroi) entraîne une augmentation correspondante de la toiture, dont la dépense doit être ajoutée au prix de revient du mur lui-même. Cette plus-value ne figure pas dans ce tableau.

III.— ÉPAISSEUR DES MURS

L'épaisseur à donner à un mur dépend des charges qu'il doit supporter, des efforts latéraux qui s'exercent sur lui, de la situation de ce mur dans la construction, enfin de la nature des matériaux qui le constituent et du soin apporté à leur emploi. Nous devons ne considérer ici l'épaisseur qu'au seul point de vue de la solidité, sans tenir compte des autres facteurs qui peuvent intervenir, tels que la conductibilité de la chaleur.

a. **Murs isolés et murs d'enceinte.**— Les murs isolés sont les murs de clôture dont la longueur est toujours très grande par rapport à la hauteur. Ces murs n'ont, en général, aucune charge à supporter, mais ils doivent résister à la poussée des vents. Si ces murs entourent un espace carré, rectangulaire ou polygonal, ils deviennent murs d'enceinte ; les différents murs de l'enceinte se prêtent un mutuel appui. Leur épaisseur augmente avec leur longueur. D'après Rondelet, l'épaisseur *e* d'un mur de clôture ou d'enceinte est donnée par la formule suivante :

$$e = \frac{h}{8} \times \frac{L}{\sqrt{L^2 + h^2}}, \qquad (1)$$

dans laquelle h est la hauteur du mur et L sa longueur entre les murs qui l'accotent.

Il est avantageux de donner à ces murs une épaisseur moindre au sommet et plus grande, au contraire, à la base. Au lieu d'être à section rectangulaire, ils ont ainsi une section trapézoïdale. Le parement exposé aux plus forts vents reste vertical, l'autre est incliné ; cette inclinaison prend le nom de *fruit*. Le fruit est de $0^m,10$ à $0^m,15$ par mètre ; il ne faut pas toutefois que l'épaisseur au sommet soit moindre que $0^m,25$ pour les murs en moellons et que $0^m,11$ pour les murs en briques. L'épaisseur moyenne vaut les 3/5 de celle qui est donnée par la formule précédente. A égalité de cube de maçonnerie, la stabilité du mur est donc sensiblement augmentée.

b. **Murs des bâtiments.**— Les celliers sont des bâtiments dont les murs n'ont à supporter le plus souvent que la toiture. Ils soutiennent cependant quelquefois un plancher. Les charpentes de la couverture et du plancher, loin de nuire à la solidité des murs, contribuent au contraire à leur stabilité, lorsqu'elles n'exercent sur eux aucune poussée, comme il convient.

Rondelet a donné pour calculer l'épaisseur des murs de façade reliés par des combles la formule suivante :

$$e = \frac{h}{12} \times \frac{l}{\sqrt{l^2 + h^2}}, \qquad (2)$$

dans laquelle h est la hauteur des murs et l la largeur du bâtiment. On donne, en général, même épaisseur aux murs-pignons.

Si les murs sont, en outre, reliés par des planchers ou par des murs intérieurs, on peut prendre

$$e = \frac{h}{18} \times \frac{l}{\sqrt{l^2 + h^2}}. \qquad (3)$$

Le tableau XIII est calculé à l'aide de la formule (2) pour diverses largeurs et hauteurs des celliers. Ces proportions sont toujours dépassées dans la pratique, soit que les matériaux employés n'offrent pas toute sécurité, soit que leur résistance n'ait pas été éprouvée, soit par simple prudence. On donne habituellement aux murs des celliers une épaisseur minimum de 0m,50.

TABLEAU XIII. — Épaisseurs des murs

HAUTEUR du bâtiment, en mètres	LARGEUR DANS ŒUVRE DU BATIMENT, EN MÈTRES							
	7	8	9	10	11	12	13	14
5	0m339	0 358	0 364	0 372	0 381	0 384	0 389	0 392
6	0 380	0 400	0 416	0 428	0 438	0 447	0 454	0 459
7	0 412	0 439	0 460	0 477	0 493	0 503	0 513	0 521

On augmente beaucoup la résistance des murs, lorsque ceux-ci ne sont pas consolidés par un plancher, en élevant quelques chaînes en pierres de taille de distance en distance, par exemple de deux en deux fermes. Ces chaînes servent, en outre, à l'embellissement des façades en rompant la monotonie d'un mur de trop grande longueur.

c. **Murs de soutènement.** — Des murs de soutènement sont fréquemment édifiés dans le voisinage des celliers, soit pour maintenir les remblais des paliers et des rampes d'accès, soit pour border les quais de déchargement des paniers et des comportes de vendange ou les quais de chargement des futailles. Ces murs ont pour fonction de soutenir les terres et de les empêcher de s'ébouler.

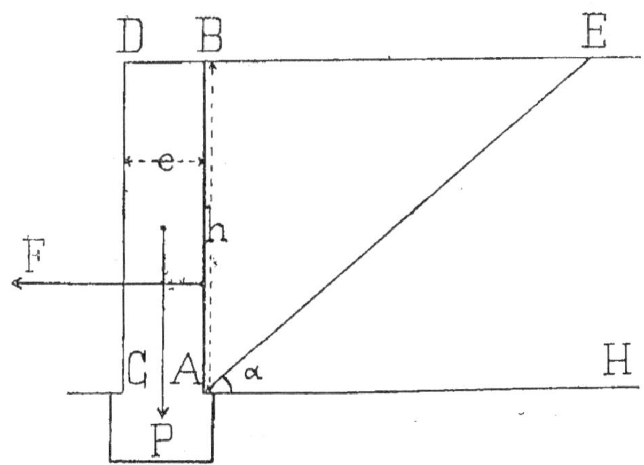

Fig. 2.

Supposons un terre-plein ABE, soutenu par un mur ABCD (fig. 2). Si ce mur n'existait pas, la terre ne tarderait pas à s'ébouler suivant le talus AE, que l'on nomme le talus *naturel* de la terre et qui fait avec l'horizontale AH un angle α, dit *angle de soutènement naturel*. Le mur sert donc à soutenir le prisme de terre dont la section droite est ABE et il doit résister à la poussée que ce prisme exerce sur lui. Cette poussée F a pour valeur

$$F = \frac{1}{2} \cdot p \cdot h^2 \cdot l \cdot \text{tg}^2 \frac{1}{2} (90^\circ - \alpha),$$

en désignant par h la hauteur du terre-plein et du mur,

l la longueur du terre-plein et du mur,

p le poids du m. c. de la terre à soutenir,

α l'angle de soutènement naturel de cette terre.

Le bras de levier de la force F est au tiers de la hauteur du mur, à partir de la base ; il vaut donc $\dfrac{h}{3}$.

Le mur résiste à l'action de cette poussée par son poids Q, dont la valeur est donnée par l'expression

$$Q = P \cdot l \cdot h \cdot e,$$

en appelant P le poids du m. c. de la maçonnerie, e l'épaisseur, et en supposant au mur une section rectangulaire.

Si l'on prend comme axe de rotation du mur l'axe horizontal passant au point C, le bras de levier de la force P est $\dfrac{e}{2}$.

L'équation d'équilibre est alors

$$\frac{1}{2} \cdot p \cdot h^2 \cdot l \cdot \text{tg}^2 \frac{1}{2} (90^\circ - \alpha) \cdot \frac{h}{3} = P \cdot l \cdot h \cdot e \cdot \frac{e}{2},$$

d'où l'on tire la valeur suivante pour e :

$$e = h \cdot \text{tg} \frac{1}{2} (90^\circ - \alpha) \sqrt{\frac{p}{3\,P}}.$$

Les valeurs de p et les valeurs correspondantes de α sont contenues dans le tableau VI (page 37), celles de P sont données par le tableau X (page 52). Voici, pour les diverses valeurs de α, les valeurs correspondantes de $\text{tg} \dfrac{1}{2} (90^\circ - \alpha)$:

α	30°	33	36	40	43	56	63	70
$\text{tg } 1/2 (90^\circ - \alpha)$	0,577	0,543	0,510	0,466	0,435	0,306	0,240	0,176

Au lieu de donner aux murs de soutènement une section rectangulaire, on les fait souvent trapézoïdaux: la paroi intérieure est verticale et la paroi extérieure a un fruit de 0^m,10 à 0^m,15 par mètre. L'épaisseur minimum à la crête est de 0^m,11 pour les murs en briques et de 0^m,25 pour les murs en moellons; l'épaisseur moyenne est les 3/5 de l'épaisseur calculée à l'aide de la formule précédente.

On doit avoir soin de ménager de distance en distance, dans les murs de soutènement, de petites ouvertures (*barbacanes*) pour l'écoulement des eaux. Sans cette précaution, les eaux s'amasseraient derrière le mur et produiraient une poussée dangereuse. Ces murs sont généralement surmontés d'un parapet avec couronnement en pierres de taille, dont la hauteur varie avec la destination du terre-plein. Pour les rampes et les paliers, on donne au parapet $0^m,80$ à 1 m. environ de hauteur.

d. **Murs des réservoirs**. — Les murs des réservoirs (bassins, citernes, cuves, etc.) ont pour objet de résister à la poussée des liquides qui y sont contenus. Ces liquides sont de l'eau ou du vin.

La formule qui donne l'épaisseur de ces murs se déduit de considérations identiques à celles qui viennent d'être exposées. Mais la valeur F de la poussée change. Elle devient

$$\mathrm{F} = \frac{1}{2} \cdot p \cdot h^2 \cdot l \,.$$

L'équation d'équilibre prend la forme plus simple

$$\frac{1}{2} \cdot p \cdot h^2 \cdot l \cdot \frac{h}{3} = \mathrm{P} \cdot l \cdot h \cdot e \cdot \frac{e}{2},$$

d'où

$$e = h \sqrt{\frac{p}{3\,\mathrm{P}}} \,.$$

Le poids du mètre cube de vin ou d'eau étant de 1.000 kilos et le poids du m. c. de maçonnerie pouvant être pris égal à 2.200 kilos, on a

$$e = h \sqrt{\frac{1000}{6600}} = 0,386 \, h.$$

Lorsque les murs des réservoirs sont de petite longueur, solidement encastrés à leurs extrémités dans les murs des bâtiments, on leur donne souvent une épaisseur un peu moindre. On prend fréquemment $e = 0,30 \, h$.

Ces murs sont toujours revêtus intérieurement soit de carreaux de terre cuite ou de verre, soit d'un glacis de ciment, afin d'éviter les infiltrations à travers les maçonneries. Celles-ci doivent d'ailleurs être exécutées avec des matériaux choisis et par des ouvriers expérimentés. En général, on noie dans la maçonnerie, au fur et à mesure de la montée des murs, les cadres de portes, raccords de robinets, ajutages qui seront plus tard nécessaires pour le service du réservoir. On obtient ainsi des joints parfaits (voir *cuves*).

IV. — FONDATIONS

On donne le nom de *fondation* à la base d'un mur ou d'un bâtiment, c'est-à-dire à la partie basse par laquelle un édifice repose sur le sol naturel. La fondation doit être ferme ; elle doit n'éprouver aucune tendance ni à s'enfoncer ni à glisser. La stabilité et la durée des ouvrages dépendent de cette double condition. La profondeur à laquelle il faut descendre les fondations et la manière dont on procède à leur exécution varient avec la nature du terrain et avec la charge de la construction. Les rocs, les tufs, les sols pierreux, graveleux, sablonneux constituent les terrains incompressibles, éminemment favorables à la substruction des bâtiments. Les terrains compressibles, c'est-à-dire les argiles, les vases, les tourbes, les terres végétales, les sols remblayés sont, au contraire, dangereux et rendent indispensable l'adoption de mesures de précaution spéciales.

a. **Terrains incompressibles.** — Lorsque le sol qui supportera la fondation est incompressible, il suffit d'enlever la couche de terre meuble superficielle, sur une profondeur de 1 m. environ. La fouille se fait en rigoles, sur l'emplacement des murs du bâtiment. Les fondations, et par conséquent les rigoles, ont toujours une épaisseur supérieure à celle des murs qu'ils supporteront. Cet *empattement* est de $0^m,10$ à $0^m,15$ de chaque côté. Un mur de $0^m,50$ repose donc sur une fondation de $0^m,70$ à $0^m,80$. Lorsque l'on construit sur un terrain homogène et horizontal, les rigoles sont fouillées à la même profondeur et leur fond est dressé à un même niveau. Si le terrain est en pente, la fondation doit malgré tout présenter des assises horizontales ; on découpe donc le terrain par gradins successifs.

La maçonnerie des fondations peut être exécutée en pierres de taille, moellons, briques ou béton. Dans tous les cas, on choisit les matériaux les plus résistants et on apporte le plus grand soin à leur emploi ; on s'efforce notamment de composer chaque assise avec des matériaux de même dureté et de même épaisseur, afin d'avoir un tassement uniforme et d'éviter dans l'avenir que les murs ne se fendent ou que les voûtes ne se crevassent ; en outre, on fait toujours usage de mortier hydraulique. On donne souvent la préférence au béton, que l'on coule dans les rigoles par couches de $0^m,20$ et que l'on dame fortement. Ces fondations forment des monolithes d'une grande résistance et tout à fait incompressibles. On les emploie avec avantage surtout dans certains sols argileux, dont la résistance à la compression est suffisante pour que l'on puisse asseoir directement sur eux la construction, mais qui subissent alternativement des gonflements sous l'influence de l'humidité et des retraits par la sécheresse. Quand les massifs de béton sont suffisamment épais et bien exécutés, ils obéissent sans se désagréger aux mouvements du terrain, et les murs du bâtiment n'en sont pas influencés.

Il arrive fréquemment que le terrain n'est pas immédiatement incompressible et que l'on ne rencontre qu'à une grande profondeur le sol résistant capable de recevoir la fondation. Pour éviter des travaux de terrassement et de maçonnerie coûteux, au lieu d'ouvrir des tranchées sur tout le développement des murs, on creuse de distance en distance des puits, en choisissant les points où la charge du bâtiment est la plus élevée, et en donnant à ces puits une section en rapport avec la pression qu'ils auront à supporter, de telle sorte que la pression n'excède pas 10 kilos par centimètre carré. Ces puits sont reliés les uns aux autres par des rigoles découpées dans le sol superficiel, en forme de cintre de voûte, et présentant un empattement égal à celui des fondations ordinaires. Puis , on remplit le tout de béton : les voûtes reportent sur les piliers en béton qui garnissent les puits la charge des maçonneries qui sont édifiées au-dessus.

b. **Terrains compressibles.**— Les fondations sur terrains compressibles sont plus difficiles et plus dispendieuses. Aussi doit-on les éviter dans la construction des bâtiments ruraux et des celliers en particulier. Il est préférable de changer l'emplacement, lorsque les circonstances et l'état des lieux le permettent. S'il est nécessaire de construire sur ces sols peu résistants, on fait des fondations sur *pilotis*.

Ce procédé consiste à enfoncer au mouton, sur toute l'étendue de la fondation, des pieux en bois de $0^m,18$ de diamètre à la tête, que l'on espace de $0^m,80$ à $1^m,20$ d'axe en axe, en les disposant en quinconce. On les bat à refus, puis on les recèpe tous à la même hauteur et on les réunit par des moises longitudinales et transversales. On enlève, ensuite, la terre ameublie par le battage et on la remplace soit par un blocage en pierres sèches, soit par un massif de béton qui enveloppe la tête des pieux et que l'on arase de niveau. On construit sur cette fondation comme sur une fondation ordinaire.

Si les pieux doivent être constamment immergés, leur conservation est indéfinie. Dans le cas contraire, on fait un pilotis en béton. Pour cela, on opère comme il vient d'être dit. Mais, au lieu d'abandonner les pieux en bois dans le sol, on les retire et on garnit chaque trou, sur toute sa hauteur, de béton que l'on pilonne fortement. Puis, on recouvre le sol tout entier d'une couche bien damée de béton. Cette plate-forme en béton repose sur les piliers ou les pieux en béton et forme avec eux une base suffisamment résistante pour que l'on puisse construire sur elle.

Le prix des fondations se calcule en ajoutant aux frais des travaux de terrassement les frais des travaux de maçonnerie.

V.— VOUTES DES CAVES

Les caves sont, en général, recouvertes à la partie supérieure par des voûtes qui les séparent de la cuverie ou du bâtiment édifié au-dessus d'elles. Quelquefois ces voûtes disparaissent simplement sous une couche de terre plus ou moins épaisse. Les voûtes de caves sont faites avec des moellons, des meulières ou des briques. On donne à la maçonnerie une assez forte épaisseur en vue d'isoler le plus parfaitement possible la cave et d'y maintenir une température à peu près constante.

a. **Forme des voûtes.**— Les voûtes peuvent présenter plusieurs formes. Si la section est un demi-cercle, c'est-à-dire si la hauteur à la clef est la moitié du débouché, la voûte est dite *plein cintre*. Lorsque la hauteur à la clef dépasse le demi-débouché, la voûte est *surhaussée* ou de forme *ogivale*. Elle est, au contraire, *surbaissée* si la hauteur est moindre que le demi-débouché. Dans ce dernier cas, l'intrados de la voûte peut être une portion d'arc de cercle et la voûte être *surbaissée à un centre*; ou bien la courbe est formée de plusieurs arcs de cercle se raccordant, on a alors des *voûtes à plusieurs centres* ou des *anses de panier*.

Le choix de la forme d'une voûte est déterminé principalement par le souci de loger dans la cave la plus grande quantité de futailles, tout en ménageant la hauteur et en limitant la dépense. Ces conditions éliminent immédiatement les voûtes ogivales qui ont toujours une grande hauteur par rapport au débouché et qui ne pourraient pas être construites économiquement sous des bâtiments. Restent les voûtes plein cintre et les voûtes surbaissées.

Soit A B (fig. 3) la demi-largeur d'une cave destinée à loger sur six rangs des pièces bourguignonnes. D'après le tableau IV (page 33), la largeur d'une semblable cave est de 8ᵐ,88; c'est le débouché de la voûte. Si, avec A B

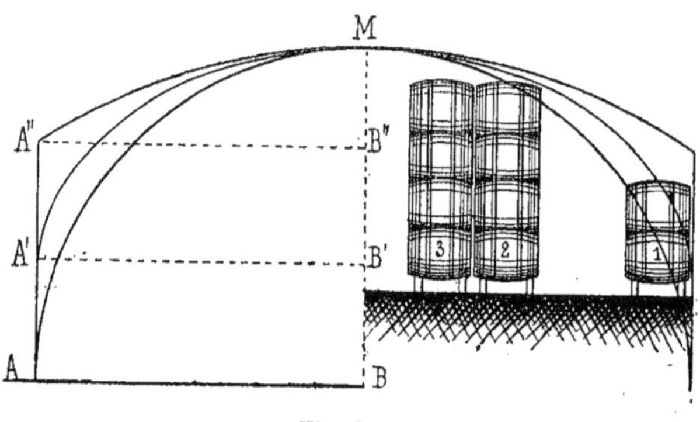

Fig. 3.

comme rayon, nous traçons une demi-circonférence, nous obtenons l'intrados de la voûte plein cintre, dont la hauteur à la clef M est de 4ᵐ,44. Traçons avec le même débouché, d'une part, la demi-voûte en anse de panier à cinq centres A'M B' et, d'autre part, la demi-voûte en arc de cercle A''M B'' dont les clefs se confondent en M avec celle de la voûte plein cintre. Il est visible que ces deux derniers types de voûte donnent sur les côtés et contre les pieds-droits une hauteur disponible plus grande que la voûte plein cintre et, par suite, la faculté de gerber les futailles sur un plus grand nombre de rangs. Les voûtes surbaissées doivent donc être préférées aux voûtes plein cintre, car, à hauteur égale sous l'intrados à la clef, la hauteur à l'aplomb des pieds-droits est plus grande.

Comparons maintenant les deux types de voûtes surbaissées et, pour cela, supposons que, dans une cave de $8^m,88$ de largeur, on se propose de gerber les barriques en 4me sur les rangs du milieu. La hauteur nécessaire, avec des pièces bourguignonnes, est de $2^m,74$ au-dessus du sol. Prenons $3^m,15$ comme hauteur de l'intrados à la clef et construisons une demi-voûte en arc de cercle et une demi-voûte à cinq centres. La figure 3 montre que sous la voûte en arc de cercle les barriques des rangées du milieu 2 et 3 pourront être gerbées en 4me, car la hauteur y est supérieure à $2^m,74$. Sous cette même demi-voûte, le rang latéral 1 peut loger facilement des barriques gerbées en 2me. Au contraire, sous la voûte en anse de panier, la rangée du milieu 3 seulement peut recevoir des futailles sur quatre rangs ; la rangée voisine 2 ne peut être gerbée qu'en 3me, car il faut un jeu sous la voûte pour la manutention des futailles, et contre les murs on ne peut mettre des barriques sur sole qu'à la condition de réduire à 1 m. le passage ménagé entre les rangées 1 et 2. La voûte en arc de cercle donne donc à hauteur de clef et à débouché égaux un logement plus spacieux que la voûte en anse de panier.

Il serait préférable de placer les naissances de la voûte en arc de cercle à une hauteur de $2^m,12$ et, conséquemment, d'avoir une hauteur à la clef de $3^m,40$, ce qui permettrait de gerber en 3me sur les côtés et procurerait un peu plus d'aisance pour gerber en 4me au milieu. On ne pourrait gerber en 3me sur les côtés avec la voûte en anse de panier qu'en élevant la clef à environ $4^m,80$. L'avantage est donc nettement pour les voûtes en arc de cercle qui offrent pour le logement des barriques un emplacement plus vaste et qui sont moins dispendieuses, puisque ce sont celles qui, à débouché égal, assurent la plus grande capacité disponible avec la moindre hauteur à la clef.

Ces voûtes ont cependant un inconvénient grave, celui d'exercer sur les pieds-droits une forte poussée. Lorsque la cave est enterrée, cette poussée est équilibrée en partie par la résistance des terres contre lesquelles s'appuient les maçonneries; celles-ci n'ont donc pas besoin d'avoir une épaisseur exagérée. Mais, si la cave était totalement ou partiellement construite hors de terre, il serait préférable d'adopter une autre forme de voûte, la voûte en anse de panier, ou mieux la voûte plein cintre, pour éviter de donner aux pieds-droits une épaisseur trop considérable.

b. **Poussée des voûtes.**— Soit une demi-voûte (fig. 4) constituée par hypothèse d'un seul bloc et soutenue en AB par le sommier du pied-droit correspondant. Cette demi-voûte est en équilibre sous l'action : 1° de la poussée horizontale P que la demi-voûte de gauche exerce sur la partie considérée, au tiers supérieur de l'épaisseur de la voûte à la clef ; 2° du poids P' de la demi-voûte, appliqué à son centre de gravité ; 3° du poids P" des surcharges de la demi-voûte ; 4° enfin, de la réaction Q du sommier, appli-

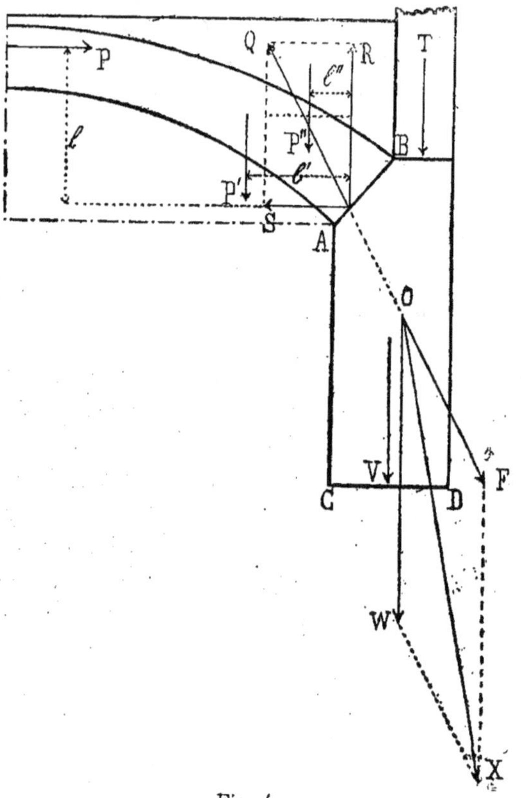

Fig. 4.

quée au tiers inférieur du joint AB. Si l'on décompose la réaction Q en deux forces, l'une S horizontale, l'autre R verticale, $S = P$ et $R = P' + P''$.

P' et P" sont deux forces dont il est facile de calculer l'intensité, quand on connaît l'épaisseur de la voûte, les matériaux qui doivent la constituer et la valeur des surcharges. Quant à la poussée horizontale P, on la déduit de l'équation suivante :

$$P'l + P''l'' - Pl = 0$$
$$P = \frac{P'l + P''l''}{l}.$$

On détermine ainsi la valeur de la réaction Q, qui est égale à la poussée oblique F de la demi-voûte sur le pied-droit. La poussée des voûtes plein cintre est moindre que celle des voûtes en anse de panier. La poussée des voûtes en arc de cercle est la plus grande.

Le pied-droit est lui-même sollicité par : 1° cette poussée oblique F ; 2° le poids T des murs élevés au-dessus de lui ; 3° son propre poids V, appliqué au centre de gravité. Les forces T et V admettent une résultante W qui, appliquée au point O, où la force F peut être transportée, donne avec celle-ci la résultante X. Pour la stabilité du pied-droit, il faut : 1° que la force X rencontre la base CD du pied-droit, sans quoi le pied-droit serait renversé ; 2° que le point d'intersection soit à une distance du point D au moins égale au tiers de CD, pour éviter une pression négative en C ; 3° que la composante verticale de la force X, c'est-à-dire le poids de la demi-voûte et de ses surcharges, augmenté du poids du pied-droit et des maçonneries qui le surmontent, n'excède pas la charge par unité de surface que peuvent supporter les matériaux employés ; 4° enfin, que la force X fasse avec la verticale un angle au plus égal à l'angle de frottement des maçonneries, angle qui vaut environ 37°, afin d'éviter le glissement du pied-droit sur sa base.

L'étude détaillée de la stabilité des voûtes exige la recherche de la *courbe des pressions*, c'est-à-dire de la ligne qui joint les points situés sur les joints des voussoirs de la voûte, où sont appliquées les réactions mutuelles de ces voussoirs. M. Méry a proposé, pour la détermination de cette courbe, une méthode graphique fort simple, mais dont l'exposé ne saurait pourtant trouver place dans cet ouvrage.

Lorsque l'on a comme objectif d'établir une voûte stable avec une épaisseur minimum de maçonnerie, on se donne d'abord la forme de la courbe d'intrados, d'après les considérations de commodité qui précèdent, puis on calcule l'épaisseur à la clef à l'aide de la formule empirique de Perronnet :

$$e = 0{,}0347\ d + 0^{\mathrm{m}}{,}325,$$

d étant le débouché de la voûte ; enfin, on cherche en construisant la courbe des pressions, si la voûte ainsi déterminée satisfait aux conditions d'équilibre et de stabilité. Si les conditions ne sont pas remplies, on augmente l'épaisseur ; on la diminue, au contraire, si elles sont trop largement satisfaites.

Quand il s'agit de la construction d'une voûte de cave, on adopte en général des proportions constantes, déduites de l'expérience de ces ouvrages, qui ont souvent le défaut de pécher par excès, mais qui donnent une absolue sécurité. Un excès d'épaisseur des maçonneries contribue, d'ailleurs, à maintenir dans la cave une température à peu près uniforme en faisant obstacle à la transmission de la chaleur ou du froid du dehors au dedans. Il ne constitue donc pas un inconvénient.

Les pieds-droits des caves profondes sont enterrés et soutenus extérieurement par le terrain naturel qui leur sert de butée. On peut donc sans crainte faire usage pour couvrir une cave de la voûte en arc de cercle ou en anse de panier, malgré la grande poussée que ces deux types de voûtes exercent sur les pieds-droits. Si une partie des pieds-droits se trouvait par hasard à découvert ou protégée par une couche de terre insuffisante, on devrait augmenter l'épaisseur des maçonneries ou renforcer les pieds-droits par des contreforts. Enfin, on substituerait à ces courbes le plein cintre, si la voûte était entièrement ou sur une trop grande étendue construite hors de terre, comme cela a été dit plus haut.

c. **Construction et proportion des voûtes.** — Dans une voûte, on distingue l'*intrados* (ou la courbe intérieure) et l'*extrados* (ou la courbe extérieure). La voûte est constituée par un certain nombre de *voussoirs*. Chaque ligne horizontale de voussoirs forme une assise. L'assise du milieu prend le nom de *clef* de voûte. La première assise de chaque côté repose sur le *sommier* du pied-droit correspondant.

L'intrados d'une voûte plein cintre s'obtient en décrivant une demi-circonférence avec un rayon égal au demi-débouché de la voûte. Si la voûte doit avoir même épaisseur en tous ses points, on obtient la courbe de l'extrados en décrivant du même centre une demi-circonférence concentrique à la première avec un rayon égal au demi-débouché augmenté de l'épaisseur de la voûte. Mais, en général, on donne une épaisseur plus grande aux naissances qu'à la clef. On trace alors la courbe de l'extrados en prenant comme centre un point situé à une distance de la clef égale aux 2/3 ou aux 3/4 du débouché. Le rayon de la courbe vaut cette distance augmentée de l'épaisseur de la voûte à la clef.

Les voûtes en anse de panier sont à trois, cinq et même plus de centres, suivant la valeur du surbaissement et celle du débouché, ou mieux suivant le rapport de la flèche au débouché. Pour une flèche dont la longueur vaut 0,30 à 0,36 du débouché, on adopte l'anse de panier à cinq centres, qui est la plus repandue. L'intrados de la courbe se trace de la manière suivante :

Soit ab le débouché et oc la flèche (fig. 5). Soit $oc = 0,33\,ab$. Sur ab comme diamètre, on décrit une demi-circonférence que l'on divise en cinq parties égales par les points $defg$. On mène les rayons correspondants tels que do, eo. Sur ao, on prend une longueur al dont la valeur se déduit du tableau ci-dessous :

Pour $\dfrac{co}{ab} =$	0,30	0,31	0,32	0,33	0,34	0,35	0,36
on a $\dfrac{al}{ab} =$	0,198	0,212	0,225	0,239	0,252	0,265	0,278

On mène li parallèle à do, ik parallèle à de, ck parallèle à eh, enfin kn parallèle à eo. Les points lmn et les points $l'm'$, symétriques de lm, sont les cinq centres de la courbe.

L'extrados est généralement un arc de cercle, dont le centre est à une
distance de la clef égale au troisième rayon kn de l'intrados, augmenté de

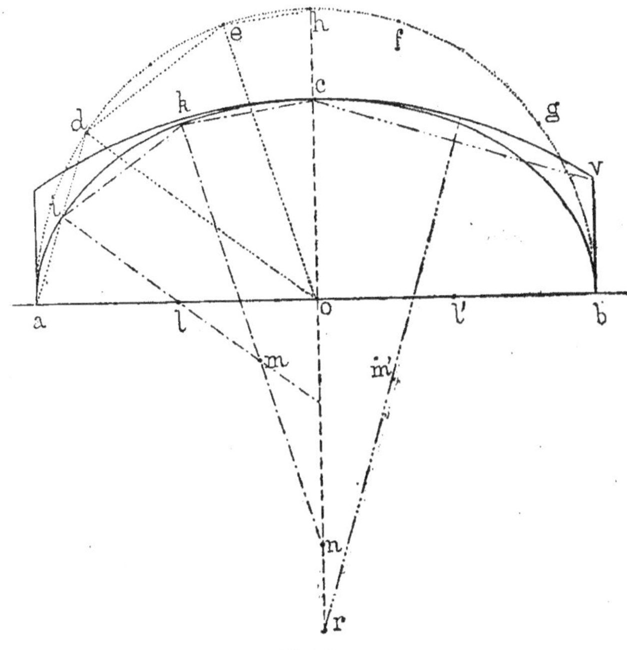

Fig. 5.

l'épaisseur de la voûte à la clef. Le rayon vaut lui-même cette distance, plus
l'épaisseur de la voûte, soit le rayon kn + 2 fois l'épaisseur à la clef.

Les voûtes en arc de cercle sont plus faciles à tracer. Le rapport de la
flèche au débouché est compris 1/6 et 1/8. L'arc de cercle formant l'intrados de la voûte a son centre sur la verticale menée du sommet de l'intrados. Pour déterminer sa position, on joint (fig. 5) la clef c au sommet du
pied-droit v et on abaisse une perpendiculaire du milieu de cv. Le point r
où cette droite coupe co est le centre de l'arc de cercle. Le rayon est cr.

L'extrados est souvent tracé du même centre, avec un rayon égal à cr
augmenté de l'épaisseur à la clef. On donne parfois à la voûte une épaisseur plus grande aux naissances. Dans ce cas, on se fixe l'épaisseur à la
naissance; connaissant l'épaisseur à la clef, on a le milieu et l'extrémité de
l'arc de l'extrados. On en cherche le centre comme il a été dit pour l'intrados. Ce centre est toujours au-dessous du précédent sur la ligne co.

Pour construire une voûte, on commence par établir un *cintre*, c'est-à-dire
un ouvrage en charpente destiné à soutenir les voussoirs jusqu'à la pose de
la clef. Un cintre est formé de plusieurs fermes espacées de 1^m,50 à 2 m.
et reliées les unes aux autres par des planches ou des madriers, appelés
couchis. L'ensemble offre à sa partie supérieure la forme exacte de la sec-

tion droite de l'intrados. Le cintre est soutenu à hauteur convenable par des échafaudages ou par des murettes provisoires. Les fermes ne reposent pas directement sur leurs appuis ; on interpose soit des coins, soit des boîtes pleines de sable qui servent au décintrement.

Dans une voûte, les joints des voussoirs ou des assises, visibles sur la coupe transversale, doivent toujours être perpendiculaires à la portion correspondante de la courbe de l'intrados. Longitudinalement, c'est-à-dire dans deux assises successives de voussoirs, les joints doivent alterner.

Le tableau XIV donne, à titre d'indication, l'épaisseur à la clef et l'épaisseur des pieds-droits (pour des pieds-droits de 1 m. de hauteur) des voûtes

TABLEAU XIV. — Epaisseurs des maçonneries de voûte

DÉBOUCHÉ de la voûte	ÉPAISSEUR à la clef	ÉPAISSEUR DES PIEDS-DROITS aux naissances		DÉBOUCHÉ de la voûte	ÉPAISSEUR à la clef	ÉPAISSEUR DES PIEDS-DROITS aux naissances	
		Voûte plein cintre	Voûte surbaissée			Voûte plein cintre	Voûte surbaissée
1	0,36	0,50	0,65	7	0,56	1,20	1,75
2	0,40	0,70	0,90	8	0,60	1,30	1,85
3	0,43	0,80	1, 0	9	0,63	1,40	1,95
4	0,46	0,90	1,35	10	0,67	1,50	2,10
5	0,50	1,00	1,55	11	0,71	1,58	2,20
6	0,53	1,10	1,65	12	0,74	1,75	2,30

plein cintre et des voûtes surbaissées en anse de panier. Les épaisseurs à la clef sont calculées à l'aide de la formule de Perronnet. Les épaisseurs des pieds-droits sont empruntées à des tables se rapportant à l'établissement de ponts-routes, elles sont donc plutôt au-dessus des exigences de la stabilité. On peut toutefois les admettre pour les voûtes de cave, par prudence d'abord, et aussi pour l'avantage qu'elles procurent de mieux isoler l'intérieur de la cave.

On trouvera, en outre, dans la deuxième partie un certain nombre d'exemples de caves voûtées, dont les proportions pourront être comparées avec celles que donnerait le tableau, dans des conditions identiques de débouché et de flèche.

Les voûtes des caves sont extradossées parallèlement lorsque, au-dessus d'elles, on construit un bâtiment: les reins de la voûte sont remplis de terre, ou mieux d'un massif de maçonnerie ou de béton, jusqu'au niveau de l'extrados à la clef. On établit par-dessus l'aire qui formera le sol du bâtiment. Si la cave est seulement recouverte de terre, on fixe l'épaisseur de la couche de terre à la clef (elle est généralement de 1 m. à 2 m.) et on raccorde ce remblai au sol naturel par un talus dont l'inclinaison est telle qu'en aucun point l'épaisseur du revêtement ne soit inférieure à l'épaisseur à la clef.

d. Planchers remplaçant les voûtes. — On remplace quelquefois les voûtes des caves en maçonnerie, toujours difficiles à exécuter et dispendieuses, par des planchers en bois ou en fer avec hourdis. Ces planchers sont simples et économiques. Ils présentent en outre l'avantage d'offrir en dessous un plafond plat ; la cave a ainsi même hauteur en tous les points et les futailles peuvent être gerbées aussi bien sur les côtés qu'au milieu. Mais ces planchers, plus minces, laissent passer la chaleur et sont par cela même inférieurs aux voûtes pour maintenir une température constante à l'intérieur de la cave. Celle-ci, moins bien protégée par dessus, est également moins parfaitement isolée sur les côtés, car les murs de fondation supportant le plancher n'ont pas l'épaisseur des pieds-droits d'une voûte.

1° Planchers en bois. — Les planchers en bois ne sont généralement employés que dans les très petites installations, pour séparer par exemple la cave du logement d'un vigneron. On en trouve quelques-uns en Beaujolais. Une poutre occupe la plus grande longueur de la cave. Elle supporte des solives transversales, encastrées d'autre part dans les murs. Si la largeur du bâtiment est inférieure à 5 m., la poutre est inutile ; les solives reposent directement sur les deux murs opposés. Sur les solives on place des *bardeaux*, que l'on couvre d'une couche de plâtre de $0^m,04$ à $0^m,05$ d'épaisseur. En dessous, entre les solives, on applique une seconde couche de plâtre moins épaisse. Le carrelage se place directement sur la couche de plâtre supérieure. Un semblable plancher pèse environ 150 kilos par mètre carré. Si l'on suppose une charge uniformément répartie de 200 kilos par mètre carré, la charge totale est de 350 kilos.

Quand on connaît la charge totale d'un plancher par mètre carré, il est facile de calculer les dimensions des pièces de charpente qui le constituent, ou, lorsque ces dimensions sont données, de calculer l'écartement et la portée des pièces.

Les solives sont à section rectangulaire et la hauteur de leur équarrissage vaut habituellement le double de la largeur. Les types courants ont $0^m,15 \times 0^m,075$; $0^m,16 \times 0^m,08$; $0^m,22 \times 0^m,11$. La longueur maximum de leur portée est de 5 m..

Soit P la charge totale du plancher, en kilos par m²,

 e l'écartement des solives, en mètres,

 L la portée des solives, en mètres,

 b et *h* les deux dimensions de l'équarrissage des solives (*b* la largeur et *h* la hauteur), en mètres, si l'on fixe à 700.000 kilos seulement la résistance pratique par m² de section du bois (cette résistance est généralement comprise entre 600.000 et 800.000), la formule suivante donne la relation qui existe entre ces différentes quantités :

$$\frac{P \; e \; L^2}{8} = \frac{700.000 \; b \; h^2}{6}.$$

Il est facile de tirer de cette équation générale la valeur d'un terme quelconque, lorsque l'on connaît la valeur des autres.

Supposons, par exemple, que l'on se donne la charge P par m² (350 kilos), la section des solives ($0^m,16 \times 0^m,08$) et que l'on se propose de calculer l'écartement e des solives pour diverses portées L (3 m., 4 m., 5 m.), on aura :

$$e = \frac{8 \times 700.000 \times 0,08 \times 0,0256}{6 \times 350 \times L^2}.$$

On trouve ainsi que pour

L	=	3^m	4^m	5^m
e	=	$0^m,606$	$0^m,341$	$0^m,218$.

S'il y a lieu de placer une poutre, la même formule permet d'en déterminer l'équarrissage, mais les lettres ont alors la signification suivante :

P est la charge totale du plancher, en kilos par m²,

e la distance, en mètres, de la poutre à chacun des murs qui lui sont parallèles, si la poutre divise en deux parties exactes la largeur du bâtiment, ou bien l'écartement des poutres, s'il y en a deux, et si ces deux poutres divisent en deux parties égales la largeur du bâtiment,

L la portée de la poutre, en mètres,

b et h sont les deux dimensions de l'équarrissage, en mètres.

La hauteur h de la section d'une poutre est toujours plus grande que la largeur b ($b = 4/7$ à $6/7$ h).

Supposons un plancher de 8 m. de longueur et de 6 m. de largeur, divisé en deux dans sa largeur par une poutre. La charge totale est de 350 kg. par m². On fixe à 5/7 le rapport $\dfrac{b}{h}$.

On a, en appliquant la formule précédente,

$$\frac{350 \times 4 \times 36}{8} = \frac{700.000 \times \dfrac{5}{7} \; h^3}{6},$$

d'où $\quad h^3 = \dfrac{6 \times 350 \times 4 \times 36}{8 \times 500.000} = 0,0756$ et $h = 0^m,423$.

Les deux dimensions de la poutre sont alors $h = 0^m,42$ et $b = 0^m,30$.

Si la poutre a une grande portée et si la section est faible pour la charge qu'elle a à supporter, on la soutient en son milieu par un poteau en bois. La portée de la poutre est réduite de moitié et, par conséquent, sa résistance est doublée.

Les poteaux en bois sont généralement à section carrée. Ils reposent sur un dé en pierre ou en bois. Entre le sommet du poteau et la poutre, on interpose une pièce courte horizontale, appelée *sous-poutre*, dont la résistance à la flexion augmente la rigidité de la poutre elle-même. On peut également relier le poteau à la poutre par des *contre-fiches*, ou encore combiner la sous-poutre avec les contre-fiches.

On calcule la charge à faire supporter à un poteau en bois de chêne ou de sapin à section carrée à l'aide de la formule de Barré :

$$P = \frac{60\ a^2}{0{,}93 + 0{,}00185\ \left(\dfrac{l}{a}\right)^2}.$$

P est la charge en kilos,

a est le côté de la section du poteau en centimètres,

l est la longueur du poteau en centimètres.

2° Planchers en fer. — Les planchers en fer sont beaucoup plus répandus. Ils sont très résistants et peuvent supporter des charges considérables. Ils conviennent donc spécialement aux grandes installations et toutes les fois qu'au-dessus de la cave on construit un cellier ou une cuverie.

Un semblable plancher est constitué par des solives en fer T parallèles, reliées soit par des voûtins en briques ou des voûtins en béton aggloméré, soit par des briques-hourdis spéciales. Si les murs sont trop écartés, c'est-à-dire si la portée est trop grande, ces solives sont soutenues par des poutres en fer T simples ou jumelées, encastrées dans les murs ; elles peuvent elles-mêmes, si besoin est, reposer sur des colonnes en fonte ou en fer. D'ailleurs, la distribution des futailles dans une cave se prête parfaitement à l'établissement de colonnes, qu'il est toujours facile de disposer entre les futailles, en dehors des allées de service.

Les fers doivent être soigneusement peints au minium avant la pose pour éviter la rouille.

L'écartement des solives varie avec les dimensions des fers et la charge à supporter. Cependant, on préfère se donner l'écartement et on calcule en conséquence la section des fers. Cet écartement est compris entre 0^m,75 et 1 m. en moyenne. Il s'abaisse pourtant quelquefois à 0^m,65.

Les voûtins en briques sont formés avec des briques creuses posées à plat si la charge à supporter est faible, mais le plus souvent posées de champ quand la charge est élevée. Dans ce dernier cas, l'épaisseur du voûtin est de 0^m,110. Les briques sont hourdées au plâtre. La flèche du voûtin vaut en général 1/8 de la portée. En raison de la faible courbure de la voûte, on n'emploie pas de briques spéciales ; on se contente de donner aux joints une épaisseur un peu plus grande à l'extrados qu'à l'intrados. Les briques qui portent directement sur les solives sont écornées par le maçon en forme de coin ; elles constituent les sommiers de la voûte. On trouve dans le commerce des briques dites *sommiers*, moulées exprès pour cet usage. Les reins des voûtins sont chargés de maçonnerie ou de béton jusqu'au niveau de l'aile supérieure des fers. On étend ensuite sur tout le plancher un glacis de ciment de $0^m,03$ à $0^m,05$ d'épaisseur.

Les voûtins de béton aggloméré remplacent les voûtins en briques lorsque la résistance doit être très grande. Sur le cintre du voûtin on dame du béton, de manière à remplir complètement l'intervalle des solives. On arase ce massif au niveau de l'aile supérieure des fers et on le couvre d'un glacis de ciment. En dessous, le béton a la forme d'une voûte surbaissée, dont les sommiers sont les ailes inférieures des solives. La flèche de l'intrados est 1/8 de la portée, parfois 1/10 seulement.

Les fabriques de produits céramiques livrent pour les planchers en fer des briques creuses spéciales en forme de voussoirs, qui permettent d'établir entre les solives des voûtes plates. Le plus souvent, trois lignes de briques suffisent pour hourder l'intervalle de deux solives : deux constituent les sommiers, la troisième sert de clef. Des modèles sont établis pour les écartements usuels des solives et pour les hauteurs habituelles des fers T à planchers. Ces voûtes plates sont d'une exécution simple et rapide. Elles ont une épaisseur égale à la hauteur des fers et n'ont pas besoin d'être extradossées. Elles sont légères, résistantes et économiques. Pour ces diverses raisons, on les préfère aux voûtins en briques ordinaires.

Le poids mort des planchers en fer varie dans de très larges limites, avec le poids des fers, l'écartement des solives, la nature du hourdis, etc.. Il est compris entre 150 et 750 kilos par m². Il est facile de le calculer dans chaque cas.

Quant à la surcharge du plancher, elle peut être prise égale à 2.000 kg. par mètre carré quand le bâtiment qui le surmonte doit servir de cellier ou de cuverie et loger des vases vinaires, des pressoirs, etc., etc.. On peut, d'ailleurs, la calculer lorsque l'on connaît la capacité, la distribution des vases vinaires et l'emplacement des machines. Si le bâtiment est un hangar à charrettes ou à matériel, la surcharge vaut environ 300 à 400 kg. par mètre carré. Elle s'abaisse à 200 kilos, si le bâtiment est un logement ordinaire.

La formule générale qui permet de calculer les dimensions des solives d'un plancher en fer est de la même forme que celle que nous avons donnée pour les planchers en bois :

$$\frac{P\,e\,L^2}{8} = \frac{R\,I}{n} ;$$

P charge totale, en kilos, du plancher par m²,

e écartement des solives, en mètres,

L portée des solives, en mètres,

R résistance du fer, qui varie de 6.000.000 à 10.000.000 kilos par m² de section, et que nous prendrons égale à 8.000.000 kilos.

I moment d'inertie de la section de la solive,

n demi-hauteur de la section du fer, soit $\dfrac{h}{2}$, en mètres.

Le moment d'inertie d'un fer double T vaut

$$\frac{1}{12}\left(b\,h^3 - b'\,h'^3\right)$$

b étant la largeur de l'aile, h la hauteur totale de la section, b' la largeur de l'aile, moins l'épaisseur de l'âme, h' la section entre les ailes, en mètres.

Comme le calcul est ici plus compliqué que pour les solivès en bois à section rectangulaire et que, du reste, peu de personnes connaissent à priori les dimensions $b\,h\,b'\,h'$ des fers du commerce, le tableau XV donne,

TABLEAU XV.—**Résistance des fers double T de dimensions usuelles**

(Extrait de l'album des fers de la maison Simon Perret frères, de Lyon)

FERS DOUBLE T A LARGES AILES				CHARGES UNIFORMÉMENT RÉPARTIES que peuvent supporter ces fers reposant librement à leurs extrémités, pour des portées de										
HAUTEUR du fer en millim.	LARGEUR des ailes en millim.	ÉPAISSEUR de l'âme en millim.	POIDS par m. courant en kilos	2m	3m	4m	5m	6m	7m	8m	9m	10m	11m	12m
100	42	5	9,00	1028	687	»	»	»	»	»	»	»	»	»
100	60	4	9,50	1327	885	»	»	»	»	»	»	»	»	»
120	49,5	11	16,00	1938	1292	»	»	»	»	»	»	»	»	»
120	75	10	17,50	2538	1692	»	»	»	»	»	»	»	»	»
140	53,75	12	19,00	2700	1800	1350	»	»	»	»	»	»	»	»
140	85	11	22,70	3734	2490	1867	»	»	»	»	»	»	»	»
160	58	12	23,00	3586	2390	1793	»	»	»	»	»	»	»	»
160	120	10	34,50	7578	5052	3789	»	»	»	»	»	»	»	»
175	85	12	26,25	5274	3516	2637	2110	»	»	»	»	»	»	»
180	56.5	7	19,50	3894	2595	1947	1557	»	»	»	»	»	»	»
180	100	12	33,00	7135	4756	3567	2854	»	»	»	»	»	»	»
200	66	15	33,00	6396	4264	3198	2560	2132	»	»	»	»	»	»
200	100	7	29,00	7824	5216	3912	3129	2608	»	»	»	»	»	»
200	140	15	55,00	13450	8968	6750	5379	4483	»	»	»	»	»	»
220	62,5	8	25,50	6261	4174	3130	2505	2088	»	»	»	»	»	»
220	110	12,5	42,50	11201	7468	5600	4482	3734	»	»	»	»	»	»
235	99	15	43,50	11418	7612	5709	4568	3806	3263	»	»	»	»	»
240	66	10	28,50	7714	5141	3857	3080	2570	2203	»	»	»	»	»
240	121	14,5	48,85	13692	9128	6846	5477	4564	3912	»	»	»	»	»
250	100	10	36,60	11052	7368	5525	4420	3684	3157	»	»	»	»	»
250	126	14	54,60	17350	11569	8675	6941	5785	4957	»	»	»	»	»
260	69	10	31,60	8727	5818	4363	3491	2909	2493	»	»	»	»	»
260	126	15	55,20	16570	11047	8285	6629	5528	4735	»	»	»	»	»
280	108	18	60,00	18369	12244	9184	7348	6122	5248	4592	»	»	»	»
300	130	10	55,00	21118	14079	10559	8447	7039	6034	5279	»	»	»	»
350	140	13	78,00	32109	21406	16054	12843	10702	9171	8027	7135	6421	»	»
400	140	14	82,80	39770	26513	19885	15876	13256	11363	9942	8838	7954	7230	»
457	178	15	111,00	65235	43416	32617	26094	21708	18639	16308	14497	13047	11861	10854
508	210	26	178,00	105865	70577	52932	42346	35288	30247	26466	23526	21173	19248	17644

pour les types de fer les plus employés, les charges que l'on peut leur faire supporter en toute sécurité.

Ces charges sont supposées réparties uniformément sur toute la longueur de la solive. Elles valent donc P e L. Si nous les désignons par Q, la formule précédente devient

$$\frac{Q\,L}{8} = \frac{R\,I}{n}.$$

Soit un plancher chargé à 2.600 kg. par m², dont les solives sont à $0^m,80$ d'écartement et à une portée de $4^m,50$.

$$Q = 2.600 \times 0,80 \times 4,50 = 9.360 \text{ kilos,}$$

et on trouve immédiatement en consultant le tableau XV que le type de fer de $0^m,30$ de hauteur, de $0^m,13$ de largeur et de $0^m,01$ d'épaisseur d'âme, du poids de 55 kg. le mètre courant, donne toute sécurité.

Tableau XVI. — **Charges totales que peuvent supporter en toute sécurité les colonnes en fonte creuses**

(Types de la maison Simon Perret frères, de Lyon)

DIAMÈTRE EXTÉRIEUR, en m.	0,08	0,09	0,10	0,11	0,12	0,13	0,14	0,15	0,16	0,17	0,18
DIAMÈTRE INTÉRIEUR, en m.	0,05	0,06	0,07	0,08	0,09	0,09	0,10	0,11	0,12	0,13	0,14
ÉPAISSEUR de la fonte, en millimètres	15	15	15	15	15	20	20	20	20	20	20
POIDS par mètre de longueur, en kilos. . . .	22,950	26,500	30,000	33,600	37,100	51,800	56,500	61,300	65,900	70,900	75,400
HAUTEUR DE LA COLONNE en mètres 2	14080	18729	23638	28661	33711	38727	54926	61473	67914	74236	80451
2,50	10759	14791	19238	23977	28902	41902	48609	55316	62052	71759	75205
3	8344	11729	15604	19871	24444	35826	42291	48923	55636	62380	69109
3,50	»	9403	12728	16481	20601	30476	36507	42814	49317	55949	62657
4	»	7657	10487	13750	17406	25945	31454	37314	43456	49817	56334
4,50	»	»	8737	11568	14789	22180	27150	32517	38223	44315	50425
5	»	»	»	9821	12654	19073	23530	28404	33648	39214	45059
5,50	»	»	»	»	10909	16509	20198	24903	29693	34829	40272
6	»	»	»	»	»	»	17958	21933	26293	31007	36048

La même formule sert au calcul des poutres. Q devient alors la charge totale supportée par la poutre, et L la portée de celle-ci.

Quant aux colonnes en fonte que l'on emploie fréquemment pour soutenir les poutres, la charge qu'elles peuvent porter est donnée par la formule suivante de Love :

$$P = \frac{982\,d^2}{1,45 + 0,00337 \left(\dfrac{l}{d}\right)^2}.$$

P est la charge, en kilos, de la colonne,

d le diamètre de la colonne, en centimètres,

l la hauteur, en centimètres, pour des hauteurs comprises entre 4 et 120 fois le diamètre.

Pour des colonnes creuses, de diamètre intérieur d',

$$P = \frac{982\,d^2}{1,45+0,00337\left(\dfrac{l}{d}\right)^2} - \frac{982\,d'^2}{1,45+0,00337\left(\dfrac{l}{d'}\right)^2}.$$

L'épaisseur des colonnes creuses n'est jamais inférieure à $0^m,015$.

Enfin, on emploie parfois aussi des colonnes en fer pleines, dont on calcule la résistance à l'aide de la formule de Lowe :

$$P = \frac{471\,d^2}{1,55 + 0,0005\left(\dfrac{l}{d}\right)^2}.$$

Le tableau XVI donne pour les dimensions usuelles des colonnes en fonte creuses, qui sont les plus employées, les charges totales que ces colonnes peuvent supporter suivant leur hauteur.

Lorsque les caves sont humides, les planchers en fer présentent un inconvénient grave : la vapeur d'eau se condense au contact des parties métalliques du plancher (poutres et solives) et forme de grosses gouttes qui tombent sur les futailles et les mouillent. Les cercles se rouillent rapidement.

VI. — RAMPES D'ACCÈS

Les rampes d'accès constituent un procédé très répandu pour l'élévation de la vendange au-dessus des récipients (foudres et cuves) ou au-dessus des appareils de foulage et d'égouttage dans lesquels elle doit être déchargée. Les rampes d'accès sont suivies d'un palier sur lequel stationne le véhicule pendant les opérations du déchargement. La descente des charrettes vides a lieu par le même chemin qui a servi à la montée ou par une rampe spéciale, à plus forte inclinaison, placée le plus souvent à l'autre bout du palier.

a. **Proportions.**— Les proportions des rampes et des paliers varient suivant la disposition des lieux, la construction du cellier et de ses annexes, le système de rentrée de la vendange et l'organisation du travail des véhicules et des attelages.

Lorsque le transport de la vendange a lieu par pastières et si le déchargement se fait à la pelle, on place de préférence le palier et les rampes dans le sens de la plus grande longueur du bâtiment. Dans ce cas, le palier doit avoir la même longueur que le cellier pour que la charrette puisse stationner en face de chacune des ouvertures percées dans le mur de façade. Il peut arriver que cette disposition, la plus rationnelle, soit rendue impossible par le choix de l'emplacement des bâtiments ; on aborde alors le cellier par l'un des pignons et le palier a la longueur du mur-pignon.

Quand la rentrée de la vendange a lieu soit par pastières roulantes (voir le cellier de Guilhermain), soit par wagonnets, soit par comportes, il suffit de donner au palier la longueur correspondante à la portion du mur dans laquelle sont ménagées les baies pour le déchargement des charrettes.

La largeur du palier est de 4 m., lorsque les charrettes circulent toutes dans le même sens sans jamais se croiser et lorsqu'elles se rangent contre le mur du cellier pour le déchargement. Mais, quand le déchargement a lieu par le talon de la charrette et que celle-ci doit être conséquemment acculée perpendiculairement au mur du bâtiment, la largeur est de 8^m,50. Lorsque la descente s'effectue par la même voie que la montée, plusieurs cas se présentent : 1° le déchargement a lieu par le côté, à la pelle par exemple, et la charrette est redescendue par reculement ; dans ce cas, la largeur du palier reste égale à 4 m. ; 2° le déchargement se fait par le côté, mais la descente a lieu après la tournée du véhicule ; on ménage alors à l'extrémité du palier un emplacement de 12 m. de longueur et de 8^m,50 de largeur pour les tournées, le palier conservant ailleurs la largeur de 4 m., puisque deux charrettes ne doivent jamais se croiser ; la largeur est cependant portée à 5 m., si la rencontre des véhicules est inévitable en raison du grand nombre des coupeuses et de l'activité des charrois ; 3° enfin, le déchargement s'exécute par le talon de la charrette acculée au mur du cellier ; dans ce cas, le palier conserve la largeur de 8^m,50 fixée précédemment.

La hauteur de la chaussée du palier par rapport au sol naturel varie suivant que le cellier est ou n'est pas enterré partiellement ou en totalité, suivant la capacité des vases vinaires et la hauteur du plancher de réception de la vendange. On fixe la hauteur du palier d'après le niveau du seuil des ouvertures qui est toujours de plain-pied avec le plancher intérieur. Lorsque les raisins sont apportés dans des pastières et déchargés à la pelle, la chaussée reste en contre-bas du seuil des portaillères de 1^m,25 à 1^m,50. Si le transport a lieu par pastières roulantes ou par comportes, il faut que le talon de la charrette se présente au niveau du seuil des portaillères, la chaussée est alors à 0^m,80 ou 0^m,95 seulement en contre-bas, suivant la forme de la charrette.

La longueur des rampes dépend de la hauteur des paliers par rapport aux chemins d'exploitation et au sol environnant. On la calcule facilement, sachant que la pente maximum des rampes d'accès est de 0^m,07 à 0^m,08 par mètre. Aux rampes de descente on peut donner une pente double.

La largeur des rampes est de 4 m., si deux véhicules ne doivent pas se croiser, et de 5 m. dans l'autre hypothèse.

b. **Rampes naturelles.** — Toutes les fois que le cellier est construit à flanc de coteau, on peut facilement le desservir par une rampe que l'on découpe dans le terrain naturel. La construction de la rampe et du palier est alors un simple travail de terrassement, dont l'exécution ne présente en général aucune difficulté et dont la dépense peut se calculer aisément à l'aide des tableaux que nous avons donnés plus haut. Ces terrassements ne comprennent pas toujours de simples déblais. Ils comportent parfois des remblais dont on emprunte les matériaux aux parties déblayées, si la disposition des lieux le permet.

Pour éviter la poussée des terres rapportées contre les murs du bâtiment, on peut, comme cela a été fait sur le domaine des Cheminières (page 317), enfoncer obliquement dans le sol des piquets en bois qui, reliés par un fort treillage, forment, à un mètre environ du mur, un écran protecteur.

Lorsque le cellier est partiellement enterré, les déblais provenant de la fouille faite sur l'emplacement du bâtiment servent à édifier le palier et la rampe. Il arrive fréquemment que le terrain naturel que l'on doit ainsi remblayer présente une pente du côté opposé au cellier. Pour empêcher le glissement des terres rapportées, on taille dans le sol des redans et on a soin de régaler et de pilonner les couches successives avec une pente inverse de celle du sol naturel.

Les paliers et les rampes ainsi construits sont souvent raccordés au terrain naturel par des talus dont l'inclinaison correspond à l'angle de soutènement naturel de ces terres (tableau VI). On peut consolider ces ouvrages en gazonnant les surfaces ou en protégeant les talus contre les éboulements par des murs de revêtement. Ces murs qui n'ont aucune poussée à supporter, puisque l'on suppose aux terres une inclinaison appropriée à leur état, et dont le rôle est simplement de soustraire les terres aux influences atmosphériques (l'air, le vent et la pluie), n'ont pas besoin d'avoir une grande épaisseur. On les fait en général aussi minces que le permettent les matériaux. Ce sont parfois des murs en pierres sèches, d'autres fois des murs de moellons hourdés avec du mortier hydraulique. On ménage à la partie inférieure des barbacanes pour l'écoulement de l'eau.

Si les terres sont taillées à pic, on a recours à un mur de soutènement.

La chaussée de la rampe et du palier doit être macadamisée pour diminuer la traction de animaux. Transversalement, elle a une légère pente de $0^m,030$ par mètre vers le bâtiment pour éviter le glissement des véhicules du côté du talus ; une rigole creusée le long du mur assure l'écoulement des eaux pluviales, elle reçoit en même temps les eaux de la toiture. Quand les terres sont maintenues par un mur de soutènement, il est habituellement surmonté d'un parapet. Dans ce cas, la chaussée présente un bombement de 1/66 environ, qui rejette les eaux moitié du côté du cellier, moitié du côté opposé. Dans le sens longitudinal, les rampes ont toujours une pente plus que suffisante pour l'écoulement des eaux. Il n'en est pas de même des paliers, dont la chaussée doit être autant que possible maintenue horizontale; mais les rigoles établies en bordure reçoivent vers la rampe une pente de $0^m,010$ à $0^m,015$ par mètre.

c. **Rampes artificielles.**— Les celliers édifiés dans la plaine ne peuvent être desservis par des rampes d'accès qu'à la condition que l'on construise celles-ci de toutes pièces. On a alors des rampes artificielles.

Les rampes artificielles sont de deux sortes : les unes massives, constituées par des remblais dont les matériaux sont maintenus par des murs de soutènement ou par des talus convenablement inclinés ; les autres évidées, établies sur voûtes ou sur planchers en fer, qui laissent au-dessous d'elles un grand espace disponible. Sous ces rampes, la hauteur est le plus souvent suffisante pour qu'on puisse y loger des futailles ou des petits foudres. On peut même, dans certains cas, y installer les pressoirs (voir le cellier de Guilhermain, page 257), ou encore y construire des cuves. Sous les parties les plus basses, on aménage des magasins à outils ou des locaux pour la conservation des produits utiles à la culture de la vigne (soufre, sulfate de cuivre, etc., etc.).

1° Rampes massives.— Pour ménager la place et pour ne pas consacrer à la rampe et au palier un emplacement trop large, on limite les remblais par des murs de soutènement. Un seul mur suffit pour le palier, puisque d'un côté il s'appuie contre le cellier. Quant à la rampe, elle exige souvent deux murs, lorsqu'elle n'est soutenue par aucun bâtiment ni à gauche ni à droite. L'épaisseur de ces murs se calcule à l'aide des formules données plus haut.

Le cube de terre à rapporter est facile à déterminer. Il est égal pour le palier au produit V' de ses trois dimensions (longueur L, largeur E, hauteur h) et pour la rampe au produit V'' de ses deux dimensions (longueur L' et largeur E') multiplié par la moitié de la hauteur du palier.

$$V'=L\times E\times h \qquad \text{et} \qquad V''=L'\times E'\times \frac{h}{2}.$$

Soit, par exemple, un palier de 48 m. de longueur, de 4 m. de largeur et de 3 m. de hauteur, desservi par une rampe de même largeur et ayant une pente de $0^m,08$ par mètre. La longueur de la rampe est par suite de $37^m,50$. On a pour le palier... $\quad V' = 48\times 4\times 3 = 576 \text{ m}^3$;

pour la rampe... $\quad V'' = 37,50\times 4\times \frac{3}{2} = 225 \text{ m}^3.$

Le volume total V du remblai vaut $V' + V'' = 801 \text{ m}^3.$

Si la chaussée doit être macadamisée, il y a lieu de diminuer la hauteur du remblai de l'épaisseur de la couche de pierres qui constitue le revêtement et qui est de $0^m,12$ en moyenne après tassement. Le cube de terre correspondant vaut $(48+37,50) \times 4 \times 0,12 = 41^{m3},040$, et le cube V du remblai reste égal à $759^{m3},960$.

Lorsque les terres du remblai ne sont pas maintenues par des murs de soutènement, il faut ajouter au cube ci-dessus calculé celui des terres destinées à former les talus.

En ce qui concerne le palier, il n'y a de talus que d'un seul côté. Si h est la hauteur du palier, l la largeur de la base du talus, variable avec la nature des terres (voir le tableau VI, page 37), L la longueur du palier, le cube C du talus vaut

$$C = L \times \frac{h\,l}{2}.$$

De même, si L' est la longueur de la rampe, le cube C' de chaque talus vaut

$$C' = L' \times \frac{h\,l}{6}.$$

Si la rampe n'est bordée de murs d'aucun côté, il y a deux talus et le cube de terre pour les talus de la rampe vaut $2\,C'$.

Le cube total de la rampe et du palier est alors, suivant le cas,

$$Q = V + C + C', \quad \text{ou} \quad Q = V + C + 2\,C'.$$

2° Rampes voûtées. — Lorsque l'on se propose de construire une rampe sur voûtes pour en utiliser le dessous, on distingue, d'une part, le palier et la partie haute de la rampe proprement dite, sous lesquels la hauteur de la clef à l'intrados sera égale ou supérieure à 2 m. après construction des voûtes; d'autre part, la partie inférieure de la rampe, sous laquelle la hauteur de la clef à l'intrados serait inférieure à 2 m. si l'on devait la voûter. Comme, dans cette seconde partie, les logements disponibles n'auraient qu'une faible hauteur, d'une utilisation difficile, on renonce à l'établir sur voûtes et on la fait massive. Dans toute rampe dite voûtée, on a donc toujours une partie réellement voûtée (la partie haute) et une partie massive (la partie basse).

L'épaisseur de la voûte à la clef, y compris la chaussée qui la recouvre, est au minimum de $0^m,60$; il en résulte que l'on ne voûte que la portion de la rampe dont la chaussée est à $2^m,60$ au moins au-dessus du sol naturel.

La voûte adoptée est le plus souvent l'arc de cercle qui, nous l'avons vu, donne le maximum de capacité en dessous. La poussée d'une semblable voûte sur les pieds-droits étant très élevée, pour éviter de donner au mur antérieur de la rampe une épaisseur exagérée, on dispose les voûtes parallèlement à la longueur de la rampe, c'est-à-dire que les retombées des voûtes se font sur des murs de refend élevés perpendiculairement au bâtiment: les voûtes étant ainsi placées les unes à la suite des autres, les poussées obliques de deux voûtes successives se font équilibre et les pieds-droits n'ont plus à résister qu'aux efforts de compression, ce qui permet de réduire sensiblement leur épaisseur. Le débouché de ces voûtes est au maximum de 5 m.. Comme la flèche vaut au minimum 1/8 du débouché, il s'ensuit que les naissances des voûtes sont au minimum à 1^m,375 au-dessus du sol. Les logements ainsi ménagés sous les rampes sont clos antérieurement par un mur de faible épaisseur, quelquefois même par une simple cloison en briques. Cependant, si ces espaces libres devaient servir de cuves ou de citernes, l'épaisseur du mur extérieur, aussi bien que celle des murs de refend, serait calculée pour résister à la poussée des liquides et un soin particulier serait apporté à l'exécution des maçonneries.

3° Rampes sur planchers en fer. — Ce qui vient d'être dit au sujet de la portion des rampes construite sur voûtes est applicable aux rampes sur planchers : les planchers ne sont établis que dans les parties élevées, de telle sorte que la hauteur sous l'aile des fers T soit au moins de 2 m..

Pour les rampes et les paliers dont la largeur n'excède pas 5 m., on dispose les fers perpendiculairement au bâtiment; les solives sont encastrées d'un côté dans le mur du cellier et supportées de l'autre côté par un mur élevé en bordure de la rampe, au lieu et place du mur de soutènement des rampes massives. Quand la largeur des paliers atteint 8^m,50, on divise la portée des fers par un mur de refend, ou bien on soutient les solives par une poutre supportée elle-même par des colonnes en fonte ou des piliers en pierre. On peut également changer la disposition des solives et les placer parallèlement au mur du cellier, en les soutenant par des murs de refend perpendiculaires. Dans tous les cas, les solives sont reliées par des voûtins en briques ou en béton aggloméré.

La section des fers se calcule aisément à l'aide des formules que nous avons données précédemment (page 74) lorsque l'on connaît le poids des véhicules chargés qui circuleront au-dessus du plancher et la charge du plancher lui-même.

Il y a lieu de remarquer que, lorsque le transport des raisins est fait par des charrettes à deux roues et lorsque les solives sont posées transversalement à la longueur de la rampe, chaque solive à son tour supporte en totalité la charge du véhicule au moment où les roues passent au-dessus d'elle. Il faut donc que celle-ci soit capable de résister à cette charge, que l'on peut fixer, pour la généralité des cas, à 3.000 kilos (2.000 à 2.200 kilos de vendange par voyage et 800 kilos de charrette). Exceptionnellement, quelques anciennes pastières contiennent près de 3.000 kilos de raisins. Dans ce cas, le poids du véhicule chargé atteint environ 4.000 kilos. Appelons C la charge. Elle agit par l'intermédiaire des deux roues qui supportent chacune $\frac{C}{2}$. Si l est l'écartement des roues de la charrette, L la largeur de la chaussée ou la portée de la solive, le moment fléchissant maximum au passage de la charrette vaut $\dfrac{C}{4}(L-l)$. Fixons, en second lieu, à p la charge propre du plancher par m². Si e est l'écartement des solives, $p \times L \times e$ est le poids q supporté par chaque solive, et le moment fléchissant dû à cette charge est $\dfrac{qL}{8}$. L'équation qui permet de calculer la section du fer est alors :

$$\frac{C}{4}(L-l) + \frac{qL}{8} = \frac{RI}{n}.$$

Si l'on fait le calcul, en posant

$$q = 3.000 \text{ kilos,}$$
$$L = 4 \text{ m.,}$$
$$l = 1^m,50,$$
$$p = 500 \text{ kilos,}$$
$$e = 0^m,75,$$

on trouve que le plancher peut être établi avec des solives de $0^m,220$ de hauteur, $0^m,110$ de largeur, du poids de 40 kilos le mètre courant.

Nous avons calculé comparativement le prix de revient d'un palier de 25 m. de longueur, de 4 m. de largeur et de $3^m,50$ de hauteur : 1° avec remblai en terre massif et mur de soutènement ; 2° avec voûtes en maçonnerie ; 3° avec plancher en fer. Le tableau XVII donne un résumé de ces calculs.

Ces résultats n'ont rien d'absolu, car les prix d'application peuvent varier d'une manière sensible de région à région, de commune à commune, avec les frais de transport et ceux de la main-d'œuvre. Ils montrent cependant que la rampe sur plancher coûte un peu meilleur marché que la rampe sur voûtes. Si de la dépense faite pour la rampe sur plancher on retranche la dépense afférente à la rampe massive, la différence peut représenter le prix de revient du logement disponible sous le plancher, qui ressort dans cet exemple à 14 fr., 42 seulement par mètre carré couvert. La rampe sur plancher donne en dessous, à la clef et surtout aux pieds-droits, une hauteur supérieure à celle que l'on a sous la rampe voûtée. La surface libre est également plus grande, par suite de la suppression des murs de refend intermédiaires.

Dans cet exemple, nous avons supposé que le remblai de la rampe massive était formé avec de la terre ordinaire, transportée par tombereau à une distance moyenne de 300 m.. La terre extraite de la fouille des fondations du mur de soutènement et jetée à la pelle sur l'emplacement de la rampe projetée vient en déduction de la terre transportée. Nous avons négligé la dépense de l'établissement de la chaussée qui, étant la même dans les trois cas, ne modifie en rien les résultats de la comparaison.

En ce qui concerne la rampe sur voûtes de pierre, nous avons supposé la longueur du palier divisée en cinq parties égales par quatre murs de refend distants d'axe en axe de 5 m.. Deux murs supplémentaires reçoivent les retombées de la première et de la cinquième voûte. En avant, un mur de

TABLEAU XVII. — **Devis comparatif d'une rampe massive, d'une rampe sur voûtes et d'une rampe sur plancher en fer et voûtins en briques**

calculé pour un palier de 25 m. de longueur, de 4 m. de largeur et de 3ᵐ,50 de hauteur

RAMPE MASSIVE

Mur de soutènement. Fouille de la fondation . . . . 25×0,95×1=23ᵐ³750
    Pour 1ᵐ³ fouille. 0ʰ65
        jet de pelle . . . . . . 0 55 { 2ʰ, à 0 fr. 40=0 fr. 80
        transport à la pelle. . . 0 80)
    Pour 23ᵐ³750. . . . . 23ᵐ³750, à . . . 0 f.80 | 19 »
    Maçonnerie de fondation. . . . . même cube, à . . . 13 20 | 313 50
    Maçonnerie en élévation du mur. . . 25×3,50×0,75=65ᵐ³625, à . . . 14 05 | 918 75
    — du parapet . 25×0,50×0,50= 6 250, à . . . 14 05 | 87 85
    Bordure en pier. de taille du parapet . 25×0,12×0,55= 1 650, à . . . 45 » | 74 25
Remblai. Cube de terre, 25×4×3,50=350 — cube de la fouille de la fondation =326ᵐ³250
    Pour 1ᵐ³ fouille. 0ʰ65
        chargement. . . 0 60)
        régalage . . . . 0 30 } 1ʰ95 à 0 fr. 40=0 fr. 78)
        damage . . . . . 0 40)   } 1 fr. 05
        transport à 300 m. 0 30   à 0 fr. 90=0 fr. 27)
    Pour 326ᵐ³250 . . . . 326ᵐ³250, à . . . 1 05 | 312 56
                                                Total. . . . . | 1755 91

RAMPE SUR VOUTES

Fouille des fondations. . . Quatre murs de refend. . . 4×0,75×1× 4=12
    — Deux — . . 2×1,05×1× 4= 8,400 { 36ᵐ³ 650, à . . 0 80 | 29 32
    — Un mur de façade . . . . 0,65×1×25=16,250)
Maçonnerie de fondation . . . . même cube, à . . 13 20 | 483 78
Maçonnerie en élévation . Quatre murs de refend. 4×0,50×.275× 4=22
    — Deux — 2×0,80×,275× 5=17,600 { 69 600, à . . 14 05 | 1399 38
    — Un mur de façade et parapet. 0,40×4×25=40)
    — Bordure en pierres de taille du parapet . . . . . 1 650, à . . 45 » | 74 25
Maçonnerie de voûte. . . Cinq voûtes. . . . . 5×4,56×4×0,50=45 600, à . . 13 62 | 621 07
    — Plus-value pour cintres. . . . . . 5×4,56×4 =91ᵐ²200, à . . 4 » | 361 80
    — Massif de maçonnerie. . . . . . 25×4×0,40 =40ᵐ³000, à . . 10 65 | 426 »
                                                Total. . . . . | 3398 60

RAMPE SUR PLANCHER EN FER

Fouille des fondations . . Deux murs de refend . . 2×0,75×1×4= 6
    — Un mur de façade. . . 25×0,75×1 =18,75 } 24ᵐ³750, à . . 0 80 | 19 80
Maçonnerie de fondation. . . . . même cube, à . . 13 20 | 326 70
Maçonnerie en élévation Deux murs de refend . . 2×0,50×3,50×4=14
    — Un mur de façade et parapet 0,50×4×25=50 } 64 000, à . . 14 05 | 899 20
    — Bordure en pierres de taille du parapet. . . . . 1 650, à . . 45 » | 74 25
Maçonnerie de voûte. . . Voûtins en briques . . . . 25×4=100ᵐ², à . . 3 63 | 363 »
    — Massif de maçonnerie. . . . . . . 25×4×0.06=6ᵐ³000, à . . 10 65 | 63 90
Plancher en fer . . . . . 33 lignes de solives. 33×4,40=145ᵐ20, à 40 kg.=5808 kg. à . . 0 25 | 1452 »
                                                Total. . . . . | 3198 85

3198,85 — 1755,91 = 1442,94

Prix de revient du m² couvert . . . $\dfrac{1442,94}{25×4}$ = 14 fr., 42.

0ᵐ,40 clot le dessous des voûtes. On peut le remplacer par une simple cloison. Parfois même, on laisse ouvertes sur le devant les pièces voûtées ainsi construites. Suivant la destination de ces logements, on peut remplacer ces voûtes surbaissées par des voûtes plein cintre de moindre portée, par suite plus nombreuses et moins épaisses.

Enfin, les solives de la rampe sur plancher sont soutenues en avant par un mur de $0^m,50$. Sur les côtés, aux deux bouts du palier, le logement disponible sous le plancher est limité par deur murs de refend. Ces deux murs étant indépendants de la longueur du palier ou de la rampe, il en résulte que, toutes choses égales d'ailleurs, le prix de revient de l'unité de la surface couverte croît quand le palier diminue de longueur et décroît, au contraire, quand sa longueur augmente.

CHAPITRE III

OUVERTURES

Les murs des bâtiments vinaires sont percés de baies qui servent, les unes (les *portes*) au passage du matériel et des ouvriers et à la réception de la vendange, les autres (les *fenêtres*, les *soupiraux*) à l'éclairage, toutes en même temps à l'aération. Cependant, des ouvertures spéciales sont parfois pratiquées en vue de l'aération et de la ventilation, soit dans l'épaisseur des murs, soit dans la couverture, soit au-dessous du sol. On leur donne, suivant leur forme et leur place, le nom d'*évent*, de *lanterneau* ou de *carneau*.

En principe, le nombre et les dimensions des ouvertures doivent être réduits au minimum dans les bâtiments destinés au logement du vin (celliers, chais, caves), car elles offrent un passage facile à l'air extérieur et sont un obstacle au maintien d'une température constante. Au contraire, les cuveries qui doivent être largement aérées peuvent être desservies sans inconvénient par des ouvertures nombreuses. Pour concilier, dans les installations vinaires servant à la fois de cuverie et de chai, les exigences de la vinification et le souci de la conservation du vin, on réduit le plus possible les ouvertures et on soumet l'intérieur du bâtiment à une ventilation énergique soit en employant des cheminées d'appel, soit en utilisant un ventilateur mécanique. On doit s'efforcer, dans ce cas, de n'introduire que de l'air à basse température, en refroidissant l'air ou en opérant de nuit. L'installation du domaine de Ksar-Tyr (voir page 490) est particulièrement intéressante à ce point de vue.

I. — PORTES ET FENÊTRES

Les portes qui donnent accès dans les celliers peuvent être rangées dans deux classes : 1° les portes qui sont ouvertes pour le passage des vases vinaires de grandes dimensions et de l'outillage ; 2° celles qui sont utilisées par les ouvriers pour le service courant et qui permettent, en outre, le passage des barriques ou des futailles.

a. **Portes charretières.** — Quand le cellier est meublé de foudres, il est indispensable d'ouvrir une grande porte par laquelle on puisse faire circuler un foudre tout monté. Cette baie est, en général, à l'une des extrémités et dans l'axe de l'allée centrale ; on peut pourtant l'ouvrir au milieu de la longueur du bâtiment, mais on remarquera que, dans ce cas, on perd l'emplacement d'un foudre. Ses dimensions minima sont celles d'un foudre, augmentées de $0^m,18$ à $0^m,20$ dans les deux sens (voir page 29). Cependant, on lui donne une hauteur plus grande que sa largeur, pour satisfaire aux lois de l'architecture.

Une fois les foudres mis en place, cette porte est sans utilité, à moins que le bâtiment ne serve de cuverie et que les charrettes de vendange ne doivent y pénétrer, comme cela a lieu dans certaines régions, en Bourgogne ou en Beaujolais, par exemple. La sortie d'un foudre est chose rare, les réparations sont presque toujours exécutées à l'intérieur, surtout dans les celliers dont l'allée centrale a une largeur suffisante ; dans tous les cas, les grosses réparations n'ont lieu qu'à de longs intervalles de temps. D'autre part, cette grande ouverture donne accès à la chaleur du dehors et laisse passer, même lorsqu'elle est tenue fermée, de la poussière par les joints. Dans le Midi, on a l'habitude de murer cette baie, soit avec des moellons, soit avec des briques tubulaires. S'il devenait nécessaire, à un certain moment, de faire passer un foudre, on aurait vite fait de démolir ce barrage et on le reconstruirait ensuite avec les mêmes matériaux, c'est-à-dire à peu de frais. La dépense serait toujours inférieure à l'intérêt accumulé de la valeur d'une porte en menuiserie.

Quelques viticulteurs cependant ne consentent pas à se priver de ce passage, commode pour la manutention et la circulation des futailles au moment de la livraison des vins. Au lieu de le fermer par un ouvrage en maçonnerie, ils le condamnent partiellement par un châssis fixe (une imposte), mais conservent pour le service une ouverture de dimensions réduites, fermée par une porte en bois. Dans cette porte en bois qui a moins de hauteur, mais qui possède encore toute la largeur de la baie, on découpe souvent une petite porte de $1^m,90$ de hauteur et de $0^m,60$ de largeur pour l'entrée des ouvriers.

Les portes en bois qui ferment ces grandes baies sont de préférence *roulantes*. Les portes à deux vantaux tournantes sont incommodes : si elles s'ouvrent en dedans, elles masquent les foudres les plus rapprochés de l'ouverture et si elles tournent en dehors, elles sont secouées par le vent et difficiles à maintenir ouvertes ; en outre, leur poids élevé fatigue les gonds et occasionne parfois leur descellement. Au contraire, les portes roulantes, posées à l'intérieur et mobiles le long du mur (à un vantail ou à deux vantaux), sont peu encombrantes ; elles sont faciles à manœuvrer et n'exigent aucune place pour leur développement.

Dans les pays chauds, afin de pouvoir laisser ces grandes portes ouvertes la nuit, sans cependant donner aux ouvriers le libre accès dans le bâtiment, on installe une grille en arrière de la porte en bois. Cette grille est équilibrée par des contre-poids et manœuvrée dans le sens vertical ; on l'abaisse ou on l'élève à volonté.

En Bourgogne, dans le Beaujolais, où les chariots chargés de vendange sont introduits dans la cuverie, on ouvre deux grandes portes charretières à l'opposé l'une de l'autre, lorsque la disposition des lieux le permet: on entre alors d'un côté et on sort de l'autre, ce qui est commode pour l'organisation du travail. Ici, la largeur des portes n'est plus imposée par les dimensions des vases vinaires (cuves) qui sont toujours relativement petits. On a surtout égard à la largeur des chariots. A ces ouvertures, on donne en général 3^m,40 de largeur et 4^m,10 de hauteur.

b. **Portes de service.** — La circulation des ouvriers, le passage des futailles ont lieu par des ouvertures plus petites, dont l'emplacement est subordonné à la facilité des communications. On les perce de préférence dans le mur du cellier ou du chai qui est protégé au dehors par un appentis, par un avant-corps de bâtiment, ou par une autre construction quelconque: on évite ainsi la communication directe du cellier avec l'extérieur et on diminue la transmission de la chaleur. Une seule baie de 1^m,60 de largeur et de 2^m,40 de hauteur suffit généralement. La fermeture est obtenue au moyen d'une porte à un seul vantail tournante ou roulante : cette dernière a l'inconvénient de fermer moins hermétiquement.

On installe, en général, à proximité de cette baie de service, par laquelle passeront les futailles, une bascule. Elle est de préférence logée dans une fosse, de telle sorte que la partie supérieure du plateau soit au niveau du sol environnant: des rails sont fixés sur le plateau pour surélever légèrement la futaille pendant la pesée. Si la sortie des futailles devait avoir lieu par la grande porte charretière, la bascule serait placée de ce côté. On peut encore installer la bascule directement dans l'axe et un peu en avant ou en arrière de la porte. On n'a ainsi aucun détour à faire pour peser les futailles qui traversent nécessairement le plateau de la bascule. Comme, en dehors des opérations de la livraison, la bascule serait gênante à cette place, on la retire et on ferme la fosse par un plancher en bois.

c. **Portaillères.** — On donne le nom de *portaillère* aux ouvertures qui servent à la réception de la vendange et qui sont généralement percées au-dessus du plancher des foudres ou des cuves (Midi et Algérie), ou qui dominent les maies de foulage (Bordelais). Leurs dimensions habituelles sont: largeur 1^m,50 à 1^m,75; hauteur 1^m,80 à 2^m,25. Leur seuil est arasé au niveau du plancher intérieur ou de la maie de foulage. Le nombre, la distribution

de ces baies, parfois aussi leurs dimensions, dépendent du système adopté
pour la rentrée de la vendange.

Si l'élévation de la vendange a lieu par rampe longitudinale et dans des
pastières, on ouvre généralement une portaillère au-dessus de chaque foudre, ou au moins une pour deux foudres, dans l'entraxe des deux foudres.
Si les raisins sont transportés dans des comportes ou dans des corbeilles,
une portaillère pour cinq à sept foudres suffit amplement. On les répartit
à des distances égales le long de la façade.

Avec les rampes en bout, le service se fait par deux portaillères dans le
mur-pignon correspondant (une au-dessus de chaque rangée de foudres).
On lui donne 2 m. à 2^m,10 de largeur, si une pastière ou un wagonnet doit
y passer. Il en est de même si l'élévation a lieu par wagonnet sur plan
incliné (voir le cellier d'Encivade).

Avec l'élévation par poulie, une portaillère au-dessus de chaque rangée
de foudres, dans l'un des murs-pignons, ou dans les deux murs-pignons si
le cellier a une grande longueur, telle est la disposition généralement adoptée. Si cependant les pignons ne sont pas accessibles ou bien si la grande
longueur du cellier ne permet pas de desservir assez rapidement les foudres du milieu par les bouts du bâtiment, on ouvre des portaillères dans
l'un des murs de façade ou dans les deux : une à quatre par mur.

Dans le Bordelais, la vendange est reçue sur des maies de foulage (*pressoirs*), soit au rez-de-chaussée (cuviers ancien système), soit au 1er étage
(cuviers nouveau système). Dans le premier cas, il y a une baie par pressoir. Dans le second cas, une seule portaillère (deux au plus) suffit pour le
service. Comme l'élévation des douils a lieu par une grue installée à côté
de la baie, celle-ci doit avoir une largeur suffisante pour le développement
du bras de la grue et le passage du douil, c'est-à-dire 3^m,50 environ.

Les portaillères disparaissent complètement avec l'élévation de la vendange au moyen d'une chaîne élévatoire (*noria*). Une ouverture découpée
sur les dimensions exactes de la chaîne sert au passage de l'élinde et des
deux brins.

Dans un grand nombre de celliers, les portaillères servent en même
temps de fenêtres pour l'éclairage et l'aération et les remplacent. Cette
simplification présente pourtant ce défaut que l'on ne peut y voir qu'en
ouvrant les portaillères et, par suite, en laissant pénétrer l'air extérieur,
c'est-à-dire la chaleur ou le froid. Il est donc bon de percer une ou deux
ouvertures (des œils-de-bœuf par exemple) pour donner un peu de jour
dans le cellier sans avoir besoin de recourir en toute circonstance aux portaillères.

d. **Portes et descentes de caves.** — La porte de la cave doit avoir une
largeur égale à la longueur des futailles qui y sont introduites, augmentée

de 0^m,50 environ pour la commodité du service. Si la cave loge des barriques ordinaires (pièce bordelaise, beaujolaise ou bourguignonne), une largeur de 1^m,50 suffit. Elle est portée à 1^m,65 ou 1^m,70, lorsque l'on y fait passer des transports (ou demi-muids). La hauteur minimum est de 1^m,90; elle est comprise entre 1^m,90 et 2^m,25.

Le seuil de la porte est au niveau du sol de la cave. Il est relié au sol extérieur par un chemin de descente ou par un escalier.

On donne aux chemins de descente une largeur de 2 m. à 2^m,25 et une pente de 0^m,20 à 0^m,25 par mètre (inclinaison : 11°20' à 14°). La longueur dépend donc de la profondeur de la cave. Deux bordures en pierre écartées de 0^m,50, ou deux madriers en bois sont placés dans l'axe du chemin pour le roulage des futailles. Assez souvent, le milieu de cette voie de roulement est taillé en gradins et sert d'escalier pour les ouvriers qui conduisent et manœuvrent les futailles.

Quand on ne dispose pas d'un emplacement suffisant pour établir un semblable chemin, on le remplace par un escalier en pierre, auquel on peut donner une inclinaison de 26°30', soit une pente de 0^m,50. Le giron des marches a une largeur de 0^m,32 et la contre-marche une hauteur de 0^m,16. Dans le sens de la pente, on encastre dans la marche deux longrines en bois ou en fer, fixes ou mobiles, formant une voie de roulement continue et évitant aux futailles les secousses du passage d'une marche à l'autre. Les ouvriers suivent, au contraire, les marches de l'escalier. L'escalier a même largeur que le chemin.

Les chemins de descente et les escaliers sont, en général, partiellement couverts : leur partie basse est voûtée et recouverte de terre, ou bien elle est surmontée d'un bâtiment. A l'entrée du souterrain, une porte ferme le passage. La cave se trouve ainsi isolée de l'extérieur par une double fermeture (la porte de la cave et celle du souterrain) avec matelas d'air interposé, qui contribue à maintenir la cave à l'abri des influences du dehors.

e. **Fenêtres.** — Les fenêtres ont pour but l'éclairage et l'aération des bâtiments. Elles sont fermées par des châssis vitrés, souvent doublés de volets pleins. Dans les chais, les fenêtres sont distribuées sur toute la longueur de la façade; dans les celliers, on les perce aux deux extrémités, dans l'axe des passages ménagés entre les deux rangées de récipients vinaires ou derrière elles, de façon à mieux éclairer l'ensemble, tout en réduisant le plus possible le nombre de ces baies.

Lorsque, dans le bâtiment, il y a au-dessus des foudres, des cuves ou des futailles, un plancher plein ou un plafond, les ouvertures doivent être pratiquées au-dessous et au ras de ce plancher pour l'évacuation de l'air chaud qui se rassemble toujours dans les parties les plus élevées, principalement pendant la période des cuvages.

Il est utile de percer les fenêtres à l'opposé les unes des autres, pour pouvoir ventiler par courant d'air l'intérieur du cellier. Cependant, on place de préférence les plus grandes aux expositions du nord et du levant et on se contente de petites ouvertures, de simples meurtrières, aux expositions du midi et du couchant.

Au-dessus des planchers, on ménage également un certain nombre de fenêtres, soit dans les murs-pignons, soit dans les façades. Fréquemment, le 1ᵉʳ étage est éclairé par l'imposte de la grande porte du bâtiment, dont la hauteur excède alors celle du rez-de-chaussée. Cette disposition permet de donner à la porte une hauteur assez grande et concourt à la décoration de la façade et à l'élégance de la construction.

Les fenêtres ont au minimum 1 m. de largeur et 1^m,50 de hauteur. Les meurtrières à 0^m,25 à 0^m,30 de largeur sur 0^m,50 à 0^m,75 de hauteur.

La manœuvre de l'ouverture et de la fermeture des fenêtres qui ne sont pas à portée de la main a lieu par des tringles ou des cordes de tirage.

f. **Proportions et construction.** — Dans une baie, on se fixe, en général, la largeur ou la hauteur, suivant la forme des objets qui doivent y passer. L'autre dimension se déduit de cette relation : la hauteur d'une ouverture vaut une fois et demie à deux fois sa largeur. Cependant, cette règle n'est pas absolue, elle comporte, comme on vient de le voir, des exceptions, car, lorsqu'il s'agit de bâtiments ruraux, on se préoccupe de la commodité et de l'utilité, plutôt que de l'harmonie. On peut corriger les défectuosités d'une baie trop large pour sa hauteur en la séparant en deux compartiments au moyen d'un pilastre vertical. On a ainsi une fenêtre géminée.

Dans une baie, on distingue : le *seuil* (pour les portes) ou l'*appui* (pour les fenêtres), les *jambages* ou *pieds-droits* et le *linteau* ou la *plate-bande*.

Les seuils et les appuis sont toujours en pierre dure, à l'exception du seuil des portaillères qui recevront des comportes ou des paniers de vendange, lequel est souvent formé par un madrier en bois pour amortir les chocs et préserver les récipients. Cette disposition est excellente. Les seuils et appuis sont posés entre les jambages et non sous les jambages.

Les pieds-droits sont en pierres de taille ou en briques, parfois mixtes en pierres et en briques. Le mélange des matériaux rompt la monotonie et agrémente la façade des bâtiments. Lorsque les maçonneries sont très soignées, on peut supprimer les pieds-droits en pierres de taille, mais on alloue dans ce cas aux ouvriers une plus-value de 3 fr. environ par mètre courant de vive arête pour le travail supplémentaire qu'exige l'exécution des encadrements des ouvertures.

Les linteaux sont en bois ou en fer. Le fer est supérieur au bois qui se détériore et s'altère trop facilement ; celui-ci peut cependant être utilisé lorsqu'il est bien préparé.

Les linteaux en bois sont, en général, formés de deux pièces parallèles qui prennent appui sur les jambages arasés parfaitement de niveau et qui sont réunies par des plates-bandes en fer plat tirefonnées. Lorsque la baie a une grande largeur, le linteau prend le nom de *poitrail*. Il est constitué par une poutre de fort équarrissage, mais il est préférable, dans ce cas, de renoncer au bois. On donne une grande solidité aux linteaux en les déchargeant au moyen d'une petite voûte élevée au-dessus d'eux, de manière à reporter sur les pieds-droits le poids des maçonneries et des charpentes qui les surmontent.

Les linteaux en fer se composent de deux fers T jumelés, c'est-à-dire parallèles et entretoisés. Ce sont les plus répandus. On calcule leur section à l'aide des formules données précédemment (page 74). La charge qu'ils ont à supporter est le poids des maçonneries, des planchers et des charpentes établis au-dessus d'eux.

On remplace fréquemment les linteaux par des plates-bandes, ou voûtes plates, formées de *claveaux* en pierres de taille. Les claveaux extrêmes sont les sommiers, celui du milieu la clef. La figure 6 montre le tracé de

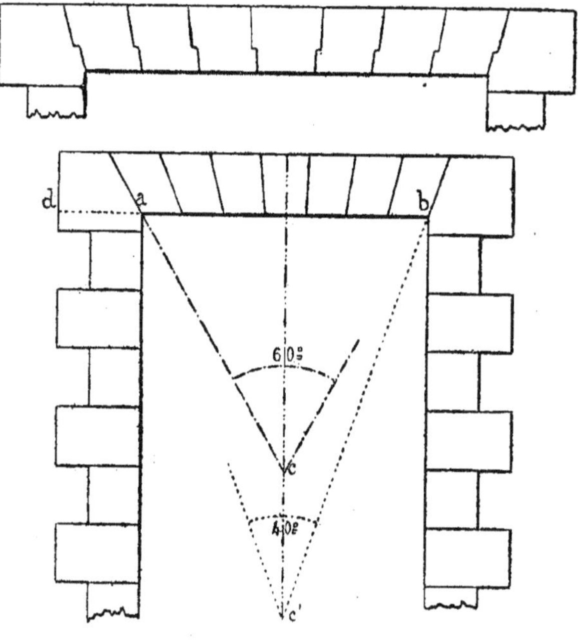

Fig. 6.

l'appareil des plates-bandes. Les joints des claveaux convergent tous vers un centre c ou c', tel que l'angle acb vaut 60° ou l'angle $ac'b$ égale 40°. On trouve facilement la position du point c ou du point c', sachant que $ac = ab$, lorsque l'angle c est de 60°, et que $ac' = 1,46\ ab$ pour un angle en c' de 60°. Il faut éviter que le joint ad du sommier et du pied-droit soit dans le prolongement de la partie inférieure de la plate-bande ; ce claveau est donc taillé d'équerre, de manière à venir constituer le sommet du pied-droit. La moitié gauche de la figure indique l'appareil de la plate-bande pour l'angle de 60° et la moitié droite l'appareil pour l'angle de 40°.

On augmente énormément la solidité des voûtes plates en taillant les claveaux en crossette, comme le montre la partie supérieure de la figure. Les crossettes sont à $0^m,20$ de la partie inférieure de la plate-bande, quelle que soit son épaisseur. C'est l'appareil que l'on adopte pour les baies de grande largeur.

Les voûtes plates n'offrant pas une forte résistance, on a l'habitude de les consolider, surtout lorsque l'ouverture est large, en plaçant au-dessous des claveaux ou derrière eux un fer T ou un fer carré qui repose sur les pieds-droits. Ce fer n'est pas apparent, il est encastré dans les claveaux que l'on entaille en conséquence. Il est souvent prolongé au delà des pieds-droits et ancré par des fiches en fer dans la maçonnerie ; il sert ainsi de tirant et s'oppose à la fois à un abaissement de la plate-bande et à un écartement des pieds-droits.

Au lieu d'être fermées par des voûtes plates, les baies sont fermées fréquemment par des voûtes surbaissées ou plein cintre, en pierres de taille, en briques, ou mixtes en pierres et briques (les sommiers et la clef en pierres, le reste en briques). Le tracé des arcs de fermeture des baies et leur construction sont identiques à ceux des arcs de voûte des caves (page 68).

g. **Soupiraux.**— Les soupiraux sont les baies, de dimensions restreintes, qui éclairent et aèrent les caves. Ils débouchent à l'extérieur, un peu au-dessus du sol naturel et se raccordent à l'intérieur, d'une part avec l'intrados de la voûte ou le dessous du plancher, d'autre part avec la partie verticale du mur en formant un *glacis* allongé qui permet d'éclairer le plus près possible du pied du mur. Au dehors, un soupirail ordinaire mesure 1 m. de largeur et $0^m,40$ à $0^m,75$ de hauteur. Il est fermé par un châssis vitré et, de plus, par un volet.

———

II. — VENTILATION

a. **Events.**— Les évents, ou cheminées d'aération, concourent avec les ouvertures (portes et fenêtres) à assurer le renouvellement de l'air dans les celliers. Ils ont principalement pour fonction d'évacuer l'air chaud qui se rassemble dans les parties les plus élevées des bâtiments. Leur rôle est surtout très utile dans les installations souterraines qui sont privées d'ouvertures. Mais ils sont également employés pour donner issue à l'air qui s'accumule sous les planchers et sous les plafonds et pour créer un courant d'air dans les bâtiments pourvus de fenêtres.

Les évents sont des tuyaux à section carrée, ou à section circulaire, en bois ou en tôle s'ils traversent simplement les planchers, les plafonds et la couverture ; en poterie s'ils sont logés dans l'épaisseur des murs. Les premiers sont distribués sur un rang (suivant la ligne de faîte) ou sur deux rangs parallèles (qui partagent en trois parties égales la largeur du bâtiment). Les seconds sont noyés dans les maçonneries aussi bien des murs de façade que des murs-pignons. Les tuyaux ont, en général, $0^m,25$ de diamètre, soit $0^{m2},0490$ de section. Leur entrée est au ras des plafonds ou des planchers et ils débouchent au-dessus de la couverture à une hauteur de $0^m,50$ à 2 m. environ. Dans les pays chauds, pour activer le tirage, on constitue avec des tuyaux de tôle la partie extérieure des évents et on a soin de les noircir, de manière à augmenter leur pouvoir absorbant et échauffer l'air qui les traverse. Un capuchon recouvre l'orifice de chaque évent pour éviter la chute de la pluie dans le cellier.

La vitesse de l'écoulement v de l'air par un semblable évent est donnée par l'expression :

$$v = \sqrt{\frac{19,6 \times 0,00366 \times \mathrm{H}\,(t - t')}{1 + 0,00366\,t}}.$$

H est la hauteur de la colonne d'air en déplacement, mesurée de la partie supérieure des vases vinaires (ceux-ci étant le foyer qui élève la température) à la sortie de l'évent ;

t, la température de l'air chaud dans l'évent ;

t', la température de l'air extérieur, à la sortie de l'évent.

La quantité d'air Q évacuée dans une seconde par l'évent, dont la section est A, vaut alors :

$$Q = k \times A \times v,$$

k est un coefficient qui varie entre 0,73 et 0,96 suivant la longueur de l'évent.

La différence de température entre le niveau des foudres et le haut du cellier est au maximum de 5°.

Si nous admettons une température extérieure de 25° et une hauteur H de 12 m., $v = 1^m,96$ et, pour un évent de $0^m,25$ de diamètre, $Q = 0^{m3},0768$ par seconde, en prenant $k = 0,80$. Le débit Q' de l'évent dans une minute vaut $0,0768 \times 60 = 4^{m3},600$.

Le nombre des évents dépend alors du cube d'air contenu dans le bâtiment et de la rapidité avec laquelle on désire le renouveler. Supposons que le renouvellement complet doive avoir lieu deux fois par heure, c'est-à-dire une fois toutes les demi-heures, soit en 30 minutes. Dans ce temps, l'évent placé dans les conditions précédentes débitera $4^{m3},600 \times 30 = 138^{m3},000$. Si le cellier à ventiler mesure 8 m. sous le plancher au niveau duquel est placé l'orifice de l'évent, cet évent suffit à l'aération d'une surface couverte

$$S = \frac{138,000}{8} = 17^{m2},25.$$

D'une manière générale, si h est la hauteur sous le plancher, ou à l'orifice de l'évent, n le nombre de minutes au bout duquel le renouvellement de l'air doit être total, la surface couverte aérée par un évent est

$$S = \frac{Q' \times n}{h} = \frac{60\,Q \times n}{h}.$$

De nos observations faites en Algérie, il résulte qu'une section de $0^{m2},0025$ à $0^{m2},0030$ de tuyau par mètre carré couvert est la proportion généralement admise. Un tuyau de $0^{m},25$ de diamètre peut donc aérer une surface de 16 à 18 m² environ. Un cellier de 40 m. de longueur sur 12 m. de largeur, ayant une surface de 480 m², nécessiterait l'installation de 30 évents de $0^{m},25$. On peut les supposer répartis sur deux rangs et à $2^{m},70$ les uns des autres. Mais il serait préférable de distribuer sur deux rangs 16 évents de $0^{m},32$ de diamètre, placés à 5 m. de distance sur chaque ligne.

Il est bon de munir l'entrée des évents d'une trappe qui permette de régler l'intensité du courant d'air et de le suspendre complètement. Cette fermeture est manœuvrée du bas au moyen d'une cordelle ou d'une tringle.

b. **Lanterneaux.**— Les lanterneaux remplissent le même office que les évents dans les celliers qui n'ont ni plancher ni plafond. Ils donnent, en outre, du jour et contribuent ainsi à l'éclairage. Ils sont établis suivant la ligne de faîte de la couverture. Ils ont la même longueur que le bâtiment lui-même, ou bien leur longueur est moindre et dans ce cas ils sont divisés en plusieurs tronçons régulièrement répartis d'un bout à l'autre de la construction.

Il est utile de garnir les orifices des lanterneaux de fermetures (volets pleins ou mieux châssis vitrés) pour modérer et supprimer totalement au besoin la ventilation.

La section des ouvertures des lanterneaux peut être calculée sur la même base que la section des évents.

c. **Carneaux**. — Quand le cellier est adossé à un talus, on peut faire circuler l'air extérieur, avant de l'admettre à l'intérieur des bâtiments, dans des canalisations souterraines posées dans l'épaisseur des talus et à grande profondeur, pour le rafraîchir. Ces conduits souterrains prennent le nom de *carneaux*. Ils sont en briques ou en tuyaux céramiques. Leur développement est aussi long que le permet la disposition des lieux. Les carneaux ayant pour fonction de remplacer dans le cellier l'air échauffé qui est évacué par les évents ou par les lanterneaux, les sections sont sensiblement égales de part et d'autre. La section des carneaux pourrait cependant être un peu moindre, puisque, d'une part, l'air frais a un volume plus faible et que, d'autre part, les portes et les fenêtres laissent toujours pénétrer une certaine quantité d'air. Une grille doit être placée à l'entrée des carneaux pour éviter l'introduction des animaux. Cette canalisation doit présenter une pente de $0^m,002$ à $0^m,003$ vers l'orifice extérieur, pour l'écoulement des eaux qui pourraient éventuellement y pénétrer par infiltration.

Le cellier du Clos Grellet (Algérie) offre l'exemple d'une installation de ce genre, mais les carneaux n'ont pas un développement assez grand et le refroidissement qu'ils procurent est insuffisant.

d. **Ventilateurs.** — Quand on désire avoir un renouvellement de l'air du cellier plus actif que celui produit par la seule différence des températures aux diverses hauteurs du bâtiment, soit d'une manière continue, soit à certaines heures de la journée, on a recours à un ventilateur pour assurer mécaniquement le déplacement de l'air. Les ventilateurs sont de deux sortes : 1° les ventilateurs à force centrifuge, à débit modéré et à forte pression ; 2° les ventilateurs hélicoïdes, à débit élevé et à faible pression. Ces derniers sont ceux qui conviennent le mieux à l'aération et à la ventilation des celliers et des caves. De ce nombre sont les ventilateurs Fouché, les ventilateurs Blackman, etc..

La figure 7 représente un ventilateur Blackman (1) et le tableau ci-con-

Fig. 7.

tre donne les renseignements pratiques sur l'installation de ces appareils. En général, la machine est disposée à l'entrée d'une galerie, qui alimente

---

(1) Pilter, 24, rue Alibert, Paris, concessionnaire pour la France.

une série de carneaux chargés de distribuer l'air refoulé par le ventilateur aux divers étages et aux divers points du bâtiment. Des bouches, avec trappe, sont placées à l'issue de chaque carneau pour régler la ventilation (voir le cellier de Ksar-Tyr).

Ventilateurs Blackman

DIAMÈTRE de l'appareil	NOMBRE DE TOURS par minute		VOLUME D'AIR déplacé par minute		FORCE MOTRICE nécessaire		DIAMÈTRE des poulies
m.	tours		m³		ch. vap.		millim.
0,35	1000	à 1500	42	à 70	»		50
0,45	700	1200	56	112	»		75
0,60	500	900	84	168	0,25	à 1 »	100
0,75	450	750	122	200	0,38	1,25	125
0,90	400	650	215	392	0,50	1,50	150
1,05	350	600	285	500	0,75	1,75	175
1,20	300	600	378	840	1 »	2,25	200
1,35	300	500	425	900	1,25	3 »	225
1,50	240	450	588	1237	1,50	3,50	250
1,80	200	350	850	1626	2 »	5 »	300
2,10	175	300	1250	2500	3 »	7 »	400

Les ventilateurs n'ont pas uniquement pour but le renouvellement de l'air en vue de l'assainissement des celliers, mais quelquefois aussi l'emmagasinement de l'air frais en vue de l'abaissement de la température intérieure. Dans ce cas, le ventilateur ne fonctionne qu'aux heures où l'air extérieur est à température basse, après le coucher du soleil et avant son lever.

III. — REFROIDISSEMENT DE L'AIR

Il y a avantage, dans les pays chauds, à refroidir artificiellement la masse gazeuse déplacée par le ventilateur, de manière à introduire dans le cellier l'air à la température la plus basse possible. On peut opérer de deux façons.

a. **Par l'eau froide.** — Plusieurs appareils ont été imaginés dans ce but. L'un des plus simples est celui de MM. Nézereaux et Garlandat, qui se compose essentiellement d'une caisse parallélipipédique en tôle, divisée en deux chambres dans le sens de sa hauteur par une plaque perforée de petits trous rapprochés. Cette cloison est inclinée de $0^m,04$ par mètre environ, elle est bordée à sa partie haute et à sa partie basse d'une rigole ; la première amène de l'eau froide, qui se répand sur toute la surface de la plaque et qui est reprise et évacuée ensuite par la seconde. L'air à refroidir est envoyé par un ventilateur au-dessous de la plaque, dans la chambre inférieure, dont il ne peut s'échapper qu'en traversant les petits trous de la cloison et en barbotant à travers la nappe d'eau courante qui la recouvre sans cesse. Au contact de cette eau froide, l'air se refroidit et sort de la chambre supérieure par un large tuyau qui le conduit aux locaux où il doit être utilisé.

L'extrême division de l'air et son passage sous forme de filets très minces à travers une couche d'eau froide, sans cesse renouvelée, sont incontestablement favorables à l'échange des températures. L'air à sa sortie de l'appareil a cependant encore une température supérieure de $1°$ à $1°,5$ à celle de l'eau, même dans les conditions les meilleures. Pour obtenir un refroidissement de l'air notable, il faut employer de grandes quantités d'eau et de l'eau à température aussi basse que possible.

Il est, d'ailleurs, facile de calculer la quantité d'eau *théoriquement* nécessaire pour produire le refroidissement d'un volume déterminé d'air, connaissant les températures initiales de l'air et de l'eau et la température que doit avoir l'air après rafraîchissement.

Soit 1 m. c. d'air à $25°$, que l'on désire refroidir à $18°$. La chaleur spécifique de l'air étant $0,23$ et son poids spécifique de $1^{kg},293$, l'air, en se refroidissant de $7°$, abandonnera

$$1,293 \times 0,23 \times 7 = 2,08 \text{ calories.}$$

Si l'eau de refroidissement est à $16°$ et s'il s'établit dans l'appareil un équilibre parfait des températures, l'eau verra sa température s'élever de $2°$, et pour fournir les $2,08$ calories nécessaires au refroidissement de l'air, il faudra un volume d'eau égal à $\dfrac{2,08}{2} = 1^{litre},04$.

Mais, *pratiquement*, cette quantité d'eau est beaucoup plus importante, car on ne réalise jamais, ainsi que nous l'avons déjà dit, un équilibre parfait des températures et on ne peut se mettre complètement à l'abri des causes diverses d'échauffement de la masse gazeuse, telles que la compression de l'air, le frottement de l'air dans les tuyaux, etc..

L'emploi de ce procédé reste par conséquent limité au cas où l'on dispose de grands débits d'eau à très basse température. Il n'est donc guère applicable au refroidissement de l'air des celliers dans les pays chauds, où généralement l'eau est peu abondante et où la température des puits s'élève en été à $20°$ ou $22°$.

L'air sort de l'appareil saturé d'eau. Cette grande humidité n'est pas un inconvénient dans un cellier.

b. **Par l'eau pulvérisée.** — Tandis que, dans le cas précédent, le refroidissement de l'air au contact de l'eau a lieu par simple conductibilité, ici le refroidissement est produit par la vaporisation d'une petite quantité d'eau très divisée dans la masse gazeuse en mouvement. L'air abandonne la chaleur nécessaire à cette vaporisation et sa température s'abaisse.

M. Pilter a tenté dans cette voie des expériences sur son domaine de Ksar-Tyr (Tunisie), qui ne lui ont pas donné jusqu'ici entière satisfaction. Voyons quel résultat on peut attendre de l'application de ce procédé.

Supposons l'air extérieur, déplacé par le ventilateur, à la température de 25° et aussi sec que possible, marquant par exemple 40° à l'hygromètre à cheveu. A cet état, 1 m. c. d'air ne renferme que 4 gr., 758 de vapeur d'eau. En effet, le poids de vapeur d'eau est, dans 1 m. c. d'air à saturation, de 22 gr., 9 à la température de 25°, et le rapport des tensions est de 0,2078

Tableau XVIII. — **Tensions T de la vapeur d'eau et poids P de vapeur d'eau contenus dans un mètre cube d'air saturé aux températures de $l°$**

l	T	P	l	T	P	l	T	P
10°	9ᵐᵐ1	9ᵍʳ4	21°	18ᵐᵐ5	18ᵍʳ2	32°	35ᵐᵐ4	33ᵍʳ4
11	9 7	10 0	22	19 7	19 3	33	37 4	35 3
12	10 4	10 6	23	20 9	20 4	34	39 5	37 2
13	11 1	11 3	24	22 2	21 6	35	41 8	39 2
14	11 9	12 5	25	23 6	22 9	36	44 2	41 3
15	12 7	12 8	26	25 0	24 2	37	46 7	43 5
16	13 5	13 6	27	26 5	25 6	38	49 3	45 7
17	14 4	14 5	28	28 2	27 0	39	52 0	48 1
18	15 3	15 5	29	29 8	28 6	40	54 9	50 6
19	16 3	16 2	30	31 6	30 1			
20	17 4	17 2	31	33 4	31 7			

pour 40 degrés de l'hygromètre à cheveu (voir les tableaux XVIII et XIX). On a donc

$$22,9 \times 0,2078 = 4,758.$$

Admettons que nous voulions abaisser de 12°, c'est-à-dire amener à la température de 13° l'air du ventilateur. A 13°, 1 m. c. d'air saturé contient 11 gr., 3 de vapeur d'eau. Il peut donc, puisqu'il en retient déjà 4 gr.,758, en recevoir $\qquad$ $11,3 - 4,758 = 6$ gr., 542.

Pulvérisons ce poids d'eau et admettons sa complète vaporisation dans 1 m. c. d'air. Le nombre de calories nécessaire pour vaporiser 1 kilo d'eau est donné par la formule générale

$$c = 606,5 - 0,695\ t°$$

t étant la température de vaporisation.

Si l'eau est à 21°, $t = 21$ et $c = 606,5 - 0,695 \times 21 = 592$.

Pour vaporiser 6 gr., 542, il suffit de

$$0^{kg},006542 \times 592 = 3,87 \text{ calories}$$

qui seront abandonnées par l'air en se refroidissant à 13°.

En effet, la quantité de chaleur cédée par 1 m. c. d'air qui se refroidit de $t°$ est $\qquad 1,293 \times 0,23 \times t$

$1^{kg},293$ étant le poids de 1 m. c. d'air, et 0,23 la chaleur spécifique de l'air. Pour $t = 12°$, le nombre de calories cédé par 1 m. c. d'air vaut 3,56.

TABLEAU XIX.— **Rapports R de la tension de la vapeur d'eau, correspondant aux différents degrés h de l'hygromètre à cheveu, à la tension de la vapeur saturée**

h	R	h	R	h	R
40°	0,2078	62°	0,3834	84°	0,6792
42	0,2212	64	0,4039	86	0,7149
44	0,2346	66	0,4258	88	0,7529
46	0,2486	68	0,4489	90	0,7909
48	0,2632	70	0,4719	92	0,8308
50	0,2779	72	0,4982	94	0,8707
52	0,2938	74	0,5245	96	0,9125
54	0,3097	76	0,5525	98	0,9563
56	0,3266	78	0,5824	100	1,0000
58	0,3447	80	0,6122		
60	0,3628	82	0,6457		

R représente la valeur de l'état hygrométrique de l'air pour les différents degrés de l'hygromètre à cheveu.

On voit que le nombre de calories abandonné par l'air est un peu inférieur à celui qu'exige la vaporisation de 6 gr., 542 d'eau. Il suffit d'en pulvériser 6 grammes pour utiliser les calories perdues par 1 m. c. d'air en se refroidissant de 25° à 13°. L'air ne peut pas descendre à une température plus basse, car le poids de vapeur d'eau correspondant à la saturation diminue avec la température. L'air se trouverait donc rapidement saturé et la vaporisation ne se produirait plus.

Les tableaux XVIII et XIX permettent de se rendre compte des effets obtenus par la pulvérisation et la vaporisation de l'eau dans toutes les hypothèses, en suivant pour les calculs la marche qui vient d'être donnée.

Il faut que la pulvérisation soit assez active pour fournir au cube d'air déplacé l'eau nécessaire à sa saturation et qu'elle soit assez fine pour produire une bonne dispersion et une vaporisation rapide et complète. C'est sans doute pour n'avoir pas réalisé une pulvérisation assez fine et surtout une dispersion assez parfaite de la buée liquide dans le courant d'air du ventilateur que M. Pilter n'a pas obtenu jusqu'ici des résultats satisfaisants.

Dans la pratique, on ne peut, dans tous les cas, réaliser les abaissements de température limite indiqués par la théorie. Non seulement, la vaporisation complète de l'eau est difficile à produire, mais en outre l'air refroidi ne tarde pas à se réchauffer au contact des parois plus chaudes des carneaux et des tuyautages.

La pulvérisation peut être faite au moyen de jets pulvérisateurs identiques à ceux qui sont adaptés aux appareils de traitement des maladies de la vigne, en tête desquels se placent le jet Riley et le jet en hélice.

Il résulte d'expériences faites à l'École d'Agriculture de Montpellier par l'un de nous, en collaboration avec M. Houdaille, professeur de Physique (1), qu'un jet Riley dont l'orifice d'émission a $1^{mm},03$ de diamètre, soit $0^{mm2},83$ de section, divise un centimètre cube de liquide en 58.200 gouttelettes, sous la pression de $1^{atm},50$. Le débit du jet est de 456 cc³, ou de 456 grammes d'eau par minute. Le nombre des gouttelettes s'abaisse à 35.135 avec un jet Riley dont l'orifice a $1^{mm},84$ de diamètre ou $2^{mm2},66$ de section. Mais le débit est de 1333 cc³ ou de 1333 grammes d'eau par minute.

---

(1) *Annales de l'École nationale d'Agriculture de Montpellier*. Année 1888-1889.

CHAPITRE IV

CONSOLIDATION ET REVÊTEMENT DES SOLS

Les surfaces extérieures aux bâtiments (cours, chemins), aussi bien que les surfaces intérieures, ont besoin d'être consolidées et parfois recouvertes de matériaux résistants et étanches.

Les abords des celliers ont, en effet, à résister au roulage de grosses charrettes, chargées de vendange ou de fûts de vin, à la manutention des futailles, au maniement des machines, etc., etc.. Quant au sol intérieur, il doit présenter une solidité convenable en vue des travaux de la vinification. Il est utile, en outre, qu'il ne s'en dégage pas trop de poussière, afin de pouvoir assurer la propreté du matériel. Enfin, on recherche parfois son étanchéité parfaite pour recueillir le vin qui serait accidentellement répandu.

I. — COURS ET CHEMINS

a. **Pentes**. — Pour l'écoulement des eaux pluviales, il est nécessaire de donner aux chaussées des cours et des chemins une pente longitudinale et une pente transversale. La pente longitudinale est au moins de $0^m,005$, quand on la crée artificiellement. Lorsque le sol présente une pente naturelle supérieure, on la conserve telle quelle. Les chemins sont bordés de fossés qui ont la même pente que le chemin. Transversalement, la pente est de $0^m,02$ à $0^m,04$ par mètre, c'est-à-dire que cours et chemins offrent un bombement qui varie de 1/100 (pente de 0,02) à 1/50 (pente de 0,04) de la largeur de la chaussée.

b. **Dévers**. — Les bâtiments sont toujours construits en surélévation du sol extérieur pour l'évacuation des eaux. Le pied des murs est préservé des eaux par une surface solide en pente (*dévers*). Le dévers est d'autant plus utile que les toitures sont dépourvues de gouttières et que les eaux tombent directement sur le sol de toute la hauteur du bâtiment.

Les dévers sont faits en pavage, en cailloutis, ou en dallage de ciment, sur béton. Ils ont une pente transversale régulière du mur du cellier vers la chaussée, ou bien ils sont creux. Dans le premier cas, l'égout est formé en bordure du dévers, au point de jonction de la pente du dévers et de celle de la chaussée. Dans le deuxième cas, le dévers sert lui-même d'égout. La couche de béton a une épaisseur de $0^m,10$ à $0^m,15$ suivant la compressibilité du sol. Les pavés et les cailloutis sont posés au-dessus, au mortier de chaux ou de ciment. On peut, par mesure d'économie, supprimer l'assise de béton et la remplacer par une forme de sable de $0^m,08$ à $0^m,12$ d'épaisseur ; les joints des pavés sont parfois aussi garnis avec du sable. Ces pavages sont moins résistants et moins étanches. Les dallages en ciment sont toujours appliqués sur béton. Ils sont composés d'un béton maigre, sans sable, à 200 kilos de ciment pour 1 m. c. de gravier lavé et d'un enduit composé d'une partie de ciment et d'une partie de sable tamisé et lavé. L'enduit a le cinquième de l'épaisseur totale et doit contenir 10 kilos de ciment par centimètre d'épaisseur et par mètre carré. Les dallages extérieurs ont environ $0^m,12$ d'épaisseur (depuis $0^m,08$ jusqu'à $0^m,16$ suivant la fixité du terrain). La surface des enduits est quadrillée, avant que la prise soit complète, pour éviter que la surface ne soit glissante. Lorsque le dallage est terminé, il est recouvert de $0^m,04$ à $0^m,06$ de sable humide pendant une douzaine de jours, avant d'être livré à la circulation.

TABLEAU XX. — **Devis comparatif des revêtements usuels des sols**

		PAR MÈTRE CARRÉ			fr. c.	
Pavés posés au mortier sur béton	Béton maigre . . .	$0^{m3},120$	à 19f 85.	2,38		
	Pavés de 0,14×0,14.	49 pavés	à 0 15.	7,35	11 73	
	Mortier n° 1	$0^{m3},060$	à 8 36.	0,50		
	Main-d'œuvre . . .	2 heures de paveur et aide,	à 0 75.	1,50		
Macadam					4 00	
Dallage en ciment de $0^m,05$ d'épaisseur	Cailloux lavés . . .	$0^{m3},040$	à 5	. 0,20		
	Sable	0 ,010	à 3	. 0,03	2 61	
	Ciment Portland . .	18^{kg}.	à 0 05.	0,90		
	Main-d'œuvre . . .	$1^h,75$ de cimenteur et aide,	à 0 85.	1,48		
Dallage en ciment par centimètre en plus de l'épaisseur précédente	Cailloux.	$0^{m3},008$	à 5	. 0,04		
	Sable.	0 ,002	à 3	. 0,006	0 35	
	Ciment	$3^{kg},600$	à 0 05.	0,18		
	Main-d'œuvre . . .	$0^h,14$.	à 0 85.	0,12		
Dallages en ciment de 0,05 à 0,15 d'épaisseur	Épaisseur	0,05			2 61	
	—	0,06			2 96	
	—	0,07			3 31	
	—	0,08			3 66	
	—	0,10			4 36	
	—	0,12			5 06	
	—	0,15			6 11	

c. **Macadam.** — Les chaussées empierrées ou en macadam sont formées d'une couche de pierres concassées à la grosseur de $0^m,06$ à $0^m,08$, au-dessus de laquelle on répand une certaine quantité de sable destinée à faire gangue. On arrose et on fait passer le rouleau compresseur jusqu'à prise complète. La couche de pierres a $0^m,15$ à $0^m,30$ d'épaisseur. Si le sol naturel est résistant, on étend directement sur lui la couche de pierres, en choisissant pour le dessous les pierres les plus grosses et les plus larges ; les plus petites sont placées à la partie supérieure. Si le sol n'offre pas une solidité suffisante, on dispose en dessous une assise de pierres plates pour servir de fondation et empêcher la pénétration des petites pierres.

On peut admettre que le volume des vides est de 0,45 à 0,50 du volume de l'empierrement. Après tassement complet, 1 m. c. se réduit à $0^{m3},710$.

Le tableau XX donne les prix comparatifs de ces divers revêtements des sols.

II. — SOL INTÉRIEUR

a. **Pentes et profils.** — Le sol des celliers présente toujours une pente longitudinale pour assurer l'écoulement des eaux de lavage. Elle est comprise entre $0^m,005$ et $0^m,010$ par mètre suivant la nature du revêtement : la pente est un peu plus forte pour les sols simplement battus ou macadamisés que pour les surfaces cimentées. L'allée centrale est bordée de deux rigoles, creusées de chaque côté en avant de la rangée des vases vinaires, auxquelles on donne habituellement $0^m,10$ d'ouverture et $0^m,06$ de profondeur en moyenne, et une pente longitudinale de $0^m,01$ à $0^m,015$ que l'on obtient en augmentant la profondeur depuis l'origine jusqu'à l'extrémité. Si elles doivent n'évacuer que les eaux de lavage, ces rigoles débouchent, par des orifices garnis de grilles, en dehors du bâtiment, en tête d'un égout. Quand on peut créer le débouché au milieu de la longueur du bâtiment, on donne aux deux moitiés une pente longitudinale inverse, des extrémités vers le milieu. La dénivellation totale n'est plus que la moitié de ce qu'elle serait avec le débouché situé à l'un des bouts du cellier. On rend, d'ailleurs, cette différence de niveau absolument insensible à l'œil, en plaçant les foudres les plus grands aux points les plus bas et les plus petits aux points culminants. Lorsque les rigoles servent non seulement au déplacement des eaux, mais encore éventuellement à la réception du vin provenant de la rupture d'un foudre ou d'une cuve, elles aboutissent chacune à un puisard creusé en contre-bas du sol et cimenté. Ces puisards peuvent être construits à un bout, ou mieux au milieu du bâtiment, pour la raison qui vient d'être donnée à propos du choix du débouché (voir *puisards*).

Transversalement, l'allée centrale offre un bombement de 1/66 à 1/50, correspondant à des pentes vers les rigoles de $0^m,03$ à $0^m,04$. L'emplacement des vases vinaires a également, du mur vers la rigole, une pente de $0^m,015$. Parfois, lorsque le cellier est meublé de foudres, cet emplacement est creux et constitue une immense citerne occupant toute la longueur du cellier, ou bien il est en forme de cuvette dont le fond se raccorde par une pente douce à l'allée centrale d'une part et au passage ménagé derrière les foudres d'autre part. Ces deux dispositions, qui ont pour objet de servir de réceptacle au vin en cas de rupture d'un foudre, ont l'inconvénient de rendre difficilement utilisable le dessous des vases vinaires pour le logement des futailles et des ustensiles de chai. Il est préférable d'utiliser cet emplacement pour la construction de citernes couvertes en vue de l'emmagasinement de l'eau de pluie (comme il sera dit plus loin).

b. **Consolidation.** — Le sous-sol des celliers a besoin d'être consolidé à l'emplacement des supports des vases vinaires, lorsque ceux-ci sont de grande capacité, et à l'emplacement des puisards ou des citernes.

Lorsque les vases vinaires sont des foudres, ils sont portés, le plus souvent, par quatre dés : deux en avant et deux en arrière. Pour chaque rangée de foudres, il y a donc une ligne de supports en bordure de l'allée centrale et une autre contre le passage derrière les foudres. Fréquemment, on établit un mur de fondation continu sous chacune de ces lignes de dés, d'un bout à l'autre du bâtiment. Sa profondeur dépend de la résistance du sol, sa largeur est celle des dés, plus un empattement de $0^m,10$ à $0^m,12$ de chaque côté. Ces murs forment tout naturellement les parois longitudinales des citernes construites soit en dessous des foudres, soit dans l'allée centrale ; dans ce cas, on les fait en bonne maçonnerie hydraulique.

A l'emplacement des puisards ou citernes, on consolide le sous-sol au moyen d'une souche en béton de $0^m,15$ à $0^m,20$ d'épaisseur. Cela suffit, ces réservoirs ayant rarement une grande profondeur. Cependant, si la profondeur excède $1^m,50$ à 2 m., ou bien si le sous-sol n'offre pas une résistance naturelle suffisante, on augmente l'épaisseur de la couche de béton, qui peut atteindre alors $0^m,30$ à $0^m,40$ et même dépasser cette limite.

c. **Revêtements.** — Le sol des allées, aussi bien que celui des emplacements des récipients vinaires, doit être résistant au passage des ouvriers, au roulage des futailles, au déplacement des pompes, des ustensiles de chai, des appareils de transport, etc.. Il faut, en outre, qu'il puisse être entretenu en parfait état de propreté. On lui demande parfois encore d'être absolument étanche pour retenir et permettre de recueillir le vin d'un vaisseau vinaire en cas de rupture. Cette dernière condition nous paraît superflue : la rupture d'un foudre ou d'une cuve est un accident inconnu dans les celliers bien outillés et surveillés, il est très rare même dans les autres. Il n'y aurait donc pas lieu de s'y arrêter, si l'étanchéité du sol n'avait en même temps pour effet de faciliter l'exécution des mesures de propreté, si importantes dans une installation vinaire.

Lorsque l'on ne cherche pas l'étanchéité parfaite du sol et que, par mesure d'économie, on se propose seulement de le consolider, on se contente d'un simple damage de la terre. On augmente un peu la cohésion en épandant une couche de *recoupe* provenant de la taille des pierres, que l'on roule ou que l'on pilonne, en ayant soin de l'arroser. On obtient une résistance plus grande par l'empierrement. Le macadam s'applique de la même manière qu'à l'extérieur. Ces deux procédés offrent à la circulation une aire suffisamment dure, mais qui dégage toujours une certaine poussière. Le vin répandu s'infiltre dans le sol, s'y altère et donne de mauvaises odeurs. On doit entretenir les chaussées par des arrosages fréquents et par la réfection partielle des points endommagés, à la suite des travaux de la vendange ou des opérations de la livraison des vins.

Quoique d'un prix un peu plus élevé, le dallage en ciment est le meilleur revêtement de la surface intérieure des celliers. Il est à la fois solide, étanche et propre, c'est-à-dire qu'il réalise tous les avantages. Pour diminuer la dépense, on se borne quelquefois au cimentage de l'allée centrale. Mais il est préférable d'étendre le dallage à la surface totale du bâtiment. Les dallages en ciment s'exécutent à l'intérieur comme à l'extérieur. Leur épaisseur est de 0^m,10 environ.

Le sol des caves est habituellement recouvert d'une couche de sable de rivière de 0^m,08 à 0^m,10 d'épaisseur.

Il faut rejeter absolument les revêtements susceptibles de donner au vin un mauvais goût, tels que les bitumes, les mastics d'asphalte, etc.

d. **Puisards et caniveaux**. — On construit fréquemment, en contre-bas du sol des celliers, des puisards :

1° Pour recueillir éventuellement le vin provenant de la rupture d'un foudre ou d'une cuve ;

2° Pour recevoir le vin des pressoirs, le vin ou la piquette des cuves en maçonnerie, le moût des chambres d'égouttage ;

3° Pour alimenter les pompes, dans les installations de canalisations fixes.

Des caniveaux servent à réunir les puisards les uns aux autres ou bien conduisent au puisard des pompes le vin provenant des décuvages ou des soutirages.

Puisards et caniveaux sont ouverts à fleur de terre, mais ils sont recouverts de trappes en bois, de plaques en tôle, pleines ou perforées, suivant la destination de ces puisards, parfois de grilles, ou bien ils sont entourés de garde-fous pour mettre les ouvriers à l'abri des accidents.

La profondeur des puisards est généralement faible, afin de ne pas aug-

menter inutilement la hauteur d'aspiration des pompes et les difficultés du
nettoyage. On la limite à 1 m. ou à 1^m,25, mais elle est souvent moindre
(0^m,40 à 0^m,50). La surface dépend de la capacité qu'ils doivent offrir.

Lorsque l'on a pour but de se protéger contre la rupture accidentelle
d'un foudre ou d'une cuve, il faut donner au puisard la capacité du foudre
ou de la cuve. Un seul puisard aurait ainsi une section exagérée. On creuse
alors deux puisards, l'un sous une rangée de vases vinaires, l'autre sous la
rangée voisine, et, pour que ces deux puisards se prêtent un mutuel secours,
on les réunit par un caniveau de trop-plein qui traverse l'allée centrale. Pour
faciliter au vin l'accès des puisards, ceux-ci sont recouverts par des grilles
ou par des trappes à claire-voie. Ces puisards sont construits sous les vases
vinaires, afin de ne pas gêner la circulation au milieu du bâtiment.

On peut très bien faire servir ces puisards de secours à d'autres usages,
notamment à l'alimentation des pompes fixes. Le vin se rend aux puisards
par des caniveaux creusés dans l'axe de l'allée centrale, ou mieux en bordure de cette allée.

Les puisards établis au pied des pressoirs ou des cuves n'ont pas besoin
d'avoir une grande capacité, puisque le vin en est extrait au fur et à mesure
qu'il y tombe. Il suffit de leur donner 1,5 à 2 hectolitres. Ils sont souvent
servis par un caniveau de trop-plein qui conduit le vin aux pompes.

Les puisards alimentés par les chambres d'égouttage des vendanges fraîches ont en général une grande capacité, pour que le moût y subisse un premier débourbage. Ces puisards (véritables bassins), placés les uns à la suite
des autres, communiquent par des trop-pleins. Des vannettes en bois ou en
tôle permettent de suspendre à volonté le passage du liquide.

Quant aux puisards d'alimentation des pompes, leur capacité est souvent
assez faible (le dixième environ du débit de la pompe par heure). Parfois,
ils servent à faire des coupages, dans ce cas, il y a deux puisards par
pompe que l'on remplit successivement, la capacité de chacun est le tiers à
la moitié du débit de la pompe par heure.

Aux caniveaux, on donne habituellement 0^m,25 d'ouverture et 0^m,25 de
profondeur.

Les puisards et les caniveaux sont construits en béton de chaux hydraulique ou en béton de ciment. Le fond n'a besoin que d'une faible épaisseur
(0^m,15 à 0^m,20); les parois latérales doivent résister à la poussée des terres,
on leur donne une épaisseur égale au tiers environ de la profondeur. Toutes
les parois intérieures sont recouvertes d'un enduit de ciment de 0^m,02 à
0^{m}03. Parfois, on les plaque en carreaux de terre vernissés ou en carreaux
de verre de Saint-Gobain. Une feuillure est ménagée autour du bord supérieur pour recevoir un couvercle (trappe en bois, plaque en tôle, etc.). Lorsque la largeur du puisard est grande, on dispose d'un bord à l'autre des

traverses en bois ou de petits fers T pour supporter les planches du couvercle, qui est en plusieurs parties.

Les puisards et caniveaux se font également en sidérociment (voir *cuves en sidérociment*). L'épaisseur des parois n'excède pas, dans ce cas, $0^m,04$ à $0^m,05$.

Pour faciliter les soins de propreté, on a la précaution d'arrondir les angles et de raccorder par des courbes les parois verticales au fond, afin que tous les points soient aisément accessibles. Le fond reçoit, en outre, une pente vers l'un des angles du puisard, ou bien il a la forme d'une cuvette avec un point bas central, afin que l'on puisse vider sans difficulté le puisard et recueillir les liquides jusqu'à la dernière goutte. Malgré ces précautions, les puisards et les caniveaux en déblai sont à rejeter des celliers, sauf dans le cas d'absolue nécessité. On obtient, en effet, difficilement des ouvriers qu'ils soient lavés régulièrement, nettoyés à la fin des vendanges et lavés de nouveau avant le passage du vin. Ils constituent un danger permanent pour l'hygiène des celliers et la conservation des vins. Il faut donc réduire leur nombre au minimum. Dans tous les cas, on doit les munir de couvercles qui, lorsqu'on les retire, démasquent la surface totale du puisard, ou mieux encore les laisser constamment à découvert, pour rendre les nettoyages plus commodes et la surveillance plus facile. On les entoure alors d'un garde-fou.

CHAPITRE V

AMÉNAGEMENT DES EAUX

Dans la construction d'un cellier, il y a lieu de se préoccuper, d'une part, de l'évacuation des eaux nuisibles ; d'autre part, de l'approvisionnement des eaux utiles aux divers services : nettoyage, réfrigération des moûts, fabrication des piquettes, distillation, etc..

I. — ÉVACUATION DES EAUX

a. **Drainage.** — Quand le cellier est construit sur un emplacement humide, ou enterré et exposé à des infiltrations, on l'assainit en faisant un drainage sur toute sa surface. Dans ce but, on ouvre dans le sens de la plus grande pente du terrain et à un écartement de 5 à 6 m., des tranchées de drainage parallèles, de 0^m,60 environ de profondeur. Si le sol naturel n'a pas de pente, on donne artificiellement au fond des tranchées une pente de 0^m,005 par mètre. Lorsque le drainage est fait parallèlement à la plus grande longueur du bâtiment, deux tranchées suffisent, une de chaque côté en bordure de l'allée centrale.

Ces tranchées sont garnies de pierres perdues (c'est-à-dire de pierres cassées à la grosseur de 0^m,06 à 0^m,07), sur une épaisseur de 0^m,25 à 0^m, 30, ou mieux de tuyaux en poterie de 0^m,07 de diamètre avec manchons, puis elles sont remplies de terre que l'on dame fortement.

Ces drains d'*assèchement* déversent leurs eaux dans un drain *collecteur* qui les réunit tous et qui évacue ces eaux vers un débouché dont la position est imposée par la configuration du terrain. Le collecteur est constitué, comme les autres drains, par des pierres perdues ou mieux par des tuyaux de drainage de 0^m,10 à 0^m,12 de diamètre avec manchons. Si, éventuellement, ce collecteur n'avait pas d'exutoire naturel, on recueillerait les eaux de drainage dans une fosse-citerne, d'où on les extrairait à intervalles réguliers, pour les transporter au loin dans des tonneaux ou dans des réservoirs portatifs.

Pour compléter l'assainissement du bâtiment, il faut, en outre, l'entourer d'un drainage de ceinture. L'opération consiste à creuser, autour du bâtiment et à une distance de 1 m. environ des fondations, un drain à la même profondeur que les drains placés sous le cellier, soit à un minimum de $0^m,60$. On lui donne une pente de $0^m,005$ par mètre Ce drain est garni de tuyaux de $0^m,10$ de diamètre. Le débouché est le même que celui du collecteur précédent. Ce drainage de ceinture retient les eaux du dehors et contribue puissamment à préserver le cellier d'une humidité excessive.

b. **Gouttières et égouts.** — Il est important, pour l'assainissement d'une construction, de recueillir et de diriger les eaux pluviales qui s'écoulent de la toiture, au lieu de les laisser s'infiltrer dans le sol et gagner les fondations. Lorsque le pied du bâtiment est protégé par un dévers étanche, on peut se dispenser d'établir des gouttières (ou chéneaux) au bord de la toiture : les eaux s'égouttent librement sur le dévers qui les recueille et elles sont dirigées vers un égout souterrain qui les évacue. S'il n'y a pas de dévers ou s'il n'offre pas une étanchéité suffisante, on borde la toiture de chéneaux en zinc (voir *couvertures*). Les eaux qui s'y amassent sont évacuées par des tuyaux de descente et des égouts souterrains.

Les égouts des constructions rurales sont en général très rudimentaires ; ce sont des caniveaux souterrains à section rectangulaire, formés de dalles hourdées au mortier de chaux hydraulique. A défaut de dalles, on emploie des briques ou des moellons, parfois aussi des tuyaux en poterie maçonnés. Ces conduites ont une pente minimum de $0^m,001$ à $0^m,005$ par mètre (1 à 5 m. par kilomètre) vers un fossé d'évacuation ou vers un débouché quelconque. Il est facile de calculer leur section, lorsque l'on connaît la surface de toiture ou de terrain qu'ils doivent desservir, ou réciproquement calculer la quantité d'eau que peut évacuer un égout de section donnée.

Les plus fortes pluies d'orage du bassin méditerranéen donnent par heure une hauteur d'eau de $0^m,054$, correspondant par mètre carré et par seconde à un débit de $0^{litre},015$. On admet, d'autre part, que le temps de l'écoulement dans les égouts est trois fois plus long que la durée de la pluie. On en déduit la formule suivante :

$$S = 10\,980\,000\,A\sqrt{R\,I},$$

dans laquelle S est la surface desservie par l'égout, en mètres carrés ;

     A   la section de l'égout, en mètres carrés ;

     I   la pente par mètre de l'égout ;

     $R = \dfrac{A}{P}$, P étant le périmètre de la section A.

La pente d'un égout doit être constante et régulière ou doit être croissante au fur et à mesure que l'on se rapproche du débouché. En aucun cas, elle ne doit être décroissante, pour éviter les ensablements et les atterrisse-

ments qui seraient la conséquence d'une diminution de vitesse des eaux.
La profondeur d'un égout dépend de celle des canalisations qui doivent
l'alimenter. Si l'égout ne reçoit que les eaux pluviales de la couverture, il
peut être très superficiel, presque à fleur de terre. Si, au contraire, il doit
évacuer en même temps les eaux de lavage des bâtiments et même les eaux
de drainage, on lui donne une profondeur telle que toutes ces eaux puissent
s'y réunir par écoulement naturel, et on calcule sa section en conséquence.

Des bouches ou regards sont établis de distance en distance, aux changements de direction notamment, pour surveiller le bon fonctionnement de
l'égout ; s'ils sont en même temps destinés aux curages, on les place à une
distance maximum de 30 à 40 m..

II.— CITERNES ET RÉSERVOIRS.

L'eau indispensable à l'entretien des bâtiments et du matériel vinaire,
ainsi qu'aux travaux du cellier (réfrigération, lavage des marcs, distillation,
etc.), est fournie par les cours d'eau et les puits, d'une part, par les pluies,
d'autre part. Les eaux pluviales sont une précieuse ressource dans les régions méridionales où, à l'époque des vendanges, les cours d'eau sont le
plus souvent à sec et les puits fréquemment épuisés. Par la construction de
citernes et de réservoirs emmagasinant les eaux pluviales recueillies sur la
couverture des bâtiments, on peut assurer, dans les situations les moins
favorisées, une provision d'eau suffisante aux besoins d'une exploitation
viticole ordinaire.

a. **Capacité des citernes.**—Si l'on prend comme base le régime des pluies
de Montpellier, on voit que la hauteur d'eau donnée par les pluies est en
moyenne de $0^m,800$ par an. D'autre part, on peut admettre que la surface
de cellier couverte, nécessaire pour vinifier et loger un hectolitre de vin, est
au minimum de $0^{m2},10$. Le rendement d'une couverture étant environ de
90 %, on peut recueillir annuellement sur la toiture d'un cellier une quantité d'eau égale à $0,90 \times 80 = 72$ litres par hectolitre de vin logé.

La capacité d'une citerne n'est jamais égale au volume recueilli annuellement sur la couverture des bâtiments qui l'alimentent. D'une part, en
effet, on consomme dans un cellier de l'eau toute l'année et, d'autre part,
les pluies se répartissent sur l'année entière, de telle sorte qu'il y a un renouvellement continu de la provision. Si la pluie tombait régulièrement en
quantité égale chaque semaine et si les besoins d'eau étaient toujours les
mêmes dans ce même temps, il suffirait évidemment de donner à la citerne
un cube égal à la quantité d'eau tombée sur la toiture pendant la semaine.

Mais il n'en est pas ainsi dans la pratique. On constate que la répartition des pluies par saison est loin d'être régulière ; le maximum a lieu à l'automne et en hiver, le minimum au printemps et en été. La consommation d'eau est aussi très inégale, plus grande à l'époque des vendanges, c'est-à-dire après les périodes de sécheresse. De là, la nécessité d'emmagasiner une provision d'eau pendant les saisons pluvieuses pour faire face à la disette relative des saisons sèches.

On observe que l'automne est, dans la région de Montpellier, la saison la plus pluvieuse. Les pluies commencent fréquemment fin septembre, parfois au grand préjudice des travaux de la vendange. On peut donc espérer refaire à ce moment-là les provisions épuisées. Il suffit, en conséquence, de donner aux citernes une capacité égale aux 2/5 du volume d'eau recueilli annuellement par la toiture. Si S est la surface de la toiture en projection horizontale et h l'épaisseur de la couche d'eau donnée par les pluies dans un an, le volume Q de la citerne sera :

$$Q = \frac{2}{5}\,S \times h = 0{,}40\,S \times h.$$

Dans les régions où les pluies d'orage estivales sont fréquentes, on peut réduire un peu ce volume et prendre

$$Q = \frac{1}{3}\,S \times h = 0{,}33\,S \times h.$$

La capacité des citernes est parfois calculée, non plus en fonction de la surface de la toiture des bâtiments et de la hauteur de pluie annuelle, mais en fonction des besoins de l'exploitation. Si l'on connaît la quantité d'eau indispensable dans le cellier pendant la période des vendanges, où la dépense est généralement maximum, on donne aux citernes un cube égal à cette dépense, en admettant qu'il n'existe aucune autre prise d'eau (puits, source, cours d'eau, etc.).

Mais il peut arriver alors que la toiture des bâtiments n'offre plus une surface de réception suffisante pour fournir l'eau nécessaire au remplissage des citernes. On a recours, dans ce cas, à un *pluvium*. On appelle ainsi une surface étanche disposée pour recevoir et emmagasiner les eaux pluviales.

Le pluvium est parfois constitué par un dallage en ciment de $0^m,10$ à $0^m,12$ d'épaisseur. Le sol doit être au préalable nivelé et aplani. S'il n'a pas de pente naturelle, on en crée une artificielle de $0^m,01$ par mètre. Un rebord empêche les eaux de se répandre au dehors et une canalisation souterraine les conduit aux citernes. Un semblable dallage est coûteux et peu durable. Le sol subit des tassements qui fissurent le revêtement et donnent naissance à des fuites.

Il est préférable de construire le pluvium avec des tuiles à emboîtement directement posées sur le sol, que l'on a légèrement aplani. Ce procédé est plus économique. La couverture est, en outre, plus solide et les réparations sont plus faciles : les tuiles se modèlent sur le sol et suivent ses affaissements sans se disloquer ; en cas de rupture, elles sont aisément remplacées. Un chéneau recueille les eaux qui sont amenées aux citernes par une conduite souterraine.

Un pluvium en ciment a été créé par M. Pillet sur son domaine de Ksar-Tyr (voir page 490).

b. **Emplacement et construction des citernes**. — Les citernes sont souvent construites à l'intérieur même des bâtiments, en dessous de l'allée centrale ou bien en dessous de l'emplacement des vases vinaires. Dans les deux cas, leurs parois latérales sont constituées par les murs de fondation des vases vinaires, que l'on édifie alors en vue de cette destination spéciale, c'est-à-dire en bonne maçonnerie hydraulique. Le fond n'a qu'une faible épaisseur, c'est plutôt un enduit qu'une maçonnerie. Si le sol est perméable, on le recouvre d'un corroi d'argile battue avec du gravier, au-dessus duquel on étend une couche de béton de $0^m,15$ à $0^m,20$. L'épaisseur des parois verticales vaut environ le tiers de leur hauteur. Toute la surface intérieure est recouverte d'un glacis de ciment de $0^m,02$ à $0^m,03$ d'épaisseur. Ces citernes sont couvertes par des voûtins en briques sur fers T. On calculera la résistance de ces fers à l'aide des formules données plus haut (voir page 74) et en admettant une surcharge de 600 kilos par mètre carré si les citernes sont sous l'allée centrale, et de 300 à 400 kilos seulement si elles sont sous les vases vinaires.

Dans les voûtins, on ménage de distance en distance des prises d'eau. Ce sont des orifices de forme carrée ou circulaire, fermés par des trappes ou des plaques, dans lesquels on engage le tuyau d'aspiration des pompes. Leurs dimensions doivent permettre le passage d'un ouvrier pour le nettoyage de la citerne ; on leur donne donc $0^m,40$ de côté ou $0^m,50$ de diamètre minimum.

L'obligation d'élever l'eau au moyen de pompes est un grave inconvénient pour les citernes construites en contre-bas du sol des celliers. Aussi, lorsque les circonstances locales le permettent, est-il préférable d'établir les citernes au-dessus du sol, de façon que les prises d'eau puissent être faites par robinets et que l'eau arrive par la seule gravité à l'intérieur du bâtiment. Cette disposition est facilement réalisée lorsque le cellier est adossé à un talus. Les citernes sont, dans ce cas, construites dans l'épaisseur du talus, à un niveau tel que le fond soit à $0^m,75$ ou 1 m. au-dessus du sol intérieur. Si le talus a une hauteur suffisante, on a intérêt à les élever davantage, de manière à avoir l'eau par robinets à la partie supérieure des cuves à piquette, des appareils distillatoires, en un mot partout où elle doit être utilisée.

c. **Citerneaux.** — Les toitures et les pluviums présentent un inconvénient, c'est que les pluies qui y tombent après une longue sécheresse entraînent avec elles dans les citernes les poussières, les microbes qui se sont déposés sur les tuiles : l'eau est malsaine et ne se conserve pas.

On peut éviter cet inconvénient au moyen d'un appareil (*citerneau*) qui rejette automatiquement les premières eaux. Il existe plusieurs types de citerneaux. Celui qui est représenté par la figure 8 est un des plus simples et des plus pratiques. Le tuyau d'amenée A B des eaux de la toiture ou du

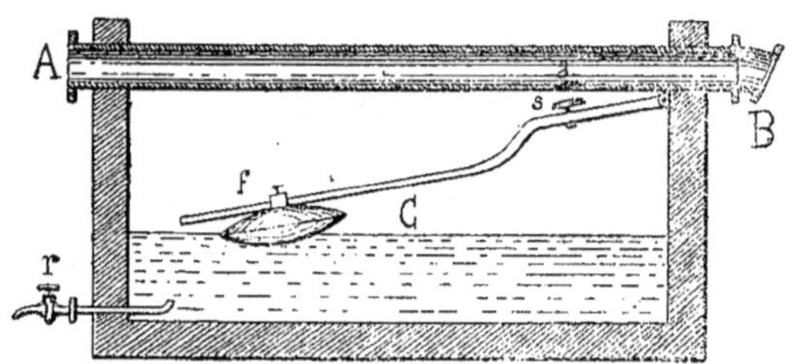

Fig. 8.

pluvium traverse un petit bassin (citerneau), dont la capacité dépend de la surface de réception des eaux pluviales. Pour nettoyer une couverture en tuiles de 100 m², 50 litres d'eau suffisent. Ce tuyau est percé en *a* d'un orifice fermé par une soupape *s*. La soupape est portée par un levier C, à l'extrémité duquel est fixé un flotteur *f*. Lorsque le bassin est vide, la soupape est abaissée, et les premières eaux chargées d'impuretés, au lieu de se rendre dans la citerne, entrent par l'orifice *a* dans le citerneau. Mais bientôt le niveau arrive à hauteur du flotteur qui se soulève et la soupape ferme l'entrée du citerneau. A partir de ce moment-là, les eaux vont à la citerne. A la partie inférieure du bassin, un petit robinet *r* permet de vider le citerneau. On peut régler la position de ce robinet de telle sorte que l'eau s'écoule goutte à goutte et que le citerneau se vide par exemple en six à sept jours. Au bout de ce temps, une nouvelle pluie trouve l'appareil prêt à fonctionner ; s'il pleut plus tôt, après deux ou trois jours seulement, l'orifice *a* ne laissera passer que quelques litres d'eau impure, puisque le citerneau n'aura pas pu se vider complètement, mais cela suffit, puisque la toiture a été nettoyée quelques jours avant.

On est donc certain de recueillir dans la citerne des eaux toujours très propres et de parfaite conservation.

d. **Réservoirs.** — Quand on tient à avoir dans le cellier de l'eau sans élévation mécanique et qu'en l'absence d'un talus il n'est pas possible de construire une citerne, on a recours à un ou à plusieurs réservoirs.

Lorsque les réservoirs sont alimentés par les eaux pluviales, ils constituent de véritables citernes aériennes, dont on calcule la capacité comme il vient d'être dit.

Mais les réservoirs ont également pour but d'emmagasiner l'eau des cours d'eau, des sources, des puits. Leur présence est indispensable lorsque le débit de ces eaux ou le débit des appareils élévatoires qui les déplacent est faible et inférieur, à certains moments, à la dépense d'eau dans le cellier. Un réservoir constitue alors un volant, un régulateur qui se charge d'eau quand la consommation diminue ou s'arrête et qui, inversement, se vide en partie lorsque la consommation devient plus active. On donne, dans ce cas, au réservoir un cube qui est au moins égal au volume d'eau maximum dépensé par jour dans les bâtiments.

Les réservoirs de grandes dimensions sont généralement construits à l'extérieur, mais à proximité des celliers. On les édifie de préférence sur les points culminants pour avoir l'eau par simple écoulement en tous les points. S'il n'existe pas de sommet naturel capable de servir de support, on peut construire deux réservoirs distincts : l'un peu élevé au-dessus du sol pour le service du rez-de-chaussée du cellier, l'autre supporté par un massif en maçonnerie, un pylône en bois ou en fer ou des colonnes en fonte, pour le lavage des piquettes, l'alimentation des réfrigérants, des appareils distillatoires, etc.. Celui-ci est souvent placé à l'intérieur.

Les réservoirs de grande capacité, construits au niveau du sol, sont en maçonnerie ou en sidérociment (voir *cuves*). On peut aussi faire en sidérociment les réservoirs surélevés et portés par des massifs ou des tours en maçonnerie. Ces réservoirs sont couverts. Les réservoirs de moindre capacité, surtout ceux qui sont placés à l'intérieur, sont des bacs en tôle. Ils reposent sur des pylônes, sur des colonnes, ou bien ils sont supportés par la charpente de la couverture. A cette hauteur, ils distribuent l'eau dans toutes les parties du bâtiment. Ces bacs sont parfois laissés découverts ou simplement fermés par des planches qui sont soutenues par les rebords d'un fer cornière rivé au sommet du récipient.

Dans un grand nombre de vieux celliers transformés, où les cuves en maçonnerie ont été remplacées par des foudres ou par des cuves en bois, on utilise comme réservoirs les anciennes cuves en maçonnerie. On les met en communication les unes avec les autres par des orifices inférieurs ou par des déversoirs et on les munit d'un trop-plein pour éviter tout accident, ces cuves ayant fréquemment une capacité totale inférieure au volume d'eau qui, à certains moments, peut les envahir.

CHAPITRE VI

PLANCHERS D'ÉTAGE

Sous la dénomination de *plancher d'étage*, nous comprenons tous les planchers établis au-dessus des vases vinaires (foudres ou cuves), utiles pour le service du cellier, que ceux-ci soient continus, c'est-à-dire couvrent toute la surface du bâtiment, ou qu'ils soient disposés seulement au-dessus de chaque rangée de récipients. Ils peuvent même, dans ce cas, ne pas avoir la largeur complète de la rangée et s'étendre seulement du mur à la bonde des foudres ou des cuves de la rangée correspondante.

I.— PLANCHERS CONTINUS

a. **Rôle des planchers continus.** — Les planchers continus sur toute la surface du cellier sont très répandus dans le Bordelais, dans le Narbonnais et le Biterrois et en Algérie. Ils ne satisfont pas aux mêmes besoins ni ne répondent exactement aux mêmes préoccupations dans ces diverses régions.

Dans les cuviers du Bordelais nouvellement construits, les planchers d'étage ont pour objet de simplifier les manutentions de la vendange et le chargement des cuves. Au lieu de fouler le raisin au rez-de-chaussée sur des maies (*pressoirs*) fixes et de transporter ensuite à bras d'homme au sommet des cuves le produit de ce foulage, les *douils* arrivant de la vigne pleins de vendange sont élevés au-dessus du plancher des cuves, déversés sur une maie roulante et le produit du foulage est directement précipité dans la cuve en remplissage, contre laquelle on a conduit la maie. Il y a évidemment là une simplification des opérations de la vendange et, si l'établissement d'un semblable plancher ne procure pas une économie, comme nous le montrerons ultérieurement, il en résulte du moins une plus grande commodité.

Ces planchers doivent être résistants, puisqu'ils supportent les maies de foulage (*pressoirs*) en circulation d'un bout à l'autre du cuvier. Aussi les poutres sont-elles toujours soutenues par deux lignes de poteaux en bois, disposés sur l'alignement de chaque rangée de cuves. La portée des poutres est ainsi réduite au tiers environ de la largeur du bâtiment.

Les planchers de ce genre ne sont pas toujours établis au-dessus des cuves ; le plus souvent, le bord des cuves dépasse le parquet de $0^m,20$ à $0^m,50$. Des découpures y sont donc pratiquées pour le logement des vases vinaires. Cette disposition facilite le chargement des cuves, qui sont plus rapprochées de la goulotte des maies de foulage ; en outre, elle permet de faire commodément le plâtrage des fonçures (lorsque les cuves sont pleines), l'installation des bondes hydrauliques, etc. ; enfin, elle supprime les trappes et les accidents qu'elles occasionnent, lorsque par inattention on néglige de les fermer.

Les planchers continus que l'on trouve dans les chais de la même région n'ont plus du tout le même objet. Ce sont ici des écrans contre la chaleur. On ne circule pas au-dessus d'eux pour les besoins de la vinification. Leur rôle est uniquement d'isoler le chai de la couverture et de former un grenier de grande capacité, dont la masse d'air constitue un matelas protecteur, destiné à limiter les élévations de la température. Aussi ces planchers peuvent-ils être construits avec plus de légèreté. Ils n'ont, en effet, à supporter que leur propre poids et celui du plafonnage en plâtre que l'on applique à la partie inférieure, pour diminuer encore la conductibilité et surtout pour augmenter l'étanchéité. On diminue par ce dernier moyen l'évaporation des barriques, très active pendant l'été, et on réduit conséquemment l'importance des ouillages.

On se laisse pourtant aller quelquefois à utiliser ces greniers pour loger des fourrages, des litières, ou seulement des produits viticoles (sacs de sulfate de cuivre, balles de soufre, etc.). On augmente ainsi la surcharge des planchers, ce qui conduit à donner aux poutres et aux solives une plus grande section. Mais cette pratique présente l'inconvénient plus grave d'exposer le bâtiment à un incendie. Presque tous les incendies de celliers sont dus au magasin établi en dessus, soit que l'on y entasse des substances très combustibles, comme celles que nous venons de désigner, soit seulement que l'on donne aux ouvriers l'occasion d'y monter fréquemment et d'y commettre des imprudences. Suivant nous, ces planchers ne doivent pas être détournés de leur rôle d'écran, ni avoir d'autre but que d'isoler parfaitement le chai de la couverture.

On peut se demander alors si l'utilité de ces planchers est bien démontrée et s'il ne serait pas plus avantageux de les remplacer par un simple plafonnage plus léger, supporté par la charpente des combles, et établi à peu de frais, tel que celui des chais de Château-Malescot (voir page 353). La réponse n'est pas douteuse : les planchers continus, construits uniquement à l'effet de diminuer l'évaporation des vases vinaires et d'empêcher la transmission de la chaleur de la couverture, sont coûteux et doivent être abandonnés. Il convient de leur substituer un plafonnage étanche et mauvais conducteur de la chaleur; cette disposition a, en outre, l'avantage d'augmenter le cube disponible dans le bâtiment pour le logement des barriques.

Dans le Languedoc et en Algérie, où les fermentations et la conservation du vin ont généralement lieu dans un seul et même bâtiment, le cellier, les planchers continus servent, d'une part, à la rentrée de la vendange, au traitement du raisin, à la surveillance des vases vinaires, en un mot au service de la vendange et de la vinification, et, d'autre part, ils forment écran contre la transmission de la chaleur de la couverture, en même temps qu'ils réduisent l'évaporation des récipients vinaires par leur étanchéité. Comme on le voit, ces planchers remplissent à la fois le rôle des planchers d'étage des cuviers et des planchers-plafonds des chais du Bordelais.

Ils sont toujours établis au-dessus des vases vinaires qu'ils couvrent entièrement. Des trappes avec couvercle servent au remplissage des récipients. Tantôt le plancher est au ras de la bonde des foudres (vases vinaires les plus répandus dans ces régions), sur lesquels il repose même partiellement, tantôt, au contraire, il est placé à 0^m,40 au-dessus; dans ce cas, il ne prend aucun appui sur les foudres. Cette dernière disposition a le grave inconvénient d'exiger une surélévation du bâtiment et une augmentation de la résistance des supports, mais elle présente l'avantage de permettre le nettoyage du dessus des foudres, ce qui n'est guère possible lorsqu'il n'existe pas de jeu entre le plancher et les récipients, et elle rend facile la mise en place des bondes hydrauliques qui se logent aisément sous le plancher, tandis qu'elles dépasseraient un plancher trop bas et gêneraient la circulation au-dessus de lui.

La surcharge d'un semblable plancher est très variable. Lorsque le déchargement de la vendange se fait à la pelle sur un porte-fruits engagé dans l'une des ouvertures du cellier, ou bien si la rentrée des raisins a lieu par comportes (ou par banastes), le plancher ne supporte que le fouloir ou l'égrappoir, installé successivement au-dessus de chacun des vases vinaires en remplissage, et la circulation des ouvriers, seuls ou porteurs de comportes. Mais, si le transport de la vendange a lieu par pastières roulantes au-dessus des foudres, le poids à supporter est plus grand et les ébranlements occasionnés par le déplacement de ces véhicules sont plus importants.

D'une manière générale, cependant, la fatigue des planchers est ici moins grande que dans le Bordelais, car la circulation est limitée au-dessus de chaque rangée de vases vinaires, c'est-à-dire sur les côtés et près de l'appui des murs, alors que, dans les cuviers du Bordelais, les maies-pressoirs roulent toujours dans l'axe même du bâtiment, ce qui augmente le moment fléchissant des poutres établies transversalement.

Aussi peut-on construire un plancher d'étage dans le Languedoc et en

Algérie sans faire usage de poteaux ou de colonnes, qui ont l'inconvénient de gêner le passage entre les récipients vinaires et d'empêcher que l'on utilise l'intervalle compris entre deux foudres pour le logement des futailles et des ustensiles de chai. On peut, il est vrai, atténuer ce défaut en faisant reposer le pied du poteau ou de la colonne sur un socle posé à cheval sur les dés des foudres, comme dans le cellier des Cheminières (voir page 313). Quand on supprime tout support inférieur, on est amené à soutenir le plancher par des poutres de fort équarrissage ou par des poutres armées, jetées d'un mur à l'autre dans le sens de la largeur du bâtiment. On peut également demander un appui à la charpente et relier par un étrier en fer le milieu de chaque poutre au poinçon de la ferme correspondante de la couverture. Il y a lieu, alors, de tenir compte de cette traction supplémentaire exercée sur le poinçon dans le calcul de la section des pièces de la ferme.

Les planchers continus ont, dans le Narbonnais et le Biterrois, des partisans très convaincus. Sans disconvenir que ces planchers offrent une grande commodité, en établissant la libre circulation en tous sens au-dessus des vases vinaires, nous n'hésitons pas à déconseiller leur emploi, qui est coûteux, dangereux et inutile, parfois même nuisible. Ces planchers sont dispendieux, parce qu'ils nécessitent des pièces de charpente de fortes dimensions et un parquet de grande surface. Ils sont dangereux, parce que peu de propriétaires résistent à la tentation de les utiliser comme grenier et de les embarrasser de marchandises inflammables ; inutiles, parce que, pour le service de la vendange, un plancher au-dessus de chaque rangée de foudres suffit, et parce que, au point de vue de la chaleur et de l'étanchéité, un plafond donne d'aussi bons résultats. Enfin, ces planchers sont nuisibles, car ils diminuent le cube d'air de la partie du bâtiment occupée par les vases vinaires et sont, en outre, une cause d'élévation de la température au niveau des foudres pendant la fermentation, par la présence de l'air chaud qui s'emmagasine au-dessous et qu'il est difficile de déplacer. Pour remédier à ce sérieux inconvénient, on a l'habitude dans les celliers ainsi planchéiés de laisser ouvertes, pendant la vendange, toutes les trappes qui jouent alors le rôle d'évents. Le meilleur moyen consiste encore à percer de larges baies en dessous et au ras de la partie inférieure du plancher, comme cela a été fait dans le cellier des Cheminières (voir page 313) ; le bas de ces ouvertures se raccorde avec la face interne du mur par un glacis allongé qui facilite l'écoulement des gaz et augmente, en même temps, la zone éclairée par la baie. Cette disposition excellente fait disparaître la conséquence funeste pour la vinification de l'établissement des planchers continus, mais les autres inconvénients subsistent et militent, suivant nous, en faveur de la suppression de ces planchers.

Les planchers continus sont le plus souvent en bois. On ne les construit en fer et briques que lorsque l'on se propose d'établir au-dessus d'eux un 2ᵐᵉ étage meublé de vases vinaires.

b. **Etablissement et calcul des planchers continus en bois.** — Un plancher d'étage en bois est formé de planches de sapin, de 0ᵐ,03 d'épaisseur environ, cloué sur des solives de 0ᵐ,16 × 0ᵐ,08. Celles-ci sont supportées par des poutres, soutenues parfois elles-mêmes par des poteaux. Les extrémités des poutres sont encastrées dans les murs ; elles posent sur des pierres de taille prises dans la maçonnerie, que l'on nomme des *corbeaux* lorsqu'elles font saillie à l'intérieur du bâtiment.

Lorsque l'on fait usage de poteaux, ils sont distribués sur deux rangées, une de chaque côté de l'allée centrale du cellier. Dans ce cas, les poutres peuvent être placées de deux façons : 1° ou bien dans le sens de la largeur du bâtiment, c'est-à-dire perpendiculaires aux rangées de poteaux, et les solives sont alors parallèles à l'axe du cellier; 2° ou bien dans le sens de la longueur, c'est-à-dire dans l'axe même des lignes de poteaux, les solives étant perpendiculaires à l'axe du cellier. Il y a, dans ce cas, trois travées de solives : l'une, couvrant l'allée centrale, repose sur les deux poutres ; les deux autres, s'étendant au-dessus des vases vinaires, sont soutenues d'un côté par une poutre et de l'autre par le mur ou par une lambourde.

La première disposition est la plus répandue. Les poutres sont à l'écartement d'axe en axe des foudres ou des cuves, et les solives ont une bonne longueur. Cette distribution des solives est toujours adoptée, quand on établit des voies de roulement dans l'axe du cellier ou sur les côtés, au-dessus des vases vinaires, parce que l'on peut facilement augmenter l'équarrissage des solives qui portent directement les rails, les renforcer par des plates-bandes, ou même les remplacer par des solives en fer. Dans les celliers meublés de vases vinaires de faible capacité, il suffit parfois de placer une poutre de deux en deux foudres (ou cuves).

La deuxième disposition est peut-être plus rationnelle toutes les fois que l'allée centrale est beaucoup plus large que chacun des emplacements latéraux, c'est-à-dire lorsque la distance de chaque ligne de poteaux au mur est moindre que l'écartement des deux lignes de poteaux entre elles, et lorsque, en même temps, la surcharge du plancher est plus grande sur les côtés, ce qui a lieu habituellement. Dans ce cas, en effet, la portée des solives est plus grande au milieu, moindre sur les côtés, et, en les écartant de la même quantité de part et d'autre, on a une résistance proportionnée à l'effort exercé. Mais il faudrait être certain que jamais on ne chargera le milieu autant que les côtés. Aussi croyons-nous préférable d'adopter le premier système dans tous les cas.

Quand on supprime les supports inférieurs, les poutres sont distribuées dans le sens de la largeur du cellier, en général à l'aplomb des fermes de la couverture. On se sert souvent de l'appui que celles-ci peuvent offrir pour diminuer la portée des poutres. Dans ce cas, on soutient la poutre en son milieu par un étrier boulonné sur le poinçon, ou bien on divise la poutre en trois parties égales et on la relie, par les deux points de division, à la ferme au moyen de barres de fer qui se fixent par étriers sur les arbalétriers ; dans la direction de chaque barre, entre l'arbalétrier et l'entrait, on assemble une jambette qui renforce l'arbalétrier et l'empêche de fléchir sous cette charge supplémentaire. Lorsque les fermes sont du type représenté par la figure 3 du cellier de Rochet (page 214), les barres sont attachées aux faux-poinçons latéraux.

Le calcul de l'écartement des solives et de l'équarrissage des poutres est aisé, avec l'aide de la formule générale que nous avons donnée précédemment (voir page 71), lorsque l'on connaît le poids mort du plancher et la valeur des surcharges par mètre carré.

Un simple plancher en bois, sans carrelage ni plafond, posé sur solives et porté par des poutres, pèse de 50 à 75 kilos par mètre carré. Quant aux surcharges, on peut en fixer la valeur par mètre carré à :

700 à 800 kg. pour les planchers ou parties de planchers sur lesquels circulent des maies-pressoirs ou des pastières roulantes ;

500 à 600 kg. pour les planchers sillonnés de voies Decauville avec wagonnets, ou chargés de nombreux appareils de vinification ;

300 à 400 kg. pour les planchers ordinaires, sur lesquels on circule avec des comportes ou des banastes portées à bras ou par brouette narbonnaise et sur lesquels sont posés des fouloirs ou des fouloirs-égrappoirs à bras ;

200 à 225 kg. pour les planchers utilisés seulement comme écran, sur lesquels ne circulent que les ouvriers, avec les ustensiles et les accessoires habituels des celliers.

On peut être amené à augmenter sur un point donné la résistance et la rigidité d'un plancher. Tel est le cas où le plancher est destiné à supporter un pressoir, une turbine Paul, etc., tandis que tout le reste de sa surface n'a besoin de résister qu'à une surcharge ordinaire. Pour éviter de donner au plancher tout entier une solidité excessive et inutile, on consolide uniquement la partie sur laquelle sera installée la machine. On renforce, dans ce but, les solives, en les rapprochant, en augmentant leur section ou en leur substituant des solives en fer T, et on soutient l'ensemble par des poteaux ou des colonnes supplémentaires.

Le calcul des poteaux ou des colonnes se fait comme il a été dit plus haut (voir page 72 et 76). La section des fers qui relient les poutres aux fermes est facile à déterminer, sachant que le fer résiste à un effort d'extension de

8.000.000 kilos par m² (8 kg. par mm²) de section. Il suffit donc de calculer la charge de la poutre appliquée au point où elle est soutenue.

Soit une poutre de 14 m. de longueur supportant une charge totale uniformément répartie de 15.000 kg.. Pour résister sans soutien intermédiaire, cette poutre devrait avoir une section de $0^m,66 \times 0^m,47$, qu'il serait difficile de réaliser. Mais, si nous la soutenons en son milieu par une barre rigide attachée d'autre part au poinçon de la ferme, la poutre résistera désormais avec un équarrissage de $0^m,418 \times 0^m,300$, car sa portée se trouve réduite de moitié, ainsi que la charge correspondante à chaque demi-portée. Quant à la barre en fer, qui supporte la moitié de la charge totale, elle résistera avec un diamètre de $0^m,035$. Les pièces de la charpente seront, bien entendu, calculées en conséquence.

Il n'est pas toujours possible de prendre appui sur une ferme pour soutenir un plancher : l'établissement de celui-ci peut être postérieur à la construction du bâtiment et la résistance de la ferme insuffisante pour ce surcroît de charge ; la traversée des tiges de support au-dessus du plancher peut être une entrave ou une gêne pour la circulation et le travail des ouvriers, etc.. Si, d'un autre côté, on ne veut pas recourir à l'établissement de poteaux ou de colonnes en dessous, on place des poutres armées.

c. **Poutres armées.**— On donne le nom de *poutre armée* à une poutre à laquelle, au moyen d'armatures convenablement disposées, on donne une résistance supérieure à celle que comporte sa section. Il existe plusieurs systèmes de consolidation des poutres : les uns qui nécessitent des assemblages de précision, d'une exécution délicate et difficile, les autres qui consistent dans l'emploi d'armatures métalliques d'un montage simple et d'un ajustage facile. Au premier groupe appartiennent les poutres armées *à endents* ; la figure 9 représente une demi-poutre de ce type. Le deuxième

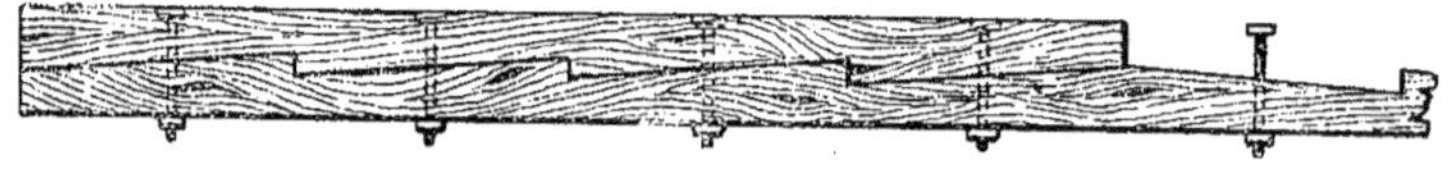

Fig. 9.

groupe comprend les poutres armées par plates-bandes, par tendeur ou par arbalétriers. Nous ne nous occuperons que de ces dernières, les plus répandues et les plus pratiques.

1° Poutres armées par plates-bandes. — Le procédé de consolidation le plus élémentaire consiste à appliquer, sur les faces latérales d'une poutre en bois faible, des bandes de fer méplat que l'on fixe au moyen de boulons ou de tire-fond. La résistance des pièces de fer ainsi rapportées s'ajoute à la résistance propre de la pièce de bois, et les dimensions extérieures de la poutre ne sont augmentées que de l'épaisseur des deux bandes de fer, tou-

jours peu importante. On a surtout recours aux plates-bandes pour renforcer les poutres en place, dont une flexion exagérée a fait ressortir la fai-
blesse. On doit, dans ce cas, avant de fixer les bandes de fer, raidir la poutre par des étais actionnés au moyen de crics.

On augmente considérablement la résistance de la poutre si l'on remplace les bandes de fer méplat par des fers T, de la plus grande hauteur
possible, que l'on a soin de cintrer légèrement avant la mise en place et dont
on loge les ailes dans des rainures pratiquées sur les faces latérales de la
poutre. Le tout est serré par des boulons. Ici encore, la résistance de la
poutre armée est égale à la somme des résistances de la pièce en bois et
des deux fers T.

2° Poutres armées par tendeur. — Le système classique d'armature par
tendeur consiste à assembler sous la poutre, perpendiculairement avec elle
et en son milieu, un *potelet* en bois de petite longueur (1/10 environ de la
portée de la poutre). Sur la tête de ce potelet passe un tirant en fer, dont
les extrémités filetées traversent obliquement les bouts de la poutre et reçoivent des écrous que l'on serre sur une plaque en fer, de manière à répartir la pression par le serrage sur toute la section de la poutre. On donne
ainsi au tirant une tension suffisante pour empêcher toute flexion de la poutre ou pour maintenir celle-ci dans des limites fixées à l'avance.

Soit A B (fig. 10) une demi-poutre reposant par ses extrémités sur deux
appuis et chargée d'un poids P uniformément réparti sur toute sa longueur.

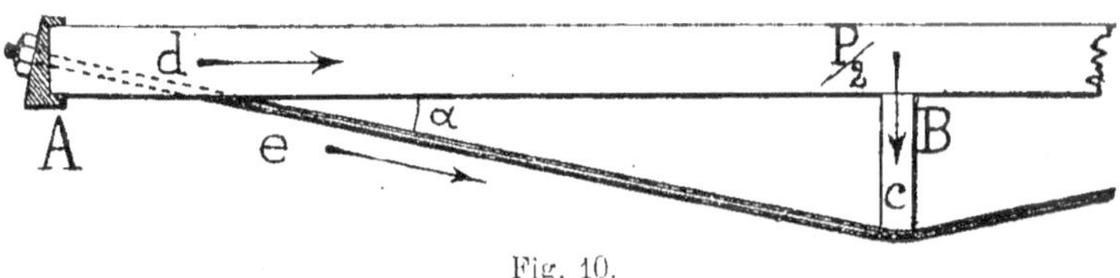

Fig. 10.

Supposons le point B, milieu de la pièce, invariable dans sa position, c'est-
à-dire ne subissant aucune flexion. La compression transmise par lui au
potelet c vaut $\dfrac{P}{2}$. Et, si α est l'angle du tirant avec la poutre, chaque brin
du tendeur supporte un effort d'extension $e = \dfrac{P}{4 \sin \alpha}$, qui produit à son
tour sur l'extrémité correspondante de la poutre un effort de compression
$d = \dfrac{P}{4} \cot g\ \alpha$. Dans la pratique, on admet que le potelet c s'abaisse et que
la poutre fléchit sous la moitié de la charge appliquée en son milieu.
Par suite, la compression du potelet est due seulement à un effort $\dfrac{P}{4}$.
La tension du tirant devient $\dfrac{P}{8 \sin \alpha}$ et la compression de la poutre vaut
$\dfrac{P}{8} \cot g\ \alpha$. On a ainsi tous les éléments du calcul de la section de la poutre
et du tendeur.

En appelant b et h les côtés de l'équarrissage de la poutre,

b' et h' —   —   du potelet,

s la section du tendeur,

L la portée de la poutre,

R la résistance par m² du bois (700.000 kg.),

R'   —   du fer (8.000.000 kg.),

on a :

Poutre
$$\text{Résistance à la flexion } \frac{P \times L}{16} = R \cdot \frac{b \cdot h^2}{6},$$
$$\text{Résistance à la compression} \frac{P}{8} \cot \alpha = R \cdot b \cdot h,$$

Potelet
$$\text{Résistance à la compression } \frac{P}{4} = R \cdot b' \cdot h',$$

Tirant
$$\text{Résistance à la tension } \frac{P}{8 \sin \alpha} = R \cdot s.$$

La résistance à la flexion d'une semblable poutre est le double de celle d'une poutre ordinaire de même équarrissage. On peut donc la charger deux fois plus.

Au lieu d'armer par tendeur des poutres en bois, on peut appliquer le même dispositif à des poutres en fer T. Le plancher est alors mixte, composé d'un parquet en bois cloué sur solives en bois, le tout porté par des poutres métalliques.

Chaque poutre est alors constituée par deux fers T jumelés, sous le milieu desquels on place transversalement une barre courte de fer rond a.

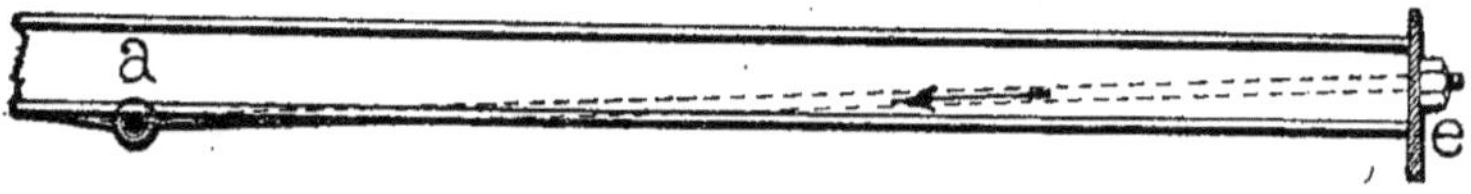

Fig. 11.

De cette barre partent quatre tirants en fer (deux dans un sens et deux en sens opposé), dont les bouts filetés traversent des plaques fixées aux extrémités de la poutre et reçoivent des écrous e. En les serrant convenablement, on raidit la poutre et on augmente sa résistance dans la proportion qui vient d'être indiquée. On peut encore raidir la poutre avec deux tirants seulement (fig. 11), logés au milieu de la pièce, entre les deux fers T.

Il y a lieu de remarquer que les tirants font avec la poutre un angle très faible, par suite de l'absence du potelet. Il en résulte un accroissement de la tension des tendeurs et de la compression de la poutre. Les formules précédentes permettent d'en calculer les dimensions.

3° Poutres armées par arbalétriers. — Le système de tendeur avec potelet appliqué aux poutres en bois a l'inconvénient de diminuer la hauteur de l'étage inférieur sous le milieu de la poutre, par suite de la saillie du potelet. En fixant la longueur du potelet à 1/10 seulement de la portée, ce qui est un minimum, le potelet a 1 m. pour une portée de 10 m. et 1^m,20 pour une portée de 12 m. Cette saillie du potelet et du tendeur qui passe sous lui peut, dans certains cas, être une gêne, pour le déplacement des vases vinaires de grande capacité, par exemple.

Les poutres armées par arbalétriers ne présentent aucune saillie. L'armature est entièrement masquée dans l'épaisseur de la pièce de bois. La poutre est refendue et formée de deux pièces parallèles jumelées, entre lesquelles sont logés obliquement deux arbalétriers en fer. La figure 12 représente une

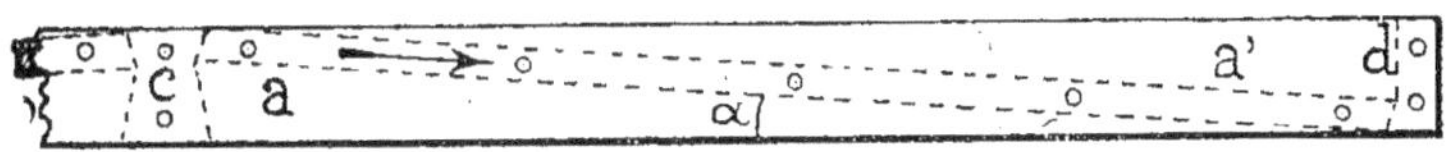

Fig. 12.

sente une demi-poutre avec l'arbalétrier correspondant a a'. Chacun de ces arbalétriers bute au milieu contre une sorte de poinçon métallique c, également pris entre les deux pièces de bois, et au bout contre une plaque d qui l'empêche de s'écarter. Les armatures sont encastrées dans des entailles appropriées et le tout est serré par un certain nombre de longs boulons horizontaux.

Les arbalétriers travaillent à la compression et exercent sur les extrémités de la poutre des efforts d'extension. Si α est l'angle formé par la direction des arbalétriers avec la longueur de la poutre, et si l'on admet comme précédemment que le milieu de la poutre fléchisse sous la moitié de la charge appliquée au sommet du poinçon, on a, pour calculer la section de la poutre et celle des arbalétriers, les formules suivantes :

$$\text{Poutre} \begin{cases} \text{Résistance à la flexion} \quad \dfrac{P \times L}{16} = R\,\dfrac{b \cdot h^2}{2}, \\[2em] \text{Résistance à l'extension} \quad \dfrac{P}{8}\cot\alpha = R \cdot b \cdot h, \end{cases}$$

$$\text{Arbalétriers} \quad \text{Résistance à la compression} \quad \dfrac{P}{8\sin\alpha} = R \cdot b'' \cdot h'' ;$$

b et h sont les côtés de l'équarrissage de la poutre, b'' et h'' les deux dimensions de la section des fers méplats formant les arbalétriers. Les autres lettres ont la même signification que ci-dessus (page 124).

d. **Planchers continus en fer.** — Les planchers en fer ne sont généralement construits dans les celliers que lorsque l'on veut constituer un étage supérieur pour le logement du vin soit dans des foudres, soit dans des futailles. La surcharge peut alors atteindre 2.000 kilos par mètre carré.

Les planchers en fer sont établis de la même manière que les planchers en bois. Les solives en fer T sont supportées par des poutres en fer T, soutenues elles-mêmes par des colonnes en fonte, quand la portée est trop grande ou la surcharge excessive. Les solives sont réunies par des voûtins en briques ou en béton extradossés parallèlement. L'aire du plancher est constituée par un glacis de ciment.

Pour éviter les supports inférieurs et les entraves qu'ils apportent à la libre circulation dans le bas du cellier, on peut employer des poutres jumelées, renforcées par tendeurs, comme nous venons de l'indiquer. On a recours aussi aux poutres en tôle et cornières rivées ou aux poutres en treillis. Le cellier de Razimbaud (voir page 270) donne un exemple d'établissement de poutres composées en tôle et cornières. On trouve une application des poutres en treillis dans le chai de M. Debonno (voir page 475).

II. — PLANCHERS PARTIELS

a. **Utilité des planchers partiels.** — Nous venons de critiquer et de condamner l'installation des planchers continus, toutes les fois que ceux-ci ont comme but principal de s'opposer à la transmission de la chaleur et à l'évaporation des vases vinaires et lorsque l'organisation du cellier ne nécessite pas au 1er étage l'établissement d'une voie ferrée dans l'axe du bâtiment.

Nous considérons, au contraire, les planchers partiels, c'est-à-dire ceux qui s'étendent au-dessus des vases vinaires seulement, comme très utiles, presque indispensables dans un cellier bien tenu. Ils servent à la rentrée de la vendange, au transport des raisins jusqu'au foudre ou à la cuve en chargement, à l'installation des fouloirs et des égrappoirs, enfin à la circulation des ouvriers pour la surveillance des fermentations, pour les soins à donner aux vins, pour les ouillages, pour les nettoyages, etc.. Les planchers sont particulièrement utiles dans les celliers meublés de foudres ; la forme de ces récipients ne permet pas, en effet, le passage des ouvriers de l'un à l'autre sans une passerelle, le plancher en tient lieu. Il peut se composer de simples planches jetées sur les foudres, si le système adopté pour la rentrée de la vendange ne nécessite ni le roulage des brouettes ou des wagonnets ni le déplacement d'un fouloir au-dessus d'eux, ou encore si les foudres ne contiennent que du vin fait et ne sont pas employés aux fermentations.

Le plancher peut couvrir en totalité la rangée des foudres. Dans ce cas, sa largeur vaut la largeur du passage ménagé contre le mur augmentée de la longueur d'un foudre. Cette disposition n'a son utilité que lorsque le transport de la vendange a lieu soit par pastières roulantes, comme dans le cellier de Guilhermain, avec déchargement à l'arrière par le rabattement d'un soufflet (voir page 257), soit par wagons, comme dans le cellier d'Encivade (voir page 228) ou dans celui de Salvaza (voir page 322), avec déchargement à l'avant par une porte ou par basculage. Les planchers de pleine largeur sont encore commodes pour l'installation des appareils de foulage ou d'égrappage successivement au-dessus de la bonde de chaque foudre ou cuve. Non seulement la mise en place de la machine est plus aisée, mais plus facile aussi le service des ouvriers chargés de la commande et de son alimentation.

Dans tous les autres cas, un plancher de demi-largeur, s'étendant du mur au ras de la bonde des vases vinaires, suffit amplement, même lorsque le transport de la vendange est fait par wagonnets Decauville à bascule : la voie est posée au bord du plancher et le basculage a lieu sur le côté au-dessus d'un entonnoir engagé dans la bonde.

Si les foudres ne sont destinés qu'au logement du vin fait, le plancher peut être supprimé au-dessus d'eux et conservé seulement avec une largeur de 0^m,60 contre le mur, pour le passage des ouvriers. Une barre de fer scellée dans le mur sert de main courante. Une semblable disposition existe dans le cellier des Hamyans (voir page 453).

b. **Etablissement et calcul des planchers partiels**. — Les planchers partiels sont, à l'arrière, fixés contre les murs ; en avant, ils sont soutenus par des colonnes ou des poteaux, suspendus à la charpente, supportés par des consoles ou simplement posés sur les vases vinaires.

Les poteaux ou les colonnes doivent être absolument condamnés : ils sont inutiles, quels que soient le poids mort du plancher et la valeur de la surcharge, ils sont coûteux et ils sont gênants pour la circulation autour des foudres et pour le logement des barriques entre les foudres. Rien ne justifie une installation de ce genre. Nous ne nous y arrêterons donc pas.

Les consoles scellées dans le mur sont très employées pour soutenir les planchers de petite largeur et peu chargés. Elles sont le plus souvent en bois et affectent la forme de potences. Cette disposition a été adoptée dans la cuverie de Poussan-le-Haut (voir page 306) pour un plancher de 2 m. de largeur sur lequel circulent des wagonnets à bascule. Les consoles sont posées dans l'entraxe des foudres, qui sont ainsi tout à fait indépendants.

Ce système est surtout excellent pour les planchers étroits qui ne couvrent que le passage ménagé derrière les foudres et qui, ne s'étendant pas jusqu'à ceux-ci, ne peuvent être supportés par eux. Mais, lorsque le plancher a la largeur totale ou la demi-largeur de la rangée, il est préférable de prendre appui sur les vases vinaires.

D'une manière générale, les planchers partiels doivent porter en avant sur les foudres ou sur les cuves qui meublent le cellier. Quel que soit le poids à supporter, il est toujours facile de le répartir convenablement sur les vases vinaires de manière à ne pas dépasser leur résistance, qui est d'ailleurs très considérable. Ainsi que le fait très justement remarquer M. Crassous, dans son rapport au Congrès viticole de Montpellier, cette pression reste insignifiante, comparée par exemple à la pression des coins sur les flancs des foudres, lorsque ceux-ci sont pleins. On peut donc se servir en toute sécurité des vases vinaires, et surtout des foudres, comme support.

Ce n'est que pour les planchers de pleine largeur et destinés au roulage répété de véhicules pesants que l'on peut suspendre le plancher aux fermes de la charpente. Ce dispositif a moins pour but de décharger les vases vinaires que de les soustraire aux vibrations et aux ébranlements causés par le passage fréquent de gros poids roulants. On adopte fréquemment un système mixte : le plancher est suspendu à la charpente, mais au niveau des vases vinaires sur lesquels il repose par l'intermédiaire de lambourdes ; habituellement, le plancher touche à peine les récipients, mais, au passage des pastières ou des wagons, il fléchit et prend appui sur les foudres ou cuves. Il y a lieu de remarquer toutefois que, si par ce moyen on soulage la charpente, on a l'inconvénient de faire porter le plancher par les récipients juste au moment où les véhicules passent au-dessus d'eux et produisent les ébranlements que certains propriétaires veulent éviter.

On objecte à l'installation des planchers placés sur les vases vinaires que le déplacement de ces derniers n'est pas possible si l'on ne démonte le plancher ou si l'on ne le soutient provisoirement par d'autres moyens. Ce reproche n'a pas grande valeur : le déplacement des foudres ou des cuves est, ainsi que nous l'avons déjà dit précédemment, chose rare dans un cellier, et cette éventualité ne doit pas être prise en considération ici. Rien n'est plus facile, d'ailleurs, que de soutenir le plancher par quelques étais pendant le déplacement d'un récipient, et la dépense que peut occasionner ce travail n'a pas, à beaucoup près, l'importance de celle que nécessiterait la suspension du plancher à la charpente.

Nous pensons donc que, dans tous les cas, les planchers partiels doivent être supportés par les foudres, à l'exception des planchers très étroits qui sont portés par des consoles et des planchers très larges, parcourus par des véhicules pesants, que l'on peut suspendre à la charpente par des barres de fer ; dans ce dernier cas, la charge peut être portée toute entière par la charpente, ou partiellement par celle-ci et par les vases vinaires.

Les solives des planchers portés par les récipients sont disposées perpendiculairement aux murs. Elles n'y sont généralement pas encastrées, mais elles reposent sur une lambourde scellée contre le mur ou, mieux, simplement accrochée au mur, ce qui facilite le démontage du plancher. En avant, les solives sont soutenues par une ou deux lambourdes posées sur les récipients, suivant que le plancher a seulement la demi-largeur ou la largeur totale de la rangée. S'il s'agit de foudres, les lambourdes sont entaillées de manière à épouser leur forme et à s'appuyer sur eux par le plus grand nombre de points possible, pour bien répartir la pression. Si ce sont des cuves, les lambourdes portent sur leurs bords et non sur la fonçure. On s'arrange en outre pour placer les dés, les poutres ou les murettes qui soutiennent la cuve à l'aplomb des lambourdes. Ces supports reçoivent ainsi directement la pression. Le parquet est cloué sur les solives. Le plancher, ainsi constitué, forme une série de travées successives, correspondant chacune à la longueur occupée par un récipient et indépendantes les unes des autres. Le démontage est donc simple et rapide en cas de déplacement d'un foudre ou d'une cuve, puisqu'il suffit de retirer ou seulement de soulever la travée correspondante.

Si le plancher doit être soutenu par la charpente, tout en reposant sur les vases vinaires, on conserve la même disposition et on relie la lambourde antérieure aux fermes par des barres de fer. En bas, chaque barre traverse la lambourde et reçoit en dessous un écrou que l'on serre sur une contreplaque. En haut, elle est fixée à un étrier que l'on boulonne sur une jambette ou sur un poinçon convenablement placé. Les fermes ayant, en général, un écartement égal à celui des vases vinaires et étant placées dans l'entraxe des récipients, les barres soutiennent les lambourdes au milieu de leur portée, ainsi qu'il convient. Pourtant, il peut arriver que les fermes ne correspondent pas à l'entraxe des vases vinaires ; dans ce cas, les barres ne peuvent être reliées directement aux fermes. On les fixe le plus souvent à un bout de fer T posé sur deux pannes, parallèlement aux chevrons de la couverture.

Quand le plancher doit être entièrement porté à l'avant par la charpente, on modifie fréquemment l'installation de la façon suivante : dans l'entraxe des récipients, par conséquent à l'aplomb de chaque ferme, on encastre dans le mur une poutre qui reçoit à l'autre bout la barre de fer qui la suspend ; les solives sont placées sur ces poutres, par conséquent parallèlement au mur, et le parquet est cloué par dessus. Ce dispositif, qui supprime la lambourde de devant, permet de déplacer un récipient sans avoir besoin de toucher au plancher.

On peut établir des planchers de demi-largeur très légers, lorsqu'ils ne doivent servir qu'au passage des ouvriers, en supprimant les solives. Contre le mur, on accroche une lambourde et, sur les récipients vinaires, on pose des lambourdes parallèles à la première, que l'on entaille, comme il a été dit, lorsque ce sont des foudres. Le parquet est directement cloué sur ces lambourdes, qui font fonction de solives et auxquelles on donne d'ailleurs un faible équarrissage.

Le parquet posé sur les solives est constitué par des planches de sapin assemblées à plat-joint. Il est préférable de le faire à claire-voie : des planches de $0^m,10$ de largeur sont clouées à un écartement de $0^m,02$ les unes des autres. Non seulement ces planchers sont plus légers et plus économiques, mais ils présentent, en outre, l'avantage de ne pas emmagasiner la poussière et d'être toujours propres. De plus, l'air circule librement, et la lumière, venant du haut par les portaillères ou les fenêtres, les traverse et éclaire les passages derrière les vases vinaires.

Le poids mort des planchers partiels est faible. Il n'excède pas 50 kilos par mètre carré pour ceux qui sont portés par des poutres ou des lambourdes et il s'abaisse à 35 kilos environ pour les planchers à claire-voie de demi-largeur simplement posés sur solives.

Les surcharges peuvent être fixées, comme nous l'avons déjà dit plus haut, à, par mètre carré :

200 kilos pour les planchers légers simplement destinés à la surveillance,
400 — pour les planchers ordinaires utilisés à la rentrée de la vendange,
600 — pour les planchers surmontés d'une voie Decauville,
800 — pour les planchers sur lesquels circulent des pastières roulantes.

Il est facile, avec ces éléments, de calculer la section des poutres ou des lambourdes et l'écartement des solives. Si le plancher est soutenu par la charpente, on calcule le diamètre des tiges de suspension pour résister à la moitié de la charge portée par la travée correspondante.

c. Garde-fous. — Il est prudent de poser, en bordure des planchers, des balustrades (ou garde-fous), pour prévenir les accidents et rendre les chutes impossibles. Elles ont environ 1 m. de hauteur.

Les garde-fous en bois sont formés de barreaux droits montants, écartés de $1^m,25$ environ, assemblés dans la lambourde antérieure et reliés à leur partie supérieure par une lisse horizontale (main courante). Pour augmenter la rigidité, on réunit parfois ces barreaux par des croix de Saint-André ; il suffit, dans ce cas, de placer les barreaux à $1^m,50$ environ de distance les uns des autres. Mais cette disposition est plus coûteuse.

On fait des garde-fous très économiques de la manière suivante : on fixe le long de la lambourde antérieure, par des tire-fond, à une distance de $1^m,10$ à $1^m,25$ les uns des autres, de petits balustres en fonte de 1 m. de hauteur, percés de deux trous, l'un en haut, l'autre à mi-hauteur à peu près ; dans chacun de ces trous, on enfile une tringle en fer rond de diamètre approprié. On peut, à la rigueur, supprimer le trou du milieu et ne placer comme garde-fou que la tringle du haut.

Quand le plancher est relié à la charpente, on utilise les tiges de suspension pour réunir et consolider les différentes travées des garde-fous. Ceux-ci sont alors souvent tout en fer, formés de barres droites, de $0^m,016$ à $0^m,018$ de diamètre, tirefonnées dans le plancher, à $0^m,20$ ou $0^m,25$ les unes des autres, et surmontées d'une lisse en fer. La lisse est attachée aux tiges de suspension du plancher par des étriers, l'ensemble acquiert ainsi une grande rigidité.

Les planchers de demi-largeur sont généralement dépourvus de garde-fous. Inutiles et même gênants au-dessus des vases vinaires, ils ne sont pas utiles dans l'intervalle, leur faible écartement rendant les chutes peu dangereuses. Cependant, lorsque les foudres ou cuves sont de grande capacité et, par suite, les planchers plus élevés, on dispose parfois un garde-fou en bordure de la partie comprise entre deux récipients, comme cela a été fait à Poussan-le-Haut (voir page 306).

d. **Trappes.** — Les demi-planchers qui ne dépassent pas le bord de la bonde des vases vinaires ne sont évidemment percés d'aucune ouverture pour le service de ceux-ci. Au contraire, dans les planchers qui couvrent toute la rangée, une découpure est indispensable au-dessus de la bonde de chaque récipient pour son chargement, pour la surveillance, etc. Ces orifices, de forme carrée, ont au minimum les mêmes dimensions que les bondes. Ils sont habituellement fermés par une trappe pour empêcher les accidents. Un anneau permet de la soulever.

Des trous sont souvent percés dans les planchers pour recevoir les pieds des fouloirs et égrappoirs. De cette façon, on les abaisse, ce qui facilite le chargement de la trémie et rend plus facile l'installation d'un porte-fruits entre le fouloir et la portaillère.

e. **Passerelles.** — Les planchers des deux rangées de vases vinaires d'un cellier sont réunis, pour la commodité du service, par des passerelles établies au-dessus de l'allée centrale. Elles sont généralement au nombre de deux, une à chaque bout du bâtiment. Si la distance est très grande, on dispose une ou deux passerelles intermédiaires, de manière à avoir un passage au moins tous les 30 à 40 mètres. Lorsque les planchers et, par suite, les passerelles ne servent qu'à la circulation des ouvriers, une largeur de $0^m,75$ à 1 m. suffit; mais on leur donne $1^m,80$ à 2 m. si l'on doit y faire passer des machines, des brouettes, des chariots, etc..

Une passerelle est formée de deux poutres (ou longerons), jetées d'un plancher à l'autre, au-dessus desquelles on dispose transversalement des solives. Un parquet est cloué par dessus. Si la portée est très grande et les poutres de petit équarrissage, on peut les renforcer en les armant (voir page 122). On borde la passerelle d'un garde-fou de chaque côté, à moins que d'un côté elle ne soit appliquée contre un mur.

III.— ESCALIERS

Les escaliers qui donnent accès du rez-de-chaussée au 1er étage du cellier, au-dessus du plancher, sont rarement en pierres. Ils sont presque toujours en bois. On place l'escalier à l'un des bouts du bâtiment, entre le dernier vase vinaire et le mur-pignon, si l'intervalle est suffisant, ou derrière la rangée des récipients, dans l'axe du passage ménagé contre le mur de façade, si le dernier foudre arrive au contact du mur-pignon. Dans quelques cuviers du Bordelais, l'escalier est construit au milieu de l'une des rangées de cuves. Dans ce cas, la porte d'entrée principale du bâtiment est généralement en face, au milieu de la rangée opposée.

Un escalier est formé de *marches* horizontales, réunies par des *contremarches* verticales. Il existe entre la largeur l des marches et la hauteur h des contremarches le rapport suivant :

$$l + 2h = 0^m,64.$$

La largeur de $0^m,64$ est l'amplitude du pas moyen de l'homme sur un plan horizontal. Si l est égal à 0, h vaut $0^m,32$. C'est le cas de l'échelle, dont les échelons sont précisément à cet écartement les uns des autres. Pour les escaliers, on prend généralement $l = 0^m,32$, ce qui donne $h = 0^m,16$. Plus on augmente h et plus la montée devient fatigante. Au maximum, $h = 0^m,20$.

a. **Echelles de meunier.** — On se contente souvent d'une *échelle de meunier* pour monter sur les planchers. On appelle ainsi un escalier en bois étroit, qui n'a pas de contremarches. Les marches sont assemblées à tenon et mortaise dans deux limons inclinés ; pour consolider l'ensemble et empêcher les marches d'échapper, si les limons venaient à s'écarter, on réunit ceux-ci par deux ou trois boulons qui les serrent sur les marches. L'échelle de meunier est fixée au plancher par crochets, tire-fond ou boulons.

Lorsque l'échelle est logée derrière les vases vinaires, sa largeur est celle du passage, c'est-à-dire environ $0^m,50$. Si on dispose au bout du bâtiment d'un emplacement plus spacieux, on lui donne de préférence $0^m,90$ à 1 m.

La projection horizontale de l'échelle, c'est-à-dire la longueur mesurée horizontalement sur le sol du pied de l'échelle à la dernière marche, est facile à calculer, lorsque l'on s'est fixé la hauteur des contremarches et la largeur des marches. Si H est la hauteur du plancher, la projection horizontale $M = H \times \dfrac{l}{h}$. Quant à la longueur L de l'échelle elle-même, elle est donnée par l'expression :

$$L = \sqrt{H^2 + M^2}.$$

Si nous donnons à h sa valeur *maximum* $0^m,20$ et si, par suite, nous prenons $l = 0^m,24$, on a *par mètre de hauteur* de l'étage à atteindre les valeurs *minima* suivantes pour M et L :

$$M = 1^m,20 \quad \text{et} \quad L = 1^m,562$$

Supposons, par exemple, que le plancher ait 4 m. de hauteur, on a dans ce cas $M = 4^m,80$ et $L = 6^m,248$.

Si on prend $h = 0^m,16$ et $l = 0^m,32$ (valeurs *moyennes*), on a par mètre d'élévation verticale :

$$M = 2\,m. \quad \text{et} \quad L = 2^m,236$$

Pour 4 m. de hauteur d'étage, on aurait donc $M = 8\,m.$ et $L = 8^m,944$.

Quand on place l'échelle de meunier derrière les vases vinaires, on a tout le développement nécessaire pour donner à l'échelle telle longueur que l'on veut. Mais si on l'installe au bout de la rangée des récipients, perpendiculairement à l'axe du bâtiment, on ne peut atteindre le plancher avec une échelle *droite* ; elle empiéterait sur l'allée centrale. Dans ce cas, l'échelle est constituée par deux parties droites, raccordées à mi-hauteur de l'étage par un *palier*.

Les échelles de meunier sont souvent dépourvues de rampes. Si elles sont derrière les foudres, toute rampe est inutile, puisque l'échelle est bordée d'un côté par les foudres, de l'autre côté par le mur, sur toute sa longueur. S'il n'y a que le mur d'un côté, on se contente d'y fixer une main courante : une barre de fer scellée de distance en distance, ou une corde enfilée à des anneaux. Une rampe devient cependant nécessaire si l'échelle n'est pas appliquée le long d'un mur, ni bordée d'aucune façon. Elle se compose de montants en bois assemblés dans les limons et réunis au sommet par une lisse inclinée.

b. **Escaliers à crémaillère.**— Les marches des escaliers ordinaires en bois portent habituellement par leurs extrémités sur les dents de deux lambourdes découpées en crémaillère. L'une des lambourdes est fixée contre le mur par des corbeaux en fer ou de simples pattes de scellement, l'autre est en porte-à-faux et supporte, s'il y a lieu, la rampe.

Tout ce qui a été dit sur le calcul de la longueur et de la projection horizontale d'une échelle de meunier s'applique à l'escalier proprement dit. Les escaliers sont généralement moins raides que les échelles de meunier, c'est-à-dire que l'on donne à h et à l des valeurs qui se rapprochent de la moyenne.

CHAPITRE VII

COUVERTURES

La couverture d'un bâtiment a pour but de clore sa partie supérieure et de mettre l'intérieur à l'abri de la pluie, de la neige, du vent, etc., et en général de le protéger contre l'action directe des phénomènes météorologiques. Dans l'établissement d'un cellier, elle joue un rôle particulièrement important: celui de s'opposer à la transmission de la chaleur ou du froid du dehors au dedans, pour limiter les variations de température intérieures, et d'empêcher une circulation de l'air trop active, qui aurait pour conséquence une évaporation excessive et une consume exagérée dans les vases vinaires.

Le choix des matériaux de la couverture et leur emploi judicieux exercent donc une influence décisive sur la valeur d'un cellier, que le bâtiment serve de cuverie ou qu'il soit destiné au logement du vin. De la nature de la couverture dépendent, en outre, pour une large part, le type de charpente adopté et la force des pièces qui la composent.

Une couverture doit être à la fois résistante, légère, mauvaise conductrice de la chaleur, étanche, facile à établir et à réparer, enfin durable et économique. Nous allons passer en revue les divers systèmes de couvertures applicables aux celliers ou à leurs annexes et examiner dans quelle mesure ils satisfont à ces conditions générales d'une bonne installation.

I. — COUVERTURES SIMPLES

Les couvertures simples sont celles que l'on emploie habituellement, sans dispositif spécial, pour parer à la transmission de la chaleur ou pour s'opposer au passage de l'air. Ce sont les plus répandues, surtout dans les celliers pourvus d'un plancher continu qui a précisément pour but de remédier à leur trop grande conductibilité et à leur défaut d'étanchéité. Mais ce ne sont pas les meilleures ni les plus économiques, puisqu'elles rendent nécessaire la construction d'un plancher dont nous avons signalé les inconvénients ; on doit leur préférer les couvertures isolantes.

a. **Couvertures céramiques**. — Les couvertures en *tuiles* de terre cuite sont très nombreuses. Leur usage remonte à la plus haute antiquité. Les plus anciennes sont les tuiles *plates* et les tuiles *creuses* (ou *tuiles-canal*). Elles ont aujourd'hui pour rivales les tuiles *moulées*, dites *mécaniques*, à couvre-joint ou à emboîtement.

1° Tuiles plates. — Les tuiles plates, ou tuiles de Bourgogne, sont des rectangles dont les dimensions courantes sont $0^m,30 \times 0^m,25$ (grand modèle) et $0^m,24 \times 0^m,19$ (petit modèle). Elles se fixent par crochet sur un lattis en cœur de chêne de préférence, ou sur un lattis en sapin. Pour le grand modèle, les liteaux sont écartés de $0^m,11$ d'axe en axe (valeur du pureau); pour le petit modèle, l'écartement des liteaux est de $0^m,08$. Il est bon que les tuiles soient légèrement courbes dans le sens de leur longueur, de façon que leur bord inférieur porte bien sur la tuile placée au-dessous. Le lattis est cloué sur des chevrons espacés de $0^m,33$.

Les tuiles plates conviennent aux toitures à forte inclinaison, de 33° à 45°, c'est-à-dire dont la pente est comprise entre $0^m,65$ et 1 m. par mètre. Elles constituent de bonnes couvertures, un peu lourdes, mais durables, et qui préservent assez bien l'intérieur des bâtiments des variations de température. Elles sont faciles à réparer et supportent bien le passage des ouvriers. On renouvelle le lattis environ tous les 25 ans.

L'égout de la couverture est habituellement *pendant* : il est formé de deux tuiles superposées et maçonnées au plâtre sur un plancher cloué sur les chevrons. Une chanlatte est posée à l'extrémité des chevrons. Les faîtages et les arêtiers sont constitués par des filets ou solins en plâtre, peu durables, ou par des tuiles spéciales à emboîtement, dites *faîtières*, maçonnées.

2° Tuiles-canal. — Très répandues en France, surtout dans la région méridionale, les tuiles-canal sont des tuiles en forme de gouttière, qui mesurent $0^m,37$ de longueur, $0^m,19$ de largeur à un bout et $0^m,16$ à l'autre bout. Elles se posent sans lattis, ni voligeage intermédiaire, directement sur des chevrons triangulaires, obtenus en refendant suivant deux diagonales des poutrelles de $0^m,135 \times 0^m,135$. Ces chevrons sont écartés d'axe en axe de $0^m,26$ et cloués sur des pannes espacées de $0^m,80$ à 1 m.. Le pureau est de $0^m,27$.

L'égout pendant est fait avec les mêmes tuiles que le reste de la couverture, mais posées au mortier sur un plancher cloué sur les chevrons. L'égout est souvent aussi formé au-dessus d'une *génoise* en tuiles-canal maçonnées sur trois ou quatre rangs (voir la fig. 3 du cellier des Cheminières, page 318). Le faîtage et les arêtiers sont établis avec des tuiles un peu plus grandes maçonnées, ou bien avec des tuiles spéciales à couvre-joint. D'une manière générale, on maçonne les tuiles des arêtes et celles du premier et du dernier rang de chaque long pan de la toiture.

Cette couverture est bonne, durable, facile à réparer. Les tuiles sont parfois maçonnées du haut en bas. Mais le mortier augmente encore le poids de la couverture, déjà considérable ; en outre, il se détache et il fait pourrir les chevrons. Elle préserve à peu près comme la couverture précédente des variations de la température. Son emploi est limité aux toitures à faible inclinaison, de 15° à 27° ($0^m,27$ à $0^m,50$ de pente par mètre), car ces tuiles sans crochet ne tiennent que par frottement. Elles facilitent l'écoulement des eaux de pluie qui se réunissent en filets, mais la neige y séjourne fort longtemps. Les tuiles sont souvent dérangées par les vents violents ; on les consolide en posant de grosses pierres, de distance en distance, au-dessus des premières assises inférieures.

3° Tuiles-pannes.— Les tuiles-pannes, ou tuiles flamandes en forme de S, s'accrochent sur lattis comme les tuiles plates de Bourgogne. Elles font des couvertures un peu moins lourdes que les tuiles-canal, dont elles ont à peu près les qualités et les défauts. On les recherche cependant moins, parce qu'elles sont souvent gauches ; par suite, elles jointent mal et laissent passer la neige ou l'eau.

4° Tuiles moulées.— Les tuiles moulées à emboîtement se répandent de plus en plus et tendent à se substituer partout aux tuiles-canal pour couvrir les combles inclinés de 24° à 40° (pente de $0^m,45$ à $0^m,85$ par mètre). Elles forment de bonnes et belles couvertures, légères, durables, faciles à réparer, supportant bien le passage des ouvriers. Elles préservent cependant un peu moins des variations de température que les précédentes. Quand la pente du toit est faible, le vent peut faire pénétrer la neige en dessous. On évite cet inconvénient, dans les pays froids, par l'emploi des tuiles dites *de montagne.* Les vents violents ont peu d'action sur elles. Pourtant, on fait des tuiles qui peuvent s'attacher avec du fil du fer sur les liteaux.

Les dimensions, la forme et la décoration des tuiles à emboîtement ne sont pas constantes. Chaque usine a ses modèles. Elles se posent sur liteaux espacés d'axe en axe de $0^m,33$ en général ; mais le lattis doit être réglé sur le pureau de la tuile. Les chevrons sont à $0^m,55$ les uns des autres.

On trouve, dans le commerce, des tuiles à emboîtement en verre, dont le moule est le même que celui des tuiles céramiques. Elles peuvent donc être intercalées dans les couvertures et elles permettent d'éclairer sans grande dépense l'intérieur des bâtiments, ou au moins le grenier, s'il existe un plancher. L'emploi des isolants dont il sera question plus loin supprime bien entendu l'usage de ces tuiles transparentes.

Les tuiles de montagne sont à emboîtement latéral et à recouvrement longitudinal de $0^m,08$. Les liteaux qui les reçoivent sont à $0^m,31$ pour le type de tuile de l'usine de Ste-Foy-l'Argentière (Rhône).

L'égout pendant des tuiles moulées est établi avec plancher cloué sur les chevrons. Pour le faîtage et les arêtiers, on se sert de tuiles spéciales à couvre-joint, souvent décorées et ornées de fleurons. Le prix des faîtières et des arêtiers varie avec l'ornementation.

Dans les pays chauds, l'Algérie et la Tunisie, où la radiation solaire est intense et où les pluies sont rares pendant l'été, on étend parfois à la surface des couvertures céramiques un lait de chaux, pour diminuer leur pouvoir absorbant. La couverture peut être badigeonnée au pinceau, ou bien on répand le lait de chaux avec un appareil pulvérisateur. L'opération est renouvelée annuellement après la saison des pluies.

b. **Couvertures en ardoises.**— Les ardoises sont très employées dans les régions qui avoisinent les gisements de schistes ardoisiers, à cause de leur grande légèreté et de la facilité qu'elles procurent d'établir des couvertures de toute pente, quelque grande qu'elle soit. En général, l'inclinaison est comprise entre 33° et 45° (pente de $0^m,65$ à 1 m. par mètre). Les principales carrières sont, en France, celles d'Angers, celles de Mézières, Charleroy, Fumay, mais il en existe de nombreuses autres moins importantes.

Une bonne ardoise est dure et dense ; sous le choc, elle rend un son sec et clair. Les ardoises sont rectangulaires (dites *carrées*) ou à angles abattus (dites *écailles* ou *losanges*). Leurs dimensions sont variables suivant leur origine. L'épaisseur est comprise entre $0^m,0015$ et $0^m,0040$. Les ardoises losangées sont à rejeter : leur seul avantage est de former des toitures plus agréables à la vue ; mais elles sont difficiles à fixer par crochet et laissent passer plus facilement la pluie et la neige sur les côtés.

Les ardoises se posent de deux façons différentes : 1° Sur un plancher en voliges de $2^m \times 0^m,110 \times 0^m,011$, clouées sur les chevrons avec un espacement de $0^m,01$. Les ardoises y sont fixées par deux clous en cuivre. Les plus épaisses sont en bas, les plus minces dans le haut de la toiture. Le pureau est du tiers environ de la longueur de l'ardoise. 2° Sur des liteaux de $0^m,04 \times 0^m,013$. Les ardoises sont maintenues par des crochets en cuivre agrafés au liteau et non cloués. Elles résistent beaucoup mieux au vent, la couverture est plus durable et les réparations sont plus faciles. Il faut renoncer absolument à faire usage de clous ou de crochets en fer, voire même en fer galvanisé. Ils ne tardent pas à s'oxyder, la couverture se disloque et les frais de réfection l'emportent bientôt sur la dépense supplémentaire occasionnée par l'emploi de clous ou de crochets en cuivre.

L'égout pendant est formé de deux épaisseurs de tuiles ou d'ardoises maçonnées au-dessus d'un plancher cloué jointif sur les chevrons. Pour préserver les ardoises quand on applique une échelle au bord de l'égout, on cloue une planche de $0^m,25$ de largeur à l'extrémité des chevrons et on la recouvre de zinc ou de plomb. Cet égout est souvent remplacé par un chéneau en zinc. Le faîtage et les arêtiers sont constitués par des feuilles de zinc ou mieux des feuilles de plomb de $0^m,003$ d'épaisseur au minimum.

De forts crochets sont boulonnés sur la charpente et font saillie au-dessus de la couverture en vue des réparations. Leur prix est de 0 fr.,75 pièce.

Les couvertures en ardoises sont très bonnes, légères, mais cassantes et moins durables que celles en tuiles. Elles ne supportent pas le passage des ouvriers, éclatent au feu et sont très conductrices de la chaleur; elles préservent donc mal des variations de température. Le remplacement d'une ardoise ne peut être bien fait lorsque les ardoises sont clouées. Les clous restent apparents et sont rapidement oxydés s'ils sont en fer. Les crochets sont plus commodes et rendent l'entretien plus aisé.

c. **Couvertures métalliques.** — Les métaux employés pour les couvertures sont : le plomb, le bronze laminé, le zinc et la tôle galvanisée. Le plomb et le bronze, en raison de leur prix élevé, n'ont pas d'applications agricoles. Le zinc est lui-même fort peu répandu pour des couvertures de grande surface. La tôle galvanisée peut rendre des services pour couvrir des hangars ou des appentis légers destinés à abriter des machines ou des futailles. Son faible poids permet de faire des charpentes économiques et l'ensemble de la construction revient très bon marché.

1° Zinc. — Le zinc peut être employé en feuilles ou sous forme de tuiles. Les feuilles sont posées sur des voliges de $0^m,150 \times 0^m,015$ clouées sur les chevrons écartés d'axe en axe de $0^m,80$ (largeur des feuilles). Au-dessus de ce voligeage et suivant chaque ligne de chevrons, on cloue des tasseaux en bois léger à section trapézoïdale, larges de $0^m,05$ à la base. Les feuilles de zinc sont placées à dilatation libre entre ces tasseaux. Elles sont retenues par des crochets, des agrafes et des couvre-joints. Les clous du voligeage sont noyés dans le bois de façon à ce que leur tête ne touche pas le zinc. Les tuiles moulées en zinc sont à surface ondulée pour faciliter la dilatation. Elles sont clouées sur des liteaux.

L'égout, le faîtage et les arêtiers sont en zinc, comme la couverture elle-même.

La couverture en zinc est très légère, durable, facile à réparer et étanche. Mais elle se détériore au contact du fer, du plâtre, etc.. Elle laisse passer la chaleur et le froid. La pose doit être faite avec soin et les feuilles ou les tuiles doivent être parfaitement agrafées ou clouées pour résister au vent.

2° Tôle galvanisée. — La tôle galvanisée s'emploie sous forme de feuilles ondulées de grandes dimensions ou de tuiles moulées à emboîtement.

Les feuilles de $1^m,10 \times 0^m,80$ se posent sur voliges de $0^m,110 \times 0^m,011$, écartées de 1 m. et clouées sur les chevrons. Elles sont maintenues par des crochets. Le pureau est de 1 m.. On peut, plus simplement encore, poser directement les feuilles sur les pannes écartées de 1 m., en supprimant les voliges et les chevrons. Elles sont maintenues par des pattes soudées sur leur face inférieure et clouées sur les pannes. On obtient ainsi une couverture très économique.

Les tuiles à emboîtement se posent sur des liteaux de $0^m,040 \times 0^m,013$, distants d'axe en axe de $0^m,37$. Les chevrons sont écartés de $0^m,80$. Les tuiles sont clouées dans le haut et agrafées en bas. Leur surface est ondulée, ce qui permet la dilatation sans déformation.

L'égout, le faîtage et les arêtiers sont en zinc ou en plomb.

Cette couverture est légère, étanche, mais peu durable, à moins que le galvanisage ne soit très bien fait. Elle préserve très mal des variations de température. Elle est facile à réparer. Elle résiste au vent si elle est bien posée.

d. **Couvertures en bois.** — Les couvertures en bois sont rarement employées. Elles sont formées de bardeaux en cœur de chêne de $0^m,33 \times 0^m,20 \times 0^m,02$, cloués sur voliges ou sur lattis comme les ardoises. Il faut avoir la précaution de percer à la vrille les trous des clous pour éviter de faire éclater le bois. Les bardeaux sont souvent trempés dans une solution d'alun ou imprégnés de goudron.

Ces couvertures sont lourdes ; elles craignent la pourriture et sont dangereuses à cause de leur combustibilité.

e. **Couvertures en carton-cuir.** — Les couvertures en carton-cuir peuvent être utilement employées pour des hangars ou pour des abris provisoires. Leur prix de revient est modique et leur résistance suffisante.

Les cartons bitumés de la maison Desfeux sont livrés en rouleaux de 12 m. de longueur et de $0^m,70$, $0^m,80$ ou 1 m. de largeur. Plusieurs types de ces produits sont mis en vente suivant la destination qui leur est réservée (contrées chaudes, lieux humides, etc.).

Ces cartons se posent de deux façons : 1° On déroule les feuilles parallèlement au faîtage sur un voligeage. Elles se recouvrent de $0^m,10$ environ et sont fixées par des pointes. On consolide l'ensemble de la couverture en clouant par dessus, dans l'axe des chevrons, de petites lattes en sapin de $0^m,02 \times 0^m,005$. 2° On pose les feuilles dans le sens de la pente du toit, c'est-à-dire perpendiculairement au faîtage, directement sur les chevrons, sans voligeage. Les chevrons sont placés à $0^m,30$, $0^m,40$ ou même $0^m,50$ d'écartement. Le carton est cloué sur les chevrons et définitivement fixé par des tasseaux formant couvre-joints.

Nous avons groupé dans le tableau XX les principaux renseignements relatifs à l'établissement des couvertures simples et calculé comparativement leur prix de revient. Ces prix, comme tous ceux d'ailleurs que nous avons déjà donnés précédemment pour les autres travaux du bâtiment, n'ont rien d'absolu. Établis en prenant pour base la valeur de la main-d'œuvre dans

TABLEAU XX. — **Couvertures simples**

DÉSIGNATION DE LA COUVERTURE	TUILES OU FEUILLES Prix des 1000 tuiles ou 100 kil. de métal (fr.)	Par mètre carré			LATTES, LITEAUX OU VOLIGES Désignation	Par mètre carré			CLOUS Par mètre carré		MAIN-D'ŒUVRE (un couvreur et un aide) Par mètre carré		POIDS TOTAL par mètre carré	DÉPENSE TOTALE (par mètre carré de couverture)	OBSERVATIONS
		Nombre	Poids (kg.)	Prix (fr. c.)		Longueur (m.)	Poids (kg.)	Prix (fr. c.)	Nombre	Prix (fr. c.)	Temps de pose (h.)	Prix à 0 fr. 85 l'heure (fr. c.)	(kg.)	(fr. c.)	
Tuiles plates de Bourgogne, grand modèle	95	36 40	96 »	3 46	lattes	9 10	2 50	0 27	30	0 044	0 50	0 425	99	4 20	
— — —	95	36 40	96 »	3 46	liteaux	9 10	3 30	0 91	30	0 044	0 50	0 425	100	4 84	
— — petit modèle	60	64 10	92 »	3 85	lattes	12 50	3 40	0 37	40	0 060	0 66	0 561	96	4 84	
— — —	60	64 10	92 »	3 85	liteaux	12 50	4 50	1 25	40	0 060	0 66	0 561	97	5 72	
Tuiles-canal	50	36 »	104 »	1 80	chevrons	»	»	»	»	»	0 36	0 306	104	2 11	
Tuiles-pannes, ou flamandes	90	22 20	38 »	2 »	lattes	4 »	1 10	0 12	15	0 022	0 30	0 255	39	2 40	
Tuiles moulées à emboîtement	110	15 15	45 »	1 66	liteaux	3 03	1 10	0 30	20	0 030	0 33	0 280	46	2 27	
Tuiles moulées, dites de montagne	110	16 »	40 »	1 76	liteaux	3 23	1 20	0 32	20	0 030	0 34	0 289	41	2 40	
Ardoises clouées	31	43 »	20 »	1 34	voliges	9 10	5 50	1 05	123	0 250	1 »	0 850	25	3 49	86 clous à ardoise + 37 clous à volige.
Ardoises accrochées	31	43 »	20 »	1 34	liteaux	9 10	1 60	0 91	30 + 47 crochets	0 600	1 »	0 850	22	3 70	
Feuilles de zinc n° 14	65	0 60	6 »	3 90	voliges	6 25	7 »	1 25	70	0 200	0 58	0 493	13	6 29	y compris 0 fr. 45 pour tasseaux.
Tuiles en tôle galvanisée	310	14 30	4 50	4 50	liteaux	2 70	0 70	0 27	10	0 015	0 40	0 340	6	5 13	
Feuilles en tôle galvanisée ondulées	90	1 25	4 95	4 45	voliges	1 10	0 65	0 13	18	0 050	0 30	0 255	6	4 88	
— — —	90	1 25	4 95	4 45	pannes	»	»	»	15	0 022	0 25	0 213	5	4 69	
Couvertures en bois ou bardeaux	46	45 40	55 »	2 12	liteaux	9 10	3 30	0 91	30	0 014	0 60	0 510	58	3 58	
Carton-cuir sablé de Desfeux	»	0 10	3 »	0 80	voliges	9 10	5 50	1 05	37	0 110	0 40	0 340	9	2 40	y compris 0 fr. 10 pour pointes et couvre-joints.
— — —	»	0 10	3 »	0 80	chevrons	»	»	»	»	»	0 20	0 170	3	1 07	

la région de Montpellier et la valeur des marchandises au lieu de production, ils ne peuvent que servir de repère et devront être modifiés dans chaque cas particulier suivant le prix de la journée des ouvriers et suivant les frais de transport et de manutention qui grèvent plus ou moins la valeur propre des matériaux. Ces tableaux sont donc utiles à consulter plutôt comme une indication de la marche des calculs que comme une série des prix applicable dans toutes les localités.

II. — COUVERTURES ISOLANTES

Les couvertures simples, dont l'énumération vient d'être donnée, mettent l'intérieur des bâtiments à l'abri des variations de température avec plus ou moins d'efficacité suivant la nature des matériaux qui les constituent, mais toujours d'une manière très incomplète et insuffisante pour la destination spéciale des celliers. Les couvertures céramiques sont, à cet égard, les meilleures, puis viennent les couvertures en ardoises et en dernier lieu les couvertures métalliques. Mais les couvertures céramiques elles-mêmes ne constituent pas une protection dont un cellier puisse s'accommoder et, lorsque la couverture n'est pas rendue directement isolante, il faut recourir à l'établissement d'un plancher continu.

En outre, toutes les couvertures simples n'opposent pas à la circulation de l'air une barrière suffisante. Les vides, les joints nombreux existant entre les matériaux sont autant de passages par lesquels l'air se glisse. La conséquence est, comme nous l'avons dit, une évaporation active dans les vaisseaux vinaires, que l'on ne peut combattre que par la création d'un plancher continu, si ce n'est par un revêtement isolant de la couverture elle-même.

Les *isolants* jouent donc un rôle important dans l'établissement des couvertures des celliers en rendant celles-ci directement étanches à la chaleur et à l'air et en permettant de supprimer les planchers continus, coûteux et encombrants, dangereux même dans certains cas.

a. **Voligeage jointif.** — Au-dessus des chevrons, distants de $0^m,30$ environ, on cloue un voligeage jointif composé de voliges de $0^m,110 \times 0^m,011$ assemblées à rainure et languette. Il sert de support à la couverture proprement dite, qui peut être en tuiles-canal ou en tuiles-pannes. Les tuiles-canal sont calées avec des débris ou bien maçonnées.

Cet écran n'est pas suffisant. Il est peu durable. Les voliges sont exposées à la pourriture causée par le mortier, lorsque les tuiles sont maçonnées.

b. **Isolants céramiques**. — Au lieu de poser sur les chevrons un voligeage, on peut y établir un parafeuillage en briques plates pleines ou creuses, ou bien en briques-lattis spéciales à section trapézoïdale.

1° Briques plates. — Les briques plates pleines, dites *briques de couvert*, sont posées directement sur les chevrons et maçonnées. On en trouve deux échantillons : le plus petit exige que les chevrons soient distants de $0^m,23$ seulement ; le plus grand permet de porter leur écartement à $0^m,36$. Les briques de ce dernier modèle ne supportent pas le passage des ouvriers avant la pose des tuiles.

Les briques de couvert creuses sont également posées sur chevrons distants de $0^m,36$. On peut aussi les soutenir par des liteaux en fer simple T. Elles sont meilleures que les précédentes, étant moins conductrices de la chaleur et plus légères.

Les briques de couvert constituent un écran supérieur au voligeage jointif ; il est durable, mais lourd. Il surcharge énormément les charpentes. Au-dessus, on peut établir des couvertures en tuiles-canal ou en tuiles-pannes. Les tuiles moulées ordinaires et les tuiles de montagne ne peuvent être employées que si le parafeuillage est posé sur des liteaux en fer T, dont la saillie permette l'agrafage.

2° Briques-lattis.— Les briques-lattis des usines de Ste-Foy-l'Argentière (Rhône), spécialement moulées pour le parafeuillage des toitures, sont creuses et à section trapézoïdale. Elles sont posées sur les chevrons et maçonnées. Leurs deux faces n'étant pas parallèles, il en résulte que chaque rangée horizontale de ces briques offre une saillie que l'on utilise pour l'agrafage des tuiles moulées. On peut les poser également sur chevrons en fer simple T, écartés de $0^m,36$.

Cet écran a la même valeur que celui formé par les briques plates creuses. Il a l'avantage de faciliter la pose des tuiles mécaniques, sans que l'on ait besoin d'employer, comme avec les briques plates, des liteaux en fer.

c. **Isolants en liège**. — Les carreaux en liège aggloméré, dont il a été question déjà pour le revêtement des maçonneries (voir page 55), constituent le meilleur des isolants pour les couvertures. Ils ont une épaisseur de $0^m,03$ et ne pèsent que $11^{kg},250$ par mètre carré. On peut les clouer entre les chevrons, ou mieux *sous* les chevrons, parce que le matelas d'air emprisonné entre la couverture et le revêtement augmente l'efficacité de l'isolant. Ce système est applicable avec toutes les couvertures quelles qu'elles soient, à la condition cependant qu'elles soient étanches et ne laissent pas passer l'eau.

Cet écran est excellent : il est à la fois mauvais conducteur de la chaleur, durable, imputrescible, ininflammable et léger. Son seul défaut est d'être d'un prix sensiblement supérieur à celui des autres procédés.

d. **Plafonnage.** — Au lieu de clouer un voligeage jointif sur les chevrons, on peut fixer un plancher en bois *sous* les chevrons. Ce plafond est formé de lames de sapin, ou de pitchpin dans les constructions plus luxueuses, assemblées à rainure et languette. Il a une efficacité supérieure au voligeage *sur* chevrons, à cause du matelas d'air emmagasiné entre la couverture et lui.

On remplace parfois ce plafonnage en bois par un plafonnage en plâtre sur lattis, appliqué également sous les chevrons ou mieux fixé à la charpente. Plus on éloigne le plafond de la couverture et plus on augmente le cube du matelas d'air, c'est-à-dire l'efficacité de l'isolant. On peut ainsi établir le plafond sous les pannes ou sous les arbalétriers, comme dans le chai de Château-Malescot (voir page 353).

TABLEAU XXI. — **Couvertures isolantes**

DÉSIGNATION DES MATIÈRES ISOLANTES	PAR MÈTRE CARRÉ DE COUVERTURE			ÉCARTEMENT des chevrons	COUVERTURES APPROPRIÉES
	Nombre	Poids	Prix		
		kg.	fr. c.		
Voligeage jointif	4 50	5 50	1 05	quelconque	Tuiles-canal. Tuiles-pannes.
Briques de couvert pleines, petit modèle .	28 90	26 »	1 59	0 23	— —
— — grand modèle .	13 80	35 90	0 83	0 36	— —
Briques-bardeaux creuses	13 80	27 60	0 89	0 36	— —
— — sur liteaux en fer.	16 »	28 80	0 88	0 31	Tuiles de montagne.
Briques-lattis trapézoïdales	16 30	32 60	0 98	0 36	Tuiles moulées.
— —	18 »	32 40	0 90	0 36	Tuiles de montagne.
Carreaux de liège sous chevrons	10 »	11 25	2 95	0 25	Toutes les couvertures.
Plafonnage en bois jointif	4 50	5 50	1 05	quelconque	— —
Plafonnage en plâtre sur lattes	»	28 »	2 75	—	— —
Poudre de liège (voligeage sous chevrons).	1 hecto	13 »	2 60	»	— —

Au matelas d'air interposé entre la couverture et le plafond, on peut, enfin, substituer une couche plus ou moins épaisse de poudre de liège : sous les chevrons, on cloue un voligeage jointif et on garnit l'intervalle des chevrons de poudre de liège ; l'épaisseur de l'isolant est égale au plus grand côté de leur équarrissage. L'isolement est parfait, mais la dépense à peu près aussi forte que par l'emploi des carreaux de liège aggloméré. On pourrait réaliser un isolement aussi parfait et moins dispendieux en remplaçant le hourdis de poudre de liège par un hourdis de paille, de balles de blé ou d'avoine, de mousse, de sciure de bois, etc., en un mot par une couche de matières légères, mauvaises conductrices de la chaleur et de peu de valeur.

Le tableau XXI contient tous les renseignements relatifs aux couvertures isolantes, ainsi que le prix approximatif des divers isolants par mètre carré. Les revêtements en carreaux de liège ou en poudre de liège sont incontestablement les plus efficaces, ce sont aussi les plus chers. Le plafonnage en plâtre sous la charpente vient en seconde ligne et comme action et comme prix. Les parafeuillages en briques creuses sont les plus économiques, mais ils sont moins protecteurs et surchargent les charpentes. On doit donc donner la préférence aux plafonnages, dont on peut d'ailleurs augmenter l'étanchéité par l'application d'un hourdis bon marché.

III. — GOUTTIÈRES

Les égouts pendants, qui déversent les eaux de la toiture sur le sol au pied des bâtiments, exigent la construction d'un dévers résistant et suffisamment étanche pour empêcher les affouillements et l'infiltration des eaux dans les fondations. Ces égouts gênent, en outre, l'accès des bâtiments en temps de pluie et ne permettent pas de recueillir les eaux pluviales.

Les gouttières sont bien préférables. Elles protègent les fondations, contribuent à l'assainissement des bâtiments et sont indispensables pour amasser dans des réservoirs ou dans des citernes les eaux nécessaires aux besoins de l'exploitation, lorsqu'il n'existe ni puits ni cours d'eau pour approvisionner le cellier.

Les gouttières sont en zinc. Ce sont de petits canaux à section demi-circulaire, placés en bordure de la couverture, avec une pente longitudinale de $0^m,001$ à $0^m,005$, et soutenus de distance en distance (tous les $0^m,75$ ou $0^m,80$ environ) par des crochets fixés contre les chevrons. Le développement d'une gouttière est compris entre $0^m,25$ et $0^m,32$.

Les gouttières déversent leurs eaux dans des tuyaux de descente en zinc, de $0^m,08$ à $0^m,12$ de diamètre. On place toujours un tuyau de descente à l'extrémité la plus basse de la gouttière, mais on peut en poser de supplémentaires si la longueur du bâtiment l'exige. Ces tuyaux de descente ne vont pas jusqu'à terre; ils s'emboîtent à $0^m,75$ ou $0^m,80$ de hauteur dans un tuyau en fonte, coudé à sa partie inférieure, qui laisse les eaux s'écouler librement sur le sol ou qui les conduit dans un caniveau souterrain.

CHAPITRE VIII

COMBLES

Le *comble* d'un bâtiment est constitué par des charpentes assemblées, destinées à supporter la couverture ; il est limité au dehors par une ou deux surfaces inclinées. Les combles qui ne forment qu'un seul plan incliné, c'est-à-dire qui n'ont qu'un seul égout, prennent le nom d'*appentis*. Les plus répandus sont ceux qui offrent deux plans inclinés, réunis suivant une ligne de *faîte*. Ils sont dits *à deux égouts*. Les combles à croupes et les combles en pavillon n'ont pas d'application dans la construction des celliers.

Un comble se compose toujours d'un certain nombre de *fermes*, de forme invariable, posées verticalement sur les murs, parallèlement l'une à l'autre, et réunies par des *pannes*, longues pièces de bois horizontales. Sur les pannes sont cloués les *chevrons*, dans la direction de la plus grande pente ; ils reçoivent directement la couverture. Les fermes sont la partie la plus importante des combles.

I.—INCLINAISON ET CHARGE DES FERMES

a. **Inclinaison.**— L'inclinaison des combles exerce une influence directe sur la disposition des charpentes qui les composent. Elle varie, d'ailleurs, entre des limites assez éloignées suivant les régions et suivant la nature des matériaux de la couverture. Dans les pays du Nord, on incline fortement les toitures, jusqu'à 45°, pour faciliter l'écoulement des eaux et éviter le séjour prolongé des neiges. Dans le Midi, au contraire, où les pluies sont rares, on peut sans inconvénient diminuer l'inclinaison. Elle s'abaisse parfois jusqu'à 18°. Une forte pente de la toiture augmente considérable_ ment la charge des charpentes et nécessite l'emploi de pièces de fort équarrissage, toujours coûteuses. Les toits plats pèsent le moins possible, mais une pente trop faible expose les matériaux de la couverture à être emportés par les vents et facilite la pénétration de l'eau et de la neige. En général, on adopte une inclinaison moyenne, entre 24° et 40°, c'est-à-dire une pente comprise entre 0^m,45 et 0^m,85 par mètre.

Le choix de la couverture détermine du reste, comme on vient de le voir, l'inclinaison des combles dans une large mesure, puisque certains matériaux, les ardoises par exemple, ne s'accommodent que de fortes pentes, tandis que d'autres, les tuiles-canal notamment, ne peuvent être employés que sur des surfaces peu inclinées.

b. **Neige et vent.**— La charge des combles se compose:

1° Du poids de la couverture, donné par les tableaux XX et XXI (pages 140 et 143);

2° Du poids propre de la charpente du comble, déduit du calcul des éléments qui la composent (voir ci-dessous);

3° De la surcharge accidentelle due à la neige ou au vent.

On admet que la neige pèse environ dix fois moins que l'eau. Son action diminue, d'ailleurs, quand l'inclinaison du toit augmente. C'est ainsi que l'on fixe à 0^m,30 l'épaisseur de la couche de neige qui peut s'amonceler sur un toit incliné à 33°, tandis que la couche de neige peut atteindre 0^m,80 si l'inclinaison de la toiture est seulement de 18°. Dans le premier cas, la surcharge est de 30 kilos par mètre carré et, dans le second cas, de 80 kilos. On introduit, en général, dans les calculs une moyenne de 60 kilos par mètre carré.

Quant au vent, la pression qu'il exerce sur une surface d'un mètre carré frappée normalement est de 15 à 20 kilos pour un vent fort, de 60 à 80 kilos pour une tempête et de 180 kilos pour un ouragan. Il serait facile d'en déduire la surcharge par mètre carré de toiture, suivant l'inclinaison de celle-ci, sachant, d'autre part, que la direction du vent fait avec l'horizon un angle de 12°. Mais, dans la pratique, on adopte pour cette surcharge une constante de 60 kilos par mètre carré.

En fixant à 120 kilos la surcharge totale due à la neige et au vent, on a toute sécurité, car on remarquera que les toitures à forte pente, les plus exposées au vent, sont celles sur lesquelles la neige s'accumule le moins, tandis que les toits plats, très chargés par la neige, n'offrent que peu de prise au vent.

c. **Chevrons**.— Les chevrons sont généralement en bois de sapin. Exceptionnellement, on emploie des chevrons en fer simple T. Leur écartement varie avec le type de la couverture, mais il est habituellement de 0^m,33 ou de 0^m,50, toujours compris entre 0^m,30 et 0^m,60. On pourrait calculer la section des chevrons. Mais ils ont pratiquement un équarrissage constant de 0^m,07 $\times$ 0^m,08.

Leur poids varie de 7 à 14 kilos par mètre carré de toiture.

d. **Pannes.**— Les pannes sont en bois ou en fer, le plus souvent en bois.

Leur section est rectangulaire ou carrée. La forme rectangulaire est préférable à la forme carrée, puisque les pannes travaillent à la flexion. Leur écartement varie de 1 m. à $2^m,25$. On peut calculer les dimensions b et h de l'équarrissage d'une panne rectangulaire à l'aide des formules suivantes :

$$h = \sqrt[3]{\frac{P \cos \alpha \, L}{R}}, \quad \text{et} \quad b = \frac{3}{4}\, h .$$

Si la section est carrée, le côté c de l'équarrissage vaut :

$$c = \sqrt[3]{\frac{3\,P \cos \alpha\, L}{4\,R}} .$$

P est la charge, uniformément répartie sur la panne, pour la portée L ;

L   l'écartement des fermes, en mètres ;

R   la résistance du bois par m² de section (600.000 kilos).

Il est bon de vérifier, en outre, que la flèche que prendra la panne sous la charge qui tend à la faire fléchir n'est pas excessive et qu'elle n'aura pas pour conséquence une déformation apparente de la toiture. La flèche f est donnée par la formule

$$f = \frac{5\,P \cos \alpha\, L^3}{32\,E\,b\,h^3}$$

E est le coefficient d'élasticité du bois (1.200.000.000 par m²).

Un exemple numérique fera mieux ressortir les avantages des pannes à section rectangulaire. Faisons   P cos $\alpha = 1.600$ kilos, $L = 4$ m.

Panne rectangulaire $h = 0^m,22$ $b = 0^m,16$ section $= 0^{m²},0352$ $f = 0^m,00782$

Panne carrée $c = 0^m,20$ section $= 0^{m²},0400$ $f = 0^m,00833$

Le calcul de l'équarrissage des pannes ne présente aucune difficulté, mais il est d'une importance capitale pour la durée de la toiture, car toute flexion permanente des pannes a pour conséquence la déformation et la dislocation de la couverture.

Le poids des pannes est compris entre 18 et 24 kilos par mètre carré.

e. **Charge des fermes**. — La charge totale supportée par une ferme dépend de l'écartement des fermes, de leur inclinaison et de leur portée (c'est-à-dire de la largeur dans œuvre du bâtiment), ou en d'autres termes, elle dépend de la surface de couverture répartie sur chaque ferme.

L'écartement des fermes varie entre 3 et $4^m,50$. Dans les celliers meublés de foudres, et à partir d'une capacité des vases vinaires de 150 hectos, les fermes ont pour écartement la distance d'axe en axe des foudres, qui est donnée par le tableau II (page 29). Il en est de même dans les bâtiments garnis de cuves d'une capacité comprise entre 125 et 400 hectos (voir le tableau III, page 31).

La portée des fermes est fournie pour chaque cas par la colonne des mêmes tableaux qui donne la largeur des bâtiments. Cette portée est comprise habituellement entre 8 m. et 14 m.

L'inclinaison est connue, quand on sait quel est le type de couverture adopté.

La charge par mètre carré de toiture comprend alors : 1° le poids de la couverture ; 2° la surcharge due à la neige et au vent ; 3° le poids des chevrons ; 4° le poids des pannes. Elle est indiquée, pour les principaux types de couvertures, par le tableau XXII.

TABLEAU XXII. — **Charges par mètre carré des toitures, en kilos**

	TUILES de Bourgo- gne	TUILES canal	TUILES moulées	ARDOISES	ZINC ou tôle galvani- sée	TUILES plates avec voligeage sous les chevrons	TUILES canal sur briques creuses	TUILES moulées sur briques lattis	ARDOISES avec carreaux de liége sous chevrons
Inclinaison de la toi- ture	45°	18	30	45	20	45	18	30	45
Longueur des arbalé- triers pour 1 m. de la demi-portée . . .	1ᵐ414	1.051	1.155	1.414	1.064	1.414	1.051	1.155	1.414
Poids de la couverture.	100kg	105	45	25	15	106	135	80	37
— avec 120 kg. de surcharge	220kg	225	165	145	135	226	255	200	157
Poids des chevrons. .	12kg	12	8	7	7	12	14	11	7
Poids des pannes . .	22kg	22	20	19	18	20	24	20	19
Charge totale	254kg	259	193	171	160	258	293	231	183

La disposition des fermes varie à l'infini et il ne serait pas possible de passer en revue tous les systèmes de construction imaginés pour soutenir la couverture d'un cellier. On peut les grouper en trois classes : 1° les fermes en bois ; 2° les fermes à arbalétriers armés, dont le type est la ferme Polonceau ; 3° les fermes entièrement métalliques. Nous ne nous arrêterons qu'aux formes principales et les plus répandues.

Une ferme se compose toujours essentiellement de deux *arbalétriers* (pièces obliques sur lesquelles sont fixées les pannes), assemblés à leur sommet sur un *poinçon*. Un *entrait* (ou *tirant*) empêche l'écartement des arbalétriers et équilibre la poussée qu'ils exercent sur les murs et qui aurait pour effet de les déjeter. L'entrait est généralement soutenu en son milieu par le poinçon. Des *contre-fiches*, des *jambettes*, des *potelets*, etc., ont pour objet de soulager les pièces soumises à des efforts de flexion, notamment les arbalétriers, quelquefois l'entrait, et de reporter sur d'autres pièces, mieux placées pour résister, ou sur les murs une partie des charges qui les fatiguent.

I. — FERMES EN BOIS

a. **Ferme classique.** — La ferme la plus simple est celle qui est constituée par deux arbalétriers, dont le pied est assemblé avec l'extrémité de l'entrait. Deux contre-fiches, placées autant que possible perpendiculairement aux arbalétriers, s'assemblent obliquement sur le poinçon. La figure 3 du cuvage du Delèche (page 384) montre une semblable disposition. On peut décharger davantage les arbalétriers au moyen de jambettes verticales assemblées avec l'entrait (fig. 2 du cellier de Salvaza, page 325), mais on fait, dans ce cas, travailler l'entrait à la flexion, ce qui oblige à augmenter les dimensions de son équarrissage. Il serait préférable de reporter la charge des arbalétriers sur les murs au moyen d'*aisseliers* (fig. 2 du cellier d'Aureilhe, travée A, page 301). Dans les combles à forte inclinaison, on place généralement une double paire de contre-fiches et une paire de jambettes (fig. 4 de la cuverie de Corton-Grancey, page 400). Ces jambes de force sont fixées de préférence sous les pannes, c'est-à-dire aux points d'application des efforts qui tendent à faire fléchir les arbalétriers. Les jambettes et les aisseliers sont souvent formés de pièces moisées, boulonnées sur les arbalétriers et sur l'entrait.

Parfois, l'entrait sert de poutre pour le plancher du grenier (fig. 2 du cellier de la Croix-de-Cavalaire, page 332). On calcule sa section en conséquence. D'autres fois, on remplace l'entrait en bois par un tirant en fer ; les arbalétriers s'assemblent alors dans deux pièces de bois courtes (*blochets*) qui remplacent les extrémités de l'entrait et qui sont reliées par une barre de fer rond ; ou mieux les arbalétriers s'engagent dans des sabots en fonte qui reçoivent directement le tirant en fer.

Pour éviter le renversement des fermes dans le sens transversal, on les contrevente au moyen de *liens* qui relient le poinçon de part et d'autre à la panne faîtière ; on les nomme *liens de faîte.*

La ferme classique est très employée, à cause de sa simplicité. Elle est facilement exécutée par tous les charpentiers. Elle convient surtout aux faibles portées et aux inclinaisons des toitures comprises entre 24° et 45° (pente de 0^m,445 à 1 m. par mètre). On peut exceptionnellement l'employer jusqu'à des portées de 14 m.. Il est aisé d'en calculer les éléments, c'est-à-dire de déterminer rationnellement la section des pièces qui la composent.

Les arbalétriers travaillent à la fois à la flexion et à la compression, mais l'effort de flexion étant beaucoup plus important que celui de compression, on calcule les pièces pour résister à la flexion, certain que la résistance à la compression sera plus que suffisante.

Soit P la charge totale uniformément répartie supportée par chaque arbalétrier, en kilos,

   p le poids propre de l'arbalétrier, en kilos,

   L la longueur de l'arbalétrier, en mètres,

   b et h les deux dimensions de l'équarrissage de la pièce, en mètres (on prend généralement $b = 3/4\,h$),

   R la résistance du bois par mètre carré de section (600.000 kilos),

   α l'angle que l'arbalétrier fait avec l'horizon (ou avec l'entrait).

Si l'on assemble la contre-fiche sur l'arbalétrier au tiers de sa longueur à partir du sommet, on a pour calculer l'arbalétrier la formule :

$$\frac{2\,(P+p)}{3}\,.\,\cos\,\alpha\,.\,\frac{L}{12} = \frac{R\,.\,b\,.\,h^2}{6}\,. \qquad (1)$$

Le poinçon travaille à l'extension, mais on ne calcule pas sa section, qui serait toujours très faible si l'on n'avait à tenir compte que de la résistance qu'il doit présenter, et on donne au poinçon une section carrée dont le côté vaut la plus petite dimension de la section de l'arbalétrier, puisque l'arbalétrier s'assemble sur lui. La section est de beaucoup supérieure aux exigences de la solidité, mais elle est imposée par les règles de l'assemblage.

L'entrait travaille à l'extension sous les efforts que les arbalétriers exercent sur lui et à la flexion sous son propre poids. La résistance à la flexion est toujours suffisante, lorsque l'entrait ne supporte pas de plancher et lorsqu'il est relié au poinçon par un étrier, qui le soutient en son milieu. Quant à la résistance à l'extension, elle serait satisfaite par un équarrissage de petites dimensions. Mais, ici encore, les nécessités de l'assemblage des arbalétriers l'emportent sur les exigences de la solidité, et on donne habituellement à l'entrait une largeur qui est égale au petit côté de l'arbalétrier et une hauteur qui vaut, en général, les 3/4 de la largeur, c'est-à-dire la même section qu'à l'arbalétrier.

Si l'entrait en bois est remplacé par un tirant en fer rond, on obtient son diamètre d par l'équation :

$$(P+p)\,.\,\cotg\,\alpha = \frac{R'\,.\,\pi\,.\,d^2}{4}, \qquad (2)$$

R' est la résistance du fer par mètre carré de section (8.000.000 kilos).

Les contre-fiches travaillent à la compression. On leur donne une section carrée. Si la contre-fiche est assemblée perpendiculairement sur l'arbalétrier, on a, en appelant :

   c le côté de son équarrissage, en mètres,

   l sa longueur, en mètres

$$\frac{P+p}{2}\,.\,\cos\,\alpha = \frac{R\,.\,c^2}{0,93 + 0,00185\left(\dfrac{l}{c}\right)^2}\,. \qquad (3)$$

Si la faible inclinaison de l'arbalétrier ne permet pas de faire l'assem-

Tᴀʙʟᴇᴀᴜ XXIII. — **Dimensions des pièces de deux types de ferme classique**

| PORTÉE | CHARGE totale de l'arbalé-trier | ARBALÉTRIERS | | POINÇON | | CONTRE-FICHES | | ENTRAIT en bois | | ENTRAIT en fer |
| | | Longueur | Equarrissage | Longueur | Equarrissage | Longueur | Equarrissage | Demi-Longueur | Equarrissage | Diamètre |
m.	kilos	m.	cm.	m.	cm.	m.	cm.	m.	cm.	mm.
8	3 000	4,618	22.16	2,309	16.16	1,885	8.7	4	22.16	30
—	4 000	—	24.18	—	18.18	—	8.8	—	24.18	35
—	5 000	—	25.19	—	19.19	—	9.9	—	25.19	38
10	3 000	5,773	23.17	2,886	17.17	2,357	8.8	5	23.17	30
—	4 000	—	25.19	—	19.19	—	9.9	—	25.19	35
—	5 000	—	28.20	—	20.20	—	10.9	—	28.20	39
—	6 000	—	29.21	—	21.21	—	10.10	—	29.21	42
12	4 000	6,928	27.20	3,464	20.20	2,828	10.9	6	27.20	35
—	5 000	—	29.22	—	22.22	—	10.10	—	29.22	39
—	6 000	—	31.23	—	23.23	—	11.11	—	31.23	43
—	7 000	—	33.24	—	24.24	—	12.11	—	33.24	46
14	5 000	8,083	31.23	4,041	23.23	3,299	11.10	7	31.23	40
—	6 000	—	33.24	—	24.24	—	12.11	—	33.24	43
—	7 000	—	34.26	—	26.26	—	12.12	—	34.26	47
—	8 000	—	36.27	—	27.27	—	13.12	—	36.27	50

Inclinaison des arbalétriers = 30° (au-dessus)

| PORTÉE | CHARGE totale de l'arbalé-trier | ARBALÉTRIERS | | POINÇON | | CONTRE-FICHES | | ENTRAIT en bois | | ENTRAIT en fer |
| | | Longueur | Equarrissage | Longueur | Equarrissage | Longueur | Equarrissage | Demi-Longueur | Equarrissage | Diamètre |
m.	kilos	m.	cm.	m.	cm.	m.	cm.	m.	cm.	mm.
8	3 000	5,656	22.16	4 »	16.16	1,885	7.7	4	22.16	23
—	4 000	—	24.18	—	18.18	—	8.7	—	24.18	26
—	5 000	—	25.19	—	19.19	—	8.8	—	25.19	29
—	6 000	—	27.20	—	20.20	—	9.8	—	27.20	32
—	7 000	—	28.20	—	20.20	—	9.9	—	28.20	35
10	3 000	7,071	23.17	5 »	17.17	2,357	8.7	5	23.17	23
—	4 000	—	25.19	—	19.19	—	8.8	—	25.19	27
—	5 000	—	28.20	—	20.20	—	9.9	—	28.20	30
—	6 000	—	29.21	—	21.21	—	10.9	—	29.21	32
—	7 000	—	31.22	—	22.22	—	10.10	—	31.22	35
—	8 000	—	32.24	—	24.24	—	10.10	—	32.24	37
12	4 000	8,485	27.20	6 »	20.20	2,828	9.9	6	27.30	27
—	5 000	—	29.22	—	22.22	—	10.9	—	29.22	30
—	6 000	—	31.23	—	23.23	—	10.10	—	31.23	33
—	7 000	—	33.24	—	24.24	—	11.10	—	33.24	35
—	8 000	—	34.25	—	25.25	—	11.11	—	34.25	37
—	9 000	—	35.26	—	26.26	—	12.11	—	35.26	40
—	10 000	—	37.27	—	27.27	—	12.12	—	37.27	42
14	5 000	9,899	31.23	7 »	23.23	3,299	10.10	7	31.23	30
—	6 000	—	33.24	—	24.24	—	11.10	—	33.24	33
—	7 000	—	34.26	—	26.26	—	11.11	—	34.26	36
—	8 000	—	36.27	—	27.27	—	12.11	—	36.27	38
—	9 000	—	37.28	—	28.28	—	12.12	—	37.28	40
—	10 000	—	39.29	—	29.29	—	13.12	—	39.29	42
—	11 000	—	40.30	—	30.30	—	13.13	—	40.30	44

Inclinaison des arbalétriers = 45°

blage à angle droit, on a, en désignant par β l'angle $< 90°$ de la contre-fiche et de l'arbalétrier :

$$\frac{P + p}{2} \cdot \frac{\sin(90° - \alpha)}{\sin\beta} = \frac{R \cdot c^2}{0{,}93 + 0{,}00185\left(\frac{l}{c}\right)^2} \cdot \qquad (4)$$

Le tableau XXIII donne les dimensions des pièces de deux types de ferme classique, l'un avec arbalétriers inclinés à 30°, l'autre avec arbalétriers inclinés à 45°, pour différentes portées et pour différentes charges. Ces dimensions ont été déterminées à l'aide des formules qui précèdent ; elles représentent la limite inférieure de la section des pièces. Dans la pratique, on a l'habitude de les dépasser sensiblement ; on adopte à tort des dimensions exagérées et inutiles, nuisibles même, puisque l'on surcharge sans raison les murs des bâtiments. C'est là une tendance contre laquelle il y a lieu de réagir, car elle est préjudiciable à la bourse du propriétaire. Il faut assurer la résistance des combles, mais il n'y a aucun avantage à dépasser les limites de la sécurité. Les charpentes trop fortes sont coûteuses en même temps que d'un effet disgracieux. Seule, la section des contrefiches peut être augmentée pour le coup d'œil.

Pour se servir de cette table, le seul problème à résoudre est la détermination de la charge supportée par l'arbalétrier. Un exemple numérique indiquera nettement la marche à suivre. Supposons un cellier de 12 m. de largeur intérieure, dont la couverture en tuiles moulées sans isolant soit supportée par des fermes classiques, avec inclinaison à 30°, et écartées d'axe en axe de 4 m.. Chaque arbalétrier a $6^m,928$ de longueur, et la surface de toiture portée par lui est de $6^m,928 \times 4\,m. = 27^{m2},712$. Or, d'après le tableau XXII, une semblable couverture pèse par mètre carré 193 kilos. On a donc pour la charge P de l'arbalétrier $27^{m2},712 \times 193 = 5.348$ kilos. Quant au poids propre p de l'arbalétrier, il vaut environ 265 kilos, le poids spécifique du sapin étant de 600 kilos et celui du bois de chêne de 800 kilos le mètre cube. La charge totale de l'arbalétrier est alors de 5.600 à 5.700 kilos.

En adoptant les chiffres du tableau correspondant à la charge de 5.000 kilos, on aura des dimensions un peu faibles. Celles qui se rapportent à la charge de 6.000 kilos seront un peu fortes, mais donneront toute sécurité. On peut calculer par interpolation les dimensions exactes à appliquer.

b. **Ferme à double entrait.** — La ferme à double entrait est une des plus employées après la ferme classique. La figure 3 du cellier du mas de la Brousse (page 247) en montre nettement les dispositions. Les arbalétriers s'assemblent sur un poinçon. Ils sont réunis au milieu de leur longueur par un faux-entrait, attaché lui-même au poinçon par un étrier. Le pied des arbalétriers porte sur une semelle en fonte ou en fer posée sur le mur. Les deux semelles sont reliées par un tirant en fer, qui est soutenu au milieu par une aiguille pendante fixée au poinçon. Pour décharger la partie supérieure des arbalétriers, on les réunit souvent au poinçon par des contrefiches. La décomposition graphique des forces qui sollicitent une semblable ferme montre que la partie inférieure des arbalétriers doit résister à des efforts de flexion et de compression *quadruples* de ceux qui agissent sur la partie supérieure. Aussi son équarrissage sera-t-il *double*. Pour éviter de donner à une même pièce différentes sections, on renforce la partie inférieure des arbalétriers par des sous-arbalétriers.

La ferme à double entrait convient surtout aux toitures à faible inclinaison, de 18° à 30° (pente de 0ᵐ,325 à·0ᵐ,575 par mètre). Elle est élégante, légère et ne comporte pas l'emploi de pièces d'un fort équarrissage. Le faux-entrait est souvent formé de deux pièces moisées boulonnées sur les arbalétriers et sur le poinçon.

Le contreventement se fait, comme pour la ferme précédente, au moyen de liens de faîte assemblés sur le poinçon et sur la panne faîtière.

La ferme du cellier de Rochet (fig. 3, page 214) est une modification de la ferme à double entrait. Le tirant en fer est remplacé par un entrait en bois ; le faux-entrait et les sous-arbalétriers s'assemblent sur deux faux-poinçons qui concourent à soutenir l'entrait et accessoirement le plancher partiel du cellier. Ces faux-poinçons reçoivent, en outre, des contre-fiches destinées à alléger le faux-entrait et les sous-arbalétriers. Ce luxe de pièces est inutile.

La ferme à grande portée du cellier des Clos (fig. 1, page 294) est une autre variété de la même ferme ; le dessin suffit à en expliquer les dispositions.

La charpente anglaise du cellier de la Réghaïa (fig. 2, page 467) est également une ferme à double entrait : le poinçon et les contre-fiches sont supprimés, et les arbalétriers ainsi que le faux-entrait sont exécutés avec des planches. Cette ferme est très économique, comme nous le montrerons ultérieurement.

Si nous considérons le type le plus simple de la ferme à double entrait, c'est-à-dire la ferme du cellier du mas de la Brousse, complétée par deux sous-arbalétriers doublant la partie inférieure des arbalétriers, et par deux contre-fiches déchargeant sur le poinçon la partie supérieure de ces mêmes arbalétriers, nous pouvons calculer les éléments de cette ferme de la façon suivante :

Les arbalétriers travaillent à la flexion et à la compression ; la résistance à la flexion l'emporte encore ici sur la résistance à la compression. En conservant aux lettres la même signification que ci-dessus, on a pour calculer l'arbalétrier :

Partie supérieure
$$\frac{P+p}{4} . \cos \alpha . \frac{L}{32} = \frac{R.b.h^2}{6}, \qquad (5)$$

Partie inférieure
$$\frac{P+p}{2} . \cos \alpha . \frac{L}{16} = \frac{R.b.h^2}{6}. \qquad (6)$$

En pratique, on donne à l'arbalétrier sur toute la longueur la section fournie par la formule (5), dans laquelle on prend $b = h$, et on double la partié inférieure d'un sous-arbalétrier de mêmes dimensions ($b = 1/2\,h$).

Tableau XXIV. — **Dimensions des pièces de 2 types de ferme à double entrait**

PORTÉE	CHARGE totale de l'arbalé-trier	ARBALÉTRIERS Longueur	Equarrissage Partie supérieure	Equarrissage Partie inférieure	POINÇON Longueur	POINÇON Equarrissage	CONTRE-FICHES Longueur	CONTRE-FICHES Equarrissage	FAUX-ENTRAIT Demi-longueur	FAUX-ENTRAIT Equarrissage	ENTRAIT Demi-longueur	ENTRAIT Diamètre
m.	kilos	m.	cm.	cm.	m.	cm.	m.	cm.	m.	cm.	m.	mm.
Inclinaison des arbalétriers = 18°												
8	2 500	4,264	10.10	19.10	0,658	10.10	1,040	6.6	2 »	10.10	4 »	31
—	3 000	—	10.10	20.10	—	10.10	—	6.7	—	10.10	—	34
—	3 500	—	11.11	21.11	—	11.11	—	7.7	—	11.11	—	37
—	4 000	—	11.11	22.11	—	11.11	—	7.7	—	11.11	—	39
—	5 000	—	12 12	24.12	—	12.12	—	8.7	—	12.12	—	44
—	6 000	—	13.13	26.13	—	13.13	—	8.8	—	13.13	—	48
10	3 000	5,330	11.11	22.11	0,823	11.11	1,300	7.6	2,50	11.11	5 »	34
—	3 500	—	12.12	22.12	—	12.12	—	7 7	—	12.12	—	37
—	4 000	—	12.12	24.12	—	12.12	—	8.7	—	12.12	—	39
—	4 500	—	13.13	24.13	—	13.13	—	8.8	—	13.13	—	42
—	5 000	—	13.13	26.13	—	13.13	—	8.8	—	13.13	—	44
—	6 000	—	14.14	28.14	—	14.14	—	9.8	—	14.14	—	48
—	7 000	—	15.15	28.15	—	15.15	—	9.9	—	15.15	—	52
12	3 500	6,396	12.12	24.12	0,988	12.12	1,560	8.7	3 »	12.12	6 »	37
—	4 000	—	13.13	26.13	—	13.13	—	8.8	—	13.13	—	40
—	5 000	—	14.14	27.14	—	14.14	—	8.8	—	14.14	—	44
—	6 000	—	15.15	28.15	—	15.15	—	9.8	—	15.15	—	48
—	7 000	—	15.15	30.15	—	15.15	—	10.9	—	16.15	—	52
—	8 000	—	16 16	32.16	—	16.16	—	10.10	—	16.16	—	56
14	4 500	7,462	14.14	28.14	1,153	14.14	1,821	9.8	3,50	14.14	7 »	42
—	5 000	—	15.15	28.15	—	15.15	—	9.9	—	15.15	—	44
—	6 000	—	15.15	30.15	—	15.15	—	9.9	—	15.15	—	45
—	7 000	—	16.16	32.16	—	16.16	—	10.10	—	16.16	—	52
—	8 000	—	17.17	34.17	—	17.17	—	10.10	—	17.17	—	56
—	9 000	—	18.18	34.18	—	18.18	—	11.10	—	18 18	—	59
—	10 000	—	18.18	36.18	—	18.18	—	11.11	—	19.18	—	62
Inclinaison des arbalétriers = 30°												
8	2 000	4,618	9.9	18.9	1,154	9.9	1,064	5.5	2 »	9.9	4 »	21
—	2 500	—	10.10	19.10	—	10.10	—	5.5	—	10.9	—	24
—	3 000	—	10.10	20.10	—	10.10	—	6.5	—	10.10	—	26
—	3 500	—	11.11	22.11	—	11.11	—	6.6	—	11.11	—	28
—	4 000	—	12.12	22.12	—	12.12	—	6.6	—	12.11	—	30
—	5 000	—	12.12	24.12	—	12.12	—	7.6	—	12.12	—	33
10	2 000	5,773	9.9	18.9	1,443	9.9	1,330	6.5	2,50	9.9	5 »	21
—	2 500	—	10.10	20.10	—	10.10	—	6.5	—	10.10	—	24
—	3 000	—	11.11	20.11	—	11.11	—	6.6	—	11.10	—	26
—	4 000	—	11.11	22.11	—	11.11	—	6.6	—	11.11	—	30
—	5 000	—	12.12	24.12	—	12.12	—	7.7	—	12 12	—	33
—	6 000	—	13.13	26.13	—	13.13	—	7.7	—	13.13	—	36
12	3 000	6,928	11.11	22.11	1,732	11.11	1,596	6.6	3 »	11.11	6 »	26
—	3 500	—	12.12	22.12	—	12.12	—	7.6	—	12.11	—	28
—	4 000	—	12.12	24.12	—	12.12	—	7.7	—	12.12	—	30
—	5 000	—	13.13	26.13	—	13.13	—	7.7	—	13.13	—	33
—	6 000	—	14.14	28.14	—	14.14	—	8 7	—	14.14	—	36
—	7 000	—	15.15	30 15	—	15.15	—	8.8	—	15.15	—	39
14	3 000	8,083	12.12	24.12	2,020	12.12	1,862	7.6	3,50	12.12	7 »	26
—	3 500	—	13.13	26.13	—	13.13	—	7.7	—	13.13	—	28
—	4 000	—	14.14	26.14	—	14.14	—	7.7	—	14.13	—	30
—	5 000	—	15.15	28.15	—	15.15	—	8.7	—	15.14	—	33
—	5 500	—	15.15	30 15	—	15 15	—	8.7	—	15.15	—	35
—	6 000	—	15.15	30.15	—	15.15	—	8.8	—	16.15	—	37
—	7 000	—	16.16	32.16	—	16.16	—	9.8	—	16.16	—	39
—	8 000	—	17.17	34.17	—	17.17	—	9.9	—	17.17	—	42

Le poinçon a une section carrée, dont le côté vaut la petite dimension de l'équarrissage des arbalétriers, pour les besoins de l'assemblage. Il travaille à l'extension sous un effort F produit par : 1° le poids du poinçon lui-même; 2° le poids du demi-tirant et du demi-faux-entrait; 3° la composante verticale des efforts de compression supportés par les deux contre-fiches et transmis au poinçon.

Les contre-fiches sont calculées au moyen de la formule :

$$\frac{P+p}{4} \cdot \frac{\sin(90° - \alpha)}{\sin \beta} = \frac{R.\, c^2}{0,93 + 0,00185\left(\dfrac{l}{c}\right)^2}. \qquad (7)$$

Le faux-entrait travaille à la compression sous la charge des arbalétriers et à la flexion sous son propre poids. Mais l'effort de compression a l'avantage sur l'effort de la flexion et, par conséquent, sert de base au calcul de la section. On a :

$$\frac{3\,(P+p)}{8} \cdot \cotg \alpha = \frac{R.\, c'^2}{0,93 + 0,00185\left(\dfrac{l'}{c'}\right)^2}. \qquad (8)$$

c' est le côté de la section, si la pièce est carrée ; l' est sa demi-longueur. La largeur maximum de la section $c' = b$, la petite dimension de l'équarrissage des arbalétriers, avec lesquels le faux-entrait s'assemble. Si le calcul donne à la pièce une section c'^2 plus grande que b^2, on prend b comme largeur de faux-entrait et l'autre dimension a est telle que $a \times b = c'^2$. Ce cas ne se rencontre qu'avec des fermes à faible inclinaison (au-dessous de 20°).

Pour calculer le tirant en fer, il faut chercher d'abord la valeur de la compression Q transmise au pied de chaque arbalétrier. Cette compression se compose :

1° De l'effort de compression dû au poinçon $= \dfrac{F}{2 \sin \alpha}$

2° De l'effort de compression dû à la butée de l'arbalétrier sur le poinçon $\Big\} = \dfrac{P+p}{8 \sin \alpha}$

3° De l'effort de compression dû à la contrefiche $\Big\} = \dfrac{P+p}{4} \cdot \dfrac{\sin(90° + \alpha - \beta)}{\sin \beta}$

4° De l'effort de compression dû au faux-entrait $= \dfrac{3\,(P+p)}{8 \sin \alpha}$

$$\left. \phantom{\begin{array}{c} \\ \\ \\ \\ \\ \\ \end{array}} \right\} = Q \quad (9)$$

On a alors pour calculer le diamètre du tirant l'équation :

$$Q. \cos \alpha = \frac{R'.\, \pi.\, d^2}{4}. \qquad (10)$$

Le tableau **XXIV** renferme les dimensions minima des pièces des fermes à double entrait, pour deux types, l'un incliné à 18°, l'autre incliné à 30°, et pour différentes portées et charges. Ces dimensions sont souvent dépassées dans la pratique, mais il n'y a aucun avantage à les exagérer. On doit cependant forcer la dimension verticale du faux-entrait dans les fermes inclinées à 18°.

c. **Ferme à entrait retroussé.**— La ferme à entrait retroussé a l'avantage de donner dans le comble, au-dessus des vases vinaires, une grande place disponible. On en trouvera un exemple dans le cellier des Cheminières (fig. 2, page 316). Les arbalétriers sont assemblés au sommet sur un poinçon, à la base sur un blochet, assujetti à la partie supérieure d'un poteau scellé contre le mur et porté par un corbeau. S'il y a un plancher continu au-dessus des vases vinaires, les poteaux reposent sur les poutres de ce plancher et les corbeaux sont supprimés (c'est le cas du cellier des Cheminières). L'assemblage de l'arbalétrier, du blochet et du poteau est consolidé par un aisselier. Parfois, des contre-fiches allègent la partie supérieure des arbalétriers.

Dans une ferme de ce genre, l'entrait retroussé travaille à l'extension, les aisseliers et les contre-fiches résistent à la compression sous la charge qui tend à faire fléchir les arbalétriers.

d. **Fermes Pombla.** — Les fermes Pombla sont très légères. Elles sont formées (fig. 13) de deux arbalétriers soutenus par une pièce de bois courbée, maintenue dans cette position par un tirant en fer. Une série de liens et de

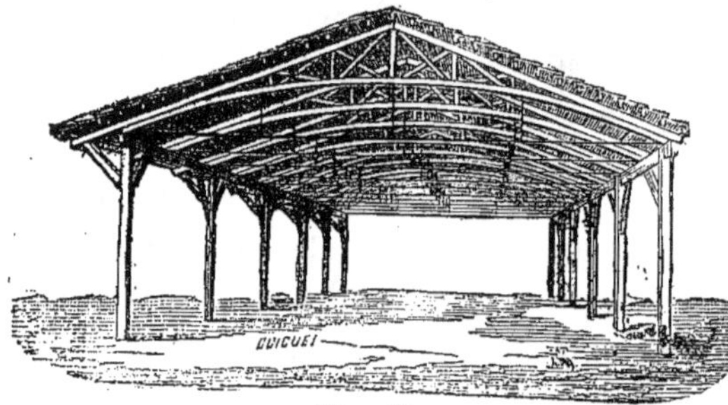

Fig. 13.

potelets réunit les arbalétriers à la pièce courbée et reporte sur cette dernière la charge de la couverture. Le tirant est soutenu par une aiguille pendante qui descend du poinçon. Quand la portée est grande, deux autres tringles verticales fixées à la pièce courbée et au tirant assurent la rigidité de l'ensemble. Les pannes, de faible équarrissage et très rapprochées, reçoivent directement le voligeage de la couverture sans interposition de chevrons.

Pour les constructions légères, couvertes en matériaux de faible poids (tôle ondulée, zinc, carton bitumé, etc.), on peut supprimer les arbalétriers et le poinçon (fig. 14). La pièce courbée remplace les arbalétriers et en tient

Fig. 14.

lieu. Les pannes reposent directement sur elle. Ces combles conviennent particulièrement aux hangars et aux abris. On peut élever la charpente sur

des poteaux en bois, des colonnes en fonte ou des piliers en pierre, et hourder
l'intervalle des supports avec des matériaux de peu de valeur. Avec ce système de ferme, la toiture ne forme plus deux longs pans, mais présente
une surface courbe continue à faible inclinaison : la flèche de la courbure
vaut environ 1/6 de la portée.

II. — FERMES POLONCEAU

On peut constituer des fermes très avantageuses, surtout pour les grandes portées, en employant comme arbalétriers des poutres armées par tendeur (voir page 123) et en réunissant par un tirant en fer, non le pied des
arbalétriers, mais la tête des *bielles* (remplaçant les potelets), sur lesquelles
passent les tendeurs des poutres. Ces fermes mixtes sont très élégantes, légères et offrent une grande résistance, car les matières qui y sont employées
travaillent chacune dans les conditions les plus favorables : le bois à la flexion,
la fonte à la compression, le fer à l'extension. En effet, les arbalétriers sont
en bois, les bielles et les sabots, qui reçoivent les extrémités des arbalétriers, sont en fonte, les tendeurs et le tirant en fer. Ces fermes portent le
nom de l'ingénieur Polonceau qui les a vulgarisées. La toiture du cellier de
Razimbaud (fig. 3, page 272) est supportée par des fermes de ce système.

Pour les grandes portées, et surtout pour celles qui sont supérieures à

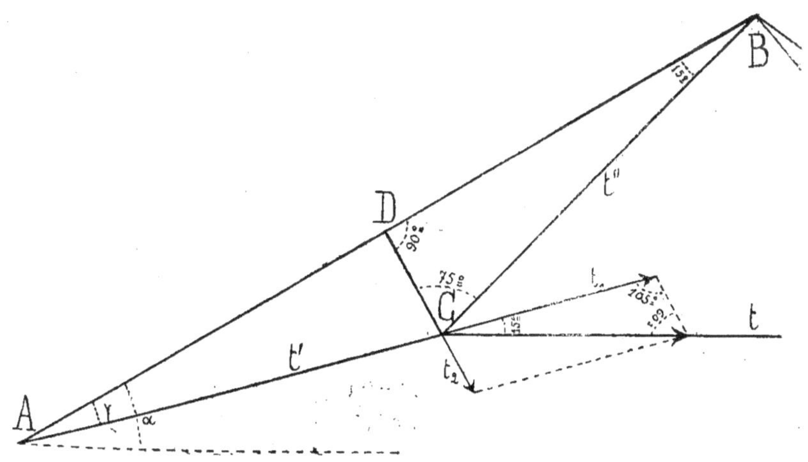

Fig. 15.

14 m., les poutres formant arbalétriers sont soutenues par trois bielles, au
lieu d'une seule. Un tendeur principal passe sur la tête des trois bielles et
se serre sur les extrémités de la poutre. Des sous-tendeurs réunissent la
tête des deux bielles intermédiaires à la base de la bielle médiane. Enfin,

un tirant relie les deux arbalétriers ; il est soutenu en son milieu par une aiguille attachée au sommet de la ferme.

Les fermes Polonceau conviennent principalement aux toitures à faible inclinaison, de 18° à 30° environ (pente de $0^m,325$ à $0^m,575$ par mètre).

Considérons une demi-ferme A B (fig. 15). On doit se demander d'abord quelle longueur l il faut donner à la bielle C D. La tension du tendeur augmente évidemment quand la longueur de cette pièce et, par suite, l'angle γ diminue ; d'un autre côté, une longueur exagérée de la bielle nuit à l'élégance de la ferme. Le calcul montre que l'angle γ le plus convenable est celui de 15°, qui correspond à un rapport de la longueur de la bielle à la longueur de l'arbalétrier égal à 0,134 : la ferme reste élégante et le tendeur n'a pas une tension exagérée.

Dans une ferme Polonceau, on calcule la section de l'arbalétrier qui travaille à la flexion, celle de la bielle qui résiste à la compression, enfin, le diamètre des deux parties t' et t'' du tendeur et du tirant t qui supportent des efforts d'extension. En conservant aux lettres la même signification que précédemment, on a pour calculer l'équarrissage de l'arbalétrier A B l'équation :

$$\frac{P+p}{2} . \cos \alpha . \frac{L}{8} = \frac{R . b . h^2}{6}. \tag{11}$$

On déduit la section e^2 de la bielle en fonte C D de la relation :

$$\frac{P+p}{4} . \cos \alpha = \frac{1250 \, e^2}{1,45 + 0,00337\left(\dfrac{l}{e}\right)^2}. \tag{12}$$

La tension t du tirant horizontal sera :

$$t = \frac{P+p}{2} . \cotg \alpha \, \frac{m}{m'}, \tag{13}$$

en appelant m la hauteur du sommet de la ferme au-dessus de l'horizontale passant par le pied des arbalétriers et m' la hauteur mesurée du sommet de la ferme au tirant.

Cette tension t peut être décomposée en deux forces t_1 et t_2 ; la première augmente seulement la tension t' du tendeur A C ; elle a pour valeur :

$$t_1 = \frac{t \sin 60°}{\sin 105°}, \qquad (\text{pour } \alpha = 30°)$$

la deuxième s'ajoute à la compression de la bielle C D ; elle vaut :

$$t_2 = \frac{t \sin 15°}{\sin 105°}. \qquad (\text{pour } \alpha = 30°)$$

Elles déterminent à elles deux la tension du tendeur B C.

La tension t'' du tendeur B C vaut alors :

$$t'' = \frac{(P+p) \cos \alpha}{8 \sin \gamma} + \frac{t \sin 15°}{2 \sin 105° . \sin \gamma}. \tag{14}$$

Tableau XXV. — Dimensions des pièces de deux types de ferme Polonceau

PORTÉE	CHARGE totale de l'arbalétrier	ARBALÉTRIERS Longueur	ARBALÉTRIERS Équarrissage	BIELLE Longueur	BIELLE Équarrissage	TENDEURS Longueur	TENDEURS Diamètre pour t'	TENDEURS Diamètre pour t''	TIRANT Longueur	TIRANT Diamètre
m.	kilos	m.	cm.	m.	mm.	m.	mm.	mm.	m.	mm.

Inclinaison des arbalétriers = 18°

PORTÉE	CHARGE totale de l'arbalétrier	ARBALÉTRIERS Longueur	ARBALÉTRIERS Équarrissage	BIELLE Longueur	BIELLE Équarrissage	TENDEURS Longueur	TENDEURS Diamètre pour t'	TENDEURS Diamètre pour t''	TIRANT Longueur	TIRANT Diamètre
8	1 500	4,264	18.13	0,571	15.15	2,207	25	13	1,795	22
—	2 500	—	21.16	—	17.17	—	32	17	—	27
—	3 000	—	22.17	—	18.18	—	35	19	—	30
—	3 500	—	23.18	—	19.19	—	38	20	—	32
—	4 000	—	24.19	—	19.19	—	40	21	—	35
—	5 000	—	26.20	—	21.21	—	45	24	—	39
—	6 000	—	28.21	—	22.22	—	49	26	—	42
10	1 500	5,330	20.15	0,714	16.16	2,759	25	14	2,244	22
—	2 000	—	21.16	—	18.18	—	29	16	—	25
—	3 000	—	24.18	—	20.20	—	35	19	—	30
—	4 000	—	27.19	—	21.21	—	41	22	—	35
—	5 000	—	29.21	—	23.23	—	45	24	—	39
—	6 000	—	30.23	—	24.24	—	50	26	—	43
—	7 000	—	32.24	—	25.25	—	54	28	—	46
12	2 000	6,396	23.17	0,857	19.19	3,311	30	16	2,693	26
—	2 500	—	25.18	—	20 20	—	33	18	—	28
—	3 500	—	27.20	—	22.22	—	37	20	—	33
—	4 000	—	28.21	—	23.23	—	41	22	—	36
—	5 000	—	30.23	—	25.25	—	46	25	—	40
—	6 000	—	32.24	—	26.26	—	50	27	—	43
—	7 000	—	34.25	—	27.27	—	54	29	—	46
—	8 000	—	36.27	—	28.28	—	58	31	—	50
14	2 000	7,462	24.18	0,999	21.21	3,863	30	16	3,142	26
—	3 000	—	27.20	—	23.23	—	37	19	—	31
—	4 000	—	30.22	—	25.25	—	42	22	—	36
—	5 000	—	32.24	—	26.26	—	47	25	—	40
—	6 000	—	34.26	—	28.28	—	51	27	—	44
—	7 000	—	36.27	—	29.29	—	55	29	—	47
—	8 000	—	38.28	—	30.30	—	59	31	—	50
—	9 000	—	39.29	—	31.31	—	62	33	—	53
—	10 000	—	40.30	—	32.32	—	66	35	—	56

Inclinaison des arbalétriers = 30°

PORTÉE	CHARGE totale de l'arbalétrier	ARBALÉTRIERS Longueur	ARBALÉTRIERS Équarrissage	BIELLE Longueur	BIELLE Équarrissage	TENDEURS Longueur	TENDEURS Diamètre pour t'	TENDEURS Diamètre pour t''	TIRANT Longueur	TIRANT Diamètre
8	2 000	4,618	19.15	0,618	16.16	2,391	28	20	1,690	21
—	2 500	—	21.16	—	17.17	—	31	22	—	23
—	3 000	—	22.17	—	18.18	—	34	24	—	25
—	3 500	—	23.18	—	19.19	—	36	25	—	27
—	4 000	—	24.19	—	20.20	—	39	27	—	29
—	5 000	—	26.20	—	21.21	—	43	30	—	32
10	2 000	5,773	21.16	0,773	18.18	2,988	28	20	2,113	21
—	2 500	—	23.17	—	19.19	—	31	22	—	24
—	3 000	—	24.18	—	20.20	—	34	24	—	26
—	4 000	—	27.19	—	21.21	—	39	28	—	30
—	5 000	—	28.21	—	22.22	—	43	30	—	33
—	6 000	—	30 23	—	23.23	—	47	33	—	36
12	3 000	6,928	26.19	0,928	22.22	3,586	35	24	2,536	26
—	3 500	—	27.20	—	23.23	—	37	26	—	28
—	4 000	—	28.21	—	24.24	—	40	28	—	30
—	5 000	—	30.23	—	25.25	—	44	31	—	33
—	6 000	—	32.24	—	25.25	—	49	34	—	37
—	7 000	—	34 25	—	26.26	—	52	37	—	39
14	3 000	8,083	27.20	1,083	23.23	4,184	35	25	2,958	27
—	3 500	—	29.21	—	24.24	—	38	27	—	29
—	4 000	—	30.22	—	25.25	—	41	29.	—	31
—	5 000	—	32.24	—	27.27	—	45	32	—	34
—	5 500	—	33.25	—	28.28	—	47	33	—	36
—	6 000	—	34.25	—	28.28	—	49	35	—	37
—	7 000	—	36.27	—	29.29	—	53	37	—	40
—	8 000	—	38.28	—	30.30	—	56	40	—	43
—	8 500	—	38.29	—	31.31	—	58	41	—	44

La tension t' du tendeur A C est égale à la précédente t'', augmentée de la valeur de la composante t_4. On a donc :

$$t' = t'' + \frac{t \sin 60°}{\sin 105°}. \qquad (15)$$

Il suffit, pour avoir le diamètre d de la barre de fer qui constitue chacune de ces pièces, d'égaler successivement les valeurs de t, t' et t'' à

$$\frac{R'.\pi.d^2}{4}.$$

Les résultats du calcul avec deux types de ferme, l'une inclinée à 18°, l'autre inclinée à 30°, sont consignés dans le tableau XXV, pour différentes portées et pour les charges usuelles des arbalétriers. Dans la pratique, on augmente habituellement la section de la bielle pour satisfaire l'œil ; mais les équarrissages portés au tableau sont suffisants pour la solidité.

On ne peut pas contreventer les fermes Polonceau comme les fermes précédentes, parce qu'elles n'ont pas de poinçon et que l'aiguille pendante qui parfois soutient le tirant n'offre aucune rigidité. On réunit alors par des haubans en fer le sommet B d'une ferme aux pieds A des arbalétriers des deux fermes voisines. Ce chaînage empêche absolument le renversement de la ferme sur le côté. Il n'est pas nécessaire de contreventer toutes les fermes. On opère de deux en deux. Cela suffit, car les pannes assurent la stabilité des fermes intermédiaires.

III. — FERMES MÉTALLIQUES

Les fermes métalliques, d'un usage fréquent dans les constructions industrielles, sont moins répandues dans les bâtiments ruraux que les fermes en bois ou les fermes mixtes en fer et bois. On leur reproche d'être d'un montage plus difficile, d'exiger des ouvriers spéciaux et un matériel approprié pour leur assemblage et leur mise en place, enfin d'être plus coûteuses. On peut, cependant, combiner des fermes en treillis dont le prix de revient ne soit pas trop supérieur à celui des autres systèmes de fermes, et réaliser ainsi des combles élégants et dégagés.

Une des dispositions les meilleures est celle que M. Debens, architecte à Montpellier, a appliquée à un certain nombre de celliers de la région. La figure 16 représente une demi-ferme de ce système. Elle se compose en réalité de deux semelles, l'une supérieure formant arbalétrier, l'autre inférieure formant entrait courbe, réunies par un treillis et par des couvre-joints. Les éléments du treillis sont des fers cornières. Le comble a une forme ogivale. La courbure inférieure des poutres donne une grande place libre au-dessus du plancher des foudres. D'autre part, en appliquant sous les poutres un revêtement isolant, qui peut être un simple plafond en plâtre et dont les ailes des cornières facilitent la pose, on emprisonne entre la couverture et l'isolant un matelas d'air de forte épaisseur qui augmente

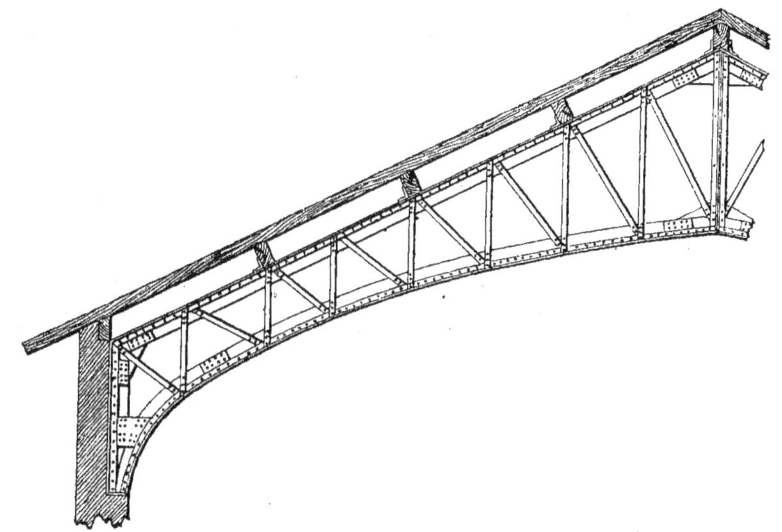

Fig. 16.

l'efficacité de ce dernier. Enfin, l'absence d'angles rentrants et la courbure continue du revêtement intérieur permettent un nettoyage parfait.

La figure 4 du cellier de Bordj-Cedria (page 485) montre une autre disposition de ferme métallique.

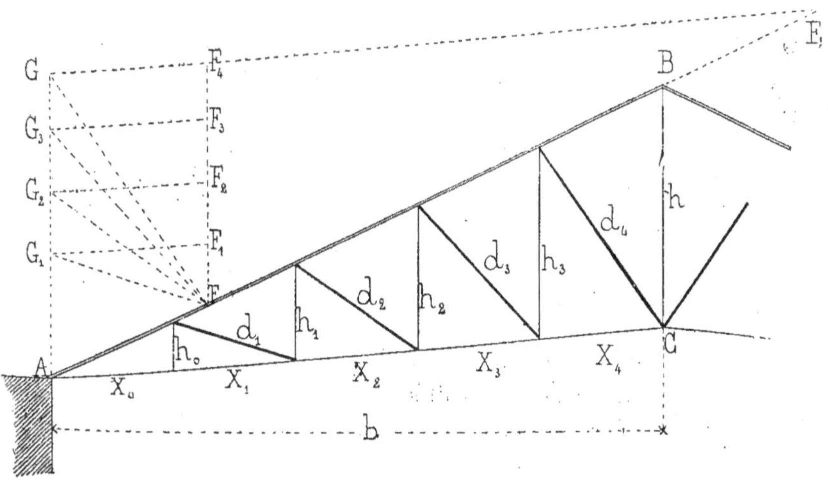

Fig. 17.

Les fermes en treillis se composent habituellement (fig. 17) de deux arbalétriers tels que A B assemblés en B sur un poinçon h et en A sur un entrait A C. Une série de contre-fiches inclinées d_1, d_2, d_3...., soulagent les arbalétriers, en travaillant à la compression. Du sommet de chaque contre-fiche part un faux-poinçon tel que h_1, h_2, h_3..., qui soutient l'entrait en travaillant à l'extension et en empêchant les points d'assemblage de s'abaisser.

Nous empruntons au «Manuel de l'ingénieur» de Colombo-Marcillac la construction graphique de la figure 17, qui donne la valeur des efforts auxquels sont soumises les différentes pièces de ces fermes : au point A, pied de l'arbalétrier, on élève une perpendiculaire de longueur $A G = \dfrac{P + p}{2}$; puis, on mène G E parallèle à l'entrait A C et G F parallèle à la contre-fiche d_1. Du point F, on mène les lignes $F G_3$, $F G_2$ et $F G_1$, respectivement parallèles à d_3, d_2, d_1, et on trace les parallèles $G_3 F_3$, $G_2 F_2$, $G_1 F_1$ à A C.

Les efforts de compression des contre-fiches d_4, d_3, d_2, d_1 sont mesurés, à l'échelle du dessin, par les longueurs $F G_4$, $F G_3$, $F G_2$, $F G_1$. La tension du poinçon h et des faux-poinçons h_3, h_2, h_1 vaut respectivement $2 F F_4$, $F F_3$, $F F_2$, $F F_1$. Enfin, pour la tension des divers brins de l'entrait, on a $X_4 = E G + G F_4$; $X_3 = X_4 + G F_4$; $X_2 = X_3 + G F_4$; $X_1 = X_0 = X_2 + G F_4$. Quant à l'arbalétrier, il travaille à la flexion et sa section est calculée à l'aide des formules ordinaires de la résistance des matériaux. On peut considérer le sommet de chaque contre-fiche comme un point fixe.

Les fermes métalliques peuvent être appliquées aux plus grandes portées des celliers. Elles conviennent surtout aux toitures à faible inclinaison (maximum 30°).

Connaissant la longueur et la section des pièces qui composent les différents systèmes de fermes, il est facile de calculer le cube du bois employé et le poids du fer mis en œuvre (poids spécifique du fer, 7.800 kg. le mètre cube). On aura le prix de revient par ferme en évaluant le mètre cube de bois de charpente à 90 francs et les 100 kg. de fer travaillé et mis en place à 45 francs environ. On peut donc comparer les prix de revient des divers types et choisir la ferme la plus avantageuse dans les conditions particulières où l'on se trouve placé.

Le comble des appentis peut être considéré comme composé de demifermes. Leur construction ne présente aucune difficulté. Un seul arbalétrier s'encastre à son sommet dans le mur auquel l'appentis est adossé ; à sa base, il s'assemble dans un entrait solidement ancré dans le mur à son autre extrémité. Une contre-fiche et parfois une jambette soulagent l'arbalétrier et donnent de la rigidité à tout le système. La figure 3 du cellier de Rochet (page 214) montre une disposition d'appentis avec entrait retroussé. Le calcul des pièces est le même que celui des fermes à double pente.

CHAPITRE IX

DEVIS

Le propriétaire qui a résolu la construction d'un cellier aime à se rendre compte, avant d'entreprendre les travaux, de la dépense probable qu'il aura à acquitter. Dans ce but, il fait dresser un devis par un architecte, à moins qu'il ne l'établisse lui-même.

Un devis comprend trois parties distinctes :

1° Une *série des prix*, c'est-à-dire les prix de règlement de chaque unité de travail, classés par nature d'ouvrage.

2° Un *avant-métré* des travaux, c'est-à-dire le relevé de toutes les mesures des ouvrages, destiné à mettre en relief, pour chaque nature d'ouvrage, la surface totale, le volume total ou le nombre des unités.

3° Une *application des prix* de la série à l'avant-métré, ou le devis proprement dit.

La préparation d'une série des prix est une opération difficile, car elle exige que l'on connaisse la valeur de la main-d'œuvre pour chaque corps de métier, la valeur des matériaux rendus à pied-d'œuvre, ou leur valeur au lieu d'origine et le prix des transports, enfin *la quantité des matériaux* nécessaire à l'exécution de chaque unité d'ouvrage et *la durée du travail*.

Les prix de règlement de chaque ouvrage comprennent :

1° Les déboursés pour la main-d'œuvre et pour les fournitures de matériaux ;

2° Les faux-frais appliqués à la main-d'œuvre seulement ;

3° Le bénéfice appliqué au prix des fournitures, de la main-d'œuvre et des faux-frais.

Les faux-frais sont essentiellement variables avec la nature du travail. On les fixe en général à 5 % pour les travaux de terrassement, à 10 % pour les travaux de pavage, à 12 % pour les travaux de couverture, à 15 % pour les travaux de maçonnerie, de charpente, de menuiserie, de peinture, de vitrerie, à 20 % pour les travaux de serrurerie.

Quant au bénéfice, destiné à rémunérer le travail de l'entrepreneur, on le fixe habituellement à 10 %, pour tous les ouvrages quels qu'ils soient.

On trouvera dans les chapitres qui précèdent des renseignements sur le prix des fournitures, sur la quantité des matériaux employés pour chaque ouvrage, sur le temps nécessaire à l'exécution. Nous donnons ci-dessous une série des prix dressée pour la région de Montpellier. Elle nous servira à établir, dans la deuxième partie de cet ouvrage, le devis d'un certain nombre d'installations. Une série des prix n'est applicable que dans une zone limitée, car le prix de la main-d'œuvre et celui des matériaux sont sujets à de nombreuses variations de région à région. En appliquant la même série à tous les celliers dont nous calculerons le prix de revient, quelle que soit la région à laquelle ces celliers appartiennent, nous nous écarterons parfois de la vérité et il pourra nous arriver d'assigner à une construction une valeur différente de sa valeur réelle, mais nous pensons qu'en adoptant la même base de calcul dans tous les cas, nous rendrons les comparaisons plus faciles et nous ferons mieux ressortir les avantages ou les inconvénients au point de vue pécuniaire de chaque type d'installation.

Pour faire l'avant-métré des travaux, il est commode d'avoir un plan exact, avec élévation et coupes, de la construction. Il est bon d'avoir, en outre, la reproduction à grande échelle des détails les plus importants, tels que charpentes, planchers, etc.. Ces documents sont non seulement précieux pour l'établissement du devis, mais encore très utiles pour l'exécution des ouvrages.

Quant au devis proprement dit, il consiste simplement dans l'application des prix de la série aux chiffres de l'avant-métré. On trouvera dans la deuxième partie plusieurs exemples de ces calculs qui ne demandent qu'un peu d'attention et qui ne présentent aucune difficulté.

TABLEAU XXVI. — **Série des prix applicable aux environs de Montpellier**

Numéros des détails	MAIN-D'ŒUVRE	UNITÉ	PRIX
			fr. c.
1	Terrassier	l'heure	0 40
2	Maçon	—	0 50
3	Manœuvre	—	0 35
4	Appareilleur de pierres de taille.	—	0 70
5	Tailleur de pierres	—	0 55
6	Couvreur	—	0 60
7	Charpentier	—	0 50
8	Menuisier, serrurier, plombier, etc.	—	0 45
9	Peintre, vitrier.		

MATÉRIAUX

Numéros des détails	MATÉRIAUX	UNITÉ	PRIX
10	Chaux hydraulique du Teil	les 100 kilos	3 »
11	Ciment de la Porte-de-France (Grenoble)	—	12 »
12	Plâtre	—	2 50
13	Sable de rivière lavé	le m. cube	3 »
14	Moellons calcaires à faces vives	—	5 »
15	Pierres de taille brutes	—	18 »
16	Bois de charpente (sapin du Jura) à vives arêtes	—	80 »
17	Fers T mis en place	les 100 kilos	26 »

Numéros des détails	OUVRAGES	UNITÉ	PRIX
			fr. c.

Gros œuvre

Numéros des détails	OUVRAGES	UNITÉ	PRIX
18	Fouille en tranchée, dressement des faces et des fonds . . .	le m. cube	1 19
19	Fouille en excavation, transport à la brouette, damage . . .	—	1 10
20	Maçonnerie de fondation à la chaux hydraulique, ordinaire .	—	10 »
20 A	— — très soignée	—	14 19
21	Maçonnerie en élévation à la chaux hydraulique, ordinaire. .	—	11 »
21 B	Plus-value pour génoise, ou pour vive arête.	le mètre	3 »
	— pour cintres		5 »
21 C	Maçonnerie de voûte	le m. cube	16 »
22	Maçonnerie de pierres de taille pour encadrements et angles.	—	45 »
23	Béton ordinaire, avec mortier n° 2.	—	20 70
24	Dallage en ciment de 0m,10 d'épaisseur.	le m. carré	5 50
25	Enduit intérieur à trois couches de lait de chaux		0 50
26	Maçonnerie de cuves	le m. cube	15 »
27	Enduit de ciment de 0m,03 d'épaisseur	le m. carré	4 »
28	Supports des foudres, dés en pierre	la pièce	10 »
29	— en bois.	—	5 »

Couverture

30	Couverture en tuiles-canal sans parafeuillage	le m. carré	2 90
	— avec parafeuillage en briques plates	—	4 »
30 A	Voligeage en planches.	—	1 70
30 B	Gouttières et chéneaux	le mètre	1 50

Charpentes

31	Fermes assemblées, en sapin du Jura.	le m. cube	95 »
32	Pannes	—	85 »
33	Chevrons.	le mètre	0 60
34	Chantignolles.	la pièce	0 90
35	Planchers, poutrelles, sablières.	le m. cube	100 »

Menuiserie

36	Parquet en planches de sapin de 0m,027 d'épaisseur	le m. carré	3 »
37	Fermetures.	—	9 »

Serrurerie

38	Fer forgé pour charpentes	les 100 kilos	75 »
39	Fers T ou fers cornières rivés	—	45 »
40	Charnières.	la pièce	1 25
41	Espagnolettes.	—	2 50

Peinture, Vitrerie

42	Peinture à trois couches.	le m. carré	0 75
43	Vitrerie	—	5 50

Vases vinaires

44	Foudres et cuves en bois foncées.	l'hectolitre	5 50
45	Cuves en sidérociment.	—	4 »

TROISIÈME SECTION

OUTILLAGE DES CELLIERS

CHAPITRE PREMIER

ÉLÉVATION DE LA VENDANGE

La vendange transportée de la vigne au cellier doit être, à son arrivée, soit avant soit après le foulage, élevée à la partie supérieure des vases vinaires destinés à la contenir pendant la période de la fermentation. Ce travail d'élévation n'a pas une grande importance et son organisation n'offre aucune difficulté dans les pays à faible production et généralement à vins de qualité, où l'on ne manipule que de petites quantités de raisins et où la valeur des produits permet de ne pas tenir grand compte de la dépense. Il est loin d'en être de même dans les régions où l'on récolte d'énormes quantités de raisins et où les vins n'ont qu'une faible valeur. La rentrée de la vendange demande ici une organisation spéciale propre à assurer le travail dans le minimum de temps et avec le moins de frais possible. Le Languedoc se trouve dans cette situation. Bien que l'Algérie soit un pays à grande production, les élévateurs mécaniques y sont peu répandus, parce que le prix modique de la main-d'œuvre indigène permet d'employer des ouvriers sans que besoin soit de recourir aux machines. On y trouve cependant quelques dispositions intéressantes.

Le choix d'un système d'élévation est subordonné en premier lieu à la méthode adoptée pour le transport des raisins. Il dépend ensuite de l'emplacement du cellier, de sa construction, de la rapidité de la vendange, des procédés de vinification, etc., etc..

I. — TRANSPORT DES RAISINS

Le transport des raisins est effectué de trois façons différentes: par comportes, par pastières ou par wagonnets, c'est-à-dire par petites charges fractionnées ou par grandes charges massives. Tous les autres procédés peuvent être ramenés à l'un de ces trois-là.

Les comportes et les pastières ont les unes et les autres leurs partisans. Les habitudes locales exercent, la plupart du temps, une influence décisive sur le choix de celles-ci ou de celles-là. Les deux systèmes ont cependant leur raison d'être, car chacun répond à des besoins différents.

a. **Comportes**. — La comporte convient essentiellement : 1° à la petite propriété qui ne produit que de faibles quantités de raisins et qui ne pourrait utiliser économiquement la grande capacité des pastières ; elle ne dispose d'ailleurs pas, en général, des attelages nécessaires pour le déplacement de véhicules lourdement chargés ; — 2° aux propriétés morcelées, dont les parcelles séparées les unes des autres n'ont pas une grande surface ; — 3° aux domaines dont les chemins d'exploitation sont difficiles, aux vignobles sur coteaux ou en pays accidenté, partout en un mot où il y aurait inconvénient à mettre en circulation des véhicules pesants. Mais on trouve aussi la comporte très en faveur dans des régions et sur des domaines qui ne présentent aucun des caractères que nous venons d'énumérer, dans le Biterrois par exemple.

Ses partisans estiment que la vendange à la comporte assure la régularité et la continuité de la cueillette sans aucune interruption, un grand nombre de comportes vides étant toujours dispersées dans les vignes en avant des coupeuses, qui, sans s'inquiéter du travail des porteurs, vident régulièrement leurs paniers ; tandis que, disent-ils, avec le transport par pastières, les porteurs qui circulent entre les coupeuses et les charrettes peuvent parfois se faire attendre et arrêter momentanément la cueillette sur quelques rangs. En fait, cet accident est rare et il ne doit pas se produire lorsque le nombre des porteurs est suffisant par rapport à celui des coupeuses (consulter les monographies de la deuxième partie). Il est certain, cependant, que les comportes, à la condition qu'elles soient en nombre convenable, donnent plus d'élasticité au travail des coupeuses.

Un autre avantage de la comporte, surtout de la comporte de petite capacité du Biterrois, est de moins abîmer les raisins et de permettre de les conserver à peu près intacts jusqu'au foulage. Ils ne subissent, en effet, qu'une seule manipulation : ils passent directement du panier de la coupeuse dans la comporte, qu'ils ne quitteront que pour tomber dans le fouloir. En outre, la charge étant fractionnée, les raisins sont moins tassés, moins secoués, mieux protégés contre les chocs et les heurts. Le transport à la pastière demande, au contraire, un double déversement, du panier de la coupeuse dans la hotte ou dans le banaston du porteur, d'abord, de la hotte ou du banaston dans la pastière, ensuite, et, de plus, le déchargement à la pelle ou par culbute à l'arrivée au cellier, dans la plupart des cas. En outre, en cours de route, les grappes sont comprimées, froissées, écrasées, le moût s'écoule, et, dans les pays chauds, il se produit fréquemment dans la masse, avant le passage au fouloir, un commencément de fermentation, nuisible surtout pour la fabrication des vins blancs.

L'inconvénient principal des comportes tient à la nécessité d'avoir un matériel coûteux, encombrant, d'un entretien difficile et dispendieux. Le nombre des comportes en service dépend du morcellement du domaine, de la quantité des charrettes disponibles pour le transport, de la rapidité de la cueillette, de la distance à parcourir et de la durée du trajet, du système d'élévation adopté au cellier et parfois commandé par les circonstances. On peut toutefois fixer approximativement ce nombre à :

100 comportes pour un vignoble de 10 hectares,
150   —   —   20   —   ,
200   —   —   30   —   ,
250   —   —   40   —   ,

d'après les renseignements qu'a bien voulu nous fournir M. Rousset, propriétaire à la Gourgasse, près Béziers.

Les comportes, d'une contenance de 70 kilos de vendange, coûtent, en bois de châtaignier, 10 fr. la paire, soit 5 fr. la pièce. La durée d'une comporte varie énormément avec les soins d'entretien qu'on lui donne. M. Rousset estime à 0 fr., 50 la dépense annuelle par comporte. C'est certainement là un minimum ; quelques propriétaires admettent, en effet, qu'il faut renouveler tous les ans un tiers ou au moins un quart du matériel.

En Algérie et en Tunisie, la comporte est remplacée par la banaste, plus résistante à la chaleur et plus commode pour le refroidissement de la vendange par aspersion d'eau.

Comportes et banastes, bennes, etc., sont chargées sur des charrettes en nombre variable avec les dimensions du véhicule, l'état des chemins et la force de l'attelage (voir les monographies qui suivent).

b. **Pastières.** — On donne, dans le Languedoc, le nom de *pastière* à un récipient de grande capacité, en toile imperméable, fixé à un cadre en bois, assujetti lui-même sur une charrette (fig. 1 du cellier du mas de la Brousse). Autrefois, la pastière était en bois, mais la pastière en toile est plus légère, plus étanche, plus économique et d'un entretien plus simple. Une pastière de dimensions ordinaires cube 1.600 à 1.800 litres. Le prix de la toile est de 55 fr., celui du cadre, de 25 fr. La dépense totale est donc de 80 fr. par pastière complète. La durée d'une semblable pastière est presque indéfinie, à la condition de protéger la toile contre les coups de pelle par une planche de fond, de bien laver la toile à la fin des vendanges et de la suspendre dans le cellier, ou dans tout autre bâtiment, à l'abri des rats.

Dans un vignoble de plaine, non morcelé, de 50 hectares, on peut assurer le service de la vendange avec 6 pastières, d'une valeur de 480 fr. et d'un entretien à peu près nul. La même vendange exigerait au moins 300 comportes, d'une valeur de 1.500 fr. et demandant un minimum de 150 fr. de réparations annuelles. La pastière est assurément plus économique et comme achat et comme entretien, toutes les fois que les conditions locales permettent son emploi.

Le déchargement de la pastière au cellier exige, en général, moins de main-d'œuvre que celui des comportes. Il est, en outre, beaucoup plus rapide quand il a lieu par culbute. Dans ce cas, la toile, au lieu d'être fixée sur une charrette, est accrochée aux parois d'un tombereau et elle est à soufflet à l'arrière ; il suffit, dès lors, de rabattre le soufflet et de faire basculer le tombereau pour vider instantanément le contenu.

Parfois, les pastières sont indépendantes du véhicule lui-même : le châssis en bois est un véritable wagonnet porté par des essieux, dont les roues reposent sur des rails placés sur la charrette. C'est le système adopté à Guilhermain. Ses avantages ne sont qu'apparents, ainsi que nous le faisons ressortir plus loin (voir page 257).

La balonge, le douil sont de petites cuves montées sur des charrettes ou sur des chariots et assimilables aux anciennes pastières en bois, dont elles ne diffèrent que par la capacité.

Les avantages de la pastière sont, en résumé, la simplification du matériel, le bon marché, la facilité d'entretien, la rapidité du déchargement (lorsque la pastière est associée au tombereau), l'économie de la main-d'œuvre au cellier. Nous avons fait ressortir ses inconvénients en indiquant les avantages de la comporte.

c. **Wagonnets**. — Les wagonnets du type Decauville, roulant sur rails et remorqués par des chevaux ou par des mulets, ne sont utilisés pour le transport de la vendange que dans les très grandes propriétés. On en trouvera un exemple dans la monographie du cellier de Villeroy (voir page 336). Les wagonnets sont à bascule ; la caisse est en tôle, pour pouvoir être utilisée à d'autres transports, en dehors du temps de la vendange. Les wagonnets participent à la fois des avantages de la comporte et de la pastière : la dispersion des wagonnets dans les vignes en avant des coupeuses donne beaucoup d'élasticité à la cueillette ; les trains, formés de quatre ou huit wagonnets, de 1.000 kilos de vendange, suivant qu'ils sont traînés par une ou deux bêtes, assurent l'évacuation rapide vers le cellier des raisins coupés ; enfin, le déchargement des wagonnets par culbute est instantané et n'exige qu'une main-d'œuvre insignifiante. Malheureusement, le transport par wagonnets exige un matériel considérable, coûteux d'achat ; il ne peut être pour ce motif employé sur les domaines de contenance ordinaire que dans le cas où l'état des routes (dans les sables) ne permettrait pas la circulation de véhicules ordinaires à forte charge

II. — SYSTÈMES D'ÉLÉVATION

a. **Rampe.** — La rampe peut être considérée comme l'un des meilleurs systèmes d'élévation. Ainsi que le fait très justement observer M. Crassous, «les animaux de trait constituent un moteur susceptible de donner pendant un court moment un effort beaucoup plus considérable que l'effort moyen, c'est le coup de collier ; il est tout indiqué de leur demander, une fois arrivés au cellier, le travail nécessaire à l'élévation de la vendange». Lorsque la rampe existe naturellement par la disposition même des lieux (cellier enterré ou adossé à un talus), il n'y a pas à hésiter ; on doit s'en servir pour rentrer la vendange. S'il faut créer une rampe artificielle par l'un des moyens précédemment indiqués (voir page 77), l'opportunité de cette construction doit être discutée pour chaque cas en particulier.

La rampe la plus commode est celle qui est établie parallèlement à la plus grande longueur du cellier, parce que les charrettes sont amenées en face du foudre ou de la cuve en chargement et que la distance du transport de la vendange sur le plancher est ainsi réduite au minimum.

Les comportes sont déchargées à bras ; quatre hommes par portaillère servent à la manœuvre dans les grandes exploitations et peuvent rentrer 1.000 kilos de vendange en 4 minutes 1/2. On peut facilement passer les raisins au fouloir.

Les pastières sont déchargées à la pelle sur un porte-fruits. La hauteur doit être telle que le porte-fruits puisse alimenter le fouloir. Un homme sur la charrette et un gamin pour faire glisser la vendange sur le porte-fruits rentrent 1.000 kilos en 10 minutes. On peut se servir avec avantage du transporteur à vis d'Archimède adapté aux fouloirs par M. Ray, constructeur à Montpellier. La figure 18 montre l'appareil installé dans une portaillère. Les raisins passés au fouloir tombent dans une auge, au centre de laquelle tourne une vis, qui les conduit au-dessus d'un entonnoir engagé dans la bonde du foudre. Les deux hommes qui commandent le fouloir actionnent en même temps la vis. On supprime donc le gamin employé au porte-fruits. Avec cet appareil, il suffit que la chaussée de la rampe arrive à 1^m,50 au-dessus du seuil de la portaillère. Le bord de la trémie affleure dans ce cas le sommet de la pastière, ce qui réduit l'amplitude du jet de la pelle.

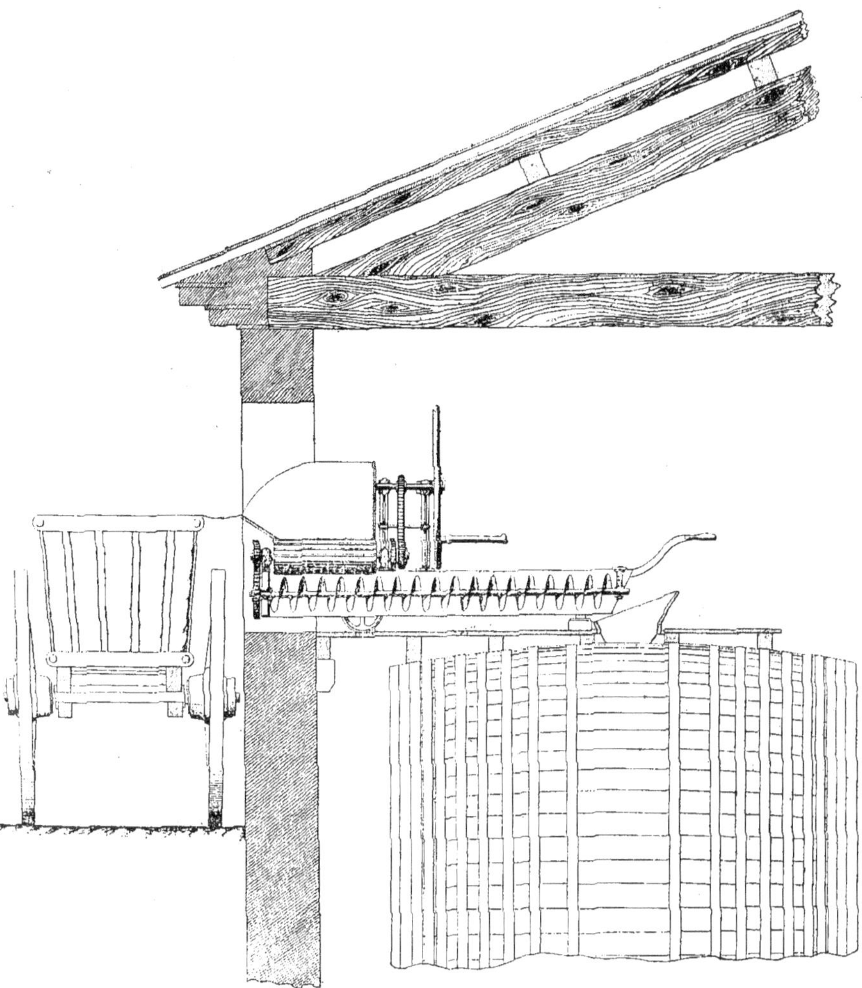

Fig. 18.

Le prix de l'appareil complet (fouloir et vis), monté sur roues et facilement transportable, est de 550 fr..

Les rampes en bout, c'est-à-dire perpendiculaires à l'axe du cellier, sont moins pratiques, car la vendange reçue constamment à une extrémité du cellier doit être transportée sur le plancher jusqu'au foudre en chargement. Lorsque le cellier a une grande longueur et lorsqu'il est desservi par une seule rampe, le trajet est important pour les foudres (ou cuves) les plus éloignés de la rampe et la perte de temps appréciable.

Les comportes sont déchargées à bras, comme précédemment, puis transportées à bras, ou sur des plates-formes roulantes (avec ou sans voie ferrée) ou par brouette narbonnaise. Une équipe de quatre hommes (deux déchargeurs et deux transporteurs) peut encuver 1.000 kilos en 7 minutes. Le foulage est toujours possible.

La brouette narbonnaise (fig. 19) est un instrument essentiellement pratique et commode. Il peut être construit en fer ou en bois ; il se compose

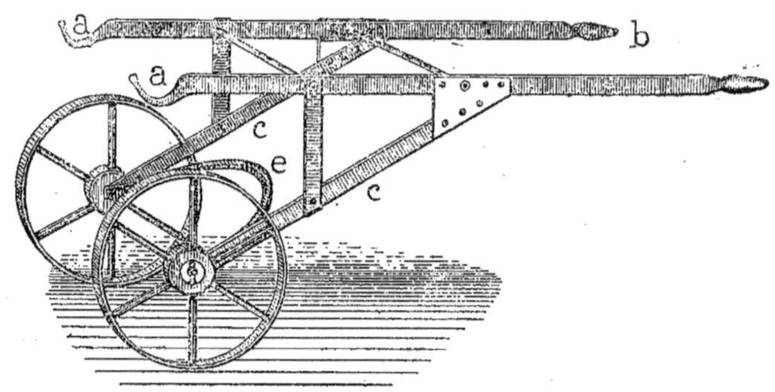

Fig. 19.

de deux bras, de 1^m,35 de longeur, terminés d'un bout a en forme de crochet, de l'autre bout b en forme de poignée et maintenus par des entretoises à un écartement de 0^m,69. Deux jambages inclinés c les relient à un essieu coudé e, auquel sont fixées deux roues. En soulevant les poignées bb, on engage les crochets aa sous les cornes de la comporte, qu'il est alors facile d'élever par un abaissement de la partie postérieure des bras. Le roulage de la brouette sur le plancher ne demande qu'un faible effort et il est très rapide ; un gamin suffit. Une brouette narbonnaise en fer coûte environ 40 fr..

Quand le transport de la vendange a lieu par pastières, le déchargement est fait à la pelle dans une nouvelle pastière roulante, que l'on déplace sur rails au-dessus du plancher. On engage la pastière du cellier dans la portaillère, où elle reçoit le contenu de la pastière venue de la vigne, puis on la roule jusqu'au foudre en chargement, dans lequel, par le rabattement d'un soufflet, on précipite la vendange. Le foulage est à peu près impossible par ce procédé, ou tout au moins il compliquerait énormément le travail, car il faudrait jeter de nouveau à la pelle les raisins de la deuxième pastière dans la trémie du fouloir. Sans foulage, quatre hommes (deux dans la pastière et deux rouleurs) rentrent 1.000 kilos en 10 minutes. Dans les grands domaines, où plusieurs portaillères sont en service à la fois, avec une pastière roulante pour chacune d'elles, les deux rouleurs peuvent suffire, par une succession régulièrement établie, au roulage des quatre pastières, à la condition pourtant que les quatre travées soient parallèles et reliées les unes aux autres intérieurement. Si la rampe dessert deux bâtiments distincts, deux hommes ne peuvent plus faire que le travail d'un bâtiment (soit deux travées ou deux portaillères).

Par le système des pastières mobiles sur charrettes, employées à Guilhermain, deux hommes rentrent 1.000 kilos en 7 minutes. On en verra une description détaillée dans la monographie de ce cellier (page 257).

On trouvera de nombreux exemples de rampes dans la deuxième partie (voir les installations de Rochet, Guilhermain, Poussan-le-Haut, des Cheminières, de la Croix-de-Cavalaire et de la plupart des installations d'Algérie et de Tunisie).

b. **Poulie.** — La poulie est, en l'absence d'une rampe, le moyen d'élévation le plus simple et le plus rapide qui convienne pour les comportes. Elle est facile à installer et à réparer au besoin. C'est le système adopté dans la généralité des domaines du Biterrois (voir le cellier d'Aureilhe, page 298, et le cellier des Clos, page 292). Lorsque la corde n'est pas guidée, comme à Aureilhe, il est nécessaire de lui donner une grande longueur pour que la traction du cheval s'exerce avec la moindre obliquité possible. On prend, en général, une corde de 24 m. (coûtant 1 fr. le mètre ou 1 fr., 60 le kilo). Le guidage de la corde, tel qu'il est établi aux Clos, permet de réduire un peu cette longueur ; il diminue, en même temps, l'emplacement nécessaire aux évolutions du cheval.

Lorsque la disposition des lieux permet de faire tirer le cheval, sans guidage de la corde, dans une direction perpendiculaire au mur dans lequel est percée la portaillère, on a avantage à accrocher la poulie à *l'intérieur* de la baie : d'une part, les comportes glissent le long de deux madriers inclinés et fixés au mur et ne sont pas soumises aux mêmes ballottements ; d'autre part, la réception des comportes sur le plancher est plus facile : elles rentrent d'elles-mêmes à l'intérieur du cellier à cause de l'inclinaison de la corde.

Trois hommes et un cheval, conduit par un gamin, rentrent 1.000 kilos en moins de 7 minutes. Le transport des comportes sur le plancher se fait par les procédés habituels (voir ci-dessus).

c. **Plan incliné.** — Le remorquage de wagons par treuil, sur des rails inclinés, est appliqué au cellier d'Encivade (voir page 228), où il est associé au transport de la vendange par pastières basculantes. Ce système conviendrait également au transport des raisins par wagonnets Decauville, dont les trains tout entiers pourraient être élevés de cette façon. On doit s'efforcer de donner au plan incliné la plus grande pente possible pour réduire sa longueur et diminuer l'emplacement occupé par lui en dehors du bâtiment. Le foulage des raisins est à peu près impossible. Il faut 10 minutes avec quatre hommes pour rentrer 1.000 kilos de vendange.

Si le plan incliné se redresse jusqu'à la verticale, on se trouve en présence d'un ascenseur. Il est avantageux dans ce cas d'avoir un seul appareil élévatoire et de manœuvrer les wagons au-dessus des vases vinaires par pont roulant (ou par chariot roulant).

d. **Chariot roulant.** — Une application du pont roulant a été faite dans le cellier de Salvaza (voir page 322), où les pastières sont élevées verticalement par un treuil, puis déposées sur des trucks et conduites jusqu'au foudre en chargement, au-dessus duquel elles sont basculées. Un fouloir peut être installé sur le foudre. Deux hommes élèvent et rentrent 1.000 kilos de

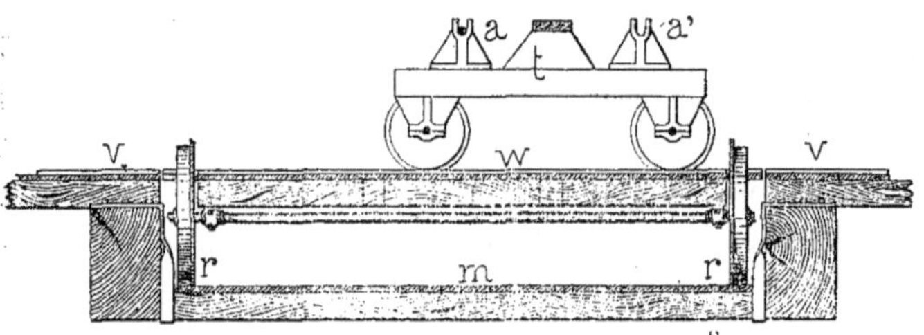

Fig. 20.

raisins en 8 minutes. Le pont roulant de Salvaza n'a pas été construit avec toute la rigidité convenable. En outre, il est volumineux, encombrant et lourd. On pourrait lui substituer avantageusement le chariot roulant disposé de la manière suivante (fig. 20) :

Une trappe, pour le passage des pastières, est découpée dans le plancher d'étage, entre deux poutres. A proximité de cette ouverture, on installe un treuil *fixe*, commandé à bras ou par moteur mécanique. Un chariot à quatre roues *rr* peut être amené au-dessus de la trappe, sur une voie de roulement perpendiculaire à l'axe du bâtiment et soutenue par des solives *m*, fixées par étriers à la partie inférieure des poutres, de telle sorte que le haut du chariot affleure le plancher et que la travée de voie *w* du chariot se raccorde des deux côtés avec les voies *v v* du plancher. Un truck *t* reçoit la pastière sur les fourches *a* ou *a'*, suivant qu'elle doit être roulée et basculée à gauche ou à droite. Le chariot doit avoir une largeur telle que le truck puisse se placer de manière à recevoir la pastière sur la fourche *a*, comme dans la figure, ou sur la fourche *a'*.

e. **Grue.** — La grue est très employée dans le Bordelais pour l'élévation des *douils* (voir le cuvier de Château-Malescot, page 353, et du Château des Laurets, page 362). Avec deux hommes, on élève et on décharge sur les maies-pressoirs 1.000 kilos de raisins en 3 minutes 1/2. Appliquée à l'élévation des comportes (voir le cellier du clos des Graves, page 287), elle ne donne qu'un travail très lent, à cause de la faible capacité des récipients : l'élévation de 1.000 kilos exige 22 minutes avec deux hommes. L'appareil coûte 200 à 250 francs environ. Le foulage est toujours possible.

f. **Escalier.** — L'escalier, en usage dans le Beaujolais et dans la Bourgogne pour le déchargement des *bennes* (voir le cuvage du Delèche, page 381), n'est pas commode et n'est pas favorable à un travail rapide. Il est, en outre, fatigant pour les ouvriers. Deux hommes encuvent 1.000 kilos en 10 minutes dans les conditions les plus favorables. Ce système rend difficile l'emploi du fouloir, mais cet inconvénient n'est pas grave dans une région où l'on a conservé la coutume du foulage à corps d'homme dans la cuve même.

g. **Chaîne à plateaux.** — Un système d'élévation très simple pour comportes consiste à monter une chaîne double sans fin, verticale, sur deux tourteaux, l'un installé près du sol, l'autre au-dessus du plancher d'étage, dans le comble du cellier. Le long de cette chaîne double sont fixés par consoles des plateaux en bois équidistants, pouvant recevoir chacun une comporte. La chaîne a un mouvement de translation continu, mais lent ($0^m,10$ à $0^m,12$ par seconde) qu'on lui imprime à bras ou par moteur, en agissant de préférence sur le tourteau du haut. Deux hommes en bas placent les comportes sur les plateaux, au fur et à mesure que ceux-ci se présentent à hauteur convenable, et deux hommes en haut retirent les comportes lorsque les plateaux arrivent à eux au-dessus du plancher. Le retour des comportes vides a lieu de la même manière, par le brin descendant de la chaîne.

En haut et en bas, les plateaux exécutent avec la chaîne une rotation de 180° autour des tourteaux, c'est-à-dire qu'ils se renversent totalement. Si une comporte restait sur un plateau, par suite d'une fausse manœuvre ou d'un moment d'inattention des ouvriers, elle tomberait et il pourrait en résulter des accidents On peut parer à cette éventualité en *suspendant* les plateaux entre les chaînes, au lieu de les fixer invariablement sur elles, et en remplaçant le tourteau du haut par deux poulies (une pour chaque chaîne), c'est-à-dire en supprimant l'arbre du tourteau. Par suite, les plateaux ne se retournent plus : ils montent et descendent parallèlement à eux-mêmes, en restant toujours dans la même position. Une comporte oubliée sur un plateau continuerait à suivre la chaîne dans son mouvement de translation, sans tomber. Mais cette disposition rend plus difficiles l'introduction et la sortie des comportes. On pourrait simplifier cet appareil en remplaçant les plateaux par des traverses à crochets, auxquels on suspendrait les comportes.

Ce procédé est celui qui convient le mieux à l'élévation des comportes par moteur, c'est-à-dire lorsque toute la machinerie du cellier est commandée par machine à vapeur, à pétrole, ou par moteur hydraulique, car le mouvement de la chaîne est continu et toujours de même sens. Il est facile à installer, peu exposé aux dérangements et aisé à réparer, pourvu que l'on ait toujours à l'avance quelques maillons ou éléments de chaîne de rechange.

Nous avons trouvé une semblable disposition réalisée dans le cellier de Sidi-Ali et Ben-Danou, appartenant à M. Bertrand et situé à l'Arba (Algérie), où elle sert à l'élévation des corbeilles de vendange. Même installation se rencontre fréquemment pour la manutention des paniers de bouteilles dans les caves de champagnisation (Saumurois et Champagne).

h. **Chaîne à godets (noria).** — La chaîne à godets est un des meilleurs élévateurs mécaniques applicables à l'élévation de la vendange transportée par pastières ou par wagonnets. La pastière ou le wagonnet culbute son contenu dans une fosse où des godets, en tôle ou en fonte, fixés à une chaîne sans fin, viennent se remplir pour se déverser ensuite à la partie supérieure du cellier. La chaîne peut être inclinée (fig. 2 du cellier du Grand-Craboules, page 280) ou verticale (fig. 3 du cellier de Razimbaud, page 272). Dans le second cas, il faut monter la vendange un peu plus haut pour obtenir le déversement des godets, mais l'appareil occupe moins de place. M. Gauthier, constructeur à Carcassonne, a modifié la chaîne verticale de la façon suivante : en haut, la chaîne passe sur deux tourteaux parallèles et écartés l'un de l'autre ; en bas, elle est guidée par un seul tambour, placé à l'aplomb de l'un des tourteaux supérieurs ; par suite, le brin montant est vertical, le brin descendant oblique et la chaîne horizontale entre les deux tourteaux du haut. Les godets se vident donc facilement au-dessus d'un fouloir disposé dans l'entraxe et un peu au-dessous des deux tourteaux.

La chaîne peut être simple et constituée par de grands maillons en fer, assemblés par boulons, sur lesquels sont attachés les godets ; elle passe en haut et en bas sur des tambours (ou tourteaux) polygonaux. D'autres fois, la chaîne est double et formée de maillons en fonte malléable accrochés les uns aux autres et facilement détachables. Les godets sont suspendus entre les deux chaînes (fig. 21). La commande et le guidage ont lieu par roues dentées (voir le cellier de Raonel, page 283). Le guidage de la chaîne inclinée, construite par M. Paul, de Cette, a lieu par galets sur rails.

La noria est commandée par moteur ou à bras. La vitesse et la capacité des godets varient dans de très larges limites suivant le débit demandé. Avec les appareils à bras, la vitesse de la chaîne est de 8 m. environ par minute ; avec des godets de 5 litres, on obtient un débit de 120 kilos de vendange. Avec un moteur, la vitesse peut atteindre 15 à 20 m., voire même 30 m. par minute, les godets ont 12 à 15 litres de capacité et le débit peut

s'élever à 500 ou 600 kilos. L'installation d'un fouloir est toujours possible
et facile. Les godets constituent même un doseur excellent pour les cylindres. A capacité égale, il est préférable de donner aux godets une grande

Fig. 21.

longueur, de façon à mieux répartir la vendange sur toute l'étendue du fouloir.

Si la noria est fixe, la vendange est reçue dans des wagonnets à bascule,
en toile ou en tôle, qui la transportent sur rails jusqu'au vase vinaire en
chargement. Dans l'installation du mas de la Brousse (voir page 243), la
chaîne à godets est mobile à l'extérieur du cellier et peut être amenée en
face du foudre en remplissage. On supprime ainsi le transport par wagons
sur le plancher. Le fouloir est placé au bas de la chaîne et la commande est
donnée par deux hommes. On peut concevoir un petit moteur installé sur
le même chariot et actionnant l'appareil.

La fosse dans laquelle puisent les godets doit avoir des parois à très forte
inclinaison, pour assurer la chute des raisins. Peu d'installations sont satis-
faisantes à cet égard et il faut généralement un homme armé d'un poussoir
pour faire glisser la vendange. Le sidérociment se prête admirablement à
la construction de ces fosses. La capacité de la fosse vaut au moins celle du
wagonnet ou de la pastière dont elle doit recevoir le contenu.

Le brin montant de la chaîne étant équilibré par le brin descendant, le
travail moteur est celui nécessaire pour élever la vendange et pour vaincre
les résistances passives du mécanisme, peu importantes quand la noria est
bien établie. Deux hommes suffisent pour actionner une chaîne et un fouloir, capables de suivre le déchargement à la pelle d'une pastière fait par un
seul homme.

Le prix d'une noria est extrêmement variable avec sa force et avec la
hauteur d'élévation. L'installation d'une noria fixe Gauthier, commandée à
bras, avec fouloir, a coûté 750 fr. au domaine de Colas, appartenant à M.

G. Foëx. La hauteur d'élévation est de 5 m. La noria mobile de la Brousse est revenue à 1.700 fr. environ avec la voie ferrée.

La chaîne à godets est peu délicate. Il suffit d'avoir des maillons de rechange en cas de rupture de l'un d'eux. Il est, d'ailleurs, prudent d'examiner en détail un semblable appareil après la période des vendanges et de faire immédiatement les réparations necessaires pour le mettre en état de fonctionner l'année suivante. Le nettoyage complet des godets et de la chaîne est aussi, bien entendu, une opération de première nécessité.

i. **Pompe.** — L'élévation par pompe n'est applicable qu'à la vendange égrappée. Plusieurs installations de ce genre existent en Algérie. On en rencontre quelques-unes aussi en France (voir le cuvier de Château-Arnaud-Blanc, page 368). La pompe centrifuge est la plus employée. Le tuyautage doit avoir un diamètre *minimum* de $0^m,07$. Ce système d'élévation n'est pas à recommander : il est coûteux d'installation, demande une force motrice considérable ; il est très sujet aux engorgements, occasionne de ce fait de fréquents arrêts dans le travail ; enfin, il est brutal et peut froisser ou déchiqueter à l'excès les grains de raisin.

CHAPITRE II

VASES VINAIRES

Les vases vinaires ont pour objet, les uns de recevoir la vendange, les autres de loger le vin fait; un certain nombre de récipients servent, en outre, à la fabrication des piquettes, voire même à l'ensilage des marcs. On peut les grouper en trois catégories: les vases vinaires en bois (foudres, cuves en bois et futailles); les vases vinaires en ciment (cuves en maçonnerie, cuves en sidérociment, amphores en briques); les récipients métalliques (cuves Toutée).

I. — VASES VINAIRES EN BOIS

Le bois est la matière première par excellence des récipients vinaires: il est inattaqué par le vin, il ne lui communique aucun goût lorsque, bien entendu, il est sain, soigneusement lavé avant la mise en service et bien entretenu; il favorise le vieillissement des vins faits, en permettant les échanges entre le vin et l'air extérieur, enfin il est durable, résistant et convient à la construction de récipients transportables de très grande capacité.

Les vaisseaux vinaires de grandes dimensions sont en chêne de Bourgogne ou en chêne de Trieste. Le chêne de Trieste est d'un grain plus fin, il donne des pièces plus belles et plus étanches au début. Le chêne de Bourgogne, plus rugueux, laisse souvent suinter les récipients neufs; mais bientôt les nœuds s'incrustent et les foudres deviennent excellents. Le tartre s'attache plus facilement au chêne de Bourgogne. D'après Saint-Pierre, la valeur du tartre cristallisé sur les parois d'un foudre représente largement, chaque année, l'intérêt du capital d'achat du récipient. Le bois de Bourgogne coûtant, d'ailleurs, meilleur marché que le bois de Trieste, l'avantage est tout en faveur du premier.

Le commerce qui ne loge que des vins faits, dépouillés de tartre et de lie, préfère, cependant, le bois de Trieste, malgré son prix plus élevé. Les petites futailles sont également en bois de chêne, parfois aussi en bois de châtaignier.

Les récipients neufs, avant de recevoir du vin, doivent toujours être affranchis du goût de bois. Un lavage répété à l'eau légèrement salée suffit souvent. Il est préférable d'employer de l'eau bouillante, ou de la vapeur sous pression. Sur les bords de la mer, on remplit les vases vinaires d'eau de mer ; puis, on les rince à l'eau douce.

a. **Foudres.** — Les foudres sont des vases vinaires de grande capacité, cubant de 50 à 500 hectolitres, dont la forme est sensiblement celle des tonneaux. Un foudre est constitué par la réunion de *douelles*, débitées en forme de fuseau et cintrées à la vapeur ou au feu ; elles présentent à chaque bout une rainure (*jable*) dans laquelle sont enchâssés les *fonds*. Le *peigne* est la partie saillante des douelles qui dépasse les fonds ; il est généralement *carré*, c'est-à-dire que la saillie du peigne vaut l'épaisseur des douelles. Le tout est maintenu en place et serré au moyen de cercles en fer.

Le tableau II (voir page 29) donne les dimensions usuelles des foudres du Languedoc. L'épaisseur des bois doit être de $0^m,054$ jusqu'à une capacité de 100 hectos, de $0^m,068$ depuis 100 jusqu'à 200 hectos, de $0^m,080$ au delà de 200 hectos. Les cercles, dont l'épaisseur, la largeur et le nombre varient avec la capacité des récipients, sont en fer ordinaire. Le fer galvanisé, qui a été très recherché il y a quelque temps, est aujourd'hui abandonné. On s'en tient au fer ordinaire, très durable à la condition d'être peint ou goudronné avant le montage du foudre et entretenu à l'abri de la rouille par des couches successives de peinture, au fur et à mesure des besoins.

Les fonds sont la partie importante des foudres ; ils doivent être concaves, de façon que la poussée du liquide tende à les redresser et fasse jointer les jables. Un foudre, placé debout, doit présenter une cuvette telle que de l'eau jetée sur le fond se ramasse au centre. Comment cette concavité est-elle obtenue ? «Si le jable, dit Saint-Pierre (1), était placé dans un plan unique, les douelles du fond ne seraient cintrées que dans le sens de leur longueur et les chanteaux (pièces latérales) auraient une tendance à fuir en dedans ; dans tous les cas, leur petite dimension ne leur permettrait pas de prendre la courbure. Pour assurer à la fois la solidité des chanteaux et une flexion transversale du fond, on avance tout simplement le plan du jable à côté des chanteaux, de telle sorte que le haut et le bas du foudre se trouvent en retrait par rapport aux côtés. Cet allongement vaut 1/36 de la longueur des douelles et, en terme de métier, il s'appelle la *coupe* du foudre».

Les barres transversales (*porte-fond*) appliquées sur les fonds ne sont

____

(1) C. Saint-Pierre. — La foudrerie et la tonnellerie.

qu'un ornement ; elles ne contribuent aucunement à la solidité du foudre. On y ménage souvent un casier avec serrure, qui sert à enfermer les clefs et accessoires de cellier.

Les foudres sont percés de deux ouvertures : une porte inférieure, à fermeture autoclave, de $0^m,40 \times 0^m,22$ environ, telle qu'un homme puisse y passer, et une bonde à section carrée de $0^m,40$ de côté, également fermée par un couvercle autoclave. Les petits foudres ont une bonde ronde, de la dimension de celle des futailles. La bonde est souvent munie d'un appareil à joint hydraulique, pour permettre aux gaz intérieurs de se dégager, tout en empêchant l'entrée de l'air extérieur, pendant la fermentation de la vendange ou le travail des vins. On fait des bondes hydrauliques très simples et peu coûteuses en poterie (voir page 318). Pour empêcher, dans les foudres que l'on remplit de vendange, le marc de forcer sur la porte, on peut fixer intérieurement, à $0^m,10$ environ au-dessus d'elle, au moyen de tire-fond ou de boulons, un madrier de $0^m,60 \times 0^m,10 \times 0^m,12$, qui renforce en même temps la pièce-porte.

Les foudres sont toujours pourvus d'un raccord à clapet, sur lequel viennent se fixer les robinets ou les tuyaux des pompes. Ce raccord peut être posé sur la porte même ou à côté de la porte. Dans le premier cas, le clapet est plus facile à visiter et à réparer, puisqu'on le retire avec la porte ; il permet de vider presque complètement le récipient, car il est placé très près du jable. Mais il est exposé à des avaries et il affaiblit la porte. Dans le deuxième cas, le clapet moins accessible est plus difficile à visiter ; étant plus haut, il laisse moins bien égoutter le foudre. Mais il est à l'abri des accidents et ne fatigue pas la porte. Nous donnons la préférence à cette dernière disposition. Les *tâte-vin* (ou dégustateurs) ne sont pas à recommander.

Au-dessous de la porte, on cloue le long du peigne une plaque de cuivre (dite *bavette*) qui empêche le vin de glisser le long des douelles et de faire rouiller les cercles. Ce système est excellent.

Les foudres sont soutenus devant et derrière par des coins ou par des chantiers continus, en bois. Les chantiers continus n'augmentent pas, comme on le croit généralement, la stabilité des récipients et ils ont le défaut d'être plus chers, de gêner la manœuvre des comportes en avant de la porte et d'exposer les cercles à la rouille en retenant le vin qui peut se glisser en dessous. Les coins sont préférables. On les fait en bois de sapin, d'un seul bloc, ou avec des pièces assemblées. La disposition du cellier des Cheminières (page 314) est excellente. Les coins doivent épouser aussi exactement que possible la forme des foudres.

Les supports en bois reposent eux-mêmes, à hauteur convenable, sur des dés en pierre de taille, en maçonnerie, sur des murettes, sur des fers T, ou sur des colonnes en fonte. On trouvera, dans la deuxième partie, des exemples de ces dispositions. Nous avons indiqué précédemment (page 29) la hauteur à donner aux foudres. Parfois, on supprime les supports en bois et on fait porter le foudre sur la maçonnerie des dés, soit directement, soit avec interposition de plaques de liège, de douves en bois, de sacs de toile, etc.. Ces dispositifs ne sont pas recommandables.

Pour mieux dégager le dessous des foudres et utiliser cet emplacement pour le logement des futailles, comportes, etc., on a proposé de suspendre les foudres en les entourant de cercles reliés à une charpente à la partie supérieure du cellier. Ce système est original, mais il ne serait pas économique: la construction d'une charpente assez résistante pour soutenir des foudres, même de moyenne capacité, serait fort coûteuse, et la plus grande commodité qui en résulterait ne serait pas suffisante pour justifier l'augmentation de la dépense.

On a composé diverses formules pour le jaugeage des foudres. Aucune d'elles ne donne des résultats exacts, attendu que la forme des foudres n'est pas constante. Le dépotage reste la seule méthode exacte de jaugeage. Toutefois, on peut, pour avoir le cube approximatif, se servir de la formule suivante :

$$V = 1{,}0494 \times L \times R\,(R + 2\,r)$$

L est la longueur intérieure de l'axe, en mètres, R le rayon intérieur au ventre, r le rayon intérieur en tête, également en mètres. Le volume V est donné en mètres cubes.

Diverses dispositions ont été imaginées pour faire cuver la vendange dans les foudres, à chapeau noyé. On peut fixer à la paroi intérieure du récipient, et à hauteur convenable, des crochets qui serviront à attacher un filet après le remplissage du foudre. Ce système n'est pas commode; la mise en place du filet est difficile et dangereuse. On simplifie la manœuvre en employant un filet dans lequel est découpée une ouverture avec cadre métallique, munie d'un couvercle, en filet également : on fait l'installation avant le chargement du foudre et on effectue le remplissage par cette ouverture. Quand le marc arrive à hauteur du filet, on ferme la trappe, opération facile à exécuter par la bonde. Bien entendu, on laisse couler par le bas, pendant le remplissage, une certaine quantité de moût, que l'on rejette ensuite à la pompe sur le marc, après l'accrochage du filet ou la fermeture de la trappe qui y est ménagée.

Les filets sont d'un entretien coûteux, d'un lavage délicat: ils restent aisément imprégnés de vin qui aigrit et qui peut communiquer un mauvais goût. On les remplace avantageusement par un plancher à claire-voie qu'on loge dans le foudre au-dessus du marc. La forme même du foudre maintient ce plancher en place et s'oppose à ce qu'il soit soulevé par le liquide. La mise en place n'étant pas commode et demandant beaucoup de temps, lorsque le foudre est plein, on préfère installer le plancher à l'avance :

une trappe, avec porte à coulisse, sert au remplissage du foudre, comme il vient d'être dit

La contenance des foudres dépend de l'importance du cellier. On doit donner la préférence, toutes choses égales d'ailleurs, aux foudres de petite capacité et avoir un certain nombre de sous-multiples du type adopté pour la commodité des soutirages.

Les foudres sont payés à l'hectolitre de capacité, 5 à 6 fr. environ par hecto pour les foudres de grand volume. Les petits sont un peu plus chers.

b. **Cuves en bois.** — Les cuves sont très employées pour le cuvage, principalement dans les régions où le vin fait est ensuite logé en futailles : dans le Bordelais, dans la Bourgogne, par exemple. Dans le Midi, où les fermentations sont conduites habituellement dans les foudres qui serviront ensuite de logement au vin, on n'adopte les cuves que si l'emplacement dont on dispose rend cette substitution nécessaire. Les règles de la construction ne permettent pas, en effet, au foudrier de modifier sensiblement le rapport établi entre la longueur et le diamètre des foudres. Les cuves, au contraire, offrent une très grande élasticité à cet égard et on peut, sans compromettre leur solidité et sans augmenter la dépense, modifier à volonté, dans une large mesure, leurs dimensions relatives en hauteur et en diamètre.

Les cuves ont une forme tronconique, le montage en est plus facile que celui des foudres. Aussi sont-elles moins coûteuses. La différence de prix est de 1 fr., 50 environ par hectolitre. Le fond d'une cuve est plat. Il doit être soutenu en dessous par un grand nombre de points, pour éviter qu'il ne se déforme sous la pression intérieure. Les cuves mal supportées périssent en général par les fonds. Les cuves du Bordelais, les cuves qui doivent loger du vin fait sont foncées à la partie supérieure, c'est-à-dire pourvues d'un fond qui les ferme hermétiquement. Ce fond est, comme celui du bas, serré dans un jable. Il est bombé extérieurement, pour que l'on puisse faire le plein et éviter l'emmagasinement d'une couche d'air au-dessus du liquide.

Les cuves sont, comme les foudres, munies d'une porte à la partie inférieure, d'une trappe dans la fonçure du haut et d'un raccord à clapet pour les robinets et les pompes. La porte inférieure est toujours reportée à une certaine hauteur, à cause des cercles. Aussi l'extraction du marc est-elle moins commode que dans les foudres. Dans les cuves de petite capacité, et par suite de faible hauteur, on supprime cette porte et on retire le marc par le haut. On conserve toujours, à la partie la plus basse, un raccord à clapet, ou simplement on perce un trou rond que l'on ferme avec un bouchon en bois, pour l'écoulement du vin.

Les cuves reposent sur des murettes en maçonnerie ou sur des madriers en bois, supportés eux-mêmes par des dés. Deux madriers formant croix grecque constituent une bonne disposition ; on doit les entailler de telle sorte que la cuve appuie sur eux à la fois par le peigne et par le fond.

Pour noyer le chapeau, on peut accrocher dans la cuve un filet ou installer un plancher à claire-voie. L'opération ne présente aucune difficulté avec les récipients découverts, pour lesquels, d'ailleurs, l'immersion du chapeau est une pratique de grande utilité. Le plancher est formé de planches placées les unes à côté des autres, au-dessus desquelles on étend, dans une direction perpendiculaire, deux traverses. Celles-ci s'engagent sous des tasseaux cloués, à hauteur convenable, dans la paroi de la cuve, et s'opposent à tout soulèvement sous la pression du liquide. On peut également fixer les traverses par le procédé adopté dans le cuvage du Delèche (voir page 381). L'immersion du chapeau est inutile dans les cuves foncées.

Pour multiplier les contacts du marc et du moût et pour mieux répartir la rafle dans la masse du liquide, M. Michel Perret a imaginé la cuve à étages : le contenu de la cuve est divisé en plusieurs couches d'égale épaisseur par des claies, sortes de planchers à claire-voie, installées successivement au fur et à mesure du remplissage de la cuve. Chaque claie est maintenue en place par trois traverses engagées sous des crochets distribués le long de six montants en bois dressés dans la cuve et fixés à demeure. Le montage et le démontage de ces claies est facile et assez rapide.

Pour la vendange égrappée, M. Coste-Floret a adopté une disposition différente dont il a obtenu satisfaction (1) : le volume de la cuve est divisé en trois parties inégales par deux claies verticales, parallèles, qui restent à demeure dans le récipient pendant toute la période des cuvages. On ne les retire qu'à la fin des vendanges pour les mieux nettoyer. La vendange égrappée tombe dans la case du milieu ; le marc y reste en totalité, tandis que le moût, à travers les fentes des claies, remplit les cases latérales. Il est facile de calculer la capacité de chaque case pour que le marc et le moût arrivent à la même hauteur, une fois la cuve pleine. Suivant l'expression de M. Coste-Floret, le marc forme au milieu une *muraille* continue, mais perméable, entre les deux parties pleines de liquide. Chaque zone de moût est en contact, à travers les claies, avec une quantité correspondante de marc.

La capacité d'une cuve en bois est facile à déterminer au moyen de la formule qui donne le volume du tronc de cône. En appelant h la hauteur intérieure, R et r le grand et le petit rayon de la cuve, en mètres, on a, en mètres cubes :

$$V = \frac{1}{3} \pi h (R^2 + r^2 + R r)$$

____

(1) COSTE-FLORET. — Procédés modernes de vinification.

c. **Futailles.**— La fabrication des futailles et les caractères que doit présenter une bonne futaille sont trop connus de tous pour qu'il y ait lieu d'insister ici. Indépendamment des cercles en fer ou en bois qui maintiennent les douelles, un tonneau doit être pourvu de *cercles de roulage*, généralement en bois, quelquefois en fer creux, qui portent sur le sol, qui reçoivent les chocs et les heurts et protègent les autres cercles.

On peut jauger une futaille par la formule :

$$V = 0{,}2\, l\,(D + d)^2,$$

l étant la longueur intérieure de l'axe du tonneau,

D et *d*, le diamètre à la bonde et au fond, en mètres.

Mais les résultats du calcul ne sont qu'approximatifs et n'ont jamais la précision du dépotage ou de la pesée.

II.— VASES VINAIRES EN CIMENT

Le ciment qui forme le revêtement intérieur de la plupart des récipients vinaires en maçonnerie a le grave défaut d'être attaqué par le vin, surtout au début. Aussi les cuves en ciment ne sont-elles utilisées que dans les régions où l'on produit des vins ordinaires, et encore ne s'en sert-on habituellement que pour le cuvage. Le vin ne s'y fait pas, car le ciment forme une paroi étanche qui ne permet pas les échanges avec l'air extérieur. En Algérie et en Tunisie, on y loge fréquemment le vin entièrement fait, qui s'y comporte alors comme dans une bouteille. Dans les pays chauds, les foudres présentent deux sérieux inconvénients : ils se disloquent, lorsqu'ils ne sont pas maintenus pleins d'une façon permanente, ce qui nécessite des réparations et occasionne des frais d'entretien élevés ; en outre, ils laissent évaporer des quantités importantes de liquide, d'où perte sensible pour le propriétaire et obligation de procéder à des ouillages répétés. Les cuves et les amphores en ciment remédient à ces défauts et, pour cette raison, elles y sont très employées. Dans le Midi, on construit des récipients en ciment surtout pour le lavage des piquettes et pour l'ensilage du marc. Pour le cuvage, on ne s'en sert que par mesure d'économie, le ciment étant d'un prix moins élevé que le bois, ou par manque de place, la forme prismatique des cuves en maçonnerie et la faible épaisseur des cuves en sidérociment permettant de loger plus de vin sur une même surface. Le bois est toujours employé pour le logement du vin, sauf les années de grande abondance, où l'on utilise tous les récipients disponibles dans le cellier.

On peut éviter l'altération du vin au contact du ciment en affranchissant les parois ou en les rendant inattaquables.

L'affranchissement se fait au moyen de l'acide sulfurique étendu au dixième (*en poids*), et à raison de 10 gr. d'acide sulfurique par mètre carré de paroi. On lave la cuve avec un pinceau ou avec un tampon de chiffons jusqu'à ce qu'on ait employé toute la dilution. Puis, on rince à l'eau pure et on remplit le récipient d'eau, qu'on y laisse séjourner 8 à 15 jours, si l'on a le temps. On remplace parfois l'acide sulfurique par l'acide tartrique, que l'on emploie de la même manière, mais en solution concentrée et à raison de 40 gr. d'acide tartrique par mètre carré de paroi.

Pour rendre le ciment inattaquable, on le silicate, c'est-à-dire on le badigeonne avec une solution de silicate de potasse. On passe trois couches, en laissant chaque fois sécher la couche précédente. La première couche est donnée avec une solution à 25 °/₀, la deuxième avec une solution à 40 °/₀, la troisième avec une solution à 50 °/₀. On lave, ensuite, à l'eau pour enlever l'excès de silicate. Les effets du silicate ne sont pas toujours durables.

Souvent, on applique sur la paroi un revêtement isolant en carreaux de terre cuite vernissés ou en carreaux de verre. Ces revêtements, dont il a déjà été question (voir page 54), seraient parfaits si les carreaux étaient de forme irréprochable et si la pose était bien faite. Mais les carreaux sont parfois gauches, irrégulièrement découpés; les ouvriers ont alors de la peine à éviter qu'il ne reste un vide derrière eux et à obtenir des joints d'épaisseur constante. Au bout d'un certain temps, le vin suinte dans les joints, gagne les vides et peut produire la dislocation du revêtement; il prend, d'ailleurs, mauvais goût dans ces anfractuosités et peut altérer la totalité du contenu de la cuve. Les carreaux de verre de Saint-Gobain, de $0^m,005$ d'épaisseur, coûtent, en gare de départ de l'usine de Montluçon, 2 fr., 10 le mètre carré de paroi verticale ou de voûte. Ceux de $0^m,012$ d'épaisseur pour le sol des cuves valent 6 fr., 75 le mètre carré.

Les revêtements en ciment bien faits et affranchis sont préférables dans la généralité des cas: ils sont plus économiques et plus durables.

a. **Cuves en maçonnerie.**— Les cuves en maçonnerie de moellons sont de plus en plus rares aujourd'hui. La grande épaisseur de leurs parois (voir page 61) les rend encombrantes et incommodes. Il vaut mieux construire les cuves en aggloméré de ciment (à défaut de sidérociment).

M. Teissier, ingénieur à Nîmes, emploie (1) des agglomérés formés de: ciment de Portland, 350 kilos; sable, $0^{m3},500$; gravier, $0^{m3},500$. Il calcule l'épaisseur *e* de la paroi par la formule simple:

$$e = \frac{H\,D}{30},$$

H étant la hauteur de la paroi, en mètres; D, la plus grande dimension de la cuve (longueur, largeur), si la cuve est prismatique, ou le diamètre, si la

_____

(1) *Revue de viticulture*, tome II, page 111.

cuve est cylindrique. Le coefficient 30 ne s'applique qu'au dosage du béton donné ci-dessus.

Les cuves sont assises sur une solide fondation en béton, ou en bonne maçonnerie hydraulique. Les parois intérieure et extérieure des cuves sont recouvertes d'un enduit de ciment de $0^m,02$ à $0^m,03$, bien lissé. Les angles intérieurs sont arrondis avec un rayon de courbure de $0^m,10$.

Lorsque la cuve est terminée, on la remplit d'eau, pour contrôler sa résistance, son étanchéité et pour activer la prise du ciment. On procède ensuite à l'opération de l'affranchissement.

En construisant la cuve, on noie dans la paroi antérieure un cadre de porte en fonte, de $0^m,45 \times 0^m,25$ d'ouverture. Ce cadre reçoit une porte en fonte qui s'y applique de dehors et qui est maintenue en place par une traverse en fer et une vis de pression, ou par quatre boulons (fig. 3 du cellier de Bou-Zéhar). Le raccord à clapet est le plus souvent fixé à la porte.

La partie supérieure des cuves reste ouverte, ou bien elle est couverte par des madriers, supportés par des fers T, ou bien elle est voûtée, ou, enfin, elle est fermée par des voûtins en briques sur fers T. Cette dernière disposition est la meilleure, si l'on doit circuler au-dessus avec des véhicules ou avec des appareils pesants. On ménage dans la voûte, ou le plancher, une trappe pour le remplissage et on donne à la surface supérieure, qui forme cuvette, une pente de $0^m,01$ vers cette ouverture.

Les cuves sont généralement disposées en batterie à la suite les unes des autres. En avant, on creuse souvent une rigole qui conduit le vin au puisard d'une pompe.

Le prix de revient de ces cuves varie de 3 à 4 fr. l'hectolitre, suivant leur capacité. Il s'abaisse parfois à 2 fr., 50 si elles sont nombreuses et de grandes dimensions.

b. **Cuves en sidérociment.** — On donne le nom de *sidérociment* (de σίδηρος, fer) aux ouvrages en ciment avec ossature métallique qui ont pris, depuis quelque temps, une grande extension dans l'industrie, à cause de leurs multiples qualités : en effet, ils sont à la fois légers, résistants, imperméables, non oxydables, aptes à recevoir toutes les formes imaginables, enfin économiques. Ce mode de construction consiste à former une carcasse, un squelette, un treillis métallique à l'aide de rondins en fer ou en acier; à cette ossature, on donne la forme et les dimensions demandées, qui peuvent être quelconques ; puis, on la recouvre de chaque côté d'un mortier de ciment. Le ciment se fixe très solidement au fer ou à l'acier et constitue avec lui un monolithe résistant, inaltérable, d'une durée presque indéfinie et d'une étanchéité absolue. L'épaisseur des parois est très faible et l'ouvrage, par conséquent, léger. Non seulement le poids propre des constructions en sidérociment est très réduit, mais en outre l'emplacement qu'elles occupent est petit, par suite de la moindre épaisseur des parois ; il en résulte fréquemment une économie sur les travaux accessoires (terrassements, bâtiments, etc.). De plus, la rigidité de l'ouvrage dispense de l'obligation d'établir une fondation profonde ; une couche de béton de $0^m,10$ à $0^m,15$ sur un sol bien aplani suffit pour une cuve de 600 hectos.

Le mortier de ciment pour la construction des cuves doit contenir 700 à 800 kilos de ciment de Portland par mètre cube de sable. Il arrive le plus souvent que l'imperméabilité du ciment n'existe pas au début, elle ne devient complète qu'au bout d'un certain temps. Si on remplit d'eau une cuve nouvellement achevée, on observe que cette eau filtre lentement à travers la paroi. En s'évaporant sur la face extérieure, elle laisse déposer dans les pores du ciment les sels qu'elle avait entraînés mécaniquement et elle produit ainsi le colmatage de la paroi d'une manière insensible.

L'expérience a démontré que le fer ou l'acier entouré de ciment ne s'oxyde pas. Le ciment adhère fortement au métal, de sorte que l'ossature et son enveloppe forment un tout indissoluble.

L'acier est plus employé que le fer pour ces travaux. Les ligatures nécessaires pour établir la carcasse métallique se font avec du fil de fer recuit. Elles n'ont d'autre objet que de maintenir indéformable le quadrillage métallique pendant le montage et jusqu'à la prise du ciment, elles n'interviennent aucunement dans la résistance de l'ouvrage terminé. Exception doit être faite pour les attaches qui réunissent les extrémités des cercles directeurs des cuves cylindriques : ces cercles travaillent à l'extension, par suite la séparation des bouts de ces cercles ou le simple relâchement des ligatures produirait une fissure dans le ciment, incapable d'opposer seul une résistance suffisante à la pression intérieure. Aussi doit-on apporter un soin tout particulier à ces attaches, pour lesquelles l'agrafage remplace habituellement la simple ligature.

Les cuves en sidérociment peuvent être cylindriques ou prismatiques. Les premières sont incontestablement les meilleures. Leur résistance est beaucoup plus grande et leur construction plus simple. On doit ne recourir aux dernières que pour les petites capacités, ou lorsque les conditions d'emplacement l'exigent. Même dans ce cas, il est préférable de construire un massif cloisonné suivant la disposition adoptée dans le cellier de Bordj-Cedria (*s*, fig. 3, page 483) : les parois extérieures des cuves sont courbes et les divisions intérieures seules sont planes.

1° Cuves cylindriques. — Supposons une cuve en tôle d'acier pleine, de diamètre *d* et de profondeur *h*. L'épaisseur *e* de la paroi sera :

$$e = \frac{1000\, h\, d}{2\,\mathrm{R}},$$

en appelant R la résistance de la tôle par mètre carré de section. Si, à cette tôle, on substitue des cercles en rondin d'acier écartés de *l*, la section de chacun de ces cercles, pour résister dans les mêmes conditions, sera :

$$s = e \times l.$$

En calculant ainsi, on admet que le ciment qui enveloppera l'ossature métallique ne fait qu'étancher la paroi et n'oppose à l'extension aucune résistance propre, puisque les cercles seuls suffisent à résister à la pression. On se place évidemment dans des conditions de sécurité absolue, car, d'après M. Coignet, la résistance du ciment n'est pas négligeable et atteint même 12 kilos par centimètre carré, soit 1/100 de celle de l'acier. Mais cette prudence est nécessaire ; il faut, en effet, dans les ouvrages en acier et ciment, éviter de laisser prendre au métal un allongement qui pourrait fissurer le ciment ; on diminue même quelquefois de moitié la résistance spécifique du métal, pour parer à tout accident.

La pression étant proportionnelle à la profondeur, on devrait rationnellement, ou bien diminuer la section des cercles de la base au sommet, en leur conservant un écartement constant, ou bien employer des cercles de section constante et les répartir à des écartements inversement proportionnels aux profondeurs. Mais d'autres considérations obligent le constructeur à s'éloigner plus ou moins des indications de la théorie ; la simplification du travail, la rapidité du montage, le souci d'assurer la rigidité de l'ossature pendant la période de construction et avant l'application du ciment. En général, on donne aux cercles directeurs un écartement constant de $0^m,06$ à $0^m,08$; les rondins ont des diamètres variés et ils alternent dans un ordre convenable pour la rigidité de l'ouvrage. Quant aux génératrices, elles ont toujours une résistance supérieure aux exigences de la théorie ; on leur donne $0^m,006$ à $0^m,010$ de diamètre et on loge de distance en distance quelques rondins de $0^m,012$ à $0^m,014$ pour maintenir l'ossature. Les génératrices ont même écartement que les cercles directeurs.

Enfin, on empâte l'ossature dans un mortier de ciment, qui comble les vides du quadrillage et qui étanche la paroi. Son épaisseur totale est comprise entre $0^m,03$ et $0^m,08$, suivant l'importance de la cuve. Extérieurement à l'ossature, l'épaisseur du ciment est toujours de $0^m,015$ environ.

2° Cuves prismatiques. — Les parois des cuves prismatiques sont planes et travaillent à la flexion sous la pression qui s'exerce sur elles de l'intérieur. Le principe de la résistance du sidérociment est, ici, que le métal travaille à l'extension et le ciment à la compression. Il n'y a, par suite, aucun intérêt à employer des fers spéciaux, tels que des fers T, et on conserve les barres en fer ou en acier rondes, qui ont le grand avantage d'assurer une liaison parfaite du ciment sur toute la surface du métal.

Pour les cuves de petites dimensions, chacune des faces est simplement formée par un treillis métallique noyé dans une couche de mortier de ciment ; elle constitue en réalité une dalle.

M. Coignet donne (1), pour en calculer les éléments, les trois formules :

$$S = \frac{2}{3} h \qquad e = h + 1,5 \qquad M = 6,4\, h^2,$$

en appelant S la section totale des barres *extérieures* de l'ossature par mètre de hauteur de la cuve;

e l'épaisseur totale de la paroi,

h la distance de l'axe des barres à la face intérieure de la paroi,

M le moment fléchissant sur un mètre de hauteur de la paroi.

On en déduit le tableau ci-dessous :

e	h	S	Nombre des barres par mètre	Diamètre des barres	M
cm	cm	cm²		mm	kg
4,5	3	2 »	10	5	58
5,5	4	2,66	10	6	102
6,5	5	3,33	12	6	160
7,5	6	4 »	11	7	230
8,5	7	4,66	12	7	314
9,5	8	5,33	11	8	410
10,5	9	6 »	12	8	520
11,5	10	6,66	13	8	640

Les barres *intérieures* verticales ont toujours une résistance suffisante, leur rôle est surtout de réunir les barres horizontales, de les rendre solidaires et de donner de la rigidité à l'ossature. Comme le montre la formule, l'épaisseur du ciment n'est extérieurement à l'ossature que de $0^m,015$. La plus grande épaisseur de la couche de ciment est à l'intérieur.

Pour les cuves de grandes dimensions, les parois ont besoin d'être renforcées par un certain nombre de nervures ou de poutrelles en ciment, horizontales, à l'extrémité libre desquelles se trouve logée une barre d'acier. La figure 22 représente une portion de la paroi d'une cuve ainsi consolidée.

La paroi A B est formée par un treillis métallique $a\,a$ noyé dans le ciment; l'ossature métallique raidit l'ensemble de la paroi et lui aide à supporter la pression intérieure F, entre deux poutrelles P P. Ces poutrelles sont écartées de $0^m,70$ à 1 m. d'axe en axe. A l'extrémité de chacune d'elles, est placé un fer rond $c\,c$, relié par des attaches de $0^m,003$ à $0^m,004$ au treillis métallique de la paroi A.B. Parfois, un deuxième fer rond de moindre diamètre est logé au sommet de la poutrelle.

Si nous isolons une de ces poutrelles et la partie de la paroi A B qui l'in-

---

(1) *Mémoires de la Société des Ingénieurs civils de France* (mars 1894).

téresse, il est visible que la paroi travaille à la compression, et la barre c à l'extension. L'axe des fibres neutres est situé à peu près en xy. La distance h qui sépare l'axe de la barre c de l'axe de la paroi A B est minimum lorsque l'axe neutre xy coïncide avec l'arête extérieure de la paroi.

En appelant s la section de la barre d'acier c,

           e l'épaisseur de la paroi A B,

           l l'écartement des poutrelles P,

           h la distance de l'axe de la paroi à l'axe de la barre,

           M le moment fléchissant de la poutre formée par une poutrelle et la partie correspondante de la paroi,

on a, d'après M. Coignet, les relations suivantes entre ces diverses quantités :

$$h = \frac{19}{8}\, e \qquad s = \frac{e\,l}{75} \qquad M = \frac{19}{40}\, e^2\, l.$$

Elles donnent le tableau ci-dessous, si on prend $l = 1^{\mathrm{m}}$:

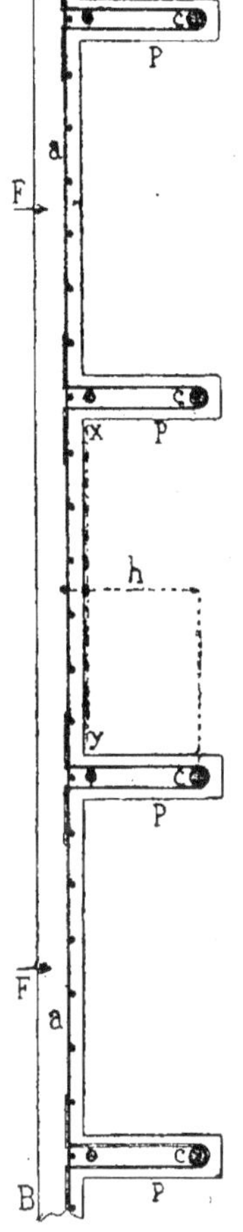

Fig. 22.

e	h	s	M
cm	cm	cm²	kg
5	11,88	6,66	1187,5
6	14,25	8 »	1710
7	16,63	9,33	2327,5
8	19 »	10,66	3040
9	21,38	12 »	3847,5
10	23,75	13,33	4750

Les cuves en sidérociment peuvent être ouvertes, ou fermées par une coupole de même construction ; elles reçoivent alors le nom d'*amphore*. On laisse au sommet une trappe avec couvercle pour le chargement. En bas, une porte avec cadre attaché à l'ossature métallique et noyé dans le ciment sert au déchargement. L'immersion des marcs est assurée par les mêmes moyens que dans les cuves en bois. Les tasseaux qui retiennent en place les traverses sont facilement établis pendant le montage de l'ossature de la cuve.

Les cuves en sidérociment tendent à se substituer partout aux cuves en maçonnerie, sur lesquelles elles présentent de si grands avantages. Leur prix est de 3 à 4 fr. l'hecto environ, suivant capacité. On construit en sidérociment non seulement les cuves, mais aussi les puisards, les conquets, les bassins, les citernes, les caniveaux, etc., etc.. On trouvera dans la deuxième partie de nombreux exemples de ces ouvrages.

c. **Amphores en briques.** — Les amphores en briques ont été très employées en Algérie pendant un certain temps. Elles offraient sur les cuves en maçonnerie ordinaire une partie des avantages que l'on trouve à l'emploi du sidérociment. Mais elles n'avaient pas la résistance du sidérociment. Aussi ce dernier s'est-il rapidement substitué aux briques dans la construction des vases vinaires.

Le cellier du clos de Bellevue (voir page 449) et le chai de M. Debonno (voir page 475) montrent deux installations d'amphores en briques. Les briques, d'un moule spécial, sont à crochet et à emboîtement. Elles sont souvent consolidées par des cercles en fer, comme on le verra dans la monographie du chai de M. Debonno.

Le prix de ces amphores atteint 4 à 5 fr. l'hecto.

d. **Lavage des piquettes.** — Pour le lavage méthodique des piquettes, on construit cinq cuves en batterie, communiquant entre elles suivant les indications de la figure 23. Deux rigoles A et B longent les cuves à la partie supérieure, l'une en avant, l'autre en arrière. Des coupures *a* font communiquer chaque cuve avec la rigole A, et des coupures *b* avec la rigole B. Des barrages *d* sectionnent cette rigole en face de chaque cuve. La même rigole B communique par les tubes *c* avec la partie inférieure de chaque cuve; ces tubes s'ouvrent sous un faux-fond à claire-voie sur lequel repose le marc à laver (il est représenté en pointillé sur la coupe verticale). Une troisième rigole C relie les extrémités *e* et *f* de la rigole B.

Chaque cuve doit avoir une capacité telle que l'on puisse y charger le marc pressé dans une journée. D'après M. Bouffard, le marc pressé et tassé à une densité de 0,833 et renferme encore 70 °/₀ d'humidité. Si l'on admet que 100 kilos de vendange donnent en moyenne 15 kilos de marc pressé et 78 litres de vin, le volume de la cuve vaudra 0^{m3},018 par 100 kilos de vendange cueillie, ou 0^{m3},023 par hectolitre de vin produit dans la journée. Il est préférable de construire des cuves hautes, pour augmenter l'épaisseur du marc. La hauteur sera au minimum de 2^m,50 à 3 m.

Voici, maintenant, comment on se sert de ces cuves: le premier jour du pressurage, on remplit de marc frais, que l'on tasse fortement, la cuve N° 1 et, par l'orifice *c*, on y introduit peu à peu le volume d'eau convenable (0,70 environ du volume du marc). Cette eau imbibe le marc, en remontant du bas au haut de la cuve. Le lendemain, on remplit la cuve N° 2. Toujours par l'orifice *c* de la cuve N° 1, on introduit une nouvelle quantité d'eau égale à la précédente. Si l'on a eu soin de boucher l'orifice *a* et d'ouvrir, au contraire, l'orifice *b*, l'eau se rendra de la cuve N° 1 dans la cuve N° 2, suivant la flèche du plan de la figure 23. On opère de la même manière, les jours suivants, en remplissant successivement les cuves N°ˢ 3, 4 et 5 et en admettant toujours l'eau par l'orifice *c* de la cuve N° 1. Le cinquième jour, on retire par l'orifice *a* de la cuve N° 4 la piquette riche produite par les quatre lavages des jours précédents, en versant sur la cuve N° 1 une dernière charge d'eau. Le marc de la cuve N° 1 étant épuisé, on continue le lavage

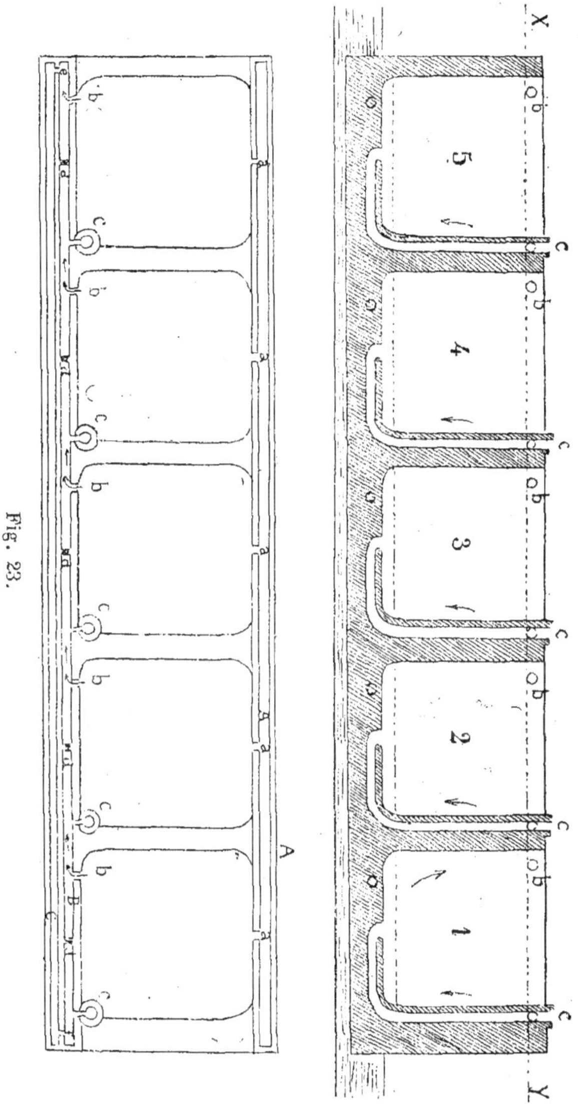

Fig. 23.

des autres cuves en commençant désormais par la cuve N° 2, et on retire le marc de la cuve N° 1 qui devient prête à recevoir, le sixième jour, un nouveau chargement, et ainsi de suite. Pour que l'eau puisse de la cuve N° 5 revenir à la cuve N° 1, on la fait passer par la rigole C.

Il s'établit entre les cuves un roulement régulier. Chaque jour, on introduit dans une cuve une charge d'eau pure (représentant à peu près les 0,70 du volume de marc) et on retire d'une autre cuve une quantité égale de piquette riche. Le marc est complètement épuisé.

Le sidérociment se prête admirablement à la construction de ces cuves; on adopte parfois des dispositions un peu différentes, mais basées sur le même principe.

III. — RÉCIPIENTS MÉTALLIQUES

M. le capitaine Toutée, propriétaire à Zaïana (Algérie), a imaginé de faire cuver sa vendange dans des cuves en tôle de $0^m,003$ d'épaisseur, en vue d'utiliser la conductibilité de la paroi au refroidissement de la masse en fermentation. Les cuves employées par M. Toutée sont cylindriques : leur diamètre est de $2^m,30$, leur hauteur de 3 m., elles cubent 125 hectos. Elles sont découvertes. Intérieurement, la tôle est revêtue d'un émail spécial, inattaquable par le vin. Extérieurement, la paroi est tapissée d'une toile sur laquelle on laissera tomber, pendant la fermentation, de l'eau en fines gouttelettes, pour obtenir par évaporation un refroidissement de la cuve. Le prix de revient de ces récipients, construits par M. Legrand, à Paris, atteint 7 fr. l'hecto.

Les résultats merveilleux que M. Toutée déclare avoir obtenus avec ces cuves nous paraissent exagérés. Ils ont d'ailleurs été infirmés par les expériences de M. Brociner (1). La surface de refroidissement, même d'une cuve de petite capacité, est trop faible par rapport au volume de la vendange qui y est enfermée et les échanges de température avec la masse en fermentation sont trop difficiles et trop lents pour que l'on puisse réaliser un abaissement de température notable par ce procédé. Le refroidissement de la vendange en fermentation est un principe de vinification excellent. Mais il ne peut être pratiquement obtenu que par la circulation du moût dans des réfrigérants extérieurs aux cuves. Le moyen mis en œuvre par M. Toutée est insuffisant et inefficace. Les cuves métalliques, d'ailleurs détestables pour la conservation du vin fait, n'ont donc pas de raison d'être.

---

(1) *Revue de viticulture*, tome II, page 185.

CHAPITRE III

VINIFICATION

Les machines et instruments utilisés pour la vinification forment un groupe aujourd'hui très important. Les décrire tous en détail serait évidemment sortir du cadre de cet ouvrage qui ne concerne que la construction des celliers et dans lequel l'outillage ne doit être examiné que dans ses rapports avec le bâtiment. Nous nous en tiendrons donc aux généralités.

I. — FOULOIRS ET ÉGRAPPOIRS

a. **Fouloirs à cylindres.** — Le foulage des raisins est obtenu, la plupart du temps, par leur passage entre deux cylindres en fonte de $0^m,25$ de diamètre et de $0^m,80$ à 1 m. de longueur, tournant en sens contraire l'un de l'autre et à vitesse différente. Ces cylindres sont striés ou cannelés. L'un d'eux est mobile par rapport à l'autre pour prévenir toute rupture par engorgement. On peut, d'ailleurs, régler à volonté leur écartement. Tous les constructeurs livrent des appareils à peu près semblables. Toutefois, dans le fouloir de M. Françon, les cylindres sont remplacés par des broyeurs prismatiques.

Ces appareils sont fixes, mi-fixes (c'est-à-dire transportables à bras) ou roulants. Ils sont commandés par moteur, ou à bras par un ou deux hommes. Leur travail est suffisant pour la vinification des vins rouges, il est d'autant meilleur que la vendange est jetée dans la trémie par petites quantités à la fois et répartie sur toute la longueur des cylindres. Pour les vins blancs, on demande des appareils plus énergiques, c'est-à-dire capables de donner immédiatement une plus grande quantité de moût: avec les fouloirs à cylindre on n'obtient, en effet, après égouttage que 50 litres de moût environ par 100 kilos de vendange. Débit : 4.000 à 6.000 kilos par heure avec deux hommes.

b. **Fouloirs-égrappoirs.** — Ces appareils ont pour but de séparer les

grains de la rafle, en même temps qu'ils effectuent le foulage. Généralement, l'égrappage suit le foulage. Pourtant, on peut égrapper avant de fouler, à la condition de donner une plus grande vitesse au mécanisme égrappeur.

L'égrappeur est formé d'une auge demi-cylindrique, en cuivre, perforée
de trous de 0^m,03 à 0^m,04 de diamètre, et fermée par un couvercle en bois ;
dans l'axe de l'auge tourne un arbre en fer auquel sont fixées des palettes
métalliques, disposées en hélice sur toute sa longueur et constituant en
quelque sorte le squelette d'une vis sans fin. En tournant, ces palettes
poussent les grappes, les remuent et les frottent contre la paroi de l'auge.
L'égrappage se produit : les grains et le moût traversent les trous de l'auge,
tandis que les rafles sont rejetées à l'extrémité du cylindre. La perfection
du travail dépend de la vitesse de rotation de l'égrappeur et de sa longueur
(2 m. environ). Si l'égrappoir est associé au fouloir, la commande est donnée par chaîne de Galle. Deux hommes suffisent à l'actionner. Débit : 3.000
à 5.000 kilos à l'heure.

c. **Turbine aéro-foulante.** — Imaginé par M. Paul, constructeur à
Cette, cet appareil opère le foulage des raisins en les lançant avec force
sur une paroi résistante, contre laquelle ils se brisent et s'écrasent. Il se
compose d'un arbre vertical tournant à grande vitesse dans l'axe d'un
cylindre métallique ouvert aux deux bouts. Sur l'arbre, sont clavetés deux
plateaux, l'un au-dessus de l'autre, à un écartement de 0^m,40 environ. La
vendange, versée près du centre de l'appareil, est reçue par le premier plateau. Elle est entraînée dans le mouvement rapide de celui-ci (des palettes
radiales fixées au plateau assurent l'entraînement) et projetée violemment
contre la paroi du cylindre concentrique où elle se brise. Reprise par une
cloison en forme d'entonnoir, la vendange est ramenée au centre et sur la
surface du second plateau, par lequel elle est de nouveau lancée contre la
paroi du cylindre, où elle achève de se désagréger. La matière est recueillie
au bas du cylindre absolument réduite à l'état de bouillie. La rafle et les
pépins ne sont aucunement écrasés, mais les grains sont déchirés, vidés, il
ne reste d'eux que la peau. La pulpe est divisée en fragments innombrables qui s'écoulent mélangés avec le moût.

A la turbine est généralement associé un séparateur de moût ; il est constitué par un cylindre en tôle perforée, au centre duquel tourne un arbre à
palettes, identique à celui des égrappoirs. Le moût s'écoule à travers les
orifices du cylindre et le marc tombe à l'extrémité.

Les deux turbines installées dans le cellier de Villeroy (voir page 336)
ont fourni aux vendanges de 1894 les rendements suivants pour 1.000 kilos
de raisins (1) :

---

(1) *Progrès agricole et viticole,* tome XXIII, page 124.

| Cépages | Vin de goutte | | | Vin de pressoir | Vin total |
	à la sortie de la turbine	après égouttage	total		
Aramon	630	80	710	75	785
Piquepoul	580	80	660	70	730
Terret-Bourret . .	500	120	620	114	734

La commande doit être donnée à la turbine par moteur. Les tentatives faites pour actionner à bras un petit modèle de cet appareil n'ont pas été couronnées de succès : même avec quatre hommes aux manivelles, le débit est insuffisant et le travail imparfait.

La turbine aéro-foulante est simple, facile à visiter, à nettoyer et à démonter. Le rendement élevé en vin de goutte qu'elle permet d'obtenir en fait un appareil précieux pour la fabrication des vins blancs. Mais elle convient également aux vinifications en rouge et peut être substituée avec avantage aux fouloirs à cylindres dans les grands celliers, où l'on dispose d'une installation mécanique appropriée. La force motrice nécessaire est de 2 à 4 chevaux-vapeur environ, suivant le numéro de l'appareil et son débit.

II.— PRESSOIRS

a. **Pressoirs à vis.** — La pression capable de produire l'asséchement des marcs, soit après le cuvage (vins rouges), soit avant la fermentation (vins blancs), est généralement obtenue par un mécanisme dont la partie essentielle est un écrou qui descend le long d'une vis. La vis est fixée au centre d'une *maie*, sur laquelle on élève le gâteau de marc à presser. De l'écrou, la pression est transmise à ce gâteau par un chapeau et des poutres ou des ressorts qui, par leur élasticité, doivent assurer la permanence de la pression.

1° Installation des pressoirs. — Les pressoirs sont le plus souvent *fixes*, c'est-à-dire installés à demeure en un point convenable du cellier, ou dans une annexe. D'autres fois, cependant, ils sont *mobiles* (montés sur roues) et peuvent être amenés successivement devant les foudres ou cuves dont ils doivent traiter le marc. Ce dernier système est assez répandu en Algérie. Ses partisans invoquent en sa faveur la plus grande facilité des chargements et la suppression du transport des marcs. Mais, si l'on y regarde de près, on constate que l'économie de main-d'œuvre n'est qu'apparente. Il faut, en effet, avec un pressoir fixe, un homme dans le foudre, un en avant pour recevoir le marc, deux rouleurs et un homme sur le pressoir pour monter le gâteau. Avec un pressoir mobile, on peut faire l'économie d'un rouleur, l'autre étant toujours utile pour jeter le marc sur le pressoir. Mais si le travail est mené rapidement, il faut deux hommes sur le pressoir pour arranger la charge. Le personnel reste donc le même. En outre, les pressoirs mobiles sont plus petits, plus légers, partant moins solides. Enfin, ils sont une cause d'embarras et de malpropreté dans les allées du cellier. Pour ces divers motifs, on doit donner la préférence aux pressoirs fixes.

2° Dimensions des pressoirs. — On admet que le volume du marc égoutté vaut, avant pressurage, environ le tiers du volume (ou du poids) Q de la vendange initiale. Le gâteau de marc atteint une hauteur de 1^m,25 à 1^m,50 au-dessus de la maie. On en déduit aisément la surface de maie S nécessaire pour loger ce marc. S = 0,26 à 0,22 Q.

Cette surface peut être obtenue avec un seul pressoir de grandes dimensions, ou, au contraire, le marc peut être distribué sur plusieurs pressoirs plus petits. Suivant nous, on doit donner la préférence aux grands pressoirs, c'est-à-dire qu'avec un seul pressoir on doit pouvoir presser le marc d'un foudre, jusqu'à 350 hectos de capacité. Ce n'est qu'au delà de 350 hectos que deux pressoirs deviennent nécessaires pour recevoir le marc d'un foudre. La limite maximum du diamètre de la claie est, par suite, de 3 m. environ.

Les partisans des petits pressoirs font valoir que la pression produite par unité de surface est plus grande sur un petit pressoir que sur un grand et que, par conséquent, l'assèchement est plus complet et la quantité de vin recueillie plus considérable. En fait, l'augmentation de pression est moindre qu'on ne le pense. Les pressoirs de diverses dimensions ont, en effet, des mécanismes dont la résistance n'est pas constante ; elle est proportionnée à la force du pressoir, c'est-à-dire à la grandeur de la surface pressée. S'il est vrai qu'*à pression égale* exercée par le mécanisme, une surface moitié reçoit une pression double, la pression n'augmente plus proportionnellement à la réduction de la surface, si le mécanisme cesse d'être capable d'exercer la même pression. La limite de la pression d'un pressoir est notamment fixée par le diamètre de la vis. Or, le diamètre de la vis décroît toujours avec le diamètre de la maie. On ne gagne donc pas beaucoup, au point de vue de la pression, à faire usage de petits pressoirs.

Prenons, par exemple, un pressoir de 1^m,80 de claie. La vis a extérieurement 0^m,110 de diamètre et le noyau de la vis 0^m,096. En fixant à 25 kilos par mm^2 la résistance d'une semblable vis, la pression limite est de 180.950 kilos, correspondant à 7^{kg},110 par centimètre carré de surface pressée. A ce pressoir, substituons le modèle de 2^m,50 de claie (c'est-à-dire de surface double). La vis a 0^m,140 et son noyau 0^m,123. La limite de la pression est, dans ce cas, de 297.050 kilos, soit de 6^{kg},566 par centimètre carré de marc pressé. La pression n'a donc été diminuée que de 0^{kg},544 alors que la surface pressée a doublé.

D'autre part, l'asséchement d'un gâteau de marc est fonction non seulement de la pression par unité de surface, mais aussi de la durée de la pression. Le temps est même de beaucoup le facteur le plus important. Il en résulte que, pour presser, pendant une durée égale, le marc d'un foudre de grande capacité, il faut multiplier le nombre des pressoirs. La dépense est plus grande et l'encombrement dans le cellier plus considérable.

Enfin, au point de vue de la qualité du vin de presse, il n'y a aucun avantage à atteindre des pressions exagérées. Avec une pression forte et un temps suffisamment prolongé, on parvient sans doute à extraire une quantité de vin plus grande, d'un volume donné de marc, mais ce vin est très défectueux. Il semble qu'il convient de ne pas dépasser une pression de 4 kilos par centimètre carré de marc, pression facilement obtenue avec les pressoirs de grand diamètre, si l'on fait subir au gâteau des recoupages, de façon à diminuer sa surface au fur et à mesure que l'asséchement augmente. Pratiquement, on reste au-dessous de cette pression-limite.

3° Mécanisme de pression. — Il résulte de ce qui précède que le choix du mécanisme d'un pressoir n'a pas grande importance au point de vue de la pression à produire. Il faut s'attacher surtout à la simplicité et à la commodité. A cet égard, les pressoirs du type Mabille (fig. 24) et ceux du type

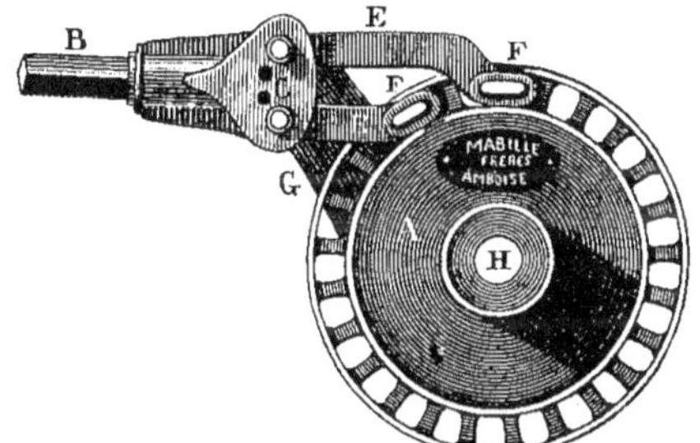

Fig. 24.

Marmonier (dits *système américain*) (fig. 25) donnent toute satisfaction. Les pressoirs à percussion du Languedoc, les pressoirs à barre ou à ancre du Beaujolais et de la Bourgogne, sont également très bons. Les premiers exigent, il est vrai, à certains moments, un nombreux personnel ; mais celui-ci se trouve toujours, dans un grand cellier, employé à divers autres travaux, dont il est facile de le distraire momentanément.

Les pressoirs à leviers multiples (Mabille, Marmonnier, etc.), d'une grande puissance, ne doivent jamais être manœuvrés par un nombre d'ouvriers supérieur à celui qui correspond à la force de l'appareil et qui est indiqué par le constructeur. On s'imagine volontiers qu'en mettant quatre hommes à un levier, qui doit être actionné par deux, on double la pression transmise au marc. C'est là une grosse erreur : les expériences de M. Ringelmann (1)

____

(1) *Revue de viticulture*, tome I, page 288.

ont nettement établi que le rendement mécanique de l'écrou n'est pas
constant et diminue quand la pression augmente ; il arrive même un
moment où ce rendement est voisin de zéro: les matières lubréfiantes sont

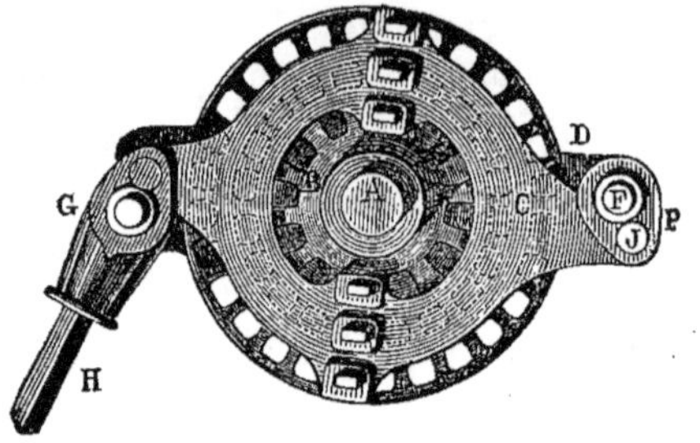

Fig. 25.

chassées hors des surfaces frottantes, et, finalement, les surfaces grippent,
sans qu'à une augmentation d'effort moteur corresponde un accroissement
de pression. On ne gagne donc rien en pression et on s'expose à produire
l'allongement de la vis ou la rupture d'une pièce du mécanisme.

Pour produire de grandes pressions, supérieures par exemple à 4 kilos
par centimètre carré de marc, il est préférable de recourir au pressoir *à
solette hydraulique* de M. Cassan. Cet appareil est très répandu en Algérie,
où il est apprécié. Le rendement mécanique du pressoir est constant, quelle
que soit la pression. Celle-ci n'est limitée que par la résistance de la vis à
l'extension. La manœuvre du pressoir n'exige qu'un homme, deux au plus,
au levier de la pompe. Le serrage est lent, ce qui n'est pas un inconvénient,
comme nous venons de le dire.

4° Maie. — La maie est une des parties importantes des pressoirs. Elle
peut être en bois, en tôle, en fonte, en pierre, en béton.

Les maies en bois sont les plus répandues. Elles n'ont qu'un inconvénient,
c'est de se disjoindre et de nécessiter de fréquentes réparations pour leur
conserver leur étanchéité. Il faut s'attacher à boucher les fentes, fissures,
etc., qui se produisent parfois avec le temps, en vue d'empêcher la pénétration du vin et le développement des germes d'acétification. Le bouchage se
fait avec un mastic composé de résine, de suif et de cendre fine, il s'emploie à chaud.

Les maies en tôle sont plus facilement étanches. Elles sont très bonnes,
si on les entretient bien, c'est-à-dire si on les peint chaque année après la
période des vendanges.

Les maies en fonte sont cassantes et ne conviennent qu'aux petits pressoirs.

Les maies en pierre froide taillées dans un seul bloc sont parfaites. Mais
il faut, pour pouvoir les employer, être à proximité des carrières. Elles
sont, d'ailleurs, coûteuses. Leur usage est donc limité à quelques rares loca-

lités. Les maies formées de plusieurs pierres assemblées et jointées sont répandues dans le Narbonnais (voir le cellier de Raonel, page 283), à cause de la proximité de leur lieu d'extraction. Elles sont inférieures aux maies monolithes. Les pressoirs du cellier de Guilhermain (voir page 257) sont établis de la même façon.

Les maies en béton, avec revêtement de ciment, sont excellentes. Elles sont durables et d'une étanchéité absolue. On trouvera des détails sur leur construction dans la deuxième partie (voir le cellier de Rochet, page 212, et le cellier du mas de la Brousse, page 243). La vis étant fixée à demeure dans la maie, il est prudent d'employer une vis d'un diamètre un peu plus fort pour parer à tout accident, dont la conséquence serait l'obligation de détruire la maie toute entière. Le marc repose toujours sur une claie de fond en bois, qui facilite l'écoulement du liquide.

Les maies des pressoirs sont parfois installées au-dessus de cuves en maçonnerie, dans lesquelles on recueille le vin. Cette disposition doit être condamnée d'une manière absolue : ces cuves, d'un accès difficile, ne peuvent être entretenues en bon état de propreté. On y oublie trop souvent des résidus de vin qui aigrissent, se corrompent, et on expose le vin de la cave toute entière à des altérations.

5° *Charge.* — La charge élastique que l'on dispose au-dessus du marc et sur laquelle s'exerce la pression est formée de deux rangs de poutres en bois. Ces poutres reçoivent la pression du *blain* (souvent appelé *estaudet* ou *arbrot*) et la transmettent au chapeau qui couvre le gâteau. Le chapeau est à claire-voie, ou doublé d'une claie. Les poutres en bois sont parfois rem-

Fig. 26.

placées par des fers T. Mais cette substitution n'est pas à recommander. Le montage et le démontage de la charge sont des opérations longues et pénibles avec les pressoirs de grandes dimensions. Les *charges pliantes* (fig. 26) simplifient la manœuvre, mais elles ont moins d'élasticité et, de plus, elles gênent les ouvriers occupés à l'arrangement du gâteau. La suppression des poutres et leur remplacement par des ressorts est une heureuse solution du problème. Les ressorts agissent, dans ce cas, sur un chapeau en fonte et bois, qui remonte d'une seule pièce avec l'écrou (voir le cellier du mas de la Brousse, page 243).

6° Claie. — La claie est commode pour le montage du gâteau. Elle ne sert que pendant la première pressée. Elle devient ensuite inutile lorsque le marc est recoupé; on ne la maintient en place que si l'on fait subir au marc un remaniage. La claie doit être ronde. Les claies carrées se déforment sous la pression. La claie est formée de deux ou trois segments que l'on accroche les uns aux autres. Le système d'accrochage doit être simple, résistant à la poussée intérieure, et cependant facile à décrocher pendant que le gâteau est sous pression. Avec les petits pressoirs, le marc se foutre contre la claie qui fait dès lors obstacle à l'écoulement du liquide. Il est bon de retirer la claie lorsque la cohésion du marc est suffisante pour prévenir l'effondrement du gâteau.

La claie sert souvent de chambre d'égouttement dans la fabrication des vins blancs.

b. **Pressoirs à moteur.** — Les pressoirs hydrauliques et les pressoirs à vapeur ne peuvent être employés que dans les grands domaines, où l'on dispose d'une installation mécanique complète. Les pressoirs hydrauliques, les plus puissants, sont coûteux d'achat, délicats et ont besoin d'être conduits par des mécaniciens de profession (voir le cellier de Villeroy, page 336). Ils ne sont pas à conseiller. Les pressoirs à vapeur, à engrenages, sont moins compliqués, mais plus sujets à avaries. On trouvera deux exemples d'installation dans la deuxième partie (voir le cellier du Grand Craboules, page 277, et le cuvier de Château-Arnaud-Blanc, page 368), l'une avec maies fixes, l'autre avec maies mobiles portées par deux essieux. Les maies roulantes ont été également adoptées au cellier de Villeroy. Elles ont l'avantage, avec la commande par moteur, de réduire au minimum les arrêts. Une maie chargée de marc frais est toujours prête à prendre la place d'une maie dont le gâteau est asséché. Celle-ci est de nouveau chargée pendant le pressurage de l'autre et ainsi de suite.

c. **Pressoirs continus.** — On reproche aux pressoirs ordinaires d'exiger beaucoup de main-d'œuvre, de demander trop de temps et de n'épuiser que très imparfaitement les marcs. Ce dernier défaut est surtout sensible dans la fabrication des vins blancs, car la viscosité des raisins frais rend extrêmement difficile la séparation du moût.

Les pressoirs continus ont été proposés dans le but de supprimer ces inconvénients. Ils doivent prendre, d'un côté, la vendange par petites quantités à la fois, exercer sur elle une pression progressive, en agissant sur une couche de faible épaisseur, et rejeter, de l'autre côté, le marc asséché. L'action est continue et le pressurage ininterrompu.

Les résultats fournis jusqu'ici par les pressoirs continus sont loin d'être satisfaisants. Appliqués au pressurage des marcs fermentés, ils ne procurent ni une économie appréciable de main-d'œuvre, ni une augmentation du rendement en vin, si on les compare avec un bon pressoir, du système Mabille par exemple, sur lequel le gâteau subit deux recoupages. Ils n'offrent donc aucune utilité dans ce cas. Avec les vendanges fraîches, ils donnent des moûts très colorés si l'on opère sur des raisins rouges, et avec des raisins blancs le rendement en vin n'est pas supérieur à celui que donne une turbine Paul et un pressoir ordinaire. En outre, leur débit est généralement faible. Nous estimons donc qu'il faut renoncer, comme quelques-uns l'ont espéré, à séparer avec les pressoirs continus la totalité du jus renfermé dans la grappe des raisins frais. Ces machines peuvent être d'excellents égouttoirs. Il est à craindre qu'ils ne soient jamais des appareils de pressurage, si l'on attache à ce terme l'idée d'asséchement parfait.

III.— POMPES A VIN

La pompe est, après le pressoir, un des appareils les plus utiles et les plus employés dans les celliers. Elle est d'un usage journalier, aussi bien pendant la période des vendanges que le reste de l'année. Elle sert à transvaser les moûts et les vins. La pompe des celliers, constamment traversée par des liquides chargés de matières en suspension (lies, pépins, débris de rafle, peaux, etc.), doit être construite d'une façon tout autre que la pompe des chais de négociants qui ne transvase que des vins limpides ou seulement louches.

Les meilleures pompes sont à corps de pompe et à piston en bronze. Les clapets, en bronze également, doivent être facilement accessibles, en cas d'engorgement. Les clapets à boule sont les plus simples et les plus pratiques. Toute la pompe doit être d'un démontage commode et rapide. La section des tuyaux doit être aussi grande que possible. Il faut éviter les étranglements causés par de trop brusques changements de section, ainsi que les coudes à faible rayon.

Les pompes, simplement foulantes, *à cuvier*, ont un rendement mécanique plus élevé : elles ont généralement un débit plus grand et fatiguent moins les ouvriers. Mais le cuvier n'est pas toujours en bon état de propreté et constitue un danger pour la conservation des vins. Les pompes aspirantes et foulantes sont un peu plus pénibles, mais très commodes. On les préfère aux précédentes. La commande doit toujours être donnée par un arbre à vilebrequin à manivelle et non par un levier. Le débit des premières est plus considérable, car le piston parcourt toujours nécessairement toute la longueur du cylindre. Avec le levier, les ouvriers ont trop souvent la tentation de réduire la course du piston. Un volant, placé sur l'arbre à vilebrequin, est indispensable pour régulariser le mouvement. La disposition qui consiste à commander par engrenages le volant calé sur un arbre secondaire n'est pas bonne; elle produit des secousses et occasionne, dans la transmission, des chocs qui sont préjudiciables au bon rendement de la pompe. Ce système est à rejeter.

a. **Pompes fixes.** — Les pompes *fixes,* c'est-à-dire installées à demeure en un point convenable du bâtiment, se rencontrent fréquemment dans les grands celliers (voir les celliers de Guilhermain, page 257, de Razimbaud, page 270, du Grand Craboules, page 277, de Raonel, page 283, etc.). Elles prennent le vin dans un puisard et le refoulent dans une canalisation fixe, en cuivre étamé, qui dessert tous les vases vinaires. Ce système ne doit être adopté que lorsque la commande est donnée par un moteur mécanique (machine à vapeur, moteur hydraulique, moteur à pétrole, manège). Leur débit est de 150 hectos environ à l'heure.

Le puisard des pompes fixes est souvent une cause de malpropreté. La canalisation fixe est coûteuse, difficile à nettoyer et oblige constamment le vin à parcourir une longueur de tuyaux excessive, qui occasionne des pertes de charge (d'où moindre débit ou travail moteur plus grand). Assez souvent, la pompe envoie le vin dans un bac installé au point culminant du bâtiment (dans les combles), d'où il est dirigé sur le vase vinaire en remplissage. Cette disposition est mauvaise, puisque la hauteur d'élévation est toujours maximum et supérieure à celle qu'exigerait le remplissage direct des foudres. Il est préférable de fixer la canalisation au-dessous ou à hauteur du clapet à raccord de la partie inférieure des foudres.

b. **Pompes mobiles.** — Les pompes mobiles sur roues sont les plus répandues. Elles sont actionnées à bras par un ou deux hommes et donnent un débit de 40 à 60 hectos à l'heure. On a imaginé d'installer sur un même chariot la pompe et un moteur à pétrole. Ce système est séduisant, mais le dégagement des gaz odorants produits par la combustion du pétrole est considéré comme dangereux pour le vin. Ces pompes alimentent, en général, des canalisations mobiles métalliques ou en caoutchouc. Ces dernières sont plus économiques et plus commodes. Elles sont peu coûteuses et durables, à la condition que leur égouttage soit toujours parfait et que les tuyaux ne soient pas repliés sur eux-mêmes. L'emploi d'un chariot porte-tuyaux (fig. 6, page 221) est à recommander. Il rend, en outre, le montage et le démontage faciles et rapides. Les canalisations fixes, telles que celle du cellier des Cheminières (voir page 313), sont plus coûteuses, mais assez commodes, parce qu'elles suppriment les tuyaux qui serpentent au milieu de l'allée centrale. On peut, cependant, supprimer cet inconvénient des canalisations mobiles, en soutenant les tuyaux en caoutchouc le long des vases vinaires par des porteurs en bois à tirette, adaptés aux supports des foudres et dissimulés dans l'épaisseur de ces supports en temps ordinaire.

c. **Aération des moûts.** — Assez souvent, on procède, pendant la durée du cuvage, à l'aération des moûts : le moût s'écoule dans une comporte par un robinet vissé au raccord à clapet du foudre ou de la cuve ; il est pris par la pompe et remonté à la partie supérieure du même récipient. Pour augmenter l'aération, on adapte au robinet un cylindre perforé (comme une pomme d'arrosoir) qui divise le moût en fines gouttelettes. On peut encore faire usage d'un robinet à entraînement d'air (fig. 27), imaginé par M. le

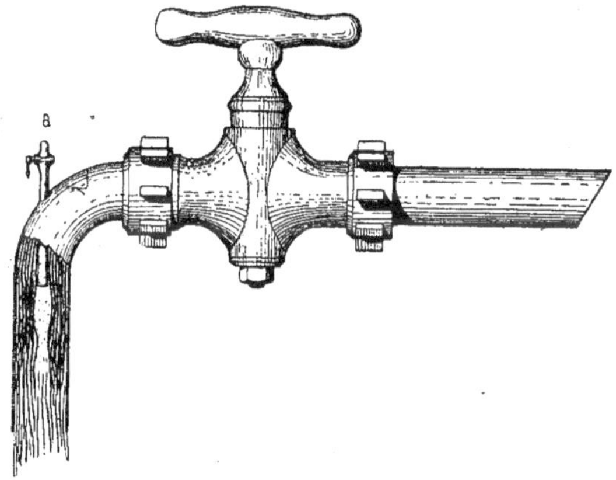

Fig. 27.

docteur Trabut. L'air pénètre par le tube *a* et divise le jet ; la veine liquide sort creuse et perlée, au lieu de s'écouler compacte et pleine. On règle l'aération en ouvrant plus ou moins le robinet *a*.

Les appareils imaginés jusqu'ici pour produire la circulation et le remontage automatique des moûts, en utilisant la pression intérieure des vases vinaires résultant du dégagement de l'acide carbonique, ne sont pas à recommander : les uns sont inefficaces, les autres dangereux pour la solidité des récipients.

IV. — RÉFRIGÉRANTS

La réfrigération des moûts en fermentation est une pratique d'une utilité indiscutable dans les pays chauds. On a proposé, dans ce but, d'établir dans les cuves des serpentins métalliques, pour la circulation de l'eau froide. Les serpentins fixes sont trop coûteux et rendent difficile le nettoyage des vaisseaux vinaires; les serpentins mobiles, incommodes. Les uns et les autres ont, en outre, l'inconvénient d'employer des quantités d'eau considérables. La réfrigération par refroidissement de la paroi extérieure des vases vinaires (cuves Toulée) est insuffisante et inefficace. Le refroidissement par production de glace est compliqué et coûteux.

Le seul procédé pratique est celui qui consiste à faire circuler le moût, à l'extérieur de la cuve, dans des réfrigérants tubulaires, analogues à ceux dont il est fait usage en brasserie, et que M. Brame, propriétaire en Algérie, a un des premiers songé à utiliser pour ce travail. Divers systèmes sont en présence.

Certains réfrigérants sont construits sur le principe des chaudières à vapeur tubulaires. Un faisceau tubulaire est traversé par le vin à refroidir, l'eau circule en sens contraire autour des tubes, ou inversement. Avec ces appareils, les surfaces de contact sont insuffisantes, la quantité d'eau nécessaire est trop élevée.

D'autres instruments sont disposés comme les refroidisseurs de laiterie : une série de tubes superposés est traversée par de l'eau froide, le vin coule en nappe mince à l'extérieur des tubes. Tel est le réfrigérant Lawrence. Mais ces réfrigérants présentent le grave inconvénient de laisser le moût en contact prolongé avec l'air. On peut y remédier en enveloppant l'appareil d'une chemise métallique, comme l'a fait M. Lecq (voir page 470).

L'appareil qui a donné jusqu'à présent les meilleurs résultats est le réfrigérant Baudelot. C'est celui que M. Brame a employé, dès le début, et que l'on rencontre dans la plupart des celliers d'Algérie et de Tunisie (voir les monographies de la deuxième partie).

a. **Réfrigérant Baudelot.** — Il est formé de 14 à 20 tubes, en cuivre étamé, de $0^m,045$ de diamètre intérieur et de 4 m. de longueur, couchés parallèlement les uns au-dessus des autres et réunis de façon à former serpentin, c'est-à-dire accouplés en zigzag. Les raccords sont facilement démontables en vue des nettoyages. L'ensemble rappelle par son apparence extérieure un jeu d'orgue horizontal. En haut, une auge, dont le fond est percé de petits trous, reçoit l'eau froide et la distribue en petites gouttelettes à la surface du premier tube. Cette eau passe, ensuite, successivement sur tous les autres tubes; dans ce but, chacun d'eux porte en dessous une lame de scie qui sert de distributeur. Le moût, refoulé par une pompe dans le faisceau tubulaire par le tube placé le plus bas, circule de l'un à l'autre en remontant et sort par le tube du haut pour être rejeté sur la cuve. Pour éviter qu'il ne s'établisse un courant à travers l'épaisseur du marc et que le même moût ne repasse indéfiniment dans l'appareil, il est indispensable de distribuer le moût refroidi sur toute la surface de la cuve. On peut employer, pour ce faire, un tourniquet hydraulique, tel que celui construit par M. Paul.

Dans ce réfrigérant, le moût circule à l'abri de l'air. Le refroidissement est méthodique. L'abaissement de température du moût dépend du débit de l'appareil, de la température initiale du moût et de l'eau et de la quantité d'eau employée. L'évaporation de l'eau à la surface du réfrigérant augmente son efficacité. On a donc avantage à installer l'appareil dans un courant d'air. La pompe doit *refouler* et non *aspirer* dans le réfrigérant.

Nous avons assisté chez M. Brame à l'expérience suivante: la température initiale du moût étant de 37°, celle de l'eau de 21°,5, le moût était remonté dans la cuve à 25° et l'eau s'écoulait à 32°,5. Le débit du vin, mesuré par le débit connu de la pompe, était de 50 hectos à l'heure. Il ne nous a pas été possible de mesurer le débit de l'eau. Il serait facile de le calculer, si le refroidissement du moût et l'échauffement correspondant de l'eau étaient dus seulement à un échange de calories. Mais le refroidissement obtenu par l'évaporation d'une portion de l'eau (inconnue) complique le problème.

D'après M. Catta, la quantité d'eau mesurée par lui chez M. Brame représente les 70 % du moût mis en œuvre (1). Le débit du moût était dans l'expérience de 50 hectos par heure, la température initiale du moût 38° et finale 30°; la température initiale de l'eau 22°. M. Dessoliers considère la quantité d'eau dépensée comme beaucoup plus grande. Il la fixe à 4 ou 5 fois le volume du vin produit (2).

Des expériences faites en septembre 1894 par la Société d'agriculture d'Alger (3) ont montré que le débit du moût doit être relativement grand (au moins 20 à 40 hectos à l'heure, suivant l'appareil) si l'on veut que le rendement en calories absorbées par l'eau soit maximum; la température de l'eau et celle du moût font varier le débit de l'eau de 16 à 24 hectos à l'heure dans le premier cas et de 34 à 46 dans le second cas.

Cette énorme dépense d'eau rendrait la réfrigération presque inapplicable dans les pays chauds où, précisément à l'époque des vendanges, les

---

(1) Brame.— Nouvelle méthode de vinification.
(2) H. Dessoliers.— Vinification en pays chauds.
(3) L'*Algérie agricole*, N° 185, juillet 1895.

sources sont taries et les puits très bas. Mais on peut facilement faire servir indéfiniment la même eau, en la refroidissant entre deux opérations successives par l'évaporation d'une petite quantité de cette eau elle-même. Un litre d'eau, en s'évaporant, absorbe de 536 à 600 calories, suivant la température de vaporisation (voir page 100). Si nous adoptons le nombre de 500 calories, pour tenir compte des pertes accidentelles, et si nous supposons qu'il faille soustraire 100 calories au moût pendant la durée de la fermentation, il suffira d'avoir un volume d'eau disponible égal seulement à 1/5 du vin produit. Ce volume s'abaissera à 1/10 du vin produit, si le nombre de calories à enlever n'est que de 50, par exemple. La réfrigération est, dès lors, possible dans tous les celliers, des citernes fournissant au besoin l'eau nécessaire, en l'absence de sources ou de puits.

b. **Refroidisseurs d'eau**. — Une disposition très simple est celle *des bâtiments de graduation*. On laisse l'eau s'écouler à l'air libre le long de balais en bouleau suspendus à un bâti métallique approprié, sur une hauteur de 8 m. environ. L'évaporation est active, lorsque le vent souffle, mais insuffisante par les temps calmes.

Il est préférable de recourir aux *cheminées climagènes* imaginées par MM. Dessoliers et Edme Rinn. M. Dessoliers en donne la description suivante : « L'appareil se compose d'une ou plusieurs cheminées formées d'un empilage de briques creuses. L'eau, à sa sortie du réfrigérant, est distribuée en pluie au-dessus de ce massif, elle descend lentement en nappes minces sur les surfaces extérieures des briques et sur les parois intérieures des canaux qui les traversent. A chaque assise, les courants sont subdivisés à nouveau, les briques sont ainsi mouillées d'une façon uniforme. L'installation comprend en outre un ventilateur placé au pied de la cheminée, lequel refoule de l'air à travers le massif. Cet air se répartit d'une manière uniforme dans les mille canaux à parois humides formés par ces briques ; dans ce parcours en petites veines, il se sature, s'échauffe et, par suite, il est utilisé à son maximum. L'eau refroidie par évaporation est recueillie au bas de l'appareil et renvoyée dans le réfrigérant. La circulation est continue et indéfinie. La masse de briques forme volant calorique, ce qui assure la constance de la température malgré les petites variations de débit. »

Avec 1.000 briques creuses à neuf trous, on a plus de 220 mètres carrés de surface d'évaporation. La brique est incorruptible et durable.

La réfrigération des moûts a fait depuis deux ans d'énormes progrès en Algérie. Elle constitue une des opérations les plus utiles de la vinification.

DEUXIÈME PARTIE

LES PRINCIPAUX TYPES DE CELLIERS

DE FRANCE ET D'ALGÉRIE

Il n'existe pas de cellier-type unique pouvant convenir à la fois à toutes les régions, à toutes les exploitations et à tous les procédés de vinification. Mais on trouve, dans chaque région, un certain nombre de celliers bien appropriés aux conditions particulières des domaines sur lesquels ils sont construits et répondant le mieux aux exigences de la fabrication du vin qui y est spécialement pratiquée. La monographie de ces installations nous paraît être le complément utile de l'étude détaillée que nous venons de faire de la construction, de l'aménagement et de l'outillage des celliers. Elle nous permettra de montrer plus clairement l'application des principes que nous avons exposés et de faire mieux ressortir les avantages, parfois aussi les inconvénients, de chaque système.

Dans ces descriptions, nous aurons soin d'écarter tous les détails techniques qui sont, au contraire, développés avec précision dans la première partie. Notre but est seulement d'indiquer les dispositions d'ensemble, le groupement des divers éléments de chaque cellier, l'organisation du travail et la pratique des opérations de la vendange et de la vinification.

Pour donner satisfaction à la grande et à la petite propriété, nous nous sommes attachés à choisir nos types successivement dans les grandes exploitations et dans les domaines de moindre importance, quoique les dispositions adoptées dans le premier cas puissent être appropriées au second, en réduisant convenablement les proportions des bâtiments et du matériel vinaire.

Enfin, nous avons pensé que quelques devis seraient un précieux renseignement pour permettre de calculer, dans chaque cas particulier, la part de la construction d'un cellier et de son aménagement dans les frais de création d'un vignoble et pour comparer les différents types de celliers. Nous nous sommes donc efforcés de les établir, pour un certain nombre d'entre eux, avec la plus grande exactitude possible.

CHAPITRE PREMIER

RÉGION MÉDITERRANÉENNE

La région méditerranéenne de la France est caractérisée par la grande fertilité du vignoble et par l'abondance de sa production. Dans le Languedoc, qui en est la partie la plus importante, les rendements de 40 à 50 hectolitres de vin à l'hectare peuvent être considérés comme un minimum, presque comme une exception. La moyenne est, pour le département de l'Hérault, de 80 hectolitres. Mais il n'est pas rare de voir atteindre, dans la plaine, 100 à 150 hectos et dépasser, dans les vignes soumises à la submersion du Narbonnais, 200 hectos. On cite même des parcelles isolées qui donnent jusqu'à 300 hectolitres par hectare.

Les vins de la région méditerranéenne manquent généralement de finesse. Ce sont de bons vins ordinaires, de consommation courante. Ils sont, le plus souvent, vendus à la récolte, enlevés avant la période des chaleurs de l'été suivant; ils ne séjournent donc que quelques mois dans le cellier du producteur.

Il en résulte que les bâtiments sont, avant tout, installés et outillés pour traiter rapidement de très grandes quantités de vendange, pour loger des récoltes importantes, mais qu'ils ne sont pas aménagés en vue d'une longue conservation et d'une amélioration possible du vin. On trouve, il est vrai, dans quelques localités privilégiées, où la qualité est supérieure, des chais annexés à la cuverie proprement dite, pour la garde d'une partie de la récolte, parfois de la totalité. Mais ce sont là des exceptions, et, le plus souvent, le même bâtiment (le cellier) sert à la fois à la fabrication du vin et au logement du vin fait.

C'est principalement par le système adopté pour l'élévation de la vendange et pour le remplissage des récipients affectés à la fermentation que les celliers diffèrent. C'est aussi par la nature du vin qui y est obtenu (vin rouge ou vin blanc). Quelques types se font remarquer, en outre, par les dispositions originales de leur construction ou de leur installation mécanique, imposées soit par les conditions spéciales de leur emplacement, soit par les exigences d'une production particulièrement abondante.

I. — LE CELLIER DU DOMAINE DE ROCHET

Élévation de la vendange par rampe longitudinale

FABRICATION DE VIN ROUGE

Le domaine de Rochet, situé dans les environs de Montpellier, à 3 kilomètres au nord-est de cette ville, appartient à Mme Camille Saint-Pierre. La reconstitution du vignoble, à peine commencée en 1881, à la mort de M. Saint-Pierre, directeur de l'Ecole d'Agriculture de Montpellier, a été poursuivie par Mme Saint-Pierre, avec le concours du régisseur, M. Clareton, qui avait été placé, quelques années auparavant, à la tête de l'exploitation, et elle est aujourd'hui complètement achevée. Grâce au dévouement, à l'activité et à l'intelligence de M. Clareton, l'opération a été rapidement menée à bonne fin, et le domaine est sans contredit un des plus intéressants à visiter dans la région.

A l'époque de l'invasion phylloxérique, le cellier comprenait un bâtiment déjà ancien, que M. Saint-Pierre était en train d'agrandir en doublant sa longueur, lorsque les travaux furent arrêtés par la destruction des vignes ; le gros œuvre seul était terminé. Le nouveau bâtiment servit de grange et de grenier à foin. Mais, aussitôt que les récoltes des nouvelles plantations commencèrent à atteindre les anciens rendements, on se préoccupa d'aménager cette partie neuve. Un incendie, qui détruisit en 1890 le vieux corps de bâtiment, rendit nécessaire la reconstruction complète de cette portion du cellier, de telle sorte que le cellier actuel est neuf dans toutes ses parties. La travée portant la lettre B sur la figure 2, édifiée la dernière, apparaît en teinte claire sur la photographie (fig. 1). Les travaux de reconstruction du bâtiment incendié B (fig. 2) et d'aménagement de l'autre partie A ont été conduits avec une extrême rapidité à cause de l'approche de la vendange, mais cependant exécutés avec beaucoup de soin.

Tel qu'il est, le cellier de Rochet peut être donné comme un modèle ; il fait le plus grand honneur à l'architecte M. Debens, qui en a dressé les plans, et au régisseur M. Clareton, qui a dirigé les travaux.

Avant d'aborder la description du cellier, nous croyons utile de donner quelques détails sur le vignoble lui même, afin de pouvoir justifier ensuite les dispositions adoptées par le constructeur.

Le vignoble est en plaine ; sa superficie est de 50 hectares. Il est établi sur des terrains appartenant à la formation géologique dite *des sables de*

Cellier de **Rochet.** — Fig. 1.— Vue extérieure du cellier et de la rampe d'accès.

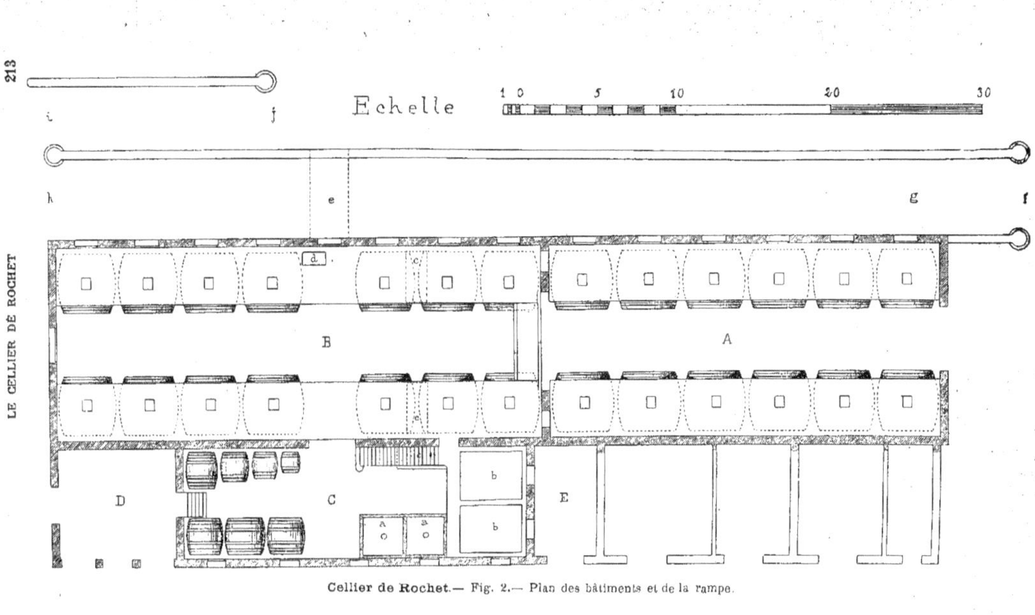

Cellier de Rochet.— Fig. 2.— Plan des bâtiments et de la rampe.

Montpellier. Sa configuration est régulière : il a sensiblement la forme d'un rectangle, au centre duquel sont élevés les bâtiments. Il est constitué par

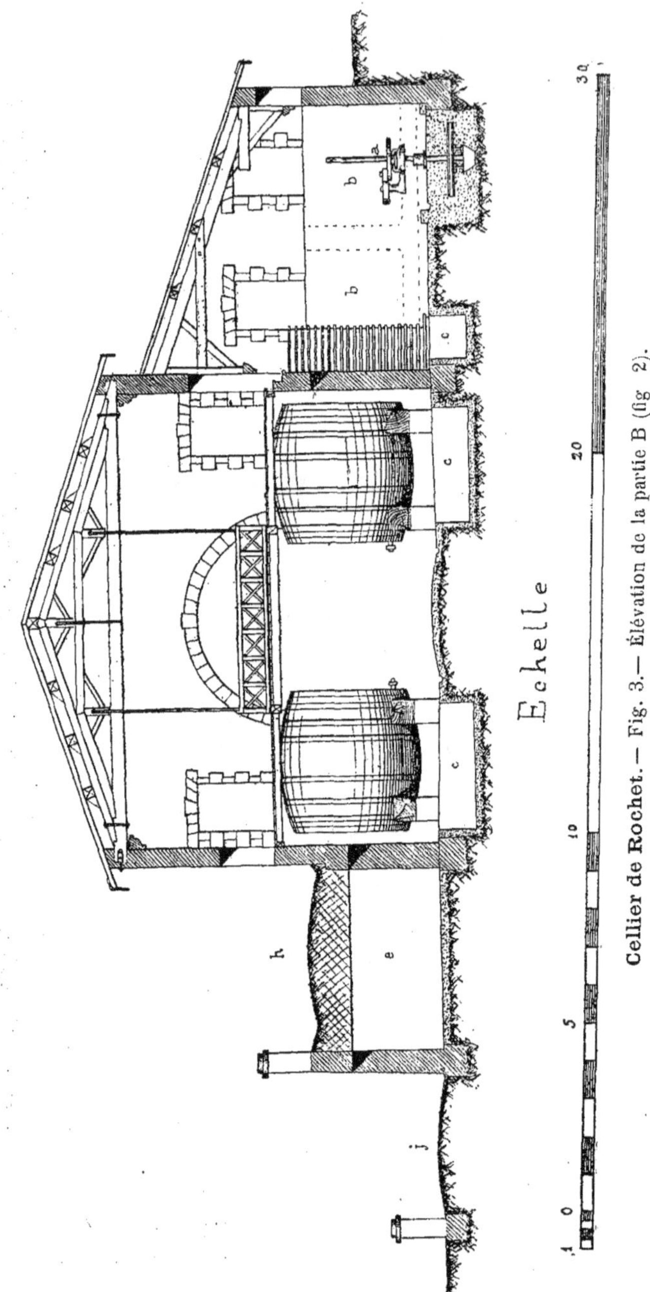

des vignes américaines greffées. Le porte-greffe est le Jacquez. Les cépages greffés sont des Aramons, représentant les deux tiers de la plantation, puis des Bouschet, des Aspirans, des Carignanes, des Cinsauts, des Piquepouls, des Clairettes, etc., etc., formant l'autre tiers. La végétation est magnifique.

La production moyenne atteint 120 à 150 hectol. par hectare, soit 6,000 à 7,500 hectol. au total. Elle sera probablement supérieure dans quelques années, lorsque toutes les vignes auront atteint leur complet développement. La plantation a été faite tantôt à l'écartement de 1^m,70, tantôt à celui de 1^m,56 (6 pans 1/4, ancienne mesure du pays).

L'exploitation est rendue très facile par une distribution fort ingénieuse des chemins dans les vignes, grâce à laquelle, d'abord, on n'a jamais plus de 35 rangées de ceps à franchir pour atteindre un chemin, ensuite, les véhicules n'ont jamais besoin de tourner pour revenir en arrière. Par suite, les ouvriers ont au maximum 60 mètres à parcourir pour sortir de la vigne et cette disposition facilite considérablement les travaux ; soit pour l'enlèvement de la vendange, soit pour le transport des engrais, les charrettes entrent d'un côté et sortent de l'autre, quelle que soit la parcelle et quelque position qu'elle occupe par rapport aux grandes artères de communication. Les chemins ont 1^m,80 de largeur seulement, puisque jamais les charrettes ne se croisent; ceux des rives ont 2^m,70 pour faciliter les tournées des instruments de culture et des pulvérisateurs à grand travail.

Le vin rouge est la production normale du domaine. Suivant les demandes, on peut toutefois vinifier en blanc une partie de la récolte. Dans ces dernières années, les prix se sont maintenus entre 20 et 27 fr. l'hectolitre, toujours supérieurs à la moyenne du prix de vente des vins de cette catégorie. Ce résultat est dû aux soins apportés à la vinification; il est aussi la conséquence du bon aménagement du cellier et du parfait état d'entretien des bâtiments, des machines et du matériel vinaire.

La vendange dure à peu près 15 jours. La cueillette des raisins est opérée par deux *colles* de 24 à 27 femmes chacune; elles sont desservies par des porteurs (dits *banastous*), à raison de un porteur pour trois coupeuses. Une femme, dans des vignes régulières, peut couper par jour la vendange correspondant à un muid (700 litres) de vin; mais dans des vignes vieilles ou dans de jeunes plantiers, elle ne coupe plus que la vendange d'un demi-muid (350 litres).

Les porteurs jettent les raisins dans des *pastières* qui doivent les transporter au cellier. Chaque pastière est attelée de deux animaux et conduite par un charretier. Trois pastières sont affectées au service d'une colle.

Les anciennes pastières étaient en bois, lourdes, volumineuses, encombrantes. Celles qui sont employées maintenant sont en toile, légères, faciles à installer. Sur la charrette que l'on veut transformer en pastière, on assujettit une sorte de châssis à claire-voie, en bois dur, de 2^m,60 de longueur, de 0m,85 de largeur moyenne et de 1m de hauteur. A ce châssis on attache la toile, dont les bords sont munis d'œillets en cuivre, qui s'accrochent tout simplement à des crochets en fer distribués tout le long et à la partie supérieure du châssis. Une semblable toile coûte 55 fr. Elle peut recevoir 1.500 à 2.000 kil. de vendange. Comme l'extraction de la vendange, à l'arrivée au cellier, se fait à la pelle, pour protéger la toile contre les coups de l'outil, on place au fond de la pastière une planche avec rebords aux deux extrémités. Une charrette montée est visible sur la figure 1. Les tombereaux servent également au transport de la vendange et reçoivent à cet effet une toile et des hausses en planches.

A la fin des vendanges, les pastières sont démontées : le châssis est disloqué et les pièces qui le composent sont rangées les unes contre les autres, dans un coin du cellier ou sous un hangar ; la toile, soigneusement lavée et bien séchée, est roulée, puis suspendue en haut du cellier, à l'abri des rongeurs.

Voici donc la vendange enlevée de la vigne au moyen de pastières. Laissons-la parcourir l'espace qui sépare la vigne du cellier et, avant de voir ce qu'elle deviendra à son arrivée, abordons l'examen du cellier lui-même.

Le cellier de Rochet est le véritable type des celliers du Languedoc ; il est à rampe longitudinale, c'est-à-dire flanqué, sur un de ses longs côtés, d'un palier extérieur $g\,h$, situé à peu près au niveau de la partie supérieure des vases vinaires et relié à la cour de ferme par une rampe $f\,g$ (fig. 2) qui sert à élever les pastières jusque sur le palier, de telle sorte que le déversement de la vendange dans les foudres est très facile. Ce dispositif, fort répandu dans la région, est commode, parce qu'il supprime les appareils élévatoires de la vendange. Mais il n'est pas toujours possible de le réaliser économiquement.

Si, par exemple, on ne trouve pas à adosser le cellier à un talus dans lequel la rampe puisse être découpée, si celle-ci doit être formée par l'apport de matériaux (terre ou pierres) ou bien construite en maçonnerie, il est souvent préférable et moins dispendieux de renoncer à elle et d'adopter un système d'élévation différent, comme nous aurons l'occasion d'en décrire quelques-uns. Toutes les fois, au contraire, que l'on peut profiter d'une dénivellation naturelle du terrain pour édifier la rampe à peu de frais, ce procédé doit certainement être préféré.

A Rochet, il a précisément été possible d'établir facilement une rampe, ou plutôt on a construit le cellier en contre-bas de la cour de ferme, en utilisant une dépression du sol et en enterrant légèrement les bâtiments, de telle sorte que le palier qui dessert les foudres est très peu surélevé et que la rampe existe à peine ; elle est très courte et à faible inclinaison de f en g (fig. 2).

Cellier de Rochet. — Fig. 4. — Vue des pressoirs et des cuves à piquette.

La figure 1 montre très bien l'aspect général des bâtiments, du palier et de la rampe d'accès ; le cellier est vu extérieurement dans toute sa longueur. Le sol intérieur du cellier est en contre-bas du sol de la cour de 1 m. 60 environ. La cour, non représentée par la photographie 1, se trouverait sur la gauche et au niveau du seuil de la grande porte; sur la droite, on voit une petite cour extérieure en pente, qui descend jusqu'au niveau du sol du cellier en *j* (fig. 2 et 3). Les fenêtres pour le remplissage des foudres sont situées à 1ᵐ,20 en moyenne au-dessus du palier, soit 1ᵐ,35 aux deux extrémités, en *g* et en *h*, et 1 mètre au milieu.

La rampe *fg* et le palier *gh* (fig. 2) ont une largeur de 5 mètres, suffisante pour que deux charrettes puissent passer l'une à côté de l'autre; ils sont bordés d'un mur de soutènement, épais de 0ᵐ,50 à la partie supérieure et surmonté d'un parapet. Les pastières arrivent, les unes par la rampe *fg*, et, après déchargement, suivent le palier jusqu'en *h*, pour sortir par la rampe de retour *ij*, large de 4 mètres seulement ; les autres, venant de la partie nord du vignoble, arrivent par l'extrémité *h*, puis sortent par la rampe *gf*.

Le cellier à rampe n'est pas recommandable seulement à cause des facilités qu'il offre à la rentrée de la vendange; il est encore avantageux, parce que, en orientant convenablement les bâtiments et en adossant à la rampe et au palier la façade exposée au levant ou au midi, on peut maintenir à l'intérieur une plus grande fraîcheur et éviter les élévations de température. Le cellier de Rochet a son axe dirigé du N.-O. au S.-E. : la rampe est à l'Est ; la grande porte, visible sur le devant de la figure 1, est à peu près au Midi ; le côté Ouest est protégé par des appentis, dont nous parlerons ultérieurement. Il est donc très frais, d'autant plus qu'il est légèrement enterré.

La forme du cellier est celle d'un rectangle, long de 57 m. et large de 12 m., dans œuvre, partagé en deux parties A et B (fig. 2), à peu près égales, par un mur de refend qui limitait, autrefois, le vieux cellier. Mais une ouverture large et haute, percée dans ce mur, fait communiquer les deux parties. Sur le côté, un appentis C, dont nous parlerons plus loin, contient les pressoirs *a a*, deux cuves *b b* en maçonnerie pour les piquettes et un certain nombre de petits foudres de réserve. Le grand vaisseau abrite 26 foudres, de 300 hectolitres de capacité en moyenne, alignés sur deux rangs.

Le sol du cellier est constitué par un glacis de ciment sur béton. Avant de l'établir, on a eu soin de drainer en dessous le terrain, pour prévenir les humidités. Le drainage comprend deux tranchées, parallèles aux longs côtés du bâtiment, profondes de 0ᵐ,40 à 0ᵐ,60, que l'on a comblées avec des cailloux; elles se réunissent à un bout et débouchent au dehors dans un fossé d'évacuation.

Les puisards *c*, plus profonds que le drainage, ont reçu deux enduits de ciment, l'un extérieur, l'autre intérieur, précaution nécessaire pour empêcher la rentrée des eaux extérieures.

La largeur du cellier (fig. 3) est ainsi utilisée : de chaque côté, un emplacement de 4^m,10 reçoit un rang de foudres ; au milieu, un passage de 3^m,80 sépare les deux rangs ; il est assez large pour permettre de sortir un foudre sans le démonter. Ce passage est bordé de deux rigoles, de 0^m,06 d'ouverture, qui ont une pente vers les puisards c creusés en terre. Le passage central est bombé ; les emplacements des foudres ont, vers les rigoles, une pente transversale de 0^m,016 par mètre. Conséquemment, le vin qui s'écoulerait accidentellement d'un foudre serait déversé dans l'un des puisards, où il serait aisément repris par les pompes.

Les murs de façade ont une hauteur de 9 mètres environ. La toiture de la partie B (fig. 2), la plus récente, est composée de fermes, écartées de 3^m,90, à arbalétriers doublés sur une partie de leur longueur et à faux entrait, ainsi qu'on peut le voir sur la figure 3.

Ces fermes doivent être préférées pour les longues portées, le cube de bois mis en œuvre est à peu près le même que pour les fermes simples, et, si les assemblages sont plus compliqués, en revanche les pièces sont de moindre échantillon et assurent une plus grande rigidité; leur seul inconvénient serait de favoriser les dépôts de poussières. Les anciennes fermes simples ont été conservées dans la partie A du cellier, ainsi que le montre la photographie 5. La toiture est complétée par des pannes et des chevrons, ces derniers au nombre de dix entre chaque ferme. La couverture est formée de briques plates jointives supportant des tuiles creuses de Marseille.

Dans le mur qui longe la rampe et le palier sont percées, en nombre égal à celui des foudres qu'elles surplombent, des fenêtres larges de 1^m,30 et hautes de 1^m,40 ; cette dernière dimension s'est montrée un peu faible dans la pratique; elle devrait être portée à 1^m,70 au moins. Le seuil de ces fenêtres est à 1^m,20 au-dessus du palier extérieur, ainsi que nous l'avons dit, et au niveau du plancher intérieur dont nous parlerons tout à l'heure.

Des volets pleins ferment les fenêtres; lorsqu'on les ouvre, ils se replient et s'appliquent contre le tableau de la baie, sans faire saillie au dehors. Ces baies servent à la rentrée de la vendange, en même temps qu'à l'éclairage et à l'aération des bâtiments.

Dans chaque mur pignon, une baie. Du côté sud A (fig. 2), l'ouverture est assez grande pour laisser passer un foudre tout monté ; le seuil est au niveau du sol de la cour; on le réunit, lorsque besoin est, au sol du cellier par des madriers sur lesquels le foudre est roulé. Normalement, cette baie est fermée par une porte pleine à deux vantaux. Du côté nord B, l'ouverture est plus petite ; c'est une simple fenêtre, garnie d'un châssis vitré, pour donner du jour dans le cellier. Deux portes, percées dans les murs de face, font communiquer l'intérieur du cellier, l'une avec la salle des presses,

Cellier de Rochet, — Fig. 5 — Vue intérieure du cellier.

l'autre avec la cour, par un passage *e* ménagé sous le palier de la rampe *h* (fig. 2 et 3). Cette ouverture sert à la sortie des futailles, au moment de l'enlèvement du vin. A côté est installée la bascule *d*.

Les foudres, en bois de chêne, de 300 hectolitres, reposent par des coins en bois sur quatre dés en pierre calcaire. Ils présentent une particularité : la douve qui reçoit la porte, au lieu d'être d'une seule pièce, comme c'est l'usage, est en deux morceaux, dans le but de donner à l'ouverture plus de largeur, sans affaiblir le cadre, et d'éviter le gauchissement des fonds, qui se produit souvent avec la douve unique, taillée suivant la plus grande dimension de l'arbre et comprenant à la fois le cœur et les parties les plus jeunes du bois ; mais le serrage de la porte, tendant à disjoindre les deux douves, peut causer des fuites, à la longue. Un usage prolongé pourra seul montrer si cette disposition est avantageuse.

La longueur de chaque foudre est de $3^m,70$ environ, le diamètre à la bonde de $3^m,50$. Le peigne est à $0^m,87$ et le robinet de la porte à 1 m. au-dessus du sol. Les foudres sont à $0^m,37$ des murs, ce qui permet de passer derrière, pour la surveillance, et de manœuvrer un cric en cas de réparation.

De chaque côté du cellier est établi un plancher en bois blanc de $3^m,55$ de largeur, ainsi que le montrent les figures 2 et 3, pour faciliter la circulation au-dessus des foudres et la rentrée de la vendange. Ce plancher est divisé en travées longues de 4 m. et correspondant chacune à un foudre. Une travée est formée de deux lambourdes, l'une maintenue contre le mur par des crochets, l'autre suspendue à la charpente par une tige de fer rond à chaque extrémité ; le plancher est cloué sur 8 solives portées par les lambourdes.

Le plancher est à $4^m,50$ environ au-dessus du sol et à 4 m. au-dessous de l'entrait des fermes. Lorsque l'on veut déplacer un foudre, on soulève aisément la travée du plancher correspondante, grâce à sa complète indépendance. Au-dessus de la bonde de chaque foudre, une ouverture de forme carrée est pratiquée dans le plancher. Elle est normalement fermée par une trappe, pour éviter les accidents.

Près du mur de refend du cellier, une passerelle en bois réunit les deux planchers de gauche et de droite. L'escalier qui permet d'y monter est établi dans la salle des presses (C fig. 2 et fig. 4). La figure 5 donne une vue photographique de l'intérieur du cellier et laisse apercevoir les divers détails de construction que nous venons d'indiquer. La vue est prise du mur-pignon Sud et montre, par conséquent, la charpente de la partie A restaurée (1).

En C (fig. 2, 3 et 4) se trouve la salle des presses. C'est un appentis, long

---

(1) Par suite d'une erreur de clichés, la phototypie a reproduit une épreuve présentant une perspective aérienne qui déforme légèrement la partie supérieure de l'épreuve et les foudres des premiers plans.

de 21ᵐ,95 et large de 7 m., en communication directe avec le cellier par une grande baie et avec un hangar D par une ouverture précédée de quelques marches. Du jour est donné par quatre fenêtres percées dans le mur extérieur. Au fond, deux cuves en maçonnerie *b b* sont destinées au lavage des marcs et à la fabrication des piquettes. En *a a* se dressent les pressoirs, au nombre de deux. A la suite des pressoirs, 7 foudres (3 de 70 hectos et 4 de moindre capacité) servent aux soutirages et à la réserve du vin. On aperçoit en *c* le puisard, où est recueilli le vin de presse. Il est creusé en terre, en avant des cuves, sous l'escalier qui conduit au plancher du cellier et communique par un trop-plein avec l'un des puisards *c* de la partie B.

Faisant suite à la salle des presses et adossés au mur du cellier, du même côté, se trouvent des appentis aménagés en remises, chambre d'outils, etc.; en E peuvent pénétrer les tombereaux destinés à recevoir le marc épuisé à la sortie des cuves *b b*. Ces constructions servent d'abri au cellier et le protègent contre les influences extérieures.

Les cuves *b b* ont chacune 4ᵐ,30 de long, 2ᵐ,95 de large et 2ᵐ,55 de profondeur, ce qui donne une capacité de 320 hectos environ. Elles sont établies sur une souche en béton. Les murs latéraux et le mur de fond, qui s'appuient sur les murs de la construction, ont 0ᵐ,30 d'épaisseur. Le mur antérieur a 0ᵐ,80 à la base et 0ᵐ,60 au sommet; celui de séparation des deux cuves, 0ᵐ,45. Les murs sont recouverts d'une épaisse couche de ciment. Ces cuves n'ont pas de porte; un simple raccord, placé à quelques centimètres du sol, suffit pour l'extraction des piquettes. Les marcs épuisés sont retirés par la partie supérieure : deux ouvertures percées dans le mur du fond, une au-dessus de chaque cuve, permettent de charger directement le marc sur les tombereaux qui, ainsi que nous l'avons vu, pénètrent sous l'appentis E.

Les pressoirs *a*, du système Mabille, sont fixes. La maie est en béton, recouvert de ciment; elle est établie dans des conditions de solidité exceptionnelles. A l'emplacement de chaque pressoir *a* (fig. 3), on a creusé une fosse de 1 m. de profondeur, au fond et au centre de laquelle on a posé la tête de la vis. Puis, on a coulé et damé du béton dans la fosse, jusqu'au niveau supérieur de la tête de la vis. Sur celle-ci on a appuyé, ensuite, deux fers T, de 0ᵐ,16, que l'on a de nouveau noyés dans du béton. Sur ces fers ont pris place, perpendiculairement à leur direction, deux autres fers semblables. Enfin, la fosse a été comblée de béton jusqu'au sommet. Une telle maie présente une résistance considérable. Pour éviter tout accident qui obligerait à détruire ce monolithe, on a donné à la vis un diamètre de 0ᵐ,15.

La partie supérieure de ce massif en béton est recouverte d'une épaisse couche de ciment, qui dépasse peu le niveau du sol. La maie a 2ᵐ,80 en carré. Elle est entourée d'un rebord de 0ᵐ,20 environ, contre lequel

s'amasse et s'écoule le liquide exprimé par le pressoir. Un raccord permet
de le conduire dans le puisard. Sur la maie, on étale une claie de fond, qui
a 0^m,20 environ de moins en tous sens. La vis est entourée, à sa base, d'un
manchon en fonte, criblé de trous, pour faciliter l'écoulement du liquide.

Le puisard e qui reçoit le vin des pressoirs a 3^m,10 sur 1^m,30 d'ouverture.
Sa profondeur est de 1 m.. Il est enduit de ciment. Un plancher en bois
le recouvre. Pour le vider, on établit au-dessus une pompe dont le tuyau
de refoulement traverse un trou percé dans le mur du cellier et conduit le
vin au foudre à remplir.

Les pompes sont au nombre de deux. Elles sont mobiles, montées sur
brouette. Elles sortent des ateliers Curbillon, de Lyon. Deux hommes peuvent élever, avec l'une d'elles, 60 hectolitres de vin à l'heure. Pour les soutirages, on amène la pompe à côté du foudre à vider et on visse au raccord
de la porte le tuyau d'aspiration. Le refoulement a lieu dans un tuyau dont
le développement dépend de la distance du foudre à remplir et qui est composé de bouts de diverses longueurs raccordés les uns aux autres. Le matériel comprend 15 tuyaux de 4 à 6 m.. Pour rendre faciles le montage
et le démontage de la canalisation et pour assurer le parfait égouttage des
tuyaux, si utile à leur conservation et à leur bon goût, M. Clareton a imaginé un chariot porte-tuyaux très pratique (fig. 6).

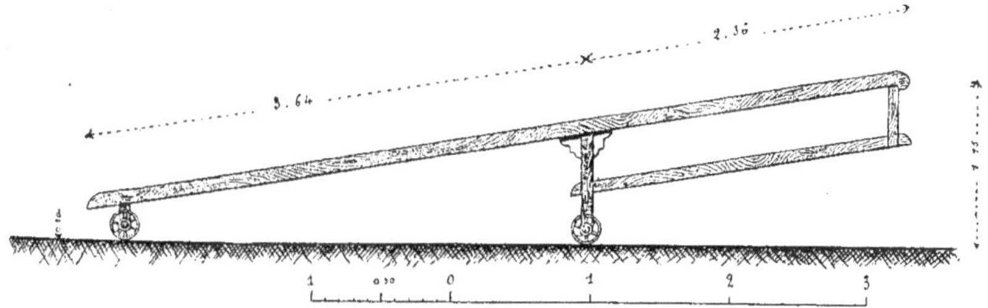

Cellier de Rochet.— Fig. 6.— Chariot porte-tuyaux.

C'est une table, garnie de rebords, longue de 6 m. et large de 0^m,83,
qui est supportée, à environ 0^m,65 de son milieu, par deux roulettes ; l'un
des bouts repose sur le sol par deux autres roulettes très basses, de telle
sorte que la table, au repos, a une inclinaison de 1/6. Sur la table, on étend
les tuyaux, qui s'égouttent aisément. Pour établir la canalisation, on n'a qu'à
rouler le chariot pour l'amener au point où se fait le raccord. Une petite
tablette, disposée sous la grande table, reçoit des bouts plus courts, au
nombre de six. Ces tuyaux servent à divers usages, notamment à l'enton-
nage des futailles. Nous recommandons l'emploi de ce porte-tuyaux qui
remplace avantageusement le système de suspension contre les murs, usité
dans un grand nombre de celliers. Les tuyaux sont toujours étendus, jamais
ployés ; ils ne sont donc pas exposés à se couper ; ils se sèchent vite ; le

montage et le démontage sont rapides ; on n'a pas besoin de faire glisser les tuyaux à terre, ce qui les salit et les use ; enfin, on a toujours sous la main le bout du tuyau qui convient et la clef ou les accessoires nécessaires à l'établissement ou à la rupture de la canalisation.

Maintenant que l'on connaît les dispositions du cellier, revenons à la pastière que nous avons laissée en route. Elle arrive dans la cour de ferme et passe sur un pont-bascule, où elle est pesée. Puis, elle gravit la rampe du cellier et s'arrête sur le palier, devant la fenêtre correspondant au foudre à remplir, ainsi qu'on peut le voir sur la figure 1. A Rochet, comme dans la plupart des domaines de la région, la fermentation a lieu dans les foudres. On affecte à cet usage la rangée adossée à la rampe. Les roues de la charrette sont calées, les chambrières abaissées, et la pastière est disposée pour le déchargement. Il a lieu à la pelle, ainsi que nous l'avons dit antérieurement.

Dans l'intérieur du cellier, on a installé le fouloir sur le plancher, au-dessus de la bonde du foudre que l'on a garnie d'un entonnoir en fer-blanc. Celui-ci est du système Mabille ; il est mû à bras. Sur la trémie de ce fouloir repose l'extrémité du *porte-fruits*, plan incliné en bois, de 3 m. de longueur, garni de rebords, qui s'engage dans la fenêtre et qui est suspendu au dehors à deux crochets scellés dans le mur. Une toile est clouée au bord du porte-fruits. Elle est rabattue sur la pastière, dès son arrivée, pour empêcher la chute des raisins entre la charrette et le mur.

Trois hommes sont nécessaires au déchargement: l'un, les pieds et les jambes nus, monte sur la pastière et, armé d'une pelle, jette les raisins sur le porte-fruits ; le deuxième, qui peut être un gamin, se tient sur le plancher et, muni d'une sorte de râteau, fait glisser la vendange sur ce plan incliné ; le troisième actionne le fouloir. Pour vider une pastière, il faut 15 à 20 minutes.

L'inclinaison du porte-fruits est un peu faible, à Rochet: elle n'est que de 1/8 à 1/9 environ. Cela provient de l'insuffisance de hauteur de fenêtres. Il serait préférable d'avoir une pente supérieure, qui faciliterait le glissement de la vendange ; c'est pour ce motif que nous avons dit que la hauteur des ouvertures pouvait être avantageusement augmentée de 0^m,30.

On remplit deux foudres par jour. La durée du cuvage est de 4 à 5 jours, c'est-à-dire que les foudres remplis dans la journée du lundi, par exemple, sont décuvés le samedi. Voici comment l'opération du décuvage est conduite:

On commence par réunir le foudre à soutirer avec le foudre à remplir au moyen de tuyaux de caoutchouc que l'on visse aux raccords des portes. Par simple différence de pression, le vin passe du premier dans le second récipient jusqu'à mi-hauteur. On démonte alors le tuyautage et, avec une pompe, on achève de soutirer le liquide. Cela fait, on retire la porte du foudre pour enlever le marc. On attend quelques instants que l'intérieur du foudre se soit aéré, puis un homme y pénètre pour faire tomber le marc et le pousser peu à peu au dehors. Il se sert d'une houe à dents. La sortie du marc et son transport sur le pressoir exigent six à sept ouvriers : un homme dans le foudre, un devant le foudre pour recevoir le marc et remplir les comportes, deux à trois hommes (*banastous*) pour le transport, suivant la distance du foudre au pressoir, deux hommes au pressoir pour monter le gâteau. Pratiquement, il y a toujours huit hommes occupés dans le cellier à divers travaux : manutention, pressurage, soutirage, nettoyage, etc.

La vidange d'un foudre demande une heure et demie.

Le marc, sur la maie du pressoir, est monté à une hauteur d'environ 1ᵐ,50. Le gâteau a la forme d'un tronc de pyramide ; il n'est maintenu latéralement ni par une claie ni même par une corde, ainsi que le montre la fig. 4. Au-dessus, on place les poutres de pression, on abaisse le blain et on donne une première pressée. Lorsque l'écoulement ne se fait plus, on recoupe la motte et on donne une deuxième pressée. Une troisième pressée suit le deuxième recoupage. Le soir, après le souper, les ouvriers de la ferme, avant de se coucher, donnent un dernier serrage. L'enlèvement du marc asséché n'a lieu que le lendemain matin ; celui-ci est donc resté sur le pressoir presque 24 heures. Un pressoir suffit pour recevoir le marc d'un foudre ; mais, comme on soutire deux foudres par jour, les deux pressoirs sont constamment occupés.

Le marc des pressoirs est enlevé à l'aide de comportes et versé dans les cuves en maçonnerie. Le remplissage d'une cuve dure 3 à 4 jours. On commence alors le lavage. Celui-ci a lieu au moyen de jets Riley, distribués le long d'un tuyau, que l'on établit au-dessus de la cuve. Il est alimenté d'eau sous pression provenant d'un réservoir. Le lavage dure 3 jours, c'est-à-dire pendant le remplissage de l'autre cuve. Il y a quelques années, la fabrication des piquettes portait sur des quantités importantes. Actuellement, on ne fait de la piquette que pour la consommation des ouvriers de la ferme (150 à 200 hectolitres environ). Pour la bonifier, on y mélange le vin de presse des deux derniers foudres.

Le vin qui s'écoule des pressoirs tombe, nous le savons, dans un puisard, où il est repris par une pompe. Ce vin est envoyé dans les foudres contenant de la vendange fraîche, où il se mélange avec le vin de goutte, en subissant une nouvelle fermentation.

Le tableau suivant donne, comme exemple, le rendement de quelques cépages, calculé en 1889.

Cépages	Poids de la vendange	Vin de goutte	Vin de presse	Marc	Pertes
Petit-Bouschet	100	60	19,7	13	8
Aramon . . .	100	63,5	17,7	11	8,5
Jacquez . . .	100	50	22	19	9

Il est facile d'établir exactement le devis du cellier de Rochet, en se servant de la série des prix qui a été donnée, dans la première partie de cet ouvrage, comme la mieux appropriée aux constructions des environs de Montpellier.

Ce devis a été, pour plus de clarté, divisé en trois parties :

1° Le système d'élévation de la vendange, c'est-à-dire la rampe ;

2° Le bâtiment abritant le vin, c'est-à-dire le cellier proprement dit ;

3° Les annexes nécessaires à la manipulation de la vendange et du marc, c'est-à-dire l'appentis qui abrite les cuves à piquette, les foudres de réserve, les pressoirs, les pompes. Nous supposerons qu'il contient, en outre, les canalisations, les puisards et le fouloir.

Enfin, un premier tableau récapitulatif comprend la totalisation des détails et le calcul des prix de chaque article rapporté à l'hectare de vignes; un second, la valeur des divers éléments ou détails du cellier, calculés pour un hectolitre de vin logé dans des foudres de 300 hectolitres.

La surface dans œuvre nécessaire pour loger une quantité déterminée de vin varie avec la nature des vases vinaires (foudres, cuves en bois ou cuves en maçonnerie) et diminue à mesure que leur capacité augmente; néanmoins, nous avons cru devoir choisir pour unité, dans les calculs qui suivent, l'hectolitre de vin logé, puisque, en définitive, le propriétaire se préoccupe de construire un bâtiment suffisant pour recevoir sa vendange évaluée en hectolitres.

Devis du cellier de Rochet

Numéros des détails	GROS ŒUVRE	RAMPE	CELLIER	APPENTIS
		fr. c.	fr. c.	fr. c.
18	Fouille en tranchée. Cellier, fondation des murs, 121^{m3} 040, à 1^{f}19..		144.03	
	— Rampe — — 65 320, à 1 19..	77.72		
	— Appentis — — 37 960, à 1 19..			45.17
19	Fouille en excavation. Cellier, enterrement partiel du bâtiment..... 1037 700, à 0 96..		995.19	
	— Rampe, terras' et pilonnage 562 500, à 0 14..	101.25		
20	Maçonnerie de fondation. Cellier, cube ci-dessus, à 10 »..		1210.40	
	— Rampe, — à 10 »..	653.20		
	— Appentis, — à 10 »..			379.60
21	Maçonnerie en élévation. Cellier....... 641 575, à 11 »..		7057.32	
	— Rampe....... 127 750, à 11 »..	1405.25		
	— Appentis..... 114 000, à 11 »..			1254 »
22	Pierres de taille. Cellier......... 47 360, à 45 »..		2131.20	
	— Rampe....... 2 860, à 45 »..	128.70		
	— Appentis........ 16 815, à 45 »..			756.0
25	Enduit à la chaux. Cellier......... 1387^{m2} 50, à 0.50..		693.75	
	— Appentis..... 390 74, à 0 50..			195.3
24	Dallage en ciment. Cellier......... 386 30, à 5 50..		3774.65	
	— Appentis....... 103 67, à 5 50..			570.1
22	Corbeaux pour supporter les fermes. Cellier.. 24 à 9 »..		212 »	
	— Appentis. 12 à 9 »..			108
		2366.12	16218.54	3308.9

Numéros des détails	CHARPENTE		CELLIER	APPENTIS
			fr. c.	fr. c.
31	Fermes assemblées. Cellier, 25m³20, à	95f »	2394 »	
	— Appentis, 3 240, à	95 »		307.40
34	Chantignolles. Cellier, 72 chantignolles, à	0 90	64.80	
	— Appentis, 18 — à	0 90		10.80
32	Pannes. Cellier, 14m³818, à	85 »	1259.53	
	— Appentis, 2 975, à	85 »		252.87
33	Chevrons. Cellier, 2250m à	0 60	1350 »	
	— Appentis, 544 à	0 60		326.40
			5068.33	897.47

COUVERTURE

Numéros des détails			CELLIER	APPENTIS
30	Couverture en tuiles creuses de Marseille maçonnées sur parafeuillage en briques plates. Cellier, 873m²75, à	4 »	3495 »	
	Appentis, 211 60, à	4 »		846.40
			3495 »	846.40

AMÉNAGEMENT INTÉRIEUR

Numéros des détails			CELLIER	APPENTIS
35	Menuiserie. Cellier, plancher, 27m³888, à	100 »	2788.80	
35	— Passage		107 »	
36	— Parquet de 0,027 d'épaisseur, 363m²16, à	3 »	1089.48	
37	— Fermetures du cellier, à	9 »	492.57	
37	— — de l'appentis, à	9 »		125.46
22	Escalier		319.20	
38	Serrurerie. Cellier, fers forgés pour supporter le plancher et assembler les fermes, ferrures des fenêtres et des portes		380.94	
38	— Appentis, ferrures des portes et fenêtres			46.56
42	Peinture. Cellier, peinture des portes et fenêtres à 3 couches		93.04	
	— Appentis, —			23.71
28	Supports de foudres. Cellier, 104 dés en pierre, à	10 »	1040 »	
28	— Appentis, 28 — — à	6 »		168 »
29	— Cellier, 52 chantiers en bois, à	5 »	260 »	
29	— Appentis, 14 — — à	5 »		70 »
			6571.03	433.73

VAISSELLE VINAIRE

Numéros des détails			CELLIER	APPENTIS
44	Foudres. Cellier, 7800 hectos, à	5 50	42900 »	
	— Appentis, 350 — à	5 »		1750 »
	Clapets de foudre. Cellier, 26 clapets de 0,040, à	20 »	520 »	
	— Appentis, 7 — — à	20 »		140 »
18	Puisards. Fouille	32 63		
26	— Maçonnerie	189 45	628 64	628.64
27	— Enduit de ciment intérieur et extérieur	406 56		
18	Cuves à piquette. Fouille	14 40		
20	— Fondation	181 50		
23	— Souche en béton	364 »	1565 64	1565.64
26	— Maçonnerie	471 90		
27	— Enduit en ciment	533 84		
			43420 »	4084.28

MATÉRIEL VINAIRE

Numéros des détails			CELLIER	APPENTIS
23	Pressoirs. Sole en béton	313 60		
39	— Fers double T	360 »	3756.16	3756.16
	— Pressoirs de 0,15 avec botte et bois de charge	3020 »		
27	— Enduit en ciment	62 56		
	Pompes. 2 pompes catalanes, à		350 »	700 »
	Conduites. 84 mètres de tuyaux caoutchouc de 40mm, à		8.50	714 »
	— 4 robinets de clapet,		25 »	100 »
	— Raccords, déverseurs, clefs, etc			182.50
	Fouloir. 1 fouloir Mabille			200 »
				5652.66

Totalisation des détails

DÉTAILS	RAMPE	CELLIER	APPENTIS	TOTAUX	PAR HECTARE CULTIVÉ
	fr. c.	fr. c.	fr. c.	fr. c.	fr. c.
Gros œuvre	2366.12	16218.54	3308.99	21893.65	437.872
Charpente		5068.33	897.47	5965.80	119.316
Couverture		3495 »	846.40	4341.40	86.828
Aménagement intérieur		6571.03	433.73	7004.76	140.094
Vaisselle vinaire		43420 »	4084.28	47504.28	950.084
Matériel vinaire			5652.66	5652.66	113.052
	2366.12	74772.90	15223.53	92362.55	1847.246

Détails du cellier calculés pour un hectolitre de vin

LOGÉ DANS DES FÛTS DE 300 HECTOS

Surface nécessaire pour loger un hectolitre de vin, mesurée dans œuvre
(cellier seul) : $0^{m2}08638$.

			fr. c.
A	1° Valeur des fermes du cellier, avec chantignolles seulement		0 3152
	2° Valeur des fermes du cellier, avec chantignolles, pannes et chevrons		0 6497
	3° Valeur de la couverture en tuiles creuses sur parafeuillage en briques plates		0 4480
	4° Valeur de la toiture complète (fermes et couverture)		1 0978
B	Valeur de la rampe		0 3033
C	Valeur des foudres de 300 hectos (compris supports et clapets)		5 7333
D	Valeur des pompes, tuyaux, raccords, clefs		0 2174
E	Valeur du fouloir		0 0256
F	Valeur des pressoirs (compris sole, bois de charge et vis)		0 4815
G	Valeur des puisards		0 0806
H	Valeur des cuves à piquette		0 2007
I	1° Valeur de l'appentis (compris 3 puisards)		0 7534
	2° — (compris 3 puisards, 2 cuves à piquette, 7 petits foudres, 2 pressoirs, 2 pompes avec accessoires)		1 9260
J	1° Valeur du cellier (grand bâtiment seul)		3 8529
	2° — (grand bâtiment seul avec la rampe)		4 1562
	3° — (grand bâtiment, rampe et foudres)		9 8896
	4° Valeur du cellier complet avec l'appentis		11 8413

Le cellier de Rochet est un des plus intéressants de la région. Il est remarquable par ses bonnes dispositions, en même temps que par sa simplicité et par l'absence de tout luxe dans sa construction et dans son outillage.

La rampe est d'une grande douceur, due à l'établissement des bâtiments en contre-bas du sol de la cour et, par suite, à la faible élévation du palier au-dessus du sol extérieur.

Intérieurement, le dallage en ciment doit être recommandé comme le meilleur système de consolidation du sol. Il rend faciles les nettoyages, les lavages, il évite la poussière, il garantit le propriétaire contre toute perte de vin ; en cas d'accident à un foudre ou à un tuyautage, le liquide serait aisément repris par les pompes dans les puisards, où le conduirait immédiatement la pente des rigoles. La manutention des futailles, le déplacement des pompes ou autres instruments se font sans difficulté et ne demandent aucun effort sur cette aire résistante et unie.

La hauteur des foudres au-dessus du sol est bonne ; elle permet d'enfutailler directement le vin, lors de l'enlèvement. En outre, on peut aisément loger sous les foudres, ou entre eux, des comportes, des banastons, des fûts vides, etc. La hauteur du plancher peut, conséquemment, être considérée comme normale.

La hauteur totale du cellier paraîtra sans doute exagérée à la plupart des propriétaires. Cet excès de hauteur des murs provient de la grande élévation de l'entrait de chaque ferme au-dessus du plancher des foudres, qui est de 4 mètres. Une distance de 2 mèt. serait suffisante. C'est la hauteur adoptée en général. En donnant aux murs deux mètres de plus, M. Clareton a eu pour but d'augmenter la capacité du vaisseau, le cube d'air, d'éloigner la toiture des foudres et de maintenir ainsi, dans le cellier, une température fraîche. Effectivement, le cellier de Rochet est frais. Mais cette fraîcheur n'est-elle pas due autant à l'orientation, à l'enterrement des bâtiments, à la rampe et aux appentis qui flanquent les murs sur toute leur longueur, qu'à l'augmentation de la hauteur ? Nous devons reconnaître pourtant que l'opinion de M. Clareton sur cette heureuse influence d'un excès de hauteur est partagée par bon nombre de propriétaires.

Nous insistons sur l'insuffisance de hauteur des fenêtres qui s'ouvrent sur le palier. On ne peut donner au porte-fruits une pente convenable, ce qui complique l'opération du déchargement des pastières.

Un plancher au-dessus des foudres est une excellente disposition. Celui de Rochet a de bonnes dimensions. Il est, en outre, établi solidement et économiquement : il est soutenu par des crochets contre le mur et par des tiges en fer suspendues à la charpente. Il appuie légèrement sur les foudres sans les charger.

Les pressoirs sont très bien construits, faciles à manœuvrer, d'un entretien commode ; toutes les parties peuvent être lavées et nettoyées. Ils ne présentent aucun recoin que l'on ne puisse atteindre.

Le seul luxe du cellier est dans sa propreté. Mais c'est là un luxe bien entendu, car il assure au vin une bonne qualité et une parfaite conservation.

II.— LE CELLIER DU DOMAINE D'ENCIVADE

Élévation de la vendange par wagonnet sur plan incliné

FABRICATION DE VIN ROUGE ET DE VIN BLANC

Le domaine d'Encivade, ancienne propriété du roi d'Aragon et de Mayorque, seigneur de Montpellier et de Lattes, appartient à M. Alfred Teisserenc. Il est situé dans la plaine qui s'étend jusqu'à la mer, au sud-est de Montpellier, à 4 kilomètres environ, sur la route de Palavas et sur les bords de la rivière *le Lez*. Un pont ancien, construit en 1243, d'un effet pittoresque, donne accès dans la propriété, et de beaux arbres, dont l'humidité du lieu entretient la végétation luxuriante, bordent l'allée qui conduit au cellier.

Le vignoble, d'une superficie de 40 hectares, dont 32 d'un seul tenant, formant clos, est établi sur les alluvions de la rivière, d'une grande fertilité. La majeure partie est complantée en Aramons et en Petit-Bouschet, francs de pied, soumis à la submersion ; partout où il n'a pas été possible d'amener les eaux, notamment dans le voisinage des bâtiments, on a établi les vignes sur pieds américains. Le porte-greffe est le Jacquez. Les plus anciennes greffes ont une dizaine d'années. La submersion est assurée par les eaux du Lez, qui s'écoulent directement sur la propriété, aux hautes eaux, et qui sont élevées au moyen d'un rouet Dellon, actionné par une locomobile de Weyher et Richemond, pendant les moyennes ou les basses eaux. Elle commence dans la seconde quinzaine d'octobre et dure 60 jours.

La production atteint une moyenne de 200 hectolitres à l'hectare, soit 8.000 hectolitres au total. Jusqu'à l'année dernière, M. Teisserenc a vinifié en rouge toute sa récolte, mais une transformation de son cellier lui permet de traiter désormais en blanc une partie de son vin d'Aramon et de profiter de la plus-value que le commerce accorde actuellement aux vins blancs.

La durée de la vendange est de 8 à 10 jours ; on peut, en effet, rentrer, dans une journée, jusqu'à 1000 hectolitres de vin. La cueillette est faite par deux ou trois colles de 30 femmes chacune, desservies par des porteurs, au nombre de 10 pour chaque colle (un porteur pour trois coupeuses). Une coupeuse peut vendanger par jour, dans ces vignes chargées de fruits, la valeur de près d'un muid et demi de vin (1000 litres environ). Le transport des raisins a lieu dans des pastières en toile, de 2 m. c. de capacité, attelées de deux animaux et conduites par un charretier. La rapidité du déchargement au cellier est assez grande, comme on le verra plus loin, pour que deux pastières suffisent à assurer le service d'une colle.

Les pastières sont basculantes, c'est-à-dire que le châssis en bois qui reçoit la toile est monté en tombereau et peut basculer à l'arrière. La toile est à soufflet : la partie postérieure s'abat, de telle sorte que les raisins glissent au dehors, aussitôt que le véhicule est culbuté pour le déchargement. La toile est attachée par des cordes au bord supérieur du châssis et maintenue au fond et à l'avant par des courroies qui l'empêchent de se déplacer au moment de la vidange.

La vendange terminée, les montures basculantes sont enlevées et remplacées sur les essieux par des montures de charrette ordinaire. Les mêmes roues servent donc aux travaux de la vendange et aux transports habituels de l'exploitation.

Le cellier d'Encivade est intéressant, surtout par le système ingénieux imaginé par M. Teisserenc pour l'élévation de la vendange. La situation en plaine du domaine, l'absence de toute dépression du sol ne permettaient pas l'établissement d'une rampe naturelle. Une rampe artificielle aurait coûté fort cher ; elle aurait, en outre, intercepté le passage, en avant du bâtiment, sur une grande longueur, immobilisant beaucoup de terrain, et aurait été du plus vilain effet. D'un autre côté, M. Teisserenc se préoccupait d'assurer, avec un personnel aussi réduit que possible et sans augmenter le nombre de ses attelages, l'enlèvement rapide de sa récolte. Il eut alors l'idée de réaliser l'installation mécanique originale que nous allons décrire et qui n'est du reste qu'une application fort simple de la théorie du treuil et du plan incliné. Elle fonctionne depuis dix ans à sa complète satisfaction et peut donc être donnée comme un type d'élévation pour celliers en plaine.

Le cellier comprend : un bâtiment principal A (fig. 1), construit en 1882 et installé pour la production du vin rouge ; une annexe B, ajoutée en 1892 et aménagée pour la fabrication du vin blanc. La figure 2 donne une coupe transversale de la première partie et une coupe longitudinale de la deuxième, et la vue photographique (fig. 3), prise de la porte d'entrée du grand bâtiment, montre les dispositions intérieures les plus importantes.

Le cellier proprement dit A affecte la forme d'un rectangle allongé, dont l'axe est dirigé du N.-N.-O. au S.-S.-E. (la grande porte est dans le mur pignon exposé au Midi). Sa longueur est de 43 mètres, dans œuvre, et sa largeur de 13 mètres. L'annexe B lui est perpendiculaire. Elle mesure 14 mètres de longueur sur 14 mètres de largeur. Les deux parties communiquent par une grande baie de 4^m,15 d'ouverture.

Dans le grand vaisseau sont rangés, le long du mur Est, huit foudres de

Cellier d'Encivade. —Fig. 1. — Plan du cellier et des élévateurs.

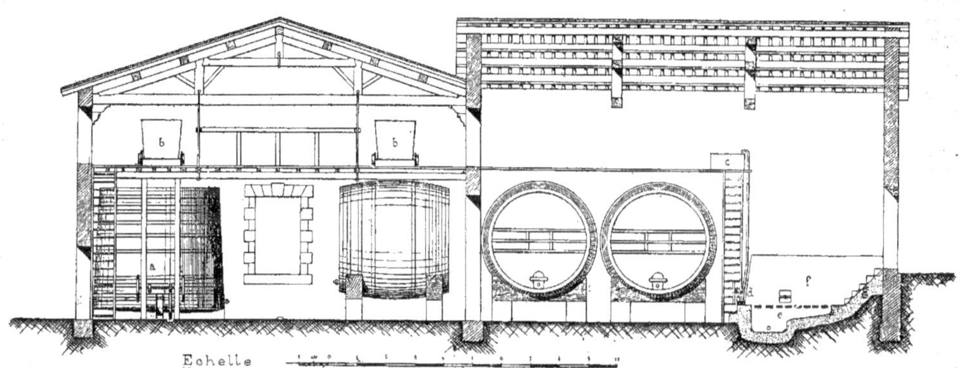

Cellier d'Encivade. — Fig. 2 — Élévation des bâtiments.

50 muids (350 hectolitres), et, du côté Ouest, trois grands foudres de même capacité que les autres, un petit foudre de 200 hectos et quatre cuves en bois de 75 muids (525 hectolitres). Le premier foudre de chaque rang est à 5^m,40 du mur pignon Sud. Cet emplacement est occupé de chaque côté par le treuil a de l'appareil élévatoire. En avant des treuils étaient en outre installés deux pressoirs, à gauche une pompe à vin fixe, et de chaque côté un escalier en bois donnant accès au plancher établi sur les foudres. Mais il ne reste actuellement que les treuils et les deux escaliers. La pompe a été transportée en d dans l'annexe et les deux pressoirs ont été établis en h h, à la place du foudre qu'on a dû supprimer pour ouvrir la porte de communication entre A et B. Ils interceptent en partie le passage, mais il était difficile de les loger ailleurs, puisqu'ils doivent être utilisés pour la double fabrication du vin rouge et du vin blanc.

Chaque rang de foudres occupe une largeur de 4^m,35, y compris un passage de 0^m,60 le long du mur, pour la surveillance. Entre les deux rangées de foudres reste donc une allée centrale de 4^m,30. A hauteur des cuves, cette allée est réduite à 4 m., à cause de la plus grande surface couverte par les cuves, qui mesurent 4^m,60 de diamètre à la base.

Le sol du cellier est en terre battue; il offre au milieu un léger bombement.

La hauteur des murs de façade est de 7^m,50 à 8 m. La toiture est formée de fermes, écartées de 4^m,15, à faux entrait (fig. 2). Il est à remarquer que les arbalétriers sont interrompus sur leur longueur par le faux entrait qui s'appuie sur les poinçons supplémentaires : il y a en quelque sorte deux fermes superposées, l'une, supérieure, formée comme d'habitude de deux arbalétriers et d'un tirant (faux entrait de la ferme), l'autre, inférieure, polygonale, constituée par les deux tronçons inférieurs des arbalétriers, le faux entrait et le tirant de la ferme. Cet assemblage doit offrir des difficultés pour le montage et le contreventement, mais il présente la même résistance que les autres aux surcharges accidentelles. Sur les pannes qui relient les fermes sont placés les chevrons, à raison de onze entre deux fermes. Des briques plates, supportant des tuiles creuses de Marseille, composent la couverture.

Dans le mur pignon Sud (fig. 4) est percée la grande porte, qui mesure 4^m,35 de largeur sur 5^m,75 de hauteur; elle permet le passage d'un foudre tout monté. La partie supérieure est fermée par une imposte que l'on ne relève que pour l'entrée ou la sortie des foudres. La partie inférieure est close par une porte roulante qui glisse à l'intérieur du cellier, le long du mur. Elle n'a que 3 m. de hauteur. Au-dessus, un œil-de-bœuf éclaire l'intérieur du bâtiment. De chaque côté de la porte, sont ménagées deux ouvertures, à 3^m,30 au-dessus du sol, pour le passage des wagonnets de l'appareil élévatoire; leur largeur est de 1^m,93. Elles sont munies de volets pleins, tournant sur gonds.

Cellier d'Encivade. — Fig. 3. — Vue intérieure du cellier.

Cinq fenêtres, dans les longs côtés du cellier, donnent du jour et de l'air (fig. 1) ; elles ont 1^m,22 de largeur sur 2 m. de hauteur, et leur seuil est à 0^m,07 au-dessus du plancher des foudres. Une sixième, de 4^m,35 de largeur, est ouverte dans le mur pignon Nord et dans l'axe du bâtiment. Elle est surmontée d'un œil-de-bœuf. Toutes sont pourvues de fermetures roulantes. En outre, des meurtrières pratiquées dans le mur pignon Nord et garnies de châssis vitrés éclairent les passages réservés derrière les rangées de foudres.

Enfin, une porte de service, de 1^m,60 de largeur et de 2^m,60 de hauteur, s'ouvre dans la cour de ferme, au milieu de la façade Ouest, en face de la baie qui relie le cellier à l'annexe. Elle sert à la sortie des futailles, au moment de l'enlèvement du vin. La bascule *i* est installée à côté.

Les vases vinaires sont en bois de chêne. Les foudres sont supportés par des chantiers en bois qui reposent sur quatre dés en pierre. Leur grand diamètre est d'environ 4 mètres, leur longueur de 3^m,75. Le peigne est à 0^m,82 et le raccord du robinet de la porte à 1 mètre du sol. Les cuves ont à la base 4^m,60 et au sommet 4^m,20 de diamètre, leur hauteur est de 4 mètres. Elles sont couvertes et le fond supérieur est bombé pour permettre leur complet remplissage, ce qui a pour but de diminuer la surface de liquide en contact avec l'air (tandis que les fonds plats exposent, au contraire, à l'air toute la surface supérieure); le vin peut donc y être conservé comme dans un foudre. Elles sont munies d'une porte, percée à 1^m,55 au-dessus du sol, et d'un raccord de robinet fixé à 0^m,65 de hauteur. Elles reposent sur quatre bandes parallèles, en pierre de taille. Ces cuves sont avantageuses à cause de leur grande capacité.

Au-dessus des foudres et des cuves est établi un plancher (fig. 1, 2 et 3) pour la commodité du service et pour la rentrée de la vendange. Il est formé de poutres, en nombre égal à celui des fermes, encastrées d'un bout dans le mur et suspendues de l'autre bout à la charpente par une tige en fer de 0^m,03 de diamètre ; ces poutres supportent, perpendiculairement, des solives au nombre de sept, de 0^m,17 de hauteur sur 0^m,10 de largeur, au-dessus desquelles sont clouées des planches en sapin. Une lambourde, qui repose sur les foudres, donne au plancher des points d'appui supplémentaires au moment du passage des wagonnets chargés de vendange ; mais, normalement, le plancher n'est pas soutenu par les foudres.

Ce plancher a 3^m,80 de largeur ; il est à 5^m,20 au-dessus du sol et à 2^m,10 au-dessous de l'entrait des fermes. Il est bordé d'une balustrade en bois. Les deux travées sont réunies par deux passerelles de 0^m,80 de largeur. Deux escaliers en bois, de même largeur et inclinés à 60 degrés, permettent d'y monter du côté Sud. Des ouvertures pratiquées au-dessus de la bonde de chaque foudre ou cuve et fermées par des trappes servent pour le remplissage et pour les soutirages.

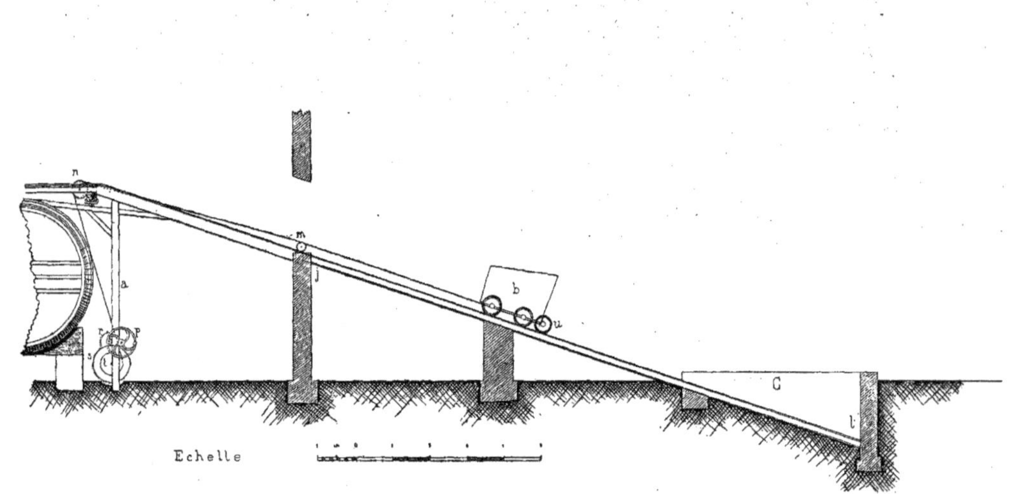

Cellier d'Eucivade — Fig. 5.— Coupe de l'appareil élévatoire.

Cellier d'Encivade. — Fig. 4. — Vue des plans inclinés servant à l'élévation de la vendange.

L'élévation de la vendange est effectuée par deux appareils, desservant chacun une rangée de foudres. Chaque appareil se compose d'un plan incliné (fig. 4 et 5) qui relie le plancher des foudres à une fosse C, creusée dans le sol, à l'extérieur du cellier. Il est formé de deux lignes de fer à T, de $0^m,20$ de hauteur, reliées par des entretoises ; l'ensemble constitue une voie ferrée jl. Sa pente est de $0^m,33$ par mètre. Elle est soutenue en son milieu par une pile en maçonnerie ; elle descend, d'un côté, dans le fond de la fosse et pénètre, de l'autre côté, dans le cellier par l'ouverture pratiquée à cet effet dans le mur pignon Sud. Le plan incliné se continue, à l'intérieur, par des madriers en bois garnis de fer et la voie inclinée se raccorde, à la partie supérieure des foudres, avec une voie établie horizontalement sur le plancher. L'écartement des deux rails, mesuré d'un bord intérieur à l'autre, est de $1^m,42$.

Sur cette voie circule un wagonnet en tôle de fer rivée b, de 3 m. c. de capacité. Sa longueur est de $1^m,70$; sa largeur, de $1^m,28$ à la base et de $1^m,50$ au sommet; sa hauteur, de 1 mètre à l'avant et de $1^m,30$ à l'arrière ; il est porté par deux essieux. La paroi antérieure est munie d'une porte, dont l'étanchéité est assurée par des joints en caoutchouc.

Le wagonnet est remorqué sur le plan incliné par un câble métallique, de $0^m,018$ de diamètre, qui est attaché à un essieu porte-câble u muni de deux roues porteuses. Cet essieu est ainsi maintenu à une hauteur invariable au-dessus des rails et c'est contre lui que viennent appuyer deux butées fixées à l'arrière du wagonnet. Grâce à cette disposition, l'essieu u ne quitte jamais le plan incliné ; le wagonnet l'abandonne pour s'engager sur le plancher et le retrouve au commencement de la descente. Le câble n'est donc jamais décroché, ce qui rend tout accident impossible. Il passe sur une poulie de support en bois m et sur une poulie de renvoi en fonte n, pour venir s'enrouler, par son autre extrémité, sur un treuil a, installé dans l'intérieur du cellier et fixé à deux poteaux verticaux. Ceux-ci servent, en outre, à soutenir les poutres en bois du plan incliné et la première travée de la voie horizontale.

La figure 2 représente, derrière le treuil a, une cuve, alors que le treuil se détache en réalité sur un foudre. Ce dispositif du dessin a pour but de montrer, au moyen d'une seule coupe, l'élévation d'une cuve et celle du treuil, qui auraient, sans cet artifice, exigé deux coupes.

Le treuil se compose d'un tambour t, actionné par deux paires d'engrenages r et s, commandées à leur tour par deux volants à manivelle p. Un cliquet d'arrêt empêche la descente, dans le cas où les hommes abandonneraient les manivelles, et un sabot en bois, formant frein sur l'un des volants, modère la vitesse, pendant la période de descente.

Une sonnerie électrique, mise en mouvement par le wagonnet, dont une des roues agit sur une pédale, prévient les ouvriers du moment où celui-ci arrive au sommet du plan incliné, soit, à l'aller, pour s'engager sur le plancher des foudres, soit, au retour, lorsqu'il reprend appui sur le porte-câble u.

Il est facile de comprendre le fonctionnement de cet élévateur. Supposons le wagonnet descendu dans la fosse C. Arrive une pastière pleine de vendange. Elle est acculée contre le rebord de la fosse. La partie postérieure du châssis est retirée, le soufflet de la toile rabattu, et la pastière aussitôt culbutée laisse glisser son contenu dans le wagonnet. Le tombereau est immédiatement relevé, le châssis de nouveau fermé et la pastière retourne à la vigne recevoir une nouvelle charge.

La capacité du wagonnet est moitié plus grande que celle de la pastière, pour éviter les déversements, au moment de la chûte brusque des raisins et au moment où le wagonnet abandonne le plan incliné pour rouler sur le plancher horizontal. Dans ce but également, on a surélevé l'arrière du wagonnet.

Celui-ci est élevé par quatre hommes agissant, deux par deux, à chacune des manivelles du treuil. Lorsque la sonnerie indique l'arrivée du véhicule sur le plancher, les hommes abandonnent le treuil et montent au-dessus des foudres. Ils poussent alors le wagonnet, à bras, jusqu'au foudre ou à la cuve à remplir ; la porte du wagonnet est ouverte et la vendange précipitée dans une sorte d'entonnoir en tôle, dont on a eu soin de garnir la bonde ; un ouvrier, avec une houe, aide au déchargement. La porte est ensuite refermée et le wagonnet ramené en tête du plan incliné. Les ouvriers redescendent au treuil et, après avoir relevé le cliquet d'arrêt du mécanisme, ramènent le wagonnet dans la fosse, en ralentissant la vitesse de déroulement du câble au moyen du frein. Le wagonnet est alors prêt à remorquer une nouvelle charge de raisins.

Calculons l'effort demandé aux hommes pour l'élévation de la vendange. Le wagon vide pèse environ 500 kil. et le contenu d'une pastière est à peu près de 1800 kil. C'est donc un poids total de 2300 kil. qui doit gravir une voie ferrée de $0^m,33$ de pente. Le coefficient de roulement peut être pris égal à 0,005. On a donc, pour la traction F que doit fournir le câble,

$$F = 2300 \times 0,005 + 2300 \times 0,33 = 2300 \times 0,335 = 770 \text{ kil.}, 500.$$

D'autre part, le treuil multiplie par 33 l'effort P développé par les quatre hommes sur les manivelles. Nous avons, par conséquent,

$$P = \frac{770,500}{33} = 23 \text{ kil.}, 348,$$

et l'effort exercé par chaque homme est le quart, soit 5 kil., 837.

La vitesse de translation du câble est de $3^m,13$ par minute, en supposant que les hommes font à la manivelle 50 tours dans le même temps. La longueur de la voie inclinée étant de $21^m,80$, la durée de l'ascension est de 7 minutes. Si nous admettons, d'après les indications de M. Teisserenc, que les autres opérations (aller, vidange et retour du wagonnet sur les foudres, descente) n'absorbent que 9 minutes, nous arrivons à un minimum de 16 minutes pour l'évolution complète du wagonnet. Si les deux wagonnets fonctionnent, l'un montant tandis que l'autre descend, les pastières peuvent se succéder de 10 en 10 minutes, et elles rentrent alors facilement, dans une journée de travail, la vendange correspondant à 700 hectolitres de vin.

Les treuils ont été placés dans le bas du cellier, pour que les hommes puissent aider au basculement des pastières. Mais ils sont obligés, à chaque évolution, de monter et de descendre, les uns derrière les autres, par un escalier très raide, ce qui est pour eux une cause de fatigue et de perte de temps. Il est vrai que cette perte de temps est ici sans importance, car le wagonnet est toujours amené dans la fosse avant l'arrivée de la pastière.

La figure 1 montre l'un des wagonnets *b* sur le plancher, l'autre *b* dans la fosse ; la figure 2, les deux wagonnets sur le plancher. Sur la figure 3, on aperçoit un wagonnet arrivant au sommet du plan incliné, près de s'engager sur le plancher. La figure 4 représente l'un des wagonnets montant sur son plan incliné et une pastière culbutant son contenu dans l'autre wagonnet dissimulé dans la fosse. Au premier plan, on voit la bascule qui sert au pesage de chaque pastière, à son arrivée de la vigne et avant son déchargement. Enfin, la figure 5 reproduit la période d'ascension de la figure 4, avec les détails du treuil et de l'essieu porte-câble *u*.

On a remarqué, sans doute, que chez M. Teisserenc la vendange n'est pas foulée. Avec des Aramons aussi juteux que ceux du vignoble d'Encivade, le foulage peut être négligé, sans inconvénient. Le système d'élévation, tel que l'a conçu et calculé M. Teisserenc, ne s'accommoderait d'ailleurs pas très bien de l'opération complémentaire du foulage. Il faudrait, en effet, pour établir un fouloir au-dessus des foudres, ou bien surélever le plancher, ou bien monter le wagonnet sur des roues d'un plus grand diamètre et, par suite, approfondir la fosse C, pour trouver la place du fouloir entre la bonde du foudre et la porte du wagonnet. Mais, en outre, le déchargement du wagonnet dans le foudre ne serait plus aussi rapide, car il devrait être réglé sur le débit du fouloir ; conséquemment, l'évolution du wagonnet demanderait plus de temps, la quantité de vendange rentrée chaque jour se trouverait diminuée et le système perdrait tous ses avantages.

Quoi qu'il en soit, le wagonnet gravissant un plan incliné est un procédé d'élévation de la vendange simple et pratique, qui peut être appliqué aux celliers bâtis en plaine, mais à la condition, comme nous venons de le dire, de n'avoir pas besoin de fouler les raisins. Il est à la fois robuste, peu susceptible de se déranger et occupe moins de place qu'une rampe artificielle. On pourrait encore diminuer l'espace perdu devant le cellier, en augmentant la pente, jusqu'à la verticale même, si besoin était, et en ajoutant au treuil une paire d'engrenages supplémentaire. Il est clair qu'il faudrait, dans ce cas, placer le wagonnet sur un truck qui lui permît de rester horizontal pendant la période d'ascension.

Les pressoirs, au nombre de deux, occupaient, à l'origine, l'emplacement libre entre le treuil *a* et le mur pignon Sud (fig. 1 et 5). Lors de la construction de l'annexe B, ils ont été déplacés et installés entre les deux bâtiments A et B, dans la baie même qui les réunit, en *hh*, comme il a été dit plus haut. Ce sont des pressoirs du système Boudet, à leviers multiples et à clavettes. La vis, de 0ᵐ,14 de diamètre, est fixée au centre d'une maie en ciment reposant sur une souche de béton de 1 mèt. d'épaisseur. Celle-ci est carrée et mesure 2ᵐ,20 de côté. Elle est établie au niveau du sol et entourée d'une bordure qui empêche le liquide de s'écouler au dehors. Le produit du pressurage est recueilli dans un conquet creusé contre la maie, ou bien il est amené, par une canalisation souterraine, dans un puisard *o* dont il sera question un peu plus loin (voir à droite de la fig. 2). Bien que les deux pressoirs se touchent, chaque maie a son tuyau d'écoulement indépendant.

Trois pompes à bras servent aux soutirages : deux pompes mobiles, construites par M. Formis Benoit, de Montpellier, d'un débit de 40 hectolitres à l'heure, et une pompe fixe. Celle-ci était d'abord installée près des pressoirs, dans le cellier A, et servait uniquement à élever le vin de presse. Lorsque les pressoirs ont été déplacés, elle a été transportée dans l'annexe B et établie en *d*. Elle est utilisée actuellement à l'élévation soit du moût pour la fabrication du vin blanc, soit du vin des pressoirs. A cet effet, son tuyau d'aspiration plonge dans le puisard *o* situé sous la claie de foulage *e* (fig. 1 et 2), où la canalisation des pressoirs se déverse, ainsi que le moût provenant du foulage de la vendange fraîche. Le refoulement du liquide a lieu dans le bac *c*, d'où un tuyautage fixe le conduit dans les foudres. La conduite est établie le long des murs, au-dessus du plancher des foudres. Elle ne dessert directement que quatre foudres du grand cellier A. Quatre robinets, correspondant chacun à un foudre, peuvent recevoir une manche en toile qui dirige le liquide dans le foudre à remplir. Mais, à l'aide de raccords, on peut amener le moût ou le vin dans l'un quelconque des foudres du cellier.

Les opérations de la vinification sont conduites par M. Teisserenc de la façon suivante, pour les vins rouges :

Toute la vendange est rentrée dans l'espace de 8 à 10 jours au maximum. Le décuvage commence le cinquième jour. Le foudre qui a reçu la vendange le premier est celui qui est décuvé le premier et on passe ensuite aux autres successivement. La veille du jour où le décuvage aura lieu, on réunit le foudre à remplir avec le foudre à décuver par des tuyaux de pompe. Le vin passe de l'un dans l'autre jusqu'à ce que la hauteur du liquide soit la même dans les deux récipients. Le matin, on attèle la pompe sur le tuyautage et on achève le soutirage. Un homme, agissant seul sur l'une des pompes mobiles, met environ 4 à 5 heures. La porte est alors retirée et le marc porté sur le pressoir, suivant la méthode ordinaire : un homme pénètre dans le foudre et fait passer le marc par la porte à un deuxième ouvrier qui le reçoit dans des banastons. Ceux-ci sont portés jusqu'au pressoir où deux ouvriers élèvent le gâteau.

Pour retirer le marc des cuves en bois, dont la porte est reportée à une grande hauteur à cause des cercles, on place devant la cuve une sorte de porte-fruits très incliné et muni de rebords qui descend jusqu'à la comporte.

Le pressurage comprend deux recoupages. Le marc pressé est vendu et enlevé immédiatement. Le vin qui s'écoule du pressoir est envoyé par la pompe fixe sur le foudre qui sera décuvé le jour suivant. Il n'y a donc de vin de presse que celui provenant du décuvage du dernier foudre.

L'annexe B (fig. 1 et 2) a été construite spécialement pour traiter l'Aramon en blanc. Elle contient seulement trois foudres, d'eux d'un côté, de 455 hectos chacun, un de l'autre côté, de 300 hectos. Deux cuves en maçonnerie occupent les emplacements $f f$. Entre les deux est disposée en e une claie de foulage. Une porte, de $2^m,25$ de largeur, percée au-dessus de la claie, sert à la réception de la vendange. Deux fenêtres sont ouvertes au-dessus des cuves ; elles ont $1^m,20$ de largeur et $1^m,60$ de hauteur. Elles permettent d'y verser directement la vendange, au besoin.

La claie de foulage (fig. 1 et 2) mérite de fixer un instant l'attention par ses dispositions originales. Elle est formée de madriers, placés les uns à côté des autres, parallèlement au mur pignon, et soutenus en leur milieu par un fer à T. Sa largeur est celle de la porte, $2^m,25$, et sa longueur est de $2^m,85$. Elle présente, de la porte vers l'intérieur du cellier, une pente de $0^m,075$ par mètre. Sa tête est à $1^m,25$ en contrebas du seuil de la porte, auquel elle est reliée par un plan incliné à 45 degrés g, en ciment. Deux escaliers, ménagés de chaque côté, permettent aux ouvriers de descendre sur la claie. Au-dessous des madriers, un plan incliné en ciment, de même largeur que la claie et de $1^m,65$ de longueur, ayant une pente de $0^m,15$ par mètre, aboutit au puisard o, dont la profondeur est de $0^m,90$. C'est le puisard dont il a été déjà fait mention, qui reçoit à volonté le vin des pressoirs, le liquide des cuves et le moût provenant du foulage aux pieds sur la claie e. Ces divers liquides sont pris par la pompe fixe d.

Les cuves f ont $4^m,50$ sur $3^m,75$ d'ouverture et une profondeur de $2^m,60$. Elles ont une capacité utile de 400 hectolitres. Les parois qui ne s'appuient pas contre les murs du bâtiment ont une épaisseur de $0^m,60$ au sommet et de $0^m,80$ à la base. L'épaisseur des autres parois est de $0^m,30$ environ au sommet. La hauteur de la cuve au-dessus de la claie de foulage est de $1^m,80$. Une porte, dont le cadre en fonte est noyé dans la maçonnerie, s'ouvre du côté et au niveau de la claie. Le cadre carré a 0^m,33 de côté ; il est relié à la face extérieure de la cuve par un ébrasement. Les cuves sont couvertes par des madriers jointifs qui reposent sur une feuillure pratiquée dans les murs et sur deux fers à T intermédiaires. Avant de mettre ces cuves en service, on les a lavées, pour les affranchir, avec une solution d'acide tartrique à 5 o/o. Au-dessus des cuves est établie, pour les lavages, une prise d'eau, alimentée par le réservoir du moulin à vent que l'on aperçoit au dernier plan de la figure 4 et qui actionne une pompe. La charge sur le robinet des cuves est de 6^m,50.

Sur les foudres, un petit plancher de 1 mètre de largeur, soutenu par des consoles en bois scellées dans les murs, est mis en communication avec le plancher du bâtiment A par une ouverture percée dans le mur de séparation.

Voici comment cette installation se trouve utilisée pour le traitement des Aramons en blanc :

Les pastières chargées de raisins arrivent par une rampe à pente très faible au niveau du seuil de la porte *g*, surélevé seulement de 1^m,70. Le véhicule est acculé contre ce seuil et basculé. La vendange glisse sur le plan incliné et s'étend d'elle-même sur toute la surface de la claie de foulage. Grâce à la pente de celle-ci, l'épandage est uniforme et la couche de raisins est d'épaisseur à peu près constante (0^m,20 environ). Des hommes, les pieds et les jambes nus, piétinent la vendange, l'écrasent pour en extraire la plus grande quantité de liquide possible. Le moût traverse la claie, se rassemble dans le puisard *o*, d'où il est extrait, au fur et à mesure, par la pompe *d*. Lorsque l'égouttage du marc paraît suffisant, les ouvriers le jettent à la pelle dans une des cuves qui flanquent la claie de foulage. La même opération recommence avec la pastière suivante. La quantité de moût séparée par le foulage vaut environ les 50 o/o du poids de la vendange.

Pour éviter l'introduction dans le tuyautage de la pompe des débris de peau, de pulpe, des pépins, etc., entraînés par le moût, celui-ci traverse un tamis placé en avant de l'orifice du tuyau d'aspiration. Ce tamis est formé simplement d'une toile métallique, à mailles serrées, clouée sur un cadre en bois, que l'on place debout dans le puisard. L'orifice du tuyau d'aspiration se trouvant dans un angle du puisard, il est facile d'installer la grille en travers, de façon à obliger le liquide à la traverser.

Le moût est envoyé par la canalisation fixe et, au besoin, par des raccords mobiles dans les foudres, soit de l'annexe, soit du cellier proprement dit. Pour lui enlever le peu de couleur qu'il peut avoir, on le traite par l'acide sulfureux. Dans ce but, on sature un foudre d'acide sulfureux en y faisant brûler des mèches soufrées, puis, avec la pompe, on refoule ce gaz par le bas dans le foudre plein du liquide à décolorer. L'acide sulfureux le traverse, et ce barbotage suffit pour produire la décoloration.

Quant au marc égoutté, il fermente et donne du vin rouge. Le remplissage d'une cuve se fait en deux jours et la fermentation ne dure que le temps employé au remplissage de l'autre cuve, c'est-à-dire que le décuvage a lieu le soir du deuxième jour, de façon à ce qu'on puisse de nouveau jeter du marc dans cette cuve le lendemain matin. La durée moyenne de la fermentation se trouve ainsi être de trois jours.

Chaque jour, après le travail, la claie et ses abords sont lavés à grande eau au moyen d'une lance qui se raccorde à l'un des robinets de prise d'eau. Les cuves sont également nettoyées après chaque décuvage.

Le marc extrait des cuves est pressé, puis vendu.

En cas de besoin, on peut utiliser ces cuves directement à la fabrication du vin rouge, sans faire subir à la vendange un foulage et un égouttage préalables. Les pastières sont alors amenées en face des ouvertures qui dominent les cuves et les raisins jetés à la pelle sur un porte-fruits.

L'installation du cellier d'Encivade permet donc d'enfermer par jour 1.000 hectolitres de vin : 700 hectolitres de vin rouge dans le cellier A, et 300 hectolitres, partie de vin blanc et partie de vin rouge, dans l'annexe B.

Le devis du cellier d'Encivade peut être établi aisément, si l'on suit la méthode indiquée pour le cellier de Rochet. Il nous paraît donc inutile de refaire ces calculs pour la construction des bâtiments, pour le matériel vinaire et pour l'outillage. Il est, au contraire, très intéressant de déterminer le prix de l'élévateur de vendange, afin de pouvoir comparer la dépense d'installation des divers systèmes d'élévation et de calculer la part de cette dépense supportée par chaque hectolitre de vin logé.

Devis de l'élévateur d'Encivade

		fr. c.
Rails du plan incliné. Poids par mètre de rail	45 kil.	
— pour 16 mètres	720	
Poids des deux rails	1440 à 0f 26	374.40
Entretoises. Poids des huit tringles d'écartement	125 à 0 26	32.50
Treuil à double engrenage, tambour, volants, manivelles, frein		400 »
Câble en acier, 30 mètres, à	2 50	75 »
Poulie de renvoi en fonte, de 0m45 de diamètre		30 »
Galet en bois, de 0m17 de diamètre		6 »
Rails en fer carré sur longrines, ajustés et posés, 22m50, à	2 »	45 »
Longrines de 0,25 × 0,25 × 6 × 2 = 0m3750. à	85f » 63 75	
Montants du treuil de 0,16 × 0,20 × 5,20 × 2 = 0m30333, à	85 » 28 30	100 »
Entretoises au sommet des montants du treuil, écharpes	7 95	
Avertisseur électrique, pédale, fils, sonnerie et piles		50 »
Pile supportant la voie ferrée en son milieu. Pierres de taille, 1m3188, à	30 »	35.65
— Maçonnerie, 1m3724, à	10 »	17.25
Fosse pour le chargement du wagonnet. Fouille, 18m3427, à	0 96	17.70
— Maçonnerie, 7m3914, à	10 »	79.15
— Bordure en pierres de taille, 2m3325, à	30 »	69.75
Wagonnet en tôle du poids de 500 kil., à	1 »	500 »
Essieu porte-câble, avec deux roues et chaînes		75 »
		1907.40
Deux élévateurs semblables		3814.80

La capacité totale du matériel vinaire de la partie A du cellier d'Encivade, desservie par les élévateurs, atteint 6.150 hectolitres, ainsi répartis:

11 foudres de 350 hectos.	3.850
1 foudre de 200.	200
4 cuves de 525.	2.100
Total . . .	6.150

La valeur des appareils élévatoires, par hectolitre de vin logé, atteint donc

$$\frac{3814,80}{6.150} = 0 \text{ fr., } 620.$$

La durée de l'évolution d'un wagonnet est de 16 minutes. Mais il convient d'ajouter à ce chiffre la durée de la manœuvre de la charrette et du déchargement de la pastière. De sorte que chaque wagonnet ne peut remorquer par heure que le contenu de trois pastières *au maximum*, soit $3 \times 1.800 = 5.400$ kilos de raisins. Si l'on admet que le rendement en liquide d'une semblable vendange d'Aramon et de Petit-Bouschet soit de 80 %, un élévateur peut rentrer, par journée de dix heures, la vendange correspondant à 432 hectolitres de vin ; en dix jours de récolte, la valeur de 4.320 hectolitres; et les deux appareils donneront le double, soit 8.640 hectolitres, au maximum. Dans ces conditions, les plus favorables à l'utilisation parfaite du matériel, la valeur des élévateurs, par hectolitre de vin logé, s'élève encore à

$$\frac{3814,80}{8.640} = 0 \text{ fr., } 441.$$

Les rampes d'accès sont incontestablement plus économiques, lorsque le relief du terrain se prête à leur établissement et qu'il est possible de les construire, sans apport de matériaux, soit en élevant les bâtiments contre un talus naturel, soit en empruntant les terres du remblai à la fouille nécessitée par les fondations du cellier. Indépendamment de cet avantage, les rampes présentent encore celui d'avoir un débit presque illimité, c'est-à-dire que la quantité de vendange élevée par une rampe peut être quelconque, pourvu que la largeur du palier permette le croisement de deux véhicules, car on peut alors remplir simultanément deux ou plusieurs foudres, en augmentant l'importance des colles et le nombre des pastières de service. Le débit d'un élévateur mécanique, du genre de celui d'Encivade, est, au contraire, limité et on ne peut dépasser un certain débit maximum. Il est, par suite, impossible de rentrer un poids de vendange supérieur à celui pour lequel il a été calculé.

Il serait possible de réaliser une installation un peu plus économique, en réduisant le prix du wagonnet par la substitution d'un wagonnet en toile au wagonnet en tôle adopté par M. Teisserenc et en employant, pour la voie du plan incliné, des fers à T de moindre échantillon. Il est à remarquer, en effet, qu'à Encivade, les rails sont beaucoup trop forts : ils avaient été calculés pour résister, sans le secours de la pile en maçonnerie (celle-ci n'a été ajoutée que par surcroît de précaution). En outre, l'emploi d'un wagonnet en toile diminuerait sensiblement le poids du matériel roulant et permettrait de réduire davantage la section de la voie. Enfin, il serait possible également de restreindre la dépense en augmentant la pente par mètre du plan incliné.

En résumé, le cellier d'Encivade présente quelques heureuses dispositions. Le gros œuvre ne donne lieu à aucune critique ; les dimensions sont bien établies ; le plancher des foudres offre au roulement des wagonnets une résistance suffisante et ne charge pas les vases vinaires. La suppression du dallage en ciment donne une économie de 3.800 fr. Le système d'élévation de la vendange est commode et pratique, lorsque l'on ne foule pas les raisins. Son seul défaut est d'occuper un peu trop de place ; il serait facile de la réduire par l'emploi d'une voie plus inclinée. Il y aurait avantage à établir le mécanisme des treuils à la partie supérieure pour éviter aux ouvriers des montées et des descentes répétées. L'installation des pressoirs se ressent un peu de la construction tardive de l'annexe B. Il eût été préférable de les placer ailleurs que dans la baie qui réunit les deux bâtiments, où ils gênent la circulation. La claie de foulage est bien établie. Cependant, l'absence de tout fouloir mécanique et la rapidité de l'égouttage ne permettent d'extraire en moût blanc que la moitié environ du liquide disponible dans la grappe. Mais, opérant sur des quantités importantes, M. Teisserenc se déclare satisfait de ce rendement.

Le déplacement des pressoirs a rendu disponible, entre les treuils et le mur pignon Sud, un emplacement qu'il serait possible d'utiliser au logement du vin, en y établissant de petits foudres, commodes pour les soutirages.

III.— LE CELLIER DU DOMAINE DE LA BROUSSE

Élévation de la vendange par noria mobile

FABRICATION DE VIN ROUGE ET DE VIN PAILLET

Parmi les vignobles de moyenne importance, celui du *mas* de la Brousse, appartenant à M. Crassous, directeur de la Compagnie des Salins du Midi, est un des plus intéressants à visiter dans les environs de Montpellier. Il est remarquable par la bonne tenue des vignes et surtout par l'installation rationnelle du cellier, qui mérite à tous égards d'être donnée comme un type. Ici, rien n'a été sacrifié au luxe, mais tout concourt à assurer la plus grande commodité dans les opérations de la vendange. Toute dépense à laquelle ne correspondrait pas un avantage évident a été supprimée. L'économie la plus sévère a présidé à l'organisation, mais cette économie bien entendue qui n'exclut ni la bonne construction, ni le choix d'un outillage perfectionné.

Le vignoble de la Brousse est situé à 4 kilomètres à l'Est de Montpellier, sur un plateau dont le terrain est constitué par du diluvium avec poudingue, recouvrant le pliocène calcaire qui repose sur les sables de Montpellier. Sa surface totale est de 30 hectares, mais les vignes n'occupent qu'une superficie effective de 26 hectares. La plantation, commencée en 1882, a été terminée en 1887. Les vignes sont constituées par des Jacquez non greffés (1/20 environ du vignoble) et par des Riparias, sur lesquels sont greffés des Aramons, formant les 16/20 de la plantation, des Cinsauts (1/20) et des Carignanes (2/20). Une moitié de la plantation est faite à $1^m,75$ en carré, l'autre moitié à $1^m,50$.

Grâce aux soins culturaux et aux fumures abondantes, la production du vin a augmenté chaque année, ainsi que le montre le relevé suivant des quatre dernières années :

Années	Récolte hectolitres de vin	Production en hectolitres par hectare cultivé
1889	3.057	117
1890	3.278	126
1891	3.399	130
1892	3.486	134

Le titre alcoolique du vin varie de 8° à 9° 5.

Jusqu'à cette année, M. Crassous n'a fait que du vin rouge et environ le $1/6^{me}$ de la récolte en vin *paillet*, ou plutôt *vin d'une nuit*, le tout vendu en bloc 16 fr. l'hectolitre en 1889, 23 fr. en 1890, 15 fr.,50 en 1891 et 16 fr.,75 en 1892.

Mais son installation nouvelle de pressoirs, décrite ci-après, va lui permettre de vinifier *en blanc* telle partie de ses Aramons qu'il voudra. Ces pressoirs peuvent, en effet, *liquider* chaque jour la quantité de raisins récoltée dans la journée.

La vendange exige 16 à 17 jours de travail effectif. La cueillette est faite par une seule colle de 33 à 39 vendangeuses, desservie par des porteurs. Suivant les usages du pays, il y a un porteur par trois coupeuses et un aide, pour charger les banastons, par quatre porteurs environ. Une femme a coupé par jour, en 1891, la vendange correspondant à 6 hectos 33 de vin, et la valeur de 5 hectos 40 de vin seulement, en 1892, soit, en moyenne et en nombre rond, les quatre cinquièmes d'un muid.

Cellier du mas de la Brousse. — Fig. 14. — Vue de la noria servant à élever la vendange.

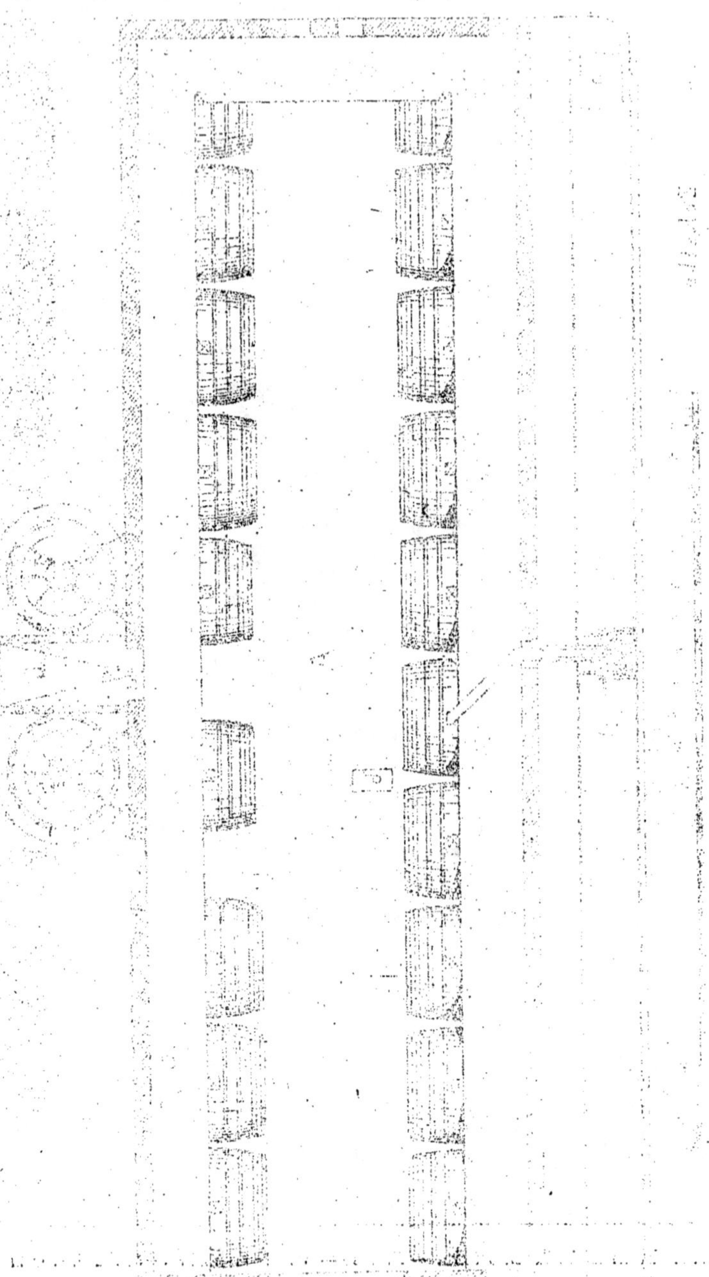

Les raisins sont transportés au cellier dans des pastières en toile, au
nombre de trois. Un seul attelage de deux mules suffit au service. Il y a

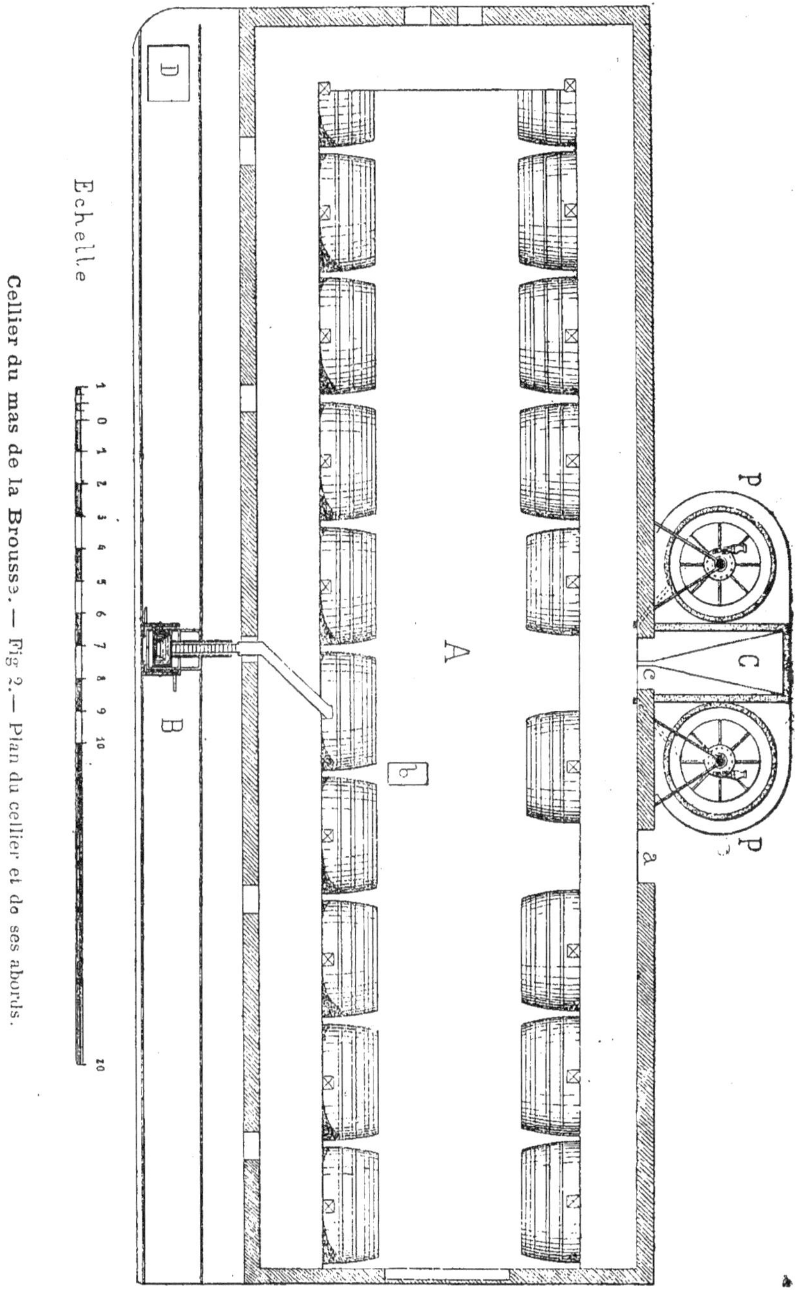

Cellier du mas de la Brousse. — Fig. 2. — Plan du cellier et de ses abords.

toujours une pastière à la vigne, en remplissage, une deuxième en déchargement, au cellier, et la troisième en route. Les animaux sont à chaque

voyage dételés de l'une des charrettes et attelés à l'autre. L'attelage est donc constamment occupé.

Le cellier est construit à peu près au centre du domaine. La configuration du terrain ne permettait pas de créer une rampe naturelle, ni même d'établir une rampe artificielle qui aurait obstrué, d'un côté, un chemin d'exploitation important, de l'autre côté, l'entrée de la cour de ferme. La dépense aurait été du reste très élevée et disproportionnée avec l'importance du bâtiment. M. Crassous a donc décidé de se servir, pour l'élévation de la vendange, d'un appareil mécanique et il a réalisé une installation fort simple et très commode, essentiellement pratique et applicable à un grand nombre de celliers, qui sera dans un instant l'objet d'une description détaillée.

Le cellier est un bâtiment rectangulaire A (fig. 2) dont le grand axe est dirigé du N.-E. au S.-O. Sa longueur est de 38^m,50 et sa largeur de 12 m., dans œuvre. La hauteur des murs de façade est de 6 m. (fig. 3). Le sol intérieur est en contre-bas de 0^m,45 environ par rapport au sol extérieur. Il est simplement en terre battue. Aucun puisard n'est creusé dans le sol. M. Crassous estime que les conquets, les puisards, les fosses, établis sous terre, sont d'un lavage et d'un nettoyage difficiles et que leur propreté ne peut être parfaite. Il les a donc supprimés totalement.

Les murs ont été établis, avec le plus grand soin, en moellons et en mortier de chaux hydraulique ; mais il n'est entré dans leur construction aucune pierre de taille, par mesure d'économie. Ils sont percés d'un très petit nombre d'ouvertures, le minimum compatible avec les exigences du service, l'éclairage et l'aération du bâtiment.

Une seule porte donne accès de la cour de ferme dans le cellier ; elle est située à côté des pressoirs et mesure 1^m,60 de largeur sur 3^m,10 de hauteur. Une petite rampe en terre, dont la pente est de 0^m,1125 par mètre, relie le sol du cellier au seuil de la porte, qui est au niveau de la cour. Elle sert à la sortie des futailles. Une grande baie de 4 mètres de largeur a bien été ménagée dans le mur pignon Sud pour l'entrée des foudres. Mais, après l'installation du matériel vinaire, elle a été fermée par un mur de cairons, qu'il faudrait démolir si besoin était de faire de nouveau passer un foudre. C'est là un travail de maçonnerie sans importance, puisque les frais de démolition et de reconstruction de ce mur n'excèdent pas 16 fr., les matériaux restant intacts. D'ailleurs, la réparation des foudres ayant lieu à l'intérieur du bâtiment, rien ne fait prévoir qu'il puisse être nécessaire avant longtemps de les en extraire. M. Crassous attache la plus grande importance à n'avoir que peu d'ouvertures : les grandes portes, même fermées, laissent toujours passer le vent et la poussière et le cellier est davantage soumis aux influences extérieures. Il n'a donc maintenu qu'une porte de service a. Entre les deux pressoirs (fig. 2), une fenêtre c, de 1^m,60 sur 2^m,25

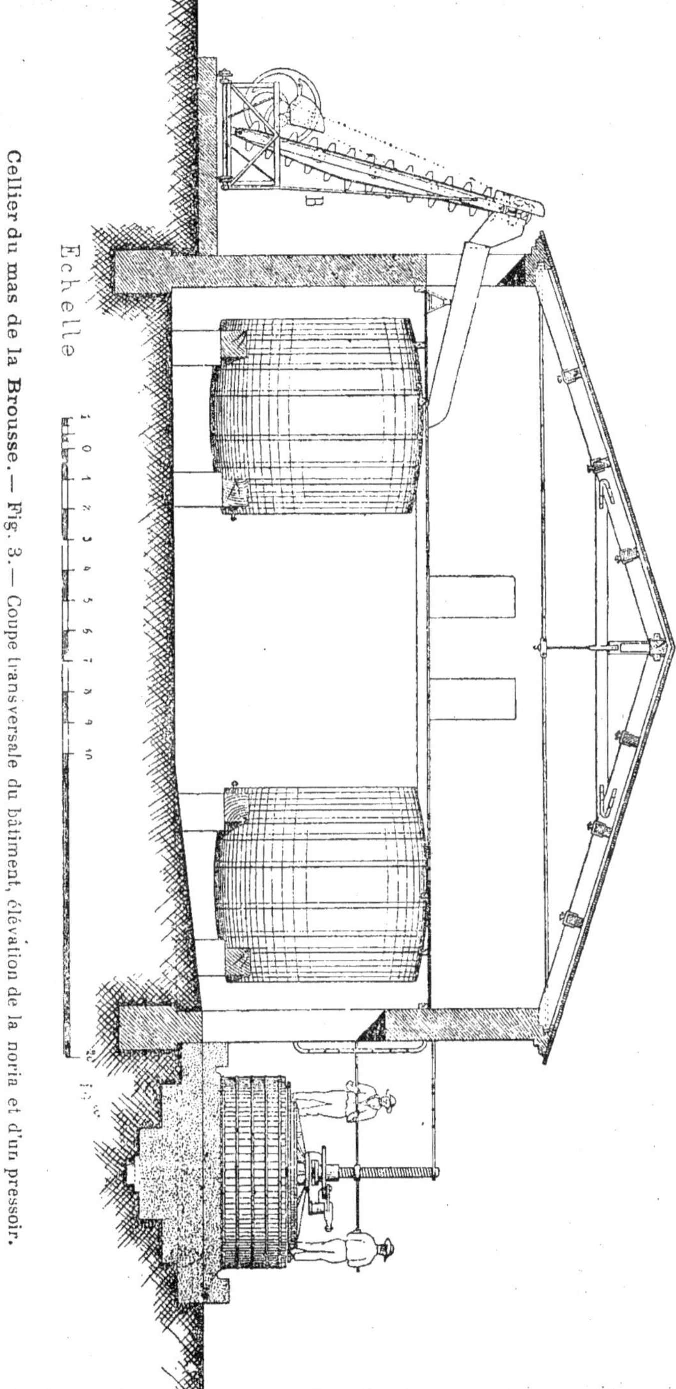

Cellier du mas de la Brousse. — Fig. 3. — Coupe transversale du bâtiment, élévation de la noria et d'un pressoir.

et dont le seuil est à 1ᵐ,31 au-dessus du sol intérieur, s'ouvre sur la maie d'égouttage C disposée au dehors et dont il sera question plus loin. Au-dessus des foudres, cinq baies sont distribuées sur le long côté du cellier (côté Ouest), à 7ᵐ,70 d'écartement, pour la réception de la vendange. Elles ont 0ᵐ,80 sur 1ᵐ,68. Dans le mur pignon Nord, deux fenêtres de 0ᵐ,68 sur 1ᵐ,45, à 1 mètre l'une de l'autre, servent à l'éclairage et à l'aération.

La couverture est constituée par des tuiles courbes du pays, dont les premiers et derniers rangs seuls sont maçonnés. Ces tuiles reposent sur un voligeage de 0ᵐ,027 d'épaisseur, plus léger et plus durable que le parafeuillage en tuiles plates établi sur les chevrons. Ceux-ci sont supportés par des fermes, au nombre de neuf, dont l'assemblage présente des particularités intéressantes (fig. 3). Un tirant en fer réunit les arbalétriers et empêche la ferme de s'ouvrir. Un faux-entrait, en bois, assemblé à mi-hauteur avec eux, travaille à la compression. Enfin, les pannes, au lieu d'être superposées aux arbalétriers et soutenues par des chantignoles, s'assemblent avec ceux-ci au moyen de sabots en fonte, de telle sorte que les chevrons qui les surmontent soient au niveau des arbalétriers. L'ensemble est élégant, léger, et ce dispositif a pour effet d'abaisser le faîtage de la hauteur des pannes et des chevrons, c'est-à-dire de 0ᵐ,29 environ. M. Crassous tenait essentiellement à diminuer autant que possible la hauteur du bâtiment pour que celui-ci ne vînt pas masquer la vue que l'on a de la maison d'habitation.

L'inclinaison de la toiture est de 18 degrés ; la pente est donc de 0ᵐ,33 par mètre seulement, et la hauteur du bâtiment, de la tuile faîtière au sol extérieur, n'excède pas 8ᵐ,05, soit 8ᵐ,50 comptés du sol intérieur.

Les foudres, au nombre de dix-neuf, sont disposés sur deux rangs, comme le montre la figure 2. Leur capacité n'est pas uniforme ; elle varie de 280 à 133 hectolitres. Le volume total disponible est de 4.448 hectos.

L'écartement d'axe en axe des foudres sur un même rang varie avec leurs dimensions. Mais il est, pour le type moyen de 240 hectos, de 3ᵐ,85. Chaque rang est à 0ᵐ,55 du mur et occupe une largeur de 3ᵐ,20. Il reste donc, au milieu du cellier, entre les deux rangées, un espace libre de 4ᵐ,50. Les foudres reposent, par des coins en bois, sur quatre dés en pierre de taille. Le peigne est à 0ᵐ,85 du sol et le raccord du robinet de la porte à 1 mètre environ. Une plaque en cuivre, clouée sur le peigne et sous la porte, est destinée à empêcher le vin de couler le long du bois pour se répandre ensuite sous le foudre. Ce procédé est très efficace. Intérieurement, un madrier est disposé transversalement au-dessus de la porte, pour soutenir le marc et l'empêcher de tasser sur elle ; la porte est ainsi retirée sans peine. Après chaque vendange et lorsque les opérations de la vinification sont terminées, les bois reçoivent une couche d'huile chaude. Les foudres neufs sont ébouillantés avant de recevoir la vendange. Les foudres en service sont méchés une fois par mois.

Sur les foudres est établi un plancher en bois, remarquable par sa simplicité. Il est constitué par des planches de 0^m,28 de largeur et de 0^m,027
d'épaisseur, clouées à un écartement de 0^m,02 à 0^m,03 l'une de l'autre sur trois
lambourdes. L'une est fixée contre le mur par des crochets en fer, les deux
autres reposent sur les foudres, comme le montre la figure 3. Le plancher
n'a que 2 mètres de largeur ; il n'arrive donc qu'au bord de la bonde et ne
couvre pas tout à fait la moitié des foudres. Les deux travées longitudinales sont réunies par une travée transversale de même largeur à l'un des
bouts du cellier. Ce dispositif des planchers, à claire-voie, les planches
écartées entre elles de 0^m,02 à 0^m,03, présente de nombreux avantages : 1° le
plancher est très économique, la dépense en fourniture de bois est réduite
de 1/10 environ ; 2° il est très léger ; 3° il est toujours propre, la poussière
et les corps étrangers s'échappant et tombant par les intervalles laissés
entre les planches. Un semblable plancher est très suffisant lorsqu'il ne
doit servir qu'au passage des ouvriers et qu'il ne doit pas être utilisé au
roulement de pastières ou de wagonnets.

Le plancher de la Brousse est à 4^m,27 au-dessus du sol et à 1^m,95 sous le
tirant en fer de la charpente. Le seuil des fenêtres par où la vendange est
introduite se trouve au niveau du plancher.

Les pressoirs, au nombre de deux, sont installés à l'extérieur et contre le
mur du cellier, dans la cour de ferme, PP. Ils sont séparés par la maie
d'égouttage C. Ils sortent des ateliers de M. Paul, constructeur à Cette.
Leur maie, de forme circulaire, en ciment, de 4^m,35 de diamètre extérieur,
repose sur une souche en béton de 1 mèt. à 1^m,10 de profondeur, à redans
(fig. 3) ; son diamètre au fond est de 1^m,50 et pour atteindre au niveau du
sol le diamètre extérieur du pressoir. La maie est entourée d'une bordure,
dont la crête est à 0^m,42 de hauteur au-dessus du sol, et d'une rigole de
0^m,15 d'ouverture et de 0^m,25 de profondeur, qui amène le vin à une goulotte débouchant à l'intérieur du cellier. Au centre de la maie se dresse
une vis de 0^m,14, qui a 4 mèt. de hauteur au-dessus du sol. A cause de sa
longueur, elle est maintenue au sommet par deux barres de fer scellées
dans le mur (fig. 2 et 3). A l'écrou est suspendu un plateau de 3^m,10 de
diamètre qui peut descendre dans une claie circulaire de 3^m,25 et de 1 mèt.
de hauteur. La pression est donnée à ce plateau par un mécanisme du système Mabille, agissant sur huit puissants ressorts à spirale. Ce dispositif
supprime l'emploi des poutres de pression et simplifie la manœuvre, en
évitant aux ouvriers la fatigue et la perte de temps du montage et du démontage répétés d'un matériel pesant. Pour charger ou pour décharger le
pressoir, pour recouper le marc, on remonte le tout à l'aide de l'écrou au
sommet de la vis. Pour cela, deux ouvriers, debout sur le plateau (fig. 3),
prennent appui sur une barre, dont l'une des extrémités est arrêtée par
une échelle en fer scellée dans le mur du cellier ; ils font ainsi reculer le

plateau qui se met à tourner en fuyant sous leurs pieds. Ils s'élèvent donc ainsi en même temps que lui. Trois à quatre minutes suffisent pour le remonter de 1^m,50. La figure 3 montre les hommes exécutant cette manœuvre. La descente s'effectue par les mêmes moyens.

La maie d'égouttage, en ciment, construite en vue du traitement en blanc de l'Aramon, a 4^m,35 de longueur et 2 mèt. de largeur. Elle est entourée d'une bordure de 0^m,20 de largeur et de 0^m,15 de hauteur minimum, arasée à 0^m,85 au-dessus du sol de la cour. Cette maie présente vers le cellier une pente de 0^m,02 par mètre. Une goulotte amène le moût dans le cellier, à 1^m,05 au-dessus du sol ; il peut donc remplir directement des demi-muids, dont le diamètre à la bonde mesure 1 mèt. Sur la maie en ciment est couchée une claie de fond en bois, à claire-voie ; c'est sur elle que la vendange foulée est déversée, comme il sera expliqué plus loin.

On remarquera que les pressoirs et la maie d'égouttage sont installés en plein air. M. Crassous estime qu'il n'est pas rationnel de loger, dans le cellier même, des pressoirs qui n'ont pas besoin d'être abrités comme les vases vinaires et qui, d'ailleurs, utilisent très mal dans sa hauteur l'emplacement qui leur est concédé. Suivant lui, c'est sous des appentis, moins élevés, plus économiques, qu'il convient de loger les pressoirs, si l'on tient à les mettre à couvert ; mais il ne voit aucune utilité à les protéger par une toiture. Les pluies sont rares dans cette région au moment de la vendange. Elles sont presque toujours de courte durée et si, par hasard, elles deviennent persistantes, la vendange se trouve arrêtée et, par suite, les pressoirs subissent eux aussi un chômage. Quant au soleil, il n'est pas plus pénible pour les hommes occupés au pressoir que pour ceux employés à la vendange ou à l'élévateur. Il n'y a donc pas lieu de faire la dépense d'un appentis. Après la vendange, et lorsque les pressurages sont achevés, la vis et les divers organes du mécanisme sont nettoyés, graissés, et l'ensemble est recouvert par une sorte d'entonnoir renversé, en tôle, qui abrite jusqu'à la vendange suivante la vis et la claie.

Deux pompes mobiles servent aux décuvages et aux soutirages : une ancienne pompe à cuvier, à simple effet, et une pompe Paul, à double effet, débitant 60 hectolitres à l'heure. Les tuyaux, en caoutchouc, sont soigneusement démontés après chaque opération et suspendus contre le mur pour leur égouttage.

Une bascule *b* est établie au milieu du cellier et presque en face de la porte, pour le pesage des futailles.

L'élévateur de vendange est, sans contredit, la partie la plus curieuse et la plus intéressante de l'installation de la Brousse. Il est représenté en plan B sur la figure 2, en coupe B sur la figure 3, et il apparaît en travail sur la vue photographique (fig. 1). C'est une noria, autrement dit une chaîne à godets, qui puise la vendange foulée dans une trémie et qui, après l'avoir élevée, la déverse sur un porte-fruits installé dans une des fenêtres, d'où elle glisse dans un foudre.

La noria est appliquée depuis longtemps à l'élévation de la vendange. Mais ces appareils sont généralement fixes, installés à demeure en un point du cellier, de telle sorte que la vendange, élevée par eux, doit être ensuite transportée jusqu'au foudre à remplir au moyen de wagonnets et de voies ferrées établies sur les planchers. C'est là une assez grande complication et une dépense.

La noria de la Brousse est mobile, elle se déplace le long du cellier et travaille toujours près du foudre à remplir. A la dépense de la noria ne vient donc pas s'ajouter la dépense d'un matériel roulant ; le plancher des foudres peut être établi plus légèrement ; enfin, la manœuvre est plus simple et n'exige pas autant d'ouvriers : deux suffisent, comme on le verra dans un instant.

Le long du mur Ouest du cellier, dans lequel sont percées les fenêtres, est établie une chaussée de $3^m,34$ de largeur, surélevée de $0^m,30$ par rapport au chemin qui la borde. Elle supporte une voie ferrée de $1^m,80$, sur laquelle peut rouler la noria, d'un bout à l'autre du cellier.

L'appareil élévatoire se compose d'un bâti métallique reposant sur deux essieux, formant une sorte de chariot à claire-voie. Sur ce bâti est installé un fouloir à deux cylindres broyeurs de $0^m,20$ de diamètre, tournant à vitesse différentielle, dans le rapport 21/34, surmontés d'une trémie. La commande est donnée par deux manivelles ; un volant régularise le mouvement. La vendange broyée tombe dans un récipient en tôle, logé dans le bâti, au fond duquel tourne un tourteau à section carrée ; il guide une chaîne sans fin qui passe, d'autre part, sur un tourteau semblable, installé au sommet de deux longs bras inclinés, boulonnés sur le chariot et soutenus par des jambes de force. Le mouvement de l'arbre moteur du fouloir est transmis au tourteau du haut par une chaîne de Galle.

Le tourteau, en tournant, entraîne la chaîne avec une vitesse de 8 m. à la minute, les hommes faisant dans le même temps 27 tours à la manivelle.

La chaîne est inclinée à 73 degrés. Le brin montant est soutenu par des rouleaux-guides et le brin descendant se meut librement. Un tendeur permet de déplacer légèrement le tourteau du haut et de donner à la chaîne la tension nécessaire pour éviter un ballottement exagéré. Sur la chaîne sont distribués 31 godets en tôle, de 5 litres de capacité ; leur forme est telle que leur bord supérieur soit horizontal, pendant l'ascension, et que leur paroi extérieure reste verticale. Ces godets se remplissent en bas et, arrivés en haut, déversent leur contenu dans une sorte de canal incliné qui aboutit au porte-fruits engagé dans la fenêtre (fig. 1 et 3). En dessous, la noria est entourée par des feuilles de tôle, pliées en gouttière, à l'intérieur desquelles circule la chaîne ; elles ont pour objet d'éviter la chute sur le sol des raisins qui peuvent s'échapper des godets pleins et du moût qui provient de l'égouttage des godets vides. Sur la figure 1, on a laissé en place les feuilles du bas et retiré, au contraire, celles du haut pour permettre de voir la chaîne et les godets. A la fin de la vendange, ces feuilles sont enlevées et, après avoir été lavées, elles sont rangées sur le plancher du cellier. Pour retirer le récipient dans lequel plonge la chaîne, on amène le chariot au-dessus d'une fosse D (fig. 2) creusée à l'extrémité de la chaussée; on démonte alors et on enlève par dessous la trémie pour la nettoyer.

Il est facile de voir que si l'on retire intérieurement le porte-fruits, l'appareil absolument isolé du mur peut être déplacé le long du cellier et amené en face d'une autre fenêtre.

Ainsi que le montre la figure 2, chaque fenêtre dessert deux foudres. Par suite, le porte-fruits doit être coudé de façon à déverser dans la bonde du foudre à remplir et il est indispensable d'avoir deux porte-fruits, l'un coudé à gauche, l'autre coudé à droite. Le porte-fruits est soutenu près du mur par un tréteau (fig. 3) et il repose d'autre part sur le foudre. Une ouverture, de mêmes dimensions que celles de la bonde, est pratiquée à son extrémité et une manche en toile plonge dans le foudre. La pente du porte-fruits est de $0^m,24$ par mètre environ, sa largeur minimum de $0^m,30$. La vendange y glisse facilement, sans le secours de l'outil.

La hauteur d'élévation de la vendange, comptée verticalement du sol extérieur à l'axe du tourteau supérieur, est de $5^m,48$, ce qui correspond à un écartement des tourteaux de $4^m,90$, le tourteau inférieur étant déjà surélevé de $0^m,75$ par la chaussée et le chariot. Deux hommes suffisent pour actionner l'appareil (c'est-à-dire le fouloir et la chaîne à godets), qui débite théoriquement 127 litres 1/2 à la minute. On peut donc broyer et élever en 14 à 15 minutes le contenu d'une pastière d'environ 1.800 litres de capacité. Pratiquement, l'élévateur est toujours en avance sur le déchargement de la pastière dans la trémie du fouloir.

Les pastières arrivent de la vigne, chargées de vendange, toutes les 20 minutes à peu près (trois par heure). La charrette est arrêtée à côté de l'élévateur; les animaux, aussitôt dételés, sont attelés à la pastière vide et repartent pour la vigne. Sur la pastière pleine monte un ouvrier, pieds et jambes nus, et, armé d'une pelle (fig. 1), il jette les raisins sur un porte-fruits qui réunit la pastière à la trémie de l'appareil élévatoire; les cylindres du fouloir les broient et la noria les élève pour les déverser dans un des foudres du cellier. Lorsque la pastière est vide, les ouvriers l'avancent, à bras, de quelques mètres, pour permettre à la suivante de s'arrêter à la même place.

Les deux ouvriers qui commandent l'élévateur et celui qui décharge la pastière suffisent à la rentrée de la vendange; lorsqu'un foudre est plein, ils montent sur le plancher pour changer le porte-fruits du haut, et, lorsque les deux foudres desservis par une même fenêtre sont remplis, ils poussent la noria devant la fenêtre suivante. La manœuvre est simple, rapide et n'exige pas un grand effort.

La durée du cuvage est de 72 heures environ, c'est-à-dire de trois journées pleines. Le décuvage commence, en général, dans l'après-midi : à 4 heures, on fait couler le vin, qui est refoulé par la pompe dans le foudre à remplir. Un homme, qui est relayé de temps en temps, fait fonctionner la pompe. Le coulage est terminé à 8 heures, et on laisse le foudre s'égoutter jusqu'au lendemain matin. On retire alors le marc pour le porter sur le pressoir : commencée à 7 heures, l'opération est terminée à 8 heures et demie, avec cinq hommes. Un des ouvriers entre dans le foudre, un autre reste devant la porte pour recevoir le marc dans les banastons, un troisième les transporte au pressoir, où les deux derniers montent le gâteau à l'intérieur de la claie. On donne aussitôt la première pressée. A 10 heures, on fait un premier retaillage du marc, après avoir retiré la claie qui ne doit plus servir. Un deuxième retaillage a lieu à 2 heures et demie, puis on laisse le gâteau s'égoutter jusqu'au lendemain; à 5 heures et demie du matin, on enlève le marc pour que, à 7 heures, la maie soit prête à recevoir le marc du foudre suivant. Le marc pressé est vendu en nature et livré sur place.

Les ressorts du pressoir peuvent atteindre une tension de 110.000 kilos et, par suite, transmettre au gâteau une pression égale. La surface du plateau presseur étant de $7^{m2},50$, c'est une pression de 1 kil., 466 par centim. carré qui est donnée au marc la première fois. Le premier retaillage enlève au gâteau une épaisseur de $0^m,30$ tout le tour ; la surface étant réduite à $4^{m2},90$, la deuxième pression atteint 2 kil., 245 par centim. carré. Enfin, après le second retaillage qui enlève au marc une nouvelle épaisseur de $0^m,25$ et qui réduit ainsi la surface pressée à $3^{m2},14$, la pression exercée est de 3 kil., 503 par centim. carré. La pression est donc progressive. Deux hommes au levier suffisent pour donner aux huit ressorts leur tension maximum.

Pour le traitement en blanc de l'Aramon, voici l'organisation du travail : les pastières sont introduites dans la cour et amenées devant la maie d'égouttage C ; les animaux sont dételés et la vendange est déchargée à la pelle dans un fouloir. Le fouloir sera peut-être remplacé par une turbine Paul et un égouttoir à vis d'Archimède. Les raisins foulés sont reçus sur la claie d'égouttage par un homme qui les jette sur l'un des pressoirs, tandis que le moût s'écoule à travers la claie et va remplir un demi-muid placé dans le cellier près de la baie c, sous la goulotte. Cette futaille a été méchée et se trouve remplie d'acide sulfureux ; le moût est ainsi muté. Lorsque le demi-muid est plein, il est remplacé par un autre, puis roulé devant le foudre près duquel se trouve la pompe. Celle-ci aspire le moût du tonneau par un tuyau plongeur et le refoule dans le foudre.

La vendange jetée sur le pressoir est piétinée et elle continue à s'égoutter pendant que le gâteau se monte. Le chargement, commencé à 7 heures du matin, est terminé à midi. Un premier retaillage est fait à 2 heures et un deuxième à 4 heures. Le marc reste sous pression jusqu'au lendemain matin, à 6 heures; il est alors enlevé et dégage la maie pour 7 heures. Pendant que s'opère le serrage de ce pressoir, l'autre est chargé à son tour, de midi à 5 heures. Le premier retaillage a lieu à 6 h. 1/2, puis le gâteau reste sous pression toute la nuit ; à 6 heures du matin, on fait le deuxième retaillage et, à 11 heures, on débarrasse la maie qui est prête à recevoir un nouveau chargement à midi. Il y a ainsi roulement entre les deux pressoirs : l'un est chargé le matin; il est serré et s'égoutte l'après-midi et la nuit ; l'autre est chargé l'après-midi et il s'égoutte la nuit et pendant la matinée du lendemain.

Le marc est vendu et enlevé comme l'autre. Le vin provenant de ces différentes opérations (foulage et pressurage) conserve, malgré le mutage, une coloration rose. Il constitue ce que, dans le pays, on nomme *du paillet* ou *vin d'une nuit*, ou encore *vin de 24 heures*. C'est un vin très agréable à boire et recherché par le commerce.

Devis du cellier de la Brousse

Numéros des détails	GROS ŒUVRE					VALEUR
						fr. c.
18	Fouille en tranchée. Fondation des murs	69m³937,	à		1f 19	83.22
19	— en excavation. Enterrement partiel du cellier	231 070,	à		0 96	221.83
20 A	Maçonnerie de fondation, cube ci-dessus	69 937,	à		14 19	992.40
20 A	— en élévation	304 014,	à		14 19	4313.95
20 B	— plus-value pour génoise	107m »	à		3 »	321 »
20 B	— — angles	65 300,	à		3 »	195.90
20 B	— — cintre	4 300,	à		5 »	23 »
39	Fers à T et bois au-dessus des fenêtres		à			22.10
	Mur en cairons fermant la grande porte	16m² »	à		6 50	104 »
						6277.40

Numéros des détails	CHARPENTE					VALEUR
31	Fermes sans assemblage	9m³066,	à		85 »	770.61
32	Pannes	8 515,	à		85 »	723.77
32	Chevrons	8 993,	à		85 »	764.40
	Fers et fontes travaillés et mis en place	3.055k »	à		0 50	1527.50
						3786.28

Numéros des détails	COUVERTURE					VALEUR
36 A	Voligeage en planches de 0m027 d'épaisseur	526m²68,	à		1 70	895.35
30	Couverture en tuiles creuses de Marseille	566 58,	à		2 90	1643.08
						2538.43

Numéros des détails	AMÉNAGEMENT INTÉRIEUR		VALEUR
			fr. c.
35	Menuiserie. Plancher.	3ᵐ³901, à . . . 100f »	390.10
36	— Parquet de 0ᵐ027 d'épaisseur.	153ᵐ² », à . . . 3 »	459 »
37	— Fermetures avec chambranle.	24ᵐ²270, à . . . 9 »	222.30
	— Escalier.		88 »
38	Serrurerie. Ferrure des portes et fenêtres.		33.75
42	Peinture des portes et fenêtres à 3 couches	49ᵐ²40, à . . . 0 75	37.05
28	Supports des foudres. 76 dés en pierre, à	10 »	760 »
			1990.20

VAISSELLE VINAIRE

44	Foudres. 4448 hectos, à 5 fr. 30, coins en bois compris	5 30	23574.40
	Clapets de foudres. 19 clapets.	20 »	380 »
			23954.40

MATÉRIEL VINAIRE

19	Pressoirs. Fouille en excavation 13ᵐ³668, à 0f.96	13 22	
23	— Maie en béton. 20 952, à 20 70	433 70	
27	— Enduit en ciment. 24ᵐ²28, à 4 »	97 12	3976.04
	— Mécanisme, vis, claie circulaire et bois de charge.	3432 »	
19	Maie d'égouttage en béton. 7ᵐ³308, à 20 70	151 27	
27	— enduit en ciment 10ᵐ²44, à 4 »	41 76	241.03
	— Claie en bois.	48 »	
	Pompes. 2 pompes. à 250		500 »
	Conduites. 58ᵐ tuyaux de caoutchouc de 40 mill., à 8 f. 50	493 »	
	— 4 robinets de clapet. à 25 »	100 »	669.30
	— Raccords, déverseurs, clefs, etc.	76 30	
	Élévateur. Chaîne à godets montée sur chariot	1300 »	
	— Fouloir	200 »	1743. 36
16	— Rails et traverses, 78ᵐ à 12 fr. le mètre courant	243.36	
			7129.73

Totalisation des détails

DÉTAILS	ÉLÉVATEUR	CELLIER	TOTAL	PAR HECTARE CULTIVÉ
	fr. c.	fr. c.	fr. c.	fr. c.
Gros œuvre		6277.40	6277.40	241.438
Charpente		3786.28	3786.28	145.626
Couverture		2538.43	2538.43	97.631
Aménagement intérieur		1990.20	1990.20	76.544
Vaisselle vinaire		23954.40	23954.40	921.322
Matériel vinaire	1543.36	5586.37	7129.73	274.219
	1543.36	44133.08	45676.44	1756.780

Détails du cellier calculés pour un hectolitre de vin
LOGÉ DANS DES FOUDRES DE 240 HECTOS

Surface nécessaire pour loger un hectolitre de vin, mesurée dans œuvre
(cellier seul) : $0^{mq}10386$.

		fr. c.
A	1° Valeur des fermes, bois, fer et fonte	0 5166
	2° Valeur des fermes, avec pannes et chevrons.	0 8512
	3° Valeur de la couverture en tuiles creuses sur voligeage.	0 5706
	4° Valeur de la toiture complète (fermes et couverture)	1 4214
B	Valeur de l'élévateur sans le fouloir	0 3469
C	Valeur des foudres de 240 hectos (compris supports et clapets)	5 3854
D	Valeur des pompes, tuyaux, raccords, clefs.	0 2628
E	Valeur du fouloir.	0 0449
F	Valeur des pressoirs	0 8938
J	1° Valeur du bâtiment seul	3 2806
	2° Valeur du bâtiment avec élévateur.	3 6276
	3° Valeur du bâtiment avec élévateur et foudres.	9 0128
	4° Valeur du cellier complet.	10 2689

L'examen du devis ci-dessus permet de dégager les points suivants :

1° L'étendue de cellier nécessaire pour recevoir une même quantité de vin augmente à mesure que la capacité des vases vinaires diminue ; ainsi, à Rochet, où les foudres sont de 300 hectos, 1 mètre carré de surface peut loger 1.157 litres de vin, la même surface occupée par les foudres de 240 hectos de la Brousse ne peut loger que 963 litres de vin.

2° La plupart des détails du cellier de la Brousse seront donc d'un prix plus élevé, ainsi : la toiture, l'élévateur, les pompes et les pressoirs ; cependant l'économie générale de la construction, l'absence d'appentis et la diminution de hauteur des murs rendent l'ensemble du cellier plus économique (dernier tableau, ci-dessus).

3° La couverture en tuiles creuses sur parafeuillage en briques plates revient à 5 fr., 18 le mètre carré couvert ; lorsque l'on remplace les briques par un voligeage en planches de $0^m,027$, le prix s'élève à 5 fr., 49 pour la même surface. Le voligeage est pourtant préférable, car il résiste bien au soleil et à l'action des vents de mer.

4° La ferme spéciale (bois, fer et fonte) de la Brousse coûte 8 fr., 19 ; la ferme de Rochet, 7 fr., 52 par mètre carré couvert.

IV. — LE CELLIER DU DOMAINE DE GUILHERMAIN

Élévation de la vendange par rampe transversale

FABRICATION DE VIN ROUGE

Le domaine de Guilhermain, encore appelé de son ancien nom *Mas Delon*, est un des plus beaux exemples de la reconstitution des vignobles par les plants américains greffés. En même temps que son propriétaire, M. le comte Auguste d'Espous, entreprenait, avec la collaboration intelligente et dévouée de M. Fermaud, la plantation des vignes, plein de confiance dans l'avenir, il faisait, dès les premières années, édifier un cellier et des bâtiments de ferme, sur un plan d'ensemble dont les grandes lignes ont été tracées par M. Fermaud et les détails étudiés par M. Marcadier, architecte à Montpellier. Ces constructions encadrent une vaste cour de plus d'un hectare de superficie; elles sont remarquables par leur ampleur et par le luxe de leur aménagement intérieur. On ne peut se défendre, en pénétrant dans le cellier, d'un sentiment d'admiration à la vue de ces vastes bâtiments et de l'important matériel vinaire qu'ils abritent. Le cellier de Guilhermain, aménagé et outillé pour une abondante production, est un type de cellier de grande propriété et si, dans cette étude, nous devons parfois faire des réserves sur l'opportunité de certaines dépenses et sur l'avantage de quelques dispositions, nous ne pouvons méconnaître que ce cellier est un sujet d'intéressantes observations et qu'il fait le plus grand honneur à M. Fermaud, qui en a inspiré le projet, et à M. Marcadier, qui l'a si habilement exécuté.

Situé à 10 kilomètres au sud-est de Montpellier, dans la vaste plaine qui confine aux étangs de Mauguio et de Pérols, le vignoble de Guilhermain couvre une surface de 200 hectares d'un seul tenant. Le sol est formé d'alluvions d'étang, d'alluvions de rivière, de marnes à concrétions calcaires, de diluvium, reposant sur un sous-sol constitué à différentes profondeurs par la marne pliocène à concrétions calcaires. Les vignes américaines y sont magnifiques et portent des greffes de cépages français, aussi remarquables par leur végétation luxuriante que par leur fructification régulière. Les porte-greffes sont : le Riparia (64 o/o), le Jacquez (30 o/o), le Solonis (4 o/o), le Rupestris (2 o/o). Les plants greffés sont: l'Aramon (50 o/o), l'Alicante-Bouschet (17 o/o), le Petit-Bouschet (17 o/o) et la Carignane (16 o/o).

La culture se ressent des soins intelligents de M. D. Chalier, ancien élève de l'École d'agriculture de Montpellier, régisseur du domaine, qui dirige tous les détails de l'exploitation avec une grande compétence et un dévouement absolu.

La récolte a atteint, en 1891, 14.200 hectolitres de vin sur 170 hectares, soit 83 hectolitres à l'hectare en moyenne. Mais toutes les vignes n'ont pas acquis encore leur plein développement, et ce chiffre, déjà élevé, sera certainement dépassé dans quelques années. Le vin rouge est presque la production exclusive de la propriété. Cependant, on peut aussi faire du vin blanc en traitant en blanc l'Aramon, et, en 1891, un tiers de la récolte a été vinifié de cette façon; l'outillage du cellier se prête parfaitement à cette double fabrication.

La vendange dure 12 jours environ. Elle est faite par 4 colles de 50 coupeuses chacune. Les pastières, au nombre de 6 par colle, sont remplies par des porteurs (*banastous*); suivant les usages du pays : il y a un porteur par trois coupeuses et un aide vide-paniers par quatre porteurs. Une colle comporte donc 50 femmes et 20 hommes.

Les pastières offrent des dispositions spéciales, en raison du procédé adopté pour l'élévation de la vendange et pour sa rentrée dans le cellier. Elles sont constituées par un châssis en bois, soigneusement assemblé, dans lequel est attachée une toile. Ce châssis est porté par quatre roues de wagonnet qui peuvent rouler sur des voies Decauville de 0^m,60.

Sur la charrette est assujettie une travée de voie ferrée de 5 mètres de long et c'est sur elle que repose la pastière, maintenue en place par un système de traverses et des coins. La pastière est donc mobile et peut être déplacée indépendamment du véhicule qui la porte, par exemple sur le plancher établi dans le cellier au-dessus des foudres, comme on le verra plus loin. La toile est à soufflet; la partie postérieure du châssis peut être retirée et la toile rabattue pour le déchargement.

La capacité de la pastière est de 16 hectolitres à peu près. Vide, elle pèse 225 kil. La charrette, y compris la travée de voie ferrée, pèse 725 kil. C'est donc un poids mort de 950 kilos que l'attelage doit déplacer. Celui-ci est composé de deux animaux (chevaux ou mules).

Le cellier se compose de deux grandes travées parallèles A B et C D (fig. 1 et 2) et de deux ailes E et L. Le grand axe des bâtiments est dirigé du N.-N.-O. au S.-S.-E. Chaque travée mesure 73^m,75 de longueur sur 14 m. de largeur, dans œuvre. Les ailes ont une longueur de 24 m. et une largeur de 11^m,40. Le cellier proprement dit a donc une surface couverte de 2612 mètres carrés, 20. Il est flanqué de deux rampes d'accès *i*, avec paliers *f* pour le déchargement de la vendange, établies de chaque côté, le long des ailes et des murs-pignons du bâtiment principal. Les paliers et les rampes qui y conduisent ont été créés artificiellement, partie en terre de remblai, partie en maçonnerie. Cette dernière comprend une succession de pièces voûtées N, M et P (fig. 1), aménagées, suivar. leurs dimensions, en chambres à outils N, en caves et magasins M et en chambres de presse P. Un passage O sert d'entrée dans chaque travée du cellier. Dans la cour et dans chacun des angles formés par le grand bâtiment et par les

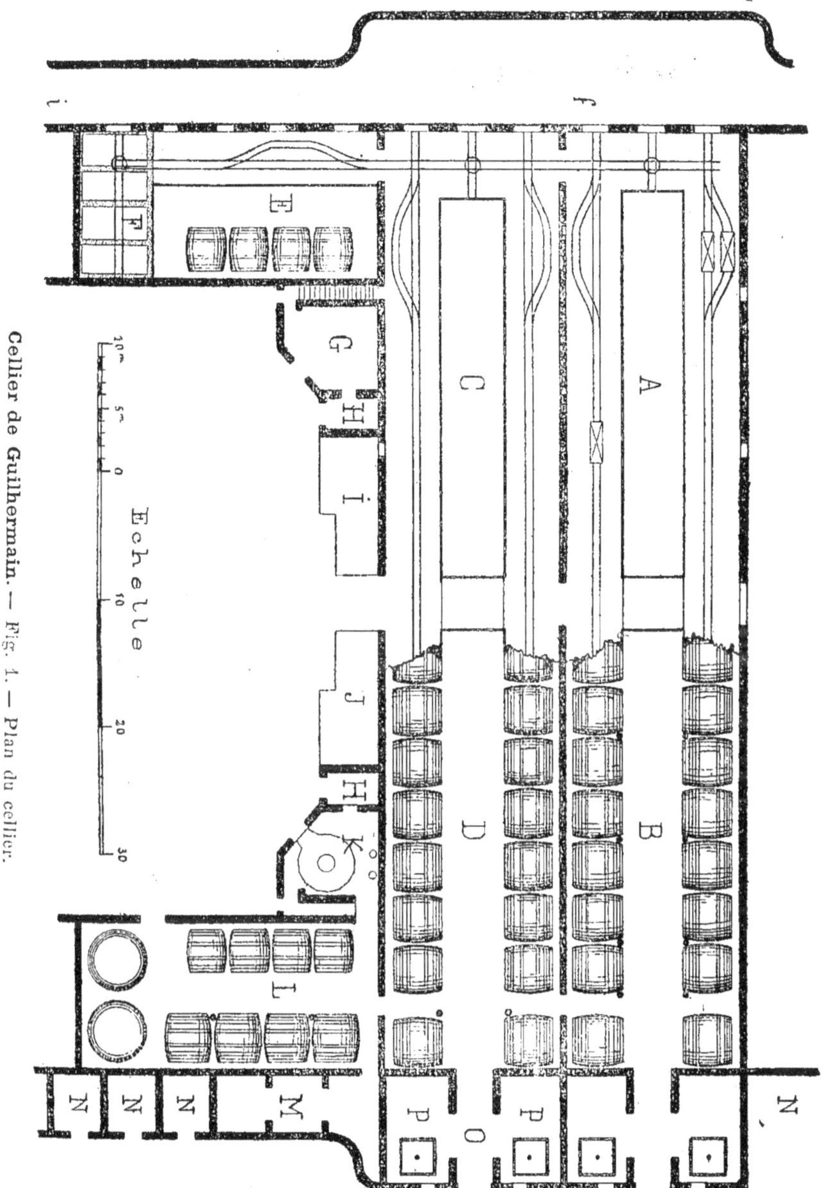

Cellier de Guilhermain. — Fig. 1. — Plan du cellier.

ailes, des annexes abritent : l'une K, les pompes et le manège qui les commande, l'autre H, la locomobile, qui peut remplacer au besoin le manège. Le dessus de la salle des pompes G est aménagé en logement pour le maître de chais.

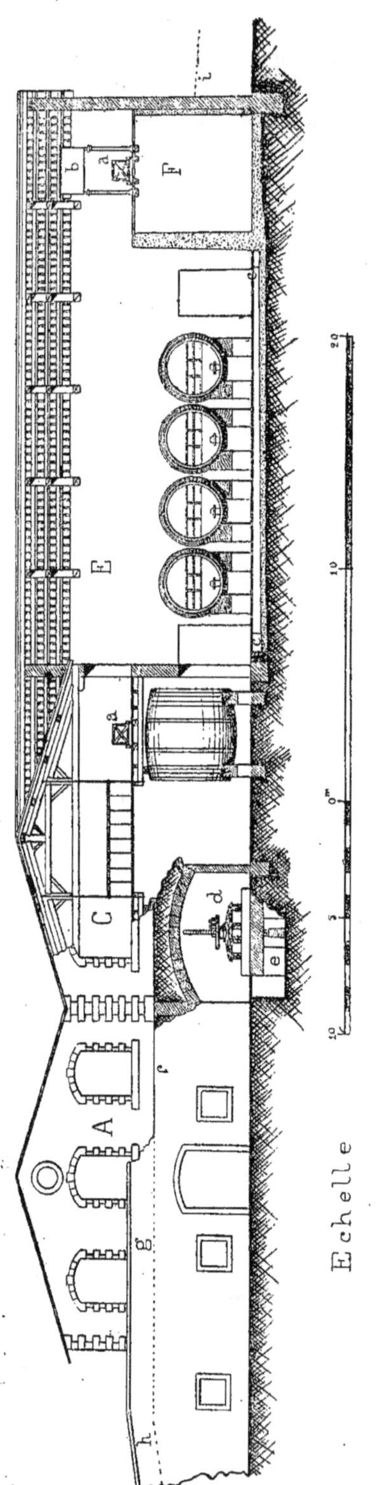

La figure 1 est le plan des bâtiments dressé pour toute la moitié
de droite du cellier, au niveau du
sol, et, pour la moitié de gauche,
au-dessus du plancher des foudres.
Une brisure du plancher indique
nettement l'interruption de celui-ci
et la séparation des deux parties
du dessin. La figure 2 est destinée
à montrer, par un seul dessin, les
dispositions extérieures et intérieures du cellier les plus intéressantes,
réparties dans plusieurs plans verticaux différents, échelonnés les uns
derrière les autres. A gauche, on
aperçoit le mur-pignon extérieur
de la travée A B du cellier et, en
avant, le parapet $h\,g$ de la rampe
et du palier. Une brisure du parapet montre en f la chaussée du
palier et sa hauteur par rapport aux
ouvertures du cellier. Une coupure
faite dans le palier permet de voir,
un peu plus loin, une des chambres
de presse, avec son pressoir d et
les détails de sa construction e.
Au-dessus, on voit l'intérieur de la
travée C D du cellier. Enfin, à droite,
une coupe longitudinale de l'aile
E montre son aménagement intérieur, dont on trouvera plus loin
une description détaillée.

Des vues photographiques, prises tant à l'intérieur qu'à l'extérieur du cellier, mettent en évidence les détails de l'installation
des bâtiments et servent à l'intelligence de la manœuvre de rentrée de la vendange. La première
(fig. 3) montre, de l'extrémité Sud
de la partie C D, cette travée dans
toute sa longueur. La deuxième
(fig. 4) représente la moitié de
la travée A B. Elle est prise en son

Cellier de Guilhermain. — Fig. 3. — Vue intérieure de la travée ancienne du cellier,

milieu. Enfin, la troisième (fig. 5) permet de se rendre compte de la manœuvre d'une pastière sur le palier établi du côté Nord.

La travée CD et les ailes E et L ont été construites les premières. Plus
tard, au fur et à mesure de l'accroissement des récoltes, il a fallu agrandir
les bâtiments : M. d'Espous a fait élever d'abord la moitié A de la travée
AB, puis la moitié B, qui va être terminée cette année seulement.

Dans la travée CD (fig. 1, 2, 3) sont logés, sur deux rangs, 32 foudres
de 345 à 380 hectolitres de capacité. Chacun d'eux est porté par des coins
en bois et par des dés en pierre de taille. Le peigne est à 0^m,78 du sol
et le raccord de la porte à 0^m,98. Tous ces foudres sont également
écartés les uns des autres, sauf ceux des quatre coins qui, plus éloignés,
dégagent un passage qui fait communiquer, d'un côté, les deux travées, de
l'autre, la travée CD et les deux ailes. Ces quatre foudres ont une plus
grande capacité, et, pour ne pas gêner l'établissement du plancher, on les
a placés à 0^m,10 en contre-bas des autres. Chaque rang de foudres est à
0^m,48 des murs et occupe une largeur de 3^m,95. Il reste donc, au milieu du
cellier, un passage de 5^m,14.

Le sol est en terre battue. Il sera recouvert de ciment dans quelque
temps.

On accède dans ce bâtiment par une porte principale qui occupe le milieu
de la façade, du côté de la cour, et qui mesure 5 mètres de hauteur sur
4^m,25 de largeur. Elle est surmontée d'une imposte vitrée qui dépasse de
1^m,55 le niveau du plancher. Extérieurement, elle est flanquée de deux
quais d'embarquement IJ, pour le chargement des futailles sur les
charrettes.

Une grande baie, percée en face de cette porte, réunit les deux travées.
La bascule est installée au milieu. A chaque bout, un passage voûté O, de
3^m,75 sur 3 m., ménagé sous le palier correspondant, aboutit à une porte et
conduit à deux chambres de presse PP.

La couverture, en tuiles courbes du pays, est supportée par des fermes,
à faux-entrait et à arbalétriers doublés sur une partie de leur longueur,
écartées de 4 m. entre elles ; la première est à 5^m,85 du mur-pignon, pour
la commodité de l'établissement du plancher.

Le plancher des foudres est construit dans des conditions de solidité
exceptionnelles, car il doit servir à la circulation des pastières chargées de
vendange. Il est formé de poutres, en nombre égal à celui des fermes,
encastrées d'un bout dans le mur et suspendues, de l'autre bout, à la ferme
correspondante par des tiges de fer, en même temps que soutenues en
avant par une lambourde placée sur les foudres (fig. 2 et 3). Ces poutres
supportent dix solives, au-dessus desquelles est cloué le plancher proprement dit. Une balustrade de 1 m. de hauteur est établie au bord. Le plancher, qui a 4^m,50 de largeur, couvre en totalité les foudres. Les deux plan-

chers longitudinaux sont réunis, à chaque extrémité, par un plancher transversal, de 5^m,25 de largeur et, au milieu, par une passerelle de 4 m. Des colonnes en fonte supportent ces passages.

Dans les deux murs-pignons sont percées trois ouvertures de 2^m,50 de hauteur et de 2^m,05 de largeur; leur seuil est au niveau du plancher et à 0^m,77 au-dessus du palier extérieur. Dans l'axe de chacune de ces fenêtres est installée une voie Decauville de 0^m,60 de largeur, ainsi que le montre la figure 1, qui donne en A, C et E la disposition des voies, garages et plaques tournantes, pour cette partie du cellier.

Le plancher est à 5^m,15 au-dessus du sol du cellier et à 2^m,40 sous l'entrait des fermes. On y monte par deux escaliers, dont l'un est visible en G (fig. 1). Des fenêtres percées dans le mur de façade donnent du jour et de grandes baies réunissent cette travée à la travée voisine et aux deux ailes.

La travée AB (fig. 1, 2 et 4) est aménagée comme l'autre, sauf en ce qui concerne le plancher des foudres, qui est établi sur une charpente métallique et soutenu par des colonnes en fonte, au lieu d'être simplement en bois et suspendu aux fermes. Ces colonnes sont réparties comme le montrent les fig. 1 et 4; elles reposent, par des dés en pierre de taille, sur une fondation continue, qui supporte en même temps les dés des foudres. Elles portent une poutre métallique en caisson, visible sur la figure 4. Une lambourde est fixée le long du mur. Des fers à T réunissent transversalement la poutre en caisson à la lambourde. Cet ensemble est, en outre, consolidé par des entretoises, partie en bois, partie en fer. Des cornières assemblent ces diverses pièces, qui sont toutes arasées au niveau supérieur de la poutre en caisson. C'est sur cette charpente que se trouve cloué le plancher. Les planchers transversaux des extrémités et la passerelle du milieu sont constitués d'une manière identique. Les parties du plancher sur lesquelles sont établies les plaques tournantes sont renforcées.

Il est visible que ce plancher, presque entièrement métallique, offre une résistance énorme, tout à fait disproportionnée avec la charge roulante qu'il doit supporter. Plus coûteux que le plancher en bois, plus lourd, il présente, en outre, le grave inconvénient d'être incommode par ses supports. En effet, les colonnes ne permettent pas le déplacement des foudres qu'il a fallu monter sur place et qu'il faudrait démonter complètement pour les changer ou pour les réparer. C'est là une très grande gêne, car si la sortie des foudres d'un cellier est un fait rare, le déplacement dans le cellier pour les réparations est, au contraire, une opération qui peut être souvent nécessaire. Les colonnes ont encore l'inconvénient d'occuper l'espace laissé libre entre les foudres au niveau du sol et d'empêcher que le dessous soit utilisé à loger des futailles ou des comportes. En résumé, un semblable plancher est un luxe, qui, loin de se justifier par des avantages, n'est, au contraire, qu'un embarras.

Cellier de Guilhermain. — Fig. ... Vue de la travée neuve du cellier.

L'aile E (fig. 1 et 2) renferme huit foudres, quatre de 275 hectos, masqués par le plancher, et quatre, plus petits, de 150 hectos. Au fond, quatre cuves en maçonnerie F servent à la fabrication des piquettes. Elles ont une capacité de 500 hectos environ chacune : 5 mètres de longueur sur $2^m,30$ de largeur et 5 mètres de hauteur. Le mur extérieur a une épaisseur de $0^m,80$ au sommet. Les deux cuves du milieu ont une porte avec cadre et fermeture en fonte, dont le seuil est à $0^m,90$ au-dessus du sol. Les deux cuves latérales n'ont pas de porte ; on doit retirer le marc au moyen de comportes qu'on enlève par une poulie attachée à la charpente. Ces quatre cuves sont munies d'un robinet, ajusté au niveau du fond, qui s'ouvre au-dessus d'un caniveau creusé dans le sol, le long du mur des cuves. Il aboutit à un conquet débourbeur, dont le trop-plein se rend par un caniveau $c\ c$, ménagé dans l'axe du bâtiment, dans le puisard des pompes, sous la salle G. Il est couvert par des plaques de fonte.

Au-dessus de la rangée des quatre grands foudres, un plancher de $3^m,90$ de largeur, avec voie Decauville, fait suite à celui du cellier et s'étend jusqu'aux cuves. Il est soutenu en avant par deux colonnes en fonte. Les cuves sont couvertes par des madriers. Deux poutres, formées chacune de trois fers à T de $0^m,17$, sont établies sur les deux cuves du milieu et servent d'appui aux colonnes d'un réservoir d'eau en tôle b, installé à $2^m,17$ au-dessus du plancher, pour l'arrosage des marcs. Il a 6 mètres cubes de capacité. La voie Decauville passe sous le réservoir. Elle se raccorde par une plaque tournante à la voie qui arrive du cellier.

L'aile L est construite sur le plan de la précédente. Elle n'en diffère que par son aménagement intérieur. La vaisselle vinaire comprend huit foudres répartis sur deux rangs (quatre de 275 hectos et quatre de 165 hectos) et deux cuves couvertes, en bois, de 464 hectos environ. Elles occupent le fond du bâtiment et laissent contre les murs un passage de $0^m,50$ de largeur en moyenne. Elles ont la hauteur du plancher et reposent sur plusieurs rangées de pierres de taille hautes de 0^m50.

La rampe d'accès i, construite à chaque bout de cellier, a une pente de $0^m,07$ par mètre. Elle a $4^m,50$ de largeur et 60 mètres de longueur. Elle aboutit à un palier f de $8^m,40$ de largeur, dont la chaussée est à $4^m,20$ au-dessus du sol naturel. Elle occupe toute la longueur des murs-pignons des deux travées du cellier. Un chemin de descente, à pente très raide, de $0^m,158$ par mètre, de même largeur que la rampe, est établi en h à l'autre bout du palier ; il permet aux charrettes de retourner à la vigne, sans emprunter le chemin suivi par les pastières chargées, trop étroit pour les croisements.

La première partie de la rampe (sur 33 mètres de longueur environ) est formée par un remblai de terre. La deuxième partie et le palier sont en maçonnerie. C'est une succession de voûtes, de hauteur et de portée

variables, dont on aperçoit une coupe en d (fig. 2) et le plan à la droite de
la figure 1. Les pièces les moins élevées N N servent de chambres à outils.
On y pénètre par des portes extérieures au cellier. Les suivantes servent
de magasin. On y conserve du vin en fûts et une provision d'alcool. L'entrée est à l'intérieur des bâtiments, dans l'aile correspondante (fig. 1).
Enfin, en P sont les pressoirs. On y accède, du cellier ou du dehors, par
le passage O. Les chambres de presse ont 5 mètres sur 8^m,40 et une hauteur
maximum de 3 mètres. Un mur de soutènement limite chemins et palier;
il est surmonté d'un parapet $h\,g$, de 1^m,10 de hauteur. Des fenêtres percées dans ce mur donnent du jour dans les pièces P et M.

Les pressoirs, au nombre de huit, sont du système Mabille. La maie, de
forme carrée, a extérieurement 2^m,90 de côté. Sa surface utile est de
4^{m2},41. Elle est constituée par trois énormes blocs de pierre de St-Gély,
de 0^m,85 de hauteur, frettés de deux bandages en fer. Le bord de la maie
est à 0^m,47 au-dessus du sol. Une rigole creusée dans la pierre conduit
le vin à une goulotte. La vis, de 0^m,13 de diamètre, traverse la maie, et sa
tête repose sur un dé en pierre, logé dans une fosse que l'on a ménagée
sous le pressoir, dans la maçonnerie de fondation. On peut y descendre
par une trappe et par la galerie e, en cas de réparation. La vis a été mise
en place au moment de la construction de la maie. Elle ne pourrait être
retirée sans la dislocation de celle-ci, à cause de la faible hauteur de la
clef de voûte.

Le vin de presse est provisoirement recueilli dans une comporte que
l'on place dans une excavation pratiquée sous la goulotte, au moment de
la vendange. Plus tard, lorsque le sol du cellier sera cimenté, un caniveau,
avec une pente de 0^m,003, le conduira aux pompes.

Les pompes sont les unes mobiles, les autres fixes. Les pompes mobiles
sont de divers systèmes (Noël, Coquinet, etc.). Leurs tuyaux, en caoutchouc,
sont suspendus à la balustrade des planchers (fig. 3), où ils s'égouttent et
se sèchent, et les pompes sont rangées à côté des pressoirs lorsqu'elles ne fonctionnent pas. Elles servent aux soutirages et au transport des vins de presse. Les pompes fixes, au nombre de deux actuellement,
sont installées, avec le manège qui les commande, dans l'une des annexes K
(fig. 1). Ces pompes, construites par M. Coquinet, mécanicien à Montpellier, ont un débit de 230 hectolitres à l'heure environ. Elles peuvent
donc remplir un foudre de 50 muids en une heure 1/2. L'autre annexe
recevra incessamment une semblable installation.

L'annexe K a 6^m,32 de largeur et, dans sa plus grande longueur,
7^m,55. La hauteur de la salle des pompes n'excède pas 2^m,34. Elle est
surmontée d'une chambre G, desservie par l'escalier qui conduit sur le
plancher du cellier. Le sous-sol de ce bâtiment est aménagé en vastes puisards, au nombre de trois. Leur profondeur est de 1^m,40. Le plus grand

Cellier de Guilhermain. — Fig. 5. — Manœuvre du déchargement d'une pastière.

a une capacité de 350 hectolitres ; le deuxième cube 46 hectos et le troisième, 18 hectos. Des vannes permettent de faire arriver le vin dans l'un ou l'autre de ces puisards et, par suite, de faire des coupages. Des ouvertures, fermées par des plaques en fonte, donnent accès à l'intérieur. Les parois des murs sont revêtues de briques vernies.Des fers à T et des voûtins en briques à plat forment la couverture des fosses et le plancher de la salle K. Les pompes aspirent dans le puisard moyen.

Le manège est à terre ; il est formé d'une seule paire d'engrenages. La flèche d'attelage n'a que 2^m,11, à cause de l'exiguïté du bâtiment, ce qui est insuffisant. La piste est constituée par un terre-plein en forme de pentedécagone. Un petit plan incliné le relie à l'une des portes de l'annexe. Une locomobile, logée en H, peut servir à la commande des pompes, si l'on a besoin d'un plus fort débit.

Ces pompes servent surtout aux décuvages, mais aussi aux soutirages.La piquette des cuves en maçonnerie F se rend dans les puisards par le caniveau c dont nous avons déjà fait mention. Le vin des foudres est amené aux pompes par des canalisations mobiles formées avec des tuyaux en caoutchouc. Lorsque le cellier sera cimenté, des rigoles conduiront directement le vin des foudres et des pressoirs dans les puisards, et les tuyautages en caoutchouc mobiles seront supprimés.

Le vin est refoulé dans un bac régulateur en cuivre, assujetti contre l'une des fermes du cellier C D. De là part une canalisation fixe en cuivre étamé, qui fait le tour des deux travées du cellier et qui pénètre dans les deux ailes. Elle dessert donc tous les vases vinaires. Les tuyaux sont maintenus contre les murs, à 0^m,70 environ au-dessus du plancher. Ils portent un robinet pour deux foudres ; une manche mobile les réunit à l'un ou à l'autre, à volonté. Le développement de cette canalisation métallique est considérable et représente des frais de premier établissement élevés.

Voici de quelle façon sont conduites à Guilhermain les opérations de la vinification : Les pastières chargées de vendange arrivent, par la rampe, jusqu'au palier, elles sont acculées contre la fenêtre qui dessert le plancher au-dessous duquel est le foudre à remplir, des madriers fixés dans le sol limitent le recul des roues et empêchent l'arrière de la charrette de s'engager trop avant dans l'ouverture (fig. 5). Lorsque la charrette est en place, ce qui n'est pas obtenu toujours du premier coup, ainsi qu'en témoignent les brèches faites aux pieds-droits des ouvertures, les roues sont calées. Le charretier déboucle alors la sous-ventrière, de façon à pouvoir soulever les brancards et donner à la voie ferrée sur laquelle repose la pastière une légère inclinaison vers le cellier. Une fourche sert à maintenir les brancards en l'air. La pastière est décalée et, abandonnée à elle-même, elle glisse sur la voie ferrée du plancher, où deux ouvriers la roulent jusqu'au foudre. Une pastière vide, amenée d'avance sur la voie de garage, est poussée sur la charrette, calée, et le charretier, après avoir bouclé de nouveau la sous-ventrière, repart pour la vigne chercher une nouvelle charge de vendange.

L'opération que nous venons de décrire, c'est-à-dire la descente de la pastière pleine et son remplacement sur la charrette par une pastière vide, exige 4 minutes. La manœuvre est faite par deux hommes.

Lorsque la pastière chargée est arrivée au-dessus du foudre, on retire le fond du châssis en bois et on rabat le soufflet de la toile, soit sur un entonnoir en bois, soit sur un fouloir installé au-dessus de la bonde, suivant que la vendange a besoin d'être foulée ou non. S'il s'agit d'Aramons, le foulage est supprimé et les raisins sont précipités tels quels dans le foudre. Pour les autres cépages, on soumet généralement les raisins à un broyage.

L'entonnoir employé à Guilhermain est à double face, c'est-à-dire qu'on peut y jeter la vendange indifféremment par les deux côtés opposés. Cette disposition permet de n'avoir à la fin de la journée qu'un seul foudre en chargement, toutes les pastières pouvant être vidées dans le même entonnoir, quelle que soit la rampe par laquelle elles sont arrivées au cellier. Le fouloir qui remplace parfois l'entonnoir est du système Mabille. Des ouvertures pratiquées dans le plancher reçoivent les pieds de l'appareil, qui est ainsi toujours très exactement installé au-dessus de la bonde et dont la trémie se trouve abaissée convenablement pour le déchargement de la pastière. Mais la manivelle, trop basse, est incommode pour l'ouvrier qui la fait tourner. Le second ouvrier alimente la trémie à la houe ou à la pelle.

L'évolution d'une pastière, c'est-à-dire le roulage d'une pastière pleine jusqu'au foudre, la vidange et le retour de la pastière vide jusqu'au garage, demande 7 minutes sans foulage et 15 minutes avec foulage. Une durée de 11 à 19 minutes est donc le temps minimum dans lequel les pastières peuvent se succéder à une même fenêtre. On voit que le déchargement de la vendange est aussi long par ce procédé que par le déchargement à la pelle sur un porte-fruits, dès que la vendange doit être foulée. Une pastière est vidée à la pelle à Rochet en 15 à 20 minutes. A Guilhermain, l'intervalle de deux pastières ne peut pas descendre au-dessous de 19 minutes. Si l'on ne foule pas, il y a, en faveur de Guilhermain, un gain de 6 minutes environ.

Ce système de rentrée de la vendange est séduisant à première vue; aussi a-t-il été adopté par un certain nombre de propriétaires. Mais il présente quelques inconvénients :

1° Il exige, en premier lieu, l'établissement sur les foudres d'un plancher très résistant, conséquemment plus coûteux que les planchers ordinaires. A Guilhermain, la solidité a même été exagérée, surtout dans la travée AB;

2° Le matériel nécessaire à l'élévation et au déchargement de la vendange atteint un prix assez élevé, qui peut être calculé de la façon suivante, pour le service d'une colle de 50 coupeuses :

Devis du matériel de rentrée de la vendange pour 50 coupeuses

		fr.	c.
Pastières. Châssis en bois . . . . 100 f.	} 199		
Toile à soufflet 60			
Deux essieux complets. 39			
Pour 6 pastières semblables.		1194	»
4 travées de voie ferrée, de 5 m., sur 4 charrettes.		132	»
Établissement de la voie ferrée sur le plancher :			
7 travées de 5 m.		231	»
1 travée de 2^m,50		17.75	
2 travées de 1^m,25		19	»
2 courbes de 1^m,25		22.75	
2 croisements pour la voie de garage		190	»
		1806.50	

3° Le poids mort en circulation dans les vignes est augmenté par les rails fixés sur les charrettes et par la monture des pastières. En outre, ce mode de transport exige des routes en parfait état, à cause du peu de stabilité de la pastière, simplement posée sur la charrette;

4° Enfin, la mise en place des charrettes est délicate et demande des conducteurs adroits et expérimentés.

Son seul avantage est d'être un peu plus rapide que le déchargement à la pelle, lorsque la vendange n'est pas passée au fouloir.

La durée du cuvage est de 3 à 5 jours: on attend, pour décuver, que le liquide ne marque plus que 1° au glucomètre. Le vin est alors envoyé par des manches dans les puisards des pompes fixes ; l'égouttage dure environ 2 h. 1/2. On ouvre ensuite la porte du foudre, avant que le marc ait eu le temps de se tasser sur elle, et on laisse le foudre s'aérer pendant une heure. Un homme pénètre alors à l'intérieur et le marc est porté sur le pressoir. Ce transport a lieu au moyen de comportes que l'on place sur des trucks de wagonnet Decauville et que l'on roule sur une voie ferrée mobile, installée dans le cellier au moment du décuvage. Un homme devant le foudre remplit les comportes, un ouvrier roule les wagonnets et deux autres chargent le pressoir. Pendant ce temps, deux hommes serrent le pressoir qui a été chargé précédemment. C'est donc une équipe de 7 hommes affectée au service de deux pressoirs. En trois heures, on retire le marc d'un foudre de 50 muids et un pressoir suffit pour le recevoir.

A Guilhermain, on décuve 4 à 5 foudres par jour. Le marc reste sur le pressoir 24 heures et subit trois recoupages, par suite, quatre pressées.

Le marc pressé est chargé dans une pastière attelée que l'on engage dans le passage O et que l'on remonte par la rampe jusqu'au niveau du plancher des foudres. La pastière, acculée contre la fenêtre du milieu, s'engage sur la plaque tournante et elle est roulée au-dessus des cuves en maçonnerie F (fig. 1 et 2). Le marc, au fur et à mesure du remplissage de la cuve, est tassé aux pieds par 3 à 4 femmes. On laisse à la partie supérieure 0ᵐ,80 de vide et on couvre le marc d'un glacis d'argile; on jette sur le tout 1 m. de sable. On forme ainsi un silo. Un hectolitre de marc ensilé représente à peu près un muid de vin.

A la fin de la vendange, ces silos sont disloqués et le marc est porté à la distillerie dans des sacs ou dans des paniers.

A sa sortie de la chaudière, le marc chaud est encore une fois remonté à la partie supérieure du cellier dans les pastières et il est de nouveau déchargé dans les cuves. Cette fois, le silo est établi en vue de l'alimentation des animaux; dans ce but, il est additionné de sel et de tourteaux, à la dose de 100 kil. de sel et de 100 kil. de tourteaux par 100 muids de marc. Le mélange est tassé, puis recouvert d'argile et de sable comme précédemment. Un semblable silo peut être conservé jusqu'au mois de mai; il sert à la nourriture des animaux pendant l'hiver

S'agit-il de faire de la piquette, le marc à la sortie du pressoir est porté dans les cuves, puis lavé. au moyen d'un tourniquet hydraulique alimenté par l'eau du réservoir *b* (fig. 2) établi sur les cuves. Un homme surveille l'opération pour les quatre cuves. Chaque cuve reçoit à peu près un hectolitre d'eau par heure; un flotteur adapté au réservoir sert d'indicateur. Lorsque la piquette était destinée à la vente, on continuait le lavage pendant 5 à 6 jours, jusqu'à ce que le liquide ne marquât pas plus de 5°. Aujourd'hui, où les piquettes sont distillées, on le fait durer 3 à 4 jours de plus; le liquide n'a plus qu'un degré.

Le réservoir d'eau est alimenté par les pompes fixes, dans le puisard desquelles on fait arriver de l'eau. On les commande par la locomobile.

Il est intéressant de comparer le prix de revient du plancher sur charpente en fer de la travée AB au plancher en bois de la travée CD. Les deux planchers ayant même largeur (4ᵐ,50), la dépense sera calculée, par mètre courant de longueur, comme l'indique le tableau de la page 269.

Ce tableau montre que le plancher en fer coûte 3,86 fois plus cher que le plancher en bois, en nombre rond près de 4 fois plus cher. Le plancher en fer est donc bien un objet de luxe, surtout lorsqu'il est établi dans les conditions de solidité de celui de Guilhermain. Il a, cependant, un avantage, qui a été récemment mis en évidence chez M. d'Andoque, au château de Moujan, près de Narbonne: c'est, en cas d'incendie, de préserver les foudres, au moment de l'effondrement des fermes de la couverture, du choc des pièces de la charpente, qui sont arrêtées par le plancher ou rejetées à l'intérieur et au milieu du cellier.

Les rampes d'accès du cellier de Guilhermain sont très bien conçues. L'aménagement du dessous des paliers en salles de presse est une heureuse disposition qui donne aux pressoirs un logement beaucoup plus économique que ne le serait un emplacement prélevé pour eux dans l'intérieur du cellier. Chaque pressoir occuperait, en effet, s'il était installé dans le cellier même, une surface de $5 \times 7 = 25$ m. carrés, et, en admettant que la construction du cellier de Guilhermain ressorte au prix de celle de Rochet, c'est-à-dire à 44 fr. 60 le mètre couvert, le logement de chaque pressoir coûterait 1561 fr., tandis que les frais de construction de la portion du palier de la rampe correspondant à une salle de presse ne s'élèvent qu'à 672 fr.

Devis des planchers de Guilhermain

PLANCHER EN FER

			fr.	c.
Valeur totale pour la demi-travée AB			15700	»
Demi-longueur de la travée		$36^m,88$		
Demi-largeur de la passerelle		2 »		
Développement du plancher		77 76		
Surface du plancher	$349^{m2},92$			
Surface de la passerelle	20 »			
Surface du plancher transversal	26 25			
Surface totale du plancher	396 17			
Développement du plancher pour une largeur constante de $4^m,50$		88 »		
Prix du mètre courant de plancher en fer $\dfrac{15700}{88}$			178.40	

PLANCHER EN BOIS

Pour une portée de 4 m., d'une ferme à l'autre :

		fr.	c.
Parquet de 0,027 d'épaisseur, $18^{m2},00$, à	3 f.	54	»
Lambourde sur les foudres, $0,27 \times 0,24 \times 4 = 0^{m3},2592$, à	100	25	90
Poutre, $0,25 \times 0,20 \times 4,50 = 0^{m3},225$, à	100	22	50
Solives, $0,19 \times 0,10 \times 4 \times 9 = 0^{m3},684$, à	100	68	40
Fer rond, pour supporter le plancher, 5k,850			
Étrier, — — 11 232 } $46^k,518$, à 0 30		13	95
Garde-fou, 29 436			
		184	75
Prix du mètre courant de plancher en bois $\dfrac{184,75}{4}$		46	19

La surface dans œuvre nécessaire pour loger un hectolitre de vin (dans des foudres d'une capacité moyenne de 380 hectos) est, pour le cellier proprement dit, de $0^{m2},08486$. Si le passage central, au lieu de mesurer $5^m,13$, avait seulement $4^m,13$ de largeur, ce qui serait suffisant pour le déplacement des foudres, la surface correspondant à un hectolitre de vin logé serait seulement de $0^{m2},07884$.

V. — LE CELLIER DU DOMAINE DE RAZIMBAUD

Élévation de la vendange par noria verticale fixe

FABRICATION DE VIN ROUGE

La plaine qui s'étend autour de Narbonne porte un des vignobles les plus beaux de la région méditerranéenne. Sa faible altitude et l'abondance des eaux qui y affluent ont permis d'établir des submersions en grand nombre, le plus souvent sans le secours d'appareils élévatoires. Des canaux amènent les eaux par simple écoulement et ce n'est que dans quelques cas exceptionnels que l'on a recours aux machines.

La jouissance de l'eau en toute saison a suggéré à un des viticulteurs de la contrée, M. Roussignhol, l'idée d'installer à côté de son cellier un petit moteur hydraulique, capable d'actionner, pendant les vendanges, quelques-uns des appareils de vinification. C'est là une heureuse innovation, qui donne au cellier de Razimbaud un réel intérêt. Il présente, d'ailleurs, dans son ensemble, des dispositions qui méritent de fixer l'attention et qui caractérisent bien les caves du Narbonnais.

Situé au nord-est et à 2 kilomètres de Narbonne, le domaine de Razimbaud a une superficie de 44 hectares ; 40 sont soumis à la submersion, 4 sont plantés en cépages américains. L'Aramon et le Petit-Bouschet, qui y sont exclusivement cultivés, donnent des rendements élevés. La récolte de 1893 a atteint 5.200 hectos. Elle est entièrement vinifiée en rouge.

L'organisation de la vendange est identique à celle des environs de Montpellier. Seul, le banaston disparaît pour faire place à la *hotte* en métal. Celle-ci a une capacité de 80 litres environ. Elle est assujettie sur le dos de l'ouvrier par deux bretelles. Le porteur est, en outre, armé d'une sorte de béquille dont il s'aide, comme d'une canne, pour marcher, et sur laquelle il repose la hotte, pendant la période de remplissage, pour soulager ses épaules. Le déversement de la vendange dans la pastière est aussi facile qu'avec le banaston : une échelle permet au porteur de s'élever assez haut, pour que, par une simple inclinaison du corps sur le côté, les raisins glissent hors de la hotte.

Cellier de Razimbaud. — Fig. 1.— Vue extérieure des bâtiments et du moteur hydraulique.

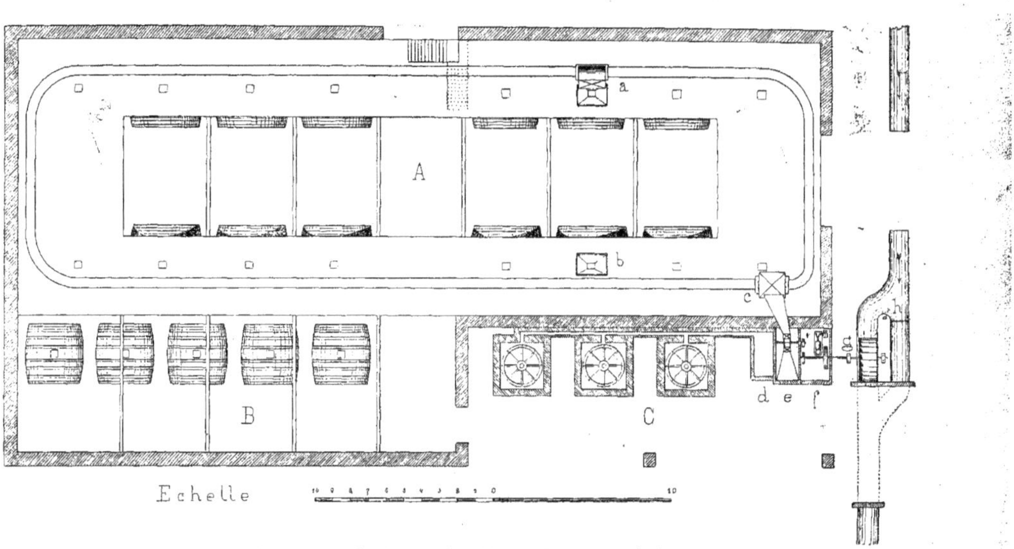

Cellier de Razimbaud. — Fig. 2. — Plan du cellier et de ses abords.

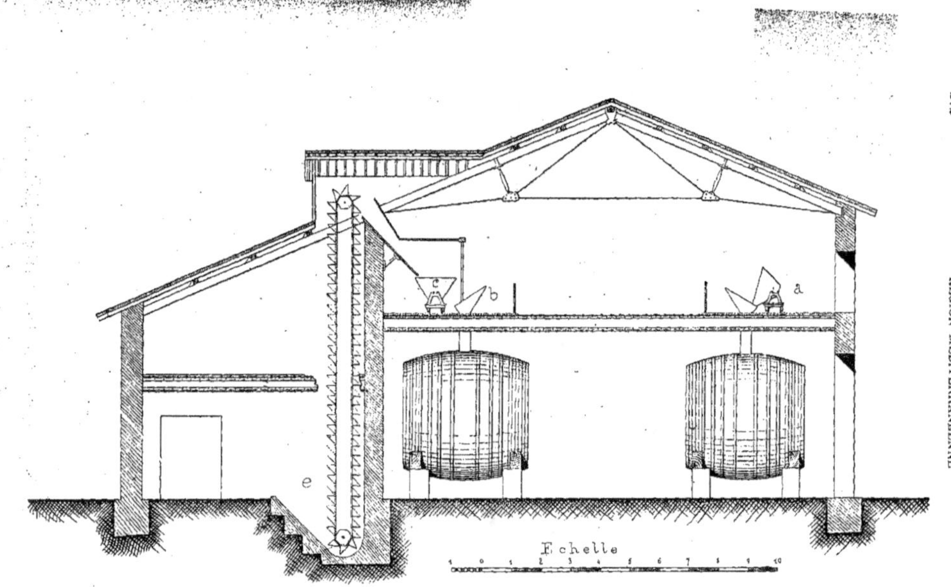

Cellier de Razimbaud. — Fig. 3. — Coupe transversale et élévation du cellier et de la noria.

Les pastières sont formées de tombereaux que l'on garnit d'une toile à soufflet. Elles sont donc basculantes et permettent, au cellier, un déchargement rapide de leur contenu dans la fosse de l'élévateur.

Le cellier, construit en 1885, se compose d'un grand bâtiment A (fig. 2) de 45^m,25 de longueur et de 15^m,15 de largeur, dans œuvre, orienté du N.-E. au S.-O. En B, la largeur est augmentée de 7^m,60 et un hangar C, construit sur le côté, donne à l'ensemble la forme d'un rectangle régulier de 22^m,75 de large. La hauteur sous le faîtage atteint 12^m,30.

Cette grande élévation est une des particularités des celliers du Narbonnais. Elle est nettement mise en évidence par la vue photographique (fig. 1), prise du côté de la porte d'entrée principale, en avant du mur-pignon nord-est, et par la coupe transversale du bâtiment (fig. 3). Par ce moyen, on éloigne les foudres du toit échauffé par les rayons du soleil et on augmente le cube d'air interposé entre les vases vinaires et la couverture, en vue de maintenir dans le cellier une température relativement fraîche pendant l'été.

Les planchers continus, très répandus également aux environs de Narbonne, concourent au même but, dans l'esprit des viticulteurs de la région. Le plancher de Razimbaud n'est pas continu, mais il est destiné à le devenir, et la charpente métallique qui le supporte a été calculée en conséquence. Celle-ci, construite par les Ateliers méridionaux, de Montpellier, est, en effet, formée de 8 poutres à T composées, de 0^m,50 de hauteur et de 0^m,19 de largeur d'aile, d'une portée de 15^m,15. Leur résistance est évidemment exagérée pour leur charge actuelle, car elles ne portent qu'un plancher de 4^m,50 de largeur, au-dessus des foudres. Il est visible que l'installation a été faite en prévision de l'achèvement du plancher complet. Le plancher est à 6 m. au-dessus du sol et à 2^m,88 au-dessous du pied des arbalétriers. Des colonnes en fonte, de 0^m,20 de diamètre, servent d'appui au plancher entre les deux parties A et B, où le mur fait défaut.

Les murs sont épais de 0^m,65. Le pignon nord est percé d'une grande baie, de 5 m. de largeur et de 5^m,75 environ de hauteur, surmontée d'une imposte vitrée pour l'éclairage et l'aération. Dans le mur ouest, une ouverture est ménagée dans le même but. Une porte fait communiquer la partie B du cellier avec le hangar C, pour le service des pressoirs.

La couverture, en tuiles-canal du pays, est supportée par une charpente mixte fer et bois, montée également par les Ateliers méridionaux : les chevrons reposent sur des pannes, qui sont elles-mêmes soutenues par des fermes Polonceau, écartées de 4^m,78. Chacune d'elles est constituée par deux arbalétriers armés, reliés par un tirant en fer. La pente de la toiture est de 0^m,45 par mètre, c'est-à-dire que les arbalétriers sont inclinés de 24 à 25 degrés sur l'horizon. Les fermes Polonceau font des charpentes élégantes, solides, à la condition que l'on emploie, pour les tirants, des fers assez forts et de bonne qualité ; elles sont légères et d'un montage simple et commode. La charpente de Razimbaud, comprenant fermes, pannes et chevrons, revient au prix de 9 fr. le mètre carré couvert. La couverture du hangar est formée par le prolongement du long pan correspondant du cellier.

Dans le grand vaisseau A, 12 foudres de 490 hectos et 4 de 450 hectos sont distribués sur deux rangs. L'annexe B en renferme, sur un seul rang, 5 de 250 hectos. Le cube disponible est donc de 8.930 hectos. Tous ces foudres reposent par des coins en bois sur des dés en pierre ; le peigne est à 1 m. du sol. Entre les deux rangées de foudres, reste, dans la partie A, un passage de $5^m,40$, très suffisant pour le déplacement des futailles et les exigences du service. En avant des foudres de la partie B, est réservé un passage de $3^m,70$. Le sol est une aire en terre battue.

Sur le plancher, est établie une voie Decauville, avec wagonnets à bascule $a\,c$ pour la rentrée de la vendange. Des trappes sont ménagées au-dessus des foudres et des entonnoirs en bois b, qui s'y adaptent exactement, servent au remplissage de ces derniers. La voie ferrée fait le tour complet du bâtiment ; les parties droites sont réunies par des courbes (fig. 2 et 3).

Le hangar C abrite trois pressoirs à percussion, de $2^m,60$ en carré (fig. 2). Leur roue motrice est en fer. Une rigole, creusée derrière la maie, conduit le vin à un puisard d, d'où une pompe fixe f, du système Fafeur, logée dans une chambre en bois, visible en avant de la fig. 1, l'envoie dans une canalisation métallique, appliquée dans le cellier et à hauteur du raccord des foudres, le long du mur est. Des tubes en caoutchouc mobiles permettent de réunir ce tuyautage fixe à l'un quelconque des vases vinaires. La pompe est commandée par le moteur hydraulique g (fig. 1 et 2) qui actionne, en même temps, l'élévateur de vendange.

Celui-ci est une noria verticale fixe e (fig. 2 et 3), construite par M. Gauthier, de Narbonne ; la fosse est établie sous le hangar, entre le puisard des pressoirs d et la chambre de la pompe f. La noria est formée d'une chaîne métallique sans fin, dont les maillons en fer plat ont $0^m,36$ d'axe en axe ; elle passe sur deux tourteaux : l'un au sommet de la cheminée dans laquelle circule la chaîne et qui surmonte la toiture du hangar (fig. 1 et 3), l'autre dans le fond de la fosse. Ce dernier est mobile dans une chaise à coulisse qui permet de régler à volonté le jeu de la chaîne. La commande est donnée au tourteau du haut par une paire d'engrenages, qui est actionnée elle-même par une poulie calée, au niveau du sol, sur l'arbre du moteur.

Le long de la chaîne sont distribués 54 godets en tôle, de 14 litres de capacité, dont la section est un triangle rectangle : l'hypoténuse forme la paroi extérieure. Il en résulte qu'au déversement, chaque godet, après s'être vidé, présente au-dessous du godet suivant un plan incliné sur lequel le raisin glisse et qui conduit la vendange sur le long couloir en bois établi à travers le mur du cellier, pour remplir les wagonnets tels que c. La vi-

tesse de la chaîne est de 7 mètres environ par minute. Il passe dans le
même temps 18 à 20 godets. Quatre minutes suffisent à l'élévation de la
vendange d'une pastière de 900 à 1000 litres.

Le moteur hydraulique qui communique le mouvement à la pompe et à
la noria est une des particularités les plus intéressantes du cellier de Razimbaud (fig. 1 et 2). C'est une roue métallique, rappelant par sa forme la
roue Poncelet, mais travaillant un peu comme une roue de côté, du reste
mal étudiée et ne donnant, selon toute probabilité, qu'un faible rendement
mécanique. Un arbre horizontal porte deux joues en tôle, de 2ᵐ,30 de diamètre, écartées l'une de l'autre de 1 m. et reliées par 30 aubes en tôle
courbes, de 0ᵐ,50 de hauteur. Elles reçoivent l'eau débitée par un petit dé-
versoir, avec une chute de 0ᵐ,60. La roue est installée sur la dérivation d'un
canal d'arrosage. Une vanne h élève les eaux sur le canal pour les obliger
à passer sur le moteur. L'arbre de couche, soutenu de distance en distance
par des paliers, porte deux poulies : une pour la commande de la pompe,
l'autre pour la commande de la noria. L'installation est simple et pratique.
Un semblable moteur, bien construit, devrait développer une force d'environ 2 à 2,5 chevaux-vapeur. Il est douteux que la force dont on dispose à
Razimbaud atteigne ce chiffre. Elle suffit, en tout cas, à la commande des
appareils.

Il est facile maintenant de suivre les opérations de la vinification. Les
tombereaux chargés de vendange sont, à leur arrivée de la vigne, acculés
contre la fosse de l'élévateur et basculés. Leur contenu est pris par la noria,
élevé à 4 m. au-dessus du plancher et versé dans des wagonnets c,
amenés sous la bouche du long couloir. Un wagonnet plein est remplacé
par un vide, puis roulé et basculé a dans l'entonnoir b installé au-dessus
du foudre à remplir. Le wagonnet est ramené près de l'élévateur par le
côté opposé. La manœuvre est un peu plus longue, mais elle évite l'établissement de voies de garage : les wagonnets partent pleins d'un côté et
reviennent vides de l'autre.

Le cuvage et le décuvage se font d'après les règles ordinaires. Le marc
extrait du foudre est porté sur le pressoir dans des comportes par deux
hommes armés de bâtons (*semailliers*). Les trois pressoirs sont nécessaires
pour recevoir le marc d'un foudre de 490 hectos. Dix hommes sont employés
au pressurage : une demi-journée est consacrée au montage des gâteaux,
l'autre demi-journée au serrage. On pratique trois recoupages. Le marc
reste 24 heures sur le pressoir.

Le cellier de Razimbaud est intéressant :

1° Par la charpente de la couverture, élégante de forme, légère et
solide.

2° Par la charpente du plancher, calculée pour supporter un plancher
continu, sans colonnes ni appuis intermédiaires toujours encombrants et

gênants pour les manutentions de la cave et le déplacement des vases vinaires.

3° Par l'installation de la chaîne à godets, simple, occupant peu de place et d'un fonctionnement régulier.

4° Par le moteur hydraulique, appliqué à la commande de l'élévateur et de la pompe à vin. C'est là une excellente disposition à imiter, toutes les fois que l'on disposera d'une petite chute d'eau, à l'époque des vendanges. Il serait bon, toutefois, d'apporter à la détermination de la forme de ses organes un peu plus de méthode, pour tirer de l'appareil un meilleur parti et pour utiliser plus complètement la puissance de la chute.

A Razimbaud, les raisins ne sont pas foulés. Il serait pourtant très facile d'établir un fouloir entre la noria et les wagonnets, sur le trajet du long couloir. La hauteur est suffisante et le moteur serait, vraisemblablement, assez fort pour le commander en supplément.

Les planchers continus, au-dessus des foudres, sont très répandus dans le Narbonnais ; on les juge indispensables pour maintenir la fraîcheur dans le cellier, pour diminuer l'évaporation et la consume dans les vases vinaires pendant l'été. Il est utile, dans ce cas, de les établir de façon à pouvoir aérer grandement le bâtiment, au moment des vendanges, et évacuer l'air chaud, qui, sous l'influence des fermentations, s'emmagasine au-dessous du plancher, et, par suite, au niveau des foudres. Pour cela, on installera des cheminées de ventilation, on ouvrira des fenêtres sous le plancher, etc.

Il est prudent de ne pas utiliser le dessus du plancher comme grenier au logement de matières combustibles, telles que fourrages, litières, balles de soufre, etc., car les incendies des celliers ont presque tous pour cause le magasin que l'on est tenté de créer au-dessus.

Il serait aussi efficace, moins coûteux, le plus souvent, et moins dangereux de plafonner le cellier, ou d'appliquer sous la charpente de la couverture des revêtements mauvais conducteurs de la chaleur, des briques de liège, par exemple.

VI. — LE CELLIER DU DOMAINE DU GRAND CRABOULES

Élévation de la vendange par noria inclinée fixe

FABRICATION DE VIN ROUGE

Le domaine du Grand Craboules, auquel a été attribuée, en 1884, la prime d'honneur du département de l'Aude, est intéressant par son origine, par la beauté et la bonne tenue du vignoble, par l'installation mécanique du cellier, comme aussi par l'aménagement rationnel de l'ensemble des bâtiments de la ferme. Situé à 4 kilomètres au sud-est de Narbonne, il couvre une partie de la plaine basse, formée par les dépôts limoneux de l'Aude, au-dessus des anciens étangs salins. Les eaux salées de ces étangs ont imprégné les apports successifs du fleuve, depuis les profondeurs jusqu'à la surface, et il semblait que la présence du sel dût s'opposer pour toujours à la culture de ces terrains. Ce sera l'honneur de M. Gaston Gautier d'avoir, un des premiers, songé à conquérir ces vastes étendues stérilisées par le sel, en entreprenant résolument leur dessalement, et d'avoir réussi à substituer à des terres incultes des vignobles d'une remarquable végétation et d'une incomparable fertilité.

Le vignoble de Craboules a une surface de 110 hectares, qui ne sont pas encore, dans leur ensemble, en pleine production. La récolte de 1893 a été de 13.000 hectolitres. Elle atteindra 22.000 hectos, lorsque la totalité des vignes aura acquis son développement complet. La Carignane forme la base de la plantation, l'Aramon et le Petit-Bouschet n'y entrent que pour un cinquième.

La vendange est faite par deux colles de 36 coupeuses. Un porteur pour trois coupeuses transporte, dans une hotte en métal, le raisin à la pastière, qui est constituée par un tombereau garni d'une toile à soufflet. Il y a un tombereau pour dix coupeuses environ. Il est attelé d'une seule bête et contient la valeur de 13 à 14 comportes, soit la vendange correspondant à 6 ou 7 hectolitres de vin (1.000 kilos à peu près).

Les bâtiments du cellier forment les trois côtés d'une cour : à gauche et à droite, deux caves meublées de foudres, au fond, la cuverie. L'ensemble est représenté en plan par la figure 1.

Une brisure interrompt les deux caves A et B, qui peuvent renfermer la première 3.500, la seconde 6.000 hectos de vin. Elles ont 12^m,50 de largeur et logent deux rangées de foudres de 350 hectos, séparées par un passage de 4 m. Leur axe est sensiblement dans la direction N.-S. Un plancher continu est établi au-dessus des foudres. Il est soutenu par des poteaux en bois, posés de deux en deux foudres. Une double canalisation métallique fixe dessert chaque cave : un premier tuyautage est établi sous le sol, dans un caniveau, il occupe l'axe du bâtiment et conduit le vin à la pompe ; un autre tuyautage est suspendu à la charpente du plancher, toujours dans l'axe de la cave, il distribue le liquide refoulé par la pompe. Des robinets et des tuyaux mobiles permettent de relier tel ou tel foudre à l'un ou à l'autre des tuyautages, pour les soutirages ou le remplissage des récipients.

La cuverie C est la partie la plus curieuse de l'installation, par ses dispositions originales. Elle comprend une salle de machines, au centre de laquelle est disposée une locomotive routière l d'Aveling et Porter (fig. 1). La vue photographique (fig. 3) n'en laisse voir qu'une partie. Cette machine a servi aux défoncements qui ont précédé la plantation de toutes les vignes du domaine. Sa force est de 12 chevaux. Elle commande, par une transmission appropriée, trois pressoirs à vapeur Samain p, qui occupent le fond de la salle (fig. 1, 2 et 3), deux pompes à vin f, placées à gauche et à droite de l'entrée, et deux élévateurs de vendange e, dont les fosses sont creusées dans le sol de la cour et qui desservent chacun trois cuves en maçonnerie c (fig. 1 et 2). Cette salle est couverte par un plancher continu. Derrière, se trouvent logés en r le rouet qui sert à élever les eaux de submersion, pour les parcelles de vigne qui ne peuvent être arrosées par écoulement direct, et en a et b deux cuves en bois, devenues nécessaires par l'accroissement de la récolte.

Les pressoirs à vapeur, sortis des ateliers de M. Samain, à Blois, ont été installés à Craboules en 1875. Il ont, depuis cette époque, fonctionné sans dérangement et sans la moindre réparation. Leur pression atteint 100.000 kg. Elle s'exerce sur une claie de fond de $2^m,10$ de diamètre, la pression par centimètre carré est donc de 2 kg., 887. Elle est indiquée par l'aiguille d'un dynamomètre, dont le cadran se détache en avant et au-dessous du mécanisme de pression. Ces pressoirs sont à engrenages et à deux vitesses ; on marche à grande vitesse au début et à petite vitesse à la fin de la pressée. Le changement de vitesse et le changement de sens du mouvement (pour la remontée du plateau) sont donnés à la main, par des embrayages très simples. Le vin de presse est recueilli dans une rigole circulaire, creusée dans la maie, d'où il se rend par un caniveau h au puisard de l'une des deux pompes.

Chaque pressoir a coûté 4000 fr. Mais ce sont les premiers qui aient été construits. Leur prix est moindre actuellement.

Les pompes sont du système Vidal, de Mèze. Elles sont horizontales, boulonnées sur un massif en maçonnerie. Leur débit est de 150 hectolitres à l'heure. Tous les organes en contact avec le vin (corps de pompe, piston, clapets, tuyautage) sont en bronze. Elles aspirent dans un puisard, creusé

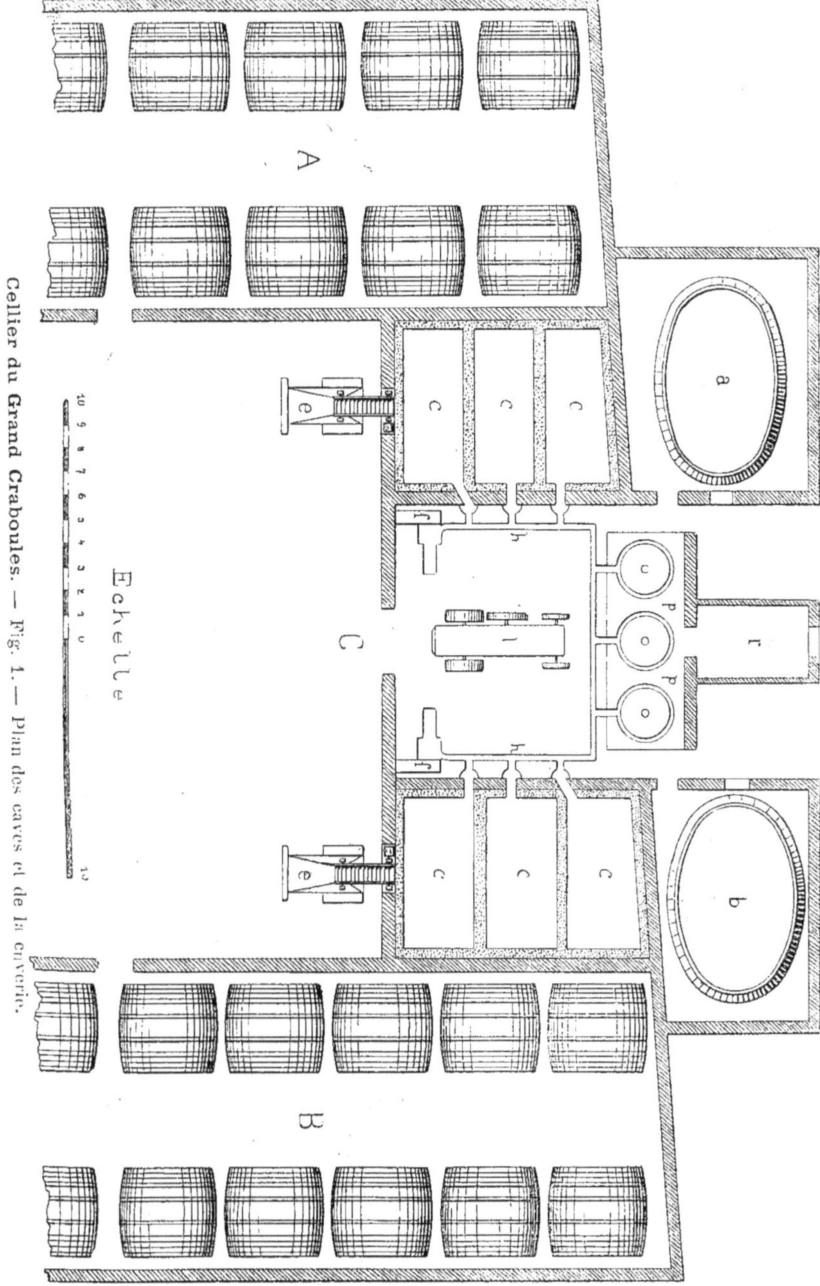

Cellier du Grand Craboules. — Fig. 1. — Plan des caves et de la cuverie.

à leur pied, le vin amené des caves par les canalisations souterraines et le vin des pressoirs conduit par le caniveau *h*. Grâce à la forme spéciale de

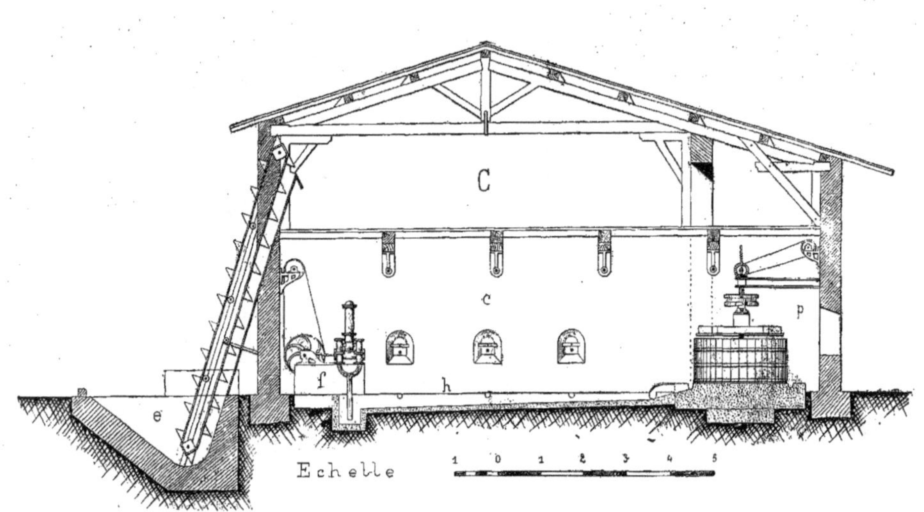

Cellier du Grand Craboules. — Fig. 2. — Coupe transversale de la cuverie.

Cellier du Grand Craboules. — Fig. 3. Vue de la cuverie et des pressoirs à vapeur.

son ouverture (fig. 1), on peut également y déverser le contenu d'une futaille. Le vin est refoulé dans une colonne montante, d'où il est distribué, par le tuyautage aérien, dans les deux caves. Un bac de trop-plein, avec conduite de retour dans le puisard, est branché sur la colonne montante et prévient tout accident, en cas de fermeture des robinets.

Les élévateurs sont des chaînes à godets qui puisent la vendange dans une fosse et l'élèvent au-dessus du plancher des cuves, de chaque côté de la salle des presses. Chaque noria est formée d'une chaîne sans fin, en maillons de fer, qui passe sur deux tourteaux en fonte ; elle est inclinée de 72 degrés sur l'horizon. Le tourteau inférieur est porté par une chaise à coulisse qui permet de conserver à la chaîne une tension convenable pour diminuer les ballottements. La commande est donnée au tourteau supérieur. Sur la chaîne sont distribués, de deux en deux maillons, c'est-à-dire à un écartement de 0^m,70 d'axe en axe, des godets en tôle rivée, de 10 litres de capacité. Le brin montant de la chaîne est soutenu par trois rouleaux-guides, le brin descendant passe derrière un rouleau-tendeur à ressort, qui corrige l'excès de jeu que peut avoir la chaîne. La fosse a une forme convenable pour assurer le glissement de la vendange dans les godets ; des planches sont dressées à gauche et à droite pour empêcher que les raisins qui s'échappent des godets en mouvement ne tombent sur le sol de la cour. L'inclinaison de la noria facilite le déversement des godets. La vendange est reçue sur un porte-fruits, plus ou moins long suivant la cuve à remplir ; l'ouvrier la pousse avec un racloir en bois. La hauteur d'élévation est de 6^m,60.

La vendange n'est pas foulée. M. Gautier estime que le broyage des grappes, par un appareil spécial, est inutile et que l'élévateur peut tenir lieu de fouloir, surtout pour l'Aramon. Les chocs, les froissements, les secousses que subissent les grains sont suffisants pour les faire éclater et dispensent de l'emploi d'un broyeur. L'élévateur produit également une aération énergique de la vendange ; le brassage de la matière, le baquetage des godets, en multipliant les contacts du moût et de l'air, hâtent et activent la fermentation.

Les cuves c sont en maçonnerie. Leur capacité est de 600 hectolitres. Les murs extérieurs, de 3^m,50 de hauteur, ont une épaisseur de 0^m,83 ; ils sont formés d'une maçonnerie ordinaire de 0^m,50 d'épaisseur et d'un revêtement intérieur en béton de ciment de 0^m,33. Les murs de refend sont entièrement en béton de ciment, leur épaisseur est de 0^m,35. L'ensemble est établi sur une fondation de 0^m,80 en maçonnerie hydraulique, recouverte de 0^m,40 de béton de ciment. Ces cuves sont voûtées. Une porte autoclave en fonte, s'appliquant sur un cadre métallique noyé dans la maçonnerie, a son seuil à 0^m,80 au-dessus du sol de la cuverie ; un robinet s'ouvre au niveau du sol, dans le caniveau h.

Récemment, M. Gautier a dû faire établir, derrière chaque rangée de cuves, une cuve en bois *a* et *b*. Ces cuves ont une capacité de 1000 hectolitres ; elles remplissent en totalité le local qui leur est affecté, laissant contre les murs un passage à peine suffisant pour la surveillance. Leur section est elliptique. Le remplissage se fait, comme celui des autres cuves, par la noria et par un porte-fruits. Une ouverture pour l'extraction des marcs est ménagée dans le mur, en face de la porte de la cuve, et un robinet, auquel on adapte un tuyau en caoutchouc, alimente également le caniveau *h*.

A leur arrivée de la vigne, les tombereaux sont culbutés dans la fosse de l'élévateur ; la vidange est immédiate. Deux hommes suffisent à la réception de la vendange, un à côté de la fosse, pour faire descendre les raisins et assurer le remplissage des godets, l'autre sur les cuves, pour faire glisser les raisins sur le porte-fruits. On remplit une ou deux cuves par jour. Le décuvage est fait au bout de 4 à 5 jours. Six hommes y sont employés : après l'égouttage du vin, un homme pénètre dans la cuve et pousse le marc vers la porte, d'où il tombe dans des comportes placées en dessous; quatre ouvriers portent le marc au pressoir, où un sixième ouvrier monte le gâteau. Les trois pressoirs sont nécessaires pour recevoir le marc d'une cuve. On fait même parfois une pressée supplémentaire. Le marc reste sous le pressoir la journée entière ; le pressurage comporte un à deux recoupages. Après chaque recoupage, on remet les claies pour empêcher la vendange de s'écraser sous la pression. Le système d'accrochage des segments de claie des pressoirs Samain est simple, commode et facilite ces multiples opérations de montage et de démontage des claies.

Le cellier de Craboules offre un exemple intéressant de l'application de la vapeur aux travaux de la vinification. Tous les appareils sont commandés par un seul moteur à vapeur et la main-d'œuvre se trouve ainsi réduite au minimum. Il existe de nombreux types de pompes à vin et d'élévateurs de vendange mus par machine. Au contraire, les installations de pressoirs à vapeur sont rares. Celle de M. Gautier a pour elle la sanction d'une longue expérience. Les pressoirs Samain travaillent chez lui depuis 18 ans, à sa complète satisfaction.

La machine à vapeur peut, sans déplacement, commander le rouet *r* pendant l'hiver.

Les caves A et B sont, dès aujourd'hui, trop petites pour loger la récolte de Craboules, chaque année plus importante. M. Gautier a déjà étudié un projet d'agrandissement de ces bâtiments. Une cave nouvelle va être incessamment construite à droite de la cave B, dans une direction à peu près perpendiculaire. Elle formera l'un des côtés de la cour de ferme existante, dont deux autres côtés sont occupés par un hangar et par le logement des ouvriers et des animaux.

VII. — LE CELLIER DU DOMAINE DE RAONEL

Élévation de la vendange par noria verticale fixe

FABRICATION DE VIN ROUGE

Le domaine de Raonel, appartenant à M. Sabatier, est situé dans la plaine, au nord et à 4 kilomètres de Narbonne. Les vignes couvrent une superficie de 52 hectares. Elles sont constituées par des cépages français, soumis à la submersion. L'Aramon (1/3) et la Carignane (2/3) y donnent des récoltes abondantes. La production a atteint 9.000 hectos, soit 173 hectolitres à l'hectare, en 1893.

L'organisation de la vendange est identique à celle de Razimbaud ou de Craboules. La hotte en métal du Narbonnais sert au transport des raisins hors de la vigne et des pastières basculantes, avec toile à soufflet, assurent la rentrée de la vendange au cellier.

Le cellier est représenté en plan par la figure 1 et en coupe transversale par la figure 2. Il se compose d'un vaste bâtiment rectangulaire A, de $87^m,20$ de longueur et de 14 m. de largeur, dans œuvre, dont l'axe est dirigé du N.-O. au S.-E. L'entrée principale est dans le mur-pignon S.-E. Au milieu de la grande façade ouest, une petite annexe renferme l'élévateur de vendange avec son moteur ; elle abrite également l'escalier qui donne accès au-dessus des foudres. Des fenêtres s'ouvrent sur le plancher et des meurtrières, distribuées tout le long des murs de façade, dans l'intervalle de deux foudres, renouvellent l'air dans le bâtiment.

Les foudres, d'une contenance de 350 hectos, sont disposés sur deux rangs, au nombre de 18 de chaque côté. Le cellier peut donc loger 12.600 hectolitres de vin. Les deux rangées sont séparées par une allée centrale de $5^m,40$ de largeur. Au milieu de la travée, sont installés quatre pressoirs p, occupant chacun l'emplacement d'un foudre.

Ce sont des pressoirs à percussion, mais disposés en même temps pour être serrés par un treuil, lorsque les ouvriers, agissant sur la roue à chevilles, sont impuissants à faire tourner l'écrou. Le treuil est fixé contre le mur et un jeu de poulies de renvoi permet d'atteler la corde sur l'un quelconque des quatre pressoirs. On obtient ainsi un dernier serrage très énergique. La maie est formée par trois pierres de taille, des carrières de

Ferrals, couvrant ensemble une superficie carrée de 2^m,70 de côté. Un rebord de 0^m,40 est laissé tout le tour; la surface utile de la maie mesure donc 2^m,30 de côté. Le prix de chaque maie est de 300 francs. Un grand puisard *c*, creusé dans le sol du cellier, entre les deux pressoirs de gauche, et voûté, sert à recueillir le vin de presse qui s'y rend par des conduites souterraines, telles que *d* pour les pressoirs de droite, qui ne sont pas représentés sur l'élévation (fig. 2). Il est ensuite repris par la pompe.

Une double canalisation métallique, en cuivre étamé, sert au remplissage des foudres et aux soutirages : la première est établie au-dessus et au bord de chaque ligne de foudres, elle est portée par le plancher qui les couvre; la deuxième est fixée contre les murs, derrière les foudres, à 1^m,25 au-dessus du sol. Celle du haut est utilisée au remplissage des récipients, celle du bas conduit le vin à la pompe. Des raccords permettent de réunir, par un tuyau de caoutchouc, chaque foudre à l'une ou à l'autre de ces conduites.

Un plancher court au-dessus de chaque rang de foudres, à 5^m,60 du sol. Il a 4 m. de largeur. Il est porté par des solives, au nombre de neuf, reposant sur des poutres, encastrées d'un bout dans le mur et boulonnées de l'autre bout sur des poteaux, qui servent, en même temps, de soutien aux fermes de la couverture. Cet ensemble offre actuellement une résistance excessive. Mais la charpente a été calculée pour recevoir dans l'avenir un plancher continu, s'étendant sur tout le cellier, suivant les usages du Narbonnais. La hauteur du bâtiment sous le faîtage est

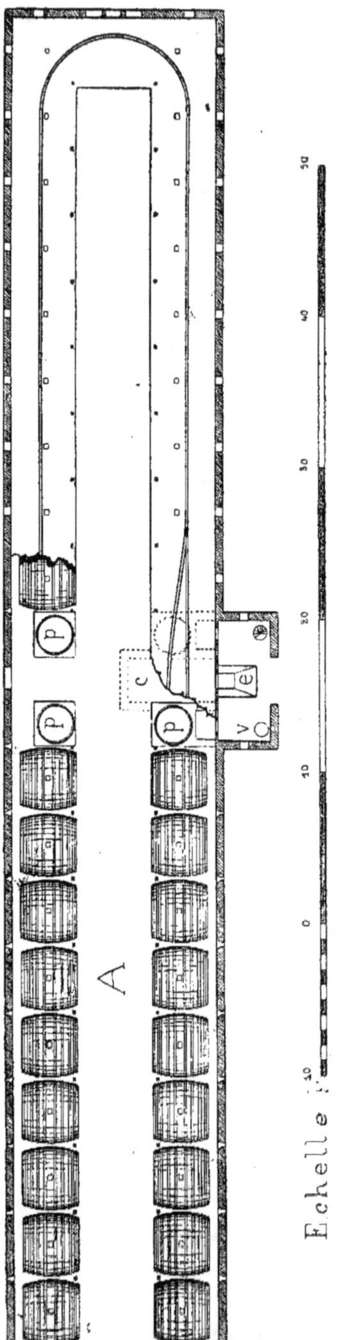

Cellier de Raonel. — Fig. 1. — Plan du bâtiment.

Echelle :

de 12 m., donnant un grand cube d'air et isolant suffisamment la toiture des vases vinaires.

Au-dessus de l'allée centrale est installé, à hauteur du plancher, un pont

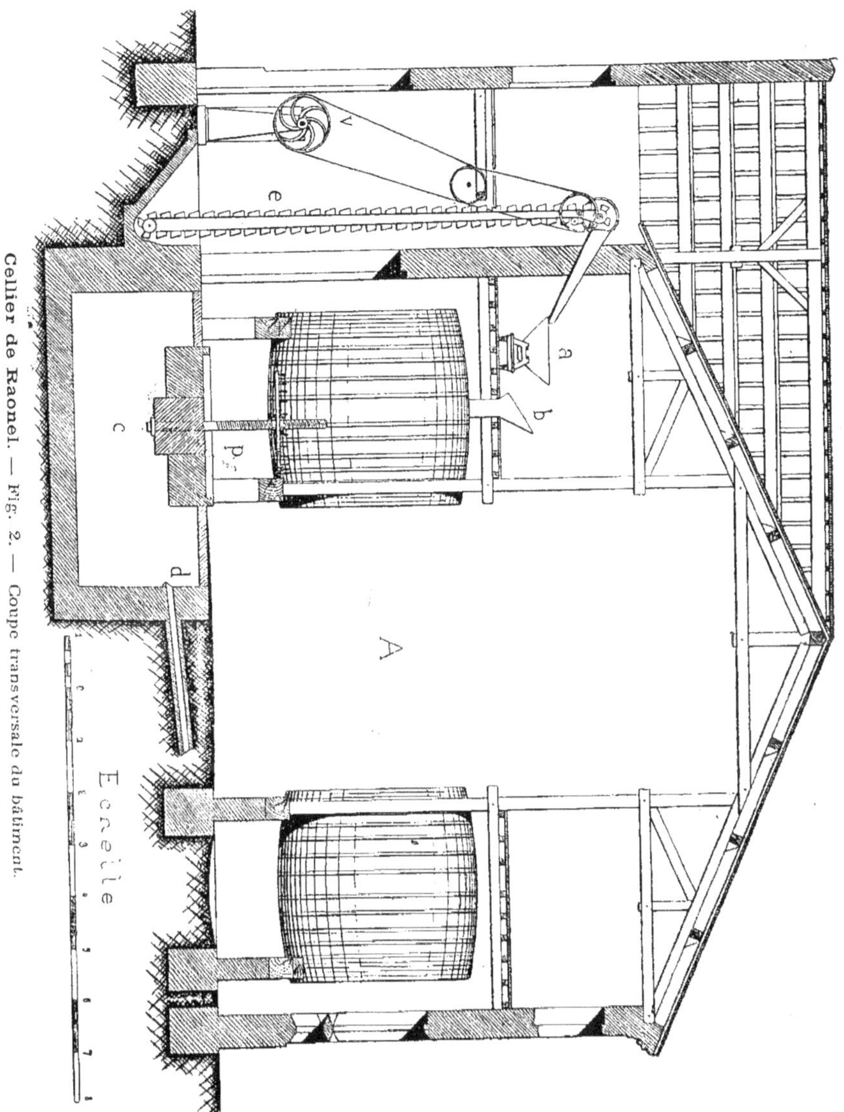

roulant, avec appareils de levage, pour le déplacement des foudres. Il simplifie une manœuvre le plus souvent difficile et dangereuse pour les ouvriers ; mais il n'est pas d'une grande utilité et sera supprimé, lors de l'achèvement du plancher.

Un porteur Decauville est établi sur le plancher, pour le transport de la vendange, avec voie de garage du côté de l'élévateur. Des courbes réunissent, aux deux extrémités, les alignements qui s'étendent de chaque côté, d'un mur-pignon à l'autre. Une brisure du plancher (fig. 1) permet de se rendre compte de la position relative du plancher, de ses supports, des vases vinaires et des pressoirs.

L'élévation de la vendange est faite par une noria verticale e, dont les dispositions sont intéressantes. Elle a été construite par M. Roger, à Carcassonne. La chaîne est formée par une double ligne de maillons, en fonte malléable, simplement accrochés les uns aux autres, à la main, mais indécrochables pendant le travail. Des godets, en fonte malléable, de 5 litres de capacité, sont suspendus de distance en distance à des maillons de forme spéciale. Elle passe sur deux roues dentées, l'une motrice, installée au-dessus du plancher des foudres, l'autre portée par une chaise à coulisse, dans le fond de la fosse. La commande est donnée par un moteur à vapeur vertical v, qui, par une transmission appropriée, actionne également une pompe à vin fixe. Le brin montant de la chaîne est rigoureusement vertical ; le brin descendant est dévié par un rouleau-guide, pour la facilité du déversement des godets. Ce guidage est rendu possible par la disposition des godets qui sont pris entre les deux lignes de maillons qui composent la chaîne, au lieu d'être appliqués sur eux, comme cela a lieu pour les autres systèmes. Les maillons débordent ainsi de chaque côté et peuvent être guidés intérieurement et extérieurement. La vendange tombe sur un porte-fruits, placé dans l'épaisseur du mur, et de là dans un wagonnet à bascule a. La hauteur d'élévation est de 9 m. Le débit de la noria est de 250 à 300 hectolitres de vendange à l'heure.

Les pastières, à leur arrivée de la vigne, sont acculées contre la fosse de l'élévateur et basculées ; une grande baie, pratiquée dans le mur qui fait face à la noria, rend facile la manœuvre du véhicule. La vendange, prise par les godets, remplit un wagonnet a amené sous la bouche du porte-fruits. Dès qu'il est plein, un autre, vide, est roulé à sa place, et le premier est poussé au-dessus du foudre à remplir, où on déverse son contenu dans un entonnoir b engagé dans la bonde du récipient. Pendant ce temps, un troisième wagonnet est amené derrière celui qui est en remplissage, soit par l'autre bout du cellier, soit par la voie de garage, suivant la position et la distance du foudre en chargement. Trois minutes suffisent pour élever et transporter dans le foudre la valeur d'un tombereau de vendange. Trois hommes sont employés à l'élévateur : le mécanicien, en bas (il surveille le remplissage des godets, tout en conduisant la machine) ; deux ouvriers, en haut, pour le service des wagonnets. Les raisins ne sont pas foulés, mais il serait facile d'installer un fouloir au-dessous du porte-fruits.

Le cuvage, le décuvage et le pressurage sont conduits suivant la méthode habituelle. Les quatre pressoirs sont en roulement constant.

Le cellier de Raonel a été construit sur les plans de M. J. Mas, architecte à Narbonne. Il est simple, mais bien conçu et parfaitement aménagé. La construction est solide. Les fondations, notamment, ont été faites avec un très grand soin, en prévision des inondations si fréquentes dans la plaine de Narbonne et auxquelles le domaine de Raonel se trouve particulièrement exposé. La dépense, par hectolitre de vin logé dans des foudres de 350 hectolitres, atteint 12 fr. 50. Ce prix paraîtra sans doute un peu élevé, mais il résulte en partie de la disposition des lieux et des difficultés rencontrées dans l'établissement des fondations.

Ce cellier représente assez bien le type des bâtiments du Narbonnais, où la préoccupation paraît être d'avoir une grande hauteur sous le faîtage, un plancher continu et où, l'établissement économique d'une rampe étant difficile ou impossible, on doit avoir recours à des élévateurs mécaniques appropriés au système de transport de la vendange par pastières basculantes. Par son architecture extérieure, il caractérise les constructions de la région, dont la simplicité apparente n'est pas dépourvue d'un certain luxe. L'emploi de la pierre de taille, la forme et les proportions des ouvertures, l'ornementation des façades contribuent à donner à ces bâtiments un aspect de grandeur, qui est du reste en harmonie avec l'importance des récoltes et que justifient les hauts rendements des vignes de la plaine, obtenus par la submersion et par les soins intelligents de la culture.

VIII. — LE CELLIER DU CLOS DES GRAVES

Élévation de la vendange par grue à bras

FABRICATION DE VIN ROUGE

Le clos des Graves est un type de petite propriété. Il appartient à M. Degrully, professeur à l'École d'agriculture de Montpellier, et se trouve situé sur les coteaux, au nord-ouest et à 3 kilomètres de cette ville. Il contient 6 hectares de vignes, constituées par des cépages fins de la région, greffés sur Riparia. Il n'y a qu'un millier de souches de Jacquez. La plantation date de 1889. La production peut atteindre 400 hectolitres, le vin est de bonne qualité et vendu par barrique directement au consommateur.

La vendange n'occupe qu'un personnel restreint : 14 coupeuses et 3 hommes à la vigne. Le raisin est cueilli dans des seaux et versé dans des comportes, que l'on a soin de disséminer d'avance sur le parcours de la colle.

Il suffit de 20 comportes pour assurer le service. Les comportes sont chargées sur l'unique charrette de la ferme, par six. Il est inutile d'en transporter un plus grand nombre à la fois, à raison de la faible distance à parcourir; la charrette est toujours de retour à la vigne avant que le chargement suivant soit prêt. Elle est attelée d'un cheval et conduite par le *païre* ou ramonet.

M. Degrully n'a pas créé son cellier de toutes pièces. Il s'est contenté d'utiliser ce qui restait d'une ancienne cuverie et d'aménager en cellier et en cave des bâtiments de la ferme. Il a tiré le meilleur parti de ces constructions et a su réaliser à peu de frais, pour le logement de sa récolte, une installation commode et pratique.

Le cellier se compose d'un bâtiment A (fig. 1 et 2), de forme rectangulaire, long de 12^m,10 et large de 7^m,80, dans lequel on pénètre par une baie, de 2^m,50 de largeur, munie d'une porte roulante. A l'opposé, une fenêtre sert à l'éclairage et à l'aération. Le sol, en terre battue, est en contre-bas de celui de la cour de 0^m,80 ; il est relié au seuil de la porte d'entrée par une petite rampe à pente très douce. Un plancher continu s'étend sur tout le cellier, à une hauteur de 4 m. Les foudres sont disposés sur deux rangs : à gauche quatre foudres de 80 hectos, à droite quatre, plus petits, de 55 hectos. L'allée centrale a 2^m,32 de largeur. Entre le mur et le premier foudre de gauche, il y a place pour le logement de petites futailles ; une étagère sera fixée au-dessus pour recevoir les robinets, clefs et autres ustensiles d'un usage journalier. A droite, une échelle conduit au-dessus du plancher et une porte, précédée de quelques marches, donne accès dans la salle de presse B, dont le sol est à 0^m,95 au-dessus du sol du cellier A.

C'est l'ancienne cuverie du clos. Elle contenait 3 cuves en maçonnerie. L'une d'elles, celle du fond, a été supprimée pour augmenter la surface de la salle et les deux autres *c c* servent actuellement, l'une de cuve à piquettes, l'autre de citerne à eau. Les murs extérieurs sont soutenus par deux contreforts. En avant et au milieu, un puisard *h* est creusé dans le sol pour la vidange des cuves. C'est dans cette salle, longue de 8^m,10 et large de 7^m,65, que M. Degrully a installé en *p* son pressoir. Il est du système Marmonier, avec maie en bois. La claie a 2 m. de diamètre et 0^m,90 de hauteur.

En C, se trouve la cave de conservation. Elle occupe le fond du bâtiment. Elle est meublée de demi-muids disposés sur deux rangs. Entre cette cave et les deux autres pièces A et B, il n'y a pas d'autre communication directe qu'un trou percé dans le mur du cellier A pour le passage du tuyau de la pompe, au moment du remplissage des futailles.

La vendange est élevée sur le plancher du cellier A par une grue du système Mabille *g*, installée sur le côté de la fenêtre qui surmonte la porte d'entrée du bâtiment (fig. 2 et 3). Cette baie mesure 2^m,50 de largeur sur 2^m,15 de hauteur. La grue se compose d'un socle en fonte, solidement

assujetti sur le plancher par des tire-fond, au-dessus duquel pivote un bâti
supportant l'appareil de levage. Celui-ci est un treuil dont la corde, après
avoir passé sur une poulie à gorge, fixée à l'extrémité d'un long bras, vient
s'attacher à la comporte qui doit être élevée. L'effort est multiplié par 18,

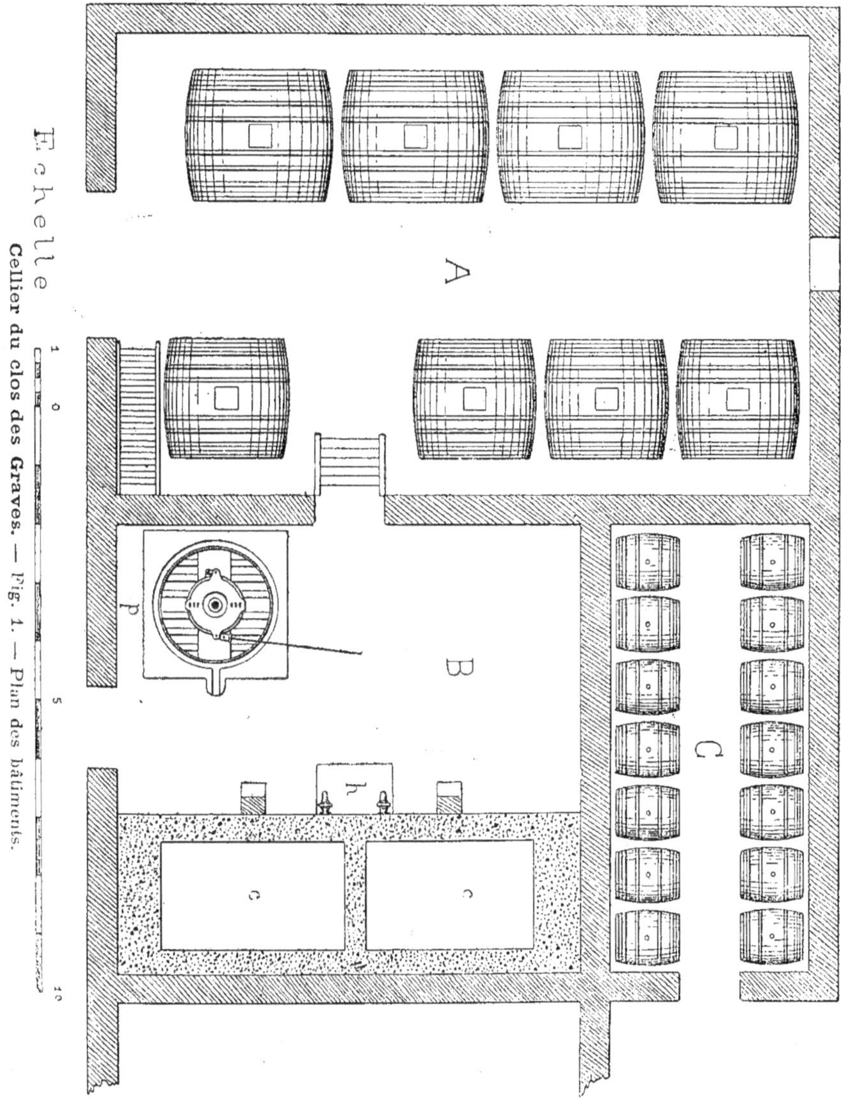

c'est-à-dire que, pour soulever une comporte pleine, de 90 kilos environ,
il suffit de développer sur la manivelle du treuil un effort de 5 kilos. Un
seul ouvrier est donc employé à ce travail. Un verrou permet de maintenir
le bras de la grue dans telle position qu'on veut lui donner, soit en dehors
de la fenêtre, pendant la période d'ascension des comportes, soit à l'inté-

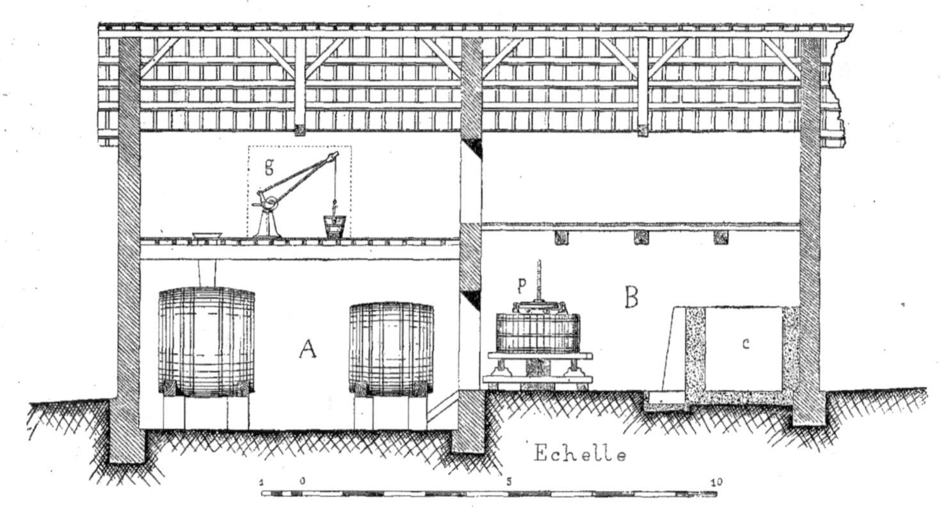

Cellier du clos des Graves. — Fig. 2. — Coupe et élévation des bâtiments.

Cellier du clos des Graves. — Fig. 3. — Élévation des comportes au moyen de la grue.

rieur, pour la rentrée de celles-ci. Un frein modère le déroulement de la corde à la descente. Le transport des comportes, de la fenêtre au fouloir placé au-dessus du foudre à remplir, se fait par un ouvrier avec la brouette porte-comportes du Narbonnais, simple et commode.

La charpente du bâtiment est masquée par un plafond établi à 3^m,25 au-dessus du plancher. Le cellier est donc séparé de la toiture par un double écran et, conséquemment, très bien protégé contre l'échauffement de la couverture.

En arrivant de la vigne, la charrette se range le long du mur du cellier et s'arrête devant la porte du bâtiment A. Le conducteur, après avoir calé les roues, monte sur la charrette et accroche les bouts de la corde de la grue aux deux poignées de la première comporte (fig. 3). Elle est aussitôt enlevée et hissée jusqu'au niveau du plancher, sur lequel elle est déposée. Une comporte vide, accrochée à sa place, est descendue sur la charrette, pendant qu'avec la brouette le deuxième ouvrier porte la comporte pleine au pied du fouloir. La même manœuvre a lieu pour les cinq autres comportes. La charrette retourne à la vigne avec six comportes vides, pour prendre un nouveau chargement, et, pendant son voyage, les deux ouvriers restés au cellier foulent la vendange qui vient d'y être déposée. Ces comportes vides seront emportées au voyage suivant.

Pour monter une comporte pleine et descendre une comporte vide, il faut environ 1 minute et demie. La charrette est donc déchargée en 10 minutes.

Le fouloir, du système Mabille, est installé au-dessus de l'un des grands foudres; un entonnoir en bois traverse le plancher et pénètre dans la bonde. La fermentation durant 6 à 7 jours, le quatrième foudre est plein avant que l'on puisse décuver le premier. On suspend alors la vendange pour la reprendre, s'il y a lieu, lorsque la place sera faite pour recevoir une nouvelle cuvée.

Pour le décuvage, on réunit le foudre à vider au foudre de 55 hectolitres placé en face de lui, par un tuyau de caoutchouc vissé aux raccords, puis on achève le soutirage à la pompe, lorsque le vin ne passe plus par simple écoulement. Un foudre de 55 hectolitres est exactement rempli par le vin provenant d'un foudre de 80 hectos chargé de vendange; c'est ce qui a décidé M. Degrully à adopter ces deux types. Le marc est ensuite porté sur le pressoir dans des comportes, par les procédés habituels. Le pressurage a lieu par pressées successives, mais sans recoupage. Le marc asséché est utilisé à la fabrication de piquettes, pour la consommation des ouvriers de la ferme. Dans ce but, il est entassé dans l'une des cuves c et arrosé.

Suivant l'importance des récoltes et les nécessités des soutirages, le vin est conservé dans les foudres de 80 hectos ou dans ceux de 55, ou bien il est envoyé par la pompe dans la cave C, où il remplit les demi-muids.

Le matériel vinaire du clos des Graves est d'une fabrication soignée et parfaitement entretenu. Les foudres sont munis chacun d'un raccord à robinet, à 1^m,10 au-dessus du sol, ce qui rend très facile le remplissage des futailles. Ils reposent sur des dés en pierre, par l'intermédiaire de chantiers en bois. Le pressoir, le fouloir et la pompe sont nettoyés à la fin des vendanges et mis à l'abri de la poussière sous des toiles.

En résumé, le cellier de M. Degrully est bien approprié aux besoins d'une petite exploitation comme la sienne. Installé sans luxe, mais convenablement aménagé et pourvu d'un outillage perfectionné, il peut servir de modèle à la petite propriété. Dans une construction neuve, il eût été possible, sans doute, de donner aux bâtiments des dimensions plus rationnelles, mais il ne faut pas perdre de vue que M. Degrully a utilisé de vieux locaux et qu'il a dû, par conséquent, se plier aux exigences de cet état de choses.

L'élévation des comportes au moyen de la grue est pratique pour une petite exploitation où le personnel est réduit et où la quantité de vendange à rentrer chaque jour est peu importante. Mais c'est un procédé lent, car il faut 10 minutes au minimum pour rentrer 450 kilogr. de raisins. Dans les grands domaines du Biterrois, où le transport de la vendange a lieu par comportes, on substitue à la grue la traction directe d'un cheval sur la corde. Le travail est plus rapide (voir page 303).

Il est inutile d'attacher, le long du mur, des madriers pour guider les comportes, car il ne se produit presque aucun ballottement de la corde, par suite de la faible vitesse de l'ascension. Mais il est prudent de garnir de sacs de paille les arêtes verticales de la fenêtre, pour éviter le choc des comportes pendant le mouvement de pivotage de la grue.

IX.— LE CELLIER DU DOMAINE DES CLOS

Cellier à deux travées, sans séparation

FABRICATION DE VIN ROUGE

La propriété de M. Sentupéry, connue sous le nom de domaine des Clos, se trouve située dans la vallée du Rhône, à 8 kilomètres à l'est de Beaucaire (Gard). Elle fait partie de ce que l'on appelle *le Grès* et se trouve séparée de la portion du territoire dite *la plaine* par le canal de Beaucaire à Cette. Sa contenance est de 71 hectares. Les bâtiments en occupent le centre. Le vignoble couvre 65 hectares environ. Il comprend un lot de 12 hectares en vignes françaises (Aramon et Alicante-Bouschet), défendues contre le phylloxera par la submersion. Le reste est planté en vignes américaines : Jacquez à production directe (10 hectares) et Riparias greffés avec Alicante-Bouschet (7 hectares), Petit-Bouschet (2 hectares), Chasselas (2 hectares), Pinot de Bourgogne (1 hectare), plants durs du pays (2 hectares) et Aramon (29 hectares). Presque toutes ces vignes peuvent être arrosées lorsque le besoin s'en fait sentir. Une dizaine d'hectares seulement se trouve en dehors de la zone irrigable. Jusqu'ici, la récolte n'a pas dépassé 3.500 hectolitres, mais M. Sentupéry compte atteindre 7.000 hectos, lorsque les vignes auront acquis leur plein développement.

Le transport de la vendange se fait au moyen de comportes que l'on charge sur des charrettes attelées d'une mule, suivant la méthode biterroise. L'élévation a lieu, également, à l'aide d'une corde et d'une poulie (voir page 303) ; seulement, le brin sur lequel tire la bête est guidé par un jeu de deux poulies de renvoi, qui ont pour objet d'amener la corde dans un plan horizontal, à hauteur du palonnier d'attelage. Cette disposition a l'avantage de diminuer la longueur de la corde, en permettant d'atteler la bête très court, et paraît, en outre, avoir pour effet de réduire le balancement du brin montant et de la comporte qui y est suspendue. Par contre, elle a l'inconvénient d'augmenter légèrement la traction, les poulies étant rarement en bon état.

Le cellier, dont la figure 1 donne une coupe transversale, est un bâtiment rectangulaire A, de $38^m,50$ de longueur et de $20^m,50$ de largeur, dans œuvre, orienté du nord au sud. Il contient quatre rangées de foudres, une contre chaque mur de façade et deux accolées l'une à l'autre, suivant une ligne médiane. Un passage de $3^m,50$ est réservé de chaque côté des deux rangées du milieu. Les foudres sont au nombre de 39, dix par rang, sauf sur le rang de droite, où il manque un foudre en face de la porte qui conduit à l'appentis B. (La bascule est logée dans cet espace.) Leur capacité est de 200 hectos, quelques-uns contiennent cependant 240 hectos ; le cube total est de 8.000 hectos.

Au-dessus des deux rangées latérales s'étend, à 5 m. de hauteur, un plancher, dont les solives sont portées par des poutres encastrées, d'une part, dans le mur et assemblées, d'autre part, avec une lambourde moisée, boulonnée sur les poteaux en bois qui soutiennent la charpente. Ces deux planchers sont réunis par un plancher transversal appliqué contre chaque mur-pignon. Il n'existe pas de plancher sur les deux rangs du milieu ; ces foudres, en effet, ne sont utilisés qu'au logement du vin fait, ils ne servent pas au cuvage de la vendange. Une portaillère est ouverte au bout de chaque plancher dans le mur-pignon nord et pourvue d'une poulie pour la rentrée des comportes. Dans ce même mur-pignon, sont pratiquées deux grandes portes, dans l'axe des passages. Des fenêtres, telles que a,

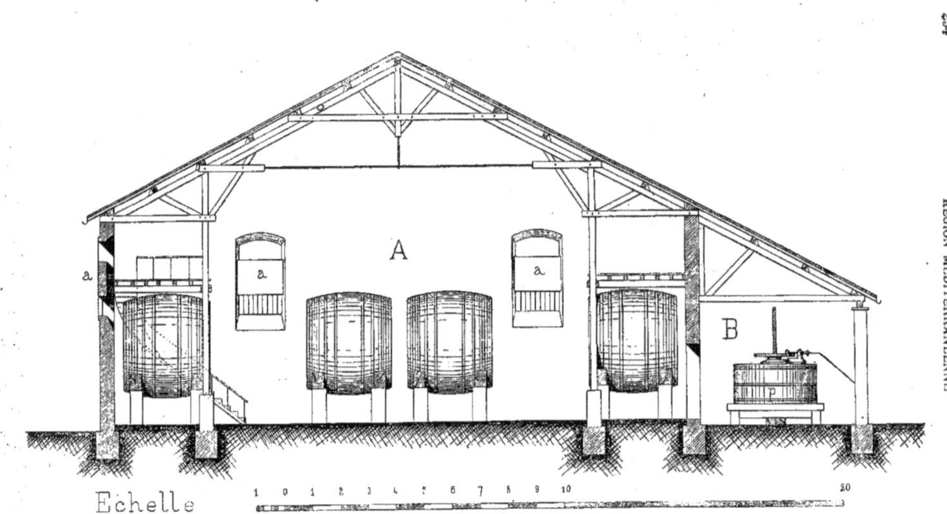

Cellier des Clos. — Fig. 1.— Coupe transversale du bâtiment.

ménagées dans le mur-pignon sud et dans le mur de façade est, donnent de l'air et du jour dans le bâtiment, au-dessous et au-dessus du plancher.

La charpente de la couverture est intéressante par sa grande portée. Elle est relativement légère et cependant très résistante. Les murs latéraux ayant une hauteur de 7^m,20 et la pente des longs pans étant de 0^m,50 par mètre, la hauteur sous faîtage atteint 12^m,30. Le cube d'air intérieur est considérable et l'aération parfaite pendant la période des fermentations. On peut se demander si cette aération n'est pas trop énergique, en dehors de l'époque des vendanges, et si elle n'a pas pour conséquence une consume exagérée du vin dans les foudres, principalement pendant l'été.

Les pressoirs p sont installés sous l'appentis B, qui sert en même temps de magasin à outils et de hangar pour les charrettes et les machines. Mais ils seront incessamment déplacés et portés devant les cuves à piquette établies dans un ancien bâtiment de ferme, à proximité d'une petite cave garnie de foudres d'une capacité totale de 1.000 hectos, pour recevoir les piquettes.

Les comportes amenées pleines de la vigne et hissées jusqu'au plancher des foudres sont rangées par quatre sur des plates-formes roulantes, dites *tricycles*. Un homme suffit pour attirer à l'intérieur la comporte suspendue à la corde et la placer sur le tricycle. Lorsque ce dernier est chargé, il est roulé jusqu'au foudre en remplissage par deux ouvriers qui vident les comportes, soit directement dans un entonnoir (si ce sont des Aramons), soit dans la trémie d'un fouloir commandé par deux hommes (lorsque les raisins doivent être broyés). Avec ce personnel, on peut remplir deux foudres par jour. Tout foudre qui ne peut être entièrement rempli à la fin de la journée, pour une cause quelconque, fermente tel quel; on ne le recharge jamais le lendemain.

Le cuvage dure 3 à 4 jours, pendant lesquels le moût est aéré une fois par jour. Pour cela, on ouvre le robinet du foudre et on reçoit le liquide dans une comporte ; une pompe le reprend et le remonte à la partie supérieure. L'opération dure une heure par foudre, on aère ainsi 40 à 50 hectolitres de moût.

Le décuvage se fait par la méthode ordinaire, le vin est envoyé au moyen d'une pompe catalane et d'un tuyautage en caoutchouc dans un autre récipient. Le marc est transporté aux pressoirs, au moyen d'un Decauville installé devant les foudres. Après le pressurage, il est rejeté dans les cuves à piquette.

Le cellier du domaine des Clos est surtout intéressant par la grande portée de la charpente et l'élévation du faîtage. Il se compose, en réalité, de deux travées ordinaires, accolées l'une à l'autre, sans mur de refend. La toiture est formée seulement de deux longs pans, tandis que deux travées distinctes auraient chacune un comble à deux pentes, soit au total quatre longs pans, avec un gruau au-dessus du mur de refend, pour recevoir les eaux pluviales des longs pans correspondants. Cette dernière disposition est la plus généralement adoptée. On supprime quelquefois le mur de refend, gênant pour la circulation, et on le remplace par une ligne de colonnes ou de poteaux pour soutenir les charpentes. En supprimant mur de refend et supports et en fondant les deux travées en une seule, M. Sentupéry a augmenté le cube d'air de son cellier (le volume de l'air logé dans les combles se trouve doublé) ; en même temps, il a évité l'installation d'un gruau toujours difficile à rendre étanche et à entretenir en bon état de fonctionnement.

Reste à calculer si le prix de la couverture d'un cellier de cette largeur n'est pas plus élevé que celui de la couverture d'un cellier de même largeur utile, mais divisé en deux travées par un mur de refend. Le devis ci-dessous a été établi, dans les deux hypothèses, pour une travée de $3^m,80$ de longueur, et les prix de la charpente et de la couverture ont été ramenés au mètre carré couvert.

Devis de la charpente et de la couverture du cellier des Clos

		fr. c.
UNE PORTÉE DE $20^m,50$		
Deux arbalétriers,	$2 \times 11.70 \times 0.24 \times 0.24 = 1^{m3},350$	
Deux sous-arbalétriers,	$2 \times 4.50 \times 0.24 \times 0.12 = 0$ 260	
Deux blochets,	$2 \times 2.50 \times 0.24 \times 0.24 = 0$ 290	
Deux entraits bas cotés,	$2 \times 4.20 \times 0.24 \times 0.24 = 0$ 484	
Entrait retroussé,	$2 \times 7.80 \times 0.24 \times 0.12 = 0$ 450	
Poinçon,	$3.00 \times 0.20 \times 0.20 = 0$ 120	
Quatre contre-fiches,	$2 \times (2+2.5) \times 0.15 \times 0.15 = 0$ 210	
Quatre jambes de force,	$2 \times (1.6+3.3) \times 0 15 \times 0.15 = 0$ 220	
Cube total pour une ferme . . . . . $3^{m3},384$, à . . 95ᶠ »		321.48
Pannes. Pour une travée, 13 files de $3.80 \times 0 24 \times 0.15 = 1^{m3},780$, à . . 85 »		151.30
Chevrons. — 11 files de 25^m . . . . . $= 275^m$, à . . 0.60		165 »
Deux poteaux en chêne, $2 \times 8.40 \times 0.25 \times 0.25$ . . . . $= 1^{m3},050$, à . . 25 »		26.25
Dés de support et fondations		44.92
Fer rond pour tirant et poinçon de 0.042. Ferrures, sabots, boulons, etc . . . { 216 kg., à 0 75		162 »
Couverture, $25 \times 3.80 = 95^{m2}$, à 5.20		494 »
Faîtage en tuiles creuses, $3^m,80$, à 0.50		1.90
Dépense pour une travée de $3^m,80$ et une portée de $20^m,50$		1366.85
Prix par mètre carré couvert		17.52
DEUX PORTÉES DE $10^m,50$		
Quatre arbalétriers,	$4 \times 6.00 \times 0.20 \times 0.24 = 1^{m3},152$	
Deux entraits,	$2 \times 10.90 \times 0.20 \times 0.24 = 1$ 046	
Deux poinçons,	$2 \times 2.80 \times 0.20 \times 0.20 = 0$ 224	
Huit contre-fiches,	$8 \times 2.00 \times 0.18 \times 0.20 = 0$ 576	
Cube total pour une ferme . . . . . $2^{m3},998$, à . . 95ᶠ »		284.81
Pannes. Pour une travée, 14 files de $3.80 \times 0.24 \times 0.15 = 1^{m3},915$, à . . 85 »		162.78
Chevrons. — 11 files de de 25.00 . . . . . $= 275^m,00$, à . . 0.60		165 »
Mur de refend, $3.80 \times 0 50 \times 7.00 = 13^{m3},30$, à . . . . . 11 »		146.30
Fouille et fondation, $1.00 \times 0.80 \times 3.80 = 3^{m3},04$, à 21.89		66.55
Ferrures et boulons, 20 kilog., à 0.75		15 »
Gruau pour l'écoulement des eaux et accessoires		45 »
Couverture, $25.00 \times 3.80 = 95^{m2}$, à . . . 5 20		494 »
Faîtage, $2 \times 3.80 = 7^m,60$, à 0 50		3.80
Dépense pour une travée de $3^m,80$ et une portée totale de $21^m,50$ . .		1383.24
Prix par mètre carré couvert		16.93

Il ressort de la lecture de ce tableau que le prix par mètre carré couvert de la charpente et de la couverture pour une portée unique de 20ᵐ,50 excède de 59 centimes celui calculé pour deux portées de 10ᵐ,50 chacune. Mais cette différence en faveur des deux portées de 10ᵐ,50 disparaît et le calcul fait, au contraire, apparaître un gain de 16 fr., 39 par travée en faveur de la portée unique de 20ᵐ,50, si l'on compare les dépenses totales par travée.

Ce résultat provient de la nécessité d'augmenter, dans le cas d'un cellier à deux travées distinctes, la largeur totale du bâtiment et, conséquemment, la surface couverte, pour avoir l'emplacement du mur de refend et pour conserver un passage entre ce mur et les rangées de foudres voisines.

Le prix de revient est donc sensiblement le même dans les deux cas.

Le calcul conduit encore à un prix de revient égal si l'on remplace le mur de refend par une ligne de colonnes en fonte.

Le cellier du domaine des Clos, construit sur les plans de M. Mugnier, architecte à Gray, a coûté la somme totale de 31.615 fr., 86, se décomposant ainsi :

Terrassements	107 fr. 96
Maçonnerie	14 557 fr. 17
Charpente	6.336 fr. 23
Couverture	4.939 fr. 48
Plancher.	2.074 fr. 70
Menuiserie	805 fr. 32
Serrurerie	2.157 fr. 50
Peinture, vitrerie, ferblanterie	637 fr. 50
Total	31.615 fr. 86

La dépense par mètre carré couvert est de 40 fr., 058 et, par hectolitre de vin logé, de 3 fr., 952. Si nous ajoutons à ce chiffre la valeur de la vaisselle vinaire (5 fr., 40 par hecto, dés et coins compris), l'hectolitre de vin logé dans des foudres de 200 hectos ressort au prix de 9 fr., 352.

X. — LE CELLIER DU DOMAINE D'AUREILHE

Élévation de la vendange par poulie

FABRICATION DE VIN ROUGE ET DE VIN BLANC

Béziers est le centre d'une des contrées viticoles les plus fertiles de France et, par suite, les plus productives. C'est le pays par excellence de la vigne à haut rendement et sa plaine partage, avec celle de Narbonne, la réputation de donner des récoltes d'une abondance exceptionnelle. Aussi la richesse y est-elle grande, peut-être vaudrait-il mieux dire *était*, car le phylloxera et le mildiou ont porté une rude atteinte à cette prospérité, que l'abaissement du prix des vins est à la veille de faire disparaître complètement. Les grandes propriétés sont nombreuses; elles possèdent des bâtiments d'exploitation importants, généralement installés avec luxe, mais un luxe qui n'exclut ni la simplicité, ni la commodité.

Le cellier du domaine d'Aureilhe, appartenant à Madame Ernest de Crozals, est bien le type des constructions du Biterrois.

Situé à 3 kilomètres au sud-ouest de Capestang, le vignoble comprend 116 hectares, dans la plaine ou sur de petits coteaux. Les cépages cultivés sont principalement l'Aramon (1/3), la Carignane (1/3) et l'Alicante-Bouschet (1/3). Il y a pourtant un certain nombre de souches de Terret. Les porte-greffes sont le Riparia (4/5) et le Jacquez (1/5). Une quinzaine d'hectares, constitués par des plants européens francs de pied, sont soumis à la submersion et cinq hectares sont traités au sulfure de carbone.

La récolte de 1893 a atteint 14.500 hectolitres, y compris celle d'une petite propriété de 33 hectares, appelée Montels, qui a fourni 5.300 comportes de vendange. A Aureilhe même, on a rempli 23.303 comportes, de telle sorte que le produit d'Aureilhe seul peut être évalué à 12.000 hectos, en nombre rond.

La vendange dure 26 jours pleins. Elle est faite par 110 coupeuses armées de serpettes et de seaux en tôle. Ici, comme à peu près partout dans les environs de Béziers, le transport de la vendange a lieu, non plus dans des pastières, mais dans des comportes, qui peuvent contenir chacune de 70 à 80 kilos de raisins. Elles sont d'avance placées sur le parcours des vendangeuses qui y versent elles-mêmes leurs seaux. Des enfants sont chargés de *faire* les comportes, c'est-à-dire de tasser les raisins avec une demoiselle. Lorsque les comportes sont pleines, elles sont portées en dehors de la vigne, sur le bord des chemins, par deux hommes, au moyen de *semailliers* (bâtons longs de 1ᵐ,80 à 2 m.) qu'ils engagent sous les cornes du récipient. Il faut deux charrieurs et un enfant pour huit coupeuses.

Le transport au cellier est effectué sur des chariots munis de cadres appropriés, qui peuvent recevoir 14 comportes, lorsqu'ils sont attelés d'une bête, et 25 à 30, si l'attelage est formé de deux bêtes. Quatre hommes sont occupés au chargement des véhicules et à l'amarrage des comportes.

Le cellier comprend deux travées parallèles A B (fig. 1 et 2), de 48ᵐ,50 de longueur et de 15 m. environ de largeur chacune, orientées du nord au sud. La plus anciennement construite A communique, par un souterrain S ménagé sous la chaussée d'une rampe, avec une cuverie (qui n'a pas été figurée) où sont installés sept pressoirs à percussion et des cuves en maçonnerie, au nombre de douze. Six, en pierres de taille revêtues de briques vernies, d'une capacité de 700 hectos, peuvent servir au cuvage de la vendange; les six autres, cimentées, sont utilisées à la fabrication des piquettes, par lavage méthodique. Leur capacité est de 200 hectos. La travée B est de construction plus récente ; elle a été exécutée sur les plans de M. Garros, architecte à Bordeaux.

On pénètre dans le cellier par de grandes portes ouvertes dans les murs-pignons. Dans le mur extérieur de la travée B, sont ménagées cinq fenêtres (une tous les deux foudres), munies de volets pleins. Leur seuil est à 2 m. au-dessus du sol. Elles servent à l'aération et éclairent le passage laissé contre le mur, derrière les foudres. Au-dessus du plancher et dans le même mur, des meurtrières de moindres dimensions contribuent aussi à aérer et à éclairer le bâtiment. En outre, il y a, dans chaque pignon, un œil de bœuf garni d'un châssis vitré, à hauteur de l'entrait des fermes, et deux fenêtres (*portaillères*) de 2 m. de largeur et 3 m. de hauteur, dont le seuil est au niveau de plancher et qui servent (surtout pour la travée B) à la réception de la vendange. Dans le mur extérieur du cellier A et au milieu de sa longueur, trois portaillères servent à la rentrée de la vendange élevée par la rampe. Enfin, dans le mur de séparation des deux travées A et B, deux baies, l'une au rez-de-chaussée, l'autre au premier étage, facilitent le service.

La hauteur des murs de façade est de 8 m. La hauteur sous le faîtage est de 10ᵐ,80.

La couverture, en tuiles de Marseille, est établie sur un parafeuillage en planches soigneusement assemblées à rainure et languette. L'ensemble est supporté par une charpente qui n'est pas la même pour les deux bâtiments. Celle de la travée A est la charpente classique ; mais les fermes, au lieu de porter directement sur les murs, reposent sur deux poteaux en bois qui prennent eux-mêmes appui sur des corbeaux en pierre de taille noyés dans la maçonnerie, au niveau du plancher des foudres ; en outre, les jambettes qui, d'habitude, reportent la charge des arbalétriers sur l'entrait, sont remplacées par des aisseliers, formés de deux pièces moisées, qui viennent se

boulonner sur les poteaux latéraux. La charpente de la travée B n'est autre
que la charpente du cellier de Rochet, mais le faux-entrait de la ferme est

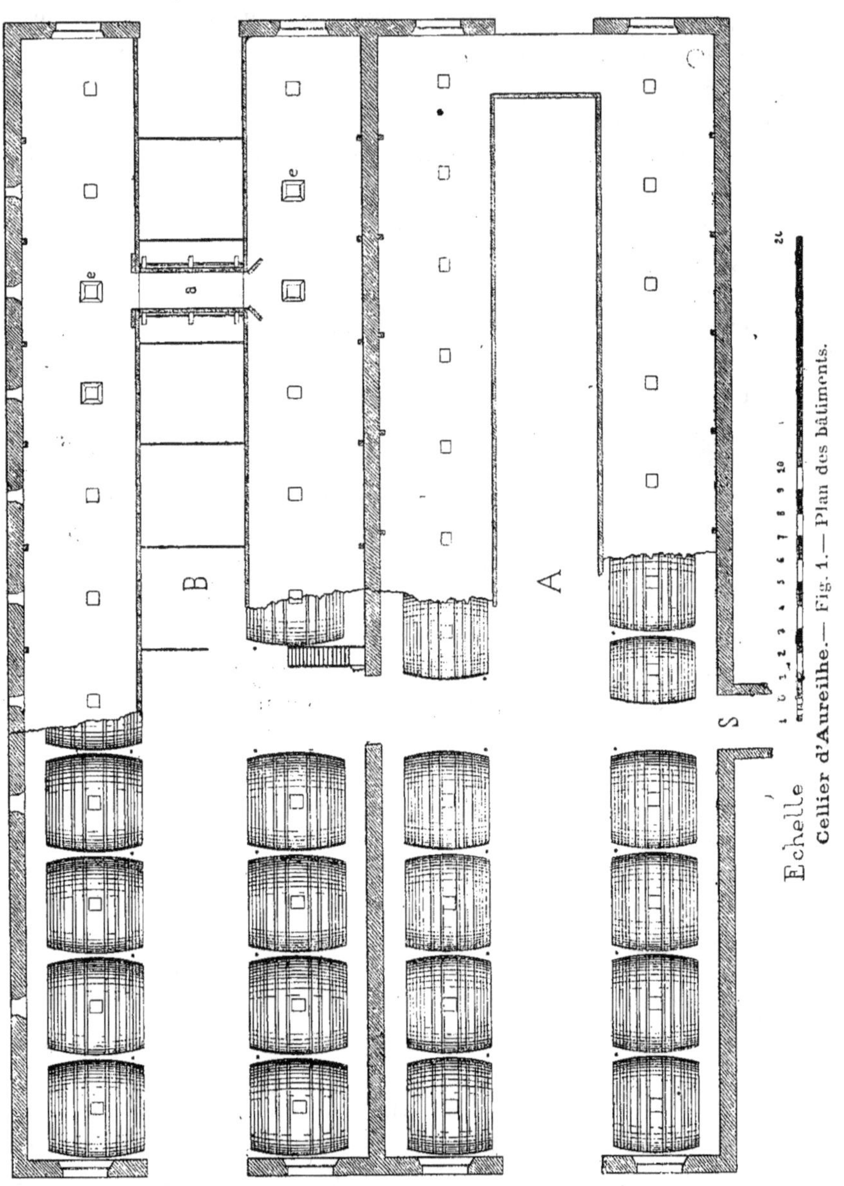

remplacé ici par deux contre-fiches, qui s'appuient sur le poinçon prolongé
jusqu'à l'entrait. Celui-ci repose, par l'intermédiaire d'une potence, sur
des corbeaux en pierre. Les liens de l'aîte de ces deux systèmes de fermes
se croisent deux à deux et constituent ainsi entre chaque ferme une croix

Cellier d'Aureilhe.— Fig. 2.— Coupe transversale des bâtiments.

de Saint-André d'une grande rigidité. Ces charpentes sont élégantes et relativement légères pour une portée de 15 m.. Au-dessus du mur de séparation des deux celliers, un gruau reçoit les eaux des longs pans correspondants des deux toitures et les évacue par des tuyaux de descente.

Dans la travée A, il y a deux rangées de foudres d'une capacité moyenne de 390 hectos ; les foudres de la travée B contiennent environ 420 hectos. Ils reposent sur des dés en pierre. Les supports du cellier neuf sont moins élevés que ceux de la travée voisine, à cause du plus grand diamètre des récipients. Entre les deux rangées est réservé un passage central de 5^m,35 de largeur en A et de 4^m,60 en B. Le sol est en terre battue.

Au-dessus de chaque rangée de foudres et à 5^m,25 de hauteur s'étend un plancher en bois, dont les poutres sont encastrées d'un bout dans le mur et supportées de l'autre bout par des colonnes en fonte, établies en bordure de l'allée centrale. Les deux planchers du bâtiment A sont réunis, à chaque extrémité, par une passerelle fixe. Ceux du bâtiment B sont mis en communication par une passerelle mobile, sorte de pont roulant a, porté par deux essieux, dont les roues tournent sur des rails en fer T supportés par les colonnes. Des tirants en fer, formant entretoises, réunissent les deux lignes de rails et les maintiennent à leur écartement normal. Des coupures sont faites dans la balustrade qui borde le plancher, au-dessus de chaque foudre, et fermées par des barrières. On amène la passerelle au point où les besoins du service exigent le passage d'un plancher à l'autre et on ouvre les barrières correspondantes (fig. 1). Ce système de passerelle roulante est d'une installation coûteuse qui n'est pas justifiée par une plus grande commodité. L'établissement d'une passerelle fixe à chaque extrémité du cellier et d'une passerelle intermédiaire, si la longueur du bâtiment l'exige, nous semble plus simple, plus pratique et surtout moins dispendieux, ainsi que le montre le devis ci-dessous :

Devis de la passerelle roulante d'Aureilhe

		fr.	c.
Voie : Deux rails en fer T, de 23 kilos le mètre courant, 97m.	2231 k.		
Dix entretoises en fer rond, de 0^m,026, à 4 kil. le mètre, 50 m	200		
2431 k. à 30 fr. les 100 kilos...		729	30
Passerelle : Charpente assemblée, 1^{m3},210, à 100 fr.	121 f.		
Plancher, 10^{m2}, à 3 fr.	30		
Deux essieux, en fer rond de 0^m,04, à 10 kilos le mètre, 10 mètres	30	217	»
Quatre roues, de 0^m,35 au roulement, à 9 fr. l'une	36		
Barrières : Plus-value pour établissement, le long de la balustrade, de 22 barrières ouvrantes		54	50
Ferrure des barrières (paumelles, verrous).		115	50
		1116	30
Trois passerelles fixes auraient coûté :			
Deux passerelles aux extrémités du cellier, à 87 fr. l'une 174		281	»
Une passerelle au milieu. 107			

Cellier d'Aureilhe.— Fig. 3.— Elévation des comportes par poulie
(Vue photographique prise au cellier de la Francèse).

Il eût été, du reste, possible de construire plus économiquement cette passerelle mobile.

On monte sur le plancher par une sorte d'échelle de meunier placée en B, à côté de la baie qui relie les deux travées. Au-dessus de chaque récipient, une trappe ferme une ouverture carrée, dans laquelle, au moment du remplissage, on engage un entonnoir en bois tel que *e e*. On avait, d'abord, songé à installer sur le plancher un porteur Decauville, avec plates-formes roulantes, pour la rentrée de la vendange. Mais on a, par la suite, renoncé à cette complication et on déplace les comportes en les faisant simplement glisser sur des planches savonnées. Une brisure du plancher (fig. 1) permet de se rendre compte très nettement des dispositions adoptées : la moitié gauche de la figure montre la partie inférieure du cellier, la moitié droite, le cellier au-dessus du plancher.

L'élévation des comportes de vendange a lieu, à Aureilhe, par deux procédés différents. Lorsqu'il s'agit de remplir les cuves en pierre de la cuverie ancienne, qui ne figure pas sur le plan, on utilise la rampe dont la chaussée est visible en partie (fig. 2), au-dessus du souterrain S, et qui amène les chariots à hauteur des fenêtres par lesquelles doit s'effectuer la rentrée. Cette même rampe peut servir également pour le remplissage des foudres de la travée A ; dans ce cas, les comportes sont introduites dans le cellier par les fenêtres qui s'ouvrent sur la rampe. Pour la travée B, on fait usage du procédé d'élévation par poulie, très répandu dans toute la région biterroise. Il peut être employé aussi, concurremment avec la rampe, pour la travée A.

La poulie est, sans contredit, le système d'élévation le plus simple et le plus commode, lorsque la vendange est transportée par comportes et que l'on dispose d'un cheval supplémentaire pour haler la corde. Au-dessus de chaque portaillère est encastrée dans le mur une potence en fer ; à son extrémité est suspendue une poulie à gorge sur laquelle passe une longue corde. L'un des bouts porte deux cordelles que l'on accroche aux cornes de la comporte ; l'autre bout s'attache au palonnier d'une bête de trait. On amène la charrette chargée de vendange sous la portaillère, on suspend à la corde l'une des comportes et l'on fait tirer le cheval. La comporte, hissée jusqu'à hauteur du seuil de la fenêtre, est amenée en dedans du cellier par un ouvrier qui la tire à lui, détachée, puis transportée au foudre en remplissage. La manœuvre recommence jusqu'à déchargement complet du véhicule. Elle exige un ouvrier sur la charrette (qui est toujours le charretier), un homme à la portaillère pour recevoir les comportes, deux charrieurs pour les transports sur le plancher, deux hommes au fouloir pour vider les comportes, plus une bête sous la conduite d'un gamin. Les comportes vides sont descendues soit une par une, soit par trois ou quatre à la fois, en utilisant le retour de la corde. Pour gagner du temps, on peut les faire descendre par la portaillère voisine, en y installant une poulie et sa corde, qu'un homme suffit alors à manœuvrer. En général, on a une avance de comportes, et la descente des comportes vides se fait dans l'intervalle de deux voyages. Avec un personnel exercé, on peut élever et rentrer facilement deux comportes par minute, soit en moyenne 150 kilogr. de vendange. Un chariot de 14 comportes est donc déchargé en 7 minutes. On voit par là que la poulie suffit parfaitement au travail d'un grand domaine. Des planches ou des paillassons sont appliqués contre le mur pour amortir les chocs et éviter que les comportes ne se disloquent et ne dégradent le mur.

La vue photographique (fig. 3) montre l'installation d'une poulie et les dispositions d'un chantier. Elle a été prise au domaine de la Francèse, propriété de M. Cyprien de Crozals, située près de Coursan. Ici, la rentrée de la vendange a lieu par une portaillère ouverte au milieu de la façade principale du bâtiment, tandis que, à Aureilhe, les portaillères sont dans les murs-pignons ; mais l'organisation du travail est la même dans les deux cas.

A Aureilhe, la vendange est foulée, on installe donc un fouloir sur la trappe du foudre en remplissage. Il est commandé par un ouvrier. Comme il y a généralement deux charrettes en déchargement à la fois, on dispose deux fouloirs. Dix hommes (cinq par appareil) sont employés à la réception et au transport des comportes. Le personnel du cellier comprend donc douze hommes pour la rentrée et le foulage de la vendange.

La fabrication des vins rouges ne présente qu'une particularité intéressante, c'est que la vendange des Aramons est jetée sur le marc cuvé des Alicantes-Bouschet qu'on cueille toujours les premiers. On augmente ainsi la couleur du vin produit par les Aramons. Le marc est porté sur les pressoirs dans des comportes. Les pressoirs sont chargés le matin, puis serrés. A deux heures, on fait un retaillage et on donne un deuxième serrage. Un deuxième retaillage, suivi d'une troisième pressée, a lieu vers 4 heures. Enfin, on opère un dernier serrage après le souper et le marc s'égoutte toute la nuit. Le déchargement de la maie est effectué le lendemain matin.

Le vin blanc est fourni par les Terrets : au-dessus d'une cuve, on installe un fouloir, en ayant soin de rapprocher un peu les cylindres ; la grappe broyée et le moût tombent dans la cuve, dont on laisse le robinet ouvert ; le moût s'écoule au dehors ; lorsqu'il commence à se colorer, on ferme le robinet et on achève de remplir la cuve avec de la vendange fraîche que l'on vinifie en rouge. Par ce procédé, on ne retire guère en vin blanc que les 50 o/o du moût contenu dans la grappe.

Les marcs sont tassés dans les cuves à piquette et soumis à un lavage méthodique. La piquette est distillée et le résidu jeté au fumier.

Le cellier d'Aureilhe caractérise assez bien, par son aménagement intérieur et par le système d'élévation de la vendange, les installations du Bi-

terrois. Il présente pourtant cette particularité de n'avoir pas au-dessus des
foudres le plancher continu dont sont, en général, pourvus tous les celliers
de la région, comme ceux des environs de Narbonne. La construction est
assez luxueuse, surtout celle de la travée neuve B. Aussi, la dépense totale
s'est-elle élevée pour cette travée, non compris le mur de séparation des
deux travées qui existait évidemment déjà, à la somme de 120.000 fr..
Comme ce bâtiment ne peut contenir au maximum que 9.000 hectos de vin,
la dépense par hectolitre logé ressort à 13 fr., 30, ce qui est excessif, étant
donnée surtout la grande capacité des vases vinaires. En admettant que les
foudres et leurs supports aient une valeur de 55.000 francs, il reste pour la
construction elle-même 65.000 francs, ce qui correspond à une dépense
par mètre carré couvert de 88 fr., 77, soit environ le double du prix d'un
cellier ordinaire. On doit attribuer ce résultat principalement au choix des
matériaux employés et aux soins exagérés dont la construction a été l'objet : le parafeuillage en planches assemblées à rainure et languette de la
couverture, le travail et la perfection de l'assemblage des pièces de la charpente, le cube élevé de la pierre de taille mise en œuvre, etc.. Une notable
économie aurait pu être réalisée, en outre, sur le plancher et ses supports.

Devis de la travée neuve B du cellier d'Aureilhe

	fr.	c.
Maçonnerie, pierres de taille, béton, etc..	16682	.30
Charpente, planchers.	32951	.20
Couverture, plâtrerie.	6123	»
Menuiserie.	1901	»
Serrurerie.	4717	»
Peinture.	1200	»
Zinguerie.	2009	.40
	65583	.90

Le vignoble est cultivé avec le plus grand soin et les bâtiments sont en-
tretenus en parfait état et très propres. L'exploitation tout entière se ressent, d'ailleurs, de la direction active et intelligente de M. du Lac, ancien
élève de l'École nationale d'agriculture de Montpellier, petit-fils de Madame
de Crozals, qui ne néglige aucun détail de l'administration de ce grand et
beau domaine.

XI. — LE CELLIER DE POUSSAN-LE-HAUT

Cellier à deux étages

FABRICATION DE VIN ROUGE ET DE VIN BLANC

A Poussan-le-Haut, propriété de M. Eugène-Thomas Piétri, nous trouvons encore la grande exploitation du Biterrois. Situé à 5 kilomètres au sud-ouest de Béziers, le vignoble a actuellement une superficie de 150 hectares ; 50 restent encore à planter, de sorte que prochainement la vigne couvrira 200 hectares. Les plantations sont faites dans la plaine et sur de petits coteaux. Une partie en cépages français est défendue contre le phylloxera par le sulfure de carbone ; le reste est constitué en greffes sur Riparia. La récolte est abondante, celle de 1893 a atteint 14.000 hectolitres.

La vendange est assurée par 120 coupeuses, sous la surveillance de deux chefs de colle. Le raisin cueilli dans des paniers est versé, par les femmes elles-mêmes, dans des comportes disséminées sur leur passage. Pour tasser le contenu des comportes et transporter celles-ci hors de la vigne, il y a 34 hommes. Enfin, 8 chariots attelés de deux bêtes portent la vendange au cellier. La journée de travail est de 10 heures, pendant lesquelles on rentre en moyenne 1.200 comportes de 100 à 110 litres de capacité, 10 comportes à peu près par coupeuse. C'est la méthode de travail des environs de Béziers.

L'élévation de la vendange a lieu par rampe, et les chariots sont amenés devant une portaillère unique, par laquelle se fait, à bras, l'introduction de toutes les comportes ; quatre ouvriers sont affectés à ce travail. Un voyage de 15 comportes est déchargé en moins de cinq minutes.

Les bâtiments (fig. 1 et 2) comprennent trois parties essentielles : un cellier à deux étages A et B, une cuverie C, dans laquelle sont installés une turbine Paul t pour le foulage des raisins et deux grands pressoirs Paul p, une cuverie D avec cuves en maçonnerie c et pressoirs à percussion p'. La construction d'un cellier à deux étages s'imposait en quelque sorte, à Poussan-le-Haut, à cause des dimensions limitées de l'emplacement disponible : en avant, on trouve le parc du domaine, à gauche les bâtiments de la ferme, à droite un talus et un chemin, en arrière un coteau auquel le cellier est adossé. Pour augmenter la surface couverte, il eût fallu pratiquer des terrassements dispendieux, tandis que la superposition des deux travées du cellier se présentait comme une disposition commode, puisque, grâce à la

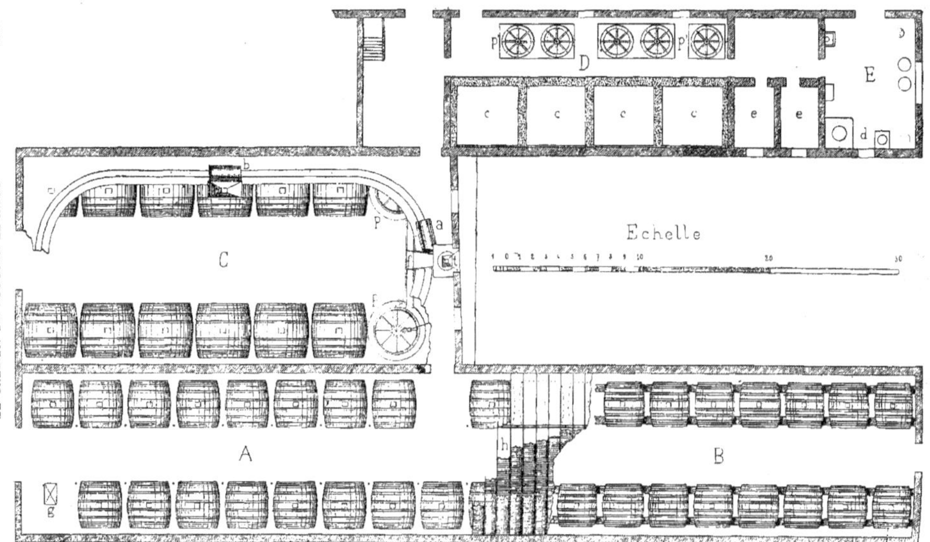

Cellier de Poussan-le-Haut. — Fig. 1. — Plan des bâtiments.

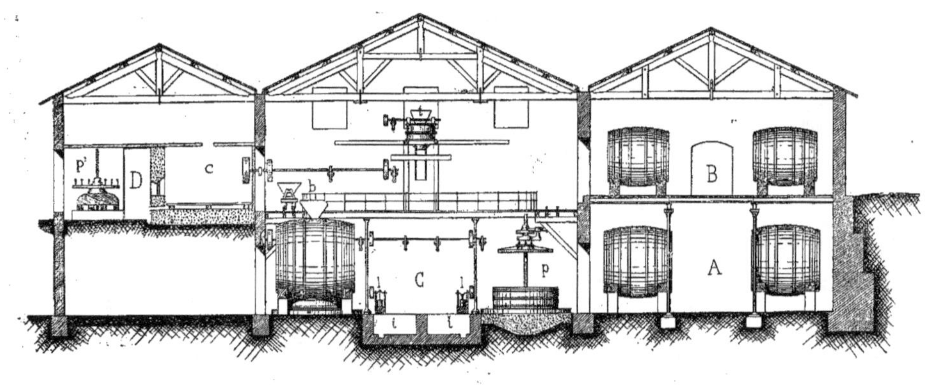

Cellier de Poussan-le-Haut.— Fig. 2.— Coupe et élévation du cellier et des cuveries.

Cellier de Poussan-le-Haut. — Fig. 3. — Vue intérieure de la cuverie.

déclivité du terrain, on peut accéder de plain-pied au deux étages, en avant au rez-de-chaussée A, en arrière au 1er étage B.

Le bâtiment A B mesure 68m,80 de longueur sur 12m,20 de largeur, dans œuvre. Les murs ont 0m,60 d'épaisseur ; les parties en contre-bas du sol ont une épaisseur égale au tiers de la hauteur dont elles sont enterrées. Deux lignes de colonnes d'une hauteur de 5 m. supportent la charpente métallique du plancher de l'étage supérieur : les longrines qui reposent sur les colonnes sont formées de deux fers T parallèles, sur lesquels s'appuient les solives. Celles des bas-côtés, qui sont directement chargées par les foudres, sont des fers T de 0m,26 de hauteur ; celles de la partie centrale n'ont que 0m,20. Les unes et les autres sont écartées de 0m,88 et sont réunies par des voûtins en brique recouverts d'une aire de ciment, qui se trouve ainsi à 5m,75 au-dessus du sol. L'étage supérieur, un peu moins élevé, mesure 4m,75 sous entrait. Les fermes sont d'une grande simplicité ; la couverture est formée de tuiles à emboîtement.

Les foudres du rez-de-chaussée ont une capacité de 200 à 250 hectos ; ils sont soutenus par des dés en pierre et placés sur deux rangs. Entre eux reste un passage de 4 m. de largeur environ. Ceux du 1er étage, un peu plus petits, ne contiennent que 140 à 150 hectos ; ils reposent sur des tins en bois et laissent entre les deux rangées un passage de 4m,25. Les figures 1 et 2 donnent les détails de l'installation. Une brisure *h* (fig. 1) montre parfaitement la constitution du plancher : à gauche, en A, se trouve le plan du rez-de-chaussée ; à droite ,en B, on a celui du 1er étage. La bascule est en *g*.

Ce cellier sert exclusivement au logement du vin. Le rez-de-chaussée, partiellement enterré et protégé contre les influences extérieures par le 1er étage, est relativement frais et assure au vin une bonne conservation pendant l'été.

Les opérations de la vinification ont lieu, pour le vin rouge, dans la cuverie C, bâtiment de forme rectangulaire, de 15m,50 de largeur. Cette construction, d'une longueur moindre que le cellier A, est adossée au talus naturel, dont la partie supérieure forme cour (c'est sur l'emplacement de la cour que se trouve dessinée l'échelle de la figure 1); les charrettes de vendange y arrivent par la rampe. Au fond de la cour, une banquette sert au déchargement des comportes qui sont introduites dans la cuverie par la portaillère *t*, dont le seuil est sensiblement au niveau de la banquette et, par suite, peu élevé au-dessus du sol de la cour.

A l'intérieur et contre la portaillère, est installée la turbine aéro-foulante Paul *t*, mue par la vapeur et capable de fouler 3.000 comportes par jour. Elle est alimentée par les quatre hommes attachés au déchargement des véhicules, et qui se tiennent sur la banquette. La vendange broyée est reçue dans des wagonnets de 300 litres, tels que *a*, qui roulent sur rails au-dessus du plancher des foudres. Ils sont amenés sous la turbine pour le remplissage, puis ils sont poussés jusqu'au foudre en chargement et culbutés dans un entonnoir *b* qui y est installé. La voie ferrée, du système Weitz, fait le tour complet de la cuverie : les wagonnets partent pleins d'un côté et reviennent vides par le côté opposé; il n'y a donc ni garage ni aiguille.

Les foudres, de 420 à 430 hectos de capacité, sont au nombre de douze. Le plancher qui les surmonte est d'une grande simplicité. Il est à claire-voie et ne mesure que 2 m. de largeur. Il est soutenu de distance en distance par des consoles en bois scellées dans le mur. Un garde-fou en fait le tour, mais il est interrompu au-dessus de chaque foudre (fig. 3) pour permettre la vidange des wagonnets.

Le décuvage se fait au bout de 4 à 5 jours. Le vin est conduit dans les cuviers *i* et refoulé par les pompes à vapeur *l* dans les foudres du cellier. Les pompes sont du système Vidal, de Mèze ; leur débit est de 70 hectos à l'heure. Elles sont commandées par une locomobile de 12 chevaux qui actionne, en même temps, la turbine. Le marc est porté sur les pressoirs *p*. Ces pressoirs, construits par M. Paul, ressemblent à ceux du mas de la Brousse. Ils ont des claies de 3 m. de diamètre. La maie est un massif de béton de 1^m, 30 d'épaisseur au centre. Le vin de presse est également recueilli dans les cuviers *i* et envoyé par les pompes dans les foudres.

Sept hommes sont employés au décuvage : l'un d'eux entre dans le foudre et pousse le marc au dehors ; un deuxième le reçoit dans des comportes ; deux couples de porteurs charrient ces comportes au pressoir, où un ouvrier reçoit le marc et élève le gâteau. Chaque pressoir peut contenir le marc de 600 comportes de vendange. On pratique un recoupage.

Pour conduire le vin du décuvage aux citernes, on fait usage d'une canalisation métallique mobile, que l'on a dénommée *la couleuvre*. Elle se compose d'une série de tuyaux en cuivre de 4 m., montés sur deux paires de roulettes, comme les tronçons de tuyaux d'arrosage des villes. Ces tuyaux rigides sont reliés entre eux par des bouts de tuyaux en caoutchouc de 0^m, 50, à raccords. Le montage et le démontage de la ligne sont commodes, l'entretien et le nettoyage de la canalisation très faciles. Ce même matériel sert aux soutirages, qui sont généralement pratiqués avec des pompes à bras.

En D, se trouve le troisième bâtiment, qui abrite une rangée de cuves en maçonnerie *c* et cinq pressoirs à percussion *p'*. C'est l'ancien outillage de vinification du domaine, dont on a retranché deux cuves pour établir la distillerie E.

Ces cuves servent à faire le vin blanc. Leur partie inférieure se trouve surélevée de plusieurs mètres au-dessus des foudres du cellier A, et on accède à leur partie supérieure par le terre-plein où arrivent les chariots

de vendange. Le raisin est foulé dans un fouloir à cylindres actionné à bras
d'hommes. Il tombe dans la cuve sur un plancher à claire-voie servant de
double fond. Le moût se rend, suivant les lois de la gravité et par simple
écoulement, dans les foudres du cellier A ou de la cuverie C, où il fermente.
Le lendemain, le marc est mis sur les pressoirs *p'* qui se trouvent devant
les cuves. Ces cuves en maçonnerie peuvent également servir au lavage
des marcs pour la fabrication des piquettes ; mais les marcs sont généralement distillés.

La distillerie occupe l'extrémité E de ce corps de bâtiment. L'alambic
est en *d*. Entre la cuve D et la distillerie E, deux silos *e* ont été construits
pour la conservation des marcs.

Un plancher s'étend au-dessus des cuves *c*, sur toute la surface du bâtiment D.

Telle est dans son ensemble l'installation du domaine de Poussan-le-Haut.
La cuverie C spacieuse, bien outillée, quoique aménagée sans luxe, se prête
admirablement au traitement rapide de grandes quantités de vendange.
Entre les deux rangées de foudres, il y a une distance de $6^m,40$, offrant aux
ouvriers pour les manutentions un vaste emplacement, commode. La hauteur sous faîtage atteint 14 m., le cube d'air est donc considérable et l'aération parfaite pendant les fermentations. Sur la vue photographique (fig. 3),
on aperçoit, au fond, deux longs couloirs inclinés qui avaient été installés,
à l'origine, pour diriger directement de la turbine sur les pressoirs la vendange broyée et la traiter en blanc. Ce dispositif a été supprimé, depuis que
le vin blanc est exclusivement fabriqué dans la cuverie D.

Le cellier à deux étages peut loger 14.000 hectos : 8.500 au rez-de-chaussée et 5.500 seulement au 1er étage, en raison de la moindre capacité des
vases vinaires. S'il ne suffisait pas à recevoir toute la récolte, on utiliserait
les foudres de la cuverie C, qui peuvent contenir un minimum de
5.000 hectos.

Il est intéressant de calculer le prix de revient de la construction de ce
cellier.

Le devis (page 312) fait ressortir le prix de la construction seule, non
compris les terrassements, à la somme de 60.000 fr., en nombre rond. La
dépense par mètre carré couvert est ainsi de 71 fr.,73 et par hectolitre de
vin logé, de 4 fr.,285.

Si nous admettons pour les vases vinaires, supports compris, une dépense
de 5 fr.,75 par hecto, l'hectolitre logé dans des foudres de 150 et 250 hect.
revient à 10 fr.,035.

Les terrassements ont nécessité l'enlèvement d'un cube de terre ou pierres
de 4.550 mètres : 3.867 pour la partie basse du cellier A et 683 pour le
1er étage B. Le travail des fouilles s'est prolongé pendant près de trois
ans, mais il a été fait en grande partie par les hommes et les attelages du

domaine, les jours de mauvais temps ; en outre, le produit du déblai, transporté à une distance moyenne de 150 mètres, a servi à l'établissement en remblai d'un chemin très commode, qui débouche à la partie supérieure du domaine et va rejoindre la route de Narbonne. Il est donc assez difficile de tenir compte de la dépense des travaux de terrassement dans le calcul du prix de revient du bâtiment.

Devis du cellier à deux étages de Poussan-le-Haut

		fr. c.
Maçonnerie, pierres de taille, enduits.		21780.60
Charpente : 16 fermes, pannes, chevrons.		5661.70
Couverture.		4200 »
Menuiserie et petite serrurerie : fermetures		500 »

Plancher du 1ᵉʳ étage.— Détail :

		fr. c.
34 colonnes en fonte, de 0ᵐ,18 de diamètre, pesant l'une 520 kil. environ, ensemble 17680 kil., à 26 fr. les 100 kil.	4596 f. 80	
Support des colonnes : dés en pierre d'Agde, à 30 fr. l'un.	1020 »	
Longrines : fers T, de 0,30×0,13×0,015, de 68 kil. le mèt., environ 280 mètres, 19000 kil., à 21 fr. les 100 kil . . .	3990 »	
Solives : solives des bas-côtés (charge uniformément supportée par le plancher, 2600 kil. par m²). Fers T, de 0,26×0,132×0,0115, de 55 kil., 70 le mètre, environ 632 mèt., 35200 kil., à 21 fr. les 100 kil	7392 »	
Solives du milieu (charge uniformément supportée par le plancher, 600 kil. par m²). Fers T, de 0,20×0,10×0,008, de 25 kil., 50 le mètre, environ 332 mètres, 8500 kil., à 21 fr. les 100 kil.	1785 »	
Assemblages : éclisses, plats, environ 380 kil., à 22 f. les 100 k.	83 60	
boulons, environ 700 kil., à 33 fr. les 100 k.	231 »	
Transport des fers par bateau, à 0 fr. 70 les 100 kil., 81460 kil.	570 20	
Voûtins en briques creuses, à 6 fr. le m². ⎱ 840 m², à 10 f. Béton et dallage en ciment, à 4 fr. le m². . ⎰	8400 »	28068.60
Total		60210.90

En admettant que M. Thomas Piétri eût voulu loger la même quantité de vin dans un cellier ordinaire à un seul étage, en conservant le type de foudre de 250 hectos et la même largeur de bâtiment, il eût fallu lui donner une longueur de 110 mètres, ou construire deux travées de 55 mètres chacune. A 28 fr. le mètre carré couvert, prix moyen d'un cellier de cette dimension sans plancher (fouilles et terrassements non compris), la dépense eût atteint, pour la construction seule, la somme de 37.576 fr., sensiblement inférieure à celle du bâtiment à deux étages. Mais la dépense totale eût été beaucoup plus élevée et la différence entre les prix des deux celliers moindre, si l'on tient compte des terrassements considérables qu'il eût été indispensable de faire, dans ce cas, pour déblayer le terrain et pour modifier les chemins et les accès des bâtiments.

M. Thomas Piétri a donc adopté un projet qui, étant données la configuration du terrain et les conditions particulières de l'exécution des travaux, présentait des avantages. Mais un semblable cellier ne peut être conseillé en toute circonstance, à cause de son prix de revient très élevé.

Nous verrons plus loin que, sur les coteaux, on peut recourir également à la construction d'un cellier à trois étages et, en disposant la cuverie à l'étage supérieur, réaliser, en même temps, une installation commode pour la manutention de la vendange et des vins.

XII. — LE CELLIER DU DOMAINE DES CHEMINIÈRES

Élévation de la vendange par rampe

FABRICATION DE VIN ROUGE

Le domaine des Cheminières est situé aux confins de la culture de la vigne du bassin méditerranéen, à 3 kilomètres à l'est de Castelnaudary. Il appartient à M. Eugène Mir, sénateur de l'Aude, qui vient d'y entreprendre la création d'un vignoble de 40 hectares. Cette surface n'est pas encore complètement plantée et les vignes existantes sont trop jeunes pour donner un plein rapport. Mais les premières récoltes (celle de 1893 a atteint 1.600 hectos) permettent de compter sur un rendement élevé, 100 hectolitres dans la plaine.

La cueillette des raisins est faite, suivant les usages du Narbonnais, par des coupeuses, armées de paniers, et des porteurs (un porteur pour trois coupeuses), pourvus de hottes en métal. Le transport de la vendange de la vigne au cellier a lieu dans des comportes, rangées par quatorze sur des charrettes à un cheval. Les comportes ne sont pas, comme dans le Biterrois, placées dans la vigne sur le parcours des vendangeuses, puis transportées pleines à la charrette. Ici, les comportes restent au pied de la charrette, où elles sont remplies par les porteurs de hottes. On admet qu'une coupeuse peut ramasser par jour la vendange correspondant à 12 ou 15 comportes de 75 à 80 kilos.

Le cellier, construit par M. Florent, architecte à Castelnaudary, sur le modèle de celui de M. Malric, propriétaire-viticulteur à Carcassonne, est un très bon type de cellier de moyenne propriété. Ses dimensions sont restreintes, car il a été aménagé pour recevoir seulement 2.600 hectos, mais il sera facile de l'agrandir, dans la suite, en le prolongeant à gauche ou à droite, ou des deux côtés à la fois. Il est rationnellement établi, très bien tenu et offre un joli aspect, non dépourvu toutefois d'un certain luxe. Il est représenté en plan par la figure 1, en coupe transversale par la figure 2. La figure 3 donne l'élévation longitudinale pour la moitié de gauche et une coupe longitudinale par l'axe du grand bâtiment pour la moitié de droite. On peut donc se rendre un compte exact de tous les détails de l'installation.

Celle-ci comprend un bâtiment rectangulaire A, de $27^m,25$ de longueur sur 12 m. de largeur, dans œuvre, orienté de l'est à l'ouest, et une avant-cave (ou salle de presses) C, formée de trois petites travées sur la façade nord ; on la traverse pour pénétrer dans le cellier.

Les fondations f du grand bâtiment ont été descendues très profondément, en raison de la nature du sous-sol, qui se trouvait être une ancienne carrière remplie d'eau. Les supports antérieurs des foudres reposent également sur deux murs de fondation profonds, en vue de·la construction éventuelle, sous le passage ménagé entre les deux rangées de foudres, d'une cave pour la fabrication des vins blancs. Ce passage a $4^m,50$ de largeur.

Les foudres, au nombre de treize, ont une capacité moyenne de 200 hectos. Ils sont portés par des dés en pierre de taille qui épousent leur forme ; des tasseaux en bois, remplaçant les coins ordinairement employés, isolent les douelles de la pierre et assurent une circulation d'air favorable à la conservation des cercles et des bois. Il y a dix tasseaux pour un coin. Chaque foudre est muni de deux raccords : l'un (à robinet) à la partie inférieure, près de la porte, par lequel le vin est soutiré ; l'autre à la partie supérieure, au sommet de la pièce-porte, qui sert au remontage des moûts pendant la fermentation, alors que la trappe supérieure du foudre est pourvue d'une bonde hydraulique. Les foudres sont vernis extérieurement, on peut donc les laver et les maintenir en parfait état de propreté. Mais c'est là un luxe dont l'utilité est contestable.

Au-dessus des foudres, s'étend, à $4^m,70$ du sol, un plancher continu, dont les poutres appuient sur les murs de façade et sont soutenues par deux lignes de poteaux en bois. Il y a un poteau entre chaque foudre, supporté par un socle en bois, qui est posé à cheval sur les deux dés correspondants (fig. 3) et qui contribue à maintenir les foudres en place, en continuant la surface d'appui de la pierre. Ainsi surélevés, ces poteaux sont moins gênants pour la circulation et permettent de passer entre les foudres.

Dans les murs-pignons est et ouest, des ouvertures sont ménagées sous le plancher et au ras de celui-ci ; les unes donnent du jour, les autres assurent l'aération du bâtiment pendant les fermentations : les fenêtres h éclairent le passage laissé entre les foudres et les murs, les fenêtres du milieu sont divisées en trois parties : l'une *b*, munie d'un châssis vitré, éclaire le passage central, les deux autres *a*, garnies de persiennes, livrent passage à l'air. Cette disposition est excellente, car elle permet l'évacuation de l'air chaud et vicié qui s'accumule, pendant les fermentations, au-dessus des vases vinaires, et fait ainsi disparaître l'un des plus graves inconvénients des planchers continus. Des volets pleins permettent de régler à volonté l'aération et l'éclairage.

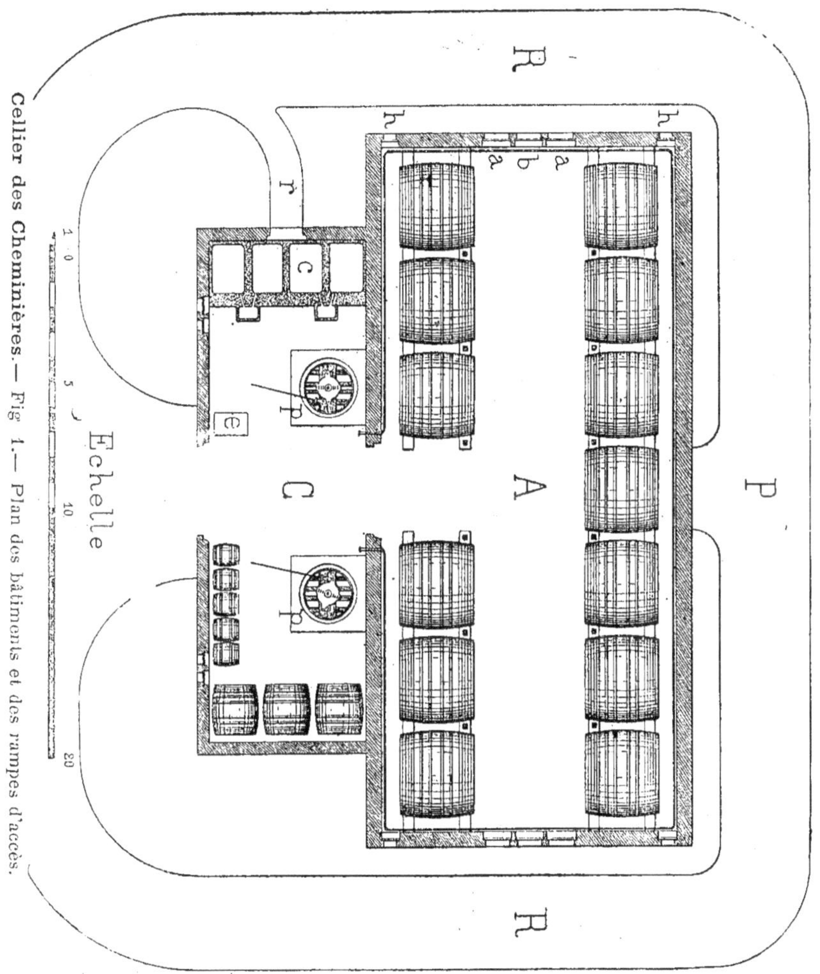

Cellier des Cheminières. — Fig. 1. — Plan des bâtiments et des rampes d'accès.

Un tuyautage métallique, formé de tuyaux en cuivre étamé, de 0^m,05 de diamètre, sert aux décuvages et aux soutirages. Il fait le tour du cellier, maintenu contre les murs par des colliers, à 0^m,90 du sol (fig. 1). Les deux bouts pénètrent, à travers le mur, dans l'avant-cave et sont munis de raccords fermés par des bouchons à vis. D'autres raccords sont distribués le long de la ligne, un tous les deux foudres. Des tubes de cuivre en forme

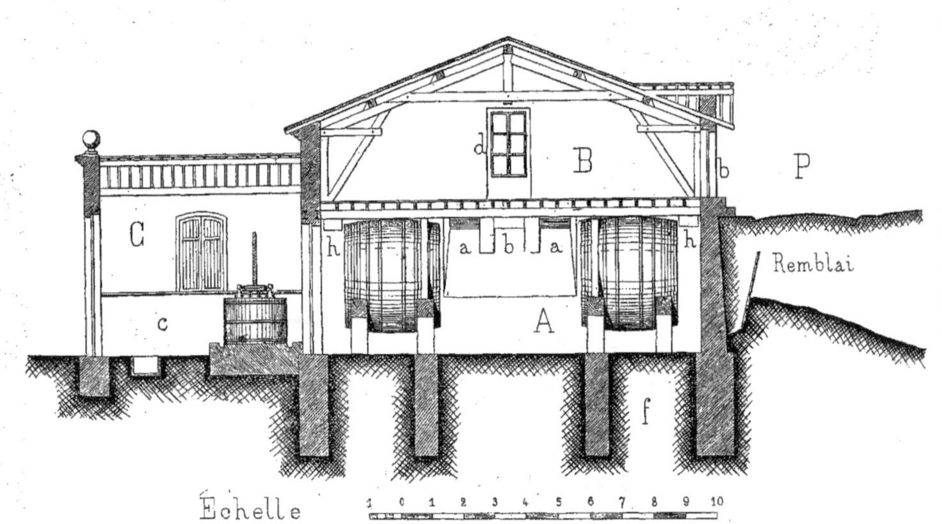

Cellier des Cheminières.— Fig. 2.— Coupe transversale des bâtiments.

de L permettent de réunir la canalisation, d'une part, au foudre à décuver ou à soutirer, et, d'autre part, à la pompe attelée sur le foudre en remplissage. Le tuyautage est posé avec une pente de $0^m,01$ par mètre, de chaque extrémité vers le milieu, pour la facilité de la vidange et du nettoyage. Au milieu, est posé un robinet à trois voies pour vider le tuyautage ou donner au vin la direction convenable. Cette installation est simple, commode et peut être donnée comme un type de bonne canalisation fixe.

La réception de la vendange a lieu dans le grenier B, par la portaillère *b* qui s'ouvre sur le palier P de la rampe et y est reliée par deux marches d'escalier. Deux fenêtres *d* servent à l'éclairage et à l'aération. La charpente, à entrait retroussé, est élégante et légère. Elle supporte une couverture en tuiles-canal du pays. Une échelle de meunier fait communiquer le bas et le haut du bâtiment.

La rampe R est double. Les deux bras contournent le cellier, l'un par l'est, l'autre par l'ouest, et aboutissent aux deux bouts du palier P. La chaussée a 4 mètres de largeur. Les charrettes montent d'un côté et descendent du côté opposé. Le palier et une partie de la rampe sont formés par un remblai. Pour diminuer la poussée des terres contre le mur de façade sud, des piquets en bois, reliés par un fort treillage, ont été enfoncés dans le sol obliquement, à environ 1 mètre du mur (fig. 2). En outre, les couches successives de terre remblayées ont été régalées et pilonnées avec une pente dirigée vers le bâtiment, pour réduire leur tendance au glissement sur le sol naturel.

L'avant-cave C forme la façade principale du cellier. On y pénètre du dehors par une grande porte de $3^m,50$ de largeur. Une baie de même largeur la réunit au bâtiment A. Elle a une longueur totale de 20 m. et une largeur de $6^m,50$. A gauche, on trouve une série de 4 cuves en sidérociment *c* pour le lavage des piquettes (1). Une fenêtre, s'ouvrant sur le chemin d'accès *r*, permet l'enlèvement des marcs. A droite, on aperçoit trois petits foudres et quelques futailles, dont le nombre varie évidemment suivant les circonstances. En *e* la bascule et en *p* deux pressoirs Marmonier, à rotule. Leur maie est constituée par trois pierres juxtaposées, de 1 m. d'épaisseur. Deux pompes Fafeur mobiles, à bras, complètent l'outillage. Elles sont roulées dans le cellier, lorsque le travail l'exige.

A leur arrivée de la vigne, les charrettes sont élevées par la rampe sur le palier P et arrêtées devant la portaillère *b*. Les comportes sont déchargées et transportées par brouette jusqu'au fouloir installé au-dessus du foudre en remplissage. Le fouloir est du système Mabille. Un entonnoir en bois, introduit dans la bonde, reçoit le produit du broyage. On peut remplir deux

---

(1) Ces cuves devaient être, à l'origine, construites en maçonnerie hydraulique ordinaire, ce qui explique la grande épaisseur donnée aux murs sur la figure 1.

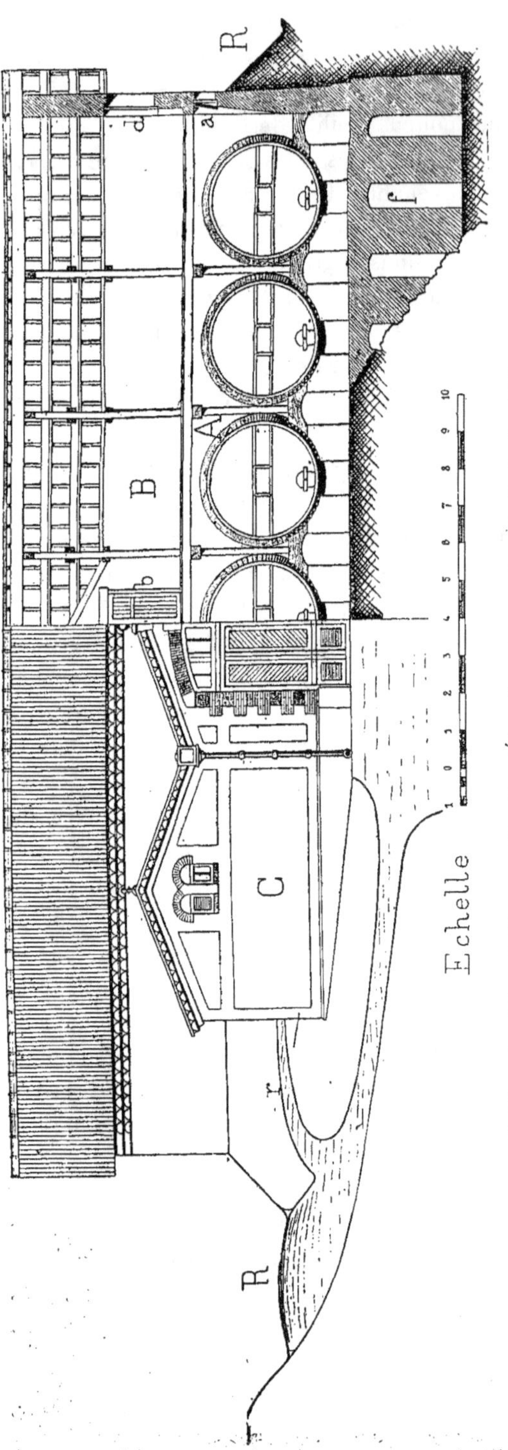

Cellier des Cheminières.— Fig. 3.— Élévation et coupe longitudinale des bâtiments.

foudres par jour. La fermentation a lieu en vase hermétiquement clos : chaque foudre est garni d'une bonde hydraulique. Les bondes hydrauliques employées par M. Mir sont en poterie. Imaginées par M. Malric, elles sont fabriquées par M. Bel, à Carcassonne, et vendues 1 fr., 75 pièce. Elles sont simples et pratiques. Pendant la durée du cuvage, le moût est chaque jour remonté par la pompe. Cette opération a pour but d'aérer le liquide et d'arroser le chapeau. Le tuyautage de refoulement de la pompe est vissé au raccord supérieur, auquel on adapte, à l'intérieur du foudre, un tube métallique perforé et terminé par une palette brise-jet, afin d'assurer une dispersion régulière du moût sur toute la surface du marc. Le même tube sert pour tous les foudres successivement.

Au décuvage, le marc est porté sur le pressoir (chaque pressoir reçoit la moitié d'un foudre). On serre et on laisse le gâteau s'égoutter. Après un nouveau serrage, suivi d'un égouttage, on démolit le gâteau ; le marc est éparpillé à la fourche sur le sol et le pressoir chargé une deuxième fois. On donne encore deux serrages, après lesquels le marc asséché est tassé dans les cuves à piquette *c*. L'opération complète du pressurage dure 6 heures. On peut donc, avec les deux pressoirs, presser dans la journée le contenu de deux foudres. Le vin est envoyé, par le tuyautage fixe, dans le foudre en remplissage.

Nous avons calculé le devis de cette installation, en suivant la marche déjà adoptée antérieurement pour le cellier de Rochet et pour celui de la Brousse.

Devis du cellier des Cheminières

Numéros des détails	GROS ŒUVRE			CELLIER	AVANT-CAVE
				fr. c.	fr. c.
18	Fouille en tranchée. Cellier, fondation des murs,	315m3 648, à.	1 f 19	375.64	
18	— Avant-cave, —	45 000, à.	1 19		53.55
	Remblai en talus autour du cellier	750 000, à.	1 10	825 »	
18	Fouille en tranchée. Drainage.	59 000, à.	1 19	70.20	
	Tranchée dans le roc	100 000, à.	4 50	450 »	
	Drains de 0,05, avec manchons	143m 000, à.	0 30	42.90	
20	Maçonnerie de fondation. Cellier.	315m3 648, à.	10 »	3156.48	
20	— Avant-cave	45 000, à.	10 »		450 »
21	Maçonnerie en élévation. Cellier	354 460, à.	11 »	3899.06	
21	— Avant-cave	67 675, à.	11 »		744.43
22	Pierres de taille. Cellier	7 600, à.	45 »	342 »	
22	— Avant-cave.	5 750, à.	45 »		258.75
25	Enduit à la chaux. Cellier.	882m2 800, à.	0 50	441.40	
25	— Avant-cave	397 700, à.	0 50		198.85
23	Dallage en béton. Cellier.	32m3 700, à.	20 70	676.89	
23	— Avant-cave	11 245, à.	20 70		232.77
				10279.57	1938.35

CHARPENTE

Numéros des détails				CELLIER	AVANT-CAVE
31	Fermes assemblées. Cellier	10m3 790, à.	95 »	1025.05	
32	Pannes. Cellier	7 800, à.	85 »	663 »	
32	— Avant-cave.	7 000, à.	85 »		595 »
33	Chevrons. Cellier.	860m 000, à.	0 60	516 »	
33	— Avant-cave.	432 000, à.	0 60		259.20
35	Plancher du cellier. 6 poutres	5m3 850, à.	100 »	585 »	
35	— 12 lignes de solives.	6 660, à.	100 »	666 »	
35	— 12 poteaux.	0 620, à.	100 »	62 »	
	— 16 supports, à.		25 »	400 »	
				3917.05	854.20

COUVERTURE

Numéros des détails				CELLIER	AVANT-CAVE
30	Couverture en tuiles-canal sur lattis jointif. Cellier	455m2 000, à.	4 »	1820 »	
30	— — Avant-cave.	156 000, à.	4 »		624 »
20 B	Génoise. Cellier.	56m 800, à.	3 »	170.40	
20 B	— Avant-cave	24 000, à.	3 »		72 »
				1990.40	696 »

Numéros des détails	AMÉNAGEMENTS INTÉRIEUR ET EXTÉRIEUR			CELLIER	AVANT-CAVE
				fr. c.	fr. c.
36	Menuiserie. Parquet du cellier	327m²000, à . .	3 »	981 »	
	— Échelle de meunier	5m 000, à . .	10 »	50 »	
	— Fermetures (compris ferrures, peinture, vitrerie). Cellier	39m²200, à . .	30 »	1176 »	
	— — Avant-cave	23 600, à . .	30 »		708 »
	Ferblanterie. Cellier			378 »	
	— Avant-cave				189 »
	Décoration. Avant-cave				700 »
18	Supports des foudres. Cellier, deux murs, fouille . .	130m³000, à . .	1 19	154.70	
20	— — maçonnerie	118 800, à . .	10 »	1108 »	
	— Cellier, 52 dés, à, par foudre		90 »	1170 »	
28	— Avant-cave, 12 dés, à		6 »		72 »
35	— Cellier. Tasseaux	1m³950, à . .	100 »	195 »	
29	— Avant-cave. 6 chantiers en bois, à		5 »		30 »
				5212.70	1699 »

VAISSELLE VINAIRE

Numéros des détails				CELLIER	AVANT-CAVE
44	Foudres. Cellier, 2600 hectos, à		5 50	14300 »	
44	— Avant-cave, 200 hectos, à		5 50		1100 »
	Clapets. Cellier, 26 clapets, à, par foudre		35 »	455 »	
	— Avant-cave, 3 clapets, à		20 »		60 »
45	Cuves à piquette en sidérociment, 300 hectos, à		4 »		1200 »
	Poteaux				240 »
18	Puisards. Fouille	0m³750, à 1 19	0 89		
26	— Maçonnerie	1 500, à 15 »	22 50		41.39
27	— Enduit en ciment	4m²500, à 4 »	18 »		
				14755 »	2641.39

MATÉRIEL VINAIRE

Numéros des détails				CELLIER	AVANT-CAVE
	Pressoirs. 2 maies, à		300 »		600 »
	— 2 pressoirs, à		1200 »		2400 »
	Pompes. 2 pompes Fafeur, à		300 »		600 »
	Fouloir. 1 fouloir Mabille, à		200 »		200 »
	Conduite fixe, 75 m. de tuyaux de 0,05, en cuivre étamé (compris pose et soudures), à		12 50	937.50	
	— 10 m. de tuyaux mobiles, à		12 50	125 »	
	— 10 raccords, à		10 »	100 »	
	— 1 robinet à 3 voies			50 »	
				1212.50	3800 »

Totalisation des détails

DÉTAILS	CELLIER	AVANT-CAVE	TOTAL	PAR HECTARE CULTIVÉ
	fr. c.	fr. c.	fr. c.	fr. c.
Gros œuvre	10279.57	1938.35	12217.92	407.264
Charpente	3917.05	854.20	4771.25	159.041
Couverture	1990.40	696 »	2686.40	89.547
Aménagements intérieur et extérieur .	5212.70	1699 »	6911.70	230.390
Vaisselle vinaire	14755 »	2641.39	17396.39	579.879
Matériel vinaire	1212.50	3800 »	5012.50	167.083
	37367.22	11628.94	48996.16	1633.205

Détails du cellier calculés pour un hectolitre de vin
LOGÉ DANS DES FOUDRES DE 200 HECTOS

Surface nécessaire pour loger un hectolitre de vin, mesurée dans œuvre (cellier seul) : $0^{m2}12577$.

		fr. c.
A	1º Valeur des fermes seules	0 3942
	2º Valeur des fermes avec pannes et chevrons	0 8476
	3º Valeur de la couverture en tuiles creuses sur lattis jointif	0 7000
	4º Valeur de la toiture complète (fermes et couverture)	1 5476
B	Valeur de la rampe	0 3173
C	Valeur des foudres de 200 hectos (compris supports et clapets)	6 2000
D	Valeur des pompes, tuyaux, raccords, etc.	0 6971
E	Valeur du fouloir	0 0769
F	Valeur des pressoirs	1 1538
H	Valeur des cuves à piquette et de leurs puisards	0 5697
I	1º Valeur de l'avant-cave seule	1 9559
	2º Valeur de l'avant-cave (compris puisards, cuves, petits foudres, pompes, pressoirs)	4 4726
J	1º Valeur du cellier (grand bâtiment seul)	7 9239
	2º — (grand bâtiment seul avec la rampe)	8 2412
	3º — (grand bâtiment, rampe et foudres)	14 3720
	4º Valeur du cellier complet avec l'avant-cave	18 8446

Dans la « totalisation des détails », nous avons obtenu les chiffres inscrits dans la dernière colonne et faisant ressortir, pour chaque article et pour l'ensemble de la construction, la dépense par hectare cultivé, en admettant que l'étendue de vignes à laquelle pouvait suffire le cellier actuel était de 30 hectares (avec un rendement moyen de 86 hectolitres par hectare). Il est, en effet, manifeste que le cellier est aujourd'hui trop grand pour les récoltes faites sur la partie plantée du domaine et qu'il sera insuffisant le jour où les 40 hectares seront en pleine production.

Le prix de revient de la construction du cellier proprement dit A B, par mètre carré couvert, est de 61 fr., 26. Il est donc assez élevé. Cela tient : 1º à l'importance des fondations et aux travaux d'assainissement du sol ; 2º à l'établissement, sous les deux lignes intérieures de supports des foudres, de deux murs destinés à former les parois d'une cave pour les vins blancs ; 3º au plancher plein qui s'étend au-dessus des foudres.

Pour ces mêmes motifs, et aussi à cause de la faible capacité des vases vinaires, la dépense par hectolitre logé dans le grand bâtiment seul ressort au chiffre élevé de 7 fr., 92. La valeur des foudres atteint, de son côté, 6 fr., 20 par hectolitre, à cause du prix des supports et des clapets. Si l'on remarque, enfin, que l'avant-cave a été construite avec un certain luxe, que le tuyautage fixe, quoique simple, a coûté environ 1.200 francs, on s'expliquera comment la valeur du cellier complet, aménagement intérieur et outillage compris, se trouve être par hectolitre logé de 18 fr., 84.

En résumé, le cellier des Cheminières peut être considéré comme un bon modèle d'installation par ses dispositions générales et par son aménagement intérieur. Il serait possible de le construire plus économiquement, surtout sur un emplacement qui ne nécessiterait pas les mêmes travaux de fondation.

XIII.— LE CELLIER DU DOMAINE DE SALVAZA

Élévation de la vendange par pont roulant

FABRICATION DE VIN ROUGE

Le domaine de Salvaza est une grande propriété de 125 hectares, située aux portes de Carcassonne, à 4 kilomètres à l'ouest de cette ville. Il appartient à M. Combès. La vigne occupe 110 hectares dans la plaine, mais 75 hectares seulement sont en plein rapport. A l'exception de quelques vignes françaises d'Aramons et de Carignanes, que l'on a défendues, à l'origine de l'invasion phylloxérique, par le sulfure de carbone et qui, actuellement, résistent à l'insecte sans traitement, grâce à la nature sablonneuse du sous-sol, tout le vignoble est constitué par des cépages américains (Riparia et Jacquez) greffés en Aramon (1/3), en Carignane (1/3) et en hybrides Bouschet (1/3).

La vendange est entièrement vinifiée en rouge. La production a été, en 1892, de 7.200 hectos et, en 1893, de 9.000 hectos. La cueillette des raisins est faite par 42 coupeuses, dans des seaux en tôle, et le transport hors de la vigne est assuré par des hommes porteurs de hottes (un porteur pour quatre coupeuses) ; leur contenu est déversé dans des pastières. Une pastière peut recevoir environ 40 hottes de vendange ; comme une hotte est l'équivalent de quatre seaux, soit d'une demi-comporte de 65 à 75 kilos, il en résulte que la capacité d'une pastière est de 1.300 à 1.500 kilos de vendange.

Ces pastières ne ressemblent pas à celles dont on se sert dans toute la région méditerranéenne et qui sont formées d'un cadre garni d'une toile imperméable. A Salvaza, les pastières sont des caisses en bois indépendantes, simplement posées sur des charrettes, où elles sont maintenues en place par des taquets en fer, à l'arrière et sur les côtés, et par deux crochets, en avant. Les joints des planches étaient mastiqués, chaque année avant la vendange, avec un mélange de sang de bœuf et de chaux, mais comme l'étanchéité était souvent très imparfaite, on a préféré remplacer le mastic par une garniture en zinc, clouée à l'intérieur. Extérieurement, la pastière est munie de quatre forts crochets qui serviront, comme il sera dit plus loin, à la hisser avec son chargement au-dessus des foudres.

Le système d'élévation de la vendange est, en effet, la caractéristique du cellier et, par son originalité, demande une description détaillée. Le cellier lui-même est un bâtiment rectangulaire de $40^m,20$ de longueur et de $12^m,50$ de largeur, dans lequel sont disposés sur deux rangs 21 foudres de 350 hectos de capacité et deux pressoirs Mabille. Ainsi que le montrent la coupe longitudinale (fig. 1) et la coupe transversale (fig. 2), les foudres reposent par des coins en bois sur des dés en pierre. Des colonnes en fonte, prenant appui sur un support placé à cheval sur les coins appartenant à deux foudres voisins, soutiennent les poutres d'un plancher plein, établi sur toute l'étendue du cellier, à une hauteur de 5 m. La fig. 1 ne représente qu'une fraction de la longueur du cellier ; des brisures ont été faites à gauche et à droite, pour éviter de donner au dessin un développement inutile. Onze fermes, du modèle classique, supportent la couverture.

La rentrée de la vendange a lieu par une grande porte A, de $3^m,50$ de largeur, qui s'ouvre sur la cour de ferme, au milieu du bâtiment, et dans laquelle les charrettes, arrivant chargées de la vigne, sont engagées par reculement (a fig. 1 et 2). Le sol du cellier étant en contre-bas de $0^m,30$ environ par rapport à celui de la cour, à l'intérieur est établie une plate-forme en solides madriers pour recevoir les roues des véhicules (elle est démontée après la récolte). Un buttoir arrête la pastière dans l'axe d'une large ouverture B, pratiquée dans le plancher et au-dessus de laquelle est installé un puissant appareil de levage.

Celui-ci est constitué par un pont roulant P, avec treuil g (fig. 1 et 2), mobile dans le sens de la largeur du cellier. Il est porté par deux rails fixés sur le plancher, avec contre-rails, à un écartement de $2^m,90$. Les rails et les contre-rails sont formés par une bande de fer méplat vissée sur une poutre en bois. La chaîne du treuil, guidée par deux galets de renvoi, supporte une poulie mobile, à la chape de laquelle est suspendue une balance; quatre brins de chaîne viennent s'attacher à la pastière a, par les crochets dont il a été question plus haut. Les deux crochets qui assujettissaient la la pastière sur la charrette sont dégagés et le treuil est mis en mouvement. Deux hommes suffisent à la manœuvre, on en met pourtant trois, lorsque le travail presse. La pastière soulevée arrive au niveau de l'ouverture B, le

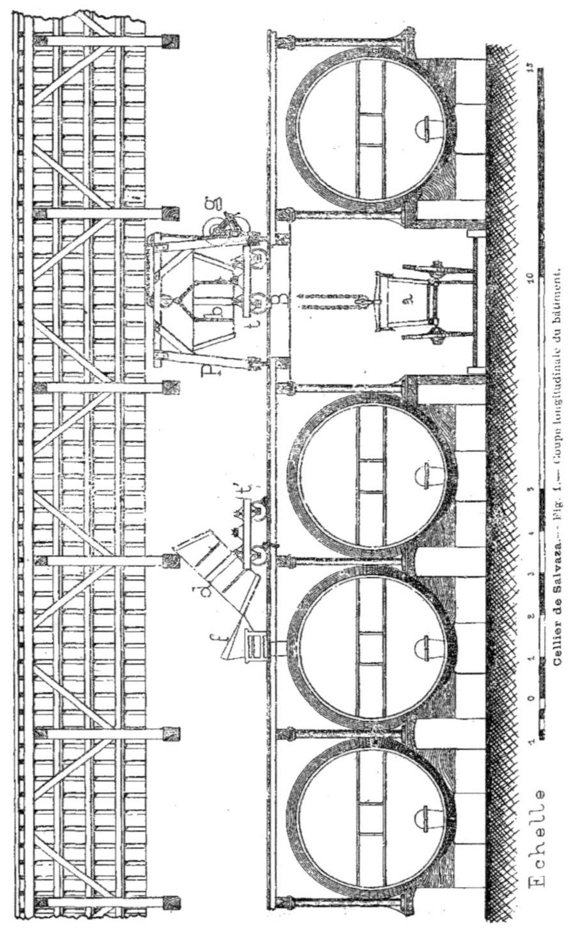

Echelle

Cellier de Salvaza.— Fig. 1.— Coupe longitudinale du bâtiment.

charretier avec une gaule la fait tourner d'un quart de cercle, elle franchit
le plancher et atteint la partie supérieure du pont roulant ou grue P (*b* fig.
1 et 2).

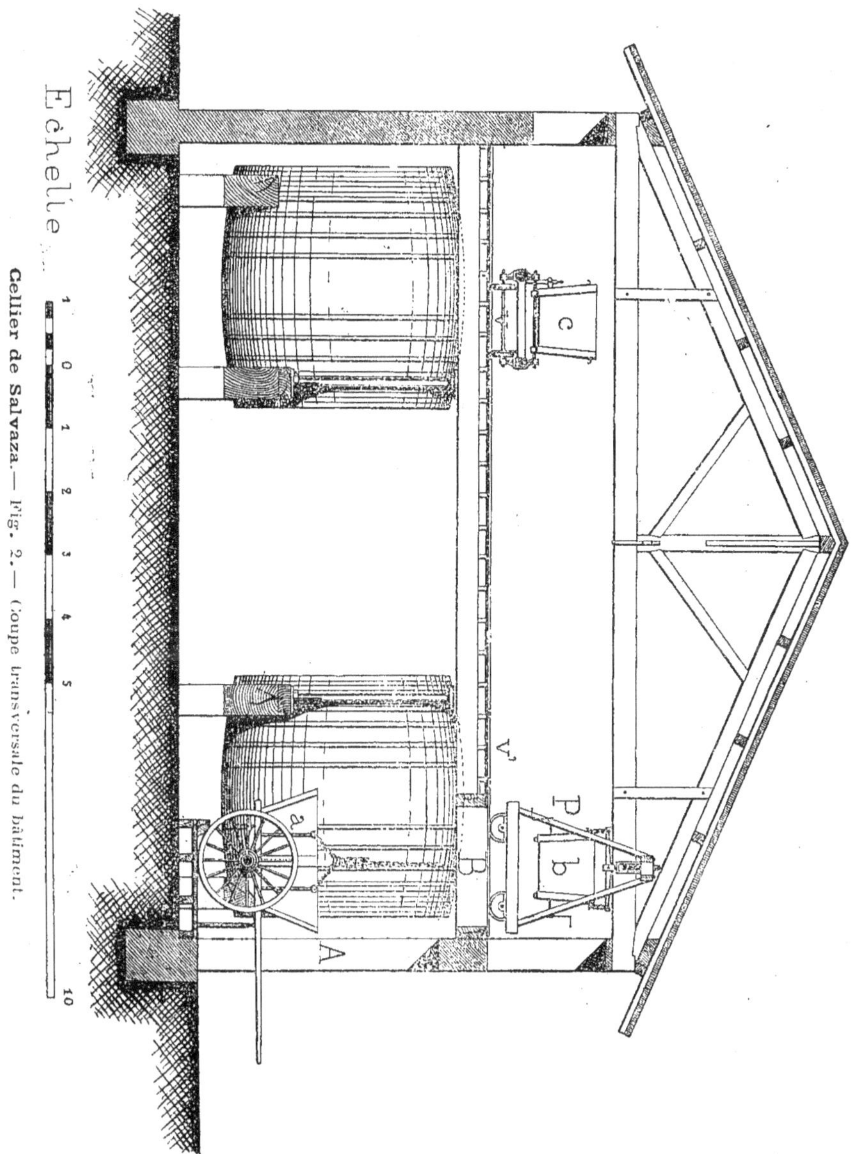

La voie sur laquelle peut être déplacé le pont roulant est coupée perpendiculairement par deux autres voies de moindre largeur (l'écartement des
rails est seulement de 1^m,03), disposées parallèlement *v v'* dans le sens de
la longueur du cellier et desservant chacune une rangée de foudres. Sur ces
voies circulent des trucks tels que *t t'*, aménagés pour recevoir les pastiè-

res. Deux voies de raccordement relient les voies principales et permettent aux wagonnets de passer de l'une à l'autre.

Ces trucks sont pourvus de deux paires de supports à fourche ; sur les fourches de gauche a été placé un essieu qui recevra la pastière, munie en son milieu et en dessous de deux coquilles de coussinet. Ainsi disposée, elle sera roulée et basculée à gauche. Pour déverser à droite, on eût dû engager l'essieu sur les fourches de droite.

Lorsque la pastière est parvenue au sommet de la grue, les deux hommes abandonnent les manivelles du treuil, pour amener le pont roulant au-dessus de l'une des voies, v par exemple, sur laquelle, à l'avance, un wagonnet a été mis en station : l'un des ouvriers dirige la pastière pour l'engager exactement sur l'essieu du truck ; l'autre opère le déplacement de l'appareil et la descente de la pastière. Pour le démarrage, et afin que la manœuvre puisse être faite par un seul homme, l'une des roues du pont roulant est commandée par une paire d'engrenages, actionnée elle-même par des leviers. Une fois en mouvement, la grue est simplement poussée, sans qu'il soit besoin de recourir à l'emploi de ce mécanisme, jusqu'au moment de déposer la pastière sur le truck.

La pastière est alors descendue et assujettie sur le truck par un verrouillage approprié, d'autant plus indispensable qu'elle est par elle-même en équilibre instable. La vue photographique (fig. 3) a été prise au moment où la pastière vient prendre appui sur le truck. Les chaînes sont décrochées et le pont roulant est ramené à son point de départ. Mais, en route, il trouve sur la voie v' un truck porteur d'une pastière vide, qui a été poussé sur son passage. La pastière est enlevée par la grue, puis descendue par la trappe B ; après avoir pivoté d'un quart de tour, elle prend sur la charrette la place de la pastière précédente. La descente est rapide, elle a lieu par le seul effet de la gravité. Un ouvrier, au levier du frein, règle et modère le mouvement.

Pendant ce temps, la pastière c est roulée vers le foudre en remplissage, au-dessus duquel est installé un fouloir f, dont la trémie a une forme et une hauteur convenables pour recevoir par déversement le contenu de la pastière. Celle-ci, après dégagement du verrou, est facilement culbutée d, par suite de sa position sur l'essieu. Le bord extérieur de la caisse affleure celui de la trémie, le bord postérieur vient butter contre l'entrait de la ferme correspondante, qui limite ainsi le mouvement de bascule. La vendange est poussée dans la trémie par un ouvrier armé d'un grappin, pendant qu'un second ouvrier commande le fouloir. Après vidange, la pastière est relevée et le truck ramené, par la voie de raccordement, sur la voie v', pour être placé sur le passage du pont roulant, lorsqu'il reviendra à vide au voyage suivant.

Quand les foudres en chargement sont desservis par la voie v', le retour

Cellier de Salvaza. — Fig. 3. — Appareil de levage des pastières.

des pastières vides a lieu par la voie v. Le pont roulant se débarrasse, à son passage sur la voie v', de la pastière pleine qu'il transporte, puis, continuant sa route, il va jusqu'à la voie v enlever une pastière vide qu'il ramène au-dessus de la trappe B.

Quatre hommes suffisent à assurer le travail; deux au fouloir et deux au pont roulant. Ceux-ci exercent sur les manivelles du treuil un effort F qu'il est facile de calculer. La charge à élever verticalement est de 1.700 à 1.800 kilos environ. La pastière étant suspendue à une poulie mobile, la tension de chacun des brins parallèles de la chaîne n'est que la moitié de la charge, soit de 850 à 900 kilos. D'un autre côté, le treuil g multiplie par 46 l'effort appliqué aux manivelles. On a donc

$$F = \frac{900}{46} = 19 \text{ kil.}, 565,$$

et l'effort développé par chaque homme est de 9 kil., 783. Il n'est plus que de 6 kil., 522, si les ouvriers sont au nombre de trois.

La hauteur d'ascension de la pastière est de $4^m,45$. Il y a, en effet, 5 m. du plancher au sol, et l'essieu du wagonnet est à $0^m,76$ au-dessus du plancher. Il faut donc élever la pastière à environ $5^m,80$ au-dessus du sol. Mais les brancards de la charrette sont à $1^m,35$. Il reste donc à faire franchir à la pastière $5^m,80 - 1^m,35$, soit $4^m,45$. En admettant que les hommes fassent par minute 30 tours à la manivelle, la durée de l'ascension sera de 6 minutes 1/4 environ.

L'évolution complète du pont roulant, comptée depuis le moment où la pastière pleine quitte la charrette jusqu'au moment où une autre pastière vide y est déposée, dure, dans la pratique, 12 minutes. C'est là le temps minimum qui sépare l'arrivée de deux pastières. Dans une journée de travail effectif, il peut être élevé 45 pastières, soit environ 67.500 kilos de vendange, ou encore la valeur de 525 hectolitres de vin.

Si l'on compare ce système d'élévation de la vendange à celui du cellier d'Encivade, avec lequel il a quelque analogie, on voit que l'installation de Salvaza occupe moins de place et qu'elle permet le foulage de la vendange. Le travail est plus rapide et moins fatigant pour les ouvriers qui n'ont pas à monter et à descendre constamment dans le cellier pour la manœuvre. L'élévation verticale est donc préférable au plan incliné.

Ce système a également l'avantage sur celui de Guilhermain : la mise en place de la charrette est plus facile, elle n'a pas besoin d'être faite avec la même précision, puisque les chaînes viendront toujours saisir les crochets de la pastière, alors même que celle-ci ne serait pas exactement au-dessous de la trappe B; elle est donc plus rapide. L'évolution de la pastière demande deux minutes de moins à Salvaza qu'à Guilhermain, lorsque la vendange est foulée. La supériorité du pont roulant est d'autant plus manifeste que, à Guilhermain, la pastière est déjà élevée par la rampe au niveau du plancher quand elle quitte la charrette, tandis que, dans le cellier de Salvaza, la manœuvre complète de la pastière comprend son élévation du sol au-dessus des foudres.

L'appareil élévatoire de Salvaza peut donc être considéré comme un des plus intéressants et placé au premier rang parmi ceux qui fonctionnent sans moteur. La manœuvre est sans doute un peu délicate, mais elle ne présente aucun danger, à la condition d'être confiée à des ouvriers attentifs. Tel qu'il est construit, ce pont roulant n'est pourtant pas irréprochable : massif, pesant, il impose au plancher une surcharge exagérée. En outre, le défaut de place n'a pas permis de donner au bâti de l'appareil une forme rationnelle, ni aux assemblages toute la rigidité convenable; il en résulte, pendant le déplacement du pont, un jeu qui nuit à son bon fonctionnement. Il eût été préférable d'installer un système analogue à celui qui a été décrit dans la première partie : treuil fixe et chariot roulant pour les trucks.

D'autre part, les trucks ne sont pas rationnellement construits : les fourches qui doivent supporter la pastière sont trop rapprochées des extrémités du wagonnet; la pastière s'y trouve placée de telle sorte qu'une grande partie de sa charge est en porte-à-faux, et il suffirait d'un faible effort pour déterminer le basculage en avant du système tout entier. De plus, le recul de la charrette dans le cellier est incommode. On l'éviterait en ouvrant, en face de la porte A, une seconde baie dans le mur opposé : les charrettes entreraient par l'une et sortiraient par l'autre. A cette disposition on perdrait, il est vrai, l'emplacement soit d'un foudre, soit d'un pressoir. Enfin, les pastières en bois sont lourdes et difficiles à rendre étanches. On pourrait les remplacer, avec avantage, par de simples châssis en bois garnis de toiles à soufflet, qui permettraient, au besoin, de supprimer le basculage des pastières au-dessus du fouloir : il suffirait de faire glisser le raisin, après avoir rabattu la toile sur la trémie.

XIV. — LE CELLIER DU DOMAINE DE LA CROIX-DE-CAVALAIRE

Cellier à trois étages

FABRICATION DE VIN ROUGE

La baie de Cavalaire est un des sites les plus pittoresques de la partie du littoral méditerranéen comprise entre Hyères et St-Raphaël. La montagne des Maures plonge dans la mer une longue suite de caps abrupts, dont le roc dur est couvert de bois de châtaigniers, de pins d'Alep, de chênes-liège, séparés par des anses jusqu'où descend et s'étale la flore odorante des pays chauds. C'est dans ce cadre merveilleux que se trouve situé, à 8 kilomètres environ au sud de St-Tropez (Var), le beau domaine de la Société anonyme des Terrains et Vignobles de la Croix-de-Cavalaire.

Sa superficie totale est de 350 hectares. Mais le vignoble ne comprend encore que 100 hectares : 40 hectares portent des vignes de divers âges, de la troisième à la septième feuille, 60 hectares ont été plantés en 1893. Une partie du vignoble (40 hectares) est en plaine ; le reste (60 hectares) couvre les coteaux qui descendent en pente douce presque jusqu'au rivage. Les récoltes des vignes les plus âgées permettent de fixer le rendement maximum par hectare à environ 70 hectolitres sur les coteaux et à 120 hectol. dans la plaine. Le vin, d'excellente qualité, a été vendu jusqu'à présent par barriques, directement à la consommation. Son titre alcoolique est compris entre 11°,5 et 12°,5, mais il atteint parfois plus de 13°. Les cépages cultivés sont le Cinsaut, la Clairette, l'Ugni blanc, le Tibourin (rouge), un peu d'Aramon et d'Alicante-Bouschet. Le tout est greffé sur Riparia dans la plaine, et sur Rupestris sur les coteaux.

La direction du domaine est confiée aux soins de MM. Tarut père et fils, sociétaires eux-mêmes, qui ont créé le vignoble et dont les efforts concourent à assurer la bonne tenue des vignes et du cellier. Le conseil d'administration de la Société est présidé par M. Guinand, bien connu dans la région lyonnaise par son dévouement à la viticulture.

La vendange est faite par 50 coupeuses, avec la serpette et le panier bourguignon. Les raisins sont versés dans des *banastons* en osier, ressemblant aux paniers en usage pour le transport du poisson ; des hommes les portent hors de la vigne et les vident dans des comportes placées sur les chemins. Il y a un porteur pour cinq coupeuses. Les porteurs aident le charretier à ranger les comportes sur la charrette ; on en met généralement 16 par charrette attelée de deux chevaux. Une comporte pèse 11 à 12 kilos et peut contenir 60 kilos de raisins. Le nombre des véhicules en service n'excède pas six, pour les parcelles de vignes les plus éloignées des bâtiments.

Ceux-ci sont nouvellement construits et forment deux installations distinctes, l'une pour les vins blancs, l'autre pour les vins rouges. La première est en voie de création ; les bâtiments à peine terminés n'ont pas encore servi à la vinification. Il serait prématuré d'en donner la description. Ils ne présentent du reste aucune particularité intéressante. Il n'en est pas de même du cellier affecté à la fabrication du vin rouge, qui, au contraire, est remarquable par l'originalité de sa construction. M. Boiron, architecte à Lyon, a su tirer un excellent parti de la disposition naturelle des lieux. Le cellier est établi à flanc de coteau et comprend trois étages superposés. La vendange est reçue et vinifiée à l'étage supérieur ; le vin est écoulé et conservé aux deux étages inférieurs. La figure 1 donne un plan du bâtiment, au niveau de l'étage moyen, et représente les abords et accès. La figure 2 est une coupe transversale du cellier, montrant la superposition des étages et l'outillage de chacun d'eux..

L'étage supérieur A (fig. 2), que l'on pourrait appeler *la cuverie*, puisque c'est la partie du bâtiment où a lieu la vinification, mesure 14^m,60 de longueur sur 12^m,85 de largeur, dans œuvre. Une porte de 3 m. de largeur, dans chaque mur-pignon, donne accès à l'intérieur : celle de gauche s'ouvre de plain-pied sur la terrasse P et le chemin R; celle de droite est reliée. par une rampe L, à une allée qui débouche un peu plus loin sur le chemin R. Des fenêtres *e e* servent à l'aération de cet étage ; des cheminées de ventilation, s'ouvrant en *a a* à l'intérieur et à 0^m,50 du sol et débouchant en *d d* un peu au-dessous des fenêtres *e e*, concourent au même but. Ces cheminées, qui mesurent 0^m,26 de diamètre intérieur, sont au nombre de dix; elles sont logées dans l'épaisseur des murs. Il y en a trois dans chaque mur de façade et deux dans chaque mur-pignon.

La hauteur sous l'entrait des fermes est de 3^m,86. Un plancher plein en bois est établi sur les entraits faisant office de poutres. Le comble G est aménagé en grenier à fourrages, sur une partie de sa longueur, et en grenier à grains, sur l'autre partie qui est carrelée. Une fenêtre s'ouvre au-dessus de la rampe L pour l'entrée et la sortie des récoltes, mais on peut monter au grenier de l'intérieur de la cuverie par une échelle.

Huit foudres d'une contenance de 110 hectos chacun et un pressoir Marmonier meublent la cuverie. Derrière les foudres est appliqué contre le mur un petit plancher *i i*, simplement formé de trois pièces de bois parallèles, soutenues de distance en distance par des consoles en bois. Ce passage, pour le service, n'a que 0^m,72 de largeur.

La cuverie est séparée de l'étage moyen par un plancher métallique. Il

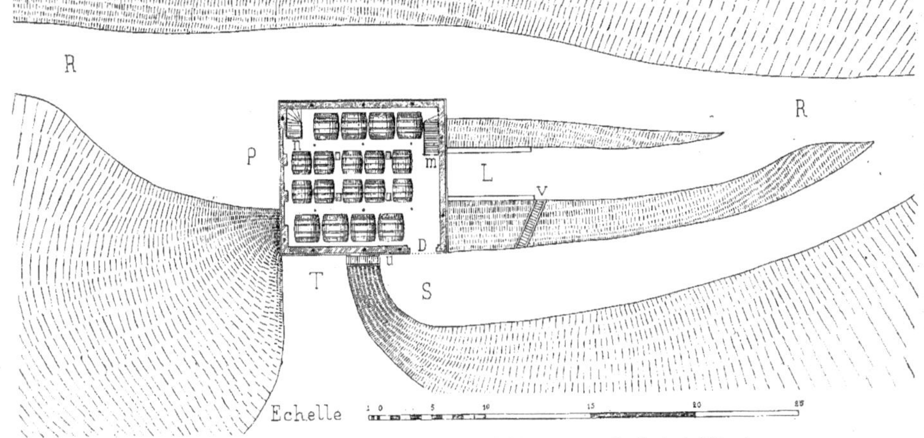

Cellier de la Croix-de-Cavalaire.— Fig. 1.— Plan de l'étage moyen et des abords du bâtiment.

est formé de deux poutres parallèles aux murs-pignons, supportant vingt
solives disposées parallèlement aux murs de face. Chaque poutre est constituée par deux fers T jumelés, de $0^m,358$ de hauteur, soutenus par deux
piliers en pierre $f f$. Les solives sont des fers de $0^m,302$ de hauteur; ils sont
réunis par des voûtins en béton. Au-dessus est étendue une chape de ciment de $0^m,05$ d'épaisseur, qui forme le sol de l'étage supérieur. Des ori-

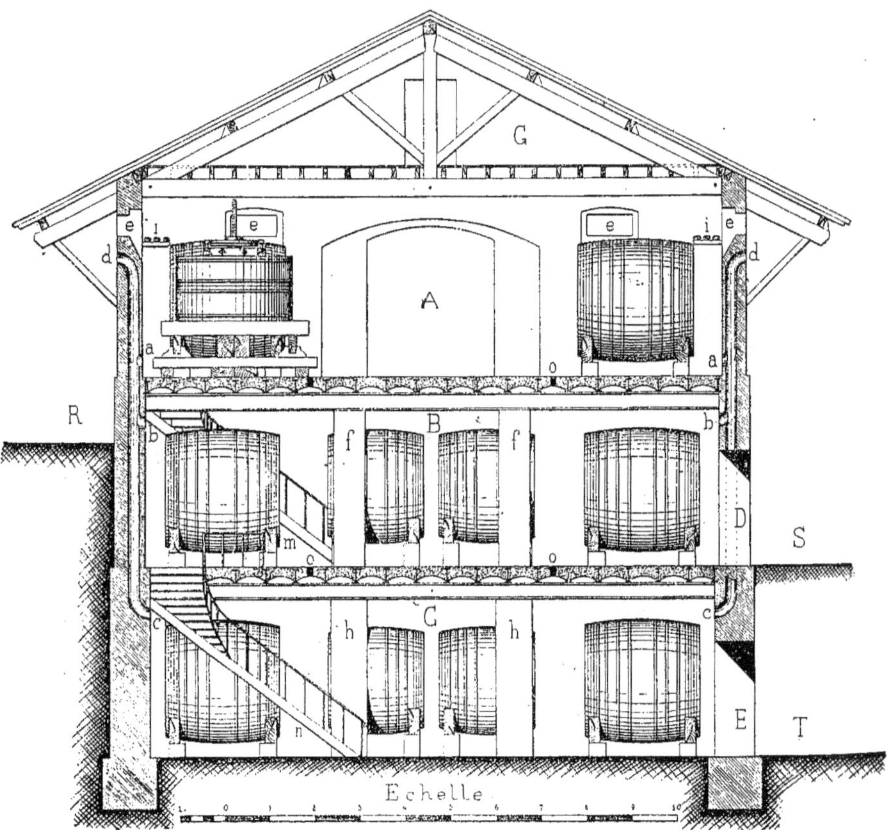

Cellier de la Croix-de-Cavalaire.— Fig. 2.— Coupe transversale du bâtiment.

fices $o\ o$ (trois devant chaque rangée de foudres) sont ménagés dans l'épaisseur des voûtins ; on peut y engager des tuyaux de caoutchouc pour soutirer le vin de la cuverie dans les foudres de l'étage moyen, ou, au besoin,
pour lui faire suivre, avec la pompe, le chemin inverse. Un escalier m réunit les deux étages.

L'étage moyen B (fig. 1 et 2) a sensiblement les mêmes dimensions que
le précédent : elles se trouvent seulement un peu réduites par l'épaisseur
plus grande donnée aux murs. Celle-ci est, en effet, de $0^m,70$, au lieu de
$0^m,55$ à l'étage supérieur. La hauteur de l'étage, sous les solives, est de
$3^m,72$. On entre dans cette partie du bâtiment par la porte D, qui s'ouvre

sur le palier S. Une rampe le réunit au chemin du haut R. L'aération est assurée par les ventouses $b\,b$, qui communiquent dans l'épaisseur des murs avec les cheminées dont il a été déjà question.

Le mobilier se compose de huit foudres de 110 hectos rangés contre les murs et, au milieu, entre les piliers, de dix foudres plus petits, de 80 hectos.

Le plancher qui sépare cet étage de l'étage inférieur est constitué exactement comme le précédent. Il est soutenu par quatre piliers, tels que $h\,h$. Un escalier n réunit ces deux étages et des orifices $o\,o$ permettent de faire circuler le vin de l'un à l'autre.

Enfin, l'étage inférieur C (fig. 2) est une véritable *cave*. L'épaisseur des murs, qui atteint $0^m,90$, réduit encore un peu les dimensions dans œuvre, qui ne sont plus que $14^m,25$ et $12^m,50$. La hauteur sous les solives est de $3^m,75$. Le mobilier de cette cave est le même qu'à l'étage moyen. L'aération se fait par les ventouses $c\,c$. La porte E s'ouvre sur le chemin T. En vue d'un agrandissement ultérieur, on a ménagé à chaque étage, dans le mur-pignon de gauche, des baies qui sont provisoirement murées, mais qu'il serait facile de dégager pour prolonger le cellier actuel.

L'ensemble du cellier est couvert avec des tuiles à emboîtement fixées sur un lattis. Les fermes sont au nombre de deux, écartées, par suite, de $4^m,90$ environ. Les arbalétriers sont prolongés en dehors, de telle sorte que leur extrémité se projette à $1^m,85$ en avant de la construction. La toiture protège ainsi les murs du cellier contre le soleil.

Des escaliers v et u établis sur les talus réunissent les chemins L et S d'une part, S et T d'autre part, pour la commodité du service des ouvriers.

Les charrettes chargées de vendange arrivent de la vigne par le chemin R et pénètrent dans le cellier, à l'étage supérieur, par la porte ouverte sur la terrasse P. Après déchargement, elles sortent de la cuverie du côté de la rampe L. Les comportes sont, actuellement, élevées à bras au-dessus des foudres, par deux hommes qui montent sur un escalier semblable à ceux en usage dans le Beaujolais. Quatre ouvriers sont employés à cette manœuvre, qui est lente et qui ne saurait convenir à la rentrée d'une grande quantité de vendange. Un élévateur, dont le type n'est pas encore choisi, sera installé prochainement. Sur le foudre en remplissage est placé un fouloir commandé par un homme, qui se trouve dans une position fort incommode à cause de la faible hauteur du plancher du grenier. On remplit deux foudres par jour.

Le cuvage dure 5 à 7 jours. On consulte le gleucomètre pour fixer le moment du décuvage. Le vin est envoyé dans les foudres des étages inférieurs par le seul effet de la gravité. Le pressoir est chargé de bonne heure, le matin, et immédiatement serré. Il peut recevoir à la fois le marc de deux foudres.

Lorsque le vin ne coule plus, on pioche le marc dans la claie même, sans la démonter, et on donne une deuxième pressée. Le gâteau est enlevé le soir et le marc mis de côté pour être distillé. Lorsque, par suite d'une cuvaison un peu lente, tous les foudres se trouvent embarrassés, on fait du vin blanc en attendant que l'un d'eux puisse être décuvé.

En résumé, l'installation du cellier de la Croix-de-Cavalaire est un type curieux de construction à flanc de coteau. La superposition des travées rend faciles les manutentions de la vendange et du vin : l'admission de la vendange a lieu à l'étage supérieur et l'enlèvement du vin a lieu au rez-de-chaussée. L'enterrement partiel des deux étages inférieurs maintient, pendant l'été, la fraîcheur dans le cellier, principalement lorsque celui-ci peut être adossé à un coteau à l'exposition du nord, ce qui n'est pas le cas à Cavalaire.

Tel qu'il est construit, ce cellier présente quelques inconvénients :

1° L'élévation de la vendange au-dessus des foudres de la cuverie est incommode. Il eût été préférable de faire arriver les charrettes un peu plus haut, pour que le remplissage des foudres pût avoir lieu par simple déversement des comportes dans la trémie du fouloir.

2° La hauteur du plafond de la cuverie est insuffisante. Au-dessus de la bonde des foudres et du passage de service, il ne reste que $0^m,85$ sous l'entrait et $1^m,30$ sous les solives du grenier ; un homme ne peut donc pas se tenir debout et la manœuvre du fouloir est très pénible.

3° La charpente métallique des planchers séparatifs des étages est calculée pour résister à une surcharge de 2.000 à 2.500 kilogr. par mètre carré, ce qui est suffisant, mais la position relative des poutres et des solives n'est pas rationnelle. Il est à remarquer, en effet, que les solives sont placées parallèlement aux rangées de supports des foudres ; il en résulte que tout le poids des récipients et de leur contenu repose sur deux lignes de solives seulement pour chaque rang, au lieu d'être également réparti sur toutes, comme cela aurait lieu si les poutres étaient perpendiculaires aux murs-pignons et les solives parallèles à ces mêmes murs.

4° Les piliers en pierre qui supportent les poutres sont gênants par leur grande section. Des colonnes en fonte eussent été moins encombrantes.

En vue d'établir si la construction d'un cellier à plusieurs étages est plus ou moins dispendieuse que celle d'un cellier à un étage unique, nous avons calculé le prix de revient du mètre carré couvert, respectivement pour un bâtiment à un, à deux et à trois étages, en prenant comme type une travée de 5m. de longueur (écartement de deux fermes) du cellier de la Croix-de-Cavalaire.

Devis comparatif d'un cellier à un, à deux et à trois étages
calculé pour une travée de 5 m du cellier de la Croix-de-Cavalaire

ÉTAGE SUPÉRIEUR
supposé construit seul

				fr. c.
Maçonnerie. Fondations	$2 \times 1,20 \times 5,00 \times 0,70 = 8^{m3}400$, à..	10f »	84 »
Murs en élévation	$2 \times 4,40 \times 5,00 \times 0,55 = 24\ 200$, à..	11 »	266.20
Dallage en ciment	$5,00 \times 12,85 = 64^{m2}25$, à..	5 50	353.38
Charpente. Une ferme : Un entrait moisé	$2 \times 12,85 \times 0,40 \times 0,20 = 1^{m3}028$		
Un poinçon	$3,50 \times 0,25 \times 0,25 = 0\ 219$		
Deux arbalétriers	$2 \times 9,75 \times 0,35 \times 0,25 = 1\ 706$		
Deux contrefiches	$2 \times 2,50 \times 0,18 \times 0,12 = 0\ 108$		
Deux liens de faîte	$2 \times 2,50 \times 0,18 \times 0,15 = 0\ 135$		
Deux jambes de force	$2 \times 2,00 \times 0,18 \times 0,12 = 0\ 087$		
Cube total d'une ferme	$= 3\ 283$, à..	95 »	311.88
Pannes	$9 \times 5,00 \times 0,25 \times 0,17 = 1\ 912$, à..	85 »	162.52
Chevrons	$10 \times 20,40 = 204^{m},000$, à..	0 60	122.40
Couverture.	$5 \times 20,40 = 102^{m2}000$, à..	4 »	408 »
Menuiserie. Plancher du grenier	$26 \times 5,00 \times 0,22 \times 0,07 = 2^{m3}000$, à..	100 »	200 »
Parquet en sapin	$5,00 \times 12,85 = 64^{m2}25$, à..	3 »	192.75
Total			2101.13
Prix par mètre carré couvert			32.70

ÉTAGES SUPÉRIEUR ET MOYEN
supposés construits seuls

				fr. c.
Maçonnerie. Fondations	$2 \times 1,20 \times 5,00 \times 0,90 = 10^{m3}800$, à..	10 »	108 »
Murs en élévation : Étage supérieur	comme ci-dessus		266.20
— Étage moyen	$2 \times 4,10 \times 5,00 \times 0,70 = 28^{m3}700$, à..	11 »	315.70
Dallage en ciment	comme ci-dessus		353.38
Deux piliers en pierre	$2 \times 3,40 \times 0,70 \times 0,45 = 2^{m3}142$, à..	45 »	96.39
Voûtins en béton et ciment du plancher fer	$5,00 \times 12,85 = 64^{m2}25$, à..	10 »	642.50
Charpente.	comme ci-dessus		596.80
Couverture.	comme ci-dessus		408 »
Menuiserie.	comme ci-dessus		392.75
Serrurerie. Deux poutres en fer T jumelés.	$13,25 \times 2 = 26^{m}\ 50$, à 91 k. 500 = 2424 k. 75,		
Vingt solives en fer T	$5,00 \times 20 = 100\ 00$, à 55 000 = 5500 00,	à.. 0 25	1981.19
Total			5160.91
Prix par mètre carré couvert			80.32
Prix par mètre carré et par étage			40.16

TROIS ÉTAGES

				fr. c.
Maçonnerie. Fondations	$2 \times 1,20 \times 5,00 \times 1,20 = 14^{m3}400$, à..	10 »	144 »
Murs en élévation : Étage supr. et moyen	comme ci-dessus		581.90
— Étage inférieur	$2 \times 4,10 \times 5,00 \times 0,90 = 36^{m3}900$, à..	11 »	405.90
Dallage en ciment	comme ci-dessus		353.38
Deux piliers en pierre : Étage moyen	comme ci-dessus		96.39
— Étage inférieur	$2 \times 3,40 \times 0,55 \times 0,80 = 3^{m3}092$, à..	45 »	139.14
Voûtins en béton et ciment : Étage moyen	comme ci-dessus		642.50
— Étage infér.	même surface		642.50
Charpente, Couverture, Menuiserie	comme ci-dessus		1397.55
Serrurerie. Plancher en fer. Étage moyen	comme ci-dessus		1981.19
— Étage inférieur	même poids		1981.19
Total			8365.64
Prix par mètre carré couvert			130.20
Prix par mètre carré et par étage			43.40

Le tableau ci-dessus fait nettement ressortir un avantage en faveur du bâtiment à un seul étage et montre que la dépense par mètre carré couvert et par étage augmente, au contraire, lorsque le nombre des étages croît. Ce résultat est dû à la plus grande épaisseur que l'on est obligé de donner aux murs, au fur et à mesure que la hauteur devient plus considérable, et à la grande solidité du plancher en fer qu'il faut établir entre chaque étage. Ce plancher est toujours beaucoup plus coûteux qu'une charpente et une couverture ordinaires de même surface.

Les celliers à deux ou trois étages peuvent donc être commodes, mais ils ne sont pas économiques. C'est, du reste, la conclusion à laquelle nous avait amenés la discussion du devis du cellier de Poussan-le-Haut (voir page 312).

XV. — LE CELLIER DU DOMAINE DE VILLEROY

Transmission hydraulique de force

FABRICATION DE VIN BLANC

La Compagnie des Salins du Midi possède, sur le littoral méditerranéen, de vastes étendues de sable, échelonnées sur la côte, depuis le département du Var jusqu'au département de l'Aude. Il y a une douzaine d'années, la plus grande partie de ce territoire était inculte. Lorsque l'on eût reconnu la résistance au phylloxera des vignes plantées dans les sables, la Compagnie des Salins n'hésita pas à mettre en culture une partie de ses dunes et à transformer en vignes ses terres en friche. Elle créa, en peu de temps, le domaine de Jarras et celui du Bosquet, près d'Aigues-Mortes, la magnifique exploitation de Villeroy et celle plus modeste de Clavelet, dans les environs de Cette.

Le vignoble de Villeroy, le plus important par l'étendue des plantations et aussi le plus intéressant par les proportions grandioses et par l'installation mécanique du cellier, comprend une étendue de sables de 274 hectares. La plantation commencée en 1883 est actuellement terminée. Elle a été faite après un nivellement et un ameublissement parfaits du sol. Les souches sont en carré à une distance de $1^m,50$ les unes des autres. Les cépages cultivés, tous français, sont en majorité l'Aramon, le Piquepoul et le Terret-Bourret.

Cellier de Villeroy. — Fig. 1. — Vue générale de l'intérieur du cellier.

La vigne occupe à Villeroy une étroite bande de terre qui sépare l'étang de Thau de la mer ; la propriété est très longue (9 à 10 kilomètres), sur une faible largeur. Cette configuration particulière, jointe à la difficulté des transports dans les sables, a rendu nécessaire l'établissement d'un porteur Decauville pour le service des vignes : transport des engrais, des sarments, des soufres et des liquides cupriques, des joncs, enfin de la vendange. Deux grandes voies parallèles sont établies à demeure dans la longueur et sur les côtés du vignoble, l'une pour l'aller, l'autre pour le retour ; sur elles viennent se greffer, au fur et à mesure des besoins, à la vendange par exemple, des voies transversales mobiles qui trouvent place dans les sentiers ménagés entre les parcelles, à une distance de 60 m. Ces voies mobiles sont raccordées aux voies fixes par des plaques tournantes avec dérailleurs. Sur ce réseau ferré, d'une longueur totale de 35 kilomètres (voie de $0^m,50$), circulent, toujours dans le même sens, des wagonnets à bascule, pouvant contenir, les uns 500, les autres 1.000 kilos de raisins.

La vendange a lieu, suivant les usages des environs de Montpellier, à l'aide de *colles* de coupeuses, desservies par des porteurs (*banastous*), qui remplissent les wagonnets en station sur les voies transversales. Lorsqu'un wagonnet est plein, il est poussé sur la voie principale d'aller, où les trains sont en formation. Un train se compose ordinairement de quatre wagons de 1.000 kilos tirés par une mule, ou de huit wagons, tirés par deux mules. Le nombre des wagons est doublé, si le train est formé de wagons de 500 kilos. Les trains vides sont ramenés sur la voie principale de retour, disloqués, et les wagons engagés de nouveau et poussés un par un sur les voies transversales. Les voies mobiles sont déplacées dans les vignes, au fur et à mesure des besoins de la vendange.

Les vignes de Villeroy sont très productives : la récolte atteint 145 hectolitres en moyenne par hectare, soit 40.000 hectos au total. La vendange est entièrement vinifiée en blanc. On conçoit que, pour enfermer de semblables quantités de vin, il ait fallu construire un cellier de grandes dimensions. Mais il a été nécessaire surtout de créer un important et puissant outillage pour traiter rapidement l'énorme poids de raisins cueillis chaque jour : 350 à 400 tonnes. Cette installation mécanique, la partie la plus curieuse et la plus intéressante du cellier, a été imaginée et conçue dans son ensemble et dans ses détails par le personnel distingué des ingénieurs de la Compagnie des Salins du Midi, parmi lesquels nous devons citer particulièrement : MM. Alfred Gervais, administrateur, ancien directeur ; Crassous, directeur de l'exploitation ; Etienne Gervais, ingénieur en chef ; Robert, ingénieur ; G. Mion, chef du service agricole. Elle a été appliquée, en même temps, au cellier de Jarras. Sur ces deux domaines, la production du vin est tout à fait industrielle et, à l'époque de la vendange, ces deux celliers ressemblent à de véritables *usines*, dénomination qui leur a, du reste, été souvent donnée.

Le cellier (fig. 1, 2 et 3) se compose essentiellement de trois travées parallèles, de 104^m,30 de longueur et de 12 m. de largeur chacune A B C, orientées du nord-est au sud-ouest. Elles abritent 136 foudres d'une capacité moyenne de 300 hectos. Chaque foudre repose sur 4 dés en pierre et coins en bois, le peigne est à 1 m. du sol, ce qui permet de loger en-dessous des futailles. Les dés en pierre des quatre rangées médianes sont portés par des murs longitudinaux, qui forment les parois latérales de citernes n creusées en contre-bas du sol et recouvertes par des voûtins en briques sur fer T. Des regards sont ménagés de distance en distance pour la surveillance et pour les prises d'eau. Ces citernes sont destinées à recueillir les eaux de la toiture.

Les fermes de la couverture sont soutenues extérieurement par les murs du bâtiment et intérieurement par des colonnes creuses en fonte qui séparent les travées et qui sont utilisées comme tuyaux de descente pour les eaux pluviales. Ces colonnes sont écartées de 4^m,16 d'axe en axe, comme les foudres, mais elles sont placées à 1^m,16 de l'axe des foudres et ainsi effacées derrière eux, pour ne pas gêner le passage d'une travée à l'autre.

Au-dessus des foudres et reposant directement sur eux, se trouve disposé à 4^m,75 du sol un plancher de 2 m. de largeur pour chaque rangée; il est formé de planches non jointives : la dépense est moindre et le nettoyage plus facile. On y monte par trois escaliers $e\,e$. Les planchers longitudinaux sont réunis par des passerelles transversales : deux longent les murs-pignons, deux autres partagent la longueur du cellier. La vue photographique (fig. 4), prise de l'une des passerelles, montre la disposition générale du cellier.

Dans l'axe de chaque travée, on peut installer sur le sol une voie Decauville pour le transport des futailles (fig. 2). Des bascules $u\,u$ servent au pesage du vin, à la livraison.

Le cellier est éclairé par des baies ménagées dans les murs-pignons et par des lanterneaux établis au dessus de la couverture; ils servent en même temps à l'aération.

Sur la face sud-est du bâtiment principal se trouve la machinerie, comprenant la *salle des machines* F, visible seulement sur le plan (fig. 2) et la *salle des presses* D, représentée en plan et en coupe (fig. 2 et 3). En outre, la vue photographique (fig. 4) a été prise de la porte de communication de ces deux salles.

La salle des machines F abrite deux locomobiles de Weyher et Richemond l, de la force de 6 chevaux chacune. Une troisième sera installée cette année pour augmenter la puissance motrice. Elles mettent en mouvement un arbre de couche qui commande, par une transmission appropriée, quatre pompes de compression b, les élévateurs de vendange h, les turbines aéro-foulantes Paul t et cinq pompes à vin fixes établies dans la travée C du cellier : trois au-dessus des cuviers i et i' et deux au pied des sulfureurs s.

Cellier de Villeroy. — Fig. 2. — Plan des bâtiments.

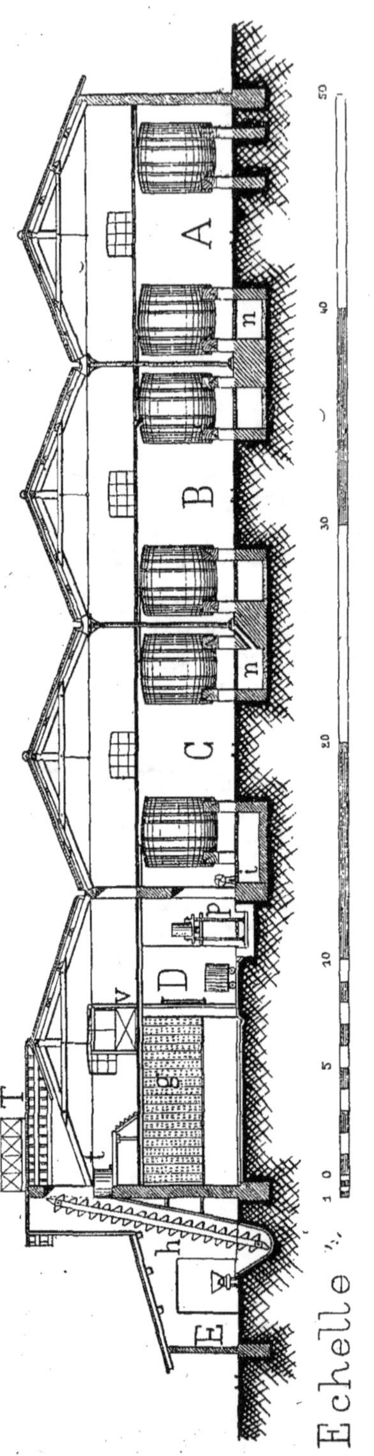

Cellier de Villeroy.— Fig. 3.— Coupe transversale et élévation des bâtiments.

Les pompes b ont pour fonction de refouler de l'eau sous l'accumulateur de pression a. Un débrayage automatique, à déclic, arrête les pompes, aussitôt que le piston de l'accumulateur arrive à fin de course; l'embrayage a lieu de nouveau, lorsque l'accumulateur est près d'atteindre son point le plus bas.

L'accumulateur est formé d'un piston plongeur d'un décimètre carré de section, chargé d'un poids de 50.000 kilos. L'eau comprimée sous lui par les pompes a donc une pression de 50 kilos par centimètre carré. Le cylindre de l'accumulateur est en communication avec une longue canalisation en fer, qui distribue l'eau à cette pression: dans la salle des presses D, pour la commande des presses hydrauliques à vendange p et de l'ascenseur v, sous l'appentis E, pour le fonctionnement d'un accrocheur de wagons f, et, dans les trois travées du cellier A B C, pour la commande de pompes à vin mobiles employées aux soutirages.

L'eau comprimée par les pompes sous l'accumulateur est prise dans une bâche r, où elle revient de nouveau après que l'on a utilisé sa pression. Mais, comme il y a inévitablement des fuites dans une semblable transmission, un pulsomètre j, actionné par la vapeur de l'une des locomobiles, remplit la bâche lorsque le niveau de l'eau s'abaisse au-dessous d'une certaine limite.

Enfin, un multiplicateur de pres-

Cellier de **Villeroy**. — Fig. 4. — Vue de la salle des presses.

sion *m* a pour fonction de doubler, pour le service des presses, la pression d'une partie de l'eau fournie par l'accumulateur. Cet appareil, très ingénieux et fonctionnant automatiquement, prend l'eau à la pression de 50 kilos par cent. carré dans la conduite générale et la lance à la pression de 100 kilos dans une deuxième conduite qui se rend aux presses.

La salle des presses D contient les appareils de traitement de la vendange. A son arrivée de la vigne, chaque train de wagonnets est abandonné par la mule qui l'a amené, à la droite de l'appentis E, à hauteur du chariot-accrocheur *f*. La vue photographique (fig. 5) représente un train, dont on vient de dételer la mule. Celle-ci repart aussitôt pour la vigne, emmenant avec elle un train vide qu'elle prend de l'autre côté de l'appentis. Une voie parallèle permet de conduire toujours les trains chargés à droite de l'appentis et de garer les trains vides à gauche, quelle que soit, par rapport au cellier, la position de la parcelle de vigne vendangée.

L'accrocheur de wagons *f* est un petit appareil fort curieux qui, se substituant à la bête qui vient de repartir pour la vigne, se charge de tirer le train, de l'engager sous l'appentis par saccades, en arrêtant successivement chaque wagon sur la bascule à tickets *q*, où il est pesé, puis devant la fosse des élévateurs *h*, où il est basculé. Un wagon est basculé pendant que le suivant est pesé; il n'y a donc qu'un seul arrêt par wagon pour les deux opérations, sauf pour le dernier wagon de chaque train. L'accrocheur est mû par un appareil hydraulique. Un seul ouvrier, placé à poste fixe derrière la bascule, suffit pour faire avancer les wagons, les peser, les basculer et pousser le train vide de l'autre côté de l'appentis. Il a sous la main le robinet de manœuvre de l'accrocheur, la romaine de la bascule et un levier dont il se sert pour basculer les wagons.

Grâce à cette ingénieuse installation, un train de quatre wagons est pesé, vidé et garé en quatre minutes environ, c'est-à-dire une minute par wagon.

Les élévateurs *h*, au nombre de deux, sont des norias à vendange, qui puisent dans une fosse en sidérociment, à parois presque verticales, pour assurer le glissement des raisins. Elles déversent le contenu des godets chacune au-dessus d'une turbine aéro-foulante Paul *t*. Ces deux turbines sont surélevées par rapport au plancher du bâtiment. Elles tournent l'une à gauche, l'autre à droite, pour diminuer les vibrations. Elles peuvent débiter ensemble environ 60.000 kilos de raisins par heure. Au-dessus de l'avant-toit qui abrite les norias, une terrasse T permet d'embrasser du regard l'ensemble du domaine et d'exercer une certaine surveillance.

Au-dessous des turbines, à l'intérieur de la salle D, sont installées huit chambres d'égouttement *g*, pour recevoir la vendange broyée. Elles sont remplies à tour de rôle par les deux turbines à la fois. Ces chambres sont en fer. Elles sont couvertes d'un plancher qui communique, par une passerelle établie au-dessus des presses, avec le plancher des foudres du cellier.

Leur fond, établi à 1^m,70 au-dessus du sol de la salle, assez haut pour qu'un panier de presse puisse être engagé en-dessous, est formé de madriers simplement posés les uns à côté des autres sur deux lambourdes. Leurs parois antérieure et postérieure sont pleines et étanches. Au contraire, les parois latérales sont constituées par des tôles perforées appliquées contre des fers T verticaux. Chaque chambre est indépendante et séparée de la voisine par un intervalle égal à l'épaisseur des fers, c'est-à-dire de 0^m,12. Le moût peut donc s'écouler par le fond et par les tôles perforées des parois latérales. Il est recueilli par des rigoles et conduit au cuvier i des pompes fixes. Chaque chambre a une capacité de 35 mètres cubes. Elle est remplie en une heure. Le marc y séjourne six à sept heures à peu près. Le déchargement a lieu la nuit pour les chambres remplies après midi, afin d'éviter un commencement de coloration que produirait inévitablement un séjour prolongé du moût au contact de la grappe. L'égouttage atteint 50 o/o du poids de la vendange environ. Chaque chambre n'est remplie qu'une fois par jour.

La vendange égouttée est déversée dans les paniers de presse, mobiles sur des voies Decauville, que l'on pousse sous la chambre en déchargement (fig. 3 et 4). Pour remplir les paniers, on retire un à un les madriers qui constituent le plancher des chambres et on fait tomber la vendange par tranches successives. L'opération est des plus simples. Une double voie, établie en avant des presses, et des plaques tournantes rendent facile la manœuvre des wagonnets porte-paniers.

Les paniers de presse ont 1^m,14 de diamètre et 1^m,10 de hauteur de claie; ils mesurent donc 1 m. c. de capacité. Au fur et à mesure de leur remplissage, ils sont poussés par deux hommes sous l'une des cinq presses hydrauliques p. Dès qu'un panier est en place, le mécanicien donne la première pression, en faisant agir sur le piston de la presse l'eau à 50 kil. de pression par cent. carré. La pression transmise au marc est de 2 kil., 50 par cent. carré. Cette pression est maintenue pendant une heure. On donne ensuite la deuxième pression, en admettant sur le piston l'eau du multiplicateur: la pression est donc doublée et le marc pressé à raison de 5 kil. par cent. carré. La pression est encore maintenue une heure. Un sablier indique le temps. Le moût qui s'écoule des paniers peut être réuni au moût des chambres d'égouttement et conduit par les rigoles au cuvier i, ou bien dirigé sur le cuvier i', lorsque la coloration augmente.

Le moût provenant soit des chambres d'égouttement, soit des presses, est pris par les pompes fixes installées au-dessus des cuviers et envoyé au sommet des sulfureurs s. Chaque sulfureur se compose d'un cylindre en sidérociment, de 3^m,75 de hauteur et de 1^m,10 de diamètre, dans lequel le moût tombe en pluie et qui est traversé de bas en haut par de l'acide sulfureux, produit par la combustion du soufre dans une lanterne installée à la

Cellier de Villeroy. — Fig. 5. — Arrivée d'un train de wagonnets.

base. Le moût décoloré est alors envoyé par les pompes des sulfureurs dans le foudre en remplissage, où il fermente. Deux sulfureurs seulement travaillent à la fois, l'un pour le vin provenant du cuvier i, l'autre pour le vin provenant du cuvier i'; le troisième ne sert qu'en cas d'accident ou pendant le nettoyage de l'un des deux premiers.

Quant aux paniers pressés, ils sont roulés sur le plateau de l'ascenseur hydraulique v, qui les élève au niveau de la partie supérieure des cuves à piquette c c.

Ces cuves en sidérociment sont installées pour le lavage méthodique des marcs. Elles sont au nombre de dix, cinq par rangée, et ont chacune une capacité de 300 hectos. Elles sont parallélipipédiques ; leur hauteur est de $4^m,80$. Une porte sert à l'extraction du marc épuisé, qui est emporté hors du cellier dans des wagonnets qui circulent sur les voies en bordure des cuves. La piquette se rend, par les rigoles ménagées au pied des cuves, dans le conquet o, d'où une canalisation souterraine la conduit à la distillerie, construite à quelque distance du cellier pour écarter le danger d'incendie. Entre les deux rangs de cuves, deux citernes sont destinées à loger la piquette provisoirement, en cas d'arrêt ou de ralentissement dans la distillation. Ces citernes sont voûtées et c'est au-dessus d'elles qu'est établie la voie qui reçoit les paniers de presse élevés par l'ascenseur.

Un roulement est établi entre les presses, qui ne restent inactives que quelques instants à tour de rôle. Aussitôt qu'un panier est mis sous pression, le précédent est déchargé dans l'une des cuves à piquette, puis envoyé sous les chambres d'égouttement où il est de nouveau rempli, et enfin engagé sous la première presse disponible.

Ainsi que cela a été dit plus haut, une conduite d'eau sous pression alimentée par l'accumulateur est établie le long des deux rangées de colonnes du cellier, pour la commande des pompes à vin mobiles. Une conduite d'évacuation est posée parallèlement à la précédente. Sur chacune de ces conduites se trouve un raccord, tous les 8 m. environ, c'est-à-dire tous les deux foudres. Un tuyautage métallique articulé réunit la conduite chargée à la pompe ; un simple tuyau de caoutchouc suffit pour l'évacuation. Les pompes ainsi commandées par transmission hydraulique sont des pompes à deux cylindres, aspirantes élévatoires. La pompe est attelée, comme d'habitude, sur les foudres à soutirer et à remplir. Le débit de ces pompes peut atteindre 280 hectos à l'heure.

Telle est dans son ensemble la belle installation de Villeroy, unique dans son genre par la puissance de son outillage et de son organisation. La transmission hydraulique de la force est particulièrement intéressante : les machines ainsi commandées obéissent, à la manœuvre d'un simple robinet, avec une étonnante précision. Tout a été combiné pour réduire au minimum le nombre des ouvriers et assurer la plus grande rapidité possible au travail de la vendange.

Il convient de signaler, en outre, d'une façon spéciale :

1° L'accrocheur de wagons, très curieux à voir fonctionner ;

2° La noria double puisant la vendange dans une fosse unique ;

3° L'application de la turbine Paul au broyage des raisins ;

4° Les chambres d'égouttement, d'une construction originale ;

5° Les presses hydrauliques ;

6° L'ascenseur ;

7° Les cuves en sidérociment à section rectangulaire, pour le lavage méthodique des piquettes ;

8° Les sulfureurs, d'un modèle nouveau ;

9° Les pompes à vin à commande hydraulique.

La plupart de ces appareils ont été l'objet d'une description détaillée dans la première partie de cet ouvrage.

Une semblable installation ne pourrait être réalisée partout, ni conseillée en dehors des conditions particulières où elle a été établie. Elle exige le concours d'ingénieurs et d'ouvriers mécaniciens expérimentés, qni ne seraient pas à leur place sur un domaine agricole, où on ne les emploierait qu'à l'époque des vendanges. A Villeroy, les travaux des salins rendent indispensable la présence de ce personnel, occupé toute l'année à l'exploitation du sel. Il ne participe qu'accessoirement aux travaux de la vinification, et précisément à l'époque où, après la levée des sels, les salins traversent une période de chômage. Il se trouve ainsi que ces deux exploitations se complètent admirablement l'une l'autre, et que le domaine agricole n'a pas à supporter les frais d'un personnel dont seul il serait incapable d'absorber les ressources.

CHAPITRE II

BORDELAIS

Les vins du Bordelais sont estimés dans le monde entier pour leur finesse, leur bouquet et leur distinction. Ils peuvent être divisés, au point de vue de leur valeur, en quatre grandes séries : 1° les *grands vins*, ou *crus classés*, du Médoc, des Graves, de Saint-Emilion, pour les vins rouges, et de Sauternes, pour les vins blancs ; 2° les *crus bourgeois supérieurs* et *bourgeois* du Médoc et des Graves ; 3° les *vins grands ordinaires*, ou vins de Côtes ; 4° les *vins ordinaires* et les vins de Palus. Mais cette classification est toute relative et n'a rien d'absolu, sauf pour quelques crus hors ligne d'un mérite exceptionnel ; les vins ordinaires eux-mêmes ne sont pas dépourvus de qualités et les vignobles non classés donnent d'excellents vins, quoique moins délicats et moins aristocratiques.

Dans le Médoc et dans les Graves, le rendement de la vigne est faible ; il est généralement compris entre 20 et 22 hectolitres à l'hectare et atteint rarement 25 hectos. Il s'abaisse à 10 ou 12 hectos dans les Graves de Sauternes. La production est un peu plus abondante sur les Côtes, sans cependant s'élever au-dessus de 30 hectos à l'hectare, sauf dans les vignes nouvellement reconstituées avec des plants américains, où elle dépasse parfois 40 hectos. Enfin, dans les Palus, la récolte atteint 50 hectos à l'hectare, rendement le plus élevé du Bordelais.

La préoccupation constante et fort légitime des viticulteurs bordelais est de conserver à leurs vins les qualités qui en ont établi la réputation, et, dans la crainte de porter la moindre atteinte au bouquet ou à la finesse de leurs produits, ils n'acceptent qu'avec la plus grande réserve et qu'après de nombreux essais conduits avec prudence toute modification de leurs procédés de culture ou de vinification. Aussi, les installations du Bordelais sont-elles peu différentes les unes des autres et généralement peu perfectionnées, l'outillage en est sommaire.

Le traitement de la vendange et sa vinification ont lieu dans des bâtiments appelés *cuviers*, la conservation et le vieillissement des vins, dans des *chais*. Les caves ne se rencontrent qu'exceptionnellement dans cette région.

Sauf dans les vignobles de Palus, dont les cuviers (véritables celliers) sont aménagés comme ceux de la région méditerranéenne et ont avec ces derniers une grande analogie, les cuviers du Bordelais peuvent être tous ramenés à deux types: le cuvier ancien système, à simple rez-de-chaussée, et le cuvier nouveau système, à étage.

I. – LE CUVIER DE CHATEAU-LANGOA ET LÉOVILLE-BARTON

Cuvier ancien système

FABRICATION DE VIN ROUGE (CRUS CLASSÉS)

Les vignobles de Château-Langoa et de Château-Léoville-Barton, produisant deux crus classés bien distincts, ne forment, depuis plus de 60 ans, qu'une seule exploitation viticole et constituent, avec les cultures accessoires, un domaine de 233 hectares, propriété de MM. Barton. Il est situé au centre même de la commune de Saint-Julien (Médoc), à 45 kilomètres N.-N.-O. de Bordeaux. Les vignes, d'une superficie totale de 106 hectares, couvrent les croupes graveleuses, caractéristiques du Médoc et qui donnent à cette région un aspect mouvementé d'une physionomie particulière. Les cépages cultivés sont le Cabernet-Sauvignon (7/10), le Malbec (2/10) et le Cabernet blanc ou gris (1/10). Le vignoble, attaqué par le phylloxera, est soumis à des traitements insecticides ; on emploie le sulfure de carbone au pal et le sulfo-carbonate de potassium, malgré son prix élevé. Les résultats sont satisfaisants, et la vitalité et la production des ceps sont maintenues depuis l'apparition de la maladie.

Suivant les usages du pays, la culture de la vigne est confiée à des *prix-faiteurs*. Chaque *prix-fait* se compose de 3 hectares 33. Les travaux qui rentrent dans le prix-fait sont : la taille, le sécaillage, le sarmentage, le garnissage, le tirage des cavaillons, l'ébourgeonnage, l'épamprage, parfois le soufrage. Toutes les autres opérations (attachage des pampres, déchaussage du verjus, traitements du mildiou, arrachage des mauvaises herbes, nettoyage des chemins) sont faites à la journée par les prix-faiteurs, aidés de leur famille (femme et enfants). Les labours sont effectués avec des bœufs (pour les 8/10 du vignoble) et avec des chevaux (pour les 2/10).

La production totale moyenne des deux vignobles est de 260 tonneaux (le tonneau vaut 4 barriques bordelaises de 225 litres, ou 9 hectos), soit de 245 tonneaux ou de 22 hectos à l'hectare. Le vin de Château-Léoville-Barton est classé parmi les 2mes crus du Médoc, celui de Château-Langoa est un des 3mes crus les plus recherchés. Leur renommée est universelle.

La direction de ce beau domaine est entre les mains de M. D. Jouet, ingénieur agronome, ancien élève de l'Institut agronomique, à qui est confiée en même temps la gérance de Château-Latour (1er cru classé). Il s'acquitte de ces multiples et délicates fonctions avec une rare compétence et un grand dévoûment.

La vendange se fait généralement du 15 au 30 septembre et dure 10 à 20 jours, suivant l'importance de la récolte. (On emploie 120 à 180 coupeuses, qui ramassent les raisins dans des paniers en bois pouvant contenir 10 kilos. Chaque coupeuse mène un rang. Tous les quatre à cinq rangs, un homme, chargé d'une hotte en métal, reçoit le contenu des paniers et le transporte à la charrette, qui stationne dans le chemin (*capvirade*) le plus rapproché du lieu de la vendange et le plus commode. Chaque charrette, attelée de deux bœufs, porte deux *douils* (un douil est une petite cuve d'une contenance de 6 à 7 hectos). Le produit de la cueillette d'une coupeuse est de 160 à 170 kilos par jour.

Les bâtiments, construits sur les plans de M. Gérand, architecte à Bordeaux, comprennent un cuvier A (fig. 1 et 2) et des chais. Ceux-ci n'ont pas été représentés, pour ne pas donner aux dessins un développement exagéré. Ils ressemblent à tous les chais du Médoc, dont on trouvera plus loin des spécimens. Le cuvier caractérise assez bien l'ancien système du Bordelais. C'est un bâtiment rectangulaire, de 60 m. de longueur et de 12^m,20 de largeur, dans œuvre, dont l'axe est dirigé de l'est à l'ouest. La couverture en tuiles-canal est portée par des fermes du modèle classique, au nombre de 18. La hauteur sous entrait est de 4 m. Au nord, se trouve le chai des vins nouveaux, au midi une cour sur laquelle s'ouvrent les fenêtres *f* qui éclairent le cuvier et qui servent, comme il sera dit plus loin, à la rentrée de la vendange.

La vaisselle vinaire comprend vingt-deux cuves *c*, de contenance variable, distribuées comme l'indique la fig. 1. Dans le Bordelais, la capacité d'une cuve n'est jamais exprimée par le nombre d'hectolitres qu'elle peut réellement loger ; mais elle s'entend du nombre d'hectolitres de vin qu'elle peut *écouler*, c'est-à-dire de la quantité de vin *fin* (vin de goutte) que donnera la vendange qui y est introduite. Ainsi comprise, la contenance des cuves de Château-Langoa varie de 25 à 150 hectos. Le type le plus usité est de 100 hectos. Ces cuves sont foncées et munies d'une trappe. Un orifice est, en

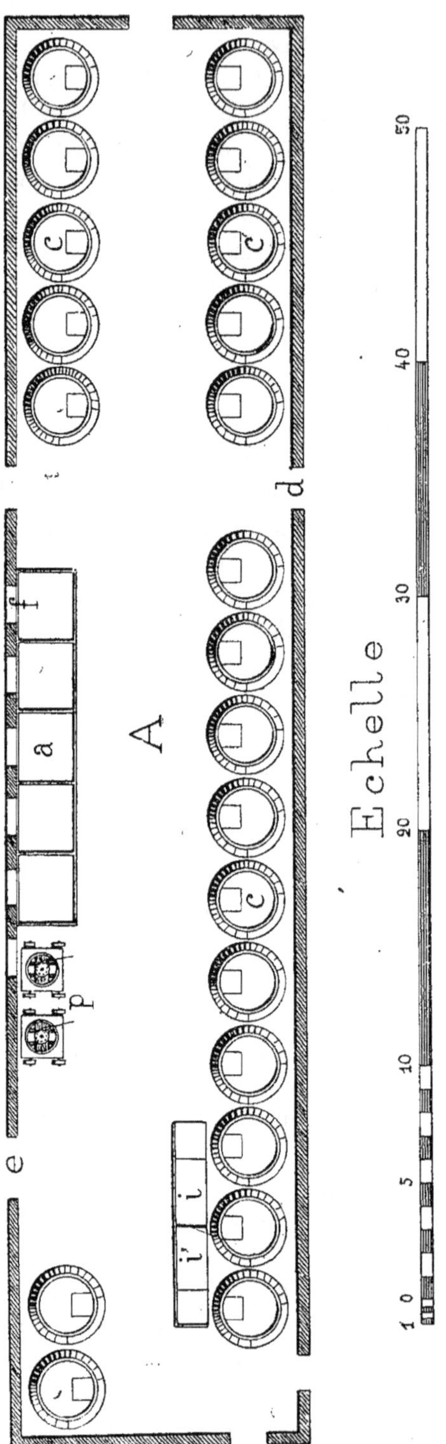

Cuvier de Château-Langoa et Léoville-Barton.— Fig. 1.— Plan du bâtiment.

outre, destiné à recevoir une bonde hydraulique ; en bas, un simple trou de vidange fermé par un bouchon en bois. Elles sont supportées par des poutres qui reposent sur de petits murs en pierre de taille (fig. 2).

Le long du mur sud sont rangées cinq maies *a* en bois (appelées *pressoirs*). Ces maies, dont la surface est intérieurement de $6^{m2},72$ ($2^m,80 \times 2^m,40$), sont destinées à l'égrappage et au foulage de la vendange. Elles sont identiques aux maies des pressoirs ordinaires et sont portées par quatre pieds. Leur fond est à $0^m,55$ au-dessus du sol, leur bord supérieur est arrasé au niveau du seuil des fenêtres qui s'ouvrent sur la cour.

Pour le pressurage de la vendange, on se sert de deux pressoirs Mabille (appelés *presses*), montés sur chariot roulant *p*. Ces presses sont amenées, au moment du décuvage, devant la cuve en déchargement.

Les charrettes, à leur arrivée de la vigne, sont acculées contre l'une des fenêtres *f* de la cuverie. Les hommes, au nombre de cinq par pressoir, prennent les deux douils l'un après l'autre et les vident sur la maie, en les faisant basculer simplement sur le bord de la fenêtre. Les raisins sont égrappés. Dans ce but, on

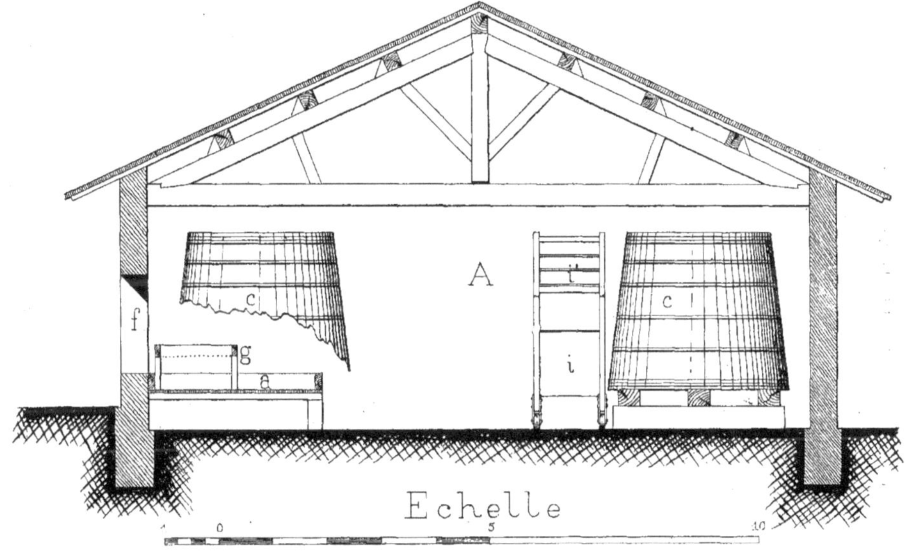

Cuvier de Château-Langoa et Léoville-Barton. — Fig. 2.— Coupe du bâtiment.

dresse sur le pressoir un égrappoir g (fig. 2), qui est constitué par un grillage en bois, à mailles de 0^{m},012, formant le fond d'une table à rebords, portée par quatre pieds. Le grillage est mobile et peut être retiré de son cadre pour le nettoyage. La vendange est jetée peu à peu sur l'égrappoir ; les grappes sont roulées à la main sur la grille ; les grains se détachent, traversent le grillage et tombent de nouveau sur le pressoir, tandis que la rafle, retenue sur l'égrappoir, est rejetée au dehors. Les grains sont ensuite foulés aux pieds. Lorsque le broyage est suffisant et que la vendange ne forme plus qu'une bouillie, elle est portée à l'aide de comportes à la cuve en remplissage. Deux hommes par pressoir sont employés à ce transport. La comporte du Médoc contient environ 1/2 hectolitre, elle est traversée par une longue barre que les deux porteurs saisissent, un de chaque côté ; puis ils se mettent en mouvement et, pour atteindre le haut de la cuve, ils gravissent de front un long plan incliné, installé en avant de la cuve i i'. Arrivés au sommet, les deux ouvriers culbutent la comporte au-dessus de la cuve, dont la trappe a été relevée, et redescendent prendre une nouvelle charge au pressoir. Le plan incliné est mobile et doit être amené successivement devant chaque cuve, au fur et à mesure des besoins. Pour la facilité des déplacements, il est formé de deux parties distinctes i et i', montées sur roues. En outre, une planche, sorte de tremplin, prolonge jusqu'au sol le bord inférieur de la première partie i.

Lorsqu'une cuve est pleine, la trappe est abaissée, verrouillée et la fonçure entièrement plâtrée, pour obtenir une fermeture hermétique. Pour le dégagement de l'acide carbonique, à un trou pratiqué dans le couvercle on adapte un siphon, dont l'extrémité recourbée vient plonger dans un récipient plein d'eau ; on réalise ainsi une sorte de bonde hydraulique. Le marc n'est pas immergé ; on laisse le chapeau se former librement, ce qui est sans inconvénient, puisque la fermentation a lieu en vase clos.

Habituellement, il n'y a que deux pressoirs en activité ; ils suffisent, en année moyenne, à la manipulation de la vendange. Le personnel d'un pressoir comprenant cinq hommes employés au foulage et à l'égrappage et deux porteurs, le travail du cuvier est assuré avec quatorze ouvriers. Les années de grande abondance, telles que l'année 1893, on met en service trois et parfois quatre pressoirs. Il y a alors 21 ou 28 hommes dans le cuvier.

La manipulation d'une charge de vendange (contenu de deux douils) dure, en moyenne, 20 minutes. Mais, lorsque par suite d'une maturité irrégulière, il faut faire un triage minutieux des raisins à la main, pour enlever les grains verts, les grains échaudés, etc., le travail est plus long, et le traitement d'une charge demande environ une demi-heure. Il est vrai qu'en pareil cas l'année n'est pas très productive et, le nombre des charges étant moindre, le même nombre d'ouvriers suffit.

Le cuvage dure 20 à 25 jours en moyenne, ce qui justifie le grand nombre de cuves en service, eu égard à l'importance de la production du domaine, puisqu'il faut pouvoir loger en cuve la totalité de la récolte avant le décuvage.

Les *écoulages* (c'est-à-dire les opérations du décuvage) commencent lorsque le vin est bien *fin* à la tasse, c'est-à-dire clair et dépouillé, et qu'il est complètement *froid*, ce qui arrive, nous venons de le dire, après 20 à 25 jours de cuvage. Le vin coule, par un robinet ajusté au bas de la cuve, dans une *gargouille* (récipient en bois pouvant contenir 5 à 6 barriques). Pour éviter le passage des pépins, grains de raisin et autres corps solides en suspension dans le vin, on a eu soin de placer, avant la vendange, à l'intérieur de la cuve et contre la paroi, un balai de brande ou, mieux, un petit clayonnage d'osier, appelé *griffon*. Le vin est immédiatement versé dans les barriques, au moyen de vases spéciaux, dont le jaugeage a été fait avec une grande précision.

En même temps que l'écoulage, on fait l'*égalisage*. L'égalisage est une des opérations les plus importantes de la vinification dans le Bordelais. Elle a pour but de mélanger les vins provenant des diverses cuves, de façon à n'avoir qu'un seul type de vin, rigoureusement le même, dans toutes les barriques. Si l'on disposait d'un récipient assez grand pour recevoir à la fois le vin de toutes les cuves, on obtiendrait un égalisage parfait et facile, en remplissant les barriques à ce réservoir de mélange. A Château-Langoa, comme d'ailleurs dans la plupart des domaines du Médoc, on fait l'égalisage en répartissant le vin écoulé de chaque cuve dans chacune des nombreuses barriques préparées pour loger la récolte, de façon à ce que toutes en contiennent une fraction rigoureusement égale. On s'explique ainsi l'utilité de vases parfaitement jaugés pour faire le remplissage des barriques.

On conçoit sans peine combien doit être longue et minutieuse une semblable opération. Si, par exemple, la récolte a été évaluée, d'après le nombre des cuves remplies, à 225 tonneaux, soit 900 barriques, ces barriques sont disposées *en sole* dans les chais, c'est-à-dire les unes à côté des autres. Si nous supposons que l'on écoule une cuve de 117 hectos, c'est 13 litres que devra recevoir chaque barrique. Pour la cuve suivante, l'écoulage peut ne pas donner, en litres, un volume exactement divisible par le nombre des barriques, et c'est une fraction de litre qu'il faut répartir, à la fin de l'opération, sur toutes les barriques.

Aussi faut-il une journée entière pour écouler, avec dix hommes, une cuve de 10 tonneaux (90 hectos). Le pressurage du marc n'a lieu que le lendemain matin.

Les presses sont roulées devant la cuve écoulée la veille, dans laquelle deux hommes pénètrent avec des pelles ; ils jettent le marc, par la trappe du haut, sur un long couloir en bois qui le conduit dans la claie de la presse en chargement. Le pressurage se fait sans recoupages. Le vin de presse est recuilli dans des barriques distinctes. Il n'est jamais mélangé au vin fin et il est vendu séparément. Le marc est utilisé pour faire de la piquette destinée aux ouvriers ; il est ensuite jeté sur le fumier. La piquette est toujours fabriquée dans des récipients spéciaux et dans un local différent.

Après les écoulages, les cuves sont nettoyées, méchées et soigneusement fermées jusqu'à la récolte suivante. Avant d'être remises en travail, elles sont chaque année nettoyées de nouveau, étuvées et leurs parois lavées avec une éponge imbibée de bonne eau-de-vie. Quant au vin, il est dans les chais l'objet des plus grands soins, que justifie pleinement sa haute valeur : des ouillages répétés tous les 4 jours, pendant les premiers mois, puis espacés à 8 et 10 jours, au bout de 6 à 7 mois, et trois soutirages effectués à l'abri de l'air constituent la base du traitement de la première année. Pendant ce temps, les barriques restent bonde dessus. Mais, pour gagner de la place, on *encarrasse* les futailles, c'est-à-dire qu'on les superpose sur deux ou trois rangs. La deuxième année, les ouillages cessent, on place les barriques bonde de côté, et on borne les soins à trois soutirages. Il en est de même les années suivantes, s'il y a lieu, jusqu'à la livraison du vin.

Les bondes des barriques sont l'objet d'une attention toute particulière. On a renoncé presque partout à l'emploi des bondes en bois entourées de linges qui, imbibés de vin, aigrissent facilement et peuvent contaminer le contenu de la barrique, et on leur a substitué, pour la première année, des bondes de verre ou de porcelaine qu'il est aisé de maintenir dans un parfait état de propreté.

Le cuvier du Château-Langoa est bien tenu. Spacieux, il offre toute commodité pour les opérations de la vendange qui exigent un nombreux personnel et un matériel encombrant. C'est le type des cuviers ancien système, c'est-à-dire dans lesquels les douils sont vidés sur les pressoirs installés au rez-de-chaussée du bâtiment et la vendange est montée à bras dans les cuves, après égrappage et foulage. Il n'y a pas de plancher au-dessus des cuves.

II.— LE CUVIER DE CHATEAU-MALESCOT-SAINT-EXUPÉRY

Cuvier nouveau système

FABRICATION DE VIN ROUGE (CRU CLASSÉ).

Le domaine de Château-Malescot-Saint-Exupéry, appartenant à MM. de Boissac, Déroulède et Couve, est situé sur la commune de Margaux (Médoc), à 28 kilomètres au N.-O. de Bordeaux. Une partie de ses terres s'étend sur les communes voisines : Cantenac, Soussans, Arsac et Avensan. Le vignoble, établi sur les graves des croupes de Margaux, couvre environ 100 hectares ; il est divisé en 26 *prix-faits*. Les plantations sont constituées en majeure partie par le Cabernet-Sauvignon et le Cabernet franc. Elles sont défendues contre le phylloxera par des traitements au sulfure de carbone dissous, qui ont été substitués aux traitements par le sulfocarbonate de potassium, d'un prix beaucoup plus élevé. L'économie réalisée semble être d'un tiers.

La production a atteint, en 1893, 290 tonneaux, mais elle ne dépasse pas, les années ordinaires, 180 tonneaux. Le vin (3ᵐᵉ cru classé) se distingue par sa finesse, par un bouquet délicat et une grande vivacité de couleur.

La gérance du domaine est confiée aux soins intelligents de M. Alexandre Feuillerat.

La vendange est pratiquée suivant les usages du Médoc : les raisins sont cueillis par des coupeuses dans des seaux en bois, portés hors de la vigne par des hommes dans des hottes en métal, et transportés au cuvier dans des douils chargés par trois sur les charrettes.

L'installation de Château-Malescot est bien le type des cuviers nouveau système à étage, c'est-à-dire de ceux dans lesquels les douils pleins sont élevés au-dessus d'un plancher établi à la partie supérieure des cuves, les raisins égrappés et foulés au 1ᵉʳ étage et ensuite versés directement dans les cuves.

Les bâtiments, dus aux plans de M. L. Garros, architecte à Bordeaux, comprennent un cuvier A et des chais C D E F (fig. 1 et 2). Le cuvier, dont l'axe est dirigé du N.-E. au S.-O., mesure 39ᵐ,60 sur 11ᵐ,90 dans œuvre. Il abrite 21 cuves c, pouvant écouler chacune une dizaine de tonneaux environ. Ces cuves ont leur fond à 0ᵐ,70 du sol ; elles reposent sur des poutres et des murettes en pierre. Elles sont foncées. Un plancher en bois couvre tout le cuvier, à 2ᵐ,68 au-dessus du sol. Il est porté par onze poutres, soutenues elles-mêmes par deux rangs de poteaux en bois, laissant entre eux, au milieu du bâtiment, un passage de 3ᵐ,20 de largeur. Des

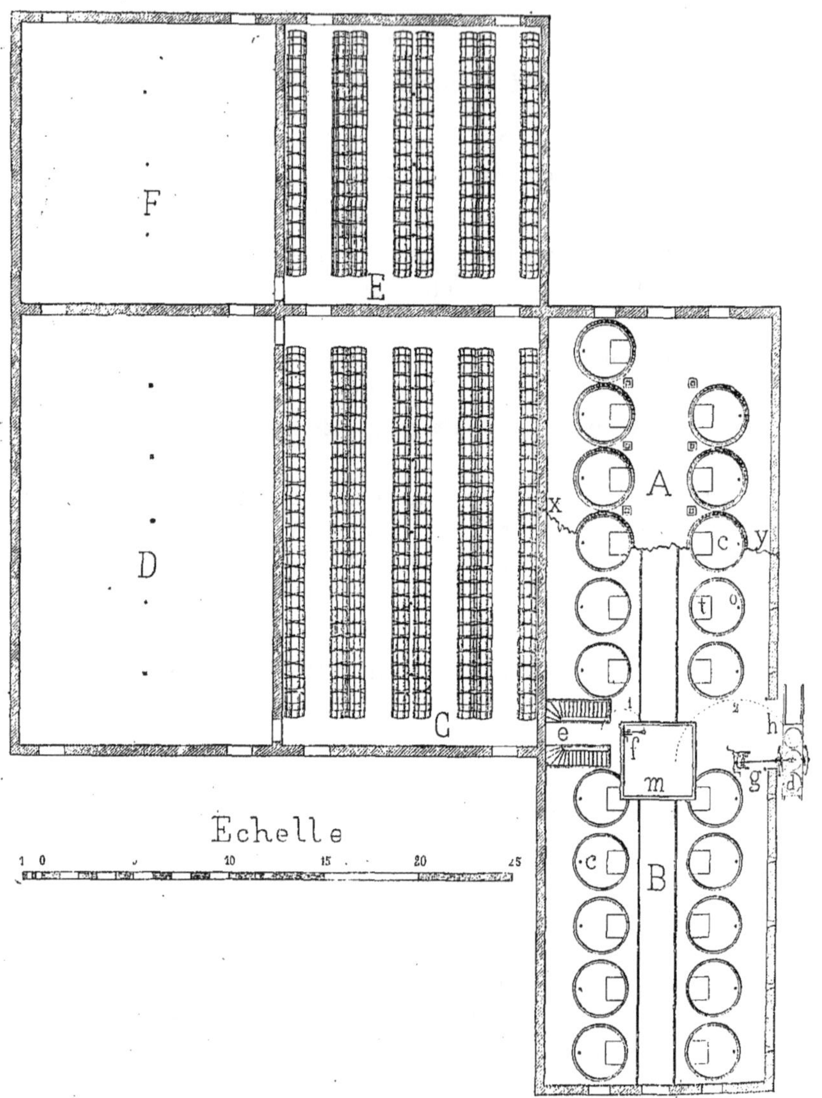

Cuvier de Château-Malescot.— Fig. 1.— Plan du cuvier et des chais.

découpures sont faites dans le plancher pour le logement des cuves, dont la partie supérieure dépasse de 0ᵐ,20 environ le dessus du plancher (fig. 2). On accède au 1ᵉʳ étage B par un escalier à double rampe e, établi en face de la porte d'entrée principale du cuvier a et des deux côtés de la porte b conduisant aux chais. Le plan du cuvier représente le dessus du plancher, mais une brisure xy permet de voir à gauche une portion du rez-de-chaussée.

Dans l'axe du bâtiment est établie, au 1er étage, une voie ferrée fixe de 1m,95 de largeur, sur laquelle peuvent rouler deux *pressoirs* (maies de foulage) *m*, portées chacune par deux essieux (une seule a été représentée sur les figures 1 et 2). Leur surface est un carré de 3m,70 de côté. Ces maies servent, suivant les usages du Bordelais, à l'égrappage et au foulage de la vendange. Elles recevront plus tard, au moment des écoulages, le mécanisme des presses. Une grue *g* est installée à côté de la portalière *h* pour élever au-dessus du plancher et amener sur l'une des maies les douils *d*, qui y seront vidés. La ligne pointillée *2* (fig. 1) représente le cercle décrit par la poulie de la grue, dont la corde peut, ainsi qu'on s'en rend compte, prendre un douil sur la charrette et le porter au-dessus de la maie-pressoir *m*.

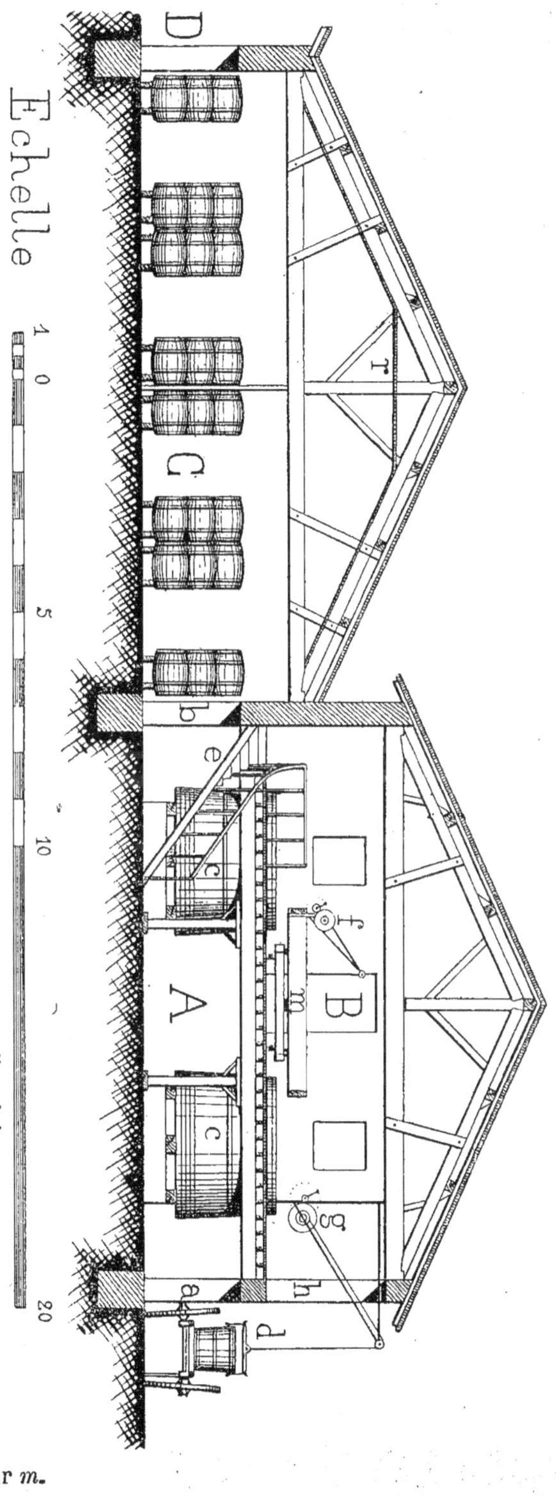

Cuvier de Château-Malescot. — Fig. 2. — Coupe et élévation du cuvier et d'un chai.

Des fenêtres, trois dans chaque mur-pignon, éclairent le bâtiment. Dans le mur de face extérieur, des meurtrières ont été ménagées au-dessus du plancher pour l'aération.

Le sol est cimenté. La couverture est supportée par 11 fermes, dont l'entrait est à 5^m,35 au-dessus du sol.

Les vues photographiques (fig. 3 et 4) font nettement ressortir les dispositions d'un cuvier à étage. Elles ont été prises à Mouton-Rothschild (2me cru classé). La première (fig. 3) représente le rez-de-chaussée, la seconde (fig. 4) le 1er étage du cuvier. Le bâtiment est formé de deux travées perpendiculaires, ce qui nécessite l'emploi d'une plaque tournante pour le passage des pressoirs de l'une dans l'autre. A Château-Malescot, la plaque tournante n'existe pas, puisque le cuvier est formé d'une seule travée, mais l'installation générale des cuves, du plancher et des pressoirs est la même qu'à Mouton-Rothschild.

Les chais sont au nombre de quatre et placés sur la face sud-est du cuvier : deux C D pour les vins nouveaux et deux E F pour les vins vieux. Sur la figure 2, la travée C a seule été représentée, les autres offrent des dispositions identiques. Pour la même raison, sur le plan (fig. 1), on n'a figuré que les barriques des travées C et E.

Les chais C et D ont 20^m,70 de longueur, les chais E F seulement 14^m,50, tous les quatre une largeur de 13^m,50. L'entrait des fermes est à 3^m,20 au-dessus du sol. Il est soutenu en son milieu par une colonne en fonte. Un plafonnage en plâtre r est établi sous les arbalétriers pour diminuer l'aération et l'échauffement par la couverture. Des fenêtres sont ouvertes dans le mur nord-est pour donner du jour. Les barriques sont placées sur des *tins*, à 0^m,15 ou 0^m,20 au-dessus du sol. Il y a huit rangées de barriques par cave. Quatre chemins de 1^m,50 de largeur permettent de circuler entre les rangs pour la surveillance et les soins à donner aux vins. Dans les chais des vins nouveaux, chaque rang comprend 27 barriques *en sole*, c'est-à-dire sur un même plan. Mais on peut les encarrasser en deuxième ou en troisième (fig. 2) et, dans ce dernier cas, on a 81 barriques par rang, soit 624 barriques pour chacun des chais C et D. De même, chacun des chais de vins vieux E et F peut recevoir en sole 144 barriques (soit 18 barriques par rangée) et 408 barriques encarrassées en troisième. On peut donc loger dans le bâtiment complet 2064 barriques ou 4644 hectolitres de vin.

A leur arrivée de la vigne, les charrettes se rangent devant la porte a et sous la portalière h du cuvier. La grue g, manœuvrée par deux hommes, enlève le premier douil, pivote autour de son axe et l'amène, suivant la ligne $\mathcal{2}$ (fig. 1), au-dessus de l'un des pressoirs m, en station au milieu du cuvier. Il est culbuté et redescendu vide sur la charrette ; le deuxième, puis le troisième, sont montés et déchargés de même. Deux minutes suffisent pour l'évolution complète d'un douil : ascension du douil chargé, dé-

Cuvier de Château-Malescot. — Fig. 3. — Vue du rez-de-chaussée. (Photographie prise à Mouton-Rotschild).

versement sur le pressoir et descente du douil vide. Sur l'autre pressoir est installé un égrappoir à grillage, avec claie en osier sur laquelle les grappes seront roulées à la main. Pour l'égrappage, les deux pressoirs sont placés côte à côte, et les raisins jetés à la pelle de l'un sur l'égrappoir que porte l'autre. La vendange égrappée est ensuite foulée aux pieds. Lorsque le broyage est jugé suffisant, la maie-pressoir qui contient la vendange égrappée et foulée est roulée devant la cuve en remplissage, dont on a relevé la trappe *t*, et son chargement est précipité dans la cuve. Un orifice rectangulaire est pratiqué de chaque côté de la maie et fermé par un bouchon, avec joint de caoutchouc. En outre, la maie est disposée de manière à être inclinée du côté où a lieu le déversement. Il suffit donc de retirer le bouchon pour assurer la chute des raisins et du moût dans la cuve.

Dès que le pressoir est déchargé, il est ramené au centre du cuvier à côté de l'autre, qui a pu, pendant ce temps, recevoir de la grue une nouvelle quantité de vendange.

Après remplissage, la trappe de la cuve est rabattue, la fonçure plâtrée et une bonde hydraulique adaptée à l'orifice *o*.

Le temps nécessaire pour égrapper, fouler et mettre en cuve le contenu d'un douil peut être évalué à 5 ou 7 minutes. Une équipe de neuf hommes travaille dans le cuvier au moment de la vendange : deux manœuvrent la grue, six sont employés sur les pressoirs (un pour jeter à la pelle les raisins sur l'égrappoir, les cinq autres pour égrapper et fouler), enfin, le dernier sert à la manutention des rafles. La durée moyenne des vendanges est de 15 jours.

Les écoulages sont faits après la vendange, lorsque le vin est *fin* et *froid*.

L'égalisage n'a pas lieu en même temps, comme à Château-Langoa. Il est fait lorsque les écoulages sont terminés. Voici, du reste, comment on opère :

Les cuves sont écoulées l'une après l'autre ; les barriques sont amenées au pied de la cuve et, après remplissage, roulées dans les chais, où elles forment un lot. Finalement, il y a autant de lots distincts qu'on a écoulé de cuves et chacun d'eux porte un numéro correspondant à celui de la cuve qui a servi à le constituer. On aura, par exemple, un lot n° 1 de 40 barriques provenant de la cuve n° 1, un lot n° 2 de 37 barriques fourni par la cuve n° 2, un lot n° 3 de 41 barriques formé par la cuve n° 3, etc.

Les marcs sont pressés, en même temps que se font les écoulages, après que l'on a laissé chaque cuve s'égoutter quelques heures. Pour ce travail, sur les maies-pressoirs *m*, on installe de petites presses à claie carrée : au centre d'une claie de fond se dresse la vis, dont la tête est enserrée par des fers T formant la base de la presse. Sur le bord et à l'un des angles de chaque pressoir est fixée une petite grue *f*. Le pressoir est roulé au-dessus de la cuve en déchargement et le marc est élevé dans des comportes que

Cuvier de Château-Malescot. — Fig. 4. — Vue du 1er étage. Cliché phototypographique fourni à l'auteur.

deux hommes remplissent dans la cuve et qu'ils attachent à la corde de la grue *f*. La comporte suit, par le fait du pivotage de la grue, la trajectoire *1* et vient se déverser sur le pressoir.

Le marc pressé sert à faire des piquettes pour les ouvriers du domaine.

Par ce procédé, on peut écouler facilement 3 cuves de 10 tonneaux en moyenne dans une journée, avec un personnel de quatorze hommes : sept au pressurage des marcs, deux au robinet de remplissage des barriques, deux au roulage des barriques dans le cuvier, deux à l'arrimage des barriques dans les chais, un surveillant. Les écoulages durent une quinzaine de jours.

Après les écoulages commence l'égalisage. Il consiste à remettre dans une cuve le vin contenu dans les barriques, en prélevant sur chaque lot une quantité de vin proportionnelle au nombre des barriques qui le constituent. Supposons que la cuve de mélange ait une capacité de 140 hectos et que l'on ait à égaliser 20 lots. Chacun d'eux fournira une quantité de vin proportionnelle à l'importance du lot et telle que la somme de toutes ces quantités égale la capacité de la cuve, c'est-à-dire 140 hectos. On obtient ainsi un ensemble, qui est définitivement mis en barriques. Pour éviter les pertes de temps, on prend pour l'égalisage deux cuves ; l'une se charge pendant que l'autre se vide, et *vice versâ*.

L'égalisage, tel qu'il est pratiqué à Château-Malescot, est compliqué. Il faut extraire des chais les barriques qui y ont été arrimées aux écoulages, reverser leur contenu dans une cuve, les remplir de nouveau et les rouler une deuxième fois dans les chais. Les écoulages sont évidemment plus rapides ici qu'à Château-Langoa, mais le temps gagné à la première opération est perdu à la deuxième, de telle sorte que le prix de revient doit être peu différent dans les deux cas.

Au cuvier est annexée, comme dans toutes les exploitations du Médoc, une tonnellerie. Les barriques sont toutes fabriquées sur place avec du merrain acheté par le propriétaire. Des ouvriers sont employés toute l'année à ce travail et doivent établir des futailles neuves pour loger la totalité de la nouvelle récolte. Une bonne barrique de 225 litres, établie avec des bois de choix, revient à 13 fr. environ.

Nous donnons ci-dessous le devis du cuvier de Château-Malescot, établi avec la série des prix des environs de Montpellier, qui nous a servi pour les devis des celliers de la région méditerranéenne. Il nous a semblé préférable d'adopter la même base de calcul, pour rendre les comparaisons plus faciles, quelle que puisse être, d'ailleurs, la différence entre la valeur réelle de la construction et la valeur ainsi calculée.

Cuvier de Château-Malescot. — Fig. 4. — Vue du 1er étage. (Photographie prise à Mouton-Rotschild).

Devis du cuvier de Château-Malescot

Numéros des détails	GROS ŒUVRE				CUVIER sans plancher	1er ÉTAGE
					fr. c.	fr. c.
18	Fouille en tranchée. Fondation des murs	84m3000, à . .	1f 19		99.96	
20	Maçonnerie de fondation.	même cube, à . .	10 »		840 »	
21	Maçonnerie en élévation.	275m3630, à . .	11 »		2281.18	750.75
22	Pierre de taille. Encadrement des ouvertures . . .	28 250, à . .	45 »		1271.25	
	— Dés de support des poteaux du plancher	2 750, à . .	45 »			123.75
25	Enduit à la chaux (sur les deux faces).	1102m2520, à . .	0 50		414.76	136.50
24	Dallage en ciment.	471 240, à . .	5 50		2591.82	
					7498.97	1011 »

	CHARPENTE					
31	Fermes assemblées	27m3280, à . .	95 »		2591.60	
32	Pannes.	8 323, à . .	85 »		707.45	
33	Chevrons.	1154m 000, à . .	0 60		692.64	
35	Plancher : 11 poutres	15m3768, à . .	100 »			1576.80
	— 34 lignes de solives . . .	19 584, à . .	100 »			1958.40
	— 22 poteaux	1 760, à . .	100 »			176 »
	— Plateaux et contre-fiches	1 012, à . .	100 »			101.20
					3991.69	3812.40

	COUVERTURE					
36 A	Voligeage en planches.	633m2360, à . .	1 70		1076.70	
30	Couverture en tuiles-canal.	même surface, à . .	2 90		1836.74	
					2913.44	

	AMÉNAGEMENT INTÉRIEUR					
36	Menuiserie. Parquet du 1er étage	316m2170, à . .	3 »			948.51
	Escalier double					320 »
22	Fermetures (compris ferrures, peinture, vitrerie) .	41m2500, à . .	20 »		830 »	
32	Support des cuves : murettes en pierres de taille .	34m3320, à . .	45 »		1544.40	
	— poutrelles en bois	15 540, à . .	85 »		1320.90	
	Voie ferrée du 1er étage ; 79m20 de fer méplat. . .	926k.000, à . .	0 21			194.46
					3695.30	1462.97

	VAISSELLE VINAIRE					
44	Cuves foncées, avec trappe.	3000 hectos, à . .	5 50		16500 »	
	Bondes hydrauliques	21 à . .	0 75		15.75	
					16515.75	

	MATÉRIEL VINAIRE					
	Pressoirs (maies de foulage). Deux pressoirs sur roues, à	400 »			800 »	
	— Deux petites grues, à.	150 »				300 »
	Egrappoir. Un égrappoir à grillage, à.	60 »			60 »	
	Grue pour l'élévation des douils					500 »
	Presses. Deux petites presses, de 0m80 de diamètre, à.	100 »			200 »	
	— Deux grandes presses, de 1m60 de diamètre, à.	500 »			1000 »	
					2060 »	800 »

Totalisation des détails

DÉTAILS	REZ-DE-CHAUSSÉE	1ᵉʳ ÉTAGE	TOTAL	PAR HECTARE cultivé
	fr. c.	fr. c.	fr. c.	fr. c.
Gros œuvre.	7498.97	1011 »	8509.97	85.10
Charpente.	3991.69	3812.40	7804.09	78.04
Couverture.	2913.44	» »	2913.44	29.13
Aménagement intérieur.	3695.30	1462.97	5158.27	51.58
Vaisselle vinaire.	16515.95	» »	16515.75	165.15
Matériel vinaire	2060 »	800 »	2860 »	28.60
	36675.15	7086.37	43761.52	437.60

Détails du cuvier pour un hectolitre de vin fin

VINIFIÉ DANS DES CUVES ÉCOULANT 10 TONNEAUX (90 HECTOS)

Surface nécessaire pour vinifier 1 hectolitre de vin fin, mesurée dans œuvre
(cuvier seul : $0^{m2}23562$)

		fr. c.
A	1° Valeur des fermes seules	1.2958
	2° Valeur des fermes et chevrons	1.9958
	3° Valeur de la couverture en tuiles-canal, sur voligeage	1 4567
	4° Valeur de la toiture complète (fermes et couverture).	3.4525
B	Valeur de l'appareil de levage (grue)	0.2500
C	Valeur des cuves, écoulant 10 tonneaux de vin fin (compris supports) . . .	9.6905
E	Valeur des pressoirs (maies de foulage) et de l'égrappoir.	0.5800
F	Valeur des presses (claies et appareils de serrage)	0.6000
I	Valeur du plancher du 1ᵉʳ étage et de son outillage.	3.5431
J	1° Valeur du bâtiment (cuvier à simple rez-de-chaussée ancien système) . .	7.6170
	2° Valeur du bâtiment (cuvier à étage nouveau système)	10.7602
	3° Valeur du cuvier ancien système, avec cuves et outillage	18.3375
	4° Valeur du cuvier nouveau système, avec cuves et outillage.	21.8807

La surface couverte nécessaire pour vinifier un hectolitre de vin fin (0^{m2},23562) est élevée. Ce résultat est dû, d'une part, à la faible capacité des vases vinaires et, d'autre part, à la largeur excessive des passages ménagés derrière les deux rangées de cuves. Ceux-ci ont, en effet, 1^m,30 de largeur, alors que 0^m,40 à 0^m,50 suffiraient pour la circulation des ouvriers et les réparations.

Pour faire ressortir la différence de prix entre un cuvier ancien système et un cuvier à étage (nouveau système), nous avons groupé, dans ce devis, sous la rubrique *1ᵉʳ étage*, les dépenses occasionnées par l'établissement du

plancher, par la surélévation des murs, indispensable pour la libre circulation des maies-pressoirs et pour le déversement des douils sur les pressoirs,
et par l'installation des appareils de levage. Elles atteignent la somme de
7.000 fr. en nombre rond, qui représente les frais supplémentaires de
construction du cuvier à étage.

Les cuviers nouveau système peuvent être plus commodes que les autres,
mais ils ne sont pas plus économiques, ainsi qu'il est facile de s'en rendre
compte, car l'économie de main-d'œuvre que l'on peut réaliser avec eux
ne représente pas l'intérêt, même à 3 p. 100, de la dépense supplémentaire
que nécessite leur établissement. En effet, dans les cuviers ancien système
de même importance, tels que celui de Château-Langoa, le personnel employé aux travaux de la vinification comprend quatorze ouvriers: cinq
fouleurs et deux transporteurs par pressoir (deux pressoirs en activité au
minimum). A Château-Malescot, le service est assuré par neuf ouvriers
seulement. Cinq fouleurs suffisent, grâce à la rapidité de vidange du pressoir (une maie reçoit le contenu des douils, pendant que la deuxième seule
sert au foulage). Il y a donc, pour 15 jours de vendange en moyenne, une
réduction de main-d'œuvre de $5 \times 15 = 75$ journées, correspondant à une
économie de 187 fr.,50 (la journée est payée 2 fr.,50), tandis que l'intérêt à
3 p. 100 de 7000 fr. vaut 210 fr. L'avantage n'est, par conséquent, pas en
faveur des cuviers à étage.

Le rendement d'un hectare de vigne étant, dans le Bordelais, moins
élevé que dans la région méditerranéenne, la valeur du cuvier par hectare
cultivé s'abaisse de ce fait, comme le montre la dernière colonne de la «totalisation des détails».

Le prix de revient de la construction du cuvier par mètre carré couvert,
non compris le matériel et la vaisselle vinaires, est de 45 fr.,66. La valeur
du cuvier complet est, par hectolitre de vin fin, de 21 fr.,88.

Nous avons établi également le devis de l'un des chais des vins nouveaux,
C par exemple. Le prix de revient de la construction ressort à 28 fr.,04
par mètre carré couvert et à 5 fr.,73 par hectolitre de vin fin logé dans des
barriques encarrassées en troisième, non compris la valeur des barriques
elles-mêmes qui atteint, ainsi que nous l'avons dit plus haut, 13 fr. par
barrique de 225 litres, soit 5 fr.,77 par hectolitre.

III. — LE CUVIER DU CHATEAU DES LAURETS

Cuvier nouveau système

FABRICATION DE VIN ROUGE (CRU BOURGEOIS)

C'est encore un cuvier à étage que nous trouvons au Château des Laurets, mais avec des dispositions particulières qui rendent le travail de la vendange plus rapide. Le domaine, appartenant à M. Deynaut, est situé dans le Saint-Emilionnais, sur la commune de Puisseguin, à 9 kilomètres au N.-E. de Saint-Emilion. Il est placé sous la direction intelligente de M. Rouleau. Le vignoble établi sur des terres de côtes a une superficie de 200 hectares. Détruit par le phylloxera, il a été reconstitué avec des cépages américains greffés. Les porte-greffes sont le Riparia, le Jacquez et l'Herbemont, les plants français sont le Cabernet, le Merlot et le Malbec (ou Noir-de-Pressac).

Le vin a tous les caractères des produits du Saint-Emilionnais; il est corsé, coloré, assez bouqueté et alcoolique. C'est un cru bourgeois estimé. La récolte a atteint 1000 barriques (250 tonneaux) en 1893 Une petite partie de la vendange est vinifiée en blanc.

La vendange est organisée comme dans le Médoc, mais la hotte en métal est remplacée par la *baste* (petite comporte en bois, correspondant au *banaston* du Languedoc), que les ouvriers portent sur la tête. Les vendangeuses, au nombre de cent, coupent les raisins dont elles remplissent des paniers en bois. Ceux-ci sont vidés dans les bastes que des hommes portent à la charrette, en station sur le chemin le plus proche. Il y a un porteur pour huit coupeuses environ. Une charrette est attelée de deux bœufs et chargée de deux douils. Chaque douil reçoit la valeur de deux barriques de vin.

Le cuvier est un bâtiment rectangulaire A (fig. 1 et 2), de 20^m,80 de longueur et de 18^m,25 de largeur, dans œuvre, orienté de l'est à l'ouest. La couverture en tuiles-canal sur voligeage est supportée par quatre fermes, d'une construction appropriée à cette grande portée (fig. 2) ; l'entrait est à 6^m,20 du sol et soutenu par deux colonnes en fer, laissant entre elles un passage central de 4^m,15. De chaque côté, sont rangées le long du mur cinq grandes cuves en bois $c\,c$, pouvant écouler 20 à 25 tonneaux. Elles sont portées par des poutres en bois et des murs de pierre. Leur fond est à

0^m,85 et leur bord supérieur à 3^m,60 du sol. Un plancher est établi de chaque côté, entre les murs de face et les lignes de colonnes de la couverture, à 3^m,05 de hauteur, B et B'. Les cuves le dépassent donc de 0^m,55 ; des découpures y sont pratiquées en conséquence. Les solives qui le composent

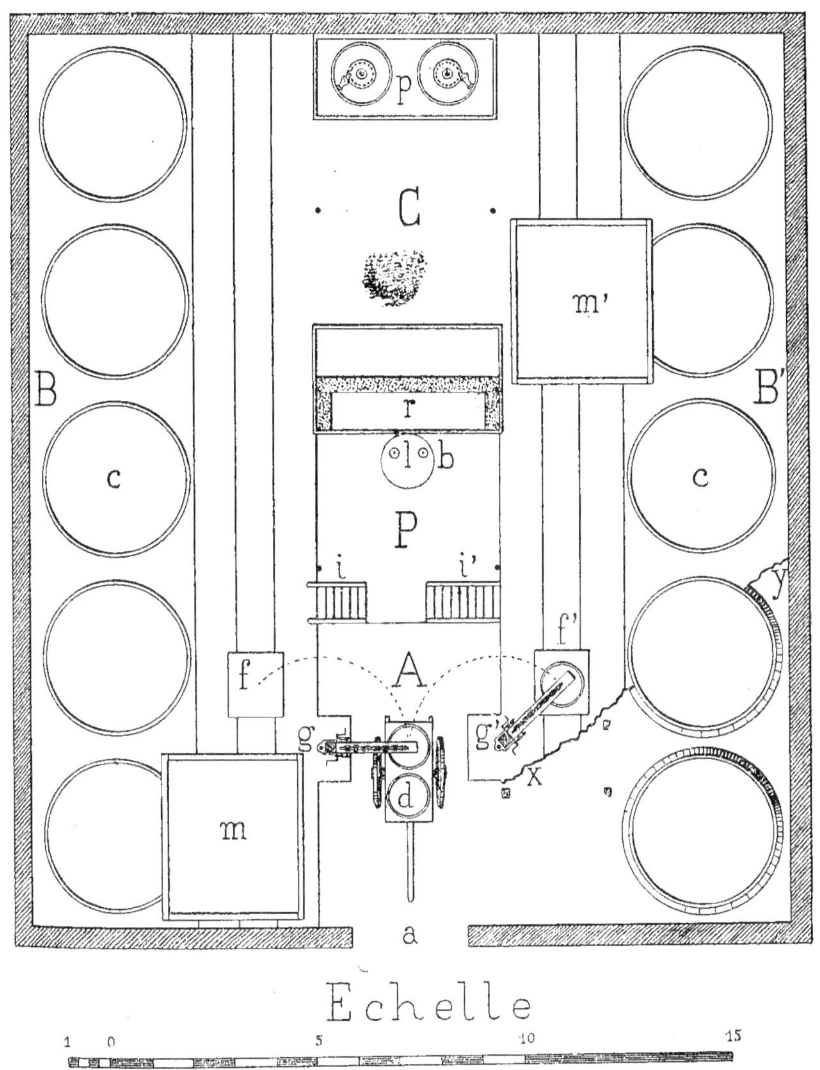

Cuvier du Château des Laurets.— Fig. 1.— Plan du bâtiment.

sont encastrées, d'une part, dans les murs, et soutenues, d'autre part, par des lambourdes qui reposent sur deux lignes de poteaux en bois, l'une en avant des cuves, l'autre à l'alignement des colonnes en fer. Une coupure xy du plancher (fig. 1) permet de voir l'emplacement des poteaux, que l'on aperçoit également en élévation sur la figure 2.

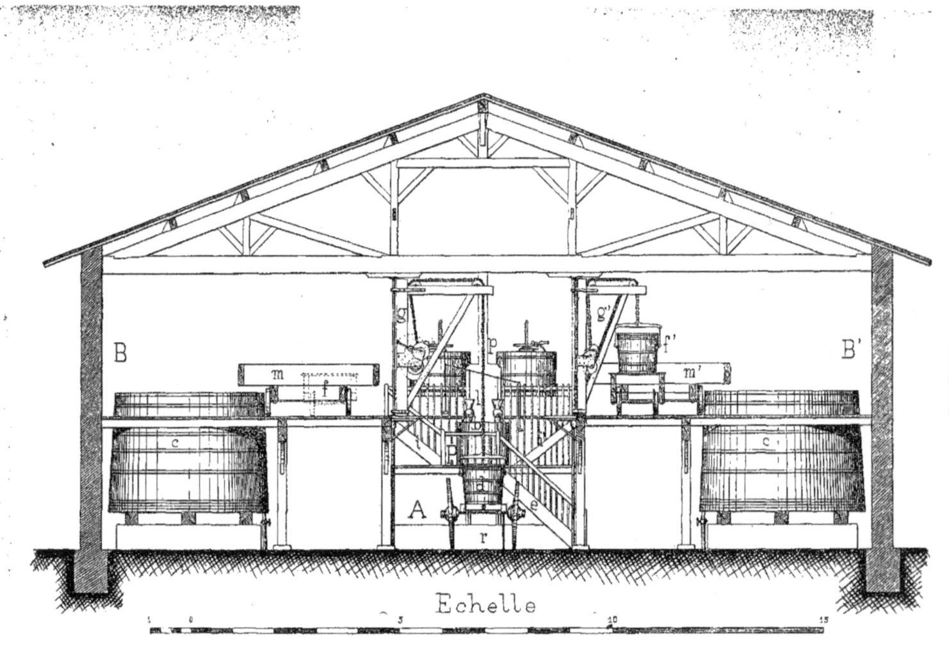

Cuvier du **Château des Laurets**. — Fig. 2. — Coupe transversale et élévation du bâtiment.

Sur chacun de ces planchers est établie une double voie ferrée : l'une à l'écartement de 1ᵐ,90, l'autre à l'écartement de 0ᵐ,77 ; ces deux voies ont un rail commun, il n'y a donc en tout que trois rails parallèles. La première sert au déplacement des *pressoirs* (maies de foulage) m m', la seconde au roulement des chariots $f f'$ pour le transport des douils, qui sont élevés par les grues g g'. Celles-ci sont installées de chaque côté, en bordure du plancher, et pivotent autour des colonnes de soutien de la première ferme.

Au fond du cuvier, ces planchers longitudinaux sont réunis par un plancher transversal C sur lequel sont installées deux presses Mabille à claie circulaire p.

Au milieu du bâtiment se trouve une plate-forme P, à 1ᵐ,90 au-dessus du sol, sur laquelle on monte par un escalier e. On accède de là au premier étage par un double escalier $i i'$. Sur cette plate-forme est installé un bac b, jaugeant à peu près 1 mètre cube, dans lequel sont fixées deux pompes aspirantes élévatoires l. Leur tuyau d'aspiration plonge dans une citerne en maçonnerie r creusée en contre-bas du sol ; on en aperçoit une portion sur la figure 1, entre la plate-forme P et le plancher C (la margelle apparaît d'ailleurs en r sur la fig. 2, derrière les roues de la charrette). Cette citerne est en communication avec chaque cuve par une conduite en plomb souterraine, qui sera utilisée pour les égalisages, comme il sera dit plus loin.

Une porte a, de 2ᵐ,80 de largeur, dans le mur est, sert à l'entrée des charrettes. Le jour est donné au-dessus des planchers par une imposte et par deux châssis vitrés placés dans la couverture.

Sur le plancher est installé un réservoir d'eau qui alimente deux tuyautages fixés le long des murs pour le lavage des cuves et le nettoyage du cuvier.

Au fond, faisant suite au bâtiment A, sont construits deux chais (ils n'ont pas été représentés sur le plan). Chacun d'eux a environ 20 m. de longueur et même largeur que le cuvier. Les barriques y sont encarrassées en deuxième.

Lorsqu'une charrette, chargée de deux douils, arrive au cuvier, elle y est introduite par reculement (fig. 1). L'une des grues, g' par exemple, enlève le premier douil et, après pivotage, le dépose sur le chariot f', chargé de le conduire à la maie de foulage m' qui, grâce à cet intermédiaire, reste en station devant la cuve pendant toute la durée du remplissage. Pendant ce temps, la grue g enlève le deuxième douil et l'amène de la même façon sur le chariot f, qui dessert le pressoir m. S'il n'y a qu'une seule cuve en chargement, la même grue (g ou g', suivant le cas) élève les deux douils l'un après l'autre. Un seul homme suffit à la commande de la grue ; il monte un douil en moins de deux minutes. La multiplication de l'effort par le mécanisme de la grue est 41,14. Le même ouvrier roule le chariot jusqu'au pressoir, où les quatre hommes employés au foulage lui aident à déverser sur la maie le contenu du douil. Le douil est basculé sur le rebord du pressoir qui dépasse de 0^m,25 le niveau de la plate-forme du chariot. La moitié de la vendange est égrappée à la machine et la totalité est foulée aux pieds. Quand le broyage est jugé suffisant, les raisins et le moût sont précipités dans la cuve par un trou pratiqué au fond de la maie, qui est légèrement inclinée du côté des cuves.

Les cuves ne sont pas foncées; elles sont ouvertes à leur partie supérieure. La fermentation a lieu à chapeau noyé. Dans ce but, aussitôt que la cuve est chargée, on dispose sur la vendange des claies en bois, qui sont maintenues en place par un soliveau transversal et deux cales. Ce procédé est d'une grande simplicité.

Dans le Saint-Emilionnais, la durée du cuvage est très variable suivant les domaines, depuis cinq ou six jours jusqu'à cinq ou six semaines. Chaque Château a sa tradition. Au Château des Laurets, on laisse cuver un mois. Les écoulages n'ont donc lieu qu'après les vendanges. A ce moment-là, on met les trois cuves remplies les premières simultanément en communication par les conduites souterraines en plomb avec la citerne de coupage r, d'une contenance de 420 hectos environ. Toutes les cuves ayant même capacité et étant placées à des distances à peu près égales de la citerne r, la conduite en plomb de chaque cuve doit débiter sensiblement la même quantité de vin dans un temps donné. L'égalisage se trouve ainsi effectué pour ces trois cuves rapidement et avec une précision suffisante. De la citerne, le vin est élevé par les deux pompes l dans le bac b et distribué sur six barriques à la fois. Il forme un premier lot.

Pendant que se fait le remplissage des barriques, une partie du personnel employé au cuvier commence à sortir le marc des trois cuves écoulées, pour le pressurage. Son transport de la cuve aux presses Mabille p a lieu au moyen des *pressoirs* roulants (maies de foulage) $m\,m'$. Le marc est donc jeté à la pelle sur les pressoirs, qui sont amenés ensuite à côté des presses. Celles-ci sont de petites dimensions; la cage n'a que 1^m,40 de diamètre. Aussi faut-il faire trois pressées pour le marc de chaque cuve. On ne pratique pas de recoupage.

On procède de la même manière pour l'écoulage et le pressurage des autres cuves et on constitue autant de lots de vin distincts que l'on a fait d'écoulages successifs.

Lorsque l'on en est arrivé à l'écoulage du dernier groupe de cuves, on prélève sur chaque lot précédemment formé une proportion de vin calculée d'après l'importance du lot, que l'on remet dans la citerne r, en même temps que les dernières cuves y écoulent une partie de leur contenu. Ces trois dernières cuves sont ainsi vidées par fraction dans la citerne, que l'on achève de remplir, chaque fois, avec une fraction des lots en barriques, et on obtient un coupage général qui est définitivement mis en fûts et logé dans les chais, pendant que, au-dessus du plancher, on presse le marc des dernières cuves.

Le cuvier du Château des Laurets est organisé pour conduire plus vite et à moins de frais les opérations de la vendange et de la vinification. Les écoulages surtout sont plus rapides, grâce à la citerne de coupage et à l'emploi des pompes. Mais il y a lieu de faire des réserves sur quelques détails de l'installation. L'entrée des charrettes dans l'intérieur du bâtiment est à condamner, alors même que l'emplacement est suffisant et la manœuvre facile, car c'est là une cause incessante de malpropreté. En outre, il eût été plus économique, et sans inconvénient pour la rapidité de la vendange et la commodité des écoulages, de diminuer la largeur du cuvier, de rapprocher les deux rangées de cuves, en ne laissant subsister au milieu qu'un seul passage de service et de faire développer les deux grues à l'extérieur du bâtiment. Enfin, les deux presses auraient pu être installées sur les pressoirs, comme cela a lieu dans la plupart des installations du Bordelais, ce qui eût simplifié les opérations du pressurage et supprimé l'emplacement occupé par les presses fixes. Quant aux chariots transporteurs de douils *f* et *f'*, qui paraissent une complication inutile, puisque les maies-pressoirs sont mobiles et qu'elles pourraient être amenées à proximité de la grue pour recevoir directement le contenu des douils, ils ont l'avantage de ne pas déranger de leur travail les ouvriers employés au foulage des raisins ; un seul homme suffit, en effet, pour rouler l'un de ces chariots chargé d'un douil, tandis qu'il faudrait faire descendre du pressoir plusieurs hommes pour déplacer la maie-pressoir elle-même, ce qui augmenterait les pertes de temps.

La surface couverte nécessaire pour vinifier un hectolitre de vin fin dans des cuves écoulant 25 tonneaux s'élève à $0^{m2},16871$.

Le cuvier et les chais du Château des Laurets ont coûté 50.000 fr., non compris la vaisselle vinaire.

IV.— LE CUVIER DE CHATEAU-ARNAUD-BLANC

Installation mécanique à vapeur

FABRICATION DE VIN ROUGE (VIN DE PALUS)

Les vignobles de palus sont, comme il a été dit précédemment, les plus productifs du Bordelais. Aussi leurs cuviers sont-ils plus importants et ressemblent-ils davantage aux celliers du Languedoc, dont ils reproduisent les puissantes installations mécaniques. Celui de Château-Arnaud-Blanc peut être donné comme un type.

Le domaine d'Arnaud-Blanc est situé sur la commune de Margaux (Médoc). Les propriétaires actuels, MM. de Boissac, Déroulède et Couve, ont substitué aux prairies qui constituaient autrefois la propriété un superbe vignoble de 50 hectares soumis à la submersion. Les vignes, plantées suivant la méthode et avec les cépages du pays, sont en pleine production et donnent des récoltes moyennes de 50 à 60 hectolitres à l'hectare. La récolte de 1888 a même dépassé 400 tonneaux et celle de 1893 s'est élevée à 570 tonneaux. Le vin est délicat et parfumé. C'est un bon ordinaire.

M. Alexandre Feuillerat a la gérance de ce domaine, en même temps que celle de Château-Malescot.

La vendange a lieu par les procédés en usage dans le Médoc. Les raisins sont transportés par douils jusqu'au cuvier. Une charrette est généralement chargée de trois douils.

Le cuvier est un grand bâtiment rectangulaire A (fig. 1 et 2), de 67^m,20 de longueur et de 13^m,10 de largeur dans œuvre, orienté du nord au sud. La couverture, en tuiles-canal sur voligeage jointif, est supportée par 14 fermes à entrait retroussé et à tirant en fer. Le sol est en terre battue. Ce bâtiment abrite 28 cuves en bois foncées c pouvant écouler chacune 22 tonneaux en moyenne. Elles sont soutenues par des poutres en bois et des murettes en pierre et distribuées sur deux lignes, laissant entre elles un passage central de 4 m.

Précédant le cuvier, se trouve en B (fig. 1) la machinerie. Elle renferme une maie-pressoir en ciment m, un fouloir-égrappoir à vapeur e, deux pompes à vin l mues par la vapeur (une pompe centrifuge Dumont et une pompe Coq à piston) et deux presses à engrenages, à vapeur, du système Coq p. Le sol de cette salle est au même niveau que celui du cuvier. Pour le déchargement, les charrettes qui transportent les douils s'engagent par une petite rampe dans le passage couvert C, surélevé de $0^m,70$ par rapport au sol intérieur et aux chemins d'accès. Elles entrent par une porte a et sortent du côté opposé b. Elles s'arrêtent à hauteur de la maie m, sur laquelle les douils sont vidés. La manutention des douils est faite au moyen d'une poulie différentielle commandée par vis sans fin, qui est suspendue à une potence, dont l'axe de rotation apparaît en g. La ligne pointillée l indique le cercle que peut décrire la poulie pour amener les douils de la charrette sur la maie et *vice versâ*.

Une distribution d'eau permet de faire dans le cuvier et dans la machinerie tous les lavages nécessaires.

Pendant les vendanges, la locomobile qui commande ces divers appareils est installée dans la pièce D, où se fait en même temps le rinçage des barriques. La force du moteur est de 8 chevaux. En E se trouve la tonnellerie et en F et G sont aménagés des logements : l'un pour le maître de chai, l'autre pour un vigneron.

Le chai, remarquable par ses grandes dimensions, est construit contre le mur est du cuvier (H fig. 1, 2 et fig. 3). C'est un immense bâtiment, de 64 m. de longueur et de $26^m,70$ de largeur, ayant une surface couverte de $1708^{m2},80$. Les fermes sont dirigées perpendiculairement à celles du cuvier. La toiture forme quatre travées parallèles orientées, par conséquent, de l'est à l'ouest. Un plancher, plafonné en dessous, s'étend sur toute la surface du chai, à $3^m,20$ de hauteur. Le plancher et le plafond sont soutenus par cinq lignes de poutres dirigées dans le sens de la plus grande longueur du bâtiment et supportées elles-mêmes par 45 colonnes en fonte. Le sol est en terre battue. On pénètre dans le chai par une porte qui s'ouvre sur la pièce D et par deux portes qui donnent sur le cuvier A. Des fenêtres sont percées pour l'éclairage et l'aération dans le mur extérieur est. Des ouvertures sont ménagées dans le plafond et permettent de faire communiquer le chai avec les combles, selon les nécessités de la température ou de la fermentation des vins nouveaux.

Les barriques sont rangées en lignes parallèles de l'est à l'ouest. Il y a quatre rangées de barriques entre chaque rangée de colonnes, le chai peut donc loger 40 rangs de barriques. Sur sole, chaque rang est de 36 barriques, ce qui donne pour tout le chai 1440 barriques; mais on peut les encarrasser en deuxième et même en troisième, et on aurait ainsi, dans le premier cas, 2840 barriques, et 4200, dans le second cas. La figure 2 et la vue photographique (fig. 3) les représentent disposées sur un rang et demi, pour la commodité des ouillages. Les barriques en sole reposent sur des tins en bois. Pour la surveillance et les manutentions, un passage de $1^m,12$ à $1^m,15$ est ménagé de deux en deux rangs et une allée de $2^m,15$ réunit transversalement tous ces passages, en tête des rangées de barriques. Sur la figure 1, on n'a représenté que les quatre premières rangées.

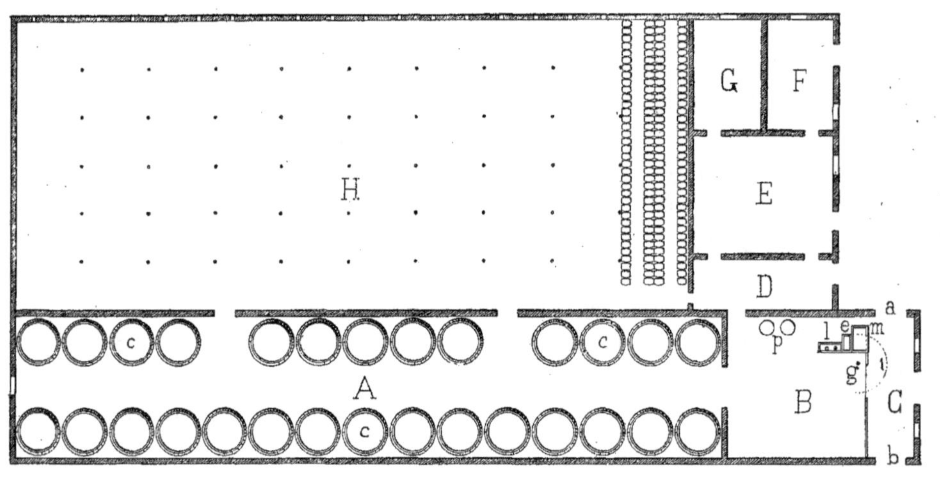

Cuvier de Château-Arnaud-Blanc.— Fig. 1.— Plan des bâtiments.

Ces bâtiments ont été construits sur les plans de M. Garros, architecte.

Revenons maintenant à la manutention de la vendange. Les douils chargés de vendange sont culbutés sur la maie *m* par l'appareil de levage et replacés vides sur la charrette, qui repart pour la vigne. Les raisins sont pris à la pelle et introduits dans le fouloir-égrappoir *e*, légèrement en contre-bas de la maie *m*. L'égrappoir est entouré d'une toile métallique à mailles serrées, qui retient les rafles entières ou les débris trop volumineux de celles-ci, capables de faire obstacle au fonctionnement régulier de la pompe. Les rafles rejetées par l'appareil sont enlevées à la pelle ; les grains écrasés et le moût tombent dans le puisard des pompes *l*. Celles-ci ne marchent généralement pas toutes deux à la fois. La pompe centrifuge est prête à entrer en mouvement s'il arrivait quelque accident à l'autre ou s'il se produisait un engorgement. La vendange est refoulée par la pompe à piston dans un tuyautage métallique de 0^m,07 de diamètre, qui la conduit dans les cuves *c* du cuvier A. Ce tuyautage est démontable : on ajuste les uns au bout des autres le nombre de

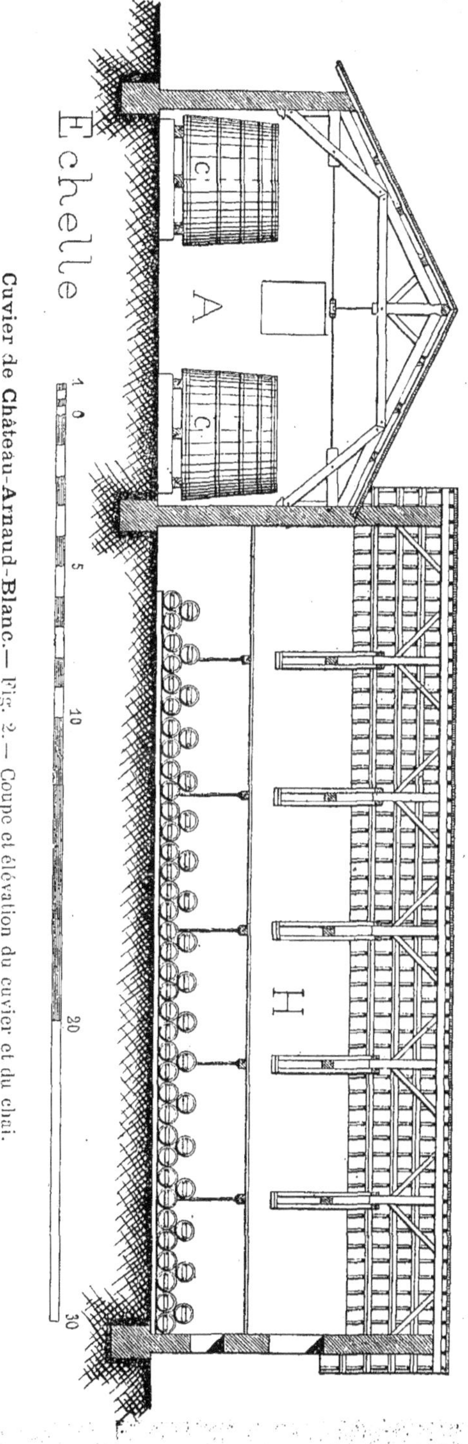

Cuvier de Château-Arnaud-Blanc.— Fig. 2.— Coupe et élévation du cuvier et du chai.

tuyaux nécessaires pour atteindre la cuve en chargement. Grâce à cette installation mécanique, la main-d'œuvre se trouve réduite au minimum. Le service de la vendange est assuré par 5 ouvriers seulement dans le cuvier. La fermentation se fait en vase clos.

Les écoulages ont lieu au bout de trois semaines à un mois. Chaque cuve forme un lot de barriques distinct, auquel on donne un numéro. Chaque lot est placé dans le chai sur un rang. On a donc finalement autant de lots et autant de rangées de barriques que l'on a écoulé de cuves. Le marc de chaque cuve est asséché par les pressoirs à vapeur Coq p. Les paniers des presses montés sur roues sont roulés dans le cuvier sur voie Decauville et amenés au pied de la cuve en déchargement, puis, après remplissage, replacés sous l'appareil de serrage. Le diamètre des claies est de $1^m,24$ et leur hauteur de 1 m. Chaque panier cube donc $1^{m3},20$.

Les égalisages sont effectués par le procédé suivi à Château-Malescot, mais ils sont menés plus rapidement grâce à l'emploi des pompes. L'opération consiste à reverser dans le puisard des pompes une certaine quantité de vin prélevée sur chaque lot, proportionnellement à l'importance de celui-ci. Un rayonnement de canaux en fer-blanc, placés entre des solives reposant sur le sol, permet de vider plusieurs barriques à la fois. Le mélange de tous ces vins constitue évidemment un ensemble régulier, qui est refoulé par l'une des pompes dans une cuve laissée vide à cet effet. Lorsque le coupage est fait et la cuve pleine, les barriques sont remplies au robinet de cette cuve et ramenées dans le chai. Pour gagner du temps, on affecte aux égalisages deux cuves. L'une est remplie par la pompe, pendant que l'autre se vide dans les barriques. On évite ainsi tout encombrement et le travail est rapide. On peut égaliser 400 barriques par jour, 600 même au besoin, avec 16 ouvriers.

Le vin, dans le chai, est l'objet des mêmes soins que nous avons précédemment énumérés: soutirages, ouillages, etc.

La particularité la plus digne d'attention dans ce cuvier est l'application de la pompe à l'élévation de la vendange, après séparation de la rafle seule, disposition qui remplace les procédés habituellement employés, tels que rampe, grue, treuil, etc. C'est un système d'élévation qui peut prendre place à la suite de ceux que nous avons décrits avec détails pour la région méditerranéenne.

Cuvier de Château Arnaud-Blanc. — Fig. 35. — Vue intérieure du chai.

V. — LES CHAIS DU CHATEAU D'YQUEM

FABRICATION DE VIN BLANC (CRU HORS LIGNE)

La réputation des vins blancs du pays de Sauternes est universellement justifiée par leur merveilleuse couleur, par leur limpidité, leur parfum et leur bouquet. Ils possèdent un ensemble de qualités que l'on ne retrouve dans aucun autre vin et qui les ont fait classer les premiers vins blancs du monde. A leur tête se place le vin du Château d'Yquem, dont la supériorité est indiscutable. La célébrité de ce grand cru n'est pas très ancienne. Mais elle a pris, depuis quelques années, des proportions telles que ses vins atteignent des prix fabuleux.

Le Château d'Yquem est situé dans la commune de Sauternes, à 6 kilomètres au S.-O. de Langon (Gironde). Il appartenait autrefois à la maison de Sauvage d'Yquem, mais il a été transmis en 1785 aux seigneurs de Lur-Saluces et il est aujourd'hui la propriété du marquis de Lur-Saluces. La gérance en est confiée aux soins éclairés de M. Emile Garros. La superficie totale du domaine est de 173 hectares, celle du vignoble de 90 hectares. Les vignes, plantées exclusivement avec des cépages blancs, le Sémillon et le Sauvignon (1/5), couvrent les coteaux de la rive droite du Ciron. Elles sont défendues contre les attaques du phylloxera par des traitements au sulfure de carbone dissous et au sulfure injecté avec le pal. Tantôt la plantation est faite par groupes de deux lignes espacés de 2 m. (ancienne plantation), tantôt elle est faite par groupes de trois *règes*, distantes de $1^m,50$, séparés les uns des autres par un intervalle de 2 m. utilisé pour le transport, à l'aide de bœufs, des terres et du fumier (nouvelle plantation). Sur la ligne, les ceps sont à $0^m,90$ d'écartement. Il y a, dans le premier cas, 7.000 pieds à l'hectare, et 6.666 dans le second cas. Les vignes sont cultivées par des *prix-faiteurs*. Les frais de culture s'élèvent, depuis le phylloxera et les nouvelles maladies cryptogamiques, à 1.800 ou 2.000 fr. par hectare.

Le rendement moyen d'un hectare de vignes, calculé pour une période de 20 années, n'excède pas un tonneau (9 hectos, 12). Mais la valeur moyenne du vin atteint 3.000 fr. le tonneau.

Les vendanges sont faites par le personnel du domaine et par les habitants des communes voisines. Elles sont conduites d'une façon spéciale. La cueillette des raisins a lieu successivement, au fur et à mesure qu'ils ont atteint le point de maturité voulu. Ce degré de maturité est marqué par l'apparition, sur les grains, de moisissures (*Botrytis cinerea*), dont la présence est considérée comme un des facteurs les plus importants de la qualité du vin. Parfois, les grains sont détachés un par un. Le ramassage de la récolte comprend ainsi une série de cueillettes constituant chacune une *trie*. La première trie donnera les meilleurs vins, dits *vins de tête;* la deuxième, la plus abondante, produira, suivant les années, soit des vins que l'on classe avec la *tête,* soit des vins qui, réunis à ceux des tries suivantes, forment les *vins de centre;* enfin, une dernière trie, qui, dans les grands crus, ne doit jamais constituer qu'une petite fraction de la récolte, donnera la *queue.* Les opérations de la vendange s'échelonnent sur une période d'un mois, de fin septembre aux premiers jours de novembre, le vin de tête provenant, en général, des raisins cueillis avant le 10 octobre. On conçoit que le produit de la cueillette varie énormément suivant les années et suivant les tries. En 1893, 160 vendangeurs n'ont fait, au début, que la valeur d'une barrique de vin par jour; les mêmes ont pu faire, à la fin, jusqu'à 15 tonneaux dans le même temps.

Les grappes ou les grains sont détachés par les coupeuses à l'aide de sécateurs ou de ciseaux et mis dans des *baillots* (petit récipient de forme tronconique, de 15 litres de capacité). Les baillots sont déversés dans des comportes, contenant environ 60 litres, qui sont portées en dehors de la vigne par deux hommes. Une longue barre traverse la comporte pour la commodité du transport. Les comportes sont à leur tour vidées dans les douils placés par deux ou par trois sur des charrettes, attelées avec des bœufs, en station dans le chemin le plus proche. Un douil de vendange donne en moyenne une barrique de vin, mais ce rendement varie beaucoup avec la qualité de la vendange. Le rapport du nombre des porteurs au personnel des coupeuses dépend de l'importance de la trie.

Les bâtiments du Château d'Yquem sont groupés autour d'une cour centrale, dans laquelle on pénètre, venant du dehors, par un passage couvert. Ils comprennent (fig. 2 et 3) une salle de presses A, un chai d'égalisage B, deux grands chais de conservation C et D et une série de pièces ayant reçu diverses affectations : en E se trouve le bureau du gérant, précédé d'un vestibule et d'une chambre noire; en L, le bureau du maître de chai. Les autres locaux F G H I J concernent le service des bouteilles et de l'expédition, comme il sera dit plus loin.

La salle des presses (fig. 1 et A fig. 2 et 3) est un appentis de 50^m,50 de longueur et 6^m,75 de largeur, dans œuvre, occupant un des longs côtés de la cour et orienté du nord-ouest au sud-est. On y pénètre par la porte *a,* en descendant deux ou trois marches. Le sol est cimenté. Un plafonnage en plâtre, établi à 3^m,20 de hauteur seulement, isole le bâtiment de la couverture. Six ventouses sont ménagées dans le plafond pour l'aération. Le long du mur extérieur sont rangés onze grands pressoirs *p,* desservis chacun par une fenêtre s'ouvrant sur la cour, à l'exception du premier et du

Chais du Château d'Yquem. — Fig. 4. — Vue intérieure de la salle des presses.

dernier. Dix de ces pressoirs sont à engrenages, avec levier à encliquetage
pour donner la dernière pression. Ils ont été construits par la maison Primat, de Bordeaux. Le onzième est un pressoir Marmonier à levier différentiel. La maie de ces pressoirs est en bois ; elle repose, par l'intermédiaire

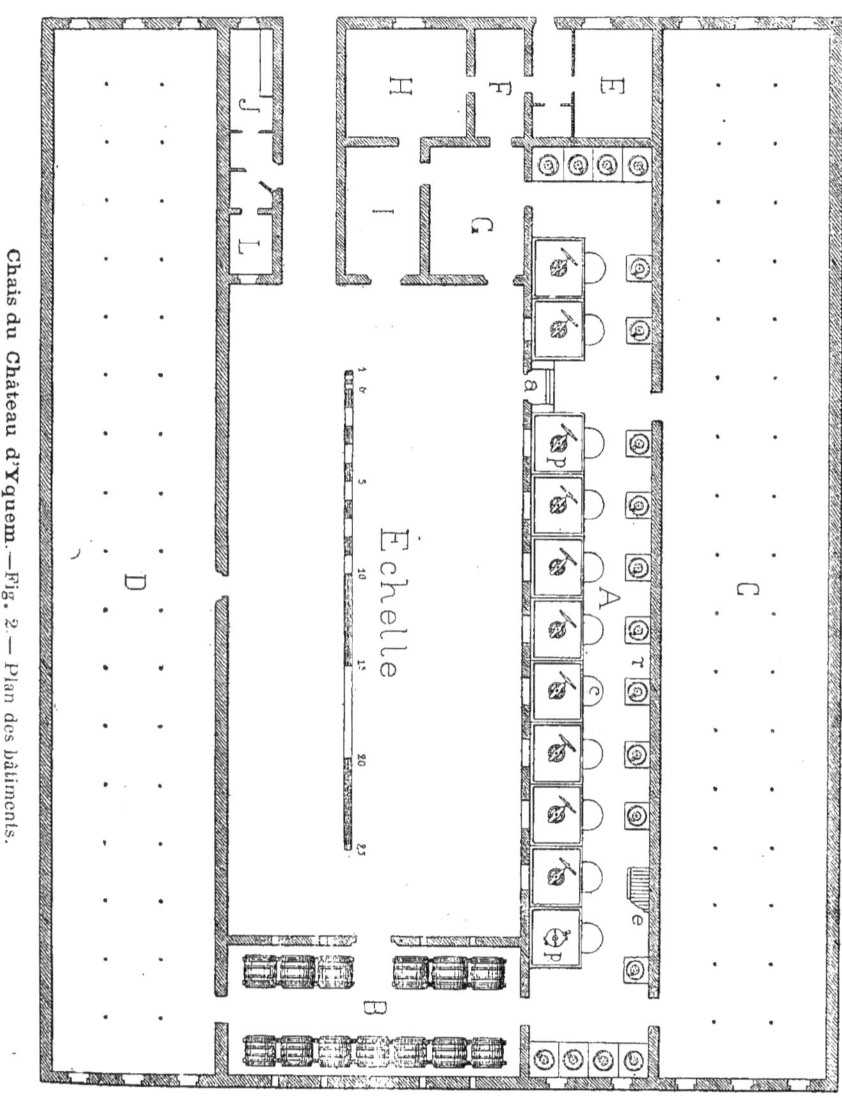

Chais du Château d'Yquem.—Fig. 2. — Plan des bâtiments.

de poutres, sur un massif en pierres, de telle sorte que son bord supérieur
se trouve à 1^m,20 de hauteur, au niveau du seuil de la fenêtre. La maie a
2^m,60 de côté, la vis 0^m,11 de diamètre. Au pied de chaque pressoir est
creusée une fosse c, de forme demi-circulaire, encadrée de briques, de 0^m,32

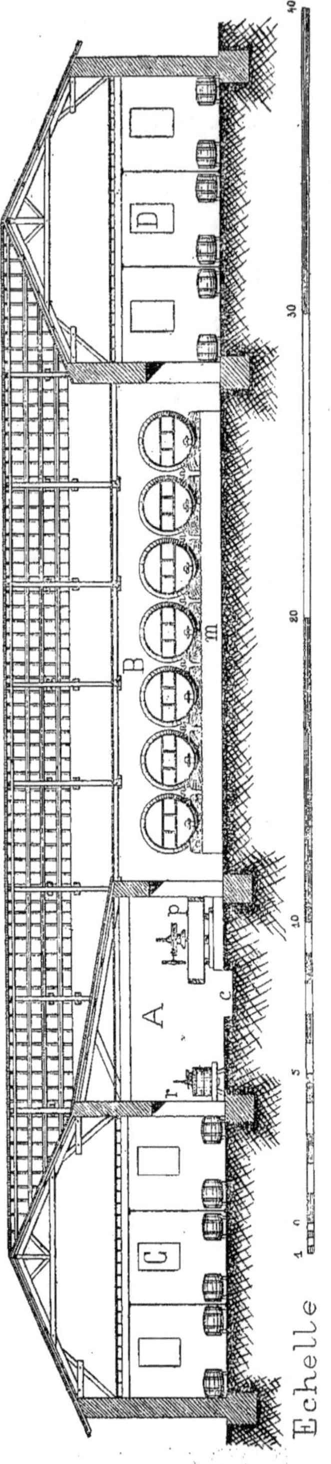

Chais du Château d'Yquem.—Fig. 3. — Coupe et élévation des bâtiments.

de profondeur, dans laquelle on loge un cuvier en bois. Ce puisard est habituellement recouvert par un plancher.

Contre le mur opposé et contre les murs extérieurs sont installés dix-huit pressoirs plus petits *r*, à claie circulaire et à levier différentiel Mabille, portés par des pieds en bois. La cage n'a que 0^m,90 de diamètre et la vis est de 0^m,08. La pression exercée sur le gâteau par centimètre carré est plus élevée à cause de la réduction de la surface pressée.

Les chais C et D sont parallèles à la salle des presses A et occupent toute la longueur du bâtiment; l'un C est construit à côté des pressoirs, l'autre D est en bordure de la cour, du côté opposé. Ils sont en tous points semblables. Chacun d'eux est un rectangle de 56^m,90 de longueur sur 9^m,40 de largeur, éclairé par trois fenêtres dans chaque pignon. Les murs de façade ont 5^m,25 de hauteur et 0^m,67 d'épaisseur; ils supportent dix-sept fermes à entrait retroussé. La couverture est en tuiles-canal sur voligeage. Un plancher est établi à 3^m,75 de hauteur. Il est supporté par 24 lignes de solives, qui reposent elles-mêmes sur 17 poutres, soutenues par deux rangées de colonnes en fonte. Celles-ci ont 0^m,10 de diamètre. Un plafond en plâtre est appliqué en dessous des solives. On accède au-dessus du plancher par l'escalier *e* installé dans la salle des presses A. Le plancher avec plafonnage, laissant au-dessus un grenier de grande capacité, et la forte épaisseur des murs maintiennent dans le chai une température moyenne convenable. Toutes les ouvertures sont, en outre, pourvues de doubles fermetures. Le sol est sablé. Les barriques sont réparties sur six rangs. Elles reposent sur des tins en fonte, à 0ᵐ,10 ou 0ᵐ,15 du sol. Trois passages, de 1ᵐ,10 de largeur, servent pour le service et la surveillance. Ils sont reliés aux deux bouts et à hauteur de la porte d'entrée par des allées transversales. Chaque chai peut renfermer 460 barriques en sole.

La salle des presses A est reliée au chai D par un bâtiment B formant le fond de la cour et meublé de foudres pour les égalisages. Il mesure 16ᵐ,40 sur 7ᵐ,20. La construction du bâtiment lui-même est identique à celle des chais C et D. Les foudres, au nombre de treize, sont supportés par des chantiers en bois et des murs en pierres *m*. Sept ont une capacité moyenne de 16 barriques (36 hectolitres). Les six autres jaugent 20 barriques (45 hectolitres). Ils sont tous pourvus d'un robinet avec raccord à vis, auquel on peut adapter une rampe en cuivre qui les réunit les uns aux autres. Un passage central de 2ᵐ,40 de largeur sépare les deux rangées de foudres. Une grande porte s'ouvre sur la cour, et des fenêtres distribuées dans les deux murs de façade donnent du jour et de l'air.

A leur arrivée de la vigne, les charrettes chargées de douils pénètrent dans la cour et viennent se ranger devant les fenêtres de la salle des presses. Les douils sont basculés sur la maie d'un pressoir, qui peut recevoir le contenu de huit. La vendange est d'abord foulée aux pieds par quatre hommes, puis, lorsqu'elle est suffisamment égouttée, elle est relevée en motte, sans claie, autour de la vis. On donne une première pressée. Elle est suivie d'un retaillage, auquel succède une deuxième pressée. Un second retaillage et une troisième pressée terminent le travail de la journée. Le lendemain matin, le marc est éparpillé à la fourche, bien émietté et jeté ensuite dans la claie des petits pressoirs. Deux petits pressoirs sont nécessaires pour recevoir le marc d'un grand. On donne une forte pressée. Deux autres pressées suivent, séparées les unes des autres par des émiettages. En règle générale, le pressoir est constamment en activité : un émiettage succède à un pressurage, et ainsi de suite. La vendange reste 24 heures sur un grand pressoir et le même temps sur les deux petits pressoirs correspondants. Après ces multiples opérations, le marc bien asséché est abandonné aux paysans.

Le moût qui s'écoule des grands pressoirs est recueilli dans les cuviers logés au fond des fosses *c*. Il est transporté dans les chais et mis en barriques au moyen de bassines et de comportes. Le moût des petits pressoirs est également reçu dans des récipients appropriés et réuni au précédent.

Le nombre des pressoirs en activité varie beaucoup avec l'importance des tries et l'abondance de la récolte. Lorsque la cueillette est rapide, les pressoirs sont presque tous en chargement à la fois : six hommes sont occupés toute la journée à la réception, au foulage de la vendange et au service des pressoirs ; le soir, on fait l'écoulage général avec 45 hommes environ.

La fermentation a lieu dans les barriques. Le premier soutirage est effectué en janvier; les suivants sont faits en avril, juin et septembre. Le transvasement des vins est toujours pratiqué au moyen du soufflet ou d'une pompe à air. Les ouillages sont renouvelés tous les huit jours.

Les égalisages ne sont faits qu'après la vente, c'est-à-dire au bout d'un an ou deux. Ils sont conduits de la façon suivante : on divise la récolte généralement en cinq parties égales, ce qui est facile, puisque l'on connaît le nombre des barriques qui la composent. Si, par exemple, la récolte est de 500 barriques (125 tonneaux), on forme 5 lots de 100 barriques. Les 100 barriques du premier lot sont transvasées, au moyen d'une pompe à air, dans le nombre de foudres nécessaires pour recevoir leur contenu (soit 4 foudres de 36 barriques). Ce remplissage des foudres a lieu dans n'importe quel ordre. Puis ces 4 foudres sont réunis les uns aux autres par la rampe en cuivre adaptée aux robinets, et on remplit de nouveau les barriques en ouvrant un seul robinet sur la rampe. Le vin se rend des 4 foudres à la fois vers cet unique orifice et le mélange constitue un premier égalisage. Les 100 barriques ainsi remplies forment un premier lot d'une même qualité. On opère de la même manière pour les quatre autres lots de barriques et, après ce premier égalisage, on n'a plus en définitive que cinq qualités distinctes, alors qu'auparavant chaque barrique pouvait avoir une valeur différente.

Pour obtenir une qualité unique, on procède à un deuxième égalisage, en prélevant sur chaque lot une même quantité de vin et en mélangeant par cinquième ces vins dans les foudres. Si, par exemple, sur chacun des cinq lots obtenus par le premier égalisage, on prend 20 barriques, on formera par leur mélange 100 barriques d'un vin uniforme, et il suffira de faire la même opération, jusqu'à épuisement des lots, pour avoir en définitive un produit régulier.

Ces manipulations sont en apparence compliquées et longues. On peut cependant faire ces égalisages assez rapidement, en remplissant un groupe de foudres, pendant que l'on vide à côté le groupe précédemment rempli, et ainsi de suite.

Le vin du Château d'Yquem est presque toujours livré en bouteilles, avec des bouchons estampés, ce qui lui assure une authenticité absolue dans tous les pays. La mise en bouteilles a lieu au bout de trois ou quatre ans. L'opération peut être pratiquée en toute saison, mais il est préférable de la faire pendant l'hiver, de novembre à mars. Les vins sont préalablement collés, une fois ou deux suivant les besoins. Les bouteilles vides, emmagasinées dans le local J, sont rincées dans la chambre I. Après remplissage, elles sont bouchées, capsulées et pliées dans la pièce voisine H. L'emballage et la fermeture des caisses occupent les locaux F et G. Cinq hommes et dix femmes suffisent pour mettre en bouteilles un tonneau par jour, depuis le rinçage des bouteilles jusqu'à la fermeture des caisses.

L'installation des chais du Château d'Yquem est remarquable par la propreté minutieuse et l'ordre qui y règnent : les murs sont soigneusement blanchis à la chaux, le sol des chais et du bâtiment de coupage est toujours recouvert d'une épaisse couche de sable fin. On pousse même le luxe jusqu'à y tracer des figures géométriques avec le râteau et à figurer, avec du sable teinté en bleu, devant chaque porte, la couronne que l'on retrouve gravée sur les étiquettes des bouteilles. L'aire en ciment de la salle des presses est lavée à grande eau après les opérations de la vendange, les appareils sont nettoyés et laissés en parfait état pour la récolte suivante. Les soins de propreté sont évidemment poussés jusqu'à l'excès, si l'on peut assigner une limite à la propreté, en matière de vinification. Mais ce luxe convient bien, suivant nous, aux produits merveilleux qui sont obtenus au Château d'Yquem et qui maintiennent si haut la réputation de nos grands vins français.

CHAPITRE III

BEAUJOLAIS

Le vignoble du Beaujolais s'étend à flanc de coteau sur les collines qui longent la rive droite du cours de la Saône, depuis Mâcon jusqu'à Anse (Rhône). Il présente l'aspect d'un vaste plan incliné à surface accidentée, formé d'une succession de mamelons et de ravins, dont le sommet se maintient, parallèlement à la rivière, à 500 ou 600 mètres d'altitude et qui s'abaisse en pente douce jusqu'au voisinage de la ligne du chemin de fer de Paris à Lyon. Suivant sa plus grande pente, ce plan incliné ne mesure pas plus de 10 à 12 kilomètres de longueur.

Les vins du Beaujolais sont assez souvent confondus avec ceux du Mâconnais et désignés, les uns et les autres, sous la dénomination de *vins de Mâcon*. Les vins du Beaujolais offrent cependant un ensemble de caractères distinctifs et de qualités propres qui en font une classe à part. Certains d'entre eux ne sont, il est vrai, que de bons ordinaires. Mais d'autres, plus corsés, d'un degré alcoolique plus élevé, possèdent, en outre, un bouquet délicat qui les a fait ranger dans la catégorie des vins fins. De ce nombre sont les crus du *Moulin à vent*, les *Thorins*, les *Romanèche*, les *Fleury*, les *Morgon*, les *Brouilly*, les *Saint-Etienne*, etc., qui ont acquis une légitime réputation. Ce sont tous des vins rouges.

Le Beaujolais est, comme le Mâconnais et la Côte chalonnaise qui lui font suite, un pays de métayage. La culture de la vigne est, en général, faite à mi-fruit par des vignerons. La propriété se trouve ainsi divisée en *vigneronnages*. Le plus souvent, la vinification a lieu dans des bâtiments appartenant au propriétaire du vignoble et qui prennent le nom de *cuvage* ou de *pressoir*. Chaque vigneron y trouve la vaisselle vinaire et l'outillage dont il a besoin pour traiter sa récolte. Les dimensions de ces cuvages sont donc en rapport avec l'importance du domaine, conséquemment avec le nombre des vigneronnages qui le composent. Mais, d'autres fois, le vigneron possède, attenant à son logement, un cuvage qui est toujours, dans ce cas, de proportions très réduites.

Quelques propriétaires font valoir directement leur vignoble. Il en est également qui divisent une partie de leur domaine en vigneronnages et qui se réservent un lot pour le faire valoir eux-mêmes. Mais l'exploitation par vigeronnage est la plus répandue.

A tout cuvage est annexée une *cave* pour la conservation du vin. Les caves du Beaujolais sont presque toujours souterraines et creusées soit en dessous du cuvage lui-même, soit sous les bâtiments de la ferme. Elles sont pourtant quelquefois au niveau du sol extérieur, établies au rez-de-chaussée des habitations du propriétaire et des vignerons.

Exceptionnellement, la cave est remplacée par un chai, rappelant les celliers de la région méditerranéenne ou les chais du Bordelais.

La reconstitution du vignoble du Beaujolais en plants américains greffés est déjà très avancée. Le rendement des vignes est aujourd'hui plus élevé que ce qu'il était avant l'invasion phylloxérique. Il peut être évalué à 40 ou 50 hectolitres par hectare en moyenne.

I. — LE CUVAGE DU DELÈCHE

Cave souterraine

Le vignoble du Delèche, appartenant à M. Pierre Michaud, se trouve situé sur les coteaux de la commune du Perréon (Rhône), à 15 kilomètres au nord-ouest de Villefranche-sur-Saône. Le domaine a une superficie de 77 hectares, sur lesquels on peut planter en vignes 38 hectares environ, dont 28 constamment en rapport. Il y a une quinzaine d'hectares de prairies. La culture des vignes est confiée à douze familles de vignerons. Un vigeronnage comprend en général deux hectares et demi de vignes et un hectare et quart de pré, qui suffit à l'entretien de trois vaches, le foin, s'il y a un manque, étant acheté et payé de moitié par le propriétaire et le vigneron. Les travaux sont faits par le vigneron, aidé de sa femme et de ses enfants. A défaut d'enfant, le vigneron doit avoir un manœuvre.

Les plantations sont faites en carré, à 0^m,70 ou 0^m,85 d'écartement. Le producteur le plus répandu est le Gamai. Il est greffé sur Vialla, Riparia ou York-Madeira. La vigne est conduite sur échalas. Le rendement moyen est de 20 *pièces* à l'hectare (la pièce beaujolaise contient 216 litres), soit de 43 hectolitres environ. La moitié de la récolte appartient au vigneron.

Chaque vigneron fait sa vendange séparément. La cueillette pour une cuve doit se faire en un seul jour. Il est aidé par les personnes de sa famille, souvent aussi par les autres vignerons du domaine, auxquels il se joindra à son tour lorsque ceux-ci vendangeront. Des ouvriers étrangers sont embauchés s'il y a lieu. L'équipe est donc composée d'un nombre variable de personnes, le plus souvent de quinze à vingt, pour une cuve de 30 pièces. Plusieurs vignerons peuvent vendanger en même temps. Une coupeuse ramasse, dans une journée, la vendange correspondant à une pièce de vin, c'est-à-dire à peu près 300 kilos de raisins, parfois le double, lorsque les vignes sont très belles. Les raisins sont coupés au couteau et recueillis dans des seaux en bois (*jarlots*). Ceux-ci sont vidés dans des récipients un peu plus grands appelés *bennots*, qui sont portés par un homme, sur le devant de la poitrine, dans la *rase* qui se trouve au milieu de la troupe des vendangeurs ; les hommes de la charrette viennent les y prendre pour les porter sur les épaules, avec un bâton (*brevi*), dans le chemin le plus proche où est arrêté le véhicule et où sont rangées des *bennes*. Il y a un porteur pour 15 à 20 coupeuses. Une benne est une grande comporte en bois pesant, vide, 14 kilos et pouvant contenir 80 à 100 kilos de vendange tassée. Un faiseur de bennes attend l'arrivée des bennots et comprime, en la foulant à bras, la vendange dans la benne. Le transport de la vigne au cuvage a lieu par charrettes attelées de deux vaches. Une charrette est chargée de 6 bennes, qui occupent exactement toute sa longueur.

Le cuvage (fig. 1 et A fig. 2 et 3) est un bâtiment rectangulaire de 32^m,40 de longueur et 9^m,80 de largeur. La couverture, en tuiles-canal sur voligeage en planches, est portée par 7 fermes du type classique. L'entrait est à 6^m,30 de hauteur. Le sol est en terre battue. On pénètre dans le bâtiment par deux portes charretières de 3^m,30 de largeur et de 3^m,40 de hauteur, visibles extérieurement sur la vue photographique (fig. 4). L'une (*a* fig. 2) est à côté du chemin des caves, l'autre (*b* fig. 3) s'ouvre sur un pont construit au-dessus de ce chemin. Elle a été supprimée sur la fig. 2 par la brisure *x y* destinée à laisser voir la cave. Quatre fenêtres percées dans le même mur donnent du jour et de l'air.

Le mobilier du cuvage se compose de cuves en bois *c*, au nombre de 16, pouvant contenir la vendange de 28 à 30 pièces de vin. Douze seulement sont visibles sur la figure 2, à cause de la brisure *x y*. Ces cuves reposent sur six dés en pierre de taille ; leur bord inférieur est à 0^m,48 au-dessus du sol. Chacune d'elles est pourvue d'une claie en bois *e*, de dimensions appropriées, que l'on pose au-dessus de la vendange et que l'on maintient immergée dans le moût par un système très simple de crochets en fer, pour noyer le chapeau, comme il sera dit plus loin. La manœuvre de ces claies est faite au moyen d'une potence (fig. 1 et *f* fig. 2 et 3). La même potence sert pour toutes les cuves ; elle est simplement reliée à telle ou telle cuve

Cuvage du Delèche. — Fig. 1. — Vue intérieure du cuvage.

par un collier qui s'accroche sur le bord supérieur (fig. 2 et 3). Une crapaudine est en outre placée au pied de chaque cuve. On aperçoit sur la vue

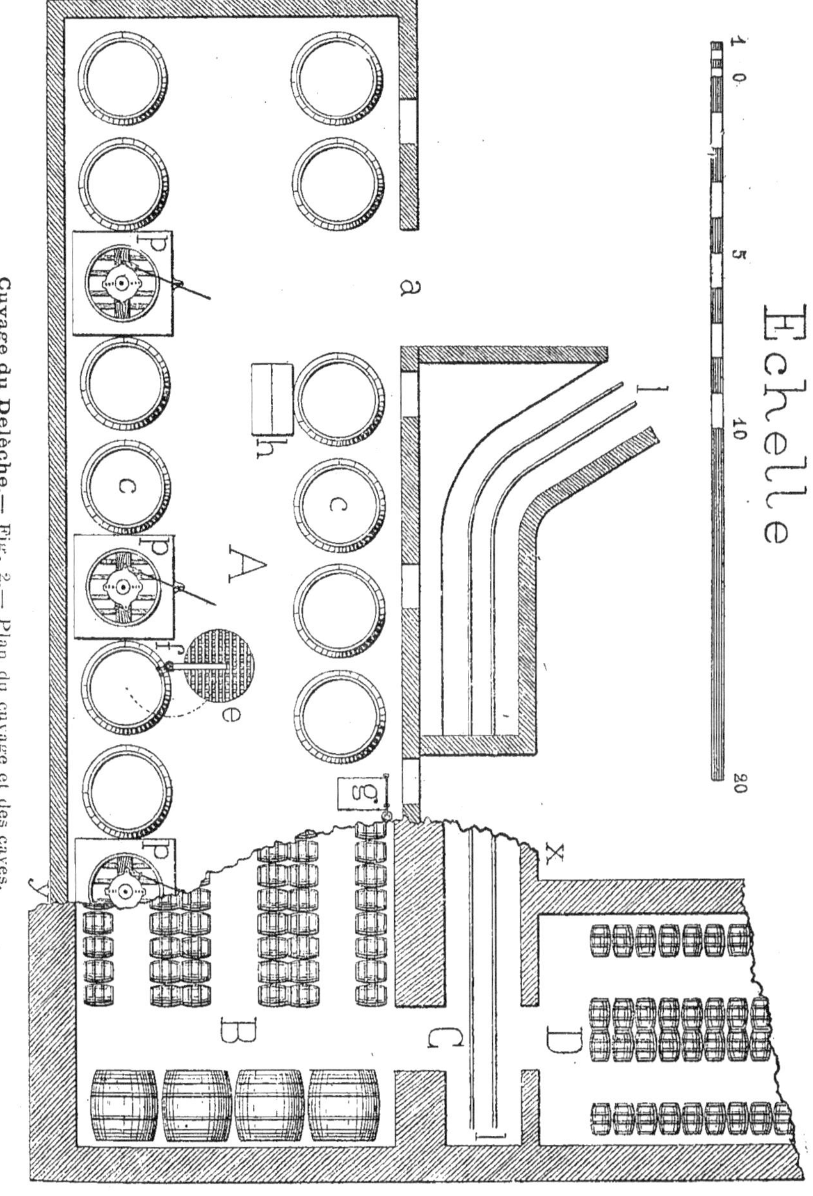

Cuvage du Delèche.— Fig. 2.— Plan du cuvage et des caves.

photographique (fig. 1) toutes les claies du cuvage massées sur deux traverses au-dessus d'une cuve, derrière la potence.

Le cuvage renferme, de plus, trois pressoirs Marmonier p et une bascule

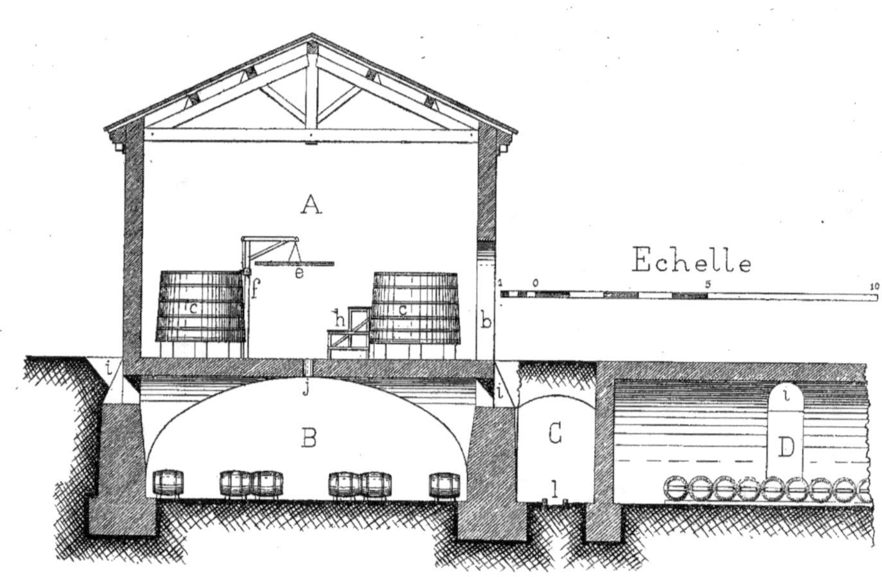

Cuvage du Delèche. — Fig. 3. — Coupe et élévation du cuvage et des caves.

Cuvage du Delèche. — Fig. 4. — Vue extérieure des bâtiments et du chemin de la cave.

g. Ce nombre de pressoirs est utile pour que plusieurs vignerons puissent vendanger en même temps, puisque le vin de chacun d'eux doit être fait à part. C'est même là un minimum. L'abondance des pressoirs est une des caractéristiques des cuvages de la région beaujolaise. On en compte parfois jusqu'à dix dans le même bâtiment.

Au-dessous du cuvage est creusée la cave (fig. 5 et B fig. 2 et 3), qui a les mêmes dimensions. Le sol en est à 4 m. au-dessous du sol extérieur. La voûte est en *anse de panier*. La hauteur à la clef est de 3^m,50. L'épaisseur des murs est de 1^m,45 aux naissances et de 0^m,50 à la clef. La cave est éclairée et aérée par des soupiraux *i*, six dans chaque mur de façade. On descend dans la cave par un chemin incliné (fig. 4 et C fig. 2 et 3), de 2^m,25 de largeur. Deux bordures en pierre *l* occupent l'axe du chemin et servent au roulage des pièces de vin.

Dans le sens transversal sont rangés, à l'un des bouts de la cave, quatre petits foudres de 26 pièces (56 hectos). Mais le vin est principalement logé dans des *pièces* qui sont distribuées, comme le montrent les fig. 2, 3 et 5, sur six rangs séparés par trois passages de 1 m. à 1^m,20 de largeur. Les pièces reposent sur des tins en bois. Chaque rangée compte en sole 40 pièces. Mais on peut les superposer (*gerber*) sur plusieurs rangs. On gerbe en 3me sur les côtés et en 4me, parfois même en 5me au milieu. La cave contient alors, y compris les foudres, 1.000 pièces.

Une deuxième cave (D fig. 2 et 3) est construite, perpendiculairement à la première, sous un hangar. Elle ne mesure que 6^m,55 de largeur. Les pièces y sont disposées sur 4 rangs, séparés par deux allées de service. Chaque rang reçoit en sole 32 pièces. Mais, en les gerbant, on peut loger dans cette cave 600 pièces de vin. Une brisure, faite pour éviter de donner aux dessins une longueur exagérée, ne laisse apercevoir qu'une partie de cette cave. On a également supprimé le hangar.

Les charrettes qui arrivent chargées de la vigne pénètrent dans le cuvage par la porte *a* et viennent s'arrêter le plus près possible de la cuve en chargement, contre laquelle on appuie un escalier en bois à deux marches (*h* fig. 2 et 3 et fig. 1), dit *escalier du Beaujolais*. Deux hommes saisissent sur la charrette une benne, la déposent sur la première marche, haute de 0^m,85, y montent eux-mêmes, puis élèvent la benne sur la deuxième marche, qui est à 1^m,50 du sol, la gravissent à leur tour et, enfin, basculent la benne dans la cuve, dont le bord est à 2^m,48. Ils opèrent de même pour les autres bennes. La charrette ressort, après déchargement, par la porte *b*.

La vendange n'est pas foulée avant la mise en cuve. Mais les raisins sont partiellement écrasés par les chocs multiples qu'ils subissent avant d'arriver au cuvage et par le tassement dans les bennes. Lorsque la cuve est pleine, au moyen de la potence on amène au-dessus d'elle la claie que l'on fait descendre sur la vendange. Pour l'immerger et empêcher qu'elle soit soulevée par la pression du chapeau, on dispose par dessus deux traverses en bois ; elles sont maintenues à leurs extrémités par quatre longs boulons à crochet, qui prennent appui, d'autre part, au peigne inférieur de la cuve.

Lorsque la fermentation tumultueuse est en décroissance, on adapte de nouveau à la cuve la potence *f* et on enlève la claie que l'on tourne en dehors (position des fig. 1, 2 et 3), de façon à découvrir la vendange. On pratique alors le foulage au moyen d'hommes qui, les pantalons retroussés et armés d'un *brevi*, piétinent le raisin en enfonçant et en remuant leur bâton en tous sens. Cette opération se fait généralement deux ou trois fois pendant les 24 heures qui précèdent le décuvage. Ce procédé de foulage n'est pas sans présenter de réels dangers, lorsque les cuves sont à moitié pleines, car il existe au-dessus du liquide une atmosphère irrespirable d'acide carbonique qui expose les ouvriers à l'asphyxie. Ils doivent, de temps en temps, se pencher en dehors de la cuve pour respirer. Les accidents sont malheureusement assez fréquents et, s'ils ne sont jamais suivis de mort, c'est parce que l'ouvrier qui se sent indisposé trouve de suite auprès de ses compagnons l'assistance dont il a besoin. Mais il serait imprudent qu'un ouvrier entrât seul dans une semblable cuve. Après chaque foulage, la claie est remise en place.

La durée du cuvage est de 4 à 8 jours. Pour décuver, on adapte un robinet à un orifice percé près du fond de la cuve et habituellement fermé par un bouchon. Au-dessous, on place un cuvier en bois. Les pièces sont rangées à proximité de la cuve et remplies avec un entonnoir en bois. On puise le vin dans le cuvier avec des quartes. C'est à ce moment-là que se fait le partage de la récolte en deux lots rigoureusement égaux : celui du propriétaire et celui du vigneron. Les pièces du propriétaire sont placées dans les caves B et D ; celles du vigneron sont entreposées dans la cour du maître jusqu'à la fin de la vendange. Les unes et les autres sont remplies à l'aide de bennes légères spéciales au transport du vin. Ce travail est exécuté par les quatre hommes qui feront ensuite le pressurage. Les fûts ne sont pas complètement remplis, afin de pouvoir contenir une certaine proportion de vin de presse. Le remplissage des foudres de la cave B se fait, lorsqu'il y a lieu, par un entonnoir engagé dans l'orifice *j* de la voûte.

Lorsque l'on a tiré le vin de goutte, on commence le pressurage. Un homme entre dans la cuve, dont on a, avant le décuvage, enlevé la claie, et, armé d'une fourche, il remplit de marc des jarlots qui sont portés au pressoir par un aide. Pour faciliter le travail, on établit un chantier entre le pressoir et la cuve : ce sont des planches qui reposent sur des tréteaux faits exprès pour que le porteur atteigne aisément le bord supérieur de la cuve. Le marc est distribué à l'intérieur de la claie en couches uniformes. Quand le pressoir est chargé, on donne une première pressée, puis on enlève la claie et on retaille le gâteau. Le marc détaché par le couteau est rejeté sur la

Cuvage du Delèche. — Fig. 84. Vue intérieure de la cave.

motte et régulièrement éparpillé à la main. On donne ensuite une deuxième pressée sans la claie. Elle est suivie d'un deuxième retaillage et d'une troisième pressée. Le marc reste 24 heures sur le pressoir. Le vin de presse est recueilli dans un cuvier engagé sous la goulotte du pressoir. Il est partagé en deux lots égaux et mêlé avec le vin de goutte. Quatre hommes sont employés au pressoir et au transport du vin dans les fûts.

Le marc, une fois partagé, est utilisé à la fabrication des piquettes pour la consommation de famille des vignerons, ou bien vendu à la distillerie.

Devis du cuvage et de la cave du Delèche

Numéros des détails	GROS ŒUVRE			CUVAGE	CAVE
				fr. c.	fr. c.
18	Fouille en tranchée. Fondation des murs. Cuvage .	$64^{m3}800$, à . .	1f 19	77.10	
	— — Cave . .	186 800, à . .	1 19		222.30
19	Fouille en excavation. Cave et chemin de descente .	1724 170, à . .	0 96		1655.20
20	Maçonnerie de fondation. Cuvage	même cube, à . .	10 »	648 »	
	— Cave.	$414^{m3}070$, à . .	10 »		4140.70
20 C	Maçonnerie de voûte. Cave et ponceau	539 995, à . .	16 »		8639.90
	— Plus-value pour location de cintres				1400 »
21	Maçonnerie en élévation.	282^{m3} », à . .	11 »	3102 »	
20 B	— Plus-value pour génoise .	66^m 800, à . .	3 »	200.40	
22	Pierres de taille. Cuvage	$13^{m3}870$, à . .	45 »	624.15	
	— Cave.	1 080, à . .	45 »		48.60
25	Enduit intérieur à la chaux	566^{m2} », à . .	0 50	283 »	
				4934.65	16106.70

CHARPENTE

Numéros des détails				CUVAGE	
31	Fermes assemblées	$10^{m3}815$, à . .	95 »	1027.45	
32	Pannes.	6 513, à . .	85 »	553 60	
33	Chevrons	769^m 500, à . .	0 60	461.70	
				2042.75	

COUVERTURE

Numéros des détails				CUVAGE	
30 A	Voligeage en planches.	$450^{m2}900$, à . .	1 70	766.55	
30	Couverture en tuiles-canal.	même surface, à . .	2 90	1307.60	
30 B	Gouttières et chéneaux	92^m 800, à . .	1 50	139.20	
				2213.35	

AMÉNAGEMENT INTÉRIEUR

				CUVAGE	CAVE
	Menuiserie. Fermetures. Cuvage	$28^{m2}940$, à	20 »	578.80	
	— — Cave	10 560, à	20 »		211.20
	Support des cuves. Pierres de taille	$5^{m3}880$, à	45 »	264.60	
	Support des tonneaux (tins en bois).	3 780, à	85 »		321.30
				843.40	532.50

Numéros des détails	VAISSELLE VINAIRE		CUVAGE	CAVE
			fr. c.	fr. c.
	Cuves en bois, ouvertes . . . . 1440 hectos, à . . 5 »		7200 »	
	Claies d'immersion pour les cuves . . . . . 26 claies, à . . 70 »		1820 »	
44	Foudres . . . . 224 hectos, à . . 5 50			1232
			9020 »	1232

MATÉRIEL VINAIRE

		CUVAGE
Pressoirs. Trois pressoirs Marmonier, à . . . . 1900 »		5700 »
Escaliers. Potence pour la manœuvre des claies		100 »
Bascule		100 »
		5900 »

Totalisation des détails

DÉTAILS	CUVAGE	CAVE	TOTAL	PAR HECTARE CULTIVÉ
	fr. c.	fr. c.	fr. c.	fr. c.
Gros œuvre	4934.65	16106.70	21041.35	553.72
Charpente	2042.75	» »	2042.75	53.75
Couverture	2213.35	» »	2213.35	58.24
Aménagement intérieur	843.40	532.50	1375.90	36.21
Vaisselle vinaire	9020 »	1232 »	10252 »	269.78
Matériel vinaire	5900 »	» »	5900 »	155.26
	24954.15	17871.20	42825.35	1126.98

Détails du cuvage et de la cave pour un hectolitre de vin

VINIFIÉ DANS DES CUVES DE 90 HECTOS ET LOGÉ DANS DES PIÈCES BOURGUIGNONNES

Surface nécessaire pour vinifier et loger 1 hectolitre de vin, mesurée dans œuvre (cuvage et cave superposés) : $0^{mq}15876$

		fr. c.
A	1° Valeur des fermes seules	0.7905
	2° Valeur des fermes et chevrons	1.0213
	3° Valeur de la couverture en tuiles-canal, sur voligeage	1.1066
	4° Valeur de la couverture complète (fermes et couverture)	2.1280
C	Valeur des cuves de 30 pièces (compris supports)	4.6423
F	Valeur des pressoirs	2.8500
I	Valeur de la cave (non compris les barriques)	8.9356
J	1° Valeur du cuvage seul	4.8847
	2° Valeur du cuvage avec cuves et outillage	12.4770
	3° Valeur du bâtiment complet (cuvage et cave)	21.4126

Dans le devis que nous donnons ci-contre, nous avons évalué séparément les dépenses de construction du cuvage et de la cave creusée au-dessous. Nous avons calculé, d'une part, les frais supportés par la construction du cuvage seul, y compris la valeur des fondations qu'il eût fallu faire en l'absence de cave, et, d'autre part, les frais supplémentaires afférents à l'établissement de la cave. On peut ainsi se rendre un compte exact de l'augmentation de dépense due à la cave. Nous n'avons tenu compte que de la cave C, creusée directement sous le cuvage, qui pourrait à la rigueur suffire seule au logement du vin produit par le domaine.

Dans la « totalisation des détails », les frais par hectare cultivé ont été calculés pour la surface maximum capable de recevoir de la vigne, c'est-à-dire pour 38 hectares.

Si l'on calcule la dépense par mètre carré couvert, pour la construction seule (non compris la vaisselle vinaire et l'outillage), on trouve, d'une part pour le cuvage, 30 fr., 76, d'autre part pour la cave, 51 fr., 39. Les frais pour le cuvage et pour la cave réunis s'élèvent donc au total de 82 fr., 15 par mètre carré.

Le cuvage du Delèche est bien le type des installations du Beaujolais, avec cave souterraine. Le nombre des pressoirs qui y sont établis est plutôt un minimum. Il y a, en général, un pressoir pour 3 ou 4 cuves, tandis que, ici, on en compte seulement un pour 5 cuves. La hauteur du bâtiment sous le faîtage semble exagérée, car il n'y a pas lieu de redouter dans le Beaujolais, comme dans le Midi, une élévation de température nuisible à la marche de la fermentation. Elle provient de ce qu'il existait sur une partie du cuvage un plancher qui a été détruit, en 1883, par un incendie. La cave souterraine est excellente pour la conservation et le vieillissement des vins ; la température y est assez basse et à peu près constante, entre 10 et 15 degrés. La voûte en anse de panier est avantageuse, car elle permet de gerber sur les côtés sans, cependant, atteindre à la clef une hauteur exagérée.

II. — LE CUVAGE DU CHATEAU DE L'ÉCLAIR

Chai annexé au cuvage

Le Château de l'Éclair, situé à 5 kilomètres au sud-ouest de Villefranche-sur-Saône, sur la commune de Liergues, appartient à M. Vermorel, ingénieur-constructeur. Il occupe le centre d'un vignoble de 40 hectares, divisé en 16 vigneronnages, de 2, 5 à 3 hectares chacun. Les plantations sont en carré, à 1 m. d'écartement, constituées par le Gamay greffé sur Vialla et sur Riparia. Les vignes sont échalassées jusqu'à la cinquième feuille. Une parcelle est conduite sur fils de fer, en lignes distantes de $1^m,50$, les ceps à $1^m,50$ d'écartement sur la ligne. Le vignoble est partie en plaine, partie sur coteaux. Le rendement moyen est de 50 hectolitres à l'hectare.

Les opérations de la vendange ont lieu suivant les usages du Beaujolais (voir le cuvage du Delèche). Le transport des raisins se fait dans des bennes, chargées par huit ou dix sur des charrettes attelées de deux vaches.

Le bâtiment du cuvage comprend deux parties distinctes : le cuvage proprement dit A et le chai, ou cellier, B (fig. 1, 2 et 3), qui forment deux travées parallèles séparées par un mur de refend, ou plutôt deux appentis adossés l'un à l'autre.

Le cuvage A mesure $51^m,75$ de longueur sur $12^m,40$ de largeur, dans œuvre. Le sol est bétonné et recouvert d'un glacis de ciment. La hauteur sous l'entrait de la charpente est de $6^m,80$, mais elle atteint 15 m. au faîtage. La couverture, en tuiles-canal sur voligeage, est supportée par huit fermes ; chacune d'elles est constituée par une ferme ordinaire à double pente, supportant jusqu'en son milieu l'arbalétrier unique de l'appentis (fig. 2). Les cuves c, de 25 à 30 pièces, sont au nombre de trente-trois. Les unes sont pourvues d'une fonçure, les autres d'une claie d'immersion ; la fermentation a donc toujours lieu soit en vase clos, soit à chapeau noyé. Elles sont distribuées sur deux lignes, contre les murs, laissant au milieu une allée large de 6 m., dans laquelle sont installés quatre pressoirs p sortis des ateliers de M. Vermorel et un ancien pressoir à parallélogramme articulé s, du système Samain : les premiers ont une maie en bois, le dernier a une maie en pierre ; tous sont pourvus d'une claie circulaire.

Au-dessus de chaque rangée de cuves, un plancher de $2^m,75$ de largeur est disposé pour le service de la vendange, à $4^m,40$ de hauteur. Il est soutenu par la charpente. Un passage transversal réunit les deux planchers latéraux du côté de la porte d'entrée a. Un porteur Decauville, à voie de $0^m,40$, avec voies de garage et plaques tournantes, permet d'y faire rouler des wagonnets à bascule v v', pour le remplissage des cuves. Un fouloir à cylindres f est établi à $1^m,50$ au-dessus du plancher ; les wagonnets peuvent circuler dessous. Il est alimenté par un élévateur mécanique de bennes l, à déchargement automatique, commandé par une dynamo d, qui reçoit le courant électrique de la machine à vapeur utilisée à l'élévation des eaux et à l'éclairage du château. La chaîne du treuil t passe sur un jeu de poulies de renvoi qui la dirigent dans l'axe de la trappe e. La benne est accrochée à une poulie mobile soulevée par la chaîne. Lorsqu'elle arrive à hauteur du fouloir, elle est culbutée automatiquement, puis redescendue vide. La dynamo actionne en même temps le fouloir. Elle commandera ultérieurement la pompe à vin et un nouveau pressoir à solette hydraulique.

La porte charretière a mesure $3^m,60$ de largeur sur $3^m,40$ de hauteur. Le cuvage est éclairé par des fenêtres percées dans le mur extérieur. Deux portes placées derrière les cuves, dans le mur, sont condamnées et restent

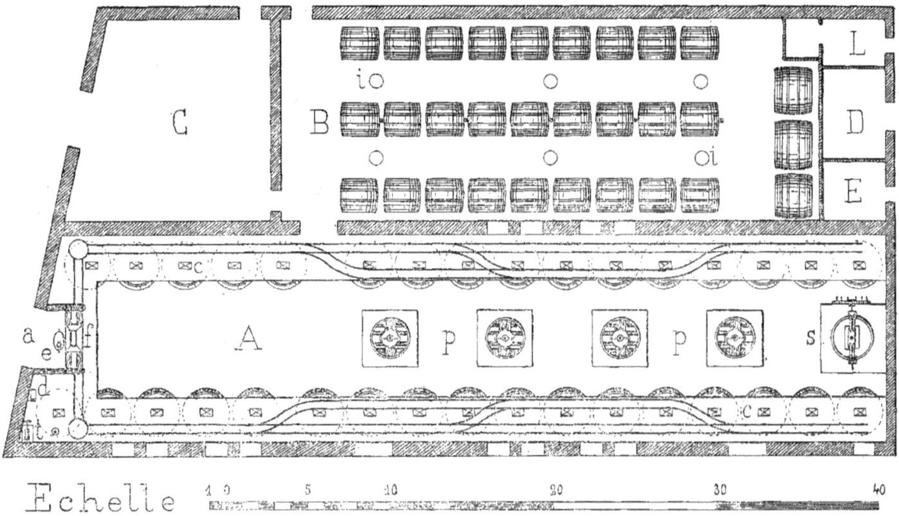

Cuvage du Château de l'Éclair. — Fig. 1. — Plan des bâtiments.

constamment fermées. Des lampes électriques sont suspendues à l'entrait des fermes pour le travail de nuit.

Le chai B occupe la deuxième partie du bâtiment, il n'en a pourtant pas toute la longueur. A l'une des extrémités, on a séparé un magasin à outils C; du côté opposé, se trouvent un laboratoire L, une salle de billard D et une

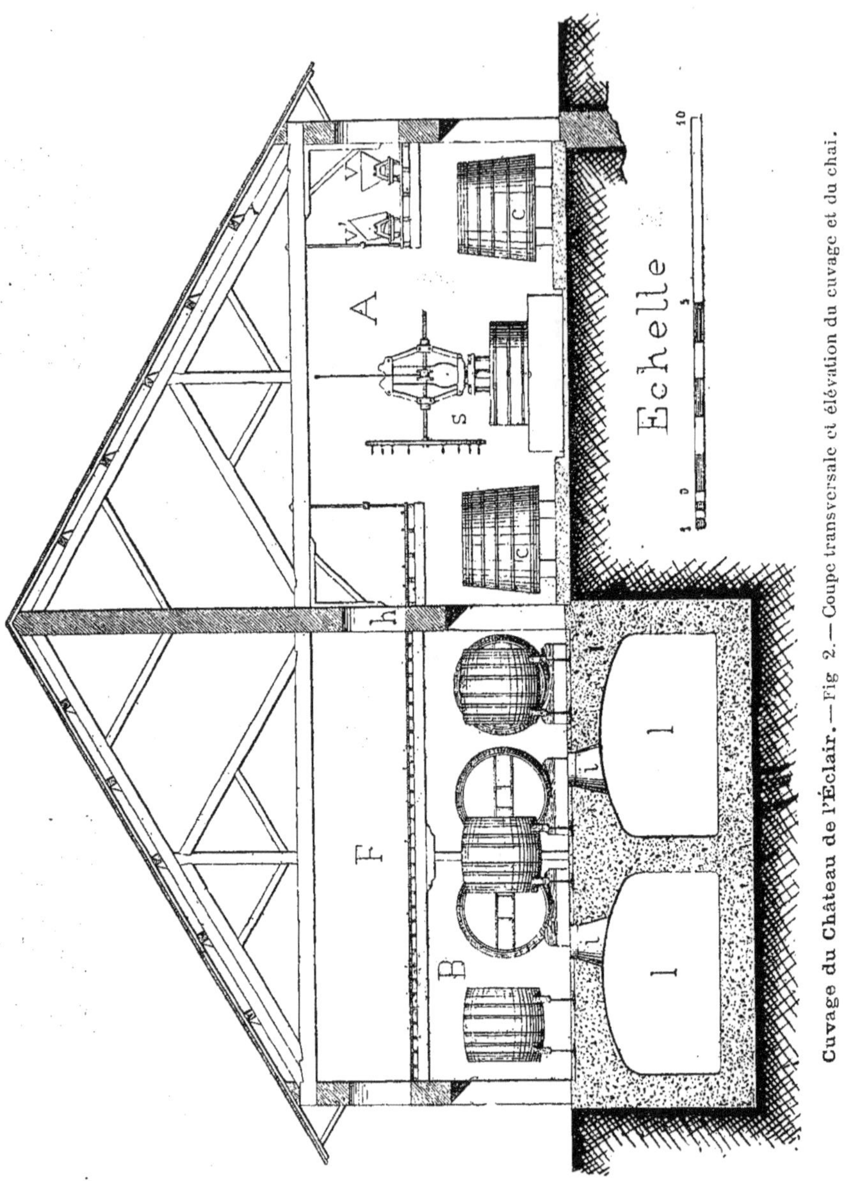

Cuvage du Château de l'Éclair. — Fig 2. — Coupe transversale et élévation du cuvage et du chai.

orangerie E. Le chai n'a que 32^m,80 sur 12^m,10. En-dessous, sont creusées six citernes l, voûtées, de 160 m. c. de capacité chacune. Elles sont accessibles par les regards i. Un plancher continu, établi à 4^m,40 de hauteur, isole

le chai des combles
Les poutres qui le
supportent sont
soutenues en leur
milieu par des po-
teaux et des plan-
chers en bois. Le
grenier F commu-
nique par des ouver-
tures *h* avec le plan-
cher du cuvage, qui
est au même niveau.
Les fermes et la
couverture sont
identiques à celles
du cuvage. Deux
portes seulement
donnent accès dans
le chai ; l'une s'ou-
vre dans le parc,
l'autre dans le cuva-
ge. Ce chai est placé
dans de bonnes con-
ditions pour conser-
ver une température
constante : il est
construit sur des
citernes voûtées,
protégé sur trois de
ses faces par d'au-
tres locaux et sur-
monté d'un vaste
grenier ; enfin, les
ouvertures sont ré-
duites au minimum.

Il abrite 27 petits
foudres de 56 hectos
(26 pièces), alignés
sur trois rangs paral-
lèles, séparés par
des passages de
2^m,50, et 3 foudres

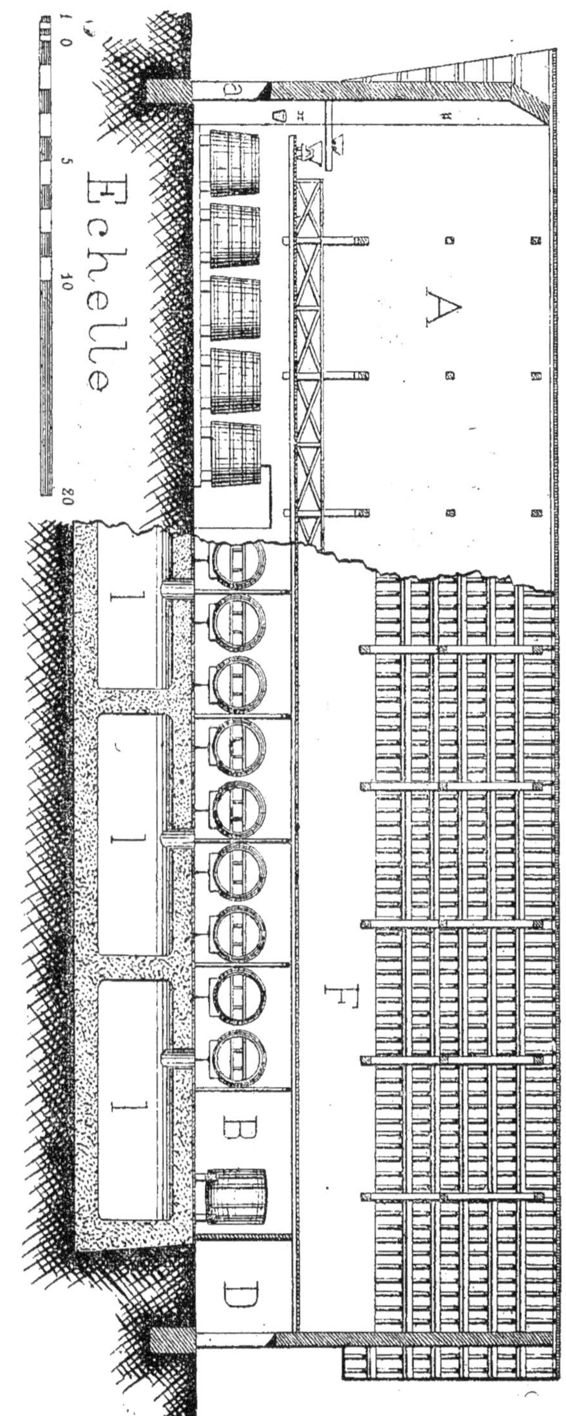

Cuvage du Château de l'Éclair. — Fig. 3. — Coupe longitudinale du cuvage et du chai.

un peu plus grands de 75 hectos (35 pièces), adossés au mur de séparation des locaux L D E. Les premiers sont supportés par des chantiers en bois qui reposent sur deux colonnes en fonte seulement, l'une devant, l'autre derrière. Ces colonnes ont $0^m,18$ de diamètre au sommet, $0^m,15$ à la base ; leur hauteur est de $0^m,95$. Elles pèsent 68 kilos pièce. Elles sont solidement scellées, sur une hauteur de $0^m,20$, dans le béton qui recouvre les voûtes des citernes ; leur hauteur au-dessus du sol est donc seulement de $0^m,75$. Ce système de support des foudres ne manque pas d'originalité et présente une certaine hardiesse. Il a l'avantage de dégager le dessous et l'intervalle des foudres pour le logement des futailles et des ustensiles de chai : on peut facilement placer sur tins deux pièces entre chaque foudre. Mais il offre peu de stabilité. Pour augmenter la solidité, M. Vermorel a réuni les uns aux autres les chantiers postérieurs de chaque rang par des bandes de fer méplat, boulonnées à leurs extrémités. La même précaution n'a pas été prise en avant, pour ne pas gêner le passage entre les foudres. Les trois foudres plus grands, logés au bout du chai, sont supportés par des murettes de pierre. Des filtres à vin, une étuveuse à vapeur pour les foudres, un autoclave pour l'étuvage et la désinfection des fûts forment l'outillage.

Les charrettes arrivant de la vigne chargées de vendange sont engagées par reculement dans la porte *a* du cuvage et s'arrêtent au-dessous de la trappe *e*. La première benne est attachée à la chaîne de l'élévateur, qui est aussitôt mis en mouvement. Elle est élevée au-dessus du fouloir, culbutée et redescendue. Les autres sont montées et déchargées de la même manière. Un ouvrier debout sur la charrette suffit à la manœuvre de l'élévateur : il agit sur une tringle d'embrayage pour déterminer le mouvement d'ascension et de descente de la chaîne. Le déchargement d'une charrette est effectué en 8 minutes.

Les raisins versés dans la trémie du fouloir *f* sont broyés et tombent au-dessous des cylindres dans un wagonnet *v*. Lorsque celui-ci est plein, il est remplacé par un autre sous l'appareil, puis roulé sur le plancher jusqu'à la cuve en chargement. Il est basculé au-dessus d'un entonnoir engagé dans l'ouverture correspondante du plancher, puis ramené vide *v'*, en aiguillant sur la voie de garage pour ne pas faire obstacle au passage du wagonnet suivant chargé de vendange.

Le cuvage dure 4 à 8 jours Au décuvage, le vin est partagé entre le propriétaire et le vigneron. Le marc est porté sur le pressoir dans des jarlots ; pour faciliter le transport, on relie la cuve au pressoir par un plancher posé sur tonneaux. Trois hommes sont employés à ce travail : un dans la cuve, un sur le plancher et un dans la claie du pressoir. Lorsque le pressoir est chargé, on donne une pressée. Elle est suivie de deux recoupages et de deux nouvelles pressées, ce qui porte le nombre à trois. Le marc reste 24 heures sur le pressoir. Le vin de presse est mêlé au vin de goutte, le marc est distillé.

Le cuvage du Château de L'Éclair est un des plus parfaits du Beaujolais ; il est spacieux, bien outillé et commode pour la manutention de la vendange et du vin. Il est très bien tenu. L'élévateur électrique est intéressant et offre une solution élégante du problème de l'élévation de la vendange. Mais un semblable appareil est coûteux et ne saurait être recommandé, surtout si l'on ne dispose pas, pour l'actionner, d'une force motrice gratuite, telle qu'une chute d'eau, utilisée, en dehors de l'époque de la vendange, à d'autres travaux. Le chai, quoique ne présentant pas tous les avantages d'une cave souterraine, est rationnellement aménagé pour résister aux variations brusques de la température extérieure ; il est aussi bien que possible protégé sur trois de ses faces. La quatrième seule reste exposée aux influences extérieures. Il est entretenu en parfait état de propreté.

III. — LE CUVAGE DU PLAGERET

Cave sous les bâtiments d'habitation

Le cuvage du Plageret, situé sur la commune de Vaux (Rhône), à 12 kilomètres au sud-ouest de Villefranche-sur-Saône, est un type de cuvage de petit cultivateur. Il est occupé par M. Cottinet, vigneron de M. Vermorel.

Le cuvage est un bâtiment rectangulaire de $6^m,65$ de longueur et de $8^m,80$ de largeur, dans lequel sont logées quatre cuves : deux d'un côté, deux de l'autre. Au fond, faisant face à la porte d'entrée, se trouve le pressoir. Un plancher, soutenu par 14 lignes de solives qui reposent sur deux poutres, s'étend au-dessus des cuves, à $4^m,15$ de hauteur. Le dessus sert de grenier à foin.

Derrière le cuvage est construite la maison d'habitation, au-dessus de la cave. Le bâtiment tout entier étant adossé à un talus, le sol de la cave se trouve de plain-pied avec le chemin, du côté de la porte, et enterré d'environ 3 mètres, du côté opposé. La cave n'est pas voûtée, mais simplement couverte par un plancher établi sur poutres et solives. Les pièces de vin y sont disposées sur 4 rangs. Elle peut contenir 82 pièces gerbées en deuxième, ou 110 pièces gerbées en troisième.

Une semblable construction est suffisante pour un vigneron : elle est économique et bien comprise pour la fabrication et la conservation du vin.

CHAPITRE IV

BOURGOGNE

Les grands vins de la Bourgogne, dont la célébrité est des plus anciennes, peuvent rivaliser avec les crus classés du Médoc par leur belle couleur, leur finesse et leur parfum, bien qu'ils aient un bouquet et un arome tout différents. Ils sont produits par les vignobles de la Côte-d'Or. Cette région doit son nom à une longue suite de coteaux couverts de vignes et réputés par la richesse de leurs récoltes, qui s'étendent à l'exposition du S.-E., depuis Dijon jusqu'à Santenay. Elle peut être divisée en deux parties : la côte de Nuits, dont les crus les plus estimés sont ceux de la *Romanée*, de *Richebourg*, de *Vougeot*, de *Chambertin*, et la côte de Beaune qui donne, outre les vins de ce cru et les vins des *Hospices de Beaune*, ceux de *Pommard*, de *Corton*, de *Volnay* et les vins blancs de *Montrachet*.

Le rendement des vignes sur coteaux ne dépasse que rarement 20 hectolitres à l'hectare ; il reste le plus souvent compris entre 14 et 16 hectos. Les vignes de plaine sont plus productives, mais elles ne donnent que des vins communs.

La vendange est tardive, avec température basse. Aussi la fermentation s'établit-elle difficilement à l'intérieur des cuves. On doit avoir assez souvent recours soit au chauffage de la cuverie, soit au chauffage de la cuve elle-même, pour en obtenir le départ.

Les vins de la Côte-d'Or sont toujours conservés dans des caves souterraines, construites sous la cuverie ou sous les autres bâtiments du domaine. Ils y sont l'objet des plus grands soins. En l'absence de cave, ils sont logés exceptionnellement dans des chais bien protégés de toutes parts contre les influences extérieures.

Cuverie et cave sont en général peu importantes, en raison de l'extrême division de la propriété, leur matériel et leur outillage rudimentaires. Il existe pourtant quelques installations qui méritent de fixer l'attention par leurs dispositions rationnelles ou par leur originalité.

Cuverie de Corton-Grancey. — Fig. 1. — Vue extérieure des bâtiments et de l'une des rampes d'accès.

I.— LA CUVERIE DU CHATEAU DE CORTON-GRANCEY

Cuverie voûtée.— Cave à deux étages

FABRICATION DE VIN ROUGE (CRU CLASSÉ)

Le Château de Corton-Grancey, appartenant à M. Louis Latour, négociant à Beaune, et placé sous la direction éclairée de M. Emile Cornu, est situé sur la commune d'Aloxe-Corton (Côte-d'Or), à 5 kilomètres au N.-N.-E. de Beaune. Le vignoble a une superficie de 1.350 ouvrées (de 4 ares 28), c'est-à-dire de 60 hectares environ, dont les neuf dixièmes en coteaux. Il comprend 250 ouvrées de vieilles vignes que l'on a pu défendre jusqu'ici contre les attaques du phylloxera, 150 ouvrées de vignes reconstituées et 950 ouvrées de terres à replanter. Les nouvelles plantations sont faites avec le Solonis et le Riparia. Le greffon est toujours le Pinot noir ; c'est le cépage qui donne les vins fins de la Côte-d'Or. Les souches sont conduites sur échalas, en lignes parallèles écartées de 1 m. ; elles sont espacées de $0^m,80$ sur la ligne. Il y a ainsi 12.500 pieds par hectare. Le rendement de la vigne est au maximum d'une feuillette (une demi-pièce ou 114 litres) par ouvrée ; mais, en moyenne, il atteint seulement une demi-feuillette par ouvrée, soit 13 à 14 hectolitres par hectare. Le vin est de nature corsée, vigoureuse et riche. Il est classé parmi les grands vins de la Côte-d'Or. Son prix, dans les années de qualité marchande, varie entre 400 et 1.400 fr. la pièce (228 litres).

La culture est confiée à des vignerons prix-faiteurs. Le prix-fait est payé 320 à 375 fr. par hectare ; sont payés en dehors le provignage, la mise en terre des engrais, les traitements des maladies de la vigne, la vendange, etc. On peut estimer que les dépenses annuelles varient au total entre 560 et 650 fr. par hectare, suivant la fumure et l'abondance de la récolte.

La vendange a généralement lieu en septembre, parfois en octobre. Elle est toujours précoce dans les années de haute qualité. La cueillette des raisins est confiée aux femmes, aux enfants et aux hommes non valides. Les hommes plus jeunes et vigoureux vendangent également et font, en outre, fonction de porteurs. Les coupeurs ou coupeuses, en nombre variable suivant l'importance du vignoble, sont munis d'une serpette et d'un petit panier en osier (*vendangerot*), pour recevoir les raisins coupés. Lorsque le vendangerot est plein, il est pris par un jeune garçon, appelé *vide-paniers*, et déversé dans un panier en osier plus grand, pouvant contenir de 38 à 45 kilos de raisins. Ces grands paniers sont disséminés dans la vigne en avant des coupeurs. Lorsqu'il y en a un certain nombre de remplis, les porteurs cessent de vendanger et les sortent de la vigne en les chargeant sur l'épaule. Il y a un porteur pour quatre coupeurs à peu près. Ces paniers sont vidés à leur tour dans un grand récipient en bois (*balonge*), de 12 à 13 hectolitres de capacité, installé sur une charrette attelée d'un cheval. Une balonge peut loger le contenu de 25 à 30 grands paniers. On estime que 8 à 10 paniers de Pinot sont nécessaires pour produire une pièce de vin, selon que le raisin est bien ou mal formé.

Pendant que la balonge est transportée de la vigne à la cuverie, jetons un coup d'œil sur l'installation des bâtiments.

Ceux-ci, dont la vue photographique (fig. 1) donne l'aspect extérieur, sont orientés, dans le sens de leur plus grande longueur, du N.-E. au S.-O. (la façade principale au S.-E.). Ils comprennent une cuverie A, surmontée d'un grenier B, et deux étages de caves C et D (fig. 3 et 4). La première cave C s'ouvre, en avant, de plain-pied sur la cour E, mais elle est enterrée derrière et sur les côtés. La cuverie A, qui est au-dessus, est accessible par les deux rampes F F (une seule est visible sur la fig. 1). Par la rampe prolongée G on atteint le grenier B. Enfin, la cave D est tout à fait souterraine. On y descend par l'escalier *e*. Il y a donc quatre étages. A gauche et à droite, avançant sur la cour E, sont construites deux ailes H et H' servant de communs (on n'aperçoit que celle de gauche sur la photographie).

La cuverie (fig. 2 et A fig. 3 et 4) est voûtée. Elle mesure 37^m,30 de longueur et 13^m,70 de largeur, dans œuvre. Le sol en est pavé. Son aire est à 3^m,70 au-dessus de la cour E. Elle est divisée en trois travées longitudinales par les deux rangées de piliers qui supportent les retombées des voûtes. Celles-ci sont de forme ogivale ; la hauteur à la clef est de 4^m,56. On pénètre dans la cuverie par les portes *a* qui s'ouvrent sur les paliers P P des rampes F F. Des fenêtres, percées dans les murs de croupe et dans le mur de façade antérieur, donnent du jour. Par l'escalier intérieur en bois *d* on monte sur la terrasse T, élevée en avant du bâtiment principal, entre les communs H et H' (visible sur la figure 1). Le même escalier conduit également au grenier B. Celui-ci, aménagé au-dessus des voûtes de la cuverie A, est accessible extérieurement par la rampe G. Il s'éclaire par le dernier rang de fenêtres que l'on voit sur la photographie (fig. 1). Ses dimensions sont celles de la cuverie. La hauteur sous entrait est de 1^m,95. La hauteur sous faîtage est de 8^m,30. La toiture est inclinée à 45°, suivant les usages de la Bourgogne, en vue d'éviter l'amoncellement des neiges et la rupture des arbalétriers, ce qui explique la grande élévation de la ligne de faîte. Le comble est à croupes. La couverture est en tuiles plates de Bourgogne, accrochées sur des voliges qui se recouvrent de 0^m,02 environ.

Cuverie de Corton-Grancey. — Fig. 2. — Vue intérieure de la cuverie.

Le mobilier de la cuverie comprend des cuves, des pressoirs et une grue.

Les cuves c sont au nombre de dix-sept, les unes circulaires, les autres ovales. Elles ont des capacités variables, mais peuvent contenir en moyenne la vendange de 16 pièces de vin (36 à 37 hectos). Elles sont rangées dans

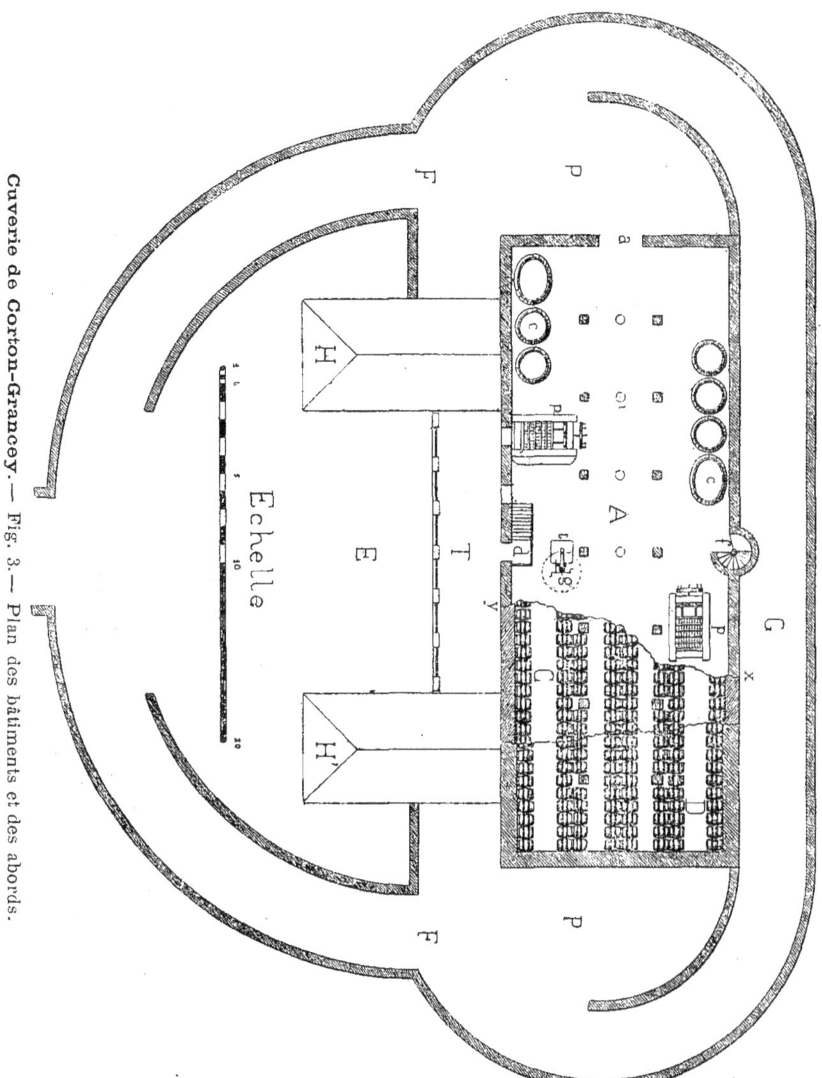

Cuverie de Corton-Grancey. — Fig. 3. — Plan des bâtiments et des abords.

les travées latérales. On n'en aperçoit que sept sur le plan (fig. 3), à cause de la brisure *x y* destinée à montrer les étages inférieurs C et D. Elles sont pourvues d'une claie en bois formant couvercle et destinée à immerger le chapeau, comme il sera dit plus loin.

Les pressoirs *p* sont à cage rectangulaire horizontale. La pression est donnée au marc par un piston auquel sont fixées deux vis. Celles-ci traversent deux écrous à couronne dentée, qui sont commandés par un pignon claveté sur l'arbre de la roue à chevilles verticale, visible sur les fig. 3 et 4. La pression théorique peut atteindre environ 6 kilos par centimètre carré de la surface pressée. On peut mettre sur chaque pressoir le marc correspondant à 20 pièces de vin. Il y en a deux, l'un dans la travée latérale gauche, l'autre à droite.

La grue *g* (fig. 3) est installée au milieu de la longueur du bâtiment, à côté de la trappe *t* (fig. 3 et 4) qui fait communiquer la cuverie A avec la

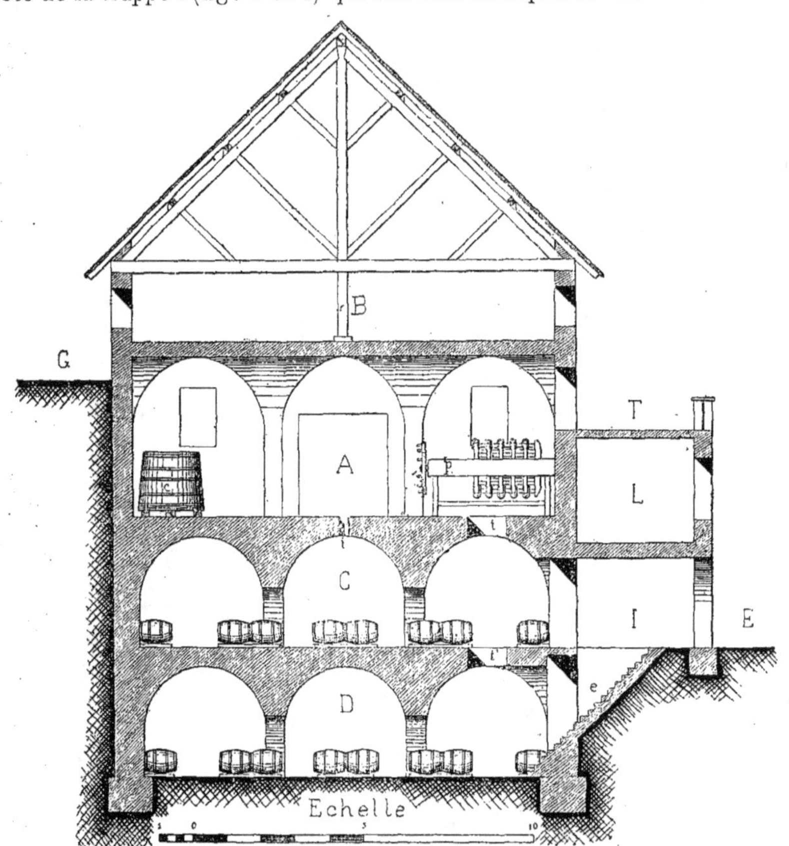

Cuverie de Corton-Grancey. — Fig. 4. — Coupe et élévation des bâtiments.

cave C. Une deuxième trappe *t'*, dans l'axe de la première, relie les deux caves C et D. C'est une grue, en forme de potence, dont le treuil multiplie 13,5 fois l'effort exercé. Cet appareil de levage sert aux manutentions des futailles qui s'effectuent entre les caves et la cuverie, ou de cave à cave. Deux hommes aux manivelles suffisent pour manœuvrer une pièce pleine de vin.

Après la vendange, la cuverie sert fréquemment de chai. On y loge des pièces sur des tins en bois mobiles, comme le montre la vue photographique (fig. 2). A droite, on aperçoit une réserve de tins, pour recevoir d'autres futailles en cas de besoin.

La cave C est au niveau du sol de la cour E. On y entre, venant du dehors, par l'avant-corps de bâtiment I, qui supporte la terrasse T et qui renferme, en outre, des logements L pour les vignerons. Le rez-de-chaussée est aménagé en remises, hangars, etc. Cette cave, déjà protégée en arrière par le talus naturel du terrain, sur les côtés par les terrassements des rampes, se trouve ainsi très bien garantie en avant contre les brusques changements de la température extérieure. Elle est donc placée dans d'excellentes conditions pour la conservation du vin. Elle communique avec la cuverie A par la trappe t de la grue et par un escalier tournant f, qui dessert les trois étages. La cave C repose sur les voûtes plein cintre de la cave inférieure D. Elle est également séparée de la cuverie A par des voûtes plein cintre. Des trous i sont pratiqués dans ces dernières pour faire passer directement, au moyen de tuyaux, le vin des cuves dans les pièces.

La cave C est, comme la cuverie A, divisée en trois travées parallèles par les piliers qui supportent les voûtes. Ces travées sont reliées par une suite d'arceaux longitudinaux à voûte surbaissée. Les dimensions en longueur et en largeur sont les mêmes que celles de la cuverie, sauf les petites variations qui proviennent de la différence d'épaisseur des murs. Un caveau pour les vins de réserve a été séparé du reste de la cave par une cloison transversale élevée sur l'alignement de la dernière rangée de piliers du côté sud-ouest. La hauteur de la cave sous la clef des voûtes est de 3^m,15. Elle loge huit rangées de pièces, distribuées comme le montrent les figures 3 et 4. Des passages de service, de 1 m. à 1^m,30, sont ménagés entre les rangs. Chaque rang peut recevoir en moyenne 42 pièces sur sole, ce qui donne pour la cave entière, y compris le caveau, 336 pièces. Mais on peut gerber en 3me, parfois aussi en 4me, ce qui porte la capacité totale de la cave à 1.000 pièces. Celles-ci reposent sur des banquettes en maçonnerie de 0^m,10 de hauteur.

La cave inférieure D est à 3^m,70 en contre-bas du sol extérieur. Elle est séparée de la cave précédente par une succession de voûtes de même forme et de mêmes dimensions que celles de l'étage supérieur. Les dimensions en longueur et en largeur sont également les mêmes, ainsi que la répartition et l'arrangement des futailles. Cette cave est totalement enterrée. On y descend, venant du dehors, par l'escalier e, construit à côté de l'entrée de la cave C. Elle est en relation directe avec la cave C et la cuverie A par l'escalier tournant f et par les trappes t' et t de la grue. Dans un angle, se trouve séparé par un briquetage un petit caveau pour les vins en bouteilles.

Des soupiraux sont ménagés dans l'épaisseur des murs en vue de l'assainissement des deux caves.

A son arrivée de la vigne, la charrette chargée de vendange gravit l'une des deux rampes F et pénètre à l'intérieur de la cuverie A. Elle s'arrête à hauteur de la cuve en remplissage. En vue de l'égrappage, un fouloir-égrappoir Gaillot est installé sur une balonge au pied de la cuve. Un homme monte dans la balonge que porte la charrette et, armé d'une pioche à dents, il remplit de raisins de petits seaux en bois (*sapines*) qui sont déversés dans la trémie du fouloir par un autre ouvrier. Le moût qui reste au fond de la balonge en est extrait avec une écope (*sansouille* ou *égouttiot*). Les rafles, séparées par l'égrappoir, sont rejetées au dehors ; les grains et le moût se rassemblent dans le récipient qui supporte l'appareil, puis ils sont dépotés dans la cuve avec des sapines.

Le cuvage a lieu à chapeau noyé. Dans ce but, lorsque la cuve est pleine, on la couvre avec une claie que l'on immerge au moyen d'une vis de pression engagée dans une traverse formant écrou et assujettie au sommet de la cuve.

Parfois, quand la vendange est tardive et le temps froid et pluvieux, la fermentation ne se déclare pas. On force son départ en chauffant, dans une chaudière, une certaine quantité de moût que l'on rejette ensuite dans la cuve en agitant, ou bien encore on plonge dans la cuve un cylindre métallique, chargé de charbon de bois allumé, semblable à un chauffe-bains. On élève ainsi la température de la vendange à 15° et la fermentation s'établit alors d'une façon normale. Lorsque la fermentation tumultueuse est en décroissance, on foule la cuve *à corps d'homme* : trois ou quatre hommes entrent nus dans la cuve et broient la vendange en la serrant avec leurs bras contre la poitrine ; ils divisent le chapeau et le font plonger profondément en le poussant avec les pieds. Cette opération est renouvelée deux ou trois fois, à 24 heures d'intervalle, avant le tirage de la cuve.

On décuve au bout d'un temps variable avec les années, mais compris entre 7 et 15 jours. Un robinet est ajusté au bas de la cuve ou bien le vin est tiré avec un grand siphon en fer-blanc. Il est versé immédiatement dans des fûts neufs, que l'on ne remplit qu'aux trois quarts. Ils seront ensuite complétés avec du vin de presse.

Le marc est extrait de la cuve dans des sapines et porté au pressoir. On donne une première pressée, puis on remanie le gâteau à la pioche, de façon à l'émietter parfaitement. On donne une deuxième pressée qui est, à son tour, suivie d'un remaniage. On termine par une troisième pressée. Le marc asséché est livré à la distillerie.

Les pièces, au fur et à mesure du remplissage, sont descendues par la grue dans la première cave C. On ne les loge dans la deuxième cave D qu'après le premier soutirage. Même dans la cave inférieure, la température n'est pas absolument constante. Elle varie de 3 à 4 degrés entre l'hiver et l'été. Mais ces changements, qui ont lieu progressivement, presque insensiblement, ne paraissent en aucune façon nuire aux vins. Dans la cave, les fûts sont ouillés d'abord toutes les semaines, puis tous les mois. Le premier soutirage a lieu en février ou en mars, puis les vins sont collés au blanc d'œufs. Un deuxième soutirage est pratiqué dans la deuxième quinzaine de mai, un troisième du 15 août à fin septembre. Les vins peuvent être expédiés à partir du mois d'octobre, c'est-à-dire un an après leur fabrication, et mis en bouteilles 4 ou 5 mois plus tard. Ceux qui sont conservés dans les caves du Château ne sont généralement mis en bouteilles que dans le cours de la troisième année.

L'installation du Château de Corton-Grancey est une des plus parfaites que nous ayons rencontrées en Bourgogne. La superposition des caves et de la cuverie est rationnelle et commode pour la manipulation de la vendange et des vins. Tous les étages sont aussi bien protégés que possible contre les influences extérieures. La cave inférieure est particulièrement favorable à la conservation et au vieillissement des vins. La propreté et l'ordre sont irréprochables et font le plus grand honneur à l'administration de M. Cornu.

II.— LA CUVERIE DU CHATEAU DU CLOS-VOUGEOT

Installation de pressoirs à grand point

FABRICATION DE VIN ROUGE (CRU CLASSÉ)

Le Clos-Vougeot est situé sur la commune de Vougeot, à 6 kilomètres au nord de Nuits (Côte-d'Or). Le vignoble a été constitué au commencement du XIIe siècle par les religieux de Cîteaux, à qui Hugues Le Blanc, seigneur de Vergy, et d'autres personnes voisines firent don de la majeure partie des terres. Les moines construisirent à la même époque, au sommet du clos, la cuverie, avec ses pressoirs, et les bâtiments d'exploitation qui forment aujourd'hui encore les dépendances du Château. Sous l'habile et intelligente direction des religieux, la réputation du Clos-Vougeot ne tarda pas à s'établir et ses vins acquirent bientôt une célébrité qu'ils ont conservée jusqu'à nos jours. Il y a quelques années, avant l'invasion phylloxérique, le clos avait une superficie de 50 hectares. Exclusivement planté en Pinot noir, il produisait 13 hectolitres en moyenne par hectare, soit environ 300 pièces. Récemment, le vignoble a été morcelé : le Château et 15 hectares de vignes ont été acquis par M. Léonce Bocquet. Le vin du Clos-Vougeot est classé dans la 1re catégorie des grands crus de la Côte-d'Or, par sa belle couleur, son arôme et son bouquet.

L'installation de la cuverie du Clos-Vougeot est intéressante surtout par les souvenirs qui s'y rattachent et par la haute valeur des vins qui y sont obtenus. On y trouve admirablement conservés les anciens pressoirs à grand point des abbés de Cîteaux, gigantesques machines en bois dont la commande exigeait le concours d'une imposante troupe de travailleurs

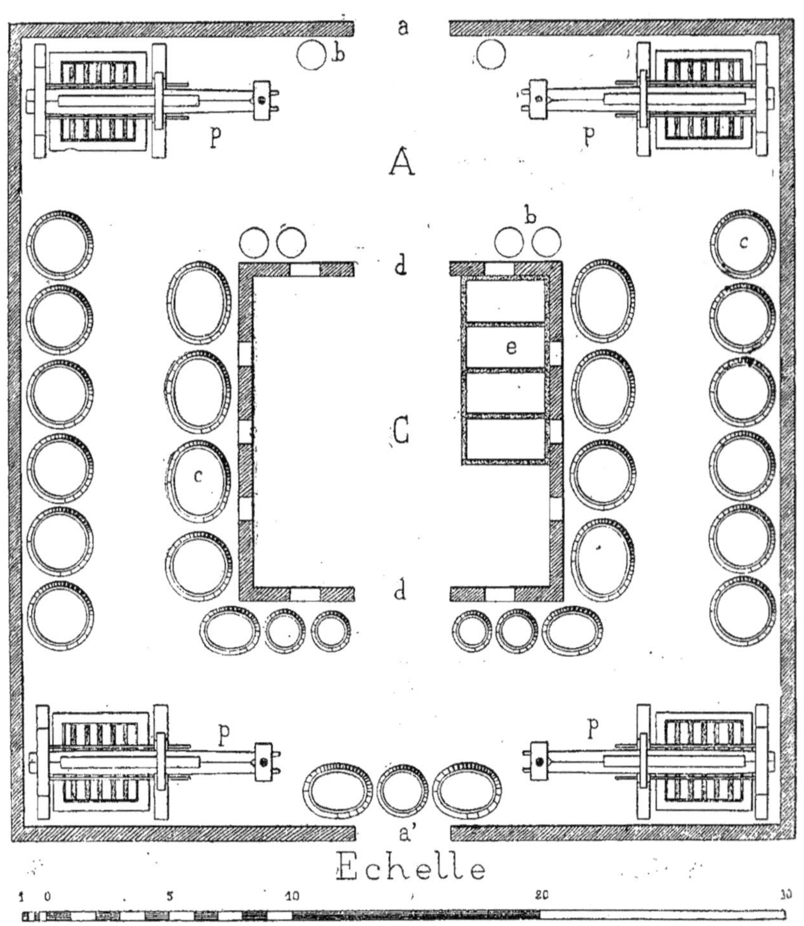

Cuverie du Clos-Vougeot. — Fig. 1. — Plan de la cuverie.

vigoureux. Ces engins, d'un autre âge, ont à peu près complètement disparu de la Bourgogne où ils étaient autrefois en grand honneur. C'est donc à titre de curiosité que nous donnons un aperçu de cette cuverie historique.

Les bâtiments forment (A fig. 1) une galerie de 8^m,80 de largeur qui entoure une cour centrale C de 12^m,10 sur 11^m,85. On pénètre dans la cuverie, de la cour du Château, par la porte *a*. Une porte opposée *a'* a été condamnée. La cour intérieure est accessible par les deux portes *d*. Quatre bassins en pierres *e*, de 1 m. de profondeur et dont la margelle est à 0^m,60 au-dessus du sol de la cour, servent au trempage des échalas. Un plancher est établi à 5 m. de hauteur sur toute l'étendue de la galerie qu'il isole ainsi des combles. La couverture, en tuiles plates de Bourgogne, est supportée par des fermes à grande inclinaison, suivant les usages du pays.

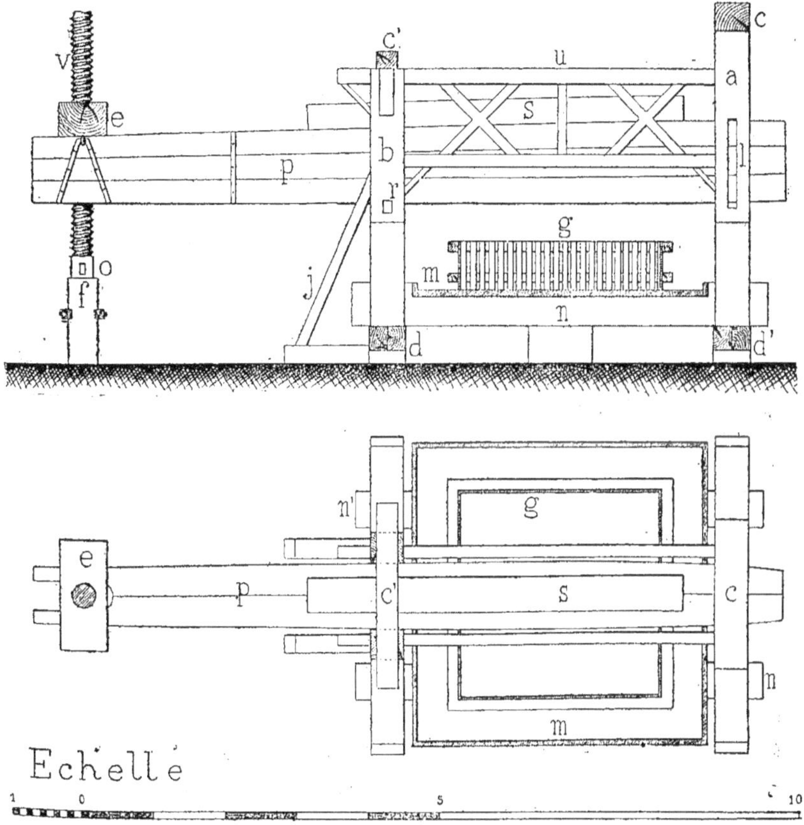

Cuverie du Clos-Vougeot.— Fig. 2.— Plan et élévation d'un pressoir.

Vingt-neuf cuves *c*, de capacité variable, les unes circulaires, les autres ovales, meublent la cuverie. Les grandes donnent jusqu'à 60 pièces de vin, mais plus souvent 30 à 40 pièces seulement. Des balonges *b*, au nombre de six, sont disposées près de la porte *a* pour l'égrappage. On installe sur elles actuellement un fouloir-égrappoir Gaillot. Enfin, aux quatre angles, sont édifiés les antiques pressoirs *p*. Chacun d'eux mesure au repos 10^m,50 de longueur sur 4^m,30 de largeur et occupe, conséquemment, une surface de 45^m2,15. En travail, la manœuvre des barres augmente encore la surface. Les figures 2 et 3 montrent la construction et permettent de saisir le fonctionnement de ces appareils.

Un pressoir à grand point se compose de quatre montants $a\,a\,b\,b$, assemblés deux à deux dans les traverses $d'\,d$, consolidés par les jambes de force $i\,i\,i\,i$, $j\,j$, et maintenus au sommet par les chapeaux $c\,c'$. Ils sont, en outre, entretoisés dans le sens longitudinal par les pièces u. Dans ces montants coulisse une énorme poutre de pression p, qui est constituée par six poutres assemblées au moyen de frettes et renforcée, de plus, par une septième pièce s. L'une des extrémités, évidée, embrasse la vis v et porte l'écrou e. La vis, en bois, a sa tête prise dans la fourche f, qui est solidement enracinée dans le sol. Des trous o reçoivent les leviers de manœuvre. La maie m est supportée par les madriers $n\,n'\,n''$; au-dessus d'elle, on aperçoit la cage g.

C'est dans cette cage que se tasse la vendange. Pendant le chargement, la poutre p est maintenue relevée par un coin que l'on engage dans la fente l. Lorsque le gâteau de marc est formé et recouvert des madriers et des poutrelles qui doivent répartir la pression, on manœuvre la vis v pour abaisser la poutre p. L'arrière tend à se soulever et vient butter contre la

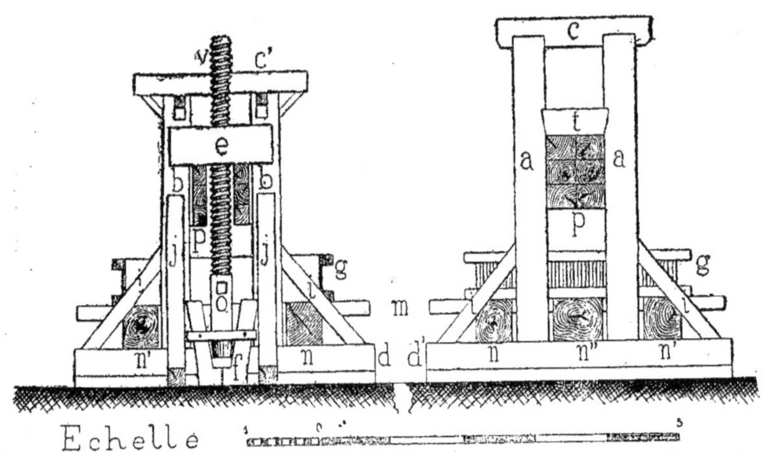

Cuverie du Clos-Vougeot. — Fig. 3. — Vues en bouts d'un pressoir.

pièce t, en déchargeant la cheville logée au-dessous, que l'on retire. Il arrive un moment où la poutre p, trop fortement inclinée de l'arrière à l'avant, ne charge plus également la vendange. Alors, on fait tourner la vis en sens contraire : l'avant de la poutre se relève, tandis que l'arrière s'abaisse, en pivotant en quelque sorte au-dessus du gâteau. Quand le redressement est jugé suffisant, on engage dans la fente l, au-dessus de la poutre, un ou plusieurs coins contre lesquels la poutre butera désormais et on recommence à agir sur la vis pour abaisser la poutre. On arrive ainsi, par une succession de manœuvres semblables, à comprimer très fortement le marc.

Pour relever la poutre p, en vue des recoupages ou du déchargement du pressoir, on exécute une série de manœuvres identiques, mais en sens contraire, en faisant pivoter la poutre au-dessus d'un coin que l'on engage dans la mortaise r. On fait, d'abord, remonter par le jeu de la vis l'avant de la poutre, jusqu'à ce que l'on puisse placer le coin dans r. Puis, on abaisse l'avant, après avoir dégagé les coins logés en l, ce qui relève l'arrière de la poutre. On pousse alors un coin en l, au-dessous de la poutre, et on retire le coin de la mortaise r. Le pressoir est dès lors prêt à donner une nouvelle pression.

Dix hommes poussent aux barres engagées dans les trous o de la vis. La manœuvre est longue et pénible. Mais ces engins donnent sans contredit une énorme pression, et l'asséchement du marc est d'ailleurs favorisé par les temps d'arrêt que subit la pression, par suite de l'intermittence du serrage. Malgré ces avantages, les pressoirs à grand point ont partout cédé la place à des appareils moins encombrants, plus commodes et aussi puissants.

Les opérations de la vendange et de la vinification ont lieu au Clos-Vougeot suivant les procédés que nous avons déjà décrits (voir pages 397 et 402). Les raisins, apportés à la cuverie dans des balonges sur des charrettes, ou simplement à bras dans des bennes, quand la distance à parcourir est courte, sont égrappés au-dessus des balonges b. La masse séparée de la rafle est mise en cuve. Le cuvage dure 10 à 15 jours. La fermentation est faite en vase découvert. Au décuvage, le vin est porté dans le chai. Le marc est mis sur les pressoirs.

Le vin du Clos-Vougeot, contrairement aux usages de la Bourgogne, n'est pas conservé dans une cave souterraine. Il est logé dans un chai, ou cellier. Ce chai n'est pas voûté, mais il est très bien protégé contre les influences extérieures par un plafonnage, chargé d'une épaisse couche de terre, au-dessus duquel un grenier le sépare de la couverture. Il peut contenir 1.600 pièces. Le vin y est soigné jusqu'à la livraison, qui a toujours lieu en bouteilles, avec des bouchons estampés à la marque du Château.

Cuverie et chai se trouvent évidemment disproportionnés avec la surface actuelle du vignoble du Château. Cependant, M. Bocquet espère y récolter près de 200 pièces.

III.— LA CUVERIE DU CLOS REGNIER

Cave mi-enterrée isolée de la cuverie

FABRICATION DE VIN ROUGE

Le clos de Mme Regnier est également situé sur la commune de Vougeot. Sa surface n'excède pas 3 hectares, sur lesquels un hectare et demi seulement est en vignes. Les plantations, faites exclusivement avec du Pinot, sont défendues contre le phylloxera par le sulfure de carbone. La production est, en moyenne, de 18 pièces par hectare.

Les bâtiments vinaires (cuverie et cave) sont disproportionnés avec l'importance de ce petit vignoble. Ils constituent, en effet, une installation de négociant et non de propriétaire, c'est-à-dire qu'ils ont été construits en vue du traitement de récoltes plus importantes que celles du clos lui-même. Mais ils sont rationnellement établis et méritent une mention spéciale.

La cuverie (A fig. 1) mesure 19 m. de longueur sur 10^{m},15 de largeur. Elle est orientée du N.-O. au S.-E. Du côté S.-E., elle est en contre-bas du sol extérieur du clos de 1^{m},05. On y descend par un escalier e. Du côté opposé, on y accède de plain-pied par une porte charretière de 3^{m},05 de largeur, s'ouvrant sur un chemin. Quatre fenêtres, deux dans chaque pignon, servent à l'éclairage et à l'aération. Le sol est en terre battue. A 4^{m},20 de hauteur, un plancher s'étend sur toute la cuverie. Il est supporté par 26 lignes de solives, soutenues elles-mêmes par trois poutres. Le dessus B forme grenier. Les fermes, au nombre de trois, sont à entrait retroussé. Elles supportent une couverture en tuiles moulées sur voligeage. Quatre tuiles en verre donnent du jour. Un escalier intérieur en bois conduit au grenier. Une trappe découpée dans le plancher permet également d'y élever des fardeaux au moyen d'une poulie. Une citerne voûtée est creusée dans le sol de la cuverie pour emmagasiner les eaux destinées au lavage des cuves.

Le mobilier se compose de 12 grandes cuves c, de 25 pièces, et de deux plus petites, de 10 pièces, posées au ras du sol. Un plancher de service b est élevé sur des tréteaux, à 1^{m},20 de hauteur, derrière chaque rangée de cuves, contre le mur correspondant. Sur les cuves, on pose, au moment de la vendange, une voie ferrée de 1^{m},42 de largeur, sur laquelle on fait rouler un fouloir-égrappoir Gaillot f. Après la vendange, la voie est relevée et accrochée contre le mur. Un pressoir Gaillot monté sur roues est déplacé dans l'allée centrale, entre les deux lignes de cuves, et amené successivement devant chacune d'elles, au moment des décuvages. La claie du pressoir a $1^m,90$ de diamètre.

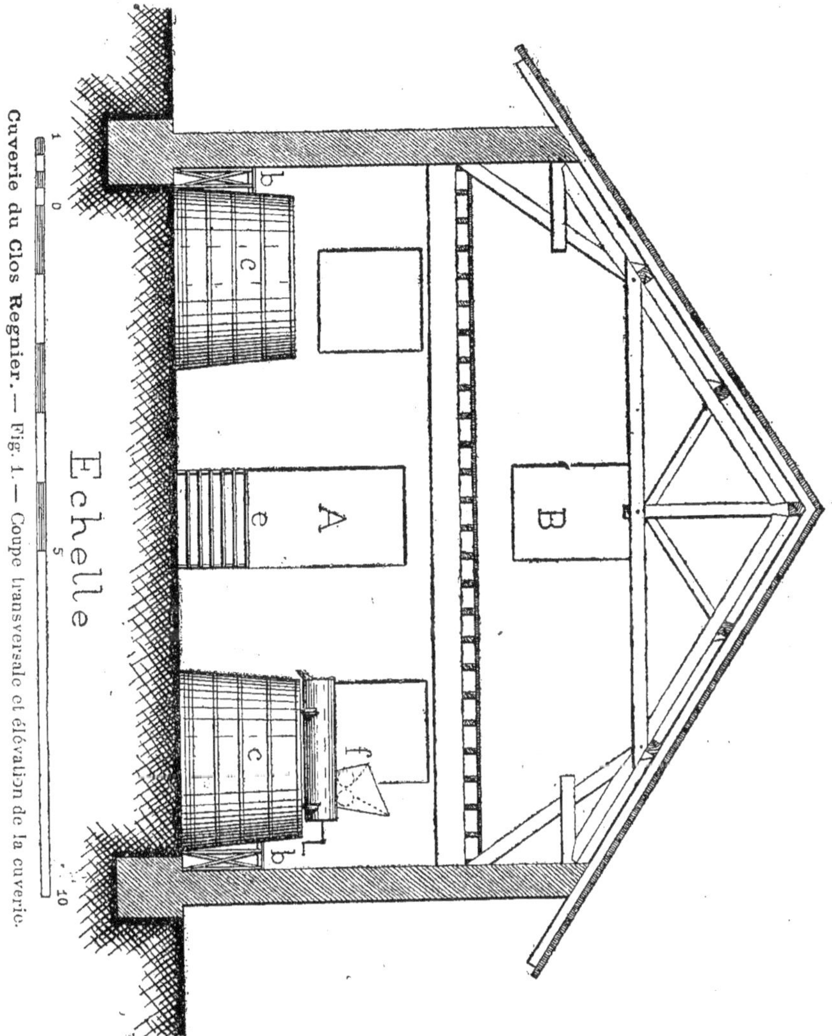

Cuverie du Clos Regnier. — Fig. 1. — Coupe transversale et élévation de la cuverie.

La cave (C fig. 2) a été creusée dans le clos, à quelque distance (100 mètres environ) de la cuverie. Elle comprend deux travées C C' parallèles, de 15 m. de longueur et de $4^m,85$ de largeur, réunies par des ouvertures $a\,a'$. Une troisième ouverture a été supprimée par la brisure $x\,y$. Les voûtes plein cintre de ces deux travées sont chargées d'une épaisse couche de terre T, destinée à préserver la cave des variations trop brusques de température. Des soupiraux i servent à l'aération, et deux escaliers $l\,l'$, protégés par des auvents, donnent accès à l'intérieur. Le vin est logé dans des pièces, alignées sur trois rangs dans chaque travée. Des passages de 0^m,90

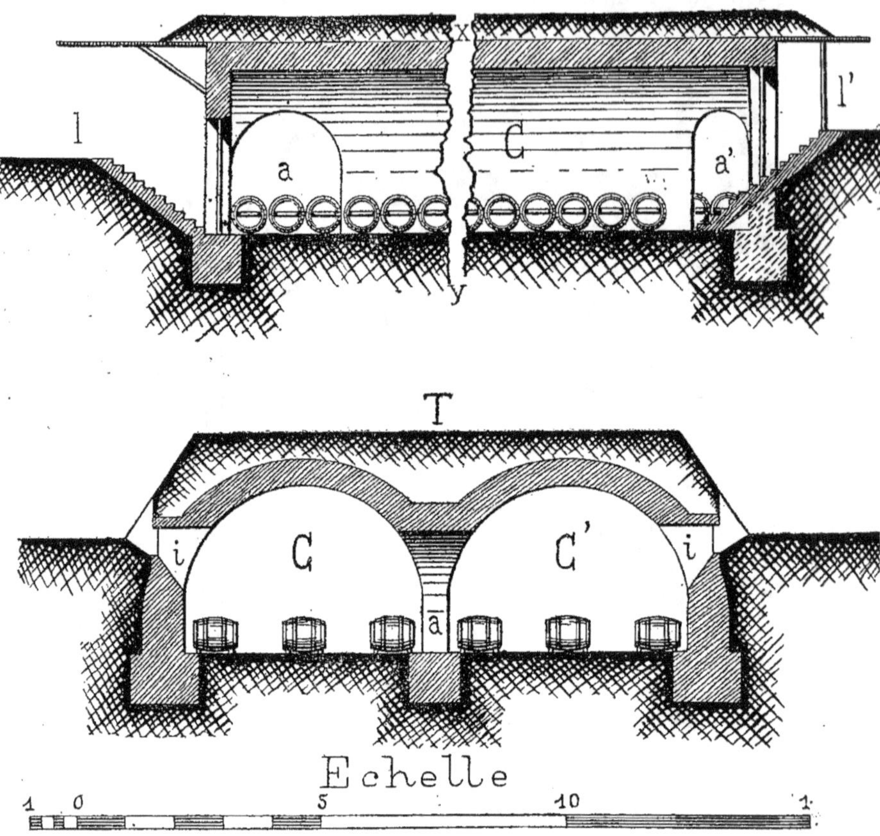

Cuverie du Clos Regnier. — Fig. 2. — Coupes longitudinale et transversale de la cave.

sont ménagés entre les rangs. On peut gerber en 2me sur les côtés et en 3me au milieu : la hauteur à la clef est de 3^m,25.

La rentrée de la vendange, le cuvage et le décuvage sont effectués par les procédés ordinaires. Le transport du vin de la cuverie à la cave se fait dans les pièces, au moyen d'un porteur Decauville. Les fûts sont placés sur des plates-formes de wagonnet, qui sont roulées sur une voie de 0^m,50 posée dans le clos. Le remplissage des pièces a lieu à l'aide d'une pompe manœuvrée à l'intérieur de la cuverie : le tuyau de refoulement passe par un guichet ouvert dans l'une des fenêtres donnant sur le jardin. A leur arrivée, les fûts sont descendus dans la cave avec des cordes.

La cuverie de Mme Regnier est bien aménagée et soigneusement tenue. Le déplacement du fouloir-égrappoir au-dessus des cuves est commode ; il supprime la balonge sur laquelle le fouloir est généralement installé et simplifie le travail du remplissage des cuves. La cave, creusée dans le sol, avec revêtement de terre au-dessus des voûtes, peut être donnée comme un modèle économique, applicable toutes les fois que la construction de la cave n'est possible ni sous la cuverie, ni sous les autres bâtiments de l'exploitation.

CHAPITRE V

CHARENTES

La culture de la vigne dans les Charentes (Charente et Charente-Infé-rieure) est faite en vue de la production des eaux-de-vie dites de Cognac. Le territoire du vignoble a été divisé en trois zones auxquelles correspondent trois classes ou qualités d'eaux-de-vie : la *grande Champagne* ou *fine Champagne*, dont les eaux-de-vie sont les plus estimées; la *petite Champagne*, dont les produits diffèrent peu des précédents ; les *bois* subdivisés eux-mêmes en *fins bois* ou *premiers bois* et en *petits* ou *seconds bois*, qui donnent des vins moins appréciés, mais dont le rendement est plus élevé ; les eaux-de-vie que l'on en obtient sont de seconde qualité.

La production d'un hectare peut être évaluée à 50 hectolitres en moyenne, ce qui correspond à environ 6,5 ou 7 hectolitres d'eau-de-vie de 64 à 68 degrés.

Le plus souvent, les vins sont distillés chez le propriétaire et les eaux-de-vie vendues ensuite aux grandes maisons de Cognac. L'installation de ces petites distilleries est des plus simples et des plus rudimentaires. D'autres fois, les vins sont achetés directement au récoltant par des distillateurs de profession, qui les transforment en eaux-de-vie dans de grandes usines pourvues de nombreux appareils. On se trouve, dans ce cas-là, en présence d'une production industrielle, qui peut atteindre 75 à 80 hectolitres d'eau-de-vie par 24 heures.

Nous donnerons la monographie d'une installation de propriétaire.

Indépendamment des vins blancs à eaux-de-vie, les Charentes produisent également des vins rouges en très petite quantité. Ces vins ne constituent, en général, que la provision de ménage du propriétaire. Leur fabrication n'est l'objet d'aucun soin spécial et ne mérite pas d'être mentionnée.

LE CHAI DE VITIS-PARC

Distillerie de propriétaire

FABRICATION DE VIN BLANC

Le domaine de Vitis-Parc, créé par M. Moullon et appartenant actuellement à M. Chagnaud, est situé à 2 kilomètres de Cognac (Charente), dans la plaine qui s'étend au Nord, sur la rive droite de la Charente. La superficie du vignoble est de 18 hectares ; il est constitué à peu près exclusivement par la *Folle blanche*, le cépage le plus répandu dans la région et le producteur par excellence des vins blancs à eaux-de-vie. Quelques vignes anciennes résistent encore aux attaques du phylloxera, grâce aux traitements par le sulfure de carbone, de nouvelles plantations de greffes sur Riparia et sur Rupestris ont remplacé une partie des vignes détruites; mais il n'y a que 8 hectares actuellement en production. Les souches sont plantées en carré à 1 m. d'écartement.

La vendange est faite au mois de septembre. Des coupeuses ramassent les raisins dans de petits paniers en bois (*bassiots*), qui peuvent en recevoir 10 à 12 kilos. Chaque coupeuse peut cueillir dans une journée la vendange d'une barrique et demie de vin, soit 400 à 450 kilos environ. Les paniers sont vidés dans des hottes en métal portées par des hommes (les anciennes hottes étaient en osier). Leur capacité est de 60 kilos de raisins environ. Un porteur peut desservir une douzaine de coupeuses. Le contenu des hottes est versé dans un cuvier en bois, de forme ovale, de $1^{m3},400$ de capacité, placé sur une charrette attelée de deux chevaux. La Folle blanche rendant à peu près 72 o/o de vin, chaque cuvier transporte en moyenne la vendange de 5 barriques de vin (la barrique charentaise est de 205 litres).

Les bâtiments de Vitis-Parc comprennent une salle des presses A, une cuverie B, une distillerie C et un chai D (fig. 1 et 2).

La salle des presses A est une pièce rectangulaire de $12^{m},65$ de longueur sur $7^{m},90$ de largeur, au milieu de laquelle est établie, contre la fenêtre *e*, une maie de foulage (*treuil*) *m*, de $3^{m},20$ de côté, en bois. Le bord de la maie est à $0^{m},90$ de hauteur, au niveau du seuil de la fenêtre. Trois pressoirs sont installés sur les côtés : un pressoir à engrenages Samain *p*, un pressoir à deux vis *p'* et un pressoir à encliquetage *p''*. Des puisards en pierre *c*, au nombre de trois, sont creusés dans le sol pour recevoir le liquide qui s'écoule du treuil et des pressoirs. Deux cuves en bois complètent le mobilier. Le bâtiment est couvert en tuiles-canal, reposant sur un voligeage en planches brutes. L'ensemble est supporté par deux fermes du type classique, dont l'entrait est à 3^m,05 de hauteur. Le sol est en terre battue.

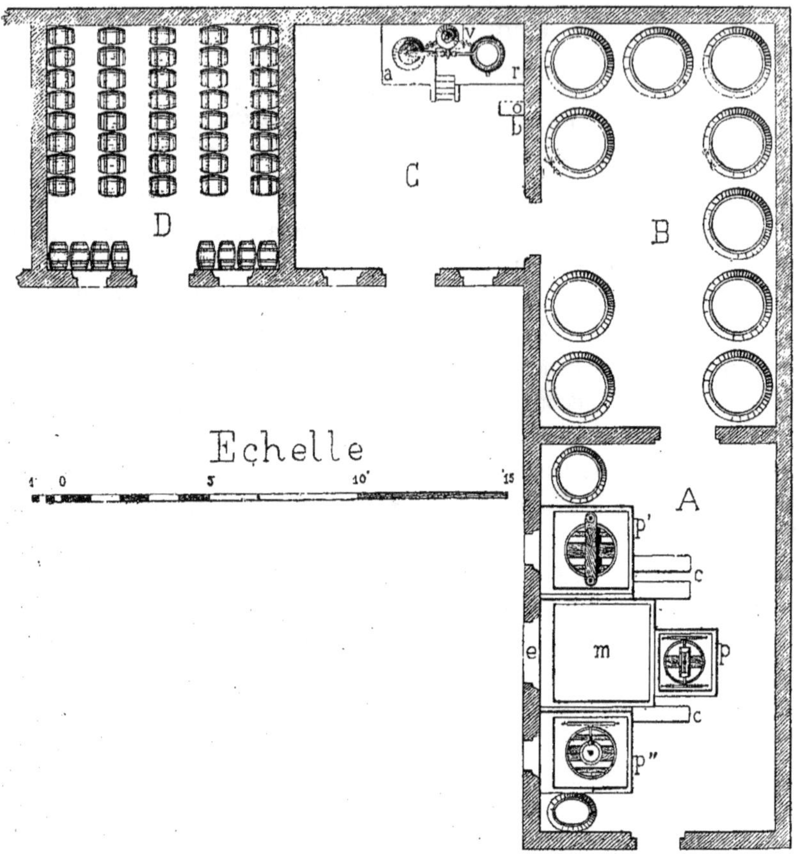

Chai de Vitis-Parc. — Fig. 1. — Plan des bâtiments.

La cuverie B, qui fait suite à la salle des presses, a même largeur et 13^m,20 de longueur. Elle renferme 10 cuves en bois foncées, de 65 hectos de capacité en moyenne, posées sur des dés en pierre.

A gauche de la cuverie, on pénètre dans la distillerie C, pièce de 8 m. de longueur et de 7^m,70 de largeur. Au fond se trouve l'appareil à distiller, de Maresté, constructeur à Cognac. C'est l'appareil simple des Charentes, qui se compose d'un alambic a, de 520 litres, chauffé à feu nu, d'un chauffe-vin v et d'un réfrigérant r. Une pompe aspirante élévatoire b est fixée contre le mur, à côté du réfrigérant. Elle est du système Bignon, de Saumur, et sert au chargement du chauffe-vin.

Enfin, le chai D est affecté au logement des barriques. Il a les mêmes dimensions que la distillerie. Les barriques y sont disposées sur cinq rangs parallèles, séparés par des passages de 0^m,80. Chaque rang compte 8 barriques sur sole. On peut, en outre, placer 8 barriques contre le mur de la cour, de chaque côté de la porte d'entrée, ce qui donne un total de 48 barriques pour la contenance du bâtiment. En encarrassant en 2me ou en 3me, on peut augmenter considérablement ce nombre. Un plancher établi à 2^m,25 de hauteur isole le chai du comble et forme au-dessus un grenier E.

La charpente et la couverture de ces trois pièces sont identiques à celles de la salle des presses A.

A leur arrivée de la vigne, les charrettes sont arrêtées en face de la fenêtre *e*, et la vendange est jetée avec une pelle en bois du cuvier sur un porte-fruits engagé dans l'ouverture. Elle glisse dans un fouloir à cylindres installé sur le *treuil* et actionné par un ouvrier. Le produit du foulage tombe sur la maie, où se produit un premier égouttage. Le moût s'écoule dans l'un des puisards *c*, d'où il est envoyé par une pompe dans une cuve. Il représente à peu près la moitié du liquide disponible dans la grappe. Les grappes sont jetées sur l'un des pressoirs où elles forment une *rape*. On donne

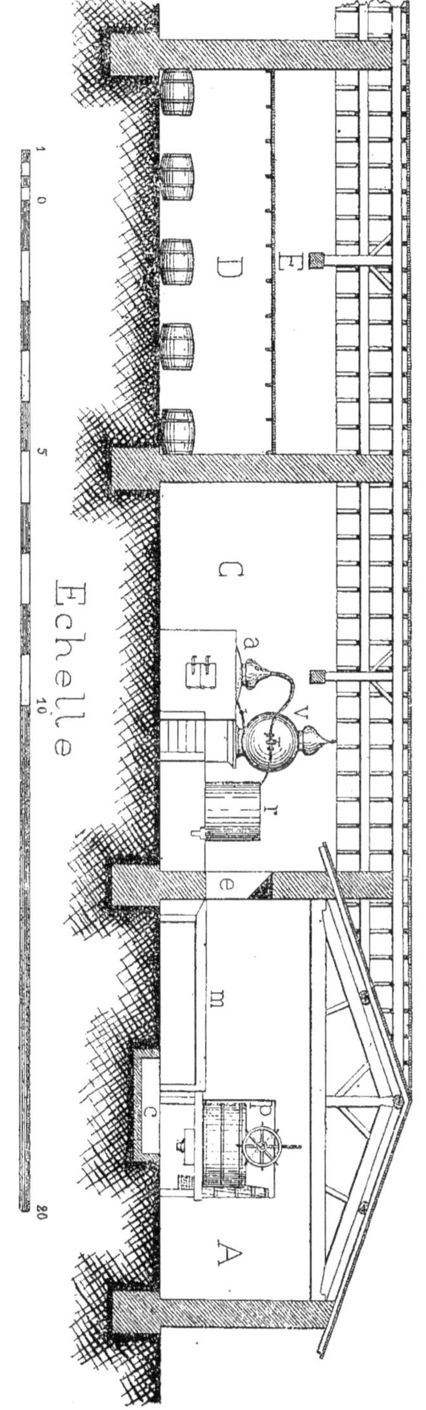

Chai de Vitis-Parc.— Fig. 2.— Coupe et élévation des bâtiments.

deux serrages successifs, qui sont suivis d'un recoupage. On presse, ensuite, jusqu'à parfait asséchement. Le pressoir reste, en général, chargé pendant 24 heures. Après déchargement, le marc est mis au fumier. Le moût est recueilli dans les puisards et pompé dans une cuve où il est mêlé à celui du premier égouttage. Le rendement total en liquide est de 70 à 72 o/o du poids de la vendange.

La fermentation dure dans les cuves 15 à 25 jours. Le vin obtenu titre à peu près 9° d'alcool. On distille immédiatement après, c'est-à-dire pendant je mois de novembre. On peut faire, par 24 heures, trois chauffes de vin, de 5 hectolitres chacune. Elles donnent en tout 5 hectolitres de flegmes (*brouilli*) qui, repassés dans l'alambic, produisent à la quatrième chauffe environ 180 litres de bonne eau-de-vie à 68°. On perd à l'opération un degré d'alcool.

L'eau-de-vie est logée dans des barriques ou dans des *tierçons* (fûts de 500 litres de capacité) qui sont déposés dans le chai jusqu'à la vente. L'eau-de-vie nouvelle de la récolte 1893 a été vendue 250 fr. l'hecto.

Les bâtiments de Vitis-Parc sont méthodiquement groupés, dans l'ordre des opérations successives que subit la vendange pour se transformer en eau-de-vie. Leur outillage, quoique très simple, suffit au traitement du vin produit par le vignoble. Mais la vinification n'est pas l'objet des mêmes soins que dans les pays producteurs de vins pour la consommation. Bien que le vin ne soit, dans les Charentes, que la matière première de la fabrication de l'eau-de-vie et qu'il n'y ait pas lieu, conséquemment, de se préoccuper de sa longue conservation, nous pensons qu'il serait possible, par un entretien du matériel de vinification en parfait état de propreté, de développer chez lui des qualités de bouquet qui augmenteraient la valeur des eaux-de-vie.

Les appareils à distiller des Charentes sont tous aussi simples que celui de Vitis-Parc. On ne trouve jamais d'appareils à colonne, car on tient à conserver aux eaux-de-vie leur goût d'origine. Le chauffe-vin et le réfrigérant sont bien disposés. On pourrait substituer avantageusement au chauffage à feu nu de l'alambic le chauffage par la vapeur. En outre, on devrait ne soumettre à la distillation que des vins soutirés avec soin ou, mieux encore, filtrés.

CHAPITRE VI

ANJOU

Le vignoble de l'Anjou couvrait, avant l'invasion phylloxérique, 55.000 hectares du département de Maine-et-Loire, dont 22.000 dans l'arrondissement de Saumur. Actuellement, les plantations de vignes ne représentent plus que 28.000 hectares pour l'ensemble du département et 15.000 hectares pour le Saumurois. Mais les vins qu'elles produisent sont très estimés et recherchés pour leur saveur fraîche et leur goût fruité. Ils sont l'objet de transactions importantes avec la Hollande et la Belgique, qui consomment la majeure partie des vins blancs de 1re et 2me tête. Les vins communs, blancs ou rouges, sont achetés par le commerce de Paris. La champagnisation des vins blancs de Saumur a pris, depuis quelques années, une grande extension et donné naissance à une industrie des plus florissantes.

La production des vins blancs et celle des vins rouges sont à peu près égales. Sur les coteaux, on récolte en moyenne 10 barriques (de 225 litres), soit 22 à 23 hectolitres par hectare. Dans la plaine, le rendement est de 40 barriques (90 hectos); il atteint parfois 60 barriques (135 hectos), mais exceptionnellement.

La vinification, aux environs de Saumur, sur les bords de la Loire, a lieu dans des *caves* creusées ou découpées dans la craie, du plus pittoresque effet. Ce sont celles que nous décrirons, parce qu'elles sont caractéristiques de cette région et qu'elles constituent un type d'une physionomie spéciale, que l'on ne rencontre nulle part ailleurs.

Les procédés de champagnisation du Saumurois, l'installation des caves et l'organisation du travail sont les mêmes qu'en Champagne. Nous donnerons, dans le chapitre suivant, les renseignements les plus complets sur cette fabrication.

I. — LES CAVES DU CHATEAU DE PARNAY

Caves découpées dans la craie

FABRICATION DE VIN ROUGE ET DE VIN BLANC

Le Château de Parnay, situé sur la commune de Parnay, à 6 kilomètres au sud-est de Saumur, appartient à M. Cristal. Le vignoble a une superficie de 15 hectares : 6 sont plantés en Chenin (ou Pinot de la Loire), pour les vins blancs, les 9 autres en Cabernet franc (ou Breton), pour les vins rouges. Il est divisé en plusieurs clos : ceux de Bel-Air, de Champ-Chardon et du Château, qui donnent les vins blancs, et ceux des Brulons, de Champigny-le-Sec et des Rétis, dans lesquels sont récoltés les vins rouges. Ces clos produisent les vins de tête de la côte de Saumur. Les vins blancs de la récolte de 1893 ont été vendus 350 fr. la barrique.

Les plantations sont faites en carré, à 1 m. d'écartement. Les vignes sont conduites sur échalas. La culture est confiée à des vignerons, auxquels on donne 126 fr. par hectare pour faire le déchaussage, le raballage, la taille, les fouillages. La fumure, le remontage des terres, les traitements des maladies sont payés à la journée, en supplément.

La vendange a lieu, pour les Cabernets, dans la deuxième quinzaine d'octobre, pour les Chenins, de fin octobre au milieu de novembre. La récolte des vins de tête fait l'objet d'une série de triages successifs, deux ou trois, parfois même quatre. On attend, pour détacher les raisins blancs, que la pellicule commence à être détruite : cela ressemble à la pourriture du pays de Sauternes, sans cependant l'être. Les coupeuses font la cueillette dans des *baquets* en bois de hêtre, de 10 à 12 litres, qui sont vidés dans les *hottes* en métal ou en osier goudronné des porteurs. Ceux-ci remplissent les *portoires* (récipients en bois d'un hectolitre de capacité environ) disséminées dans la vigne. Une portoire reçoit 75 kilos de raisins. Autrefois, deux portoires faisaient une *somme* et elles étaient attachées sur un bât par des anses en osier. Actuellement, elles sont transportées, par huit, sur des charrettes. Pour sortir les portoires de la vigne et les transporter jusqu'à la charrette, on se sert d'un *boyard*, espèce de civière sur laquelle la portoire est posée et que deux hommes soulèvent. Une vendangeuse ramasse, dans une journée, la valeur minimum d'une barrique de vin. Il y a, en général, un porteur pour dix coupeuses. Un ouvrier *fait* les portoires en

Caves du Château de Parnay.— Fig. 1.— Vue intérieure de l'entrée des caves.

comprimant les raisins avec des coins. Chez M. Cristal, le personnel comprend : 20 coupeuses, 2 porteurs, 1 faiseur de portoires et 2 hommes pour le service des baquets. Il a fait, en 1893, la récolte de 100 pièces de vin en 4 jours.

Les caves de M. Cristal constituent une annexe du château. Elles sont taillées en pleine craie, de plain-pied avec le sol extérieur. Leurs contours irréguliers, leurs profils accidentés, les incessantes variations de leur forme, les anfractuosités de leurs parois donnent à ces caves l'aspect de grottes naturelles, plutôt que celui de galeries creusées par la main de l'homme. De place en place, des massifs en maçonnerie consolident les parties faibles et servent d'appui aux retombées des voûtes naturelles. Sur d'autres points, ce sont de simples murs de revêtement.

Si l'on aborde ces caves, en venant de la cour du château, on traverse, d'abord, une succession de cours, telles que L H F (fig. 2). La vue photographique (fig. 1) donne la physionomie de la plus grande F. Les arbrisseaux, qui ont poussé leurs racines dans les fissures du terrain et dont les branches, suspendues en grappes, tapissent toutes ses faces, forment avec les parois abruptes des bancs de calcaire un ensemble des plus pittoresques. On aperçoit, à gauche de l'entrée de la cave E, un appareil à distiller u. On gagne, ensuite, en traversant la cave E, qui sert de passage, les deux salles A et B qui sont les plus importantes : la première A renferme les pressoirs, la deuxième B est la cave proprement dite. Deux caveaux C et D sont utilisés au logement des vins en bouteilles. La figure 2 montre le groupement de ces diverses pièces et indique leurs dimensions relatives. Toutefois l'échelle de ce plan n'est qu'approximative.

La salle des presses (ou *pressoir*) A est en même temps accessible du dehors par la porte a, qui s'ouvre sur un chemin. C'est par là que pénétreront les charrettes chargées de vendange. La vue photographique (fig. 3) en présente l'aspect intérieur. Elle est prise de la porte a. On aperçoit à droite, au premier plan, un énorme pilier qui soutient les voûtes, en face et au fond une sorte de caverne dans laquelle est installé l'un des pressoirs p. Ce pressoir est du système Mabille. La maie, en béton, est au niveau du sol ; elle mesure $3^m,85$ sur $4^m,10$. Un rebord empêche le moût ou le vin pressé de se répandre au-dehors. Il est conduit par un petit caniveau dans une sorte de puisard r, creusé dans le sol, que l'on appelle une *anchère*. Un deuxième pressoir p', de moindres dimensions, mais de même construction que l'autre, est placé à gauche de l'entrée a. Il est surélevé de $1^m,30$ par rapport au sol. On monte sur la maie par l'escalier e. A côté et à même hauteur, une maie de foulage m dallée sert à la réception de la vendange. Ces deux maies sont en communication avec l'anchère r', logée dans la pièce voisine B. Une cuve en bois découverte c, de 60 hectos, complète le mobilier de la salle des presses.

La cave B, entièrement isolée et accessible seulement par la porte qui la
réunit à la salle A, constitue un excellent logement pour le vin. Les futailles y sont disposées sur quatre rangs parallèles séparés par de larges allées

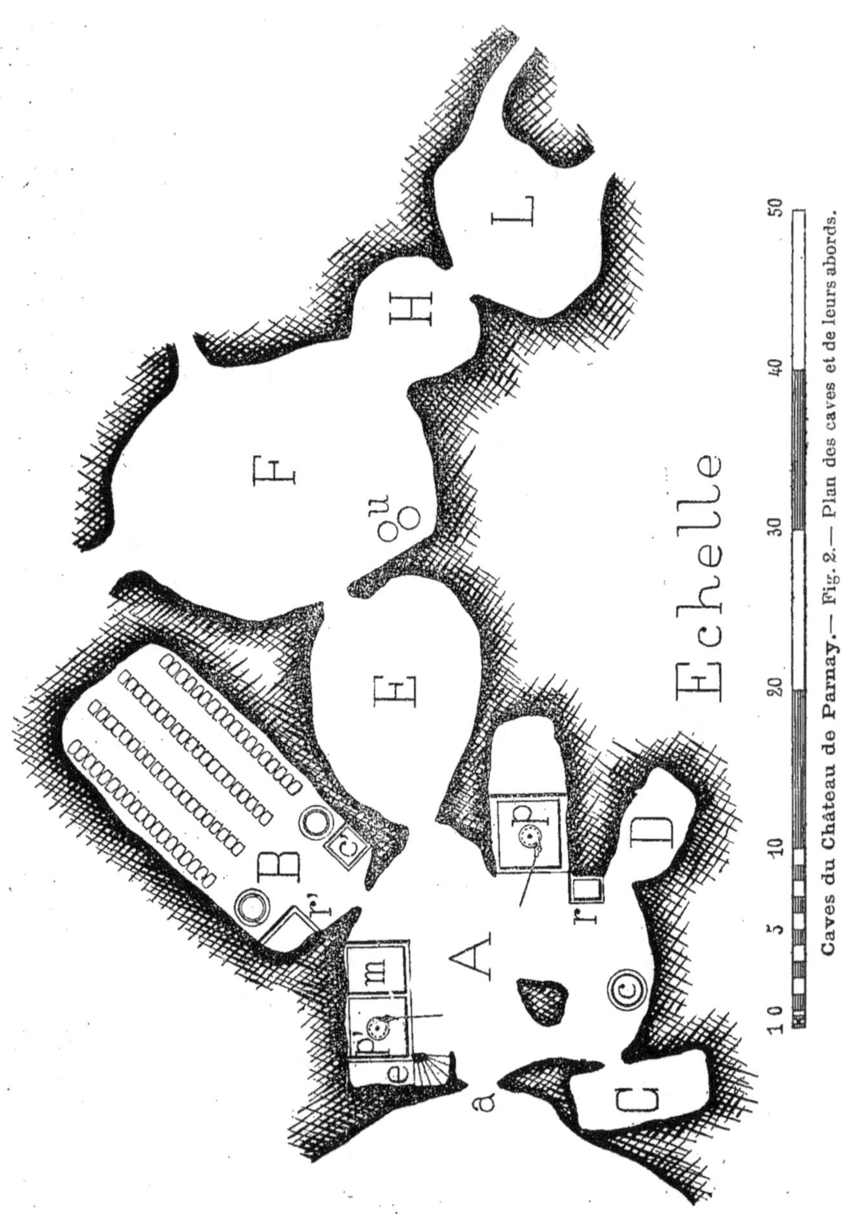

Caves du Château de Parnay.— Fig. 2.— Plan des caves et de leurs abords.

de service. Deux cuves en bois et une cuve en pierre *c'*, de 100 hectos, servent, au moment de la vendange, aux opérations du cuvage.

Caves du Château de Parnay. — Fig. 3. — Vue intérieure du pressoir.

Le sol de ces caves est recouvert sur tous les points d'une épaisse couche de sable fin.

Nous venons de dire que les charrettes arrivant de la vigne pénètrent dans la salle A par la porte *a*. Les portoires sont déchargées sur la maie *m* et les raisins passés au fouloir. Vers la fin de la journée, après avoir déchargé le pressoir du marc asséché de la veille, on jette le produit de ce foulage sur le pressoir *p'* où il forme un gâteau (le *cep*). En cas de besoin, on charge également le pressoir *p*. Le premier peut recevoir la vendange de 15 pièces de vin ; le deuxième, la vendange de 30 pièces. Le pressurage ne commence que le soir, après la rentrée de la dernière charrette. A 10 heures du soir, on taille une première fois le cep (on *couche le pressoir*) et on donne une nouvelle pressée. Le lendemain matin, à 8 heures, on fait un deuxième recoupage, suivi à son tour d'une troisième pressée. A midi, on coupe une dernière fois le gâteau, qui est maintenu sous pression jusqu'à 4 heures du soir. On décharge alors le pressoir, qui est prêt à recevoir un nouveau cep. Le pressurage a lieu sans claie. Le cep est seulement recouvert de madriers et chargé de poutres de pression. Le moût est recueilli dans l'anchère de chaque pressoir et directement entonné, au moyen de bassines en cuivre, dans des futailles soufrées, où se produit un débourbage. Environ 36 heures après, ce moût est logé dans des barriques non soufrées, où la fermentation a lieu. Il faut 350 kilos de raisins pour une barrique de vin blanc (225 litres). Le vin est soutiré une première fois fin décembre et une deuxième fois fin février. Les barriques sont placées sur tins dans la cave B. Telle est la marche de la vinification des vins blancs.

Pour les vins rouges, la vendange déchargée sur la maie *m* est égrappée, puis transportée dans l'une des cuves *c* ou *c'*. Le remplissage d'une cuve dure généralement deux jours. Les raisins ne sont pas foulés et la fermentation a lieu à chapeau découvert. Mais la cuve est brassée trois fois par jour, pendant toute la durée du cuvage, avec un bâton, long de 4 m. et terminé par une palette, que l'on appelle un *baraton*. Le décuvage est effectué au bout de 15 à 18 jours. La *mère-goutte* est directement versée, avec les bassines, dans des barriques non méchées. Le marc est porté sur le pressoir, où il subit un retaillage, et le vin de presse est enfutaillé à part.

Le marc sert à faire de la piquette ; le résidu est jeté au fumier.

Les caves de M. Cristal sont intéressantes par leur structuture et leur aménagement intérieur. Elles sont entretenues en parfait état de propreté. On peut les donner comme un type des caves du Saumurois, taillées, de plain-pied avec le sol extérieur, dans les massifs du crétacé inférieur qui constitue pour une large part les terrains de cette région.

II. — LES CAVES DU DOMAINE D'AUNIS

Caves creusées dans la craie

FABRICATION DE VIN BLANC ET DE VIN ROUGE

Le domaine d'Aunis, situé sur la commune de Dampierre, à 4 kilomètres au sud-est de Saumur, est la propriété de M. le docteur Peton, maire de Saumur. Le vignoble couvre 10 hectares. Il est actuellement en voie de reconstitution par des cépages américains greffés. La nature calcaire du terrain rend cette entreprise particulièrement intéressante. Les plantations anciennes étaient faites avec les producteurs de la région : le Pinot de la Loire, le Cabernet franc, le Groslot de Cinq-Mars, qui fournissent également les greffons des nouvelles vignes. Les deux tiers de la récolte sont vinifiés en blanc, le reste donne du vin rouge.

La vendange a lieu par les procédés que nous venons de décrire (voir page 418).

Les caves d'Aunis sont souterraines. Elles sont creusées dans la craie, à $9^m,50$ de profondeur environ. On n'y pénètre donc pas de plain-pied, comme dans celles du Château de Parnay, mais on y descend par un chemin incliné, appelé *courdoire*, de $36^m,60$ de longueur et de $2^m,40$ de largeur (A fig. 2). Une brisure xy en a supprimé la partie supérieure. La vue photographique (fig. 1), prise de l'entrée de la courdoire, montre nettement la forme et la disposition de cette descente. Elle débouche, à la partie inférieure, dans une cour intérieure (ou *évent*) B, qui reçoit directement le jour d'en haut et qui contribue à l'aération et à l'éclairage des salles ou galeries voisines. Un puits b, de 30 m. de profondeur, au-dessus duquel est installé un petit treuil, alimente d'eau les services de la cave.

A droite, en D, on trouve le *pressoir*, qui a $6^m,90$ de longueur sur $4^m,60$ de largeur. La vis de la presse v est dressée au centre d'une vaste maie dallée, surélevée de $0^m,50$ environ par rapport au sol de la cave. Le mécanisme de pression est du système Tremblai, de Tours. Derrière la maie, deux cuves en bois c, de 15 à 16 barriques, servent au cuvage du vin rouge. L'*anchère* a est creusée dans l'épaisseur de la paroi qui sépare le pressoir des caveaux E, voisins de la cave C. Une cheminée verticale (la *botte*) fait communiquer le pressoir avec le sol extérieur et sert à la rentrée de la vendange. Un petit évent spécial au pressoir, recouvert d'une trappe en temps ordinaire, est découvert à l'époque des vendanges et donne assez de jour pour que l'on puisse se passer aisément d'un éclairage par lampes.

Caves du domaine d'Aunis. — Fig. 1. — Vue de la courdoire.

Deux longues caves C et C' sont destinées au logement des vins en fûts.
La première C, dont la vue photographique (fig.3) donne l'aspect intérieur,
a 29^m,30 de longueur et 4^m,25 de largeur moyenne. Elle prend jour sur
l'évent B par une fenêtre grillée *i*. Les barriques y sont rangées contre les
parois, sur des tins en bois. Une porte à claire-voie, que l'on aperçoit au
fond, permet de mettre cette cave en communication avec une autre galerie souterraine, faisant partie de la cave du vigneron. La seconde cave C' a

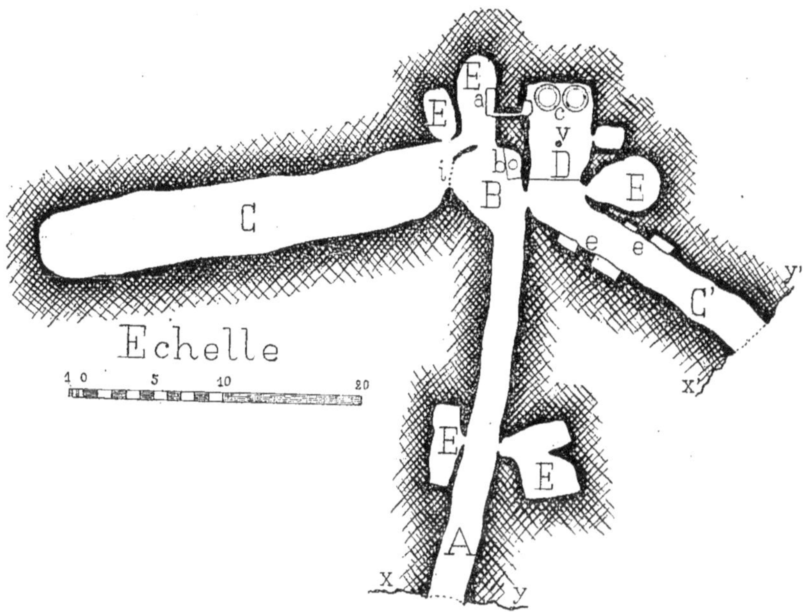

Caves du domaine d'Aunis. — Fig. 2.— Plan des caves.

40^m,30 de longueur et 2^m,75 de largeur. Une brisure *x' y'* n'en laisse voir
qu'une partie. Quatre cuves en pierre *e e*, d'une capacité totale de 15 barriques, sont logées dans l'épaisseur des parois. Enfin, de petits caveaux E,
véritables grottes de forme et de grandeur variables, reçoivent les vins en
bouteilles. L'échelle approximative de la figure 2 permet d'apprécier leurs
dimensions.

Les *portoires* pleines de vendange sont apportées de la vigne au-dessus
des caves, à proximité de la bouche de la *botte* ; elles sont culbutées dans
cette gaine et leur contenu est précipité, d'une hauteur de 9 m. environ, sur
la plate-forme dallée du pressoir. Si les raisins doivent être vinifiés en blanc,
ils sont passés au fouloir, puis le *cep* est monté autour de la vis. On *couche*
le pressoir trois fois; on donne donc quatre pressées. Le moût est recueilli
dans l'*anchère* et mis en fûts, au moyen d'un récipient en bois de 20 litres
(*jallais*). Pour le vin rouge, les raisins sont égrappés sur claie à la vigne
même. Le contenu des portoires vidé dans la botte est mis directement en

cuve. La fermentation dure une quinzaine de jours. Le vin est soutiré dans l'anchère, d'où il est retiré au moyen du jallais et enfutaillé. Le marc est asséché sur le pressoir, où il subit deux pressées.

Les caves du domaine d'Aunis sont excellentes pour la conservation et l'amélioration des vins faits, à cause de leur grande profondeur. Mais l'installation souterraine des cuves et du pressoir laisse à désirer, en ce qui concerne notamment les soins de propreté, dont l'application est difficile, surtout à l'intérieur de la botte. Il serait plus rationnel de réserver ces caves au logement du vin fait et d'établir au niveau du sol une cuverie pour le traitement de la vendange.

Caves du domaine d'Aunis. — Fig. 3. — Vue intérieure de l'une des caves.

CHAPITRE VII

CHAMPAGNE

Les vins de la Champagne sont produits par les coteaux qui dominent la Vesle et la Marne, dans les arrondissements de Reims et d'Epernay et dans le canton de Vertus (Marne). Le vignoble de la *rivière de Marne*, avec les crus distingués d'Ay, de Mareuil, de Dizy, d'Hautvillers, de Cumières, la *côte d'Epernay*, avec les vignes renommées d'Epernay, de Moussy, de Vinay, la *côte d'Avize*, avec les crus estimés de Cramant, d'Avize, du Mesnil, d'Oger et de Vertus, forment le territoire de la rivière de Marne, l'une des deux grandes divisions du vignoble champenois. La seconde est constituée par la montagne de Reims, dont les crus les plus célèbres sont ceux de Verzy, Sillery, Verzenay, Rilly, Marzilly, etc.

Le rendement des vignes de Champagne est peu élevé : il est compris entre 22 et 28 hectolitres à l'hectare.

Bien que les vins rouges du département de la Marne soient très appréciés et qu'ils puissent prendre rang parmi les meilleurs du vignoble français, c'est aux vins blancs mousseux que la Champagne doit sa grande réputation. C'est d'eux que nous nous occuperons exclusivement.

La production de ces vins comprend deux opérations distinctes : la *vinification* proprement dite ou la fabrication du vin blanc, et la *champagnisation* ou la transformation de ce vin blanc en vin mousseux. La première a lieu dans des *vendangeoirs*, la deuxième dans des *caves*.

A cause de l'extrême division de la propriété, tout vigneron ne possède pas un vendangeoir. Les vendangeoirs appartiennent : 1° aux *bons* propriétaires (on nomme ainsi les propriétaires de plus de 2 hectares de vignes), qui les louent aux plus petits ; 2° aux courtiers, qui achètent des raisins aux vignerons et qui livrent ensuite le vin aux négociants ; 3° aux grands négociants de vins de Champagne qui, pour la plupart, sont en même temps propriétaires de vignes ou qui traitent des raisins achetés aux vignerons.

Quelquefois, le vin séjourne un certain temps dans le vendangeoir ou dans ses annexes ; le plus souvent, il est retiré immédiatement après sa fabrication et logé dans les celliers ou les caves des négociants.

Nous décrirons, d'abord, l'installation et le travail d'un vendangeoir, ensuite l'organisation et le travail d'une des plus importantes caves de Champagne.

LE VENDANGEOIR MOET ET CHANDON

Vignoble de Cramant

FABRICATION DE VIN BLANC (GRAND CRU)

Les grands vins mousseux de la Champagne sont obtenus par le mélange en proportion convenable des vins fournis par les différents crus du vignoble champenois. La composition de ces mélanges varie non seulement d'année en année, d'après la valeur des vins, mais encore de négociant à négociant, suivant les traditions de la maison et le goût de sa clientèle. Ils ont pour but de combiner et de développer les qualités spéciales à chaque vin: le corps et la vinosité sont assurés par les vignes à raisins rouges de Bouzy et de Verzenay, le moelleux et la finesse par celles d'Ay et de Dizy, la légèreté, la vivacité et l'effervescence par les vignes à raisins blancs de Cramant et du Mesnil. On forme ainsi une *cuvée*.

Les cépages rouges par excellence de la Champagne sont, en première ligne, le Pinot noir (ou vert doré d'Ay), en deuxième ligne, le plant de Fleury, le plant de Bouzy et celui de Trépail, qui ne sont, d'ailleurs, que des variétés de Pinot noir ; le cépage blanc le plus répandu est le Pinot blanc Chardonnay.

Les plantations, exclusivement sur coteaux à forte inclinaison, sont faites à l'écartement de 1^m, 50 sur 0^m, 50. Au bout de deux ans, on pratique l'*assizelage* qui réduit l'écartement à 1 m. sur 0^m,25. Deux ans après, on fait les *retirés* et, à partir de ce moment-là, la vigne est *en foule*. Elle compte de 40.000 à 60.000 broches par hectare. Le vignoble est, depuis plusieurs années, attaqué sur divers points par le phylloxera. On le traite par le sulfure de carbone injecté au pal, en attendant la reconstitution par des cépages américains adaptés au sol crayeux de la Champagne.

La culture se fait à bras. Les frais annuels s'élèvent, dans la région du Mesnil, à 2.300 francs et jusqu'à 3.000 francs par hectare. Le rendement est, pour une période de 20 ans, de 23 à 24 hectolitres à l'hectare.

La commune de Cramant, sur le territoire de laquelle est construit le vendangeoir de la maison Moël et Chandon qui nous occupe, est au sud et à 7 kilomètres environ d'Epernay. Son vignoble est célèbre par les raisins blancs qu'il produit. Ce vendangeoir traite la récolte de 120 arpents de vigne l'arpent vaut 43 ares 27), c'est-à-dire de près de 52 hectares. La vendange

Vendangeoir Moët et Chandon. — Fig. 1. Vue extérieure de la salle des presses

a lieu du 20 septembre au 5 octobre ; elle dure toujours une quinzaine de jours.

Elle est faite par une bande de 400 vendangeurs, qui comprend : 1° les cueilleurs de raisins ; 2° les porteurs de petits paniers, à raison d'un porteur pour cinq à six cueilleurs ; 3° les débardeurs (quatre débardeurs pour cent ouvriers environ). Les cueilleurs ramassent avec précaution les raisins dans de petits paniers en osier (un cueilleur ne coupe que 80 kilos de raisins par jour au maximum). Ceux-ci sont versés par les porteurs au-dessus des *clayettes* (paniers plats de 0ᵐ,85 de longueur et de 0ᵐ,50 de largeur) posées sur des *paniers-mannequins*. Deux à quatre femmes sont occupées au triage des raisins sur les clayettes. Elles enlèvent de la grappe les grains desséchés, verts, tachés ou pourris. Le produit de ce triage, qui doit être fait avec beaucoup de soin, est mis dans les paniers-mannequins (grandes corbeilles en osier, du poids de 10 kilos, pouvant contenir 80 à 90 kil. de raisins) qui sont portés sur l'épaule par les débardeurs. Les grands paniers sont transportés au vendangeoir, par deux sur un bât à dos d'âne, lorsque la situation de la vigne ne permet pas l'accès de véhicules attelés, ou par dix sur une charrette bien suspendue. Il est rare que l'on mette sur la même charrette plusieurs rangées superposées de corbeilles. On se contente, en général, de transporter à chaque voyage les dix paniers qui couvrent exactement le tablier sur un seul rang.

De 400 kilos de raisins, on retire 200 litres de vin *de cuvée*, de 1ʳᵉ qualité ;

30 — de 1ʳᵉ suite ;

20 — de 2ᵐᵉ suite ;

15 — de 3ᵐᵉ suite, ou *rebèche*.

Total   265 litres de tout vin.

Il faut donc 150 kilos de raisins pour 1 hectolitre de tout vin. La première suite a seulement la moitié de la valeur du vin de cuvée. Ce dernier est acheté de 400 fr. à 1.200 fr. la pièce de 200 litres, suivant les années. Un hectare donnant à peu près 10 pièces de cuvée, le produit en argent est de 4.000 fr. à 12.000 fr.

Le vendangeoir Moët et Chandon (la figure 1 en montre l'aspect extérieur) est représenté en plan et en coupe transversale par les figures 2 et 3. Il forme l'un des côtés d'une grande cour et comprend une salle des presses A et une cuverie B.

La salle des presses A est un rectangle de 43ᵐ,65 de longueur et de 10 m. de largeur, dirigé du nord-est au sud-ouest. Il s'ouvre sur la cour par trois grandes portes de forme ogivale (fig. 1 et *e* fig. 2 et 3) et s'éclaire par plusieurs fenêtres percées dans le même mur et par six cheminées (*t* fig. 3) prenant le jour au-dessus de la toiture, à travers le plancher du grenier. Un plancher continu, dont les poutres moisées servent de tirant pour les fermes de la couverture, s'étend à 4ᵐ,90 de hauteur et forme le grenier C. On y

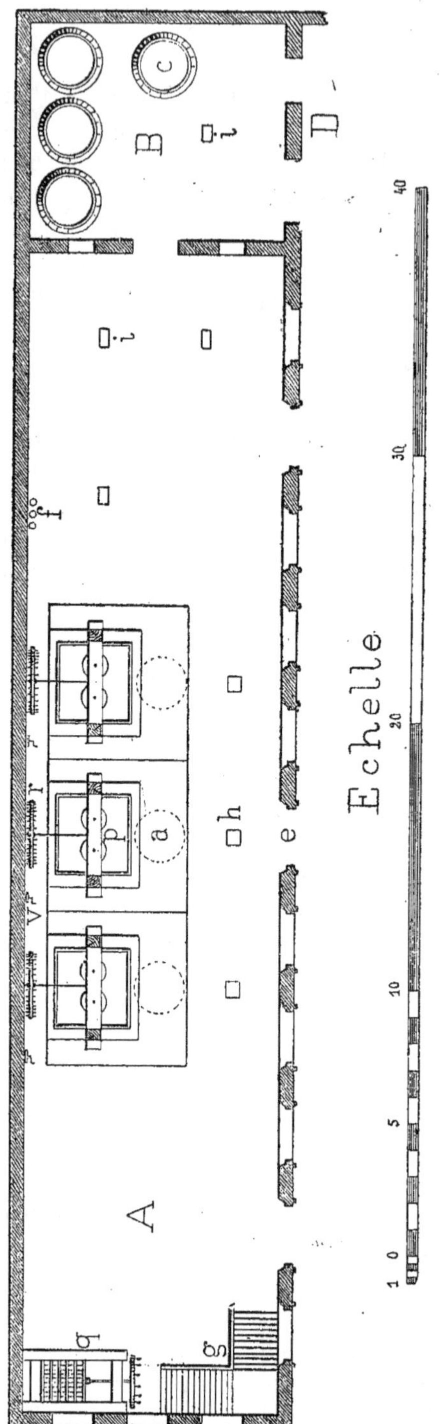

Vendangeoir Moët et Chandon.— Fig. 2.— Plan des bâtiments.

monte par l'escalier g; il peut, en outre, être mis en communication avec le vendangeoir par trois trappes. La couverture en ardoises est à forte inclinaison (les arbalétriers font 45° avec l'entrait), pour mieux résister à la surcharge des neiges. Les arbalétriers sont consolidés par des croix de Saint-André. Ce bâtiment renferme un pressoir horizontal (ou *coffre*) q et trois grands pressoirs p, dont la claie mesure $2^m,75$ sur $2^m,58$. Ils sont à charge pliante b. La pression est donnée par deux vis verticales sur lesquelles sont clavetées des roues dentées qui sont commandées par une vis sans fin, actionnée elle-même par une roue à chevilles r. Pour élever ou pour abaisser rapidement la charge, on se sert du treuil v, qui, par une chaîne de Galle, commande l'arbre de la roue à chevilles. Le moût qui s'écoule des presses est recueilli dans les cuviers a. Chacun d'eux a une capacité de 20 hectos ; il est logé dans une fosse et recouvert par un plancher mobile en bois. En avant des pressoirs, trois puisards h sont destinés à recevoir les eaux de lavage de la salle. Contre le mur, trois pompes à balancier f (une par pressoir), aspirantes et foulantes, prennent le moût des cuviers a et l'envoient dans les cuves c de la cuverie B.

Les cuves *c* sont au nombre de quatre seulement. Leur capacité est de 20 pièces (40 hectos). Elles reposent sur quatre dés en pierre par des chantiers en bois. Le robinet est à 1^m,20 au-dessus du sol. Elles sont découvertes. Elles sont logées dans un bâtiment B, de 8^m,10 de longueur sur 10 m. de largeur, qui s'ouvre sur la cour par une grande porte (visible en

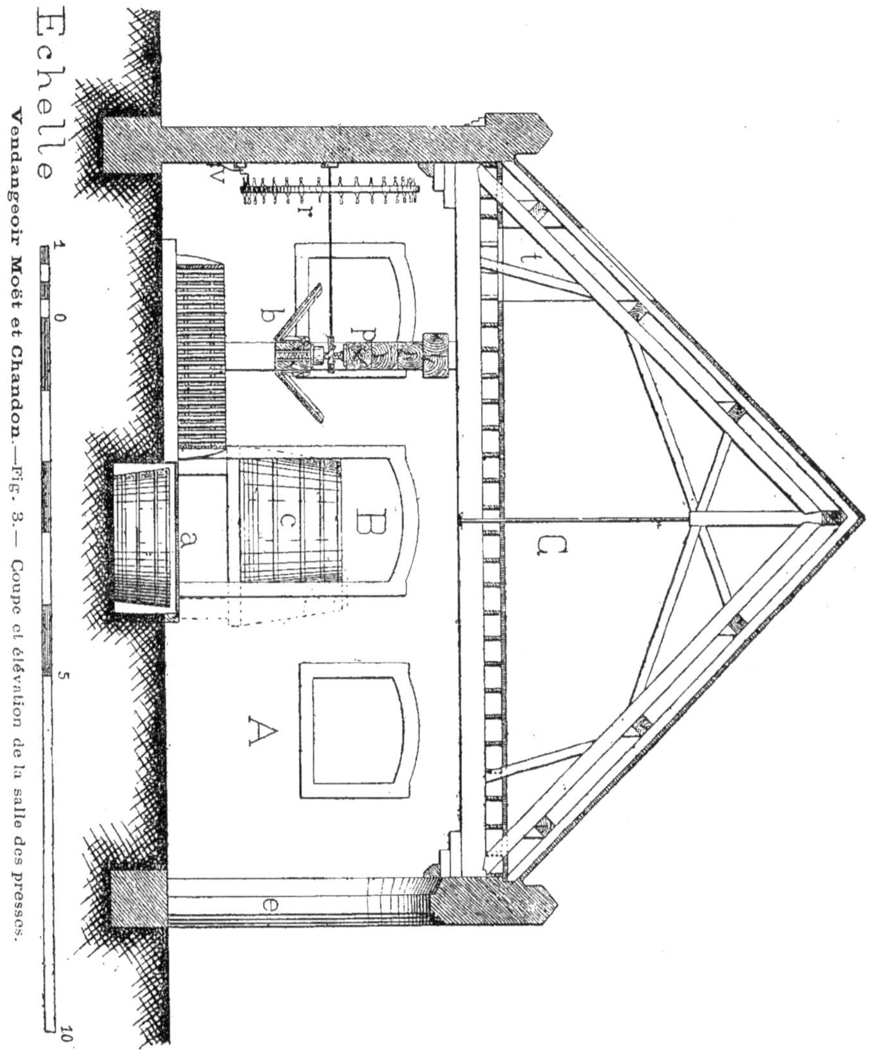

partie à droite de la fig. 1) et qui donne, par une deuxième porte plus petite, sur un hangar D, dont on n'a figuré que l'amorce du mur postérieur (fig. 2) et sous lequel est établi un quai servant au déchargement des paniers de vendange et au chargement des pièces de vin. Il communique, d'autre part, avec la salle des presses par une porte et deux fenêtres (fig. 2 et 3).

Tout le vendangeoir est construit sur cave (non représentée sur la fig. 3). Cette cave n'est que rarement employée au logement des vins blancs. Elle reçoit surtout le vin rouge qui est distribué gratuitement toute l'année aux ouvriers et aux maîtres-vignerons. Elle est séparée du vendangeoir par un plancher en fer, dont les solives sont réunies par des voûtins en briques. La hauteur sous les poutres est de 2^m,20. On y descend par un escalier intérieur, dont l'entrée est à l'extérieur ; on l'aperçoit en avant de la porte qui donne accès de la cour dans la cuverie (fig. 1). Des orifices *i*, percés dans le plancher de la cave, mettent en communication celle-ci avec la salle des presses A et avec la cuverie B. Le sol du vendangeoir est pavé en briques posées de champ.

Comme on le voit, un vendangeoir de Champagne est très simple.

Les paniers de vendange, déchargés sous le hangar D, sont portés devant les pressoirs sur des civières, ou bien avec des brouettes à ressort, rappelant les brouettes narbonnaises, ou encore avec des tricycles semblables à ceux des gares. Le pressurage a lieu immédiatement, sans foulage préalable, sur les grands pressoirs *p*. Les raisins sont versés dans la claie, qui peut en recevoir 4.000 kilos. On donne trois petites pressées, qui font écouler le vin de cuvée. La première et la deuxième taille produisent la 1re et la 2me suite. Le marc, encore gras, est ensuite jeté dans le coffre *q*, qui fournit la dernière suite (*rebèche*). Le vin de cuvée et les suites sont envoyés séparément par la pompe dans les cuves, où se fait le débourbage. Ils sont ensuite mis en fûts de 200 litres, que l'on transporte peu après dans les celliers dépendant des caves de champagnisation.

La suite sert *au remploi*, c'est-à-dire à l'ouillage des tonneaux après la première fermentation. Les autres suites forment des cuvées secondaires.

Le marc asséché est distillé.

La première fermentation dure de 15 à 30 jours, suivant la richesse saccharine du moût, qui est toujours au préalable déterminée approximativement avec le pèse-moût. Si elle était jugée insuffisante, on ajouterait au moût, cinq ou six jours après la vendange, une liqueur formée de sucre candi et de vin.

On s'efforce, en général, de conserver au vin une large proportion de son sucre naturel, pour obtenir plus tard dans les bouteilles une mousse abondante. Dans ce but, dès que la fermentation tumultueuse cesse, les fûts sont transportés dans des celliers à basse température. On a soin de faire le plein et de serrer légèrement la bonde, pour empêcher l'oxydation du vin, qui aurait pour conséquence son jaunissement et la disparition d'une partie de son bouquet et de sa finesse.

Le vin est dès lors prêt à subir sa transformation en vin mousseux. Nous allons suivre la série des opérations qu'exige cette fabrication spéciale dans les caves de la maison Moët et Chandon.

LES CAVES DE LA MAISON MOËT ET CHANDON

FABRICATION DE VIN DE CHAMPAGNE

La maison Moët et Chandon, dont la marque est connue et estimée dans le monde entier, est une des plus importantes et des plus célèbres de Champagne. Elle est aussi une des plus anciennes Des documents conservés dans les archives de la famille il résulte que, au milieu du siècle dernier, les Moët se livraient déjà au commerce du vin. Cependant, c'est Jean Rémy Moët, né en 1758, qui doit être considéré comme le fondateur véritable du commerce actuel des vins de Champagne. Grâce à ses efforts et sous son intelligente impulsion, les vins des bords de la Marne, qui étaient restés jusque-là le patrimoine de quelques privilégiés, se sont répandus dans tous les pays et n'ont pas tardé à acquérir une réputation universelle. En 1833, Jean Rémy Moët dut, en raison de son âge avancé, se retirer des affaires et il céda sa maison en pleine prospérité à son fils Victor Moët et à son gendre P. G. Chandon, descendant d'une famille anciennement anoblie du Mâconnais. La marque, qui depuis 1807 était *Moët et Cie*, fut transformée en celle de *Moët et Chandon*, qui sert encore de nos jours d'estampille à ces vins fameux. Actuellement, la maison a à sa tête les descendants de ces deux branches: d'un côté, MM. Victor Moët-Romont et C. J. V. Auban Moët-Romont, de l'autre côté, MM. Paul et Raoul Chandon de Briailles.

Le siège de la maison est à Épernay, dans un superbe château élevé en bordure de la rue du Commerce et entouré de beaux jardins qui s'étendent vers la Marne. En face, dans la même rue, s'ouvre la grille qui donne accès dans les bâtiments et dans les caves.

On trouve d'abord une grande cour, où a lieu l'arrivage des bouteilles neuves. Celles-ci sont introduites dans une salle où se fait le rinçage: une animation extraordinaire y règne au moment de la mise en bouteilles, c'est-à-dire du mois d'avril au mois de juillet. D'innombrables machines à rincer, commandées par une armée de femmes, permettent de nettoyer par jour environ 130.000 bouteilles. De là, elles sont portées sur des brouettes dans une cour voisine où on les laisse s'égoutter, puis à la salle de tirage où elles sont remplies. Nous indiquerons plus loin la série des opérations préliminaires et la pratique du tirage. Dans les bâtiments sont installés, en outre, le service de réception des vins en fûts, les salles de coupage, de collage des vins à embouteiller, les services de l'expédition des vins: prépara-

tion des caisses, emballage, chargement des camions, etc.. On y trouve,
enfin, l'usine électrique destinée à l'éclairage des caves et à la production
de la force motrice pour la commande des ascenseurs, et les machines frigorifiques montées depuis peu de temps pour l'utilisation d'un nouveau
procédé de dégorgement des bouteilles par le froid, sur les avantages
duquel nous insisterons ultérieurement. Ces constructions immenses et
pourtant quelquefois trop petites, séparées les unes des autres par de grandes cours, l'activité qui y règne, le bruit qu'on y entend, la multitude d'ouvriers qui les remplissent, tout cet ensemble est saisissant et donne au vi-
siteur l'impression d'une installation grandiose et d'une puissante organisation.

Par un grand escalier on descend dans les caves, qui constituent la partie la plus curieuse de l'établissement. Elles occupent deux étages superposés et forment deux véritables villes souterraines, avec leurs rues, leurs
places, leurs carrefours. L'étage supérieur comprend les caves hautes et
les bas celliers; l'étage inférieur, les caves basses dont la figure 1 donne le
plan. Les caves les plus anciennes A sont établies dans un sol de bancs de
craie superposés, de 0ᵐ,50 à 0ᵐ,60 d'épaisseur. Leur création remonte à
l'année 1720 environ. Les caves Museux C, de fondation plus récente, sont
creusées dans le même sol. Le sol des caves Augrette, leurs voisines, est
formé de bancs de craie de 1 m. à 1ᵐ,50 d'épaisseur. Elles datent de 1868.
Au-dessus se trouvent, à l'étage supérieur, des caves creusées dans une
direction perpendiculaire. Plus loin, les caves Tirage D ont été découpées
en 1872 dans un terrain de bancs de craie très compacte de 1 m. à 1ᵐ,50
d'épaisseur pour l'étage inférieur, et de seulement 0ᵐ,40 à 1 m. pour l'étage
supérieur. Enfin, les caves Chandon ont été creusées les dernières, en
B. Elles sont isolées des autres et accessibles par des escaliers spéciaux.
La longueur des galeries de l'étage supérieur est de 4.297 mètres et leur
surface atteint près de 3 hectares. La longueur des caves de l'étage inférieur est de 6.623 mètres, occupant une surface de 2 hectares 1/2 environ. Les travaux de terrassement n'ont présenté aucune difficulté d'exécution, mais, sur certains points où l'épaisseur des bancs de calcaire a
été jugée insuffisante, on a consolidé les parois des voûtes et les pieds-
droits par des murs de revêtement. Il ne s'y est jamais produit d'ébou-
lement sérieux.

Ces caves n'ont pas l'aspect pittoresque de certaines grandes caves de
Reims, que l'on a eu l'heureuse inspiration d'aménager dans d'anciennes
carrières abandonnées et auxquelles l'élévation et la grande portée des
voûtes, l'incessante variation des profils, l'irrégularité des contours donnent
un cachet particulier d'originalité. Ici, les galeries creusées sur un gabarit
de forme invariable, toujours les mêmes, sont monotones et froides, mais
imposantes par leur développement et par la prodigieuse réserve de vin

qu'elles logent. Ce ne sont que foudres et tonneaux alignés contre les murs, tas de bouteilles innombrables, les uns à la suite des autres, les uns à côté des autres, ne laissant parfois entre eux que le passage d'une personne. Des millions de bouteilles sont ainsi arrangées, le plus grand nombre atten-

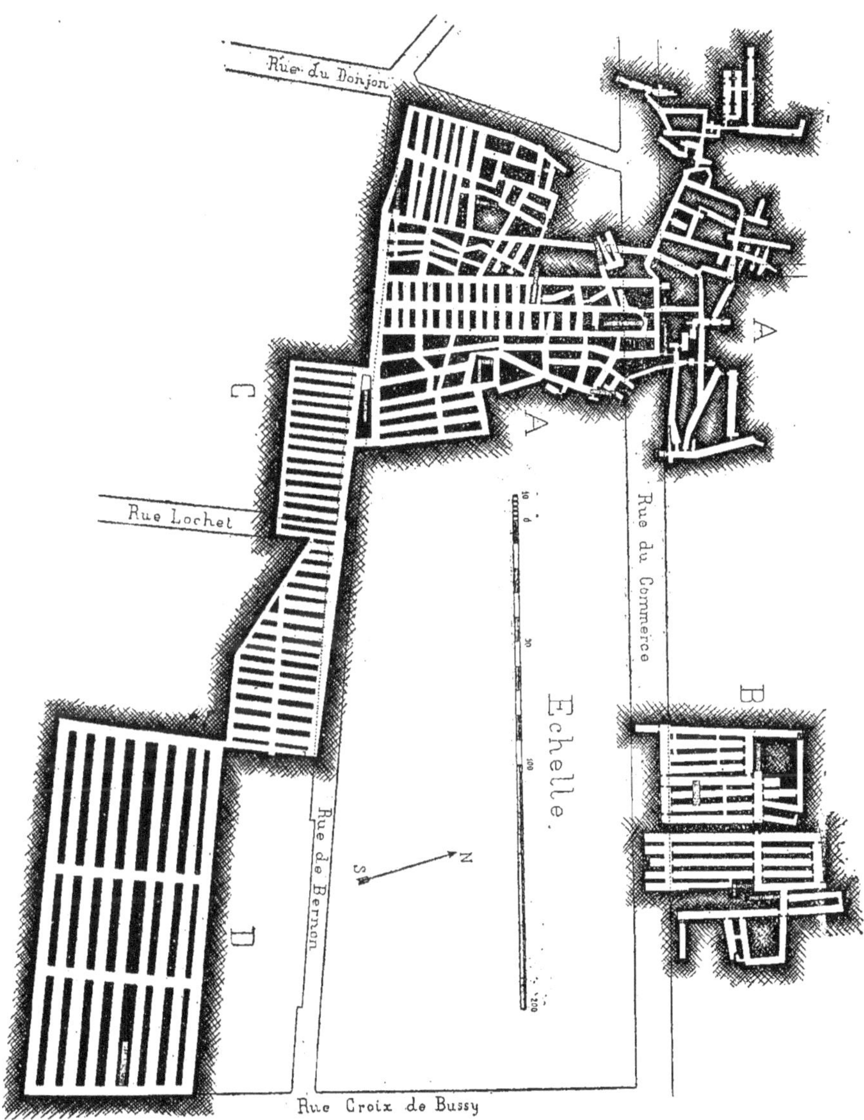

Caves Moët et Chandon.— Fig. 1.— Plan des caves basses.

dant en repos leur tour d'expédition, les autres soumises aux multiples opérations qui précèdent la toilette du départ. La figure 2 montre l'aspect d'une de ces caves : on aperçoit, à gauche, une rangée de foudres, à droite et en avant, des tonneaux, en arrière, des bouteilles. La disposition n'est pas toujours invariablement la même : tantôt la cave ne renferme que des vins en cercles, le plus souvent elle est entièrement occupée par des vins en bouteilles.

Des escaliers en grand nombre réunissent les deux étages ; des trappes, livrant passage à des ascenseurs, établissent la communication des caves entre elles et avec les bâtiments du haut pour le déplacement des futailles et des bouteilles. Des voies Decauville, sur lesquelles roulent des plates-formes chargées de paniers de bouteilles, sont établies dans toutes les directions. Les caves, éclairées autrefois par des lampes à pétrole pourvues de puissants réflecteurs, sont actuellement en possession d'un brillant éclairage électrique par lampes à incandescence. Les câbles distributeurs de l'électricité sont visibles sur les figures 2 et 4. Ils sont appliqués contre les voûtes. Les salles où ont lieu les opérations du dégorgeage, du dosage de la liqueur, du bouchage, du ficelage, etc., sont particulièrement intéressantes par l'activité extraordinaire qui y règne. On assiste au travail d'une véritable ruche humaine, dans lequel on admire autant la perfection et la précision des machines que l'adresse et l'agilité des ouvriers.

Nous allons prendre le vin à son arrivée du vendangeoir et le suivre dans les diverses manipulations dont il sera l'objet jusqu'à l'emballage des bouteilles pour l'expédition.

Les vins introduits dans les caves de MM. Moët et Chandon sont, pour une large part, le produit de leurs propres vignes. Nous avons décrit l'installation du vendangeoir qu'ils possèdent à Cramant. Des constructions du même genre desservent les autres vignobles de la maison disséminés sur divers points de la région champenoise. Ils donnent un total de 9.000 à 10.000 pièces de vin, correspondant à 2.250.000 bouteilles. Mais c'est là une quantité absolument insuffisante pour satisfaire aux demandes, plus considérables chaque année, dont ces vins sont l'objet, et il faut avoir recours à des achats chez les *bons* propriétaires de Champagne pour parfaire la différence. Tous ces vins, amenés par des charrettes, sont logés dans les caves hautes et les bas celliers, où ils demeurent jusqu'aux *recoupages* qui ont lieu à Noël.

A ce moment-là, les vins qui sont devenus clairs et limpides sont soutirés et mélangés, comme nous l'avons dit précédemment, pour former une *cuvée*. Dans ce travail, qui demande des dégustateurs et des connaisseurs de premier ordre, on s'efforce de mettre en relief les qualités spécifiques de chaque cru et d'obtenir un vin-type, tenant à la fois des mérites respectifs de tous les éléments qui ont servi à le constituer. Ce mélange, dont on conçoit l'importance, est essentiellement variable d'année en année, car la maturité plus ou moins parfaite des raisins, les conditions plus ou moins favorables de la vendange, la température, la marche de la fermentation modifient la valeur de chaque vin au double point de vue de son bouquet ou de sa finesse et de sa composition chimique.

Caves Moët et Chandon. — Vue d'une cave haute.

Il demande infiniment de tact, d'habileté professionnelle et une parfaite connaissance du goût des consommateurs. Si l'année a été mauvaise et la qualité de l'ensemble de la récolte médiocre, on mélange au vin nouveau une certaine quantité de vin vieux d'une bonne année. On a toujours en réserve, principalement dans les foudres, du vin des années précédentes. L'assemblage comprend, en général, 1/5 de vin vieux et 4/5 de vin nouveau.

Les recoupages sont pratiqués dans d'immenses foudres, de 500 à 600 hectos de capacité, pourvus d'agitateurs et logés au fond de la salle de tirage. Ils sont installés sur une plate-forme surélevée par rapport au sol de la salle, pour la facilité du remplissage ultérieur des tonneaux ou de la mise en bouteilles. La figure 3 représente un de ces foudres. Les futailles pleines des vins à mélanger sont montées des caves, au moyen des ascenseurs ou des élévateurs à chaîne sans fin, jusqu'au niveau du plancher qui surmonte les foudres. Elles sont vidées dans le foudre en chargement par une trappe découpée dans ce plancher. Lorsque le mélange est terminé, le vin est de nouveau tiré dans les tonneaux rangés sur le sol où il subit un *collage* énergique à la colle de poisson, qui le clarifie, et une addition de tanin à l'alcool, qui doit le mettre à l'abri des maladies, dont la graisse est la plus fréquente. Puis, les tonneaux sont redescendus dans les caves où ils restent jusqu'au milieu du printemps sans nouvelle fermentation.

L'opération du *tirage* ou de la mise en bouteilles est une des plus importantes de la fabrication, par le mouvement extraordinaire qu'elle crée dans tout l'établissement et le personnel considérable qu'elle utilise: hommes, femmes, enfants travaillent avec une fiévreuse activité, car le nombre des bouteilles remplies chaque année n'est pas inférieur à 3 millions. L'outillage permet de remplir par jour jusqu'à 120.000 bouteilles.

Les vins montés de nouveau du fond des caves sont déversés une deuxième fois dans les grands foudres de mélange et agités. On dose très exactement leur richesse saccharine par la liqueur de Fehling et, si elle est jugée insuffisante pour produire dans les bouteilles une mousse abondante, on y ajoute une quantité convenablement calculée d'une liqueur formée de très bon vin de Champagne et de sucre candi le plus pur. On procède alors au tirage. Le vin est conduit par un tuyautage approprié dans des réservoirs de forme allongée pourvus d'une rangée de siphons, à l'extrémité desquels on place les bouteilles. Le siphon cesse de couler dès que la bouteille qui y est adaptée est pleine. La bouteille pleine est remplacée par une vide et le débit du siphon recommence. Les bouteilles sont portées au *boucheur* qui, au moyen d'un appareil puissant, fait pénétrer dans le goulot de chacune un bouchon de fort calibre qui est maintenu par une agrafe en fer adaptée par un autre ouvrier, l'*agrafeur*.

Le choix des bouteilles et des bouchons est fait avec un très grand soin. Les bouteilles, d'une capacité de $0^l,80$ en moyenne ($0^l,78$ à $0^l,82$), doivent être extrêmement résistantes pour supporter l'énorme pression intérieure des gaz dégagés par la fermentation qui va prendre naissance. La pression, qui doit être de 4 atmosphères au moins, atteint fréquemment 5 et 6 atmosphères. Aussi les bouteilles sont-elles essayées à 10 atmosphères. Elles doivent être régulières de forme et d'épaisseur. Leur prix est, pour le 1er choix, de 35 fr. le cent. Les demi-bouteilles valent 28 fr.. Les bouchons, de provenance espagnole, sont payés de 0 fr., 08 à 0 fr., 24 pièce, suivant qualité. Pour le premier bouchage, on se contente de bouchons de qualité inférieure et on réserve les meilleurs pour le bouchage d'expédition. Les uns et les autres sont ébouillantés pour faire disparaître tout mauvais goût et assurer leur complète étanchéité.

Les bouteilles bouchées et agrafées sont placées dans des paniers et descendues dans les caves hautes et les bas celliers, au moyen des ascenseurs ou des élévateurs, parfois par de simples plans inclinés. Elles y sont disposées horizontalement (*entrayées*) par rangs superposés, simplement séparés les uns des autres par de petites lattes en bois et forment d'immenses tas, d'une longueur interminable, les uns appuyés contre les pieds-droits des voûtes, les autres élevés en bordure des passages, sans aucun soutien ni sur les flancs, ni sur les faces. L'épaisseur des tas est de 2 à 6 longueurs de bouteille; leur hauteur, de 2 mètres environ. Une croix est tracée à la craie au-dessus de chaque bouteille. La figure 4 montre sur la droite un de ces tas de bouteilles adossé à la paroi de la cave. Des étiquettes en bois désignent par un numéro d'ordre l'âge et la qualité du vin, ainsi que le nombre des bouteilles. C'est une véritable armée, avec ses divisions, ses brigades et ses régiments.

La température dans les bas celliers étant de 12 à 15 degrés, la fermentation ne tarde pas à se déclarer. Au bout de dix jours, elle est assez avancée pour déterminer la casse de quelques bouteilles. Autrefois, les explosions étaient nombreuses, parfois même désastreuses : la casse atteignait normalement 20 o/o des bouteilles. Aujourd'hui, elle est réduite à 3 o/o seulement, par suite du dosage préalable du sucre contenu dans le vin, qui permet de calculer exactement le volume d'acide carbonique produit et la pression intérieure, grâce aussi à une meilleure fabrication des bouteilles. Cependant, pour éviter une casse exagérée, on descend les bouteilles dans les caves basses où la température est de 9 degrés seulement et on les entraye de nouveau comme il vient d'être dit. La fermentation s'arrête. On laisse ainsi les bouteilles abandonnées à elles-mêmes jusqu'au mois de décembre.

On procède alors au *déplacement* des bouteilles, opération qui consiste simplement à refaire les tas. Elle a pour but de supprimer les vides produits par la casse et de retirer les *recouleuses*, bouteilles mal bouchées ou munies d'un mauvais bouchon, qui, sous la pression du gaz, laissent perler le vin au dehors. Les nouveaux tas, élevés comme les premiers, restent ainsi de

Caves Moët et Chandon. — Fig. 3. Vue de la salle de tirage et d'un foudre de mélange.

longs mois au repos, attendant que leur tour arrive d'être préparés pour le
dégorgeage. Ce stage est de 1 à 2 ans en moyenne, parfois davantage, suivant la valeur du vin.

La fermentation en bouteilles, indispensable pour faire le vin de Champagne et pour produire cette mousse qui est une de ses principales qualités,
a pour conséquence la formation d'un nuage de fines particules solides, d'a-
bord en suspension dans le liquide dont il trouble la transparence, donnant
ensuite un dépôt qui tapisse régulièrement le flanc intérieur des bouteilles.
Il serait impossible de livrer de semblables bouteilles à la consommation,
car ce dépôt non adhérent serait remis en suspension au moindre mouvement et troublerait le vin au point de le rendre imbuvable. Il faut donc s'en
débarrasser, l'extraire de la bouteille, tout en conservant dans son sein une
proportion de gaz suffisante pour la formation de la mousse.

La première opération consiste à réunir ce dépôt dans le goulot de la bouteille, contre le bouchon, par une longue série de petites secousses et un
redressement progressif des bouteilles sur la pointe; la deuxième, à débou-
cher les bouteilles, à faire sortir le dépôt derrière le bouchon, sans perdre
une trop grande quantité de vin, et à reboucher les bouteilles.

Il faut agir avec beaucoup de précautions et une merveilleuse adresse
pour éviter que, dans ces manipulations, le dépôt ne se disperse et ne
vienne de nouveau troubler toute la bouteille.

Dans ce but, on met d'abord les bouteilles sur *pupitre*, panneau en bois
incliné et percé de trous oblongs (fig. 4). Les bouteilles y sont transportées
dans leur position horizontale et engagées le goulot en avant. Une traverse clouée derrière chaque rangée horizontale de trous et un peu au-dessous du bord supérieur des ouvertures sert d'appui au goulot et maintient
la bouteille dans la position qu'on lui donne. Chaque jour, toutes ces bouteilles sont saisies, l'une après l'autre, par un ouvrier spécial qui leur imprime une petite trépidation. En même temps, il les fait tourner sur elles-
mêmes d'un huitième de tour environ et les incline légèrement vers le bouchon. La croix tracée sur chaque bouteille sert de repère. La figure 4
montre un homme occupé à ces manipulations. Il peut remuer jusqu'à
25.000 bouteilles par jour. Il faut une main habile et un doigt exercé. Peu
à peu le dépôt se rassemble, devient plus dense et gagne le goulot dans
lequel il s'engage jusqu'au contact du bouchon. Au bout de six semaines de
manipulations journalières, les bouteilles sont presque verticales, les parois
de la bouteille et le vin absolument clairs et tout le dépôt est rassemblé
derrière le bouchon.

Les bouteilles sont alors mises *en masse*, c'est-à-dire qu'on les range en
tas de grandes dimensions en les plaçant *sur pointe*. Des étiquettes indiquent
encore ici le nombre des bouteilles, l'âge et la qualité du vin. On a soin
d'examiner une à une les bouteilles et de s'assurer que le vin est bien clair,

le verre transparent. Les bouteilles *masquées* sont éliminées et subissent à nouveau la série des opérations que nous venons d'énumérer. Les bouteilles attendent ainsi le *dégorgeage*, qui précède immédiatement l'expédition. Les provisions de bouteilles prêtes à subir cette opération sont considérables, car il faut pouvoir satisfaire à toutes les demandes.

Lorsque leur tour est arrivé, les bouteilles sont portées, la pointe en bas, avec précaution à la salle de dégorgeage. Autrefois, l'opération du dégorgeage avait lieu immédiatement. Aujourd'hui, on la fait précéder de la congélation du dépôt dans le goulot de la bouteille. A cet effet, les bouteilles sont placées, toujours sur pointe, dans de grands coffres où des machines frigorifiques entretiennent une température de —15 degrés. Le goulot plonge, en outre, dans un mélange réfrigérant à —25 degrés. Au bout de peu de temps, le dépôt est solidifié et forme un bloc dont on n'a plus à craindre la dispersion. De plus, la force expansive du gaz est diminuée, et il n'y a pas à redouter au débouchage l'entraînement d'une quantité de vin exagérée.

Un homme, devant une tinette, fait sauter l'agrafe qui maintenait le bouchon. Avec une pince spéciale il attire au dehors le bouchon qui, sous la pression des gaz, s'échappe violemment, livrant passage au dépôt solidifié et à un peu de vin. Avec ses doigts, l'ouvrier nettoie prestement le goulot et redresse aussitôt la bouteille. Son habileté consiste à ne laisser échapper que le dépôt et à conserver dans la bouteille la presque totalité du vin. L'opération est simplifiée par l'application du froid. Non seulement la ténuité du dépôt et son instabilité augmentaient la difficulté du dégorgeage, mais, en outre, la pression des gaz était plus forte et la perte de liquide plus importante. Parfois, la pince coupe le bouchon, qui ne peut être retiré. On a recours, dans ce cas-là, à un tire-bouchon mécanique à crémaillère. En cas d'explosion de la bouteille, l'opérateur est protégé par un tablier en toile. De plus, il porte au poignet gauche une toile métallique qui vient recouvrir la bouteille pour arrêter les débris de verre qui pourraient lui sauter à la face.

Après dégorgement, chaque bouteille est placée la pointe en l'air sur une sorte de pupitre tournant où un bouchon en caoutchouc à ressort obture provisoirement le goulot, pour empêcher la perte des gaz. Au fur et à mesure que le pupitre reçoit du dégorgeur de nouvelles bouteilles, de l'autre côté de ce support, elles sont de nouveau enlevées par un autre ouvrier qui fait le *dosage*, puis passées à l'atelier de *bouchage* par l'intermédiaire d'un troisième ouvrier, l'*égaliseur*.

Le dosage consiste à introduire dans la bouteille, à la place du vin disparu pendant le dégorgeage, une dose calculée de *liqueur*, qui exerce une influence décisive sur le caractère définitif du vin, en le rendant suivant le goût du consommateur sec, extra-sec ou doux. La liqueur, préparée à

Caves Moët et Chandon. — Fig. 4. — Bouteilles effrayées et ouvrier en travail devant un pupitre.

l'avance dans des tonneaux mélangeurs, mobiles autour de leur axe par un mécanisme approprié, est formée avec de l'excellent vin de Champagne vieux, du vieux Cognac de première qualité et du sucre candi le plus pur. On prend, en général, 150 kilos de sucre candi, 100 litres de vin et 3 à 10 litres de Cognac pour former 200 litres de liqueur. La dose de liqueur introduite dans les bouteilles varie de 1 à 18 o/o, la dose la plus faible donnant les vins les plus secs, au contraire la dose la plus forte produisant les vins doux. Le dosage est fait tantôt avec une mesure graduée en métal, sorte de cuillère à bec qui puise la liqueur dans un récipient et qui la verse dans la bouteille, tantôt avec des appareils doseurs spéciaux qui fonctionnent automatiquement par le jeu d'un levier.

Du doseur, la bouteille passe aux mains de l'*égaliseur* qui fait le plein avec du vin pur de même qualité que le contenu de la bouteille. Cette opération est indispensable, car la perte de vin au dégorgeage n'est pas toujours la même et le dosage, variable lui-même, ne remplit pas très exactement le vide produit par l'expulsion du dépôt.

La bouteille est alors prise par le *boucheur* qui, avec les mêmes machines qui ont servi au premier bouchage, introduit dans le goulot un bouchon neuf de première qualité, estampé. Ce nouveau bouchon est ensuite assujetti soit par des liens en fil de fer et un double lien en ficelle, soit par une espèce d'agrafe en fil de fer appelée *muselette*. Ce dernier procédé de fixation du bouchon rend plus facile le débouchage ultérieur de la bouteille. Il supprime l'emploi du couteau pour rompre la ficelle et de la pince pour couper le fil de fer. Il suffit d'opérer la torsion d'un bout du collier de la muselette rabattu contre le goulot pour briser le collier et débarrasser le bouchon de ses entraves.

Les bouteilles sont maintenant prêtes à subir la toilette du départ. Le bouchon est coiffé d'un capuchon de cire ou enveloppé d'un papier doré ou argenté, suivant la qualité du vin, le prix de la bouteille et sa destination. Puis, la bouteille bien essuyée reçoit sur ses flancs la carte, qui est son certificat d'identité. Elle est enfin enveloppée de papier et montée dans les bâtiments du haut, pour être livrée à l'emballeur.

L'emballage et la fermeture ont lieu sous un hangar spécial. La marque de la maison est empreinte au fer chaud sur les parois des caisses qui n'attendent plus que leur feuille de route pour être chargées sur le camion qui les portera à la gare.

Telles sont les opérations multiples qui constituent la fabrication des vins de Champagne. Elles exigent, dans la maison Moët et Chandon, un personnel de 450 hommes et de 60 femmes ou enfants.

La belle installation de MM. Moët et Chandon est particulièrement digne d'intérêt par :

1° Le développement des galeries souterraines et la superficie des bâtiments et des caves;

2° La superposition de deux étages de caves ;

3° L'éclairage électrique des souterrains;

4° Les monte-charges ou élévateurs mécaniques et les voies Decauville
pour les manutentions des tonneaux et des bouteilles ;

5° L'organisation de la salle de tirage et des salles de bouchage ;

6° L'application du procédé de dégorgeage par le froid.

Il est inutile d'insister sur les mérites des vins de la maison Moët et
Chandon, dont la marque est répandue dans l'univers entier et qui soutien
nent avec tant d'éclat la renommée des grands vins de France.

CHAPITRE VIII

ALGÉRIE ET TUNISIE

Le vignoble algérien est dans son ensemble moins productif que celui du midi de la France. Dans la plaine de la Mitidja, d'une grande fertilité, le rendement par hectare atteint, il est vrai, 80 hectolitres et s'élève parfois, sur quelques fermes, à 100 hectolitres ; mais c'est là un maximum et l'on peut considérer comme une moyenne pour l'Algérie une production de 50 à 55 hectolitres à l'hectare. Cependant, il existe beaucoup de très grands celliers. La raison en est que la vigne couvre des surfaces étendues, constituant de grandes propriétés, et aussi que beaucoup de celliers ont été construits pendant la période des plantations, avant toute production, et en prévision de récoltes que le climat algérien n'a jamais permis d'atteindre.

Au point de vue de la vinification, l'Algérie peut être divisée en deux parties bien distinctes : la première, la région montagneuse, celle des vignes sur coteaux, dont la température, au moment de la vendange, est peu différente de celle de notre région méditerranéenne et où les fermentations à la cuve s'effectuent, le plus souvent, sans une élévation de température dangereuse pour la vitalité des ferments; la deuxième, la région du littoral, celle des vignes en plaine, où, au contraire, la chaleur est extrême pendant l'été, et où l'on éprouve les plus grandes difficultés à maintenir les cuves en fermentation à un degré favorable à la complète transformation du sucre en alcool. Dans le premier cas, l'installation des celliers ne diffère pas sensiblement des installations du midi de la France. Dans le deuxième cas, il est indispensable de prendre des mesures pour assurer à la fermentation alcoolique une marche naturelle et d'aménager les cuveries en conséquence.

Les vins d'Algérie, sans prétendre à la dénomination de vins fins, sont de très bons vins, lorsqu'ils sont le résultat d'une fermentation normale et d'une vinification rationnelle. Mais il en est rarement ainsi dans la plaine, et les vins défectueux, d'une conservation difficile, sont malheureusement en très grand nombre.

La vente des vins algériens n'est pas assurée à la récolte et leur enlèvement n'a pas lieu toujours avant le retour des chaleurs de l'été. Il en résulte la nécessité de construire une cave de conservation, indépendante de la cuverie proprement dite, à moins de dispositions spéciales, qui permettent de réunir, dans le même bâtiment, les conditions favorables à la vinification, d'une part, et à la conservation du vin, d'autre part.

L'entretien des vases vinaires en bois est difficile sous le climat chaud et sec d'Algérie : cuves et foudres se disloquent et exigent de fréquentes réparations. La substitution des cuves en maçonnerie, en briques, en sidérociment aux récipients en bois paraît être une excellente mesure pour les cuveries, le bois restant la matière première par excellence de la construction des récipients propres à la conservation et au vieillissement des vins de bonne qualité.

En Tunisie, les conditions dans lesquelles s'opère la vinification diffèrent peu de celles de l'Algérie. Elles sont plutôt moins favorables encore. Le climat plus chaud et plus sec oblige les viticulteurs à prendre plus de précautions contre l'élévation de la température des cuves et le développement des maladies des vins en cave.

Les celliers-modèles sont rares en Algérie et en Tunisie. Les types que nous avons étudiés ont été choisis dans la région la plus chaude, puisque c'est là que les difficultés à vaincre sont les plus grandes. La plupart de ces celliers ne satisfont pas absolument à toutes les conditions d'une installation irréprochable, mais on trouve dans chacun d'eux des dispositions intéressantes et originales. Quelques-uns, cependant, présentent un haut degré de perfection et réalisent un progrès important dans les méthodes de vinification des pays chauds.

Cellier de Bou-Zéhar. — Fig. 1. — Vue extérieure des bâtiments et des rampes.

LE CELLIER DU DOMAINE DE BOU-ZÉHAR

Amphores en sidérociment

FABRICATION DE VIN ROUGE ET DE VIN BLANC

Le vignoble de Bou-Zéhar a été créé dans la vallée du Chélif, l'une des plus chaudes de l'Algérie. Le domaine, d'une superficie de 1.000 hectares, dont 320 en vignes, est situé à proximité de la station de Duperré, sur la ligne du chemin de fer d'Alger à Oran, à 146 kilomètres au sud-ouest d'Alger. Il appartient à M. Amédée Lefebvre et il est placé sous la direction éclairée de M. Jorelle.

Les plantations ont été faites avec la Carignane, le Morrastel, le Cinsaut, la Clairette, le Petit-Bouschet. Il y a, en outre, 6 hectares environ de Montalbano. Le vignoble est en plaine ; mais, grâce aux choix des cépages, il est capable de donner des vins de qualité. La production n'a pas encore atteint son maximum. En 1893, elle s'est élevée à 10.000 hectolitres à peu près, sur vignes de 4, 5 et 6 ans. La plus grande partie est vinifiée en blanc.

La vendange est assurée par un personnel de 100 Arabes (70 coupeurs, 20 porteurs et 10 chargeurs) qui permet de rentrer 35.000 kilos de raisins par jour. La cueillette est faite avec le couteau arabe et les raisins sont ramassés dans des seaux en fer-blanc. Ceux-ci sont vidés dans des comportes, le matin, jusqu'à 10 ou 11 heures et, le soir, à partir de 5 heures. Dans l'intervalle, la vendange est recueillie dans des banastes : on peut ainsi l'arroser plus facilement pour la refroidir, comme il sera dit plus loin. Un certain nombre de comportes en toile et de banastes en treillage métallique ont été mises à l'essai pour remplacer les récipients en bois qui, sous le chaud climat de l'Algérie, se disjoignent, se disloquent et sont d'un entretien coûteux ; mais elles n'ont pas donné de bons résultats. Comportes ou banastes sont chargées par 40 ou 50 sur des voitures à quatre roues attelées de trois mules.

Le cellier (ou mieux la cuverie) est un grand bâtiment (A fig. 2 et 4), de 75^m,25 de longueur et de 13^m,50 de largeur, orienté de l'est à l'ouest. Les vues photographiques (fig. 1 et 3) en montrent l'extérieur et l'intérieur. Il est légèrement enterré, de 1^m,40 environ, par rapport au sol extérieur. Pour le mieux protéger contre la chaleur, on a donné aux murs 0^m,60 d'épaisseur

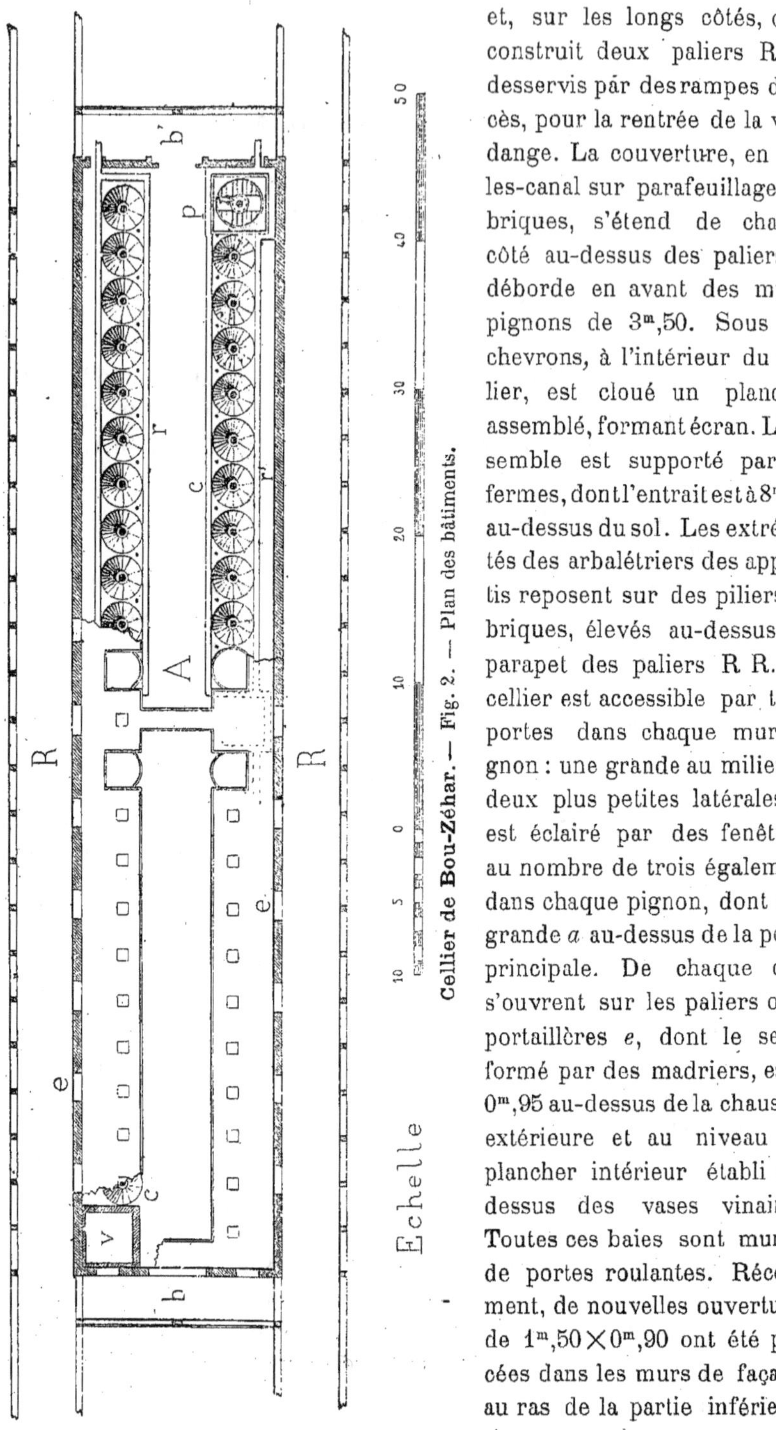

Cellier de **Bou-Zéhar.** — Fig. 2. — Plan des bâtiments.

Echelle

et, sur les longs côtés, on a construit deux paliers R R, desservis par des rampes d'accès, pour la rentrée de la vendange. La couverture, en tuiles-canal sur parafeuillage en briques, s'étend de chaque côté au-dessus des paliers et déborde en avant des murs-pignons de 3^m,50. Sous les chevrons, à l'intérieur du cellier, est cloué un plancher assemblé, formant écran. L'ensemble est supporté par 23 fermes, dont l'entrait est à 8^m,85 au-dessus du sol. Les extrémités des arbalétriers des appentis reposent sur des piliers en briques, élevés au-dessus du parapet des paliers R R. Le cellier est accessible par trois portes dans chaque mur-pignon : une grande au milieu et deux plus petites latérales. Il est éclairé par des fenêtres, au nombre de trois également dans chaque pignon, dont une grande *a* au-dessus de la porte principale. De chaque côté s'ouvrent sur les paliers onze portaillères *e*, dont le seuil, formé par des madriers, est à 0^m,95 au-dessus de la chaussée extérieure et au niveau du plancher intérieur établi au-dessus des vases vinaires. Toutes ces baies sont munies de portes roulantes. Récemment, de nouvelles ouvertures de 1^m,50 × 0^m,90 ont été percées dans les murs de façade, au ras de la partie inférieure

Cellier de Bou-Zéhar. — Fig. 2. — Vue intérieure du cellier.

du plancher et près du sol, pour l'aération. Elles ne figurent pas sur les dessins. On les a munies de persiennes en chêne que l'on ouvre la nuit et le matin et que l'on ferme pendant la journée.

La charpente du plancher est en fer : elle est formée de solives T, de $0^m,14$ de hauteur, encastrées, d'une part, dans les murs de façade et supportées, d'autre part, par des colonnes en fonte de $0^m,13$ de diamètre, en nombre égal à celui des amphores. Ces solives sont entretoisées par trois lignes de fer T. Le plancher, qui a $4^m,45$ de largeur, s'étend, à $4^m,45$ de hauteur, au-dessus des deux rangées d'amphores. Les deux travées sont réunies par des passerelles, une au milieu et une à chaque extrémité. Sur la figure 2, on aperçoit une partie seulement de ce plancher : des coupures ont été pratiquées pour montrer les vases vinaires. Du côté Ouest, le plancher se prolonge au dehors en b, sous l'avant-toit correspondant. Du côté Est (visible sur la fig. 1) en b', ce plancher extérieur n'existe pas.

Le cellier est meublé d'amphores en sidérociment c, de 200 hectolitres de capacité, au nombre de 43, d'une cuve en maçonnerie avec revêtement de verre v, de 350 hectos, et de deux pressoirs Mabille p.

Les amphores c sont disposées sur deux lignes parallèles, à $1^m,40$ des murs de façade. Entre les deux rangs, on circule, au milieu du cellier, dans une allée large de $4^m,60$, dont la chaussée est macadamisée. Les amphores reposent sur un mur de soubassement haut de $0^m,65$, bordé de chaque côté de rigoles $r\,r'$, pour l'évacuation des eaux de lavage. Ces vases vinaires ont $2^m,95$ de diamètre intérieur, $3^m,06$ de hauteur et une épaisseur de parois de $0^m,06$ seulement. Ils sont pourvus d'une porte, dont le cadre en fonte est noyé dans le ciment (fig. 3) ; leur partie supérieure est fermée par une coupole, avec orifice de remplissage (fig. 4) muni d'un couvercle. Quatre de ces amphores, celles du milieu, sont découvertes. Elles servent plus spécialement au cuvage des vins rouges et au lavage des piquettes. Au-dessus de chaque amphore, une trappe est découpée dans le plancher pour les manutentions du vin ou de la vendange. Des échancrures (fig. 2) sont pratiquées au-dessus des amphores découvertes. Le prix de ces vases vinaires est de 3 fr., 75 l'hecto.

La cuve v a été construite spécialement pour le débourbage des moûts traités en blanc. Elle est en maçonnerie de briques, avec revêtement intérieur de carreaux de verre. L'épaisseur des parois est de $0^m,45$ à la base. Elle occupe l'angle N.-O. du cellier et se trouve ainsi à proximité du plancher b sur lequel doit être installé l'appareil d'égouttage de la vendange fraîche (un pressoir continu ou un fouloir à grand travail).

Les pressoirs p sont du système Mabille, à maie carrée de $4^m,05$ de côté extérieurement, avec claie circulaire de $3^m,60$ de diamètre. L'un est installé au milieu de la cuverie, entre les deux amphores découvertes du côté Sud, l'autre à l'angle S.-E. du bâtiment.

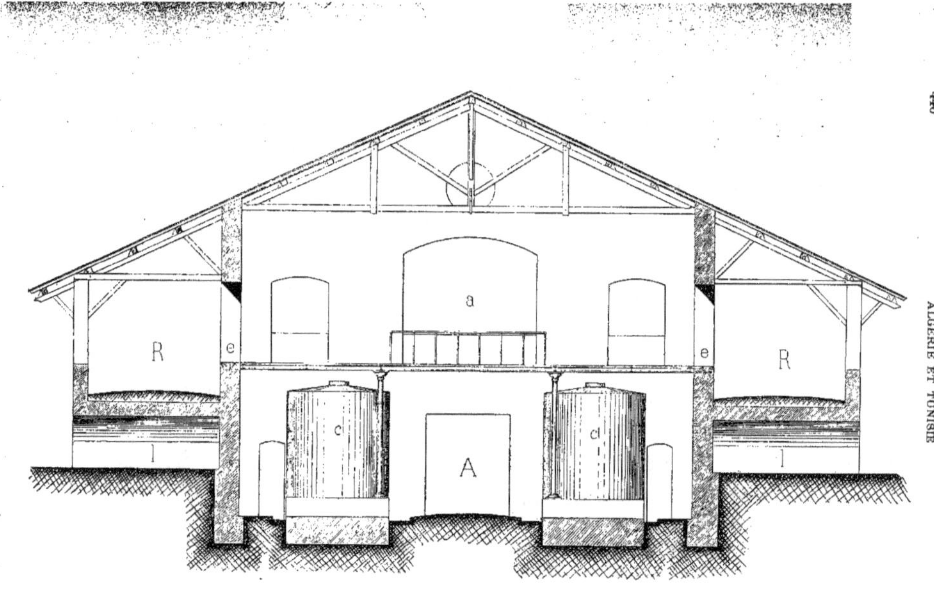

Cellier de Bou-Zéhar. — Fig. 4.— Coupe et élévation du cellier et des rampes.

Trois pompes mobiles Noël, d'un débit de 40 hectos à l'heure, servent aux manutentions des vins (remontage des moûts, décuvage, soutirage, etc.). Une quatrième pompe à vapeur, débitant 140 hectos, est destinée au travail des vins blancs.

Une canalisation d'eau est établie dans toute la longueur du cellier, pour le nettoyage des amphores et des pressoirs, pour le lavage du sol et pour l'alimentation des réfrigérants. Un tuyautage est fixé au-dessous des planchers, avec robinets de prise de distance en distance. Des prises sont également établies au bas du cellier. L'eau arrive à hauteur du plancher, avec une charge de $0^m,50$. Elle est débitée par un réservoir de 57 mètres cubes construit dans la cour et alimenté par une noria à manège. Sa température est de 20 à 21 degrés à l'époque des vendanges.

Les paliers R R sont formés par une succession de voûtes en maçonnerie *l*, recouvertes d'une chaussée de 4 m. de largeur (fig. 4). Le dessous des voûtes, accessible du côté de la cour, est utilisé au logement des futailles. Des rampes, avec pente de $0^m,08$ par mètre, relient à la cour les extrémités de ces paliers : les chariots porteurs de vendange y montent d'un côté et descendent du côté opposé.

Lorsque les voitures arrivent chargées de la vigne, elles sont directement élevées sur l'un des paliers, dans la matinée et dans la soirée, aux heures où la vendange n'a pas besoin d'être refroidie. Au contraire, de 10 heures du matin à 5 heures du soir, elles sont arrêtées dans la cour, à proximité d'une prise d'eau, et les banastes sont arrosées à la lance avec l'eau du réservoir, avant de gravir la rampe d'accès. Cet arrosage produit un abaissement de la température des raisins de 4 à 5 degrés. Nous avons constaté nous-mêmes que la température de l'air, à 1 heure, étant au Nord et à l'ombre de 35°, les raisins non arrosés avaient une température de 33°,5 et, après arrosage, de 29°. Une grande partie de l'eau s'évapore, l'excédent s'écoule au-dessous de la banaste ; ces arrosages n'introduisent donc pas d'eau dans les amphores. Les voitures s'arrêtent sur le palier à hauteur de la portaillère la plus voisine de l'amphore en remplissage. Les comportes ou les banastes sont déchargées à bras et introduites dans la cuverie, au-dessus du plancher. La manœuvre est facile, car le plancher est au niveau du tablier du chariot. Les madriers qui constituent le seuil des portaillères sont excellents pour amortir les chocs et préserver les comportes.

Sur le plancher sont installées deux bascules mobiles, l'une pour peser les comportes pleines, l'autre pour tarer les comportes vides. Une certaine quantité de comportes vides en excédent permet de charger la voiture qui repart aussitôt pour la vigne, sans attendre la vidange et le tarage des comportes pleines qu'elle a apportées ; il y a ainsi économie de temps et de personnel.

Le foulage de la vendange vinifiée en rouge a lieu tantôt au moyen d'un fouloir-égrappoir Mabille, tantôt sans égrappage, dans deux *pétrins* (sortes de pastières en bois) posés sur le plancher, dans lesquels les raisins sont écrasés aux pieds par 5 à 6 Arabes qui dansent en chantant. Lorsque le broyage est jugé suffisant, la vendange est précipitée dans l'amphore. La fermentation s'établit au bout de 10 à 12 heures, et la température ne tarde pas à atteindre 35°. Elle s'élève progressivement jusqu'à 38 ou 39°. A ce moment-là, on procède au remontage du moût : le moût est tiré au bas de la cuve et refoulé au-dessus du chapeau par une pompe. L'opération a pour effet d'uniformiser la température de la masse et de produire un refroidissement de 1/2 à 1°. Elle dure autant que la température se maintient élevée ; elle a lieu même pendant la nuit. Mais elle est bien insuffisante pour assurer la marche régulière de la fermentation, en produisant un refroidissement efficace. Sur nos conseils, M. Lefebvre doit appliquer la réfrigération par l'eau, en utilisant la basse température et le grand débit du puits dont il dispose. Il nous a été facile d'obtenir un refroidissement de 7°,5, avec de l'eau à 24°, en noyant dans l'une des rigoles *r* parcourue par l'eau, 30 m. de tuyaux métalliques vissés sur la pompe. Cette installation primitive consommait une grande quantité d'eau qu'il sera facile de réduire sensiblement par l'adoption d'un réfrigérant du type Baudelot ou du type Lawrence.

Lorsque la vendange est logée dans une amphore découverte, on la fait fermenter à chapeau noyé, en établissant, au-dessus, des madriers que l'on maintient en place au moyen de câbles amarrés au niveau du sol.

Le décuvage a lieu au bout de 7 à 8 jours. Le vin est logé dans une amphore, le marc porté sur le pressoir dans des comportes ; le marc d'une cuve fait deux pressées. Chaque gâteau n'est pressé qu'une seule fois, sans recoupage. Il reste 4 heures sous pression. Le marc asséché est tassé dans une amphore découverte et arrosé jusqu'à ce qu'il soit complètement immergé. On obtient des piquettes de 6° qui sont consommées par le personnel de la ferme. Le vin a 11 à 12 degrés d'alcool. Le vin de presse est mêlé avec le vin de goutte s'il est jugé de bonne qualité.

Pour faire les vins blancs, M. Lefebvre se propose d'installer au-dessus du plancher *b* un ou plusieurs appareils d'égouttage, actionnés par une locomobile de 6 chevaux, qui commandera en même temps la pompe à vin à grand débit. Mais cette installation est encore à l'état de projet, aucun des fouloirs à grand travail ou des pressoirs continus essayés à Bou-Zéhar en 1893 et en 1894 n'ayant donné entière satisfaction. Le moût séparé de la grappe sera recueilli dans la cuve *v* ; il sera ensuite repris par la pompe et refoulé dans l'amphore en remplissage par un tuyautage métallique mobile (formé de bouts de 3 m., réunis par des joints de caoutchouc) simplement posé sur le plancher. La rafle sera transportée dans une amphore et additionnée d'eau ; elle donnera, après fermentation, des seconds vins de 7 à 8°. Les vins blancs titrent 12 à 13°.

La cuverie du domaine de Bou-Zéhar est spacieuse, bien construite et aménagée pour traiter rapidement de grandes quantités de raisins. Mais la température y est très élevée et nuisible à la fermentation régulière de la vendange. C'est un état de choses auquel il est heureusement facile de porter remède, puisque le puits à manège donne une eau abondante et relativement fraîche. La réfrigération s'impose ; c'est une amélioration urgente à réaliser. Les amphores en sidérociment sont la caractéristique de l'installation. Elles ont été adoptées, de préférence aux récipients en bois, à cause de leur bas prix et de leur commodité. Elles ont, du reste, pleinement répondu à toutes les espérances qu'on avait fondées sur leur emploi. Peu encombrantes, parfaitement étanches, faciles à nettoyer, d'un entretien nul, elles constituent un excellent type de vase vinaire pour l'Algérie, surtout en vue de la fabrication du vin. Pour loger le vin fait, au moins la première année, il est préférable de recourir aux foudres, malgré leurs inconvénients. M. Lefebvre a l'intention d'annexer à la cuverie un chai, meublé de récipients en bois, dont les dispositions sont actuellement à l'étude.

II. — LE CELLIER DU CLOS DE BELLEVUE

Amphores en briques

FABRICATION DE VIN ROUGE

Le domaine du clos de Bellevue, propriété de Mme Corre, fait partie de la commune de Sainte-Léonie, à 6 kilomètres au sud-ouest d'Arzew (Oran). Son étendue est de 150 hectares. Le vignoble, d'une superficie de 118 hectares, couvre en grande partie des coteaux qui produisent d'excellents vins, riches en couleur et alcooliques. Le rendement est de 70 à 80 hectolitres à l'hectare. Les cépages cultivés sont la Carignane, le Morrastel, le Mourvèdre, l'Alicante-Bouschet et le Petit-Bouschet.

L'organisation de la vendange ressemble à celle du domaine de Bou-Zéhar : la cueillette des raisins est faite par 25 ou 30 coupeurs dans des seaux, dont le contenu est versé dans des comportes. Celles-ci sont transportées sur chariot jusqu'au cellier. La vendange dure 15 à 20 jours.

Les bâtiments d'exploitation sont situés au milieu de la propriété, d'où l'on jouit d'une superbe vue sur la mer. Au centre des bâtiments se trouve le cellier, dont la figure 1 donne le plan et la figure 2 une coupe transversale. Il comprend trois travées parallèles A, B et C, de même longueur (31^m,50), mais de largeur variable.

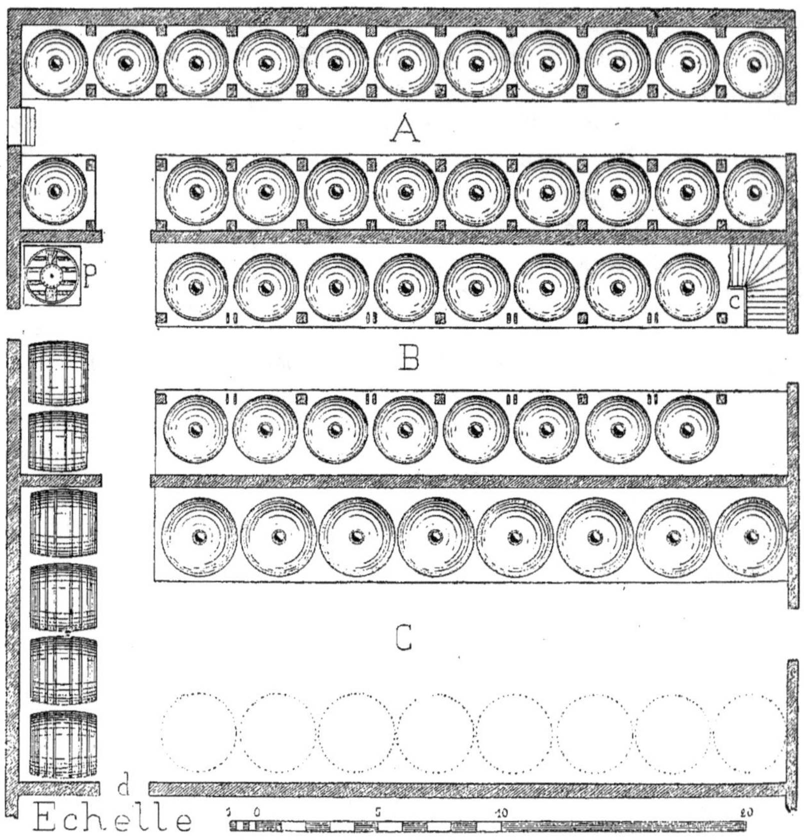

Cellier du clos de Bellevue.— Fig. 1.— Plan des bâtiments.

La première travée A, qui a 8^m,10 de largeur est adossée à un palier P, desservi par deux rampes d'accès pour la rentrée de la vendange. Elle renferme 21 amphores en briques, sur deux rangs séparés par une allée centrale de 2^m, 40 de largeur. La vue photographique (fig. 3), prise dans l'axe de ce passage, montre nettement la disposition intérieure. Les amphores en briques ont été substituées aux foudres: elles sont moins chères, d'entretien nul, plus faciles à nettoyer et toujours parfaitement étanches. La partie supérieure de la coupole est garnie d'une plaque de marbre qui forme l'ouverture; la porte s'y adapte exactement. En bas, une porte en fonte, avec joint de caoutchouc, s'applique sur un cadre noyé dans la maçonnerie. La paroi de l'amphore est formée, à la base et jusqu'à mi-hauteur à peu près, de deux épaisseurs de briques, puis d'un seul rang de briques, jusqu'au sommet. Intérieurement, elle est recouverte d'un glacis de ciment. Les briques, d'un modèle spécial, ont été fournies par la maison Altairac, de Maison-Carrée (Alger). Ces amphores ont une capacité de 160 à 170 hectos en moyenne et coûtent 5 fr., 50 l'hecto.

Elles reposent sur un soubassement en briques, de 0ᵐ, 45 de hauteur. Quatre rangées de piliers, en briques également, deux contre les murs et deux en bordure du passage central, soutiennent des lambourdes sur lesquelles s'appuient les solives d'un plancher continu qui s'étend, à 3ᵐ,80 de hauteur, au niveau du sommet des amphores. Deux fenêtres (a fig. 2) s'ouvrent sur le palier P; leur seuil est au niveau du plancher et à 0ᵐ, 85 au-dessus du sol extérieur. Elles servent à la réception de la vendange.

Le bâtiment est couvert par des tuiles moulées, que supportent des fermes du type classique.

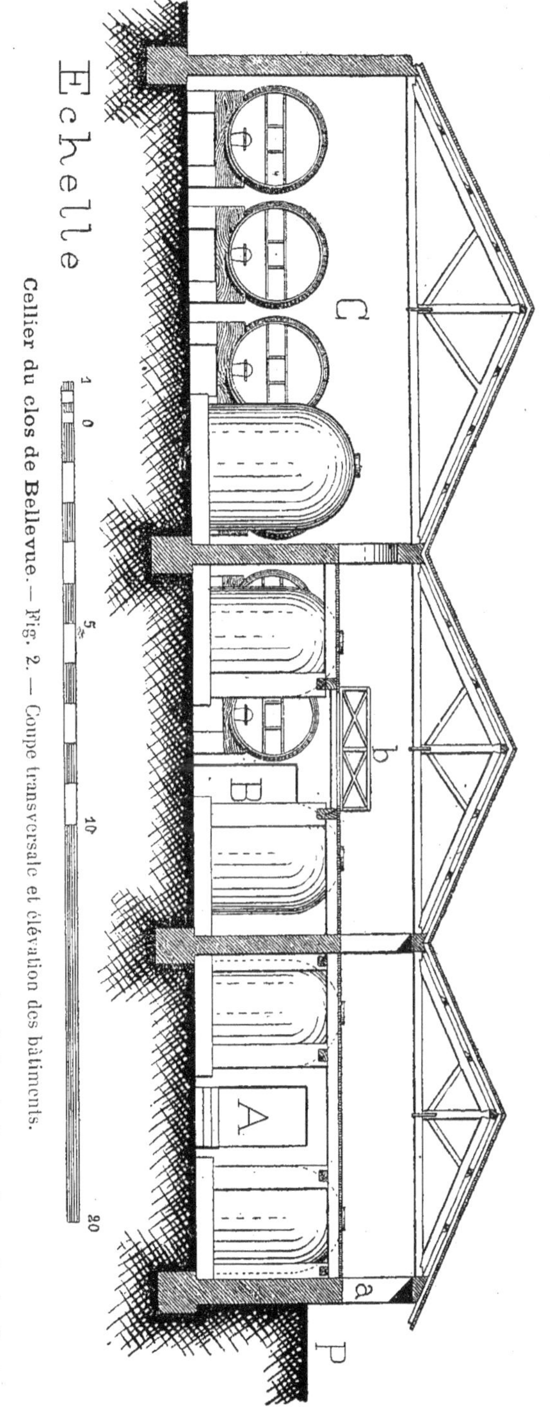

Cellier du clos de Bellevue. — Fig. 2. — Coupe transversale et élévation des bâtiments.

L'entrait est à 1^m,85 du plancher. Le sol du rez-de-chaussée est pavé en briques. Deux portes donnent accès dans le cellier, une à chaque extrémité du passage central.

La deuxième travée B mesure 9^m, 25 de largeur. Elle loge 16 amphores, de même capacité que les précédentes, distribuées comme l'indique la figure 1. Un pressoir Marmonier p et deux petits foudres de 80 hectos complètent le mobilier. Cette travée diffère de la première par la disposition du plancher qui, au lieu de couvrir entièrement le bâtiment, ne s'étend qu'au-dessus de chaque rangée d'amphores. Chaque plancher est supporté en avant par des piliers en briques et des poteaux en bois alternés. Une passerelle b réunit les deux côtés. On monte au 1er étage par l'escalier c. Des communications sont établies en haut et en bas avec la travée A. Il en est dé même avec la troisième travée.

La largeur de la travée C est de 11^m, 70. Ce bâtiment ne renferme que 8 grandes amphores de 200 hectos, sur un seul rang, et 4 foudres de 120 hectos. Par des cercles en pointillé, on a indiqué l'emplacement d'une deuxième rangée d'amphores à construire. Il n'existe pas encore de plancher au-dessus des amphores. Une porte d fait communiquer le cellier avec la maison d'habitation de Mme Corre.

La charpente et la couverture des travées B et C sont identiques à celles de la travée A, sauf les variations dues aux différences des portées. Tous les murs extérieurs ont 0^m,65 d'épaisseur.

Indépendamment du pressoir fixe p, trois autres pressoirs Marmonier mobiles, trois pompes Noël et deux fouloirs-égrappoirs Mabille forment l'outillage du cellier.

La travée A sert de cuverie et les amphores de ce bâtiment sont spécialement utilisées au cuvage de la vendange. Les chariots s'arrêtent sur le palier P, devant l'une des fenêtres a. Les comportes sont déchargées sur le plancher, puis vidées dans les fouloirs-égrappoirs installés au-dessus des amphores en remplissage. Les rafles rejetées par l'instrument sont pressées et le liquide qui s'en écoule est réuni à l'amphore qui a reçu la vendange égrenée. Après fermentation, le vin est envoyé par les pompes dans les amphores des autres travées et le marc porté sur les pressoirs. Un personnel de 12 à 15 Arabes est employé à ces divers travaux.

Telle est, résumée en quelques mots, la marche de la vinification. La caractéristique de ce cellier est l'installation des amphores en briques pour le cuvage de la vendange et le logement du vin. Ce type de récipient vinaire, assez répandu en Algérie, peut remplacer avantageusement, pour le cuvage, la cuve en maçonnerie de moellons, mais il tend à être remplacé à son tour par la cuve ou l'amphore en sidérociment, plus résistante et susceptible de prendre toutes les formes et toutes les dimensions. Pour le logement du vin fait et surtout pour l'amélioration et le vieillisse-

Cellier du Clos de Bellevue. — Fig. 3. — Vue intérieure de l'une des travées.

ment du vin nouveau, ces récipients sont inférieurs aux foudres. Le vin
s'y comporte comme dans une bouteille, c'est-à-dire qu'il est, dès le début,
soustrait à l'action de l'air, dont l'influence est considérée comme indispensable, au moins pendant la première année. Nous pensons donc que,
malgré leurs réels inconvénients sous le climat de l'Algérie, les vaisseaux
en bois sont toujours ceux qui conviennent le mieux au logement des vins
jeunes, dont le travail n'est pas terminé, et même des vins faits, lorsque la
toiture du cellier ou du chai offre une étanchéité suffisante pour limiter les
pertes par évaporation. Si, au contraire, le bâtiment est imparfaitement
clos, les amphores peuvent intervenir utilement pour la conservation des
vins vieux.

Le cellier du clos de Bellevue, dans la construction duquel la brique
entre pour une si large part, a intérieurement l'aspect un peu massif des
anciens monuments romains. La rangée des piliers élevés contre les
murs de la travée A pour supporter la charpente du plancher est inutile. Il
était plus simple et moins coûteux d'encastrer directement les solives
dans le mur, en supprimant les piliers et la lambourde qui les soutiennent.

III. — LE CELLIER DU DOMAINE DES HAMYANS

Terrasse pour le refroidissement de la vendange

FABRICATION DE VIN ROUGE

Le domaine des Hamyans est situé sur la commune de Saint-Leu, à
9 kilomètres au sud-est d'Arzew (Oran). Il est placé sous l'habile direction
de M. Alamichelle, administrateur délégué, assisté de M. Pierre Rubio,
régisseur. Le vignoble a une superficie de 200 hectares ; il couvre un plateau à faibles ondulations. Les cépages cultivés sont la Carignane, le Morrastel, le Grenache, le Petit-Bouschet, etc.. La production est de 60 à 80
hectolitres en moyenne de vin rouge par hectare.

La vendange est faite par 80 à 90 coupeurs arabes qui ramassent les raisins dans des paniers. Ceux-ci sont vidés dans des corbeilles de deux types
différents : les plus anciennes pouvant contenir 30 à 40 kilos de raisins, les
nouvelles, plus petites, qui n'en reçoivent que 25 kilos. Ces corbeilles sont
sorties de la vigne sur les épaules de porteurs et chargées sur des char-

rettes. Une charrette peut en transporter 50 à 60, superposées sur trois rangs. Entre chaque rang, des planches reposant sur les anses des corbeilles de l'étage inférieur reçoivent les corbeilles de l'étage supérieur, pour que les raisins ne soient pas endommagés et écrasés par la charge. Il y a 12 porteurs pour 80 coupeurs et 9 charrettes attelées de trois mulets chacune. A leur arrivée au cellier, les charrettes reçoivent deux directions différentes, suivant l'heure de la journée et la température de la vendange. Pour les suivre, il est utile de connaître la disposition des bâtiments.

Ceux-ci comprennent trois parties distinctes : une première cuverie A, une deuxième cuverie C et un cellier B D (fig. 1). Ils sont adossés à un talus naturel, formant une vaste plate-forme F G, desservie par deux rampes d'accès. Ils sont orientés du nord au sud, dans le sens de leur plus grande longueur, c'est-à-dire suivant l'axe du cellier B, le nord du côté de la cuverie A.

La cuverie A (fig. 1 et 2) a 40 m. de longueur et $10^m,15$ de largeur, dans œuvre. Elle renferme 20 cuves en maçonnerie $c\ c'$ (onze d'un côté, neuf de l'autre), de 180 hectos. L'épaisseur de la paroi extérieure est de $0^m,80$. Ces cuves sont fermées à leur partie supérieure par des planchers en bois, il en reste quatre couvertes par des voûtins en briques sur fer T. Des trappes y sont découpées pour le remplissage. Intérieurement, ces cuves ont été revêtues, d'abord de briques vernissées, puis de carreaux de verre ; ces deux revêtements ont été remplacés par un simple glacis de ciment. Trois pressoirs Marmonier sont installés entre les cuves : deux p près de la porte d'entrée, un p' à côté de la porte du cellier B. Un porteur Decauville à voie de $0^m,50$ est posé dans l'axe de l'allée centrale, large de $3^m,85$, qui sépare les deux rangées de cuves. En-dessous, sont creusées des citernes v, l'une de 650 hectos pour le vin, l'autre de 550 mètres cubes pour l'eau. Une bascule a, abritée par un auvent en bois, sert au pesage des futailles à la livraison du vin. Elle est logée dans une fosse. On l'enlève et on recouvre la fosse de planches en temps ordinaire.

Quatre pompes centrifuges Dumont r, en bronze, et une pompe à piston l sont fixées sur des poteaux en bois, dressés contre le mur des cuves du côté gauche c. Ces poteaux supportent en même temps le tuyautage et la transmission. Ils sont maintenus et consolidés par des étais qui prennent appui sur le mur des cuves du côté opposé c'. Les pompes centrifuges servent au remontage des moûts et la pompe à piston permet d'envoyer le vin fait dans les foudres du cellier B. Un double tuyautage s, de $0^m,04$ de diamètre, est scellé contre la paroi des cuves, au-dessous des portes. Les tuyautages des deux côtés de la cuverie sont réunis par une canalisation transversale établie le long de la passerelle b. La commande est donnée à la transmission des pompes par une locomobile de 4 chevaux, logée dans le hangar E, qui sert également de magasin à futailles. On n'a figuré que les amorces des murs.

Des fenêtres sont ouvertes dans les deux murs de façade, à 1ᵐ,55 au-dessus des cuves. Elles ont 0ᵐ,95 sur 0ᵐ,60. Celles de droite prennent jour sur une cour intérieure, celles de gauche donnent sur la plate-forme F.

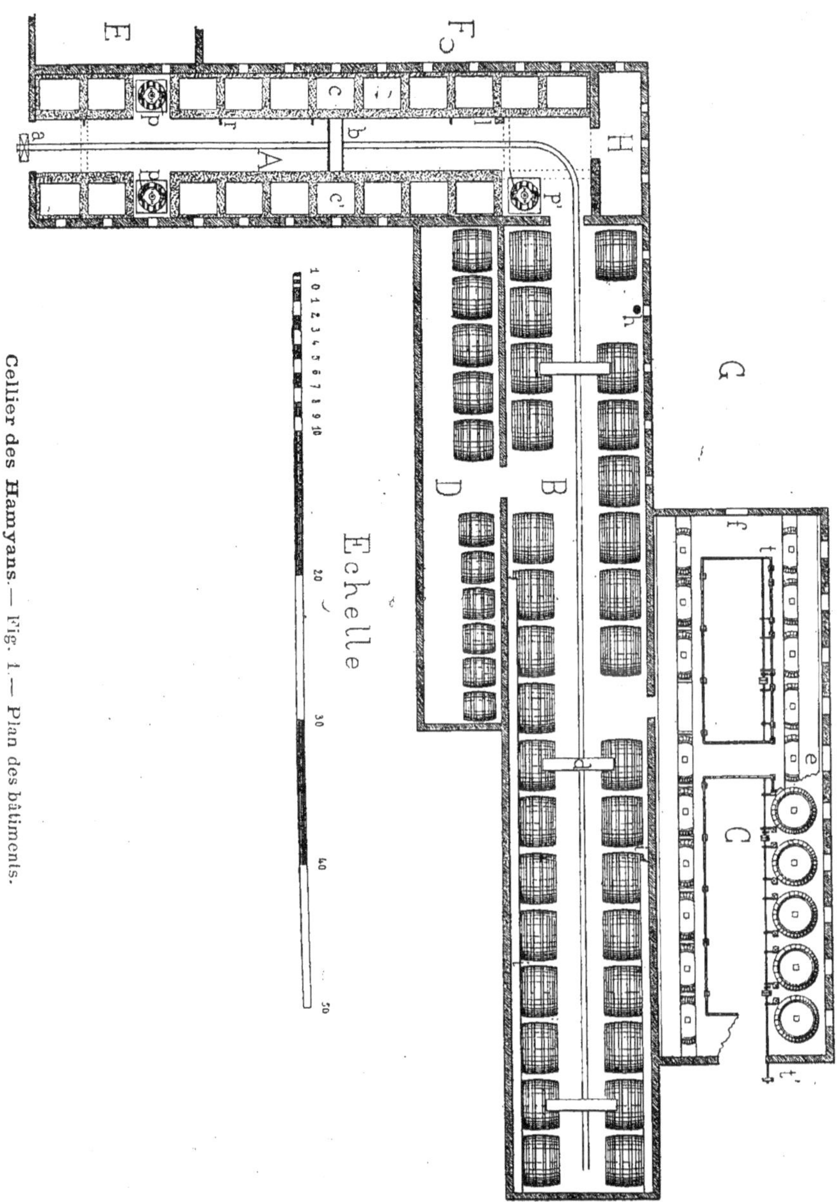

Cellier des Hamyans. — Fig. 1. — Plan des bâtiments.

La cuverie est surmontée d'une terrasse m, à 7ᵐ,35 au-dessus du sol intérieur et à 2 m. au-dessus de la plate-forme F. Elle est constituée par un plancher de 0ᵐ,02 d'épaisseur, recouvert d'une chape en ciment de 0ᵐ,10 et supporté par 17 lignes de solives. Celles-ci sont soutenues par des poutres moisées et des poteaux en bois qui reposent sur les murs antérieurs des cuves ; il y a une poutre au-dessus de chaque mur de refend des cuves. La terrasse est abritée du soleil par un voligeage léger, en feuillets de 0^m,01 d'épaisseur, porté par des perches de 2 m. de longueur. Les murs de la

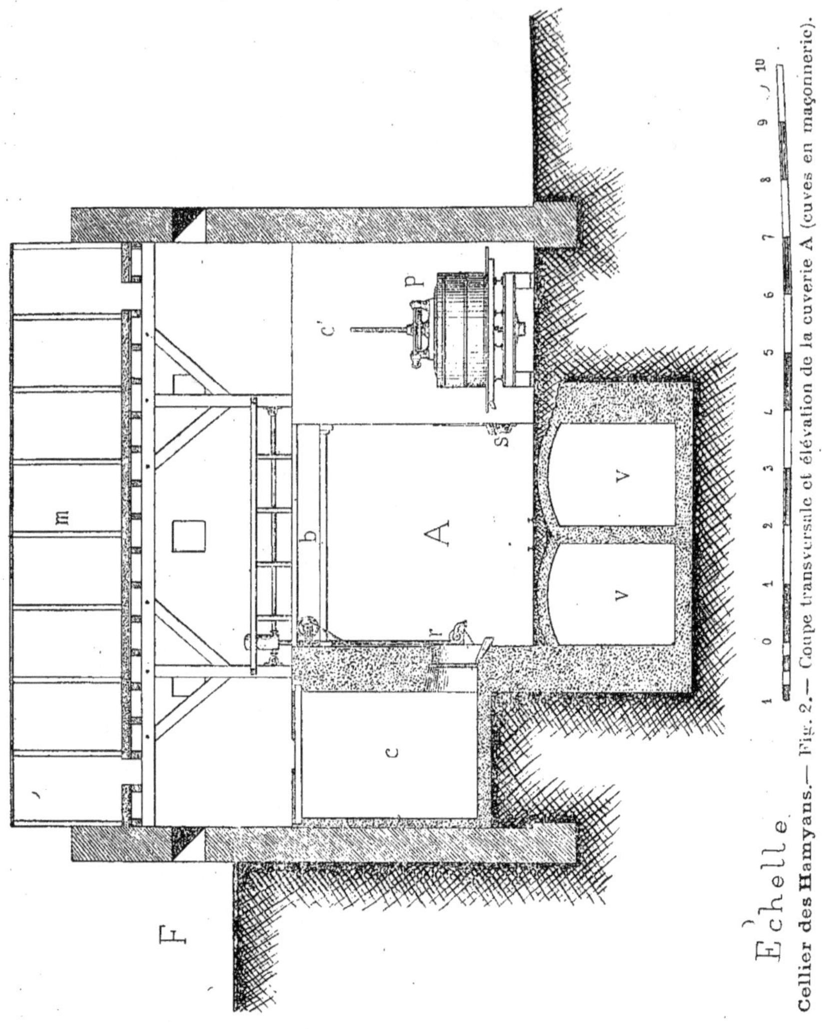

Échelle.

Cellier des Hamyans.— Fig. 2.— Coupe transversale et élévation de la cuverie A (cuves en maçonnerie).

cuverie forment parapets. Des découpures y sont pratiquées de distance en distance, pour le passage des corbeilles de vendange qui doivent être déposées sur la terrasse, comme on le verra plus loin. Des ouvertures carrées, de 0^m,50 de côté, sont percées au travers du sol de la terrasse, au-dessus de chaque rangée de cuves. Il y en a une pour deux cuves.

Cellier des Hamyans.— Fig. 3. — Vue intérieure de la cuverie C (cuves en bois).

Dans le prolongement de la cuverie, un caveau H sert au logement des vins de réserve.

La cuverie C (fig. 1 et 3) est orientée perpendiculairement à la première. Elle mesure 37^m,50 de longueur et 12 m. de largeur. Un plafond en plâtre isole le bâtiment des combles. Il est appliqué sous l'entrait des fermes, à 7^m,60 au-dessus du sol intérieur. Huit évents y sont pratiqués pour l'aération. Dans le mur-pignon sud, est percée une porte charretière de 4^m,70 de hauteur et 3^m,25 de largeur. Le mobilier se compose de 19 cuves en bois foncées, de 170 hectos, distribuées sur deux rangs, comme l'indique la figure 1. Elles sont munies d'une porte, à 1^m,80 au-dessus du sol, d'un robinet de soutirage dans l'axe et au-dessous de la porte et d'un robinet de vidange à la partie inférieure. Elles reposent sur trois madriers qui sont soutenus par sept piliers en briques, de 0^m,35 de côté. Le peigne est à 1^m,10 du sol.

Au-dessus de chaque rangée de cuves s'étend, à 3^m,90 de hauteur, un plancher porté en avant par des poteaux en bois. Une large coupure est pratiquée dans toute sa longueur, au-dessus de la porte de chargement des cuves (fig. 1). Une brisure du plancher laisse voir cinq des cuves de la rangée de droite. Trois passerelles réunissent les deux travées du plancher. Deux portaillères *e* et *f*, dont le seuil est à 0^m,20 au-dessus de la plate-forme G et à 1^m,50 au-dessus du plancher intérieur, servent à la rentrée de la vendange qui doit remplir les cuves placées contre le mur du cellier B. Celles qui sont du côté du talus sont chargées directement par les fenêtres ouvertes dans le mur extérieur, au moyen d'un porte-fruits. Une transmission *t t'* (fig. 1), visible sur la droite de la vue photographique (fig. 3), commande trois pompes centrifuges fixées contre les poteaux qui soutiennent le plancher. Le mouvement lui est donné par une locomobile verticale de 2 chevaux, installée au moment de la vendange sous un auvent, en dehors de la cuverie, à côté de la porte d'entrée. Un tuyautage métallique de 0^m,04 suit la balustrade des planchers; des tuyaux transversaux (fig. 3) relient les canalisations longitudinales et permettent de faire circuler le vin d'un bout à l'autre et d'un côté à l'autre de la cuverie.

Dans l'allée centrale, large de 4^m,50, circulent trois pressoirs sur roues : deux pressoirs hydrauliques Cassan et un pressoir Marmonier. Le sol est cimenté, ce qui facilite le roulage des appareils et assure la propreté du bâtiment.

Les celliers B et D sont construits entre les deux cuveries. Le plus grand B (fig. 1) à 67 m. de longueur sur 10 m. de largeur. Il est couvert en tuiles-canal et plafonné sous l'entrait des fermes, comme la cuverie C. Quatorze évents sont répartis sur la surface du plafond pour l'aération. Ce cellier loge 31 foudres de 200 à 220 hectos, disposés sur deux rangs avec un passage central de 3^m,30. Une voie Decauville est posée d'un bout à l'autre et se raccorde par une courbe avec celle de la cuverie A. Les foudres reposent par des chantiers en bois sur des dés en pierre avec soubassement en briques. Un petit plancher $i\,i$, de $0^m,60$ de largeur, court le long des murs au niveau de la bonde des foudres. Il est supporté par des consoles. Une barre de fer scellée dans le mur sert de main courante. Une portion seulement de ce plancher a été représentée sur la figure 1. Des planches d sont jetées d'un foudre à un autre, au-dessus de l'allée centrale, de distance en distance, et servent de passerelles pour traverser d'un côté à l'autre. Cette installation est suffisante pour la surveillance et pour le service d'un cellier qui n'est utilisé qu'au logement du vin et ne reçoit jamais de vendange. En h, est un puits d'eau saumâtre, dont les eaux ne sont employées qu'aux lavages.

Quant au petit cellier D, il a $34^m,40$ de longueur et $5^m,50$ de largeur. Il est meublé de onze foudres : cinq foudres de 115 hectos, à gauche de la porte d'entrée, et six plus petits, de capacité variable, à droite. Ce bâtiment est couvert par une terrasse, formée d'une chape de ciment sur voûtins en briques portés par des fers T. Des ouvertures, garnies de châssis vitrés, éclairent l'intérieur. Le cellier D est adossé à un magasin qui n'a pas été figuré sur le plan.

Cinq pompes à vin mobiles, du système Vigouroux, sont employées dans les celliers et dans les cuveries pour les soutirages et pour les manutentions qui ne peuvent être faites au moyen du tuyautage fixe ou qui ont lieu en dehors de l'époque des vendanges.

Revenons maintenant aux charrettes que nous avons laissées au pied de la rampe qui doit les élever au niveau des terre-pleins F G. Pendant la matinée, alors que les corbeilles sont chargées de vendange relativement fraîche, les charrettes sont amenées sur la plate-forme G, contre la cuverie C. Les raisins sont immédiatement foulés et jetés dans la cuve. Pour ce travail, un fouloir à cylindres Vigouroux est installé au-dessus de la cuve en remplissage. Les corbeilles sont portées dans la cuverie par l'une des portaillères e ou f, lorsque la cuve est contre le mur du cellier B. Si elle est, au contraire, contre le mur du talus, les corbeilles sont vidées sur un porte-fruits engagé dans la fenêtre correspondante.

Mais bientôt la vendange, échauffée par les rayons du soleil, ne pourrait être sans inconvénient enfermée avant d'avoir été rafraîchie. Dans ce but, les charrettes, à partir de 10 heures du matin, sont dirigées sur la plate-forme F et les corbeilles de raisins entreposées sur la terrasse m, où elles séjournent à l'ombre et au courant d'air pendant environ 12 heures. Quand la température s'est abaissée, les corbeilles sont vidées dans un couloir en bois, qui, par l'une des ouvertures dont nous avons parlé précédemment, amène les raisins sur un fouloir placé au-dessus des cuves en maçonnerie.

La fermentation ne tarde pas à se déclarer dans les deux cuveries. Dès que la température dépasse 35 ou 36°, on fait le remontage des moûts au moyen des petites pompes centrifuges. Le moût s'écoule au bas de la cuve et, repris par la pompe, il est rejeté à la partie supérieure au-dessus du chapeau. La canalisation est installée de manière à permettre, avec les quatre pompes de la cuverie A et les trois pompes de la cuverie C, le remontage des moûts de toutes les cuves.

Le décuvage a lieu au bout de 7 à 10 jours. Le vin écoulé est envoyé par les pompes mobiles et la pompe fixe à piston dans les foudres des celliers. Le marc est porté sur les pressoirs et asséché.

Pendant la période des vendanges, le service des cuveries et des celliers occupe un personnel de 40 ouvriers.

L'installation des bâtiments vinaires du domaine des Hamyans offre un certain nombre de dispositions heureuses, qui méritent d'être signalées :

1° La construction des cuveries contre le talus naturel du terrain et l'utilisation de la rampe pour l'élévation et la rentrée de la vendange ;

2° L'établissement d'une terrasse au-dessus de l'une des cuveries pour 'exposition à l'air et le refroidissement des raisins :

3° L'application des pompes centrifuges et d'un tuyautage fixe au remontage des moûts pendant la fermentation, d'où simplification et rapidité du travail ;

4° La construction entre les deux cuveries du grand cellier B, qui est ainsi commodément placé pour le service et assez bien protégé sur trois de ses faces contre les influences extérieures ;

5° Le plafonnage de ce bâtiment.

Le plafonnage de la cuverie C nous paraît inefficace pour limiter l'élévation de température des cuves en fermentation, mais il est utile si, en dehors de la période des vendanges, ce local est utilisé au logement du vin. Quant au petit cellier D, couvert par une terrasse en ciment qui reçoit directement les rayons solaires, il est placé dans de mauvaises conditions de température pour la conservation du vin.

IV.— LE CELLIER DU CLOS GRELLET

Circulation d'air et cellier élevé

FABRICATION DE VIN ROUGE ET DE VIN BLANC

Le clos de M. Grellet est situé sur les riants coteaux du Sahel qui dominent, au midi, la ville d'Alger et à environ 9 kilomètres d'Alger. Le vignoble qui en dépend, d'une superficie de 110 hectares, s'étend sur le territoire de la commune d'Hussein-Dey. Il est constitué par le Mourvèdre, la Carignane, le Cinsaut, le Petit-Bouschet, l'Aramon, le Cabernet-Sauvignon et la Petite Syrah, pour les vins rouges ; par le Farana, l'Ugny blanc, le Sauvignon et le Sémillon, pour les vins blancs. La production atteint 100 hectolitres à l'hectare. Les vins du clos Grellet sont très estimés et jouissent d'une réputation incontestée, qui a, d'ailleurs, été consacrée par de nombreuses récompenses dans les concours et les expositions où ils ont figuré.

La vendange est faite par 120 coupeurs arabes. Les raisins cueillis avec des ciseaux sont ramassés dans des paniers en bois, puis vidés dans des corbeilles en osier qui peuvent en contenir 40 à 45 kilos. Celles-ci sont portés sur les épaules en dehors de la vigne et chargés sur des chariots qui en reçoivent 50 à 60 par voyage. Les attelages sont formés de deux bœufs.

Le cellier, dont la vue photographique (fig. 1) montre l'aspect extérieur, est représenté en plan par la figure 2. C'est un grand vaisseau, de $67^m,50$ de longueur, divisé en deux parties A et B par un mur de refend r et orienté, suivant son axe, du N.-O. au S.-E. Il est adossé, au N.-E., contre le talus naturel du terrain, dans lequel il est même partiellement encastré en C et en D. Sa largeur, en avant du terre-plein T, est de 11 m. et sa hauteur sous le faîtage atteint 14 m. La figure 3 donne une coupe transversale du bâtiment A.

Le mur de façade principal a $0^m,70$ d'épaisseur. Il est percé de deux grandes portes charretières a et b et de deux rangées de fenêtres, la première à 6 m. de hauteur, la deuxième à $10^m,25$, un peu au-dessus du plancher c. Les ouvertures d de la première rangée sont pourvues de doubles fermetures, les unes de châssis vitrés pour l'éclairage, les autres de trappes pour l'aération. Le mur postérieur a même épaisseur. Des baies e, dont le seuil est au niveau du terre-plein T, sont distribuées sur toute sa longueur.

Cellier du Clos Grellet. — Fig. 1. Vue extérieure des bâtiments.

Des arceaux sont découpés dans ce mur derrière chaque foudre et font communiquer le cellier avec autant de niches voûtées servant de logement à des foudres. Le fond de ces niches présente au dehors une convexité pour mieux résister à la poussée des terres du talus, pour lesquelles il sert de mur de soutènement. Une cloison en briques l forme double fond. L'air circule derrière, amené du dehors par des carneaux souterrains tels que i, représentés en pointillé sur la figure 2, et s'y rafraîchit avant de se répandre dans le cellier. En D, les voûtes ont une profondeur double ; elles sont séparées du cellier par un mur de refend et constituent une véritable cave. Les foudres sont logés dans deux rangées de niches séparées par un passage de $3^m,20$. Au-dessus de cette cave, un hangar, visible à gauche de la photographie (fig. 1), derrière le cellier proprement dit, sert à la réception et au refroidissement de la vendange.

Le sol du cellier est bétonné et la partie A a une pente de $0^m,01$ vers la citerne n creusée en contre-bas, d'une capacité de 300 hectos. Le bâtiment est couvert en tuiles moulées, qui sont blanchies à la chaux pour diminuer autant que possible l'échauffement. Ce blanchiment est obtenu par asper-

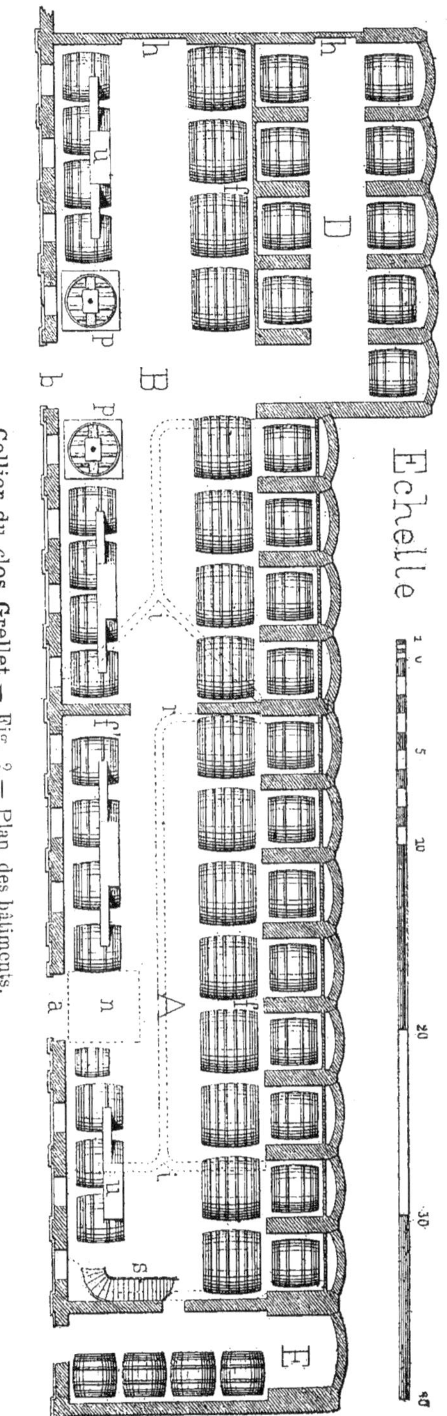

Cellier du clos Grellet.— Fig. 2.— Plan des bâtiments.

sion d'un lait de chaux au moyen d'un pulvérisateur Vermorel. Au-dessus
de la couverture, on aperçoit sur la photographie (fig. 1) trois tuyaux en
tôle noircie qui dépassent de 2 m. environ la ligne du faîtage. Ce sont des

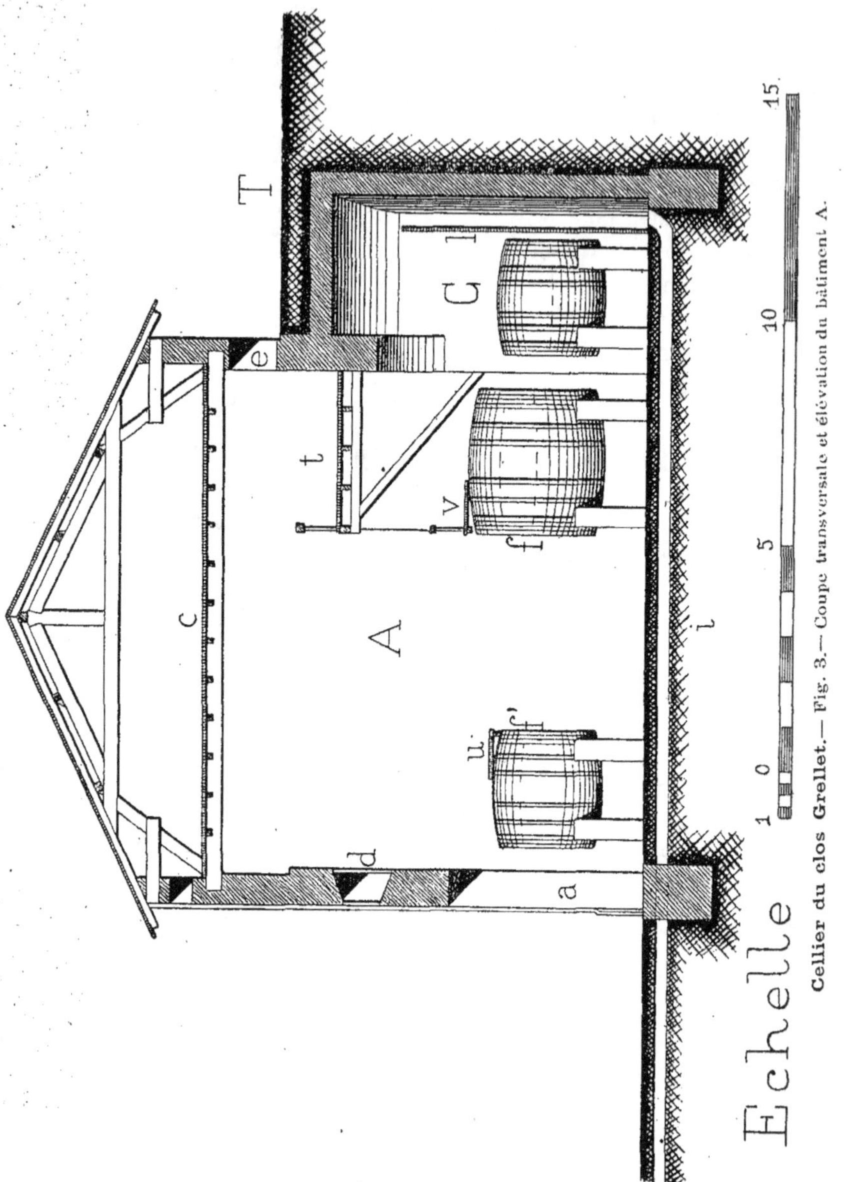

cheminées d'appel qui s'ouvrent dans le cellier au ras du plancher c et éva-
cuent l'air chaud. Il s'opère un renouvellement continu de l'air, qui de
l'extérieur pénètre dans le cellier, en partie directement par les ouvertures
pratiquées dans les murs, en partie par les carneaux qui débouchent der-

rière les foudres, au fond des niches C, et qui ressort par les évents de la toiture, le tirage étant produit par l'échauffement de l'air dans le cellier et dans les tuyaux exposés au soleil. Le plancher c s'étend, à 10 m. de hauteur, sur toute la surface du bâtiment, qu'il isole des combles ; le dessus sert de grenier.

A droite du cellier, un caveau E, construit sous le logement du maître de chai, renferme quatre foudres. Le mur du pignon N.-O. est percé de deux baies hh, provisoirement murées, en prévision d'un agrandissement.

Le mobilier de la partie A comprend 24 foudres : d'un côté, une rangée de 8 grands foudres de 250 hectos f et, dans les niches C, 8 foudres de 140 hectos ; de l'autre côté, le long du mur de façade, une rangée de 7 foudres de 140 hectos f', plus un petit foudre de 50 hectos, à droite de la porte d'entrée a. Dans la partie B, il y a 8 foudres de 280 hectos sur le même alignement que les foudres f de la partie A, 4 foudres de 140 hectos sous les voûtes et 8 foudres de même capacité contre le mur de façade, soit un total de 20 foudres. Deux pressoirs hydrauliques p du système Cassan sont installés à gauche et à droite de la porte b. La maie carrée a $2^m,35$ de côté et la claie $2^m,16$ de diamètre. Quant à la cave D, elle renferme 9 foudres de 140 hectos. On peut donc loger dans l'ensemble du cellier plus de 9.000 hectolitres. Les grands foudres f servent plus spécialement au cuvage de la vendange.

Tous ces foudres reposent directement sur des dés en maçonnerie qui épousent leur forme. On coule du ciment liquide entre le foudre et le dé pour assurer un contact parfait.

Dans les deux parties A et B, un plancher t de $3^m,50$ de largeur est établi au-dessus des grands foudres f, à 7 m. de hauteur et à $1^m,35$ au-dessous du seuil des ouvertures e. Il est soutenu par des consoles en bois et muni d'un garde-fou. On y monte par l'escalier s. Un deuxième plancher v, de 1 m. seulement de largeur, porte directement sur les foudres de la même rangée. De petits escaliers, qui ne figurent pas sur le plan, mettent en communication les deux planchers, de chaque côté du mur de refend r et contre le mur-pignon N.-O. Le petit plancher v est, comme le premier, bordé d'un garde-fou, mais discontinu : des découpures y sont faites de distance en distance et une barre de fer horizontale fixée à chacun de ces espaces vides permet d'y accrocher une échelle pour monter à ce plancher directement, sans passer par le plancher supérieur.

Un plancher plus simple, sans garde-fou, u est posé directement sur chaque série de 4 foudres de la rangée f'. Ces planchers sont formés de planches clouées sur des cadre en bois. On y accède par une échelle que l'on accroche en avant.

Cinq pompes mobiles, de divers systèmes (Noël, Vigouroux, Guyon et Audemar, Vantelot), servent aux manutentions des vins. Elles sont pourvues de tuyaux en caoutchouc, d'une longueur totale de 150 m.

Les chariots qui transportent la vendange arrivent, par les chemins d'exploitation, à hauteur de la plate-forme T, sans avoir à gravir de rampe à forte inclinaison. Les corbeilles remplies jusqu'à 8 ou 9 heures du matin sont immédiatement vidées dans les foudres. Celles qui sont chargées de vendange cueillie après 9 heures et, par conséquent, plus chaude, restent à l'extérieur du cellier sous des bâches ou bien sont déposées sous le hangar ; leur contenu ne sera foulé que le lendemain matin, après s'être refroidi à l'air pendant la nuit.

Avant de remplir un foudre, on place à l'intérieur, derrière la porte, un tabouret en bois contre lequel un fagot de sarments est maintenu par une pierre. Une cheville empêche le tabouret de se soulever. Ce dispositif protège la porte et évite le tassement de la vendange sur elle. Un fouloir-égrappoir Mabille est installé sur le plancher *t*, au-dessus du foudre en remplissage, auquel il est relié par un long entonnoir en bois. Il est servi par 4 hommes : deux actionnent les manivelles, un autre pousse les raisins entre les cylindres, le dernier dégage l'égrappoir. Les corbeilles sont culbutées dans la trémie par deux ouvriers ; ils les reçoivent, à l'une des fenêtres *e*, de cinq à six porteurs qui les leur font passer de l'extérieur. Il faut une heure et demie environ pour encuver un foudre.

Le cuvage a lieu à chapeau noyé. Dans ce but, on soutire par le robinet du foudre un ou deux transports de moût et au-dessus de la vendange on étend, d'un fond à l'autre, 10 barres en bois, écartées de $0^m,22$ d'axe en axe ; sur elles on dispose perpendiculairement deux traverses qui s'arc-boutent contre les douelles et qui sont maintenues en place par la forme même du foudre. On remonte, ensuite, à la pompe le liquide que l'on avait momentanément retiré.

Pendant la fermentation, on fait plusieurs fois le remontage des moûts auquel on associe l'aération. Dans ce but, on fixe au robinet une pomme d'arrosoir pour diviser le liquide qui s'en écoule et au-dessous on suspend encore un panier perforé pour multiplier les gouttelettes, qui sont reçues dans un cuvier où plonge le tuyau d'aspiration de la pompe. L'opération est faite, une première fois, après le départ de la fermentation, une deuxième fois, 24 heures après, une troisième fois, après la fermentation tumultueuse. On fait quelquefois un quatrième remontage. On décuve au bout de 6 à 7 jours.

Le vin est envoyé dans un des petits foudres, à la bonde duquel on adapte un avertisseur à sifflet très ingénieux, pour prévenir les ouvriers que le foudre est plein. Le marc est porté sur le pressoir. On ne fait pas de recoupage. Aussi peut-on, sur un même pressoir, monter trois mottes par journée de 12 heures de travail. Le marc asséché est utilisé comme engrais dans les vignes.

Telle est la vinification des vins rouges. Pour faire les vins blancs, au-dessous du fouloir on reçoit la vendange qui a traversé les cylindres sur une tôle perforée inclinée. Le moût s'écoule à travers la grille et les grappes sont recueillies à la base du plan incliné ; elles donneront du vin rouge. Cette installation est des plus simples, mais on n'en obtient qu'un faible rendement en vin blanc.

Les vins de réserve remplissent de préférence les foudres de la cave D.

M. Grellet s'est attaché, dans la construction de son cellier, à protéger le plus possible le bâtiment contre la chaleur extérieure. C'est dans ce but qu'il a donné aux murs une forte épaisseur, muni les ouvertures de doubles fermetures, enterré partiellement le bâtiment du côté du talus, établi un plancher continu sous les combles très élevés, blanchi la toiture et organisé l'aération de manière à admettre dans le cellier de l'air à basse température, à la partie inférieure, et à évacuer l'air chaud, à la partie supérieure. Toutes ces dispositions sont rationnelles et peuvent produire un excellent effet sur la conservation du vin dans le cellier transformé en chai, en dehors de l'époque des vendanges. Elles méritent d'être signalées à ce point de vue. Mais elles sont inefficaces, pendant la période des vendanges, pour empêcher l'élévation de la température des foudres en fermentation et entretenir dans le bâtiment utilisé comme cuverie une température inférieure à celle de l'extérieur, relevée au nord et à l'ombre. D'abord, à ce moment-là, toutes les portes et la plupart des fenêtres restent ouvertes, établissant ainsi un équilibre de température entre l'intérieur et l'extérieur. Mais, en outre, la chaleur dégagée par la vendange en fermentation ne tarde pas à élever sensiblement la température au-dessus des foudres. Nous avons fait nous-mêmes les observations suivantes :

Température extérieure à l'ombre.	26°
Température intérieure du cellier, au-dessus du sol	26°
—— —— au-dessus des foudres. .	27°
—— du grenier.	28°,5
—— de la cave D.	24°,5

On voit que, dans la cave, isolée de la cuverie, la température est plus basse, quoique assez élevée encore à cause des communications inévitables au moment de la vendange entre les deux locaux. Dans la cuverie, au contraire, la température est, dans le bas, celle de l'air extérieur et, au-dessus des foudres, un peu plus élevée.

Le cellier du clos Grellet est bien outillé, parfaitement entretenu et commodément installé. La grande dénivellation du sol intérieur par rapport à la plate-forme T a nécessité l'établissement d'un double plancher pour le service des foudres *f*. Il eût été possible de supprimer le plancher *v* et d'abaisser celui du haut *t* : pour la rentrée de la vendange, on n'aurait eu qu'à adapter un couloir à la fenêtre de chargement *e*, en tête duquel on aurait vidé les corbeilles et qui aurait directement alimenté la trémie du fouloir.

Enfin, la construction des niches sous le palier T est avantageuse pour le logement du vin et diminue les terrassements.

V. — LE CELLIER DU DOMAINE DE LA RÉGHAÏA

Charpente économique

FABRICATION DE VIN ROUGE

Le domaine de la Réghaïa, propriété de M. Lecq, professeur d'agriculture du département d'Alger et chef du service phylloxérique d'Algérie, est situé à 30 kilomètres à l'est d'Alger. Le vignoble produit des vins estimés. Il est constitué par 12 hectares de Carignane, 12 hect. de Mourvèdre, 2 hect. de Petit-Bouschet et 1 hect. d'Aramon.

L'organisation de la vendange ne diffère pas de celle que nous avons déjà si souvent décrite pour l'Algérie. Les raisins sont transportés au cellier dans des corbeilles faites de roseaux et de lentisques, d'une capacité de 40 à 50 kilos de vendange, qui sont chargées au nombre de 14 sur des chariots attelés de deux bêtes.

Le cellier, dont la vue photographique (fig. 1) donne l'aspect intérieur, est représenté en coupe transversale par la figure 2 et en coupe longitudinale par la figure 3. Il se compose d'un bâtiment rectangulaire A, de 34 m. de longueur et de 9 m. de largeur dans œuvre, dont l'axe est dirigé de l'est à l'ouest, la porte d'entrée principale a à l'est. Il est flanqué au sud d'un palier P, avec rampes d'accès pour l'élévation de la vendange. Au nord, il borde une cour, avec laquelle il communique par la porte b et où se trouvent un grand réservoir d'eau de 50 mètres cubes, qui se profile en c (fig. 2), des cuves à piquette pour le lavage méthodique des marcs, contre le bassin c, et un lavoir. La charpente mérite une mention spéciale à cause de sa construction originale, de sa légèreté et de son prix modéré.

Elle est constituée par une série de fermes placées à $0^m,75$ d'écartement. Chacune d'elles est formée de trois planches : deux arbalétriers et un entrait retroussé. Les deux planches formant arbalétriers ont $0^m,04$ d'épaisseur et $0^m,20$ de largeur. Elles sont réunies au sommet par un bout de planche simplement cloué sur le plat joint. L'entrait a même épaisseur et seulement $0^m,10$ de largeur. Il est également cloué sur les arbalétriers. Les arbalétriers, convenablement découpés à leur partie inférieure pour faire saillie de $0^m,60$ en dehors des murs, reposent sur des lambourdes noyées dans la maçonnerie. Pour augmenter la résistance, les deux lambourdes sont reliées tous les trois mètres, c'est-à-dire de quatre en quatre fermes,

Cellier de la Réghaïa. — Fig. 4. — Vue intérieure du bâtiment.

par des tirants en fer (visibles sur la fig. 1). Sur ces fermes sont posés directement les liteaux qui supportent les tuiles à emboîtement de la couverture. Intérieurement, un parafeuillage en planches de $0^m,01$ d'épaisseur r

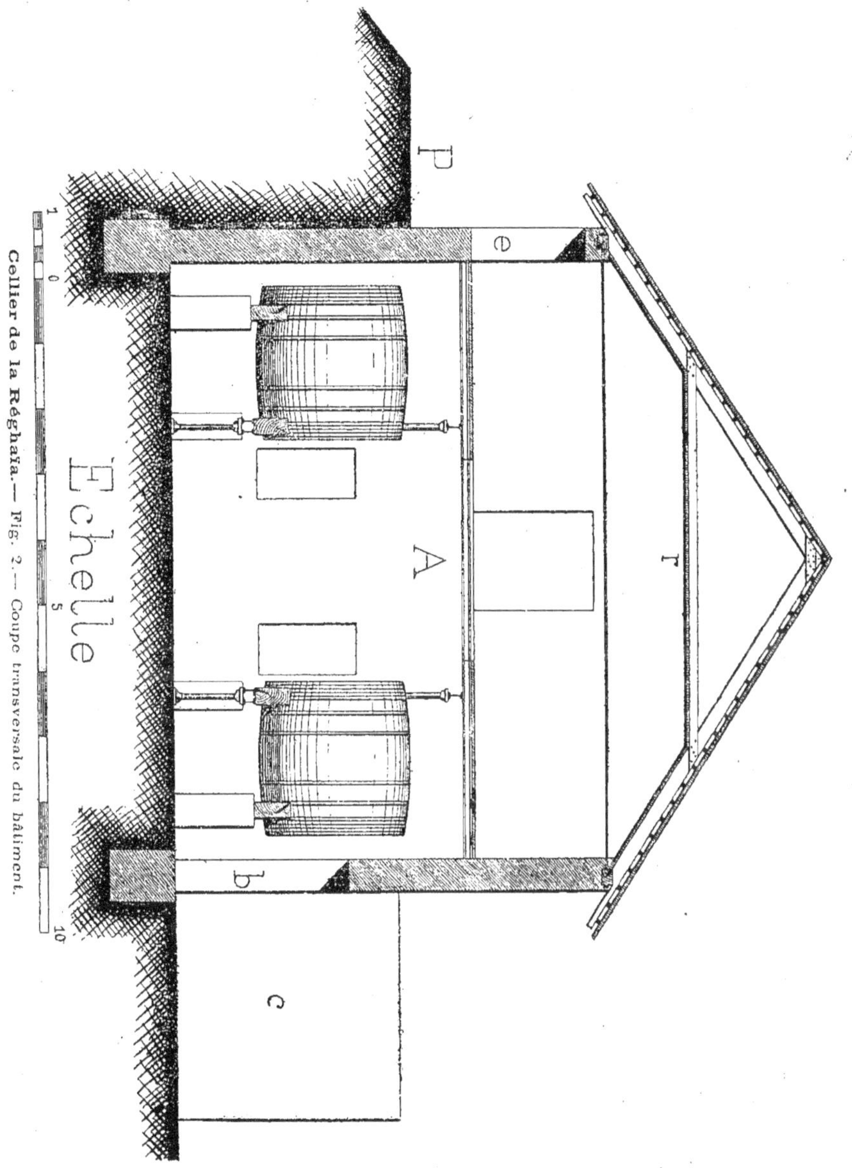

Cellier de la Réghaïa.— Fig. 2.— Coupe transversale du bâtiment.

est appliqué sous les arbalétriers et sous l'entrait. Il forme plafond et protège le cellier contre l'échauffement transmis par la toiture.

Cette charpente est économique. La couverture complète (fermes, liteaux et tuiles) ressort, en effet, au prix de 5 fr., 01 par mètre carré de toiture et de 7 fr., 41 par mètre carré couvert, ainsi que le montre le devis suivant :

Devis de la charpente et de la couverture du cellier de la Réghaïa

Valeur d'une ferme et de la couverture correspondante :			fr. c.
Deux arbalétriers en planches de $0,20 \times 0,04$	$13^m 30$, à	$0^f 80$	10.64
Un entrait en planches de $0,10 \times 0,04$	$6 \ 40$, à	0 50	3.20
Lambourde de $0,75 \times 0,20 \times 0,25$	$0^{m3} 375$, à	85 »	3.19
Tirant en fer de $0,035$	$18^{kg} 750$, à	0 30	5.60
Couverture et lattis, $13,30 \times 0,75$	$9^{m2} 975$, à	2 75	27.43
			50.06

$$\text{Prix par mètre carré de toiture} \dots \dots \dots \frac{50.06}{9.975} = 5 \text{ fr., } 01$$

$$\text{Prix par mètre carré couvert} \dots \dots \dots \frac{50.06}{6.75} = 7 \text{ fr., } 41$$

C'est là un prix de revient très peu élevé. Peut-être cette charpente est-elle un peu légèrement assemblée. Il serait, du reste, facile de la consolider, sans augmenter sensiblement la dépense, en réunissant les deux arbalétriers, au sommet, par une plaque métallique boulonnée sur eux, au lieu d'une simple planche maintenue par des clous, et en fixant l'entrait sur les arbalétriers par des tire-fonds. Ce type de charpente, très employé dans les établissements industriels du nord de la France, où il est connu sous le nom de *charpente anglaise*, a, en outre, l'avantage de pouvoir être monté par tous les ouvriers, quels qu'ils soient. Une scie, des clous et un marteau suffisent pour l'établir. Chaque ferme est dressée à terre sur un gabarit, puis facilement mise en place, grâce à son faible poids.

La hauteur sous le faîtage est de $9^m,90$.

Les foudres sont au nombre de 23 : 12 du côté Sud et 11 du côté Nord ; le pressoir occupe l'emplacement d'un foudre, à côté de la porte de la cour (fig. 1). Sur la vue photographique, il manque les six premiers foudres de droite, qui n'étaient pas encore mis en place. La capacité des foudres est de 100 hectos. Ils reposent, derrière, sur des dés en maçonnerie de briques, en avant, sur des longrines formées de deux fers T jumelés, de $0^m,22$, et soutenues par des piliers en briques et des colonnes en fonte alternés. Les piliers sont carrés et ont $0^m,50$ de côté, les colonnes ont $0,051$ de diamètre. L'aile inférieure des fers T est à $1^m,10$ de hauteur, et le raccord du robinet des foudres à $1^m,50$. On peut donc aisément loger en dessous des futailles et les ustensiles de chai.

Sur chaque rangée de foudres, s'étend, à $4^m,70$ de hauteur, un plancher de 3 m. de largeur, formé de voûtins en briques sur solives en fer T écartées de $0^m,95$. Les solives sont encastrées d'un bout dans le mur et supportées de l'autre bout par une lambourde en fer que soutiennent des colonnes en fonte. Celles-ci ont 0m,061 de diamètre ; elles prennent appui sur les longrines de support des foudres, à l'aplomb des piliers en briques, c'est-à-dire tous les deux foudres. Trois passerelles, une à chaque extrémité du cellier et une au milieu (fig. 1), réunissent les deux planchers ; elles sont également formées de voûtins en briques et ont 1m,90 de largeur. Des trappes sont ménagées au-dessus de la bonde de tous les foudres.

Quatre portaillères *e e* sont percées dans le mur Sud, pour le service de la vendange. Leur seuil est au niveau du plancher intérieur et à 0m,95 au-dessus du palier P. Des fenêtres et des lucarnes sont ouvertes au-dessus e au-dessous du plancher dans le mur Nord et dans les pignons pour l'éclairage et l'aération. Le sol est en terre battue.

Indépendamment du pressoir, l'outillage comprend deux pompes à vin système Noël et un réfrigérant Lawrence, d'un débit de 40 hectos de vin à l'heure (visible sur la fig. 1).

Nous avons laissé les corbeilles de vendange en route pour le cellier. A leur arrivée, elles sont

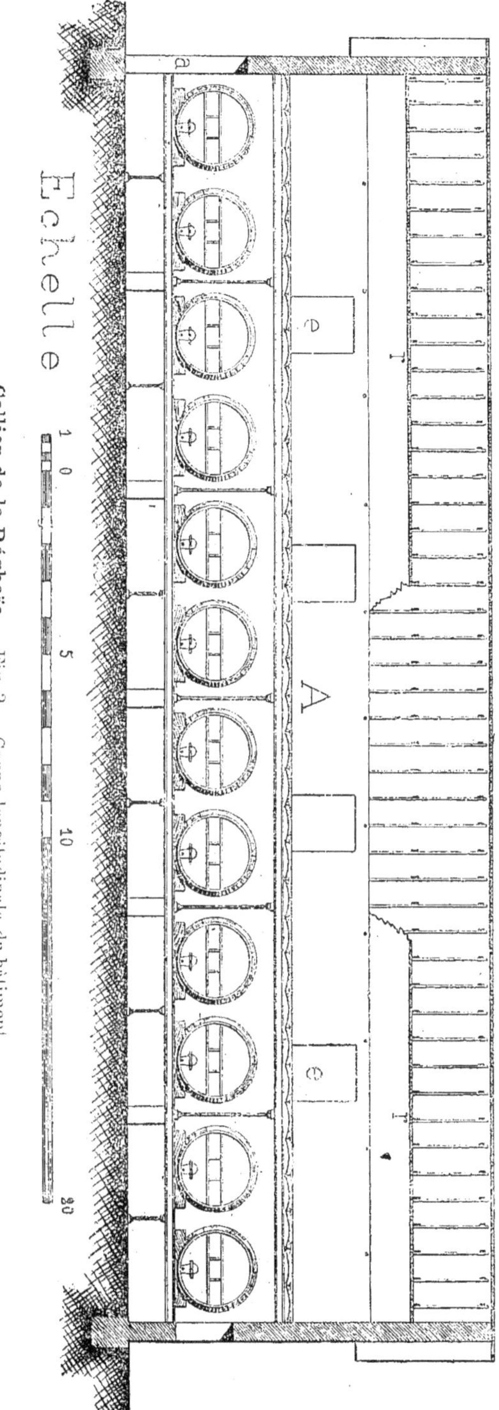

Cellier de la Réghaïa. — Fig. 3. — Coupe longitudinale du bâtiment.

plongées une à une dans un bac en tôle plein d'eau de 5 m. × 1ᵐ,50 × 0ᵐ,60 = 4ᵐ³,500, où se déposent les impuretés qui souillent les raisins. Elles sont ensuite égouttées et déposées sur une plate-forme exposée aux courants d'air, où la vendange se rafraîchit. Celle-ci n'est passée au fouloir et encuvée que lorsque la température s'est abaissée à 23 ou 24 degrés maximum. Grâce à cette précaution, la fermentation se déclare lentement, sans produire dans le foudre une élévation rapide de température M. Lecq s'efforce, d'ailleurs, de maintenir le moût à une température de 28 à 32 degrés, en employant la réfrigération. Dans ce but, le réfrigérant Lawrence est attelé sur le foudre à refroidir (fig. 1) ; le moût, après avoir traversé l'appareil, est recueilli dans une citerne et rejeté par la pompe à la partie supérieure du récipient. L'eau de refroidissement est à la température initiale de 20°. Comme, dans le réfrigérant Lawrence, le moût circule à l'extérieur des ondulations, M. Lecq a recouvert l'appareil d'une chemise en tôle pour éviter toute perte d'alcool et pour prévenir une aération trop énergique du liquide.

Le cuvage dure 4 à 5 jours. Le vin est alors soutiré et le marc porté sur le pressoir où il est pressé suivant la méthode ordinaire Le marc asséché est tassé dans les cuves à piquette, extérieures au cellier, dans lesquelles il est soumis au lavage. Il est ensuite jeté au fumier.

Le cellier de la Réghaïa est bien orienté, la face Sud protégée par le terre-plein P, sur le talus duquel existe une plantation d'eucalyptus. La charpente est intéressante à cause de sa légèreté et de son bon marché. Le système de support des foudres est commode, par la facilité qu'il procure de loger en-dessous des futailles et les ustensiles de chai. Le plancher en voûtins de briques sur fers T, plus coûteux que les planchers ordinaires en bois, ne présente aucun avantage. Il ne doit pas être conseillé. Le refroidissement de la vendange avant l'encuvage et du moût pendant la fermentation est rationnel et constitue un excellent procédé de vinification pour les pays chauds.

VI.— LA CUVERIE DE LA FERME DE RHYLEN

Hangar à fermentation

FABRICATION DE VIN ROUGE ET DE VIN BLANC

Le vignoble exploité par M. Debonno dans la vallée fertile de la Mitidja est un des plus importants de l'Algérie et un des plus remarquables par l'abondance de sa production. Sa superficie dépasse 800 hectares. Il est divisé en plusieurs fermes, indépendantes les unes des autres et possédant chacune une *cuverie*; le vin est fabriqué à la ferme même. Mais il n'y est pas conservé : il est transporté après les vendanges dans le *chai* que M. Debonno possède à Boufarik et où il est logé et conservé jusqu'à la vente. Nous donnons ici la monographie de l'une des cuveries, celle de la ferme de Rhylen. On trouvera plus loin le plan et la description du chai qui mérite de fixer l'attention par ses grandes dimensions et par quelques dispositions originales.

La ferme de Rhylen est située aux portes de la petite ville de Boufarik, à 35 kilomètres au S.-O. d'Alger. Elle possède 130 hectares de vignes, plantés en Carignane, Cinsaut, Aramon, Morrastel, Petit-Bouschet, qui produisent de 80 à 100 hectolitres à l'hectare.

La vendange est faite suivant les usages de l'Algérie, que nous avons déjà fait connaître. Le transport des raisins de la vigne à la cuverie a lieu par comportes sur de grands chariots à plate-forme.

Les bâtiments de la cuverie ne ressemblent en rien à ceux que nous avons examinés jusqu'ici. Ne devant pas être utilisés ultérieurement au logement du vin fait, mais aménagés uniquement en vue de la fermentation, ils sont d'une grande simplicité ; aucune précaution n'a été prise pour mettre les récipients vinaires à l'abri de la chaleur extérieure, puisqu'il est établi que les variations de température de l'air de la cuverie sont sans grande influence sur la température d'une cuve en fermentation et que c'est plutôt la cuve qui élève la température de l'air ambiant dans un bâtiment fermé. Ils sont donc légers, largement ouverts de toutes parts, en même temps très rustiques et construits économiquement. La figure 1 en donne le plan et la figure 2 une coupe transversale. C'est un véritable hangar qui abrite des cuves en maçonnerie.

Deux rangées de douze piliers en briques soutiennent les fermes de la

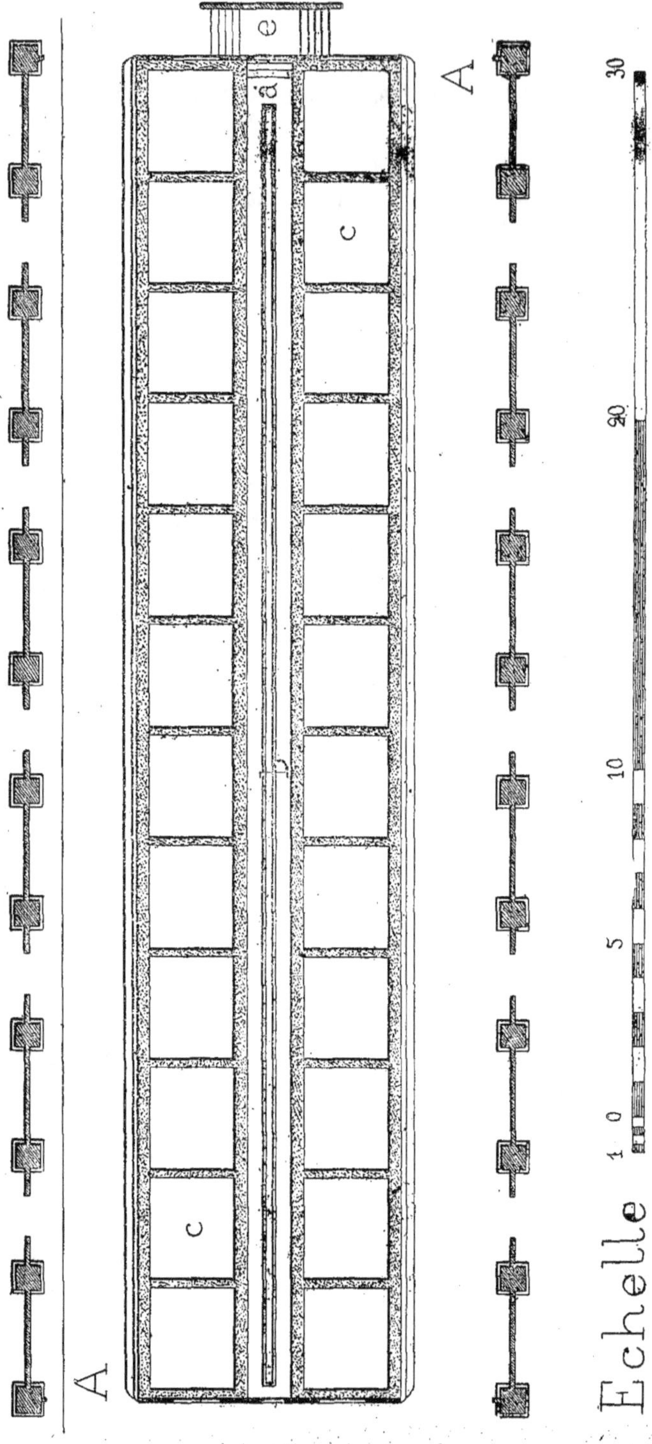

Cuverie de Rhylen.— Fig. 1.— Plan du bâtiment et des cuves.

couverture. Ces piliers, carrés, ont $0^m,75$ de côté et $3^m,75$ de hauteur. Ils sont distants d'axe en axe de $3^m,50$ et réunis, sur chaque rang, par un briquetage de $0^m,13$ d'épaisseur, ajouré à la partie supérieure. Des portes sont ménagées de deux en deux piliers. Les fermes sont du type classique; elles supportent une couverture en tuiles-canal. Ce bâtiment a $38^m,60$ de longueur et $13^m,60$ de largeur entre les piliers. Son axe est dirigé du N.-N.-E. au S.-S.-O. Les cuves $c\ c$, au nombre de 24, sont disposées sur deux rangs parallèles, séparés par un chemin de service a, de $1^m,40$ de largeur. Leur capacité est de 175 hectos. Elles sont presque complètement enterrées : leur fond est à $1^m,60$ en contre-bas du sol de la cuverie. Leur paroi intérieure est revêtue d'un glacis de ciment ; un robinet de vidange est placé près du fond, du côté du couloir a. Un plancher mobile en bois, formé de madriers qui reposent sur les murs et sur deux lignes de solives, couvre entièrement les cuves et le passage central ; il constitue une vaste plate-forme P surélevée de $0^m,87$ par rapport au sol. Le passage a est à $2^m,90$ au-dessous du plancher. On y descend par un escalier e extérieur. Un caniveau b en ciment occupe son axe, d'un bout à l'autre. Un chemin A, de $1^m,80$ de largeur, longe chaque rangée de cuves. Il est bordé d'un côté par un trottoir, de l'autre par deux marches d'escalier qui facilitent l'accès de la plate-forme. Des portes charretières sont ouvertes à chaque extrémité.

Les chariots chargés de vendange pénètrent dans la cuverie par l'un des chemins A. Les comportes sont déposées sur la plate-forme P, puis vidées dans la trémie d'un pressoir continu (système Debonno) installé sur la plate-forme et commandé par une locomobile placée en dehors du bâtiment. Le moût est recueilli dans une cuve et le marc asséché est jeté dans une cuve voisine, généralement celle qui est en face. Ce marc est laissé 3 jours environ en macération ; il est alors arrosé, par petites quantités à la fois, avec le vin qui en a été extrait ; on ouvre en même temps le robinet du bas de la cuve, qui laisse couler au fur et à mesure le produit de ce lavage. Lorsque tout le vin a passé sur le marc, on retire les dernières parties, qui restent incorporées à la masse, par simple déplacement avec de l'eau.

Ce procédé de vinification des vins rouges, imaginé par M. Debonno et appliqué par lui sur une vaste échelle depuis plusieurs années, a pour effet de produire des vins extrêmement colorés. La macération du marc asséché par le pressoir met en liberté la matière colorante des grains de raisin qui est ensuite facilement dissoute et entraînée par le vin, pendant le lavage.

Le vin fait est mis dans des futailles (*transports*) qui sont chargés sur chariots et dirigés sur le chai, dont il est question plus loin.

La vendange qui doit donner des vins blancs est passée de la même manière au pressoir continu. Le moût du premier égouttage, sensiblement incolore, est directement mis en barriques ; les parties plus colorées

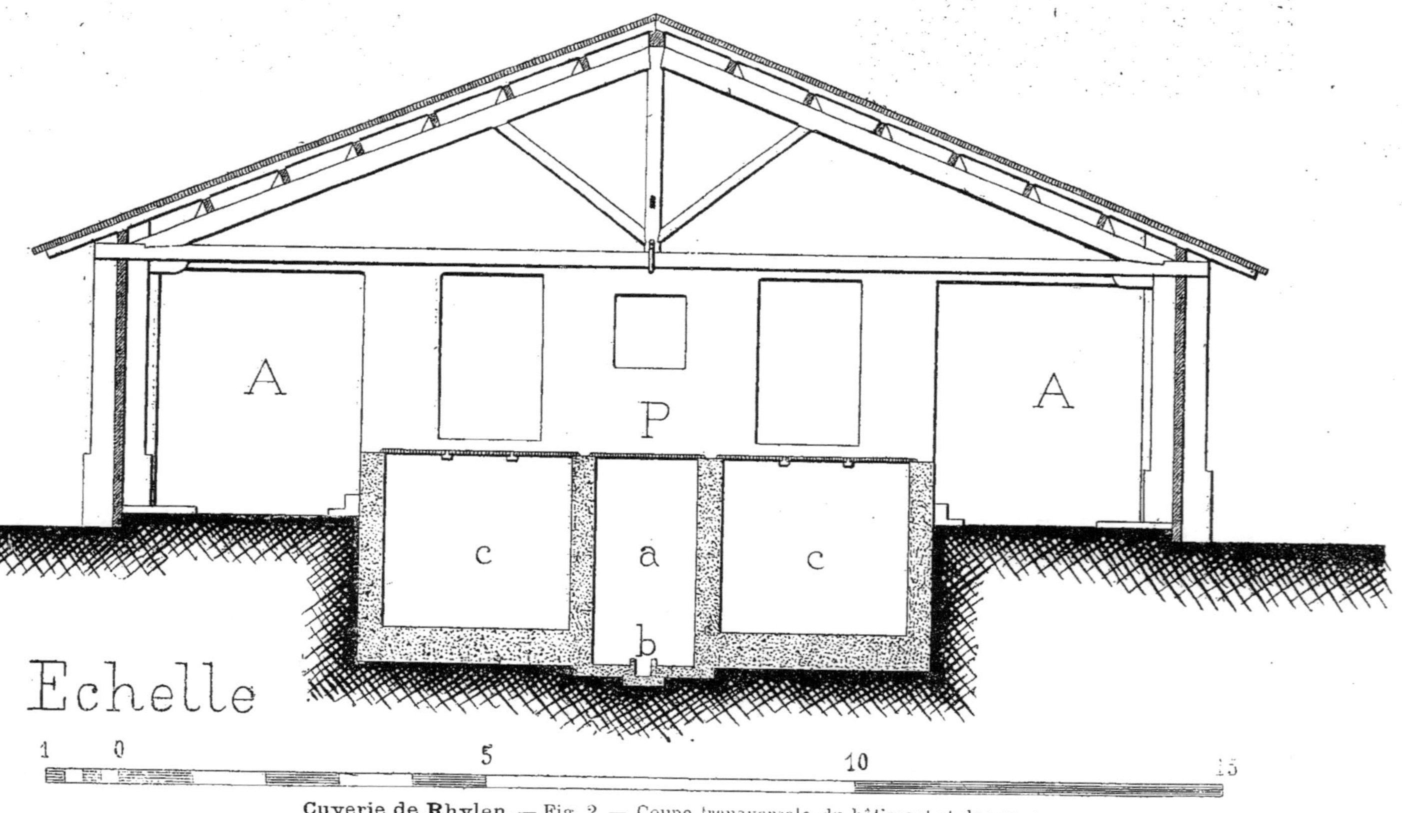

Cuverie de **Rhylen**. — Fig. 2. — Coupe transversale du bâtiment et des cuves.

sont recueillies dans une cuve ; le marc exprimé remplit également une cuve. Il sera traité spécialement pour l'extraction de la matière colorante. Ce produit est vendu ensuite comme colorant naturel. Quant aux fûts pleins de moût blanc, ils sont roulés sous un abri de roseaux construit à proximité de la cuverie et fermentent ainsi en plein air. Ils sont ensuite, comme les autres, expédiés sur le chai.

Nous ne nous prononcerons pas sur la valeur des procédés de vinification de M. Debonno, dont l'analyse n'est pas de notre compétence. Mais l'installation de la cuverie de la ferme de Rhylen convient également aux systèmes de vinification ordinaires, elle peut donc être donnée comme un modèle pour les pays chauds, car c'est une des plus économiques. Ce procédé de fermentation en plein air n'exclut pas, d'ailleurs, l'emploi d'appareils réfrigérants. Il serait avantageux, aussi, de faire subir un refroidissement à la vendange coupée aux heures les plus chaudes de la journée, avant l'encuvage.

La cuverie de la ferme du Figuier, voisine de la précédente, a été aménagée par M. Debonno d'une façon à peu près identique. La seule différence essentielle consiste dans une autre distribution des chemins et passages de service : un seul chemin accessible aux chariots occupe l'axe du bâtiment, les cuves sont distribuées sur deux rangs en bordure de ce chemin ; deux passages de service, un pour chaque rangée de cuves, sont établis à gauche et à droite. En deux mots, il y a un large chemin d'accès, au lieu de deux, et deux allées de service, au lieu d'une seule. Nous préférons la disposition de la ferme de Rhylen, qui permet mieux d'éviter l'encombrement résultant de l'arrivée parfois précipitée des chariots chargés de vendange, puisqu'il y a deux voies d'accès. En outre, la surveillance est plus facile, surtout à la partie inférieure des cuves, où il n'y a qu'un passage, et le personnel qui y est employé peut être plus réduit.

VII. — LE CHAI DE M. DEBONNO

Les vins rouges et blancs récoltés dans les différentes fermes du vignoble de M. Debonno sont dirigés, comme il a été dit, sur Boufarik et logés dans un immense chai construit à proximité de la station du chemin de fer. Ils y sont soignés et conservés jusqu'à la livraison.

Ce chai est un vaste bâtiment rectangulaire de plus de 100 m. de longueur (exactement 101^m,25) et de 22^m,90 de largeur, dans œuvre (fig. 1 et

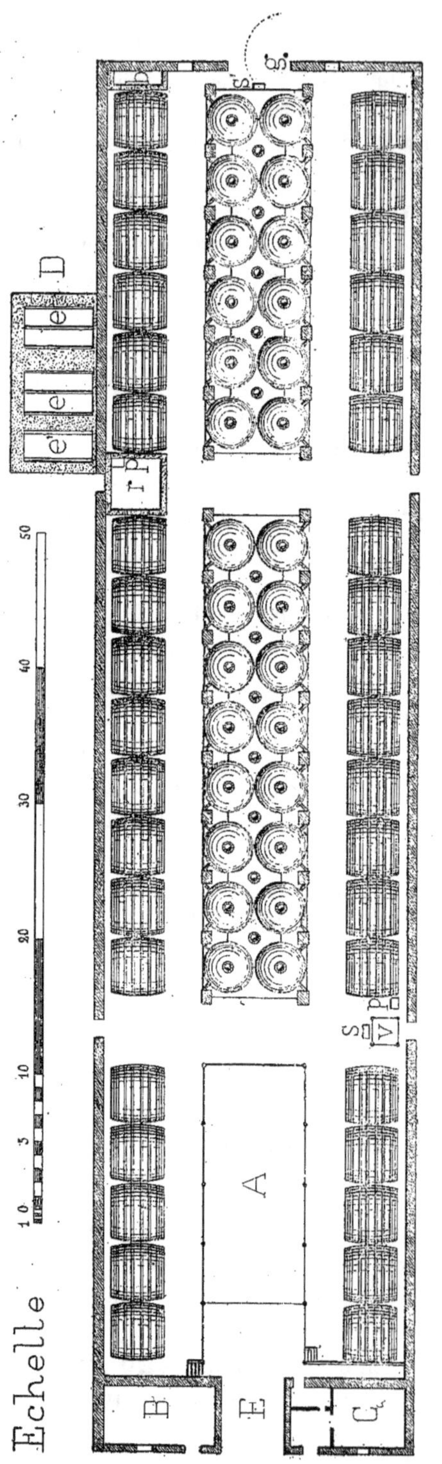

Chai de M. Debonno. — Fig. 1. — Plan du bâtiment.

2). Son axe est dirigé du N.-E. au S.-O. Le sol est légèrement en contre-bas du niveau extérieur. La couverture, en tuiles moulées, est supportée par des fermes Polonceau, à arbalétriers armés, distantes les unes des autres de 4 m.. La hauteur sous le faîtage est de 15^m,80. A gauche de l'entrée principale E, on trouve le logement B du maître de chai, à droite, les bureaux et un laboratoire C, qui sont de plain-pied avec l'extérieur. On descend quelques marches d'escalier pour pénétrer ensuite dans le chai proprement dit.

Celui-ci peut être considéré comme formé de trois parties dont les divisions correspondent aux ouvertures latérales figurées sur le plan (fig. 1).

De chaque côté, à 0^m,67 du mur, sont rangés 19 grands foudres *f*, de 420 hectos : 5 dans la première partie, 8 dans la deuxième et 6 dans la dernière. Ils reposent sur deux murs (continus pour chaque portée) qui en épousent la forme. De vieux sacs sont interposés entre les murs et les foudres. Des passages voûtés *i* (fig. 2), un par travée, permettent de passer sous les foudres pour la surveillance. A l'intérieur de chaque foudre, une barre de bois est boulonnée transversalement au-dessus de la porte, pour renforcer la pièce-porte. Une bavette mobile est fixée au peigne pendant les soutirages seulement : le joint est fait par une bande de caoutchouc. Deux clapets, placés à deux hauteurs différentes, servent pour les soutirages et pour la vidange. Un tuyautage de 0^m,08 de diamètre est fixé au-dessous des foudres, à 1 m. de hauteur, sur toute la longueur de chaque travée. Il porte deux raccords à vis par foudre et un robinet d'arrêt de deux en deux foudres. On peut réunir les tuyautages de plusieurs travées, atteler sur eux les pompes fixes ou mobiles et faire ainsi toutes les manutentions des vins avec la plus grande facilité. Les pompes fixes $p\,p$ sont du système Noël ; leur débit est de 120 hectos à l'heure. Elles sont commandées par des locomobiles. Les pompes mobiles sont de divers constructeurs et actionnées à bras.

Au milieu du chai et dans chaque travée est construit un soubassement n, de 1^m,10 de hauteur et de 7^m,75 de largeur, laissant de chaque côté un passage de 2^m,90 le long de la rangée de foudres correspondante. Celui de la première partie A est provisoirement meublé de foudres ovales, de capacité variable. Il porte en même temps une installation spéciale pour des essais d'électrisation des vins. Les deux autres supportent deux rangs d'amphores en briques a, de 320 hectos.

Ces amphores, qui ont 3^m,70 de diamètre et 4^m,60 de hauteur, sont construites avec des briques Pelizari, de Birtouta. Il y a deux épaisseurs de briques jusqu'à mi-hauteur, consolidées plus tard par deux cercles en fer, l'un au ras du soubassement, l'autre à 1 m. de hauteur. La partie supérieure est formée par une seule rangée de briques. La paroi intérieure est revêtue d'une couche de 0^m,02 de ciment. Une porte avec cadre en fonte est prise dans la maçonnerie.

L'intervalle laissé au milieu par chaque groupe de quatre amphores est utilisé au logement du vin et sert de cuve c. C'est là une des dispositions les plus originales du chai. Ces cuves ont une capacité de 120 hectos. Leur porte s'ouvre entre deux amphores a, dans l'épaisseur des piliers l dont il sera question plus loin. Elles sont plaquées intérieurement en verre de St-Gobain.

Le chai peut donc loger: 1° dans les foudres f, 16.000 hectos ; 2° dans les amphores a, 8.960 hectos; 3° dans les cuves c, 2.880 hectos, soit au total 27.840 hectolitres de vin. Si la plate-forme A était, comme les autres, garnie d'amphores et de cuves, la capacité totale du bâtiment serait de 30.760 hectos.

Mais ce n'est pas tout. De chaque côté, au-dessus des foudres et s'étendant jusqu'aux piliers l élevés entre les amphores, en bordure du soubassement n, un robuste plancher en fer P, de 8^m,50 de largeur, est construit à 6^m,65 de hauteur. Il est formé de poutres en treillis, encastrées d'une part dans le mur et supportées d'autre part par les piliers l. Ces piliers

Chai de M. Debonno.— Fig. 2.— Coupe transversale et élévation du bâtiment.

sont carrés, en briques; ils ont $0^m,80$ de côté. Leur écartement et, par suite, la distance d'axe en axe des poutres est de 4 m. Dans la travée A, les piliers en briques sont remplacés par des colonnes en fonte. Les poutres portent des solives en fer T réunies par des voûtins en briques. Les deux planchers P P sont reliés au bout du chai par une passerelle. On y accède par un escalier intérieur. Ils sont également desservis par un ascenseur v et peuvent recevoir des fûts de vin. La capacité du chai est ainsi portée à près de 40.000 hectos.

En D, est creusé un triple bassin pour la vidange des transports à leur arrivée des fermes. L'ensemble mesure $6^m,55$ de largeur sur 13^m10 de longueur et 1 m. de hauteur. Les bassins $e\,e\,e'$ ont $0^m,47$ de profondeur: les deux premiers $e\,e$ sont garnis de poutrelles en fer T, le troisième e' de madriers en bois. Les futailles sont directement déchargées des charrettes sur les bassins, débondées et vidées. Leur contenu s'écoule dans le puisard r. Il est repris par la pompe p et refoulé dans le foudre en chargement. Le puisard b est également en communication par un tuyau en fonte avec les bassins D. Il alimente les pompes mobiles.

L'ascenseur v, que nous avons vu utilisé à l'élévation des futailles au-dessus des planchers P, sert également au chargement des transports sur wagon, pour l'expédition. Une voie de garage, bifurquée à peu de distance sur la ligne du chemin de fer, amène les wagons contre le chai, sur un palier élevé de 3 m. au-dessus du sol intérieur. Les transports, pesés sur la bascule s, sont pris par l'ascenseur et élevés au niveau de la plate-forme des wagons. Un wagon est chargé en 10 minutes. L'ascenseur est commandé par la même locomobile qui actionne la pompe voisine p.

Au bout du chai, une grue g, dont le bras décrit l'arc de cercle pointillé de la figure 1, sert aussi au chargement des transports sur wagon ou sur charrette. Les fûts roulés sur la bascule s' sont élevés par le treuil de la grue et, après pivotage, déposés sur le véhicule.

Le petit outillage comprend, indépendamment des pompes à bras dont mention a déjà été faite, un laveur mécanique de transports, plusieurs filtres à vin (Simoneton, Gasquet, Garcin), un laveur de manches filtrantes, un ingénieux appareil pour le collage rapide et automatique des vins, etc., etc..

Le chai de M. Debonno est bien aménagé, commodément installé, pourvu d'un outillage perfectionné et parfaitement entretenu. On peut pourtant lui reprocher d'être insuffisamment protégé contre les influences extérieures, surtout contre la chaleur pendant l'été : les murs n'ont que $0^m,60$ d'épaisseur, ils sont percés d'un assez grand nombre d'ouvertures et, bien que celles-ci soient généralement maintenues fermées, ils ne présentent pas un obstacle suffisant à la pénétration de la chaleur du dehors; de plus, la couverture n'est pas isolée du reste de la construction et le cube d'air emprisonné dans les combles, quoique considérable, n'est pas un écran suffisant. M. Debonno se propose, d'ailleurs, de remédier à ce défaut.

Les amphores et les cuves sont réservées au logement des vins faits, les foudres recevant, au contraire, les vins nouveaux dont le travail n'est pas terminé. Ces récipients en briques sont, comme nous l'avons déjà dit, très appréciés en Algérie : ils sont économiques, durables, d'un entretien facile, et ils se comportent à l'égard du vin comme de véritables bouteilles ; l'analogie est complète lorsque le revêtement intérieur est fait de verre. Dans ces énormes bonbonnes la consume est à peu près nulle, ce qui est un grand avantage dans les chais comme celui de M. Debonno où la température pendant l'été est assez élevée et l'évaporation par la couverture très active.

VIII. — LE CELLIER DU DOMAINE DE BORDJ-CEDRIA

Cave voûtée recouverte de terre

FABRICATION DE VIN ROUGE ET DE VIN BLANC

Le domaine de Bordj-Cedria, appartenant à M. Potin, est un des plus importants de la Tunisie. Sa surface est de 2.800 hectares, dont 450 plantés en vignes. Il est situé à 4 kilomètres de la station d'Hammam-el-Lif et à 20 kilomètres environ au sud-est de Tunis. Les plantations les plus anciennes datent de 1884. Les cépages cultivés sont le Mourvèdre, la Carignane, le Morrastel, l'Ugni, la Clairette, le Petit-Bouschet, l'Aramon, le Pinot, la Petite Syrah, le Cabernet, l'Alicante, le Muscat, le Cinsaut, l'Aïn-el-Kelb. Ils sont empruntés, comme on le voit, à toutes les régions. Le vignoble couvre à la fois la plaine et de petits coteaux de faible élévation. La production atteint actuellement 20.000 hectolitres, mais toutes les vignes n'ont pas encore acquis leur plein développement. Il est donc probable que, dans 2 ou 3 ans, le rendement sera voisin de 30.000 hectos. Une partie de la récolte est vinifiée en rouge, l'autre partie en blanc.

La direction du domaine est confiée aux soins éclairés de M. Gauvry.

La vendange est faite par trois équipes de 60 coupeurs chacune. Les raisins, cueillis dans des paniers en bois ou en osier, sont versés dans des banastes disséminées dans la vigne. Celles-ci sont enlevées sur les épaules de porteurs et chargées, par quarante à la fois, sur des charrettes attelées de deux mules. Il y a un porteur pour huit coupeurs environ. Dix-sept chariots sont en service pour les trois équipes. On rentre par jour en moyenne

3.500 banastes contenant 30 kilos de raisins, soit 105.000 kilos de vendange. Chaque coupeur ramasse donc 580 kilos de raisins dans sa journée.

Les bâtiments vinaires sont extrêmement étendus. La figure 1 en donne le groupement. Ils sont placés à flanc de coteau et occupent un des points culminants de la propriété. Ils sont accessibles par une rampe R très longue, suivie d'un palier pour le stationnement des véhicules. La cuverie A, flan-

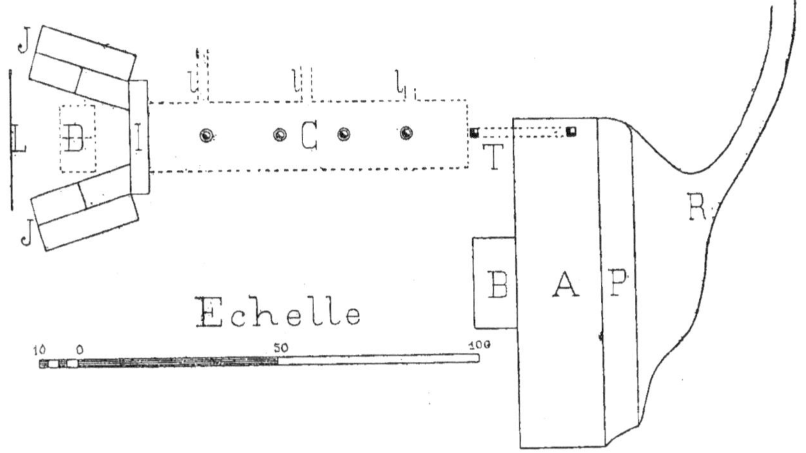

Cellier de Bordj-Cedria.— Fig. 1.— Plan d'ensemble des bâtiments.

quée d'un avant-corps B, est orientée de l'est à l'ouest. Elle est bordée, au midi, d'une plate-forme P, ou quai de déchargement pour les banastes de vendange. Un tunnel T souterrain relie la cuverie à la cave C voûtée et enterrée sous une épaisse couche de terre. Cette cave, orientée du nord au sud, s'ouvre au nord, par une avant-cave I, sur une cour D, sous laquelle sont creusées deux citernes pour l'eau, de 100 m. c. chacune. Un mur de soutènement L, en bordure de la route, forme quai d'embarquement pour le chargement sur voiture des transports, au moment des livraisons. Dans les ailes J sont installées les dépendances de la cuverie et de la cave : un cellier garni de petits foudres, une distillerie et un magasin, d'un côté ; une tonnellerie, un dépôt de futailles et un laboratoire, de l'autre côté. L'échelle de la figure 1 permet d'apprécier les dimensions de ces divers bâtiments et la surface couverte. Nous insisterons plus spécialement sur les dispositions de la cuverie et de la cave.

La cuverie, dont la vue photographique (fig. 2) montre une partie de la façade Nord et le pignon Est, a été construite sur les plans de M. Baldauff, architecte à Tunis. Elle est représentée en plan et en coupe transversale par les fig. 3 et 4. C'est un grand rectangle A, de 77^m,55 de longueur et de 19 m. de largeur dans œuvre, dont la façade principale Nord est précédée d'un avant-corps B et la façade Sud enterrée sur une hauteur de

5^m,70. La partie supérieure de ce talus P sert à la réception de la vendange. Les charrettes l'abordent par un palier en contre-bas de 0^m,80, de sorte que le talon de la charrette arrive au niveau de la plate-forme (t, fig. 4). Des voies Decauville avec wagonnets w servent à la rentrée des banastes. Un plancher continue à l'intérieur de la cuverie ce quai de déchargement, avec lequel il est mis en communication par quatre larges baies.

Ce plancher métallique est supporté par quatre rangées de colonnes en fonte, de 0^m,17 de diamètre, qui servent d'appui à un même nombre de lambourdes en fer T. Sur les lambourdes reposent des solives reliées par des voûtins en briques. La portée des lambourdes, qui est égale à l'écartement des colonnes sur chaque ligne, est de 7^m,05. Les solives sont distantes les unes des autres de 0^m,88. Le plancher ne couvre pas entièrement la surface du bâtiment : il se compose de trois travées parallèles (une au-dessus de chaque rangée latérale de foudres et une au-dessus des cuves du milieu), qui sont réunies de distance en distance par des passerelles de 2^m,65 de largeur : il y en a cinq sur toute la longueur de la cuverie. On monte sur le plancher par l'escalier a, logé dans l'avant-corps B.

La couverture, en tuiles moulées à emboîtement, est supportée par une charpente en fer élégante et assez légère, car elle est soutenue en partie par deux des rangées de colonnes du plancher. La hauteur sous le faîtage est de 12 m. Un lanterneau, qui suit la ligne de faîte sur toute sa longueur, contribue, avec les nombreuses portes et fenêtres du bâtiment, à l'aération. La figure 2 montre la distribution, la forme et les dimensions des ouvertures.

Le mobilier de la cuverie comprend : d'une part, des foudres, au nombre de vingt-trois : dix-huit foudres f, de 125 hectos, le long du mur Nord, et cinq foudres f', de 200 hectos, contre le mur Sud ; d'autre part, dix-neuf cuves en bois c, de 225 hectos (seize au milieu et trois à côté des foudres f'), et dix-huit cuves en sidérociment s (seize grandes de 270 hectos et deux plus petites de 175 hectos, aux extrémités).

Les foudres f et f' ont été fabriqués à Nancy. Ils reposent sur des chantiers en bois, qui sont formés de trois pièces de bois séparées par des cales et serrées les unes contre les autres par des boulons. Ces chantiers sont donc à jour et laissent circuler l'air autour du foudre. Ils sont supportés par des dés en pierre.

Les cuves en bois c sont ouvertes. Intérieurement, des tasseaux sont cloués contre la paroi pour servir de butée à des traverses qui doivent maintenir immergé le chapeau.

Enfin, les cuves en sidérociment s forment un massif cloisonné qui occupe 32 m. de longueur. Elles ont 3^m,04 de profondeur et leur bord est à 3^m,70 au-dessus du sol. Leur paroi a 0^m,25 d'épaisseur. Elles sont main-

Cellier de Bordj-Cedria. — Fig. — Vue extérieure de la cuverie.

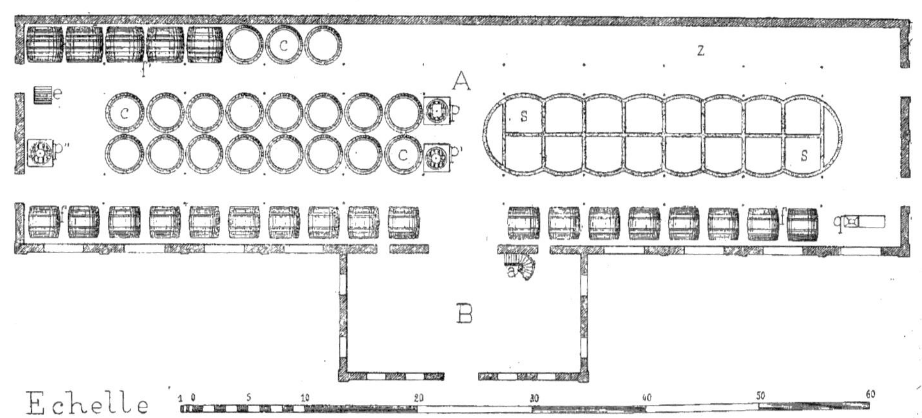

Cellier de Bordj-Cedria.— Fig. 3.— Plan de la cuverie.

tenues par quatre cercles en fer, dont trois doubles. Une disposition identique à la précédente assure l'immersion du chapeau.

Entre les cuves et les foudres, on circule des deux côtés dans un passage de 2^m,50. La partie z n'est pas encore meublée. Elle sert provisoirement d'entrepôt pour les transports ; mais elle doit recevoir bientôt les cuves en bois c c, auxquelles on substituera, au milieu de la cuverie, une deuxième batterie de cuves en sidérociment semblable à celle s qui existe déjà.

L'outillage se compose de quatre fouloirs Vigouroux en service au-dessus du plancher, d'un pressoir continu Debonno q, commandé par une locomobile installée, pendant le temps des vendanges, à côté de la cuverie, et de trois pressoirs de divers systèmes : un pressoir hydraulique Cassan p, un pressoir David à engrenages p' et un pressoir à leviers Budan et Capelle p'', actionnés à bras. Deux réfrigérants Baudelot, mobiles, sont mis en station devant les cuves pendant le cuvage. Chacun d'eux a 4 m. de longueur ; il est formé d'un jeu de 19 tuyaux en cuivre, de 0^m,045 de diamètre intérieur, disposés les uns au-dessous des autres. La longueur du tuyautage est donc de 76 m. et la surface de refroidissement de 10^{m2}, 75. Une distribution d'eau est établie dans toute la cuverie. Le remontage des moûts et les soutirages sont assurés par 7 pompes à levier, de Bonard, constructeur à Beaune (Côte-d'Or). Enfin, deux filtres à vin (un filtre Rouhette et un filtre Bordelais) sont nécessaires pour filtrer les premiers vins vendus peu de temps après la récolte.

L'avant-corps B est jusqu'à présent inutilisé. Il est destiné à l'installation de bureaux et d'un logement pour le maître de chai. En outre, un pressoir à vapeur Coq, avec cages mobiles, doit y être placé. Les cages circuleront dans la cuverie sur voie Decauville et seront directement chargées devant chaque cuve. Ce pressoir doit remplacer les trois autres, qui seront cependant conservés pour servir en cas d'accident.

L'escalier e (fig. 3 et 4) donne accès dans le tunnel T, qui fait communiquer la cuverie avec la cave. Ce passage souterrain a 25 m. de longueur. Il débouche en g (fig. 6), en tête de la cave C, à 6 m. au-dessus du sol. Il est aéré par un large évent dont la maçonnerie dépasse le niveau du sol et que l'on distingue sur la figure 2, sous la forme d'un parallélipipède blanc.

La cave, dont la vue photographique (fig. 5) montre l'aspect intérieur et qui est représentée en coupe transversale par la figure 6, est voûtée. Elle a été construite par M. Schereck, conducteur des Ponts et Chaussées à Tunis. Elle a 78^m,30 de longueur et 13^m,50 de largeur. La voûte, plein cintre, a 8^m,20 de hauteur à la clef. Elle disparaît sous une couche de terre d'épaisseur variable, mais qui atteint 1^m,40 à la clef. L'épaisseur des murs est de 2^m,15 aux naissances et de 0^m,60 à la clef. Les fondations sont peu profondes, mais présentent un large empattement de 3^m,40. Dans la voûte sont percées,

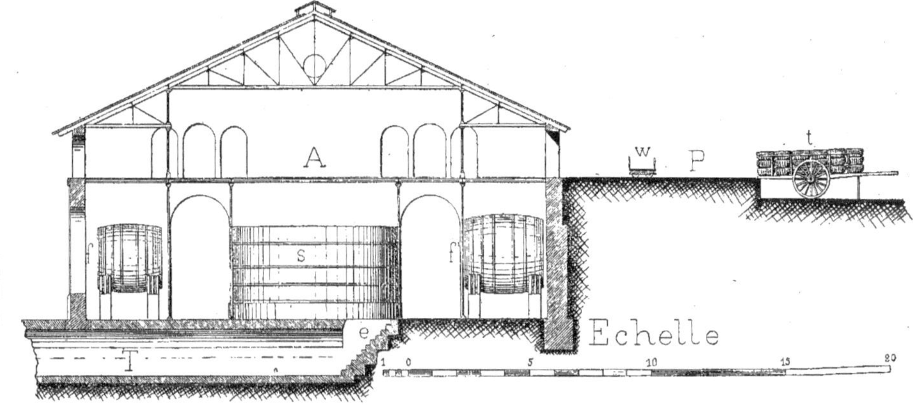

Cellier de Bordj-Cedria.— Fig. 4.— Coupe transversale et élévation de la cuverie et de ses abords.

à la clef, quatre ouvertures h, de 1^m, 10 de diamètre intérieur, formant cheminées d'aération ; elles traversent la couche de terre qui recouvre la cave et la dépassent de 0^m,50 environ. Elles sont surmontées d'une gaine en tôle faisant fonction de ventilateur (l'une d'elles est visible sur la figure 2 ; elle se projette sur l'angle de l'avant-corps B de la cuverie).

Deux planchers, de 2^m,75 de largeur, sont appliqués contre les murs et soutenus en avant par deux rangées de colonnes en fonte, à 4^m,45 de hauteur. Ils sont reliés l'un à l'autre par des passerelles (fig. 5 et 6). Un escalier i fait communiquer la dernière passerelle avec l'entrée g du tunnel T. On y monte par deux escaliers latéraux qui n'ont pas été figurés. Trois galeries circulaires l, de 2^m,05 de diamètre intérieur, traversent le revêtement de terre de la cave et débouchent au dehors, à une distance variable avec l'épaisseur du remblai. Elles sont munies de portes, que l'on tient habituellement fermées. Un porteur Decauville occupe l'axe de la galerie et peut être raccordé à une voie posée sur le plancher de la cave. On aperçoit sur la vue photographique (fig. 2) l'entrée de la galerie la plus voisine du tunnel.

Une galerie n est creusée à 3 m. au-dessous du sol de la cave, dans son axe et sur toute sa longueur. De chaque côté sont construites des citernes voûtées r, en maçonnerie, de 200 hectos, destinées au logement du vin. On descend dans cette galerie par des trappes, l'une est visible sur les figures 5 et 6. Un drainage a été exécuté sous la construction.

La cave abrite : de chaque côté, contre les murs, une rangée de vingt-deux foudres de 200 hectos, au milieu, une rangée de vingt foudres plus petits, de 100 hectos seulement. Ces foudres reposent sur des chantiers en bois et des dés en pierre. Les deux rangées latérales occupent toute la longueur de la construction. Celle du milieu laisse, en avant, du côté de l'entrée, un espace libre (fig. 5) qui est utilisé pour loger et entreposer des futailles. Quand la rangée médiane sera complétée, elle se composera de vingt-sept foudres, et la capacité de la cave sera, pour les foudres seulement, de 11.500 hectos. Mais, si l'on tient compte des cuves en maçonnerie r, qui sont en nombre égal à celui des grands foudres, la capacité totale s'élève à 20.000 hectos.

L'entrée principale de la cave est au nord. On pénètre de plain-pied de la cour D dans l'avant-cave I par une porte de 5 m. de largeur. La bascule est installée à côté. L'avant-cave sert de magasin et de caveau pour les vins fins. Elle abrite, en outre, un escalier qui conduit aux logements aménagés à l'étage supérieur.

Comme on le voit, cette cave est bien construite et offre au vin un logement aussi bien protégé que possible contre la chaleur extérieure ; la seule face exposée à l'air est au nord et, en outre, garantie par un local de 5 m. de largeur formant écran.

Cellier de Bordj-Cedria — Fig. 5. — Vue intérieure de la cave.

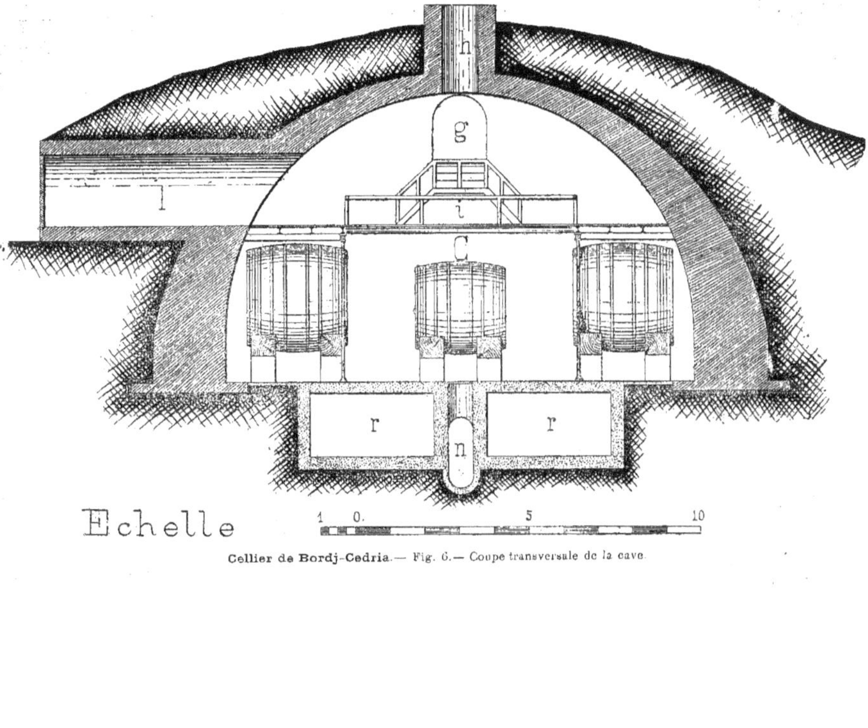

Cellier de **Bordj-Cedria**. — Fig. 6. — Coupe transversale de la cave.

Les charrettes qui arrivent de la vigne par la rampe R sont amenées par reculement contre la plate-forme (*t*, fig. 4), sur laquelle elles sont déchargées. Les banastes sont placées sur des wagonnets *w*, qui sont ensuite roulés sur le plancher de la cuverie.

Pour le vin rouge, les raisins sont passés au fouloir Vigouroux installé au-dessus de la cuve en remplissage. Lorsque le récipient est plein, on dispose sur la vendange un plancher en bois qui est assujetti par deux paires de solives placées en croix l'une au-dessus de l'autre et maintenues par les tasseaux cloués contre la paroi. La fermentation ne tarde pas à s'établir et la température s'élève. Dès qu'elle atteint 30°, on fait circuler le moût dans l'un des réfrigérants, qui est roulé devant la cuve et attelé sur une pompe. Le moût entre dans le tuyautage du réfrigérant par le bas et en sort par le haut, il est pris par la pompe et rejeté à la partie supérieure de la cuve, au-dessus du chapeau. Une seule opération suffit en général. Elle dure environ 3 heures pour une cuve de 225 hectos. La pompe est actionnée par deux hommes. On décuve au bout de 4 à 5 jours. Le vin est envoyé dans les foudres de la cuverie, puis dans ceux de la cave. Le marc est porté sur le pressoir, où il ne reçoit qu'un seul coup de presse. Le vin de presse est mêlé au vin de goutte. Le marc est ensuite brûlé dans une distillerie installée en plein air. Le résidu est ensilé et donné comme nourriture aux animaux pendant l'hiver.

La vendange qui doit donner du vin blanc, introduite, comme la précédente, sur le plancher de la cuverie, est jetée dans un long couloir en bois qui alimente la trémie du pressoir Debonno. Le moût incolore recueilli sous les cylindres et débité par la première goulotte est directement logé dans des foudres ou des transports. Celui qui coule de la deuxième goulotte, trop coloré pour faire du vin blanc, est envoyé sur la cuve à vin rouge en chargement. La vendange asséchée qui s'échappe de la bouche du pressoir est traitée pour l'extraction de la matière colorante par la méthode de M. Debonno : elle est tassée dans une cuve où on la laisse s'échauffer pendant 3 jours ; on l'arrose alors, très lentement et par petites quantités à la fois, avec du vin rouge pour dissoudre la matière colorante. Le produit de ce lavage (4 à 6 transports, c'est-à-dire à peu près 25 à 30 hectos pour une cuve de 225 hectos) est recueilli dans des futailles et le marc est passé sur un pressoir ; il est ensuite distillé comme l'autre.

Le traitement de la vendange et la manutention du vin nécessitent dans la cuverie et dans la cave la présence d'un personnel considérable. Il n'y a pas moins de 60 à 65 ouvriers, dont 14 pour le seul service des pompes. C'est là un luxe de main-d'œuvre que le bas prix de la journée des ouvriers indigènes explique, mais qui ne pourrait être accepté en France : M. Potin est, d'ailleurs, décidé à recourir à une installation mécanique complète.

Les bâtiments de Bordj-Cedria sont rationnellement construits. La superposition de la cuverie et de la cave est commode, bien que pour la réaliser il ait fallu choisir un emplacement très éloigné du centre du vignoble, à cause de la faible déclivité du terrain et du voisinage de la mer. On voit par cet exemple que l'on peut être amené, pour profiter des avantages d'une cave souterraine, à adopter un emplacement défectueux par son éloignement et son altitude. La séparation de la cuverie et de la cave, dans deux locaux superposés, ou isolés comme ici, doit être également approuvée, car elle seule permet, dans la généralité des cas, de satisfaire aux exigences de la vinification et de la conservation des vins dans les pays chauds. La cuverie doit être, en effet, spacieuse, largement ouverte, aérée ; la cave, au contraire, a besoin d'être soigneusement close et protégée de tous les côtés contre les influences extérieures. Ce sont là des conditions très différentes, qui sont précisément réalisées sur le domaine de M. Potin.

Devis de la cave voûtée de Bordj-Cedria

				fr.	c.
Fouille en excavation pour la cave et les citernes .	12000m3C00,	à . .	1f.10	13200	»
Maçonnerie de fondation, de voûte et d'élévation . .	3062 294,	à . .	14 19	43453.95	
Plus-value pour cintres	1714m²52,	à . .	4	»	6858 »
Cuves en maçonnerie, avec revêtement en ciment .	8800 hectos,	à . .	2 50	22000	»
Fers à T pour les planchers et les passerelles . . .	9900 kilos,	à . .	0 25	2475	»
Colonnes en fonte — — ...	9460	à . .	0 30	2838	»
Planchers en bois et passerelles	462m²65,	à . .	3	»	1387.95
Garde-fous des planchers et des passerelles	6m³768,	à . .	100	»	676.80
Fermetures (compris ferrures et peinture).	31m²15,	à . .	10	»	311.50
					93201.20

Nous avons calculé le devis de la cave du domaine de Bordj-Cedria, en nous servant, pour les mêmes motifs que nous avons déjà plusieurs fois donnés, de la série des prix applicable aux environs de Montpellier. La dépense par mètre carré de cave, y compris les citernes qui font partie intégrante de la construction, mais non compris les foudres et leurs supports, s'élève à la somme de 88 fr., 175. Si nous admettons pour les vases vinaires en bois, y compris leurs supports, une valeur de 6 fr. par hectolitre, la dépense afférente aux foudres que la cave peut contenir atteint $11.500 \times 6 = 69.000$ fr., et l'hectolitre de vin logé soit dans les foudres, soit dans les citernes, ressort au prix de 8 fr., 11.

IX. — LE CELLIER DU DOMAINE DE KSAR-TYR

Emmagasinement d'air frais

FABRICATION DE VIN ROUGE

M. Thomas Pilter, l'un des ingénieurs-mécaniciens qui ont le plus puissamment contribué au développement de la machinerie agricole en France et dont la maison, fondée il y a près d'un demi-siècle, est universellement connue et estimée, a consacré les dernières années de sa longue et utile carrière à créer en Tunisie, en association avec son fils aîné, une grande exploitation agricole. A la mort de M. Th. Pilter, en 1892, son fils a continué la direction de cet important domaine et, achevant l'œuvre entreprise, il a fait de Ksar-Tyr l'un des vignobles les plus beaux de la région.

Les difficultés de la vinification sous ce climat sec et brûlant ne pouvaient laisser indifférent un esprit pratique comme celui de M. Pilter. Abordant résolument l'étude de cette importante question, il a su réaliser une installation de cellier originale qui est, sans contredit, l'un des types les plus parfaits que nous ayons rencontrés applicables aux pays chauds.

Le domaine de Ksar-Tyr se trouve situé à 60 kilomètres environ au sud-ouest de Tunis et à 20 kilomètres de la station de Medjez-el-Bab, sur la voie ferrée de Bône à Tunis. Le chemin que l'on suit en voiture depuis la gare ne manque pas de couleur locale : c'est une succession de coteaux et de vallons coupés, d'abord, par une route carrossable nouvellement construite, mais sillonnés, bientôt, de sentiers à travers la broussaille, tantôt élevés, tantôt s'abaissant par une pente rapide jusqu'au lit desséché de quelque torrent. Les bâtiments de la ferme, que l'on aperçoit à une grande distance à mi-coteau, se détachent par leurs murs blanchis à la chaux sur le vert sombre de la campagne. Ils sont du plus pittoresque effet, avec leurs longues murailles, percées d'un petit nombre d'ouvertures et surmontées d'une suite de créneaux qui les font ressembler de loin à une place fortifiée. Tout autour, de jeunes plantations d'arbres verts, des massifs de bois d'essences variées. Puis, à côté, la vigne.

La surface de la propriété est de 3.300 hectares. Mais le vignoble ne couvre que 100 hectares, sur les coteaux. Il est divisé en parcelles carrées de 100 mètres de côté, c'est-à-dire d'un hectare, bordées de chemins. La plantation a été faite en lignes, à un écartement de 2 mètres en tous sens. Elle ne comprend que des cépages de choix, capables de donner des vins

Cellier de Ksar-Tyr. — Fig. 1. — Vue extérieure du cellier, prise du côté du ventilateur.

de qualité: Carignane, Morastel, Alicante (8 à 9/10), Cinsaut, Cabernet
Terret, Piquepoul, Blanc arabe (1 à 2/10). Le plus grand soin préside à
toutes les opérations de la culture. La production est au maximum de 50
hectos à l'hectare.

La vendange est faite par 50 coupeurs arabes, travaillant deux par deux.
Chaque couple déplace avec lui une banaste, d'une contenance de 20 kilos
de raisins, dans laquelle il jette le produit de sa cueillette. Des porteurs,
au nombre de huit, aidés de quatre chargeurs, sortent de la vigne les banastes pleines et les remplacent par des vides. Elles sont ensuite transportées sur des charrettes du pays (*araba*), attelées d'un cheval, jusqu'au cellier et élevées par une rampe au niveau de l'étage supérieur. Dix *araba*
sont réservées à ce service.

Les banastes, à leur arrivée, sont rangées sous les arbres qui bordent le
cellier. Elles resteront sous cet abri toute la journée et une partie de la nuit
suivante, où elles se rafraîchiront. Pour activer le refroidissement, le soir,
vers 6 heures, on les arrosera légèrement, à raison d'un arrosoir d'eau par
cinq ou six banastes.

Le cellier est adossé au versant Nord d'une colline. Son axe est dirigé
du nord au midi. La vue photographique (fig. 1) a été prise sur le coteau,
un peu au-dessus du faîte de la construction et, par suite, l'objectif braqué
sur la face Sud. De ce côté, le bâtiment est enterré presque en totalité. La
face Ouest, visible également sur la figure, est abritée par le talus naturel,
à même hauteur. La rampe d'accès longe la face Est, qui n'est par conséquent enterrée que partiellement. La face Nord est seule complètement découverte. C'est la façade principale du cellier. Celui-ci est donc admirablement protégé ainsi contre les rayons du soleil sur toutes ses faces.

Il est formé (fig. 2 et 3) de trois travées parallèles voûtées ABC, de
34^m,30 de longueur; la largeur totale, dans œuvre, est de 17 m. Les murs
enterrés ont une grande épaisseur à la base (2^m,50), pour résister à la
poussée des terres. A la naissance des voûtes, ils n'ont plus que 1^m,20, et
0^m,60 à la clef. Le mur Nord n'a que 0^m,85. Les retombées des voûtes se
font sur deux étages d'arceaux (fig. 4). La hauteur de chaque travée est à la
clef de 10^m,60. Des ouvertures, de 0^m,80 de diamètre (fig. 1 et 4 et *f* fig. 3),
au nombre de trois par travée, sont pratiquées dans les voûtes HIJ, uniquement pour l'éclairage, puisqu'elles sont fermées par des plaques de
verre.

Dans le mur Nord sont percées quelques baies: une grande porte d'entrée,
de 3^m,05 de largeur, dans l'axe de la travée centrale, et cinq fenêtres éclai-
rant les divers étages du bâtiment. Elles sont toujours rigoureusement fermées dans le jour. La nuit, on ouvre seulement la grande porte, mais, pour
empêcher les ouvriers ou les maraudeurs d'entrer dans le cellier, on abaisse
une grille, équilibrée par des contre-poids, qui se manœuvre comme les
herses des anciens ponts-levis.

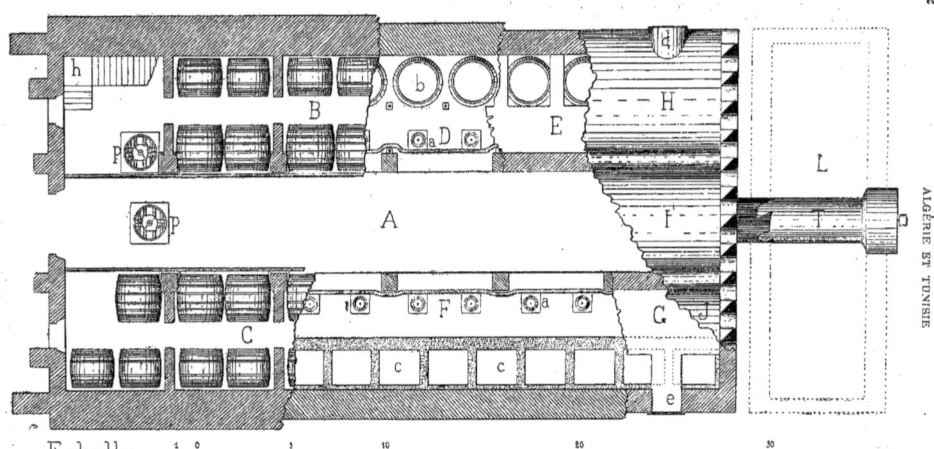

Cellier de **Ksar-Tyr.**— Fig. 2. — Plan du bâtiment.

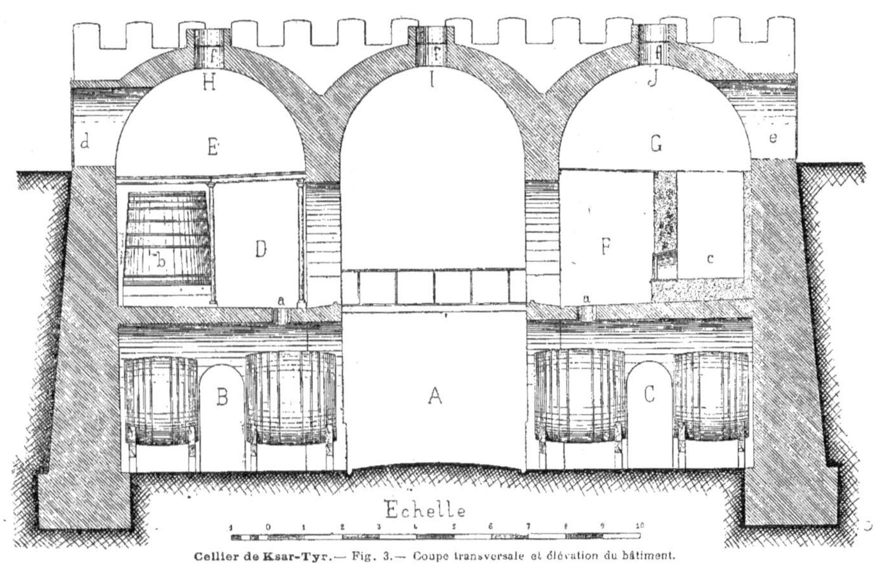

Cellier de Ksar-Tyr. — Fig. 3. — Coupe transversale et élévation du bâtiment.

La travée A n'est coupée d'aucun étage dans toute sa hauteur. Elle est donc entièrement libre.

Les travées latérales B et C sont, au contraire, à trois étages, visibles en élévation sur la figure 3. La figure 2 montre, d'autre part, une partie du plan de chaque étage.

L'étage inférieur, ou rez-de-chaussée, est meublé de quatre lignes de foudres, logés par deux sous les voûtes qui forment le plancher du 1er étage. Les foudres des rangs intérieurs ont une capacité de 85 hectos; ceux des rangs extérieurs, plus petits, n'ont que 65 hectos. Il y a six voûtes de chaque côté ; elles devraient donc abriter 48 foudres (24 grands et 24 petits); mais on a été obligé d'en supprimer deux petits pour l'escalier h et trois grands pour les passages et pour l'emplacement d'un pressoir p (fig. 2).

La travée centrale reçoit, suivant les besoins, un deuxième pressoir p (fig. 2), les pompes et quelques futailles, ainsi que le montre la vue photographique (fig. 4).

Le sol est cimenté et chaque travée est bordée de rigoles d'écoulement.

Le 1er étage de la travée de gauche est occupé par des cuves en bois ; celui de la travée de droite par des cuves en maçonnerie.

Les cuves en bois b (fig. 2 et 3 et fig. 5) de l'étage D sont au nombre de douze, disposées sur un rang ; leur capacité est de 85 hectos. Elles sont ouvertes à leur partie supérieure et la fermentation a lieu à l'air libre. Mais le marc est maintenu immergé par des claies en bois. Chaque claie est en trois parties; on les met en place après le remplissage de la cuve, en soutirant par le bas une petite quantité de moût que l'on remonte ensuite à la pompe. Pour les fixer, on couche au-dessus deux traverses, dont les extrémités s'engagent sous des arrêts cloués à hauteur convenable dans les parois. Une pompe Fauler est, en outre, installée à demeure, dans chaque cuve, pour le remontage du moût, pendant la durée du cuvage. C'est le type de pompe généralement employé pour les purins. Elle n'a pas de tuyau d'aspiration. Le tuyau de refoulement s'élève à une certaine hauteur au-dessus du liquide ; le moût, en retombant dans la cuve, subit donc une aération. Après les vendanges, ces cuves peuvent être foncées pour contenir du vin.

Au-dessus des cuves, un plancher démontable en bois forme le 2e étage E. Les madriers qui le composent ne sont pas assemblés; ils reposent simplement sur des lambourdes en fer T, soutenues elles-mêmes par deux lignes de colonnes en fonte. Au-dessus des cuves, le plancher est horizontal; au delà, il est incliné vers elles. Ce plancher couvre toute la surface de l'étage, mais il présente des ouvertures correspondant à chaque cuve (fig. 2 et 5). La partie horizontale est à 3m,40 au-dessus du sol du 1er étage. On accède à ce 2e étage par un escalier en bois, installé à l'extrémité Nord du cellier. A l'autre extrémité, une porte d (fig. 2 et 3) s'ouvre à hauteur du

Céllier de Ksar-Tyr.— Fig. 4.— Vue intérieure, prise dans l'axe du bâtiment.

plancher E de plain-pied avec le sol extérieur. C'est par là que se fait la rentrée de la vendange, comme il sera dit plus loin. Elle est fermée par un vantail en bois plein. L'étage n'est donc éclairé que par les ouvertures *f* de la voûte H et par l'une des fenêtres du mur Nord.

Les cuves *c* de l'étage F (fig. 2 et 3), au nombre de treize, sont en aggloméré de ciment, consolidé par deux bandes de fer méplat. Leur capacité est de 100 à 110 hectos. Chaque cuve est pourvue d'une porte avec cadre en fonte, noyé dans le ciment, et avec fermeture autoclave. Près de la porte, on a adapté un thermomètre, dont la boule pénètre à l'intérieur de la cuve et dont la tige graduée est apparente à l'extérieur ; le tout est protégé par des grilles métalliques. Ces thermomètres, inventés par M. Pilter, sont démontables ; on peut les retirer pour le nettoyage. Ils permettent de suivre toutes les phases de la fermentation. Des claies mobiles sont installées à la partie supérieure des cuves, pour immerger le chapeau. Elles sont mises en place comme celles des cuves en bois. Des pompes Fauler (une dans chaque cuve) servent également au remontage des moûts.

Les cuves ne sont pas couvertes ; mais un plancher en bois, qui repose, d'une part, sur le mur antérieur des cuves et, d'autre part, sur une lambourde en fer T scellée le long du mur de séparation des travées A et C, forme le 2ᵉ étage G de la travée C. Ce plancher, constitué par des madriers jointifs, a une pente vers les cuves (fig. 3). On y monte par un escalier en bois installé contre le mur Nord. A l'autre extrémité, une porte *e* s'ouvre sur le talus extérieur du côté Ouest (visible sur la figure 1). Elle sert à la rentrée de la vendange, comme la porte correspondante *d* au-dessus des cuves en bois.

Le sol du 1ᵉʳ étage est supporté par les voûtes dont il a été question précédemment. Il est recouvert d'une chape en ciment et incliné vers une rigole qui longe le pied des arceaux (fig. 2, 3 et 5). Pour empêcher les eaux de lavage de couler le long des murs de la travée centrale, on a donné au sol au delà de la rigole une pente inverse et placé en bordure un bourrelet en ciment. Au-dessus de chaque grand foudre, un trou, de 0ᵐ,50 de diamètre, couvert d'une plaque en fonte, peut livrer passage aux tuyaux de soutirage (*a* fig. 2 et 3 et fig. 5). Sous chaque arceau, ainsi que le montre la figure 4, on peut loger des futailles. Une chaîne sert de garde-fou en temps ordinaire.

Deux passerelles en bois font communiquer, à chaque extrémité du cellier, le 1ᵉʳ étage des deux travées de droite et de gauche. C'est de la passerelle Nord qu'a été prise la vue photographique de la figure 4. Les garde-fous sont formés d'une rampe tubulaire qui peut servir de tuyau pour la traversée du vin.

Derrière le cellier, du côté Sud, se trouve, enterrée dans le sol, une citerne L (représentée en pointillé sur la figure 2), de 300 mètres cubes de capacité.

Elle est en maçonnerie et voûtée ; elle mesure 18 m. de longueur, 5 m. de largeur et 4^m,50 de profondeur à la clef. Elle reçoit les eaux pluviales recueillies sur la couverture du cellier et, en outre, celles d'un *pluvium* construit sur la colline. Ce pluvium est simplement une aire bétonnée et cimentée, de 1.100 mètres carrés de superficie, sur laquelle les eaux de pluie sont retenues, puis conduites à la citerne par une canalisation souterraine.

De la citerne, les eaux sont distribuées dans le cellier par un tuyautage approprié, alimentant des prises avec robinet établies aux divers étages du bâtiment. On a partout et en abondance l'eau nécessaire au lavage et au nettoyage du sol et des vases vinaires. Après chaque opération salissante, telle que l'encuvage de la vendange, le chargement des pressoirs, l'enlèvement des marcs, tout est lavé à grande eau. Le sol est presque toujours mouillé et l'évaporation qui en résulte contribue à maintenir dans le bâtiment une température basse.

Construit avec des murs de grande épaisseur, voûté, accessible seulement sur la face Nord, la seule qui n'ait pas à redouter l'action directe des rayons solaires, percé d'un très petit nombre d'ouvertures, toujours parfaitement closes pendant la journée, ce cellier est fort rationnellement établi pour résister à un échauffement provoqué par l'air extérieur. Mais toutes ces précautions deviendraient insuffisantes au bout de peu de temps si M. Pilter n'avait eu l'idée originale d'emmagasiner deux fois par jour, dans le bâtiment, de l'air pris à l'extérieur, aux heures où la température est la plus basse. Dans ce but, il a installé un puissant ventilateur Blackmann, en tête d'un tunnel (T fig. 2 et fig. 1), attenant au cellier sur sa face Sud. Il est commandé par une machine à vapeur, qui n'est autre que la locomotive routière qui a servi aux défoncements pour la plantation des vignes. Ce moteur est incontestablement trop puissant pour ce travail qui n'exige que 2 chevaux-vapeur environ. Mais M. Pilter préfère utiliser la machine qu'il a sur place. Le ventilateur, tournant à 500 tours par minute, renouvelle en 10 minutes l'air contenu dans le cellier (6.000 mètres cubes environ). Le courant d'air lancé dans le tunnel se répand à l'intérieur du cellier par sept bouches distribuées sur le mur Sud à diverses hauteurs (une par travée et par étage). Le ventilateur ne fonctionne pas d'une façon permanente, car, dans la journée, il introduirait, dans le cellier, de l'air à une température supérieure à celle qui règne à l'intérieur. On ne le met en marche que peu d'instants avant le lever du soleil, vers 5 heures du matin, et, après son coucher, à 6 h. 1/2 du soir ; chaque ventilation dure 20 minutes.

On a essayé de pulvériser dans le tunnel de l'eau à l'état de gouttelettes d'une extrême finesse, pour produire par évaporation un abaissement de la température de l'air introduit ; mais, jusqu'à présent, les expériences n'ont pas donné de résultat, à cause d'une dispersion défectueuse de la buée liquide dans le courant d'air.

Cellier de Ksar-Tyr.— Fig. 5.— Vue intérieure, prise du côté des cuves en bois.

Revenons à la vendange qui a passé la nuit dans les banastes, rangées sous les arbres à droite et à gauche du cellier (celles du côté Ouest sont visibles sur la figure 1).

A 2 heures du matin, le chauffeur met sous pression la chaudière de la machine, et, à 3 heures, il fait marcher une sirène installée sur la locomotive, pour réveiller tout le personnel des vendangeurs. C'est à cette heure matinale qu'on procède à l'encuvage de la récolte, coupée la veille, ainsi que nous l'avons dit, et dont la température n'excède pas alors 20 à 21 degrés. Les portes *d* et *e* sont ouvertes, on installe un fouloir Marmonier de chaque côté du cellier, sur une cuve en bois et sur une cuve en ciment. Huit hommes sont affectés au service d'un fouloir qu'ils commandent deux par deux à chaque manivelle, en se remplaçant toutes les 5 minutes. Tous les autres ouvriers rentrent les banastes pleines, versent leur contenu dans la trémie du fouloir et ressortent les banastes vides. Grâce à ce nombreux personnel, en deux heures, toute la vendange de la journée précédente (36.000 kilos de raisins) est foulée et encuvée et on a rempli deux cuves de chaque côté, soit deux cuves en bois et deux cuves en ciment. Pendant cette opération, le soleil s'est levé au-dessus de l'horizon ; les vendangeurs se rendent aux champs et entreprennent la cueillette d'une nouvelle provision de raisins qui sera de même enfermée la nuit suivante.

Dès que l'encuvage est terminé, le ventilateur est mis en mouvement; il fonctionne pendant 20 minutes, comme on l'a vu plus haut, puis les portes sont fermées et il ne reste plus dans le cellier que les ouvriers nécessaires aux manutentions intérieures.

Sur les cuves nouvellement remplies, on place les claies pour l'immersion du marc. La fermentation tumultueuse se déclare 24 à 36 heures après. Par l'addition de levures pures, M. Pilter a obtenu un commencement de fermentation au bout de 12 à 15 heures. La fermentation dure de 4 à 6 jours.

Pendant ce temps, tous les jours et souvent deux fois par jour, à l'aide de la pompe Fauler installée dans chaque cuve, on remonte et on aère les moûts. En outre, on aère quelquefois plus complètement encore la cuve, en insufflant de l'air, à l'aide d'un soufflet, dans un tube perforé qui plonge dans le liquide.

Chaque cuve est l'objet d'une surveillance de tous les instants, et les détails intéressant la vinification : température, densité du moût, marche de la fermentation, sont consignés avec un soin minutieux sur un registre spécial. On fait au moins trois observations par jour: la première à 7 heures du matin, la deuxième à 2 heures après midi et la troisième à 8 heures du soir.

On n'a pas oublié, d'autre part, que le ventilateur est remis en marche tous les soirs, vers 6 heures 1/2, après le coucher du soleil, et tous les matins à 5 heures, après l'encuvage.

Grâce à ces multiples précautions et à cette organisation rationnelle, M. Pilter est parvenu à maintenir très basse la température de son cellier et à empêcher dans les cuves un échauffement dangereux pour la qualité du vin. C'est ainsi que nous avons constaté nous-mêmes, au cours de notre visite, 23° au niveau des foudres, 25° au 1er étage et 28°5 au 2e étage (au-dessus des cuves). Ce jour-là, la température extérieure était particulièrement élevée (le thermomètre accusait 41°5 au nord et à l'ombre) et, de plus, on avait dû laisser les portes ouvertes plus d'une heure pour la photographie. Mais, habituellement, les températures intérieures sont en moyenne de 22° au rez-de-chaussée, de 24° à l'étage des cuves et de 27° à l'étage supérieur. Quant à la température des cuves en fermentation, elle ne dépasse généralement pas 35°. Ce n'est qu'exceptionnellement qu'elle atteint 37° ou 38°.

Le décuvage se fait de la façon la plus simple : le vin s'écoule, directement et par le seul effet de la gravité, des cuves du 1er étage dans les foudres du rez-de-chaussée. Le marc est envoyé sur l'un des pressoirs par un long couloir établi entre le 1er étage et la claie du pressoir. On ne donne qu'une seule pressée, sans recoupage. C'est d'ailleurs la méthode la plus généralement suivie en Algérie et en Tunisie. Le vin de presse, après un complément de fermentation, est mélangé avec le vin de première goutte. Le marc pressé sert à faire un peu de piquette. Il est ensuite consommé par les animaux.

Le vin produit à Ksar-Tyr est excellent. D'une très belle couleur, vif et brillant, complètement fermenté et par suite de bonne conservation, ce vin est envoyé en France, en Angleterre et en Amérique, où ses qualités lui assurent un placement facile et des prix rémunérateurs.

Le cellier de Ksar-Tyr est sans contredit l'un des plus intéressants qu'il nous ait été donné de visiter en Algérie et en Tunisie, par l'aménagement rationnel du cellier et par les soins apportés à la vinification. Il convient de signaler les points suivants, particulièrement dignes de fixer l'attention et caractéristiques de ce cellier :

D'une part, pour ce qui concerne le bâtiment,

1° L'enterrement du cellier sur trois de ses faces, la face Nord restant seule à découvert ;

2° La construction en voûte et la grande hauteur du bâtiment ;

3° L'installation, à la partie supérieure, des cuves à fermentation, et, au contraire, à la partie inférieure, des foudres, d'où facilités très grandes pour la manutention des vins et température plus basse au niveau des récipients contenant le vin fait ;

4° La réduction au minimum du nombre des ouvertures et leur fermeture dans le courant de la journée ;

5° Le ventilateur, pour l'emmagasinement de l'air frais dans le cellier ;

6° Le pluvium et la citerne, pour assurer la provision d'eau nécessaire aux lavages quotidiens du cellier, d'où propreté minutieuse des locaux et abaissement de la température par évaporation.

D'autre part, pour ce qui a trait aux manutentions,

1° La conservation dans les banastes de la vendange coupée depuis le matin, toujours très chaude, surtout celle provenant de la cueillette faite au milieu du jour ;

2° Le refroidissement de cette vendange par des arrosages superficiels, faits à la chute du jour, et par l'exposition à l'air plus frais de la nuit ;

3° L'encuvage pratiqué la nuit et au lever du soleil, à l'heure où la température extérieure est la plus basse, et où l'on peut, sans inconvénient, ouvrir les portes du cellier ;

4° Le remontage des moûts à la pompe et leur aération au soufflet, l'immersion du chapeau des cuves ;

5° La surveillance et le contrôle minutieux de la fermentation ;

6° La faible capacité des vases vinaires.

On ne peut adresser à ce type de cellier qu'un seul reproche essentiel, c'est son prix de revient élevé. M. Pilter évalue à 210.000 ou 220.000 fr. la dépense de son installation. La surface couverte étant de $34,30 \times 17 = 583^{m2},10$, le prix du mètre carré ressort à 377 fr., 30. Si l'on admet que les foudres du rez-de-chaussée et les cuves en bois du 1er étage sont seuls aptes à contenir le vin fait, les cuves en maçonnerie ne pouvant convenir qu'à la fabrication du vin, la dépense par hectolitre de vin logé dans les foudres et les cuves en bois atteint la somme énorme de 51 fr., 94. Le logement de l'hectolitre de vin est un peu moins dispendieux si l'on tient compte de la possibilité de placer des futailles dans la travée du milieu au rez-de-chaussée et entre les arceaux du 1er étage. Il est néanmoins sensiblement plus coûteux que dans les autres types de celliers. Pour cette raison, et malgré les dispositions avantageuses du cellier de Ksar-Tyr, on doit donner la préférence, en principe, aux installations comprenant, d'une part, une cuverie légère et économique (hangar à fermentation), et, d'autre part, un chai ou, mieux, une cave bien protégée contre les influences de température extérieures.

ERRATA

Page 176, à la 20ᵉ ligne, au lieu de : M. Gauthier, constructeur à Carcassonne, lire : M. Gauthier, constructeur à Narbonne.

Page 247, les chiffres qui indiquent la valeur des divisions de l'échelle de la figure 3 doivent être réduits de moitié. La longueur totale de l'échelle est de 10 m. seulement, au lieu de 20 m.

Page 394, à la 4ᵉ ligne, au lieu de : Ces colonnes ont $0^m,18$ de diamètre au sommet, lire : Ces colonnes ont $0^m,13$ de diamètre au sommet.

ADRESSES DES CONSTRUCTEURS ET DES FABRICANTS

CITÉS DANS CET OUVRAGE

ALTAIRAC (Briques spéciales pour amphores), à Maison-Carrée (Alger).

ATELIERS MÉRIDIONAUX (Constructions métalliques, appareils vinicoles), à Montpellier (Hérault).

AVELING et PORTER (Locomotives routières), 22, avenue Montaigne, à Paris.

BEL (Bondes hydrauliques en poterie), allées d'Iéna, à Carcassonne (Aude).

BIGNON (Pompes à vin), à Saumur (Maine-et-Loire).

BONARD (Pompes à vin), à Beaune (Côte-d'Or).

CASSAN Fils (Pressoirs à solette hydraulique, appareils vinicoles), à Bourgoin (Isère).

COQ (V.) (Pressoirs à vapeur, pressoirs continus, pompes à vin), à Aix (Bouches-du-Rhône).

COQUINET (Pompes à vin), à Montpellier (Hérault).

CURBILLON (Pompes à vin), 65, rue Bonnel, à Lyon (Rhône).

DECAUVILLE (Chemins de fer, porteurs à rails), à Petit-Bourg (Seine-et-Oise).

DESFEUX (Carton-cuir pour couvertures), 40, rue Meslay, à Paris.

DUBOC (Réfrigérants Baudelot), à Carignan (Ardennes).

DUMONT (Pompes centrifuges), 55, rue Sedaine, à Paris.

FAFEUR Frères (Pompes à vin, appareils vinicoles), à Carcassonne (Aude).

FORMIS-BENOIT (Pompes à vin), à Montpellier (Hérault).

GAILLOT (Pompes à vin, pressoirs, appareils vinicoles), à Beaune (Côte-d'Or).

GARCIN (Filtres à vin), 1, place de l'Observance, à Marseille (Bouches-du-Rhône).

GASQUET (Filtres à vin), 110, rue Notre-Dame, à Bordeaux (Gironde).

GAUTHIER (Élévateurs de vendange, appareils vinicoles), à Narbonne (Aude).

GUYON et AUDEMAR (Pompes à vin), à Dôle (Jura).

HUCK (Foudres et cuves), rue Saint-Louis, à Montpellier (Hérault).

LEGRAND (cuves métalliques), rue Picpus, à Paris.

MABILLE Frères (Pressoirs, appareils vinicoles), à Amboise (Indre-et-Loire).

MARESTÉ (Appareils de distillerie), à Cognac (Charente).

MARMONIER (Pressoirs, appareils vinicoles), cours Villeurbanne, à Lyon (Rhône).

MONFORT et BIT (Pressoir continu Debonno), à Boufarik (Alger).

MONIER (Constructions en sidérociment), 126, avenue de Paris, plaine Saint-Denis (Seine).

NOËL (Pompes à vin), 104, avenue Parmentier, à Paris.

PAUL (Pressoirs, turbine aéro-foulante, appareils vinicoles, élévateurs de vendange, etc.), à Cette (Hérault).

PELIZARI (Briques spéciales pour amphores), à Birtouta (Alger).

PILTER (Th.) (Machines viticoles et vinicoles), 24, rue Alibert, à Paris.

POMBLA (Combles économiques), 68, avenue de Saint-Ouen, à Paris.

PRIMAT (Pressoirs à engrenages), 86, chemin d'Arès, à Bordeaux (Gironde).

RAY (Élévateurs de vendange, constructions métalliques), à Montpellier (Hérault).

ROGER (Élévateurs de vendange), à Carcassonne (Aude).

ROUHETTE (Filtres à vin), 30, quai de la Râpée, à Paris.

SACOMAN (Pierre) (Produits céramiques), 10, rue Suffren, à Marseille (Bouches-du-Rhône).

S^{te}-FOY-L'ARGENTIÈRE (Fabrique de tuiles, briques, carreaux, etc., de), à Sainte-Foy-l'Argentière (Rhône).

St-GOBAIN (Carreaux de verre de la Compagnie de), rue Verte, à Marseille (Bouches-du-Rhône).

SAMAIN (Pressoirs à vapeur, pompes à vin), 12, rue Saint-Amand, Paris.

SIMONETON Frères (Filtres à vin), 41, rue d'Alsace, Paris.

SIMON-PERRET Frères (Fers et fontes), 44, rue de la Part-Dieu, à Lyon (Rhône).

SOCIÉTÉ LA SUBÉRINE (Briques et carreaux de liège de la), 8, boulevard de Vaugirard, à Paris.

TREMBLAY (Pressoirs), à Tours (Indre-et-Loire).

VANTELOT-BÉRANGER (Pompes à vin), à Beaune (Côte-d'Or).

VERMOREL (V.) (Pompes à vin, pressoirs, appareils vinicoles, etc.), à Villefranche-sur-Saône (Rhône).

VIDAL (Pompes à vin), à Mèze (Hérault).

VIGOUROUX et Fils (Pompes à vin, pressoirs, appareils vinicoles), à Nîmes (Gard).

WEITZ (Chemins de fer, porteurs à rails), 17, cours du Midi, à Lyon (Rhône).

WEYHER et RICHEMOND (Ateliers de construction de machines à vapeur), 50, route d'Aubervilliers, à Pantin (Seine).

DOMAINES

DONT LES CELLIERS ONT FOURNI DES DOCUMENTS POUR CET OUVRAGE [1]

I. — RÉGION MÉDITERRANÉENNE

***Abbé** (**Mas de l'**), à Mme PLANTIER, près Montpellier (Hérault).

Aureilhe (*page 298*), à Mme Ernest DE CROZALS, près Capestang (Hérault).

***Bedos**, à M. AZEAU, à Lattes, près Montpellier.

Bosquet (**Le**), à LA COMPAGNIE DES SALINS DU MIDI, près Aigues-Mortes (Gard).

Bouet (**Mas de**), à M. BOILEAU DE CASTELNAU, près Mauguio (Hérault).

Bougna, à M. ROUSSIGNHOL, près Narbonne (Aude).

Brousse (**Mas de la**) (*page 243*), à M. CRASSOUS, près Montpellier.

Caillan, à M. AMADOU, près Bessan (Hérault).

Candillargues, à M. GALTAYRIES, près Mauguio.

***Capitou** (**Le**), à M. le Cte D'ESPOUS DE PAUL, près Villeneuve-lès-Maguelone (Hérault).

***Caubillon**, à M........., près Bédarieux (Hérault).

Caunes (**Mas de**), à M. HOUARD, près Mauguio.

***Chapelle** (**La**), à MM. PROST et CIGOT, à Châteauneuf-de-Gadagne (Vaucluse).

Cheminières (**Les**) (*page 313*), à M. MIR, sénateur, près Castelnaudary (Aude).

Clos (**Les**) (*page 292*), à M. Ch. SENTUPÉRY, près Beaucaire (Gard).

***Colombier**, à M. ROCH, à Ginestas (Aude).

Condom, à M. le Dr Louis DE MARTIN, près Narbonne.

Courneau, à MM. DE RAYNE et DE RAYMOND, près Narbonne.

Craboules (**Le Grand**) (*page 277*), à M. Gaston GAUTIER, près Narbonne.

Croix-de-Cavalaire (**La**) (*page 329*), à LA SOCIÉTÉ DES TERRAINS ET VIGNOBLES DE LA CROIX-DE-CAVALAIRE, près Saint-Tropez (Var).

***Cruvier-Lascours**, à M. DARBOUSSE, près Saint-Gilles (Gard).

Encivade (*page 228*), à M. Alfred TEISSERENC, à Lattes, près Montpellier.

Fidèle, à M. FAVATIER, près Narbonne.

Fontarèche, à M. A. BORIE, près Villedaigne (Aude).

***Font-Caude**, à M............, à Juvignac, près Montpellier.

Fontvieille, à M. le Cte DE DIVONNE, près Arles (Bouches-du-Rhône).

------

(1) Tous les celliers dont l'énumération est donnée ci-dessous ont été visités par nous, à l'exception de ceux dont le nom est précédé d'un astérisque (*), sur lesquels les renseignements nous ont été envoyés.

Francèze (La), à M. Cyprien de Crozals, à Coursan (Aude).

* Gensolemme, à M. Bouffier, à La Crau-d'Hyères (Var).

Ginestet, à M. le Cte de Ginestet, près Béziers (Hérault).

Gourgasse (La), à M. Rousset, près Béziers.

Grand'Vignes, à M. d'Andoque de Sériège, près Narbonne.

Graves (Les) (*page 287*), à M. Degrully, près Montpellier.

Guilhermain (*page 257*), à M. le Cte Auguste d'Espous, près Mauguio.

* Jarras, à la Compagnie des Salins du Midi, près Aigues-Mortes.

* Laforet, à M. Bosc, près Arles (Bouches-du-Rhône).

Lastours (Château), à M. Louis Cazal, près Coursan (Aude).

Libouriac, à M. Gaujal, près Béziers.

Lussac, à M. Ch. Jamme, à Celleneuve, près Montpellier.

* Maransan, à M . . . ., près Bagnols-sur-Cèze (Gard).

Marie-Anne, à M. de Juvenel, près Bessan.

Mireval, à M. Ch. Jamme, à Mireval (Hérault).

Môle (Le), à M. d'Andecy, près Aigues-Mortes.

Moujan, à M. d'Andoque de Sériège, près Narbonne.

* Mus, à M. F. Lagarrigue, près Murviel-lès-Béziers (Hérault).

Poussan-le-Haut (*page 306*), à M. Eugène Thomas-Piétri, près Béziers.

Raonel (*page 283*), à M. Sabatier, près Narbonne.

Razimbaud (*page 270*), à M. Roussignhol, près Narbonne.

Riols, à M . . . ., près Narbonne.

Rochet (*page 212*), à Mme Saint-Pierre, près Montpellier.

Roque (La), à M. François Guy, près Servian (Hérault).

Rouge (Mas), à M. Félix Potin, près Montpellier.

Saint-Adrien, à M. Coste-Floret, près Servian.

Saint-Félix, à M. Soulié, près Béziers.

Sainte-Sophie, à M. Farret-Genson, près Béziers.

Salvaza (*page 322*), à M. Combès, près Carcassonne (Aude).

Serre (La), à M. François Guy, près Saint-Thibéry (Hérault).

Tamarières, à M. de Beauxhostes, près Lunel (Hérault).

Vallautres, à M. le Bon Hirch, près Pignan (Hérault).

Verchant, à M. Jules Leenhardt, près Montpellier.

Villeroy (Château de) (*page 336*), à la Compagnie des Salins du Midi, près
     Cette (Hérault).

II. — BORDELAIS

Château-Arnaud-Blanc (*page 368*), à MM. de Boissac, Déroulède et Couve,
     à Margaux (Médoc-Gironde).

—   Climens, à M. Gounouilhou, à Barsac (Gironde).

—   Coutet, à M. le Mis de Lur-Saluces, à Barsac.

—   Filhot, à M. le Mis de Lur-Saluces, à Sauternes (Gironde).

—   Guiraud, à MM. Bernard et Maxwel, à Sauternes.

—   Lafite, à M. le Bon de Rothschild, à Pauillac (Médoc).

—   Lagrange, à M. Louys, à Saint-Julien (Médoc).

Château **Langoa et Léoville-Barton** (*page 346*), à MM. Barton, à St-Julien.
— **Laroque**, à M. le Cte de Rochefort, à St-Christophe (Gironde).
— **Latour**, à la Société du vignoble de Chateau-Latour, à Pauillac.
— **La Tour Blanche** (de), à M. Osiris, à Bommes (Gironde).
— **Laurets** (des) (*page 362*), à M. Deynaut, à Puisseguin (Gironde).
— **Léoville-Poyferré**, à M. Lalande, à Saint-Julien.
— **Maisonneuve**, à M. A. Macquin, à St-Georges-de-Montagne (Gironde).
— **Malescot-St-Exupéry** (*page 353*), à MM. de Boissac, Déroulède et Couve, à Margaux.
— **Mouton-Rothschild**, à Mme la Bne James de Rothschild, à Pauillac.
— **Pontet-Canet**, à Mme Cruse, à Pauillac.
— **Rabaud**, à M. Drouilhet de Sigalas, à Bommes.
— **Ragne-Vigneau** (de), à M. le Vte de Pontac, à Bommes.
— **Ségonzac**, à M. Dupuis, près Blaye (Gironde).
— **Suduiraut**, à M. Emile Petit, à Preignac (Gironde).
— **d'Yquem** (*page 373*), à M. le Mis de Lur-Saluces, à Sauternes.

III. — BEAUJOLAIS

Belleverne, à M. Condeminal, à La Chapelle-de-Guinchay (Saône-et-Loire).
*__Bouthière__ (La), à M.........., à Saint-Vallerin (Saône-et-Loire).
Brouilly, à M. le Vte de Charpin-Feucherolles, à Odenas (Rhône).
Broyres (**Château des**), à M. A. Desvignes, à La Chapelle-de-Guinchay.
Coq-Hérieux, à M. Saïn, près Anse (Rhône).
Delèche (**Le**) (*page 384*), à M. P. Michaud, au Perréon (Rhône).
Eclair (**Château de l'**) (*page 389*), à M. Vermorel, à Liergues, près Villefranche (Rhône).
Lachèze (**Château de**), à Mlles de Montégut, à Odenas.
Moulin-à-Vent, à Mme la Ctesse de Milly, à Romanèche-Thorins (Saône-et-Loire).
Neyron (**Caves**), à M. Neyron, à Fleurie (Rhône).
Pierreux (**Château de**), à M. le Vte de Charpin-Feucherolles, à Odenas.
Pizay, à M. Berthet, à Saint-Jean-d'Ardières (Rhône).
Plageret (**Le**) (*page 395*), à M. Vermorel, à Vaux (Rhône).
Poncié (**Château de**), à M. Gallichon, à Fleurie.
Thyl (**Château du**), à M. le Cte de Saint-Pol, à Vaux-Renard (Rhône).
Villié-Morgon (**Château de**), à M. Gaudet, à Villié-Morgon (Rhône).

IV. — BOURGOGNE

Beaune (Côte-d'Or), cuverie et caves de MM. Bouchard.
— — cuverie des Hospices de Beaune.
Chenove (Côte-d'Or), cuverie de M. Savot.
Corton-Grancey (**Château de**), à M. Louis Latour, à Aloxe-Corton (Côte-d'Or).

Nuits St-Georges (Côte-d'Or), caves de M. le Cte LIGER-BELAIR.
—   —   caves de M. LABOURÉ-GONTARD.
—   —   caves de M. CHAUVENET.
—   —   caves de M. Thomas MAILLARD.
Regnier (**Clos**) (*page 408*), à Mme REGNIER, à Vougeot (Côte-d'Or).
Romanée-Conti, à MM. GUYOT et CHAMBON, à Vosne-Romanée (Côte-d'Or).
Romanée-St-Vivant, à MM. MAREY et DUPONT, à Vosne-Romanée.
Romanée-La-Tâche, à M. le Cte LIGER-BELAIR, à Vosne-Romanée.
Tart (**Clos du**), à M. HERVÉ DE BLIC, à Morey (Côte-d'Or).
Vosne (Côte-d'Or), caves de M. le Dr CHANUT.
—   —   caves de M. GRIVELET.
Vougeot (**Clos**) (*page 403*), à M. L. BOCQUET, à Vougeot.

V. — CHARENTES

Chauvillère (**La**), à M. DENIS, près Saujon (Charente-Inférieure).
Gemozac (**Distillerie de**), à MM. GUÉRIN et FILLIOUX, à Gemozac (Charente-Inférieure).
Masseville, à M. CAYLA, près Cognac (Charente).
Vitis-Parc (*page 413*), à M. CHAIGNAUD, près Cognac.

VI. — ANJOU

Aunis (*page 422*), à M. le Dr PETON, à Dampierre, près Saumur (Maine-et-Loire).
Parnay (**Château de**) (*page 418*), à M. CRISTAL, à Parnay, près Saumur.
Saint-Hilaire-Saint-Florent (Maine-et-Loire), caves de M. BOUVET-LADUBAY.
Targé (**Château de**), à M. ALLAIN-TARGÉ, à Parnay.
Varrains (**Château de**), à M. CHAPIN, près Saumur.

VII. — CHAMPAGNE

Cramant (Marne) (*page 426*), vendangeoir de MM. MOET et CHANDON.
Epernay (Marne) (*page 431*), caves de MM. MOET et CHANDON.
Mesnil (**Le**) (Marne), vendangeoir et caves de M. ROGER.
—   —   vendangeoir et caves de M. GALLET.
Reims (Marne), caves de Mme POMMERY.

VIII. — ALGÉRIE ET TUNISIE

Abziza, à M. PECH, à Beni-Méred (Alger).
Aïn-Guira, à M. CRÉTÉ, plaine du Mornag, près Tunis.
Aïn-Skouna, à M. ALTAIRAC, à Maison-Carrée (Alger).
*Aïn-Smara, à M. BONNEFOY, près Constantine.
Alsaciens (**Ferme des**), à M........., à Cheragas (Alger).
*Amourah, à LA COMPAGNIE VITICOLE D'AMOURAH, près Miliana (Alger).

Bellevue (*page 449*), à Mme CORRE, à Sainte-Léonie, près Arzew (Oran).

Ben-d'Ali-Aly, à LA SOCIÉTÉ DE VITICULTURE ALGÉRIENNE, à l'Arba (Alger).

Béraud (**Château**), à M. BÉRAUD, à Draria (Alger).

Bir-Kassa, à MM. BERTAINCHAND et SAVIGNON, près Tunis.

Bordj-Cedria (*page 480*), à M. Félix POTIN, à Hammam-el-Lif, près Tunis.

Bou-Zéhar (*page 443*), à M. A. LEFEBVRE, à Duperré (Alger).

Chapeau-de-Gendarme, à LA BANQUE D'ALGÉRIE, près Bône (Constantine).

Debonno (**Chais de M.**) (*page 475*), à M. DEBONNO, à Boufarik (Alger).

El-Kseur, à M. GILBRIN, à l'Oued-Amizour, près Bougie (Constantine).

Espaigne (**Ferme d'**), à M. D'ESPAIGNE, à Hassen-Bey, près Tunis.

Figuier (**Le**), à M. DEBONNO, près Boufarik.

Fliserie (**La**), à M. FÉLIX, à Saint-Cloud (Oran).

Fouka, à M. BRAME, près Kolea (Alger).

Grellet (**Clos**) (*page 460*), à M. GRELLET, à Kouba (Alger).

Guebar, à M. BERTAGNA, à Mondovi, près Bône (Constantine).

Habra (**L'**), au CRÉDIT FONCIER DE FRANCE, à Perrégaux (Oran).

Hamyans (**Les**) (*page 453*), à LA SOCIÉTÉ DES HAMYANS, à St-Leu, près Arzew.

Isabelle (**Ferme**), à M. MARTEL, à Blida (Alger).

Ksar-Tyr (*page 490*), à M. PILTER, près Medjez-el-Bab (Tunisie).

Marquey, à MM. RECLUS et GUIGNARD, plaine du Mornag, près Tunis.

Moulin-à-vent, à MM. BRIÈRE, à St-Cloud (Oran).

Nepsch-ed-Dib, à M. CRÉTÉ, près Tunis.

Ormeaux (**Clos des**), à M. LESTARGINT, près Alger.

Orphelinat agricole, aux PÈRES BLANCS, à Maison-Carrée.

Pins (**Clos des**), à MM. DAROUSSY et PONS, près Boufarik.

Rhylen (*page 471*), à M. DEBONNO, près Boufarik.

Réghaïa (**La**) (*page 466*), à M. LECQ, près Rouïba (Alger).

Rouïba, à M. OLIVIER, à Rouïba.

Sainte-Anne, à M. ANDRÉ, à Arcole (Oran).

Sainte-Eugénie, à M. DHAGNE, près Oran.

Saint-Félix, à M. BRIÈRE, près Saint-Cloud.

Saint-Joseph, à MM. BELLOT et QUENOUILLE, près Oran.

Saint-Louis, à M. VIDAL, à Cheragas.

Sainte-Marguerite, à M. ALCAY, à La Chiffa (Alger).

Sainte-Marguerite, à MM. CHIRIS et GROS, près Boufarik.

Saint-Paul, à LA BANQUE D'ALGÉRIE, près Bône.

Servat (**Clos**), à M. SERVAT, à Kouba.

Sidi-Ali et **Ben-Danou**, à M. BERTRAND, à l'Arba.

Sidi-Rehan, à MM. Auguste et Prosper FERROUILLAT, à l'Oued-Marsa, près Bougie.

Sidi-Sâad, à MM. DUFRENOY et Cie, à........

Yeffry, à M. JARSAILLAN, près Oran.

IX. — RÉGIONS DIVERSES

***Bathie (La)**, à M. DE LA BATHIE, à Albertville (Savoie) (*Est*).

***Beaumont**, à M. PAGEIX, à Beaumont, près Clermont-Ferrand (Puy-de-Dôme) (*Centre*).

Colas, à M. G. FOEX, près Montélimar (Drôme) (*Côtes-du-Rhône*).

***Hadj-Nicoltcho**, à M........, près Vratza (*Bulgarie*).

***Kaour**, à M........, à La Canée (*Crète*).

***Labource**, à M. BARATHON, à Maillet, près Montluçon (Allier) (*Centre*).

Plottes, à M. J. FERROUILLAT, près Tournus (Saône-et-Loire) (*Mâconnais*).

***Salettes**, à M. CHAMPIN, à Charols (Drôme) (*Côtes-du-Rhône*).

TABLE ALPHABÉTIQUE DES MATIÈRES

TABLE MÉTHODIQUE DES MATIÈRES

Montpellier.— Impr. Serre et Roumégous, rue Vieille-Intendance

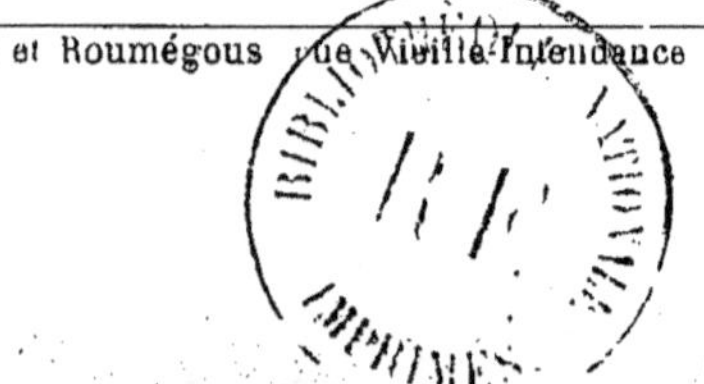

NOUVEAUX FILTRES RAPIDES

BREVETÉS S. G. D. G.

SIMONETON FRÈRES

41 et 43, rue d'Alsace, PARIS

Six fois hors concours, Membres du Jury

CONCOURS DE PRIVAS 1893
EXPOSITIONS UNIVERSELLES LYON 1894, BORDEAUX 1895, etc.

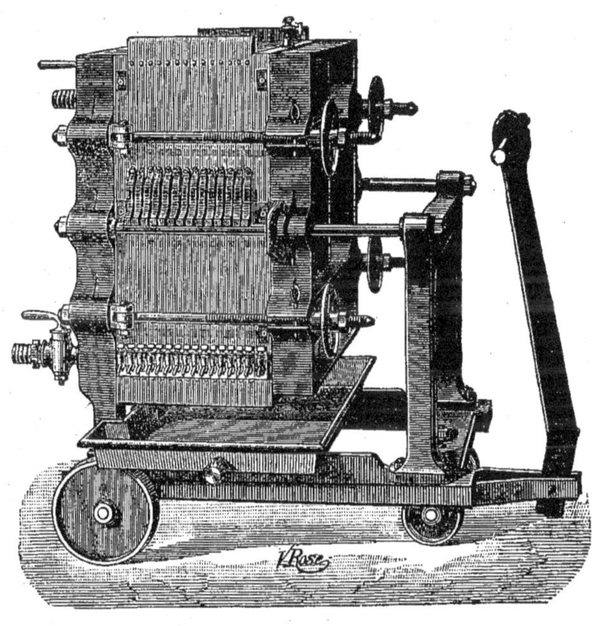

FILTRES POUR VINS, LIES, HUILES

FILTRES-PRESSES SPÉCIAUX

A HAUTE PRESSION

POUR COULEURS, PRODUITS CHIMIQUES, etc.

MANUFACTURE DE TISSUS SPÉCIAUX POUR LA FILTRATION

ET DE TUYAUX EN TOILE POUR ARROSAGE ET INCENDIE

MOLLETONS EN LAINE SUPÉRIEURE POUR LA DISTILLERIE

INSTALLATIONS COMPLÈTES DE FILTRATIONS, DEVIS, etc.

VIENT DE PARAITRE

La Quatrième Edition

REVUE ET CONSIDÉRABLEMENT AUGMENTÉE

DU

TRAITÉ COMPLET

DE

VITICULTURE

PAR

G. FOËX

Viticulteur

Directeur et Professeur de viticulture à l'École nationale d'agriculture de Montpellier

Un vol. in-8° cavalier de I-xiv-1129 pages, avec 6 cartes en chromo hors texte et 597 figures dans le texte

Prix . . . . . . 20 fr. | Franco poste . . . . . 22 fr. 25

LES INSECTES DE LA VIGNE

ET LES MOYENS DE LES COMBATTRE

PAR

VALÉRY MAYET

Professeur à l'Ecole nationale d'agriculture de Montpellier

avec quatre planches, dont trois en chromolithographie
et nombreuses figures dans le texte

1 volume in-8° de 350 pages

———

Prix . . . . 10 fr. | Franco poste . . . 11 fr.

LES
MALADIES
DE LA VIGNE

PAR

Pierre VIALA

Professeur de viticulture à l'Institut national agronomique

TROISIÈME ÉDITION

avec 290 figures dans le texte et 20 planches en chromolithographie

UN VOLUME GRAND IN-8°

Prix . . . . . . 24 fr. | Franco poste . . . . . 26 fr.

Couronné par l'Institut, prix Desmazières

VENDANGES

AMÉLIORATION DU VIN PAR LES

LEVURES SÉLECTIONNÉES

PURES ET ACTIVES DE

L'INSTITUT LA CLAIRE

AUGMENTATION DU DEGRÉ ALCOOLIQUE, BOUQUET PLUS DÉVELOPPÉ, CLARIFICATION RAPIDE

Une brochure nouvelle donnant les résultats aux vendanges de 1894, sera adressée gratis et franco sur demande par carte postale à

G. JACQUEMIN, chimiste-microbiologiste, chevalier du Mérite agricole
à Malzéville, près Nancy (Meurthe-et-Moselle)

GREFFAGE DE LA VIGNE

PAR

P. VIALA   **J. NANOT**
Professeur de viticulture   Maître de conférences
à l'Institut national agronomique de Paris

Tableau mural de 1 mèt. 20 sur 0,90 cent.

collé sur toile et verni

Prix . . **5** *fr.* | *Postal gare* . . **5** *fr.* **60** | *A domicile* . . **5** *fr.* **85**

DESCRIPTION

DES

CÉPAGES PRINCIPAUX

DE LA

RÉGION MÉDITERRANÉENNE DE LA FRANCE

PAR

Henri MARÈS

Membre correspondant de l'Institut
Membre de la Société nationale d'agriculture de France
Secrétaire perpétuel de la Société centrale d'Agriculture de l'Hérault
Chevalier de la Légion d'Honneur

1 vol. in-folio carré (44 sur 56 c.), de 30 planches en chromolithographie et de 120 pages de texte; prix en livraison. . . . 75 fr.

Relié toile pleine, planches montées sur onglet. Prix. . . . . 85 fr.

Demi-reliure maroquin, planches montées sur onglet, non rogné. Prix . . . 90 fr.

Essai d'une Ampélographie universel

Par le comte de ROVASENDA

Traduite, annotée et augmentée par le Dr F. CAZALIS

G. FOEX, directeur et professeur, et Pierre VIALA, professeur de viticulture
à l'Ecole nationale d'agriculture de Montpellier

Un volume in-4°, avec une planche en couleur

Prix . . . . **7 fr.** | Franco poste . . . . . **7 fr. 75**

LES HYBRIDES BOUSCHET

ESSAI D'UNE MONOGRAPHIE DES VIGNES A JUS ROUGE

PAR

PIERRE VIALA

Répétiteur de viticulture à l'Ecole nationale d'agriculture de Montpellier

Un volume grand in-8°, avec 5 planches en chromolithographie

Prix . . . **7 fr.** | Franco . . . **7 fr. 60**

UNE

MISSION VITICOLE

EN AMÉRIQUE

PAR

PIERRE VIALA

Professeur de viticulture à l'Ecole nationale d'agriculture de Montpellier

Un volume in-8°, avec 8 planches en chromolithographie et une carte géologique
des Etats-Unis

Prix . . . . **15 fr.** | Franco . . . . **16 fr.**

MONOGRAPHIE DU POURRIDIÉ DES VIGNES

ET DES ARBRES FRUITIERS

PAR

PIERRE VIALA

Professeur de viticulture à l'Institut national agronomique

Un volume grand in-8° jésus, avec 7 planches gravées

Prix . . . . **8 fr.** | Franco . . . . **8 fr. 50**

www.ingramcontent.com/pod-product-compliance
Lightning Source LLC
Chambersburg PA
CBHW051012060726
47593CB00016B/11